"十三五"

国家重点出版物出版规划项目

空 间 科 学 与 技 术 研 究 丛 书

U0234526

载人深空
探测技术导论

（上册）

Introduction to Human Deep Space
Exploration Technology

果琳丽 杨宏 田林 彭坤 黄铁球 编著

北京理工大学出版社

BEIJING INSTITUTE OF TECHNOLOGY PRESS

图书在版编目（CIP）数据

载人深空探测技术导论／果琳丽等编著. — 北京：北京理工大学出版社，2019.3（2024.12重印）

（空间科学与技术研究丛书）
国家出版基金项目 "十三五"国家重点出版物出版规划项目 国之重器出版工程
ISBN 978 – 7 – 5682 – 6762 – 5

Ⅰ. ①载…　Ⅱ. ①果…　Ⅲ. ①载人航天器 – 空间探测器 – 研究
Ⅳ. ①V476

中国版本图书馆 CIP 数据核字（2019）第 033819 号

出　　版／北京理工大学出版社有限责任公司	
社　　址／北京市海淀区中关村南大街 5 号	
邮　　编／100081	
电　　话／（010）68914775（总编室）	
（010）82562903（教材售后服务热线）	
（010）68948351（其他图书服务热线）	
网　　址／http：//www. bitpress. com. cn	
经　　销／全国各地新华书店	
印　　刷／北京虎彩文化传播有限公司	
开　　本／710 毫米×1000 毫米　1/16	
印　　张／54. 25	
彩　　插／1	责任编辑／张鑫星
字　　数／942 千字	文案编辑／张鑫星
版　　次／2019 年 3 月第 1 版　2024 年 12 月第 2 次印刷	责任校对／周瑞红
定　　价／149. 00 元（上下册）	责任印制／边心超

图书出现印装质量问题，请拨打售后服务热线，本社负责调换

序言

　　在巨大的宇宙摇篮中，人类显得渺小而又伟大。与万物之源宇宙的深邃无垠相比，人类文明尚处在萌芽阶段，人类智慧还在竭力思考宇宙、太阳系与生命的起源到底是什么？若有朝一日，太阳变得过于炙热，地球不再宜居之时，人类又将何以栖身？自从认识到自我和世界之后，人类便开始了探索宇宙的漫漫征途，努力拓展着自身的认知边缘，并思考着人类及地球的命运和太阳系及宇宙的关联。正如 1969 年 7 月 20 日，美国航天员阿姆斯特朗成功登上月球后说的那句话："这是我的一小步，更是人类的一大步……"

　　时至今日，人类深空探测的范围已经覆盖了太阳系的太阳、八大行星、矮行星、彗星及小行星等地外天体，美国旅行者一号和二号探测器也相继飞出太阳系的日冕边界层，飞向更遥远的星际空间，而人类在近地轨道空间站上飞行的最长时间也达到了 438 天。60 多年的世界深空探测史，不仅深化了人类对宇宙、太阳系以及生命的起源和演化等前沿科学问题的认识，推动了空间天文、行星科学、航天医学、宇宙生物学等基础学科的飞跃发展，也带动了以运载火箭、深空探测器、载人航天器、应用卫星、通信与测控、地面发射等航天工程技术的快速进步，培养了一代又一代心系宇宙的青年科学家、航天工程师和大国工匠，为人类文明发展史书写了耀眼的篇章。

　　从当年的阿波罗载人登月工程情况来看，在正式实施首次载人登月任务之前，不仅先后发射了"徘徊者""勘探者"系列无人月球探测器，拍摄了大量月球的地形地貌高分辨率图像，为载人登月点最终选址提供充足数据；还利用无人月球探测器验证了奔月变轨、月球捕获、月面软着陆、月面起飞、月－地高速再入返回等关键工程技术。即便在阿波罗载人登月工程结束之后，美国也先后发射了"克莱门汀号""月球勘探者""月球勘探轨道器""月球坑观测与遥感卫星""月球重力双星""月球大气与环境探测器"等系列无人月球探测器，继续开展月球的内部结构、重力场、南极阴影坑的水冰及挥发物等科学问题的研究，为美国实施重返月球的 Artemis 计划选择最具科学价值的登陆区域。在 Artemis 计划中还将发射商业月球着陆器和系列立方星，这些无人月球先导任务是美国计划在 2024 年，实现人登陆在月球南极并长期生存战略目标的重要保证。

回顾我国的月球探测工程，在论证之初便明确了"探、登、驻"的大三步走和"绕、落、回"的小三步走战略目标。时至今日，我们的探月工程以较低的成本和极高的成功率，顺利实现了五战五捷，以嫦娥四号为代表的月背探测任务取得了一系列原创性科学成果。目前正在抓紧实施月球采样返回的嫦娥五号工程和火星探测工程。这些无人探测任务的成果不仅为推动我国实施载人探测任务奠定了重要的工程技术基础，更为开展中国航天的国际合作铺平了道路。推动实施中国的载人深空探测工程将是发展航天强国的重要标志之一，在未来的世界航天发展史上我们也将贡献更多的"中国智慧"。这不仅是航天人的历史使命，也是我们实现中华民族复兴的重要标志。

本书《载人深空探测技术导论》的作者们，都来自中国航天工程技术研究一线，他们首次从顶层任务分析和系统设计的角度，对未来的载人登月、月球基地、载人登陆火星等载人深空探测技术进行了重点论述。书中提出的人机联合探测技术、原位资源利用技术、先进的空间推进技术等，都是未来有可能产生颠覆性变革的航天前沿技术领域。虽然当前这些技术的成熟度不高、技术方案的不确定性大，但是作为先期研究的成果，可为后续我国明确重大航天工程的技术途径奠定基础。我很赞赏他们的开创性前瞻性工作。

此外，当我听说本书也将用于中国空间技术研究院神舟学院的研究生教材后，我很赞赏本书的作者们为中国航天持续发展培养后继人才，带动更多的年轻人主动思考、大胆创新。只有一代又一代的中国航天人勇于探索和实践，中国人登上月球的航天梦才能早日实现。我愿意与他们同学习、共进步！

中国工程院院士
中国探月工程总设计师
2019 年 2 月

序言

载人航天和深空探测是人类开展航天活动的两大重要领域。

1992 年 9 月 21 日，中国政府决定实施载人航天工程，并确定了三步走的战略。第一步载人飞船阶段，建成初步配套的载人飞船工程，开展空间应用实验；第二步空间实验室阶段，相继发射了神舟七号载人飞船，天宫一号、天宫二号空间实验室，神舟八号无人飞船，神舟九号、十号、十一号载人飞船，以及天舟一号货运飞船，全面验证了航天员出舱活动技术、空间飞行器自动和人工控制交会对接技术，完成了航天员中期驻留，考核了面向长期飞行的乘员生活、健康和工作保障等相关技术；接受了推进剂的在轨补加和货物补给，开展了航天医学、空间科学试验以及在轨维修等技术试验。当前中国载人航天工程已经全面进入第三步空间站阶段，计划 2020 年开始建设基本型空间站，发射"天和"核心舱，2024 年前后进入运营阶段，成为长期有人驻留的中国空间站"天宫"……

从 2007 年到 2018 年，中国月球探测工程相继发射了嫦娥一号、二号、三号、四号月球探测器，完成了月球正面和背面的无人软着陆，释放了玉兔一号、二号无人月球车。计划 2020 年发射嫦娥五号月球探测器和火星探测器，此后还将实施嫦娥六号、嫦娥七号、嫦娥八号任务，在月球南极进行采样返回和综合探测等试验，论证中的还有无人月球科考站工程……

从中国载人航天和月球探测这两大工程的快速发展来看，一是得益于前期的充分论证工作，分别制定了载人航天和月球探测三步走战略规划；二是得益于各系统扎实的技术储备和创新的工程实践。在这两大工程成功实施的基础

上，推动实施载人登月工程为代表的载人深空探测任务已经成为中国航天界的共识。与半个世纪前美国的阿波罗载人登月工程相比，新世纪的载人深空探测任务更有新时代的气息，更能综合体现一个国家和民族的科技进步能力。

习近平指出，探索浩瀚宇宙、发展航天事业，建议航天强国，是我们不懈追求的航天梦。中国的载人深空探测工程该制定什么样的发展战略？中国的载人深空探测工程将选择什么样的技术途径？如何在世界航天发展的进程中体现出中国智慧，贡献中国力量呢？……中国空间技术研究院对此开展了多年的跟踪和研究论证工作，本书的作者们也都来自工程一线，具有丰富的理论研究和工程实践能力。《载人深空探测技术导论》这本书，内容覆盖了未来载人登月、月球基地、载人小行星、载人登火星及火星基地等任务，并对各项任务的技术途径和技术难点有选择地进行了阐述。虽然本书充满了概念性和方案性探索，技术上的不确定性很强，但是作为国内第一本系统论述载人深空探测技术的书籍，本书的出版必能带动更多的年轻人共同进行创新思考。

我一辈子都在从事空间技术的研究和管理工作，深为中国航天事业目前的发展感到欣慰和自豪。我支持年轻的同志继续大胆思考，积极实践，我愿与他们共同进步、共同提高！

中国工程院院士

神舟飞船首任总设计师

2019 年 2 月

Preface

Compared with a hundred years ago, our understanding of the major celestial bodies in the solar system has enriched a lot. Today's international developments of Planetary Sciences and Exploration mainly address six scientific "big questions": how did the solar system form and how did it evolve towards its current configuration? How does it work? What produced the diversity of its objects? How do our planetary systems (the solar system and the four giant planets systems) compare to extraterrestrial planetary systems? Where can we find habitable worlds and what were the conditions leading to their emergence? Is there life anywhere, and how to find it? With the deepening of human understanding of the major celestial bodies in the solar system and the development of comparative planetary science, our understanding of Earth, our own planet and the fragile harbor of humankind's life and destiny, is also more profound. We know that, as the Sun evolves and progressively burns all its hydrogen fuel, within about 5 billion years it will eventually turn into a red giant. Our Earth will become an unhabitable furnace before being "eaten" by the Sun's expanding corona. Even if this perspective is very far ahead, much farther than the age of our own species and of Earth life itself, it must encourage us, fragile human beings inhabiting the Earth, our cradle and provisional shelter, not only to cherish and preserve it, but also to better understand its place in the cosmos, dare explore the universe around it, find

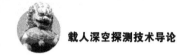
other habitable planets and wonder if they are inhabited. Along this path we might well, in the end, realize the dream of human migration to other extraterrestrial worlds! We are probably the precursors of inhabitants of our Earth which can start thinking rationally about this dream and gather the scientific and technical knowledge needed to make it happen in the coming decades to centuries, under the guidance of generations of astronomers and aerospace engineers to come.

The development of the technologies needed for human deep space exploration requires unmanned deep space exploration as a pilot task and source of the basic knowledge needed, and relies on the use of manned space stations to verify the long – term viability of human beings in space. The nearest destination of humankind is the moon. In the future, shall we reach out farther to Mars and beyond? How can we do it? How can humans adapt to the environment of long deep space flight? How can we overcome the harsh natural environments of the moon, Mars and other celestial bodies? How can we make use of the resources of extraterrestrial objects to establish a long – term presence of humans on these hostile worlds? These are very forward – looking and challenging subjects which the authors of this book have thought deeply and professionally about. Their research results will lay the foundation for the real implementation of future exploration projects, and will also inspire the future generations who will meet this great challenge by devoting themselves to the important basic research required.

The universe is like a vast ocean, the moon is like a reef off the coast, and human beings are right now like children picking up shellfish on the shore. There are many jewels in the deep universe waiting for us to explore and discover... The first step of human migration to extraterrestrial bodies will likely be the moon, this "offshore reef" where a "lunar village" might be established, following ESA's vision of the first extraterrestrial human settlement.

On the occasion of the successful launch of the first Sino – French oceanography satellite, CFOSAT, I am glad and honored to accept the invitation of Professor Guo Linli of the Chinese Academy of Space Technology to write this preface to her wonderful book, and I hope that it will inspire future joint journeys of China, France and other

countries towards still unexplored planetary worlds.

Michel Blanc

Institut de Recherche en Astrophysique et Planétologie (IRAP) ,

Observatorie Midi – Pyrénées (OMP) , France

Interdisciplinary Scientist on the CASSINI – HUYGENS Mission

Co – Leader on NASA's Juno Mission to Jupiter

Full Member of the International Academy of Astronautics (IAA)

Full Member of the Academia Europaea

Full Member of the Air and Space Academy , France

February 21st , 2019

前　言

人类走向深空，登陆地外天体，探索未知的宇宙，实现对地外天体资源的开发和利用是激励一代又一代航天人为之奋斗的梦想。从凡尔纳的科幻小说《飞向月球》，到 20 世纪 60 年代美国成功实施阿波罗载人登月工程，以及半个世纪后的今天，人类对登陆月球、火星等地外天体的向往从未停止。随着对太阳系的金星、火星、土星、木星及其卫星等无人深空探测任务的实施，人类对太阳系各天体的认识逐步深入。火星上有可能存在液态水，土卫二有地下海洋初步具备生命存在的必要条件，这些探索和发现都更加激发了人类对寻找生命起源的渴望，人类移民太阳系内宜居星球的梦想似乎正变得触手可及。

然而，真正推动实施载人深空探测工程却是一件备受争议的事情。即使是世界瞩目的航天科技强国美国在成功实施阿波罗登月工程之后，也被广泛质疑。阿波罗载人登月工程被定义为美苏争霸的政治工程，将人类送往月球、火星的意义和价值究竟何在？花费巨大的资金究竟能给地球上的人类带来什么利益？在经历了长久持续的争论之后，2004 年奥巴马政府再次停止了 NASA 论证的重返月球的"星座计划"。直到 2019 年初，美国总统特朗普宣布将于 2024 年重返月球并最终实现载人登陆火星的空间探测战略，其中美国聚焦在建设月球轨道空间站（Lunar Gateway），并以此为跳板最终实现载人登陆火星。2018 年 2 月美国私营企业 SpaceX 公司的猎鹰重型火箭（Falcon Heavy，FH）首飞成功，美国政府提出可充分利用商业航天力量来开拓载人深空探测之路。2019 年 3 月美国副总统彭斯宣布将考虑使用猎鹰重型火箭代替波音公司的 SLS 火箭的可能性，从而确保美国将在 5 年内重返月球的战略目标。因此，从美国成功实施阿波罗载人登月工程之后，近50年的重返月球论证过程可知，载人深空探测任务不仅仅是一项单纯的航天工程任务，更体现出各个时代思想观念、认识模式、技术路径的改变，它不但会改变人类对宇宙和太阳系的认识，更可能改变人类对地球家园的认识，并为未来深空探测任务做出巨大贡献。

虽然路途遥远，但是行则将至。梦想在，激情就在。中国空间技术研究院的载人航天研制团队近年来与高校和其他科研院所广泛合作，在载人深空探测领域开展了持续研究工作。我们认为，载人深空探测任务是指以月球、小行星、火星及其卫星为目标的有人类航天员直接参与的地外天体探测任务。具体的探测任务可以包括载人登月、载人月球基地、载人登陆小行星、载人登陆火星及其卫星、载人火星基地等。显而易见，这是一个综合了天文学、行星科学、航天医学等空间科学，以及深空探测和载人航天等空间技术领域的交叉学科，涉及的科学、技术及工程知识相当庞杂，以载人登月为代表的巨型复杂项目的管理模式也将发生适应性改变……

写作这本书的初衷是想跳出作者自身所在的行业和专业局限，力图站在空间科学与空间技术的高度来重新认识、重新思考载人深空探测技术的科学内涵。但是在写作的过程中，作者们不断地质疑与否定，四易书稿，不断修改，我们如何才能写出一部真正能让读者受益的书呢？首先，我们肯定是写不出一本大而全的书，载人深空探测技术是一门综合交叉学科，专业覆盖面极宽，以作者们目前的专业能力想覆盖到方方面面肯定是做不到的；其次，我们又不甘心只写一个点，做到所谓的专而精，因为这样读者就看不到载人深空探测技术的全貌，无法建立起载人深空探测技术的整体概念。

苦思冥想之时，我们又重读了钱学森同志的《星际航行概论》一书，这本写作于1962年的书仿佛是黑夜中的一盏明灯，不仅坚定了我们把这本书写下去的信心，更是指明了前进的方向。既然再艰巨、再复杂的事情总得有人做先行者，那我们就更有责任履行好历史使命，写作这本书正是想阐述载人深空探测任务的复杂性和艰巨性，未来真正实施载人深空探测任务肯定是需要数千万名科学家、设计师、工程师、工艺人员、技术工人和管理人员组成的庞大队伍才能实现。但是正如钱老所说，任务复杂并不等于不可实现，尤其是当前我国载人航天工程已经进入到空间站时代，人类在太空的长期生存和工作所需的保障能力即将实现；嫦娥五号工程也即将从月球完成采样返回任务，实现载人深空探测梦想的基础条件已经初步具备。即便我们目前的认识尚属肤浅，但把目前已经认识到的重点问题系统整理出来，有助于未来的型号研制人员参考使用，加快研制进度。几经商议，反复思量，我们最终将书名定为《载人深空探测技术导论》，所谓导论，未必精准深入，希望能快速引领读者入门而已。

为达到上述目的，我们力图让本书的论述较为基础具体，即使是不同学科、不同专业的人阅读，也能有个系统概念。因此第 1～4 章为载人深空探测的概念与内涵、载人深空探测发展概况、科学目标及探测载荷、长期深空探测任务对人的影响，重点介绍与载人深空探测任务相关的基础知识，为理解载人深空探测任务的概念和科学内涵做好铺垫，该部分由果琳丽、田林、王平、张有山、张志贤、杨雷等负责编写；第 5 章、第 6 章为载人深空探测飞行模式和载人深空探测轨道设计，重点介绍与载人深空探测任务分析相关的基础知识，该部分由彭坤、向开恒、王平、杨雷等负责编写；第 7～11 章为载人行星进入减速着陆与起飞技术、空间推进技术、原位资源利用、居住系统、人机联合探测技术等，重点介绍载人深空探测任务构建的核心能力和关键系统，该部分由田林、果琳丽、杨宏、黄铁球、梁鲁、王平、张志贤、李志杰等负责编写；第 12 章为地面模拟活动及试验验证技术，这是最终走向工程实践必须提前重视规划的问题，该部分由田林、梁鲁等负责编写。本书这 12 章的深浅程度并不完全相同，与月球探测任务相关的稍微具体一些，与小行星及火星探测任务相关的相对简单；顶层任务分析与核心关键技术介绍相对具体，其他问题描述相对简单。全书由果琳丽、李民及杨宏等负责校对审定。

本书的作者包括了"60 后""70 后"和"80 后"，他们长期从事航天事业，对推动实施载人深空探测任务饱含热情、充满着激情。在本书的写作过程中，大家反复思考、多次修改，力图本书能保持基础性、专业性及前瞻性。在全书统稿的过程中，我们力图保持各章节的独立性和完整性，以便读者可以根据所需选择感兴趣的章节进行阅读，而无须通读全书。本书在编写过程中，也有意吸收了国内外一些新的观点和看法，以及对目前存在的难点及问题的解决对策，以便给未来的读者更多的启发和思考。

鉴于载人深空探测技术复杂，涉及专业学科众多，万里长征我们只走了第一步，作者们学术水平有限，各类问题亦难于在一本书中详尽。此外，由于国内载人深空探测任务尚处于研究论证过程中，本书中概念性、方案性及探索性内容多，不确定性内容也较多，因此本书错误之处在所难免，敬请各位同行专家和读者批评指正！

果琳丽

2019 年 2 月写于北京唐家岭航天城

目　录

上　册

下　　册

第 1 章

载人深空探测的概念与内涵

无人深空探测是从月球探测开始起步的，目前无人探测器的足迹已经覆盖了太阳系的八大行星。载人航天是从近地轨道起步的，在"和平号"空间站工作过的俄罗斯宇航员创造了人类在太空连续生活和工作438天的世界纪录，标志着人类已经基本掌握了在太空长期生活和居住的生命保障技术。在人类掌握了基本的深空探测和载人航天技术之后，实施载人深空探测工程成为空间科学和工程技术发展的必然选择。20世纪70年代美国成功实施了阿波罗载人登月工程，在之后的半个世纪以中，人们不断地探索载人深空探测任务的新途径、新系统和新技术，也不断丰富了载人深空探测任务的基本概念和内涵。与无人深空探测任务相比，实施载人深空探测任务将面临一系列的新挑战。

|1.1　载人深空探测的概念|

1.1.1　基本概念和内涵

　　对于"深空"和"深空探测"（包括载人与无人深空探测）的定义，国际上并无统一的界定，"深空"一般是相对地球轨道而言的。根据国家军用标准《卫星术语》（GJB 421A—1997）和《中国大百科全书　航空、航天》的定义，深空是指距离地球约等于或大于地月距离（约 3.84×10^5 km）的宇宙空间。根据 2000 年发布的《中国的航天》白皮书中的定义，目前将对地球以远的天体开展的空间探测活动统称为深空探测活动。图 1 – 1 所示为深空探测概念示意图。

　　学术上通常认为，深空探测是指航天器在飞行过程中，其所处的主引力场是地球以外的天体，或处于多体引力平衡点附近的空间探测活动。深空探测通常包括无人深空探测（也称为机器人深空探测，Robotic Deep Space Exploration，RDSE）和载人深空探测（Human Deep Space Exploration，HDSE）两种类型，无人深空探测任务可单独开展，也可作为实施载人深空探测任务之前的先导任务。

　　载人深空探测任务是指以月球、小行星、火星及其卫星为目标的有人类航天员直接参与的地外天体探测任务。在未来 30 年世界科技进步可预见的范围内，HDSE 可达目标包括月球、小行星、火星及其卫星等。载人月球探测是以月球为代表的无人深空探测工程和以近地轨道空间站为代表的载人航天工程发展的必然结合。

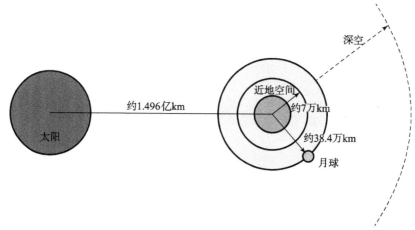

图1-1　深空探测概念示意图

载人深空探测任务包括从地球出发的火箭发射、轨道运输、登陆地外天体、居住及探测作业、从地外天体起飞、返回地球等一系列飞行过程。按照登陆地外天体目的地的不同，载人深空探测可分为载人月球探测、载人小行星探测和载人火星探测等任务；按照任务时间的长短，载人深空探测也可分为短期任务（如载人登月任务，任务周期为7～14天）、中期任务（如月球科考站任务，任务周期为14～28天）和长期任务（如月球基地任务、载人小行星任务、载人火星任务、火星基地任务，任务周期>28天）。

"人的存在"使得载人深空探测任务在工程技术难度上较无人深空探测任务又提升了一个台阶，围绕"去、登、驻、用、回"五个方面的技术问题涉及领域广，技术难度大。需要开展重型运载火箭、载人深空探测飞行器等新型空间运输系统的研制，突破新能源、新动力、新型探测载荷、新型航天服、长周期任务生命保障等众多关键技术，以及新材料、新工艺等产品的研制基础和核心制备技术。更高的和全新的技术能力要求对工程技术与项目管理的发展形成新的牵引，将推动我国航天事业迈向新的领域，走向未知空间，战胜遥远距离、极端环境条件的挑战，实现我国航天技术新的跨越。

实施载人深空探测任务是开展基础科学研究的重要途径，作为空间科学研究的最高手段，将推动人类在太阳系的形成和演变、生命的起源等重大科学问题的认知突破，促进物理学、天文学、行星学、生物学等基础学科的快速发展和交叉、渗透，形成新的交叉学科分支，将极大地促进基础科学的发展，取得原创性成果，为人类认知客观世界做出独特的贡献。

实施载人深空探测任务还需着重开展与人相关的空间活动、地外生存等相关科学问题的研究，成果可有效推动空间生物科学、航天医学等技术的发展；在低重力/微重力、空间辐射及狭窄密闭环境下对生命科学、基础生物学、受控生态技术的研究，可为治疗人类的疾病提供更多的机会。因此载人深空探测为基础科学研究提供了一个更加广阔的平台，对引领科学研究发展，推动科学进步具有显著意义。由于载人深空探测工程在科学和技术领域的巨大牵引与带动作用，它成为美、俄等航天强国推动航天技术持续发展的重要途径。

1.1.2 载人与无人深空探测的差异

载人深空探测与无人深空探测相比，最大的区别在于人的存在，人的出现使得载人深空探测与无人深空探测在很多方面存在巨大差异。主要表现在以下四个方面：

（1）人类航天员直接参与的任务，空间生命科学成为关键科学问题。

与无人深空探测相比，载人深空探测任务的核心系统是人，人是一种有机生命体，人的加入使得对空间生命科学的研究显得十分必要且关键。为保障航天员在深空探测任务中的健康、安全问题，载人深空探测就必须关注与人有关的环境、生物、心理、生理健康与治疗等问题，这就涉及空间重力生物学、空间辐射生物学、空间微生物学、空间生理学、心理学与航天医学等方面的科学研究与技术问题。而在无人深空探测任务中，这些方面的研究并非关键，而对于以保障航天员生命安全为第一要旨的载人深空探测任务，空间生命科学的重要性甚至超越了其他科学技术问题。

（2）人类航天员的直接参与使行星科学认知能力更强。

无论是载人深空探测还是无人深空探测，对月球及行星科学的研究都是重要的科学目标，主要包括天体形貌、表面环境、地质构成、物质组成与资源分布等。人的参与使得航天员可在各种探测作业活动中充分发挥人类智能优势，航天员可利用自己的观感，综合各种信息，在很短时间内对观测到的事物做出综合判断。登陆地外天体，人可利用视觉直观地感受到星体表面的各种特征，如光、色等性质，土壤是否松软、地势是否起伏等。特别是对一些未知的自然现象的观察，人类具有特别的洞察力，远远超出了机器人或探测仪器所具备的功能。经过培训的航天员可以识别岩性、地层关系、构造特征等，可以测量地层关系（地层倾向和走向等），并且可以有选择性地进行多点采样，灵活高效地完成任务。人的存在还可以有效地排除设备故障、恢复设备功能，这些都是无人深空探测中暂且无法做到的。

此外，人的参与可使航天员在各种探测任务中充分发挥人类智能优势，通过人机联合探测等多种方式，安全快捷地完成无人深空探测任务中十分繁复的工作，并根据实际需要完成主动科学试验任务，如主动月震、深层钻取采样、原位资源利用等，从而大幅提升人类对月球等地外行星的认知能力。

（3）人类航天员的加入使飞行器的质量和体积规模显著增加，技术难度大幅提升。

飞行器是实施载人深空探测任务的直接载体。无人深空探测任务主要是飞行器平台搭载相关的有效载荷，实施规定的飞行探测任务，一般飞行器的质量规模较小，在 1 ~ 10 t。而对于载人飞行器，在时间和空间维度上都需要考虑人的因素，需设置密封舱，携带环控生保系统和食物等资源来满足人的生存需求；需要配备高比冲、大推力推进系统来缩短任务周期，降低风险；需要先进的制导、导航与控制技术来满足高精度星体表面着陆的需求；需要先进的防热结构和回收系统来满足大载荷高速再入与精确着陆的需求；等等；同时还需要考虑整个任务过程中的安全性问题。因此与无人深空探测相比，载人飞行器不但质量规模是无人飞行器的数倍甚至数十倍，相关航天技术水平也较无人飞行器呈现出跨越式提升，如图 1 – 2 所示。

图 1 – 2　载人登月飞行器与无人月球探测飞行器质量规模对比示意图

（4）人的存在使得对载人及货运运载火箭的运载能力、安全性、可靠性要求更高。

进入空间的能力是实施深空探测任务的基本保障，无人深空探测任务对火箭运载能力的要求相对较低。载人与无人深空探测任务相比，由于载人飞行器的质量规模大幅度增加，对运载火箭的能力要求大幅度提升，载人深空探测任务对于近地轨道（Low Earth Orbit，LEO）的运载能力一般要求在 50 t 级以上（例如猎鹰重型火箭为 56 t，"土星 5 号"火箭为 120 t）。如此大的能力需求差异导致对重型运载火箭的研制提出更高的要求，如推进剂类型的选择、大推力火箭发动机的研制、大型箭体结构的加工制造，等等。同时，由于人的参与，对载人运载火箭的安全性和可靠性也提出了更高的要求，对落点精度和冲击过载等要求更苛刻。图 1 – 3 所示为"长征 5 号"运载火箭与美国重型运载火箭的性能指标对比。

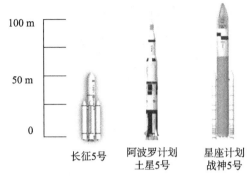

参数	长征5号	土星5号	战神5号
芯级最大直径/m	5	10	8.4
起飞质量/t	867	2 946	3 705
起飞推力/t	1 078	3 472	5 352
LEO运载能力/t	25	120	188（含未级入轨质量）

图 1-3　"长征 5 号"运载火箭与美国重型运载火箭的性能指标对比

总体而言，载人深空探测任务涉及的领域更广，科学问题更加突出，可以更有效带动行星科学、生命科学等诸多学科的发展；载人深空探测任务实施难度更大、要求更高，对航天工程技术的带动性更强。因此世界航天强国都将载人深空探测工程纳入国家战略性科技工程中，其技术难度和投资规模巨大，建设周期长，战略意义深远。

1.1.3　载人深空探测的发展原则

航天技术经过数十年的发展，目前人类的双脚也仅仅踏足地月轨道空间，依托载人飞船、航天飞机、空间实验室或空间站开展小规模的载人活动，若将浩瀚宇宙比作汪洋大海，目前人类尚未站稳"海边的浅滩"。目前仅有美国在20 世纪六七十年代实施了 6 次阿波罗（Apollo）载人登月工程[1]，去过数次月球这一"岸边的礁石"；开展了数次无人火星探测任务，人类的触角刚刚染指火星这一"近海的小岛"。面对无垠的宇宙，就像当年人类刚刚学会制造木筏一样，若想实现自由际航行，仍需一个漫长的过程。

人类探索太空应充分发挥工业革命、信息时代所积累的技术基础，循序渐进开展太空探索与实践，即坚持"以有人参与为目的，先期开展多项无人深

---

① 阿波罗载人登月工程是美国在 20 世纪六七十年代组织实施的载人登月工程，共进行了 7 次发射，成功 6 次，失败 1 次。之后的近 50 年中，美国不断地提出重返月球的计划，包括"星座计划"和 Artemis 计划。在本书中统一将已实施的任务叫做工程，未实施的任务叫做计划，以便区分。

空探测任务,将无人与有人深空探测任务融合发展,逐步突破核心关键技术,带动科学技术的跨越式发展",这是人类探索宇宙、走向深空的基本发展原则,逐步将人类的脚步迈向更深远的空间。

与历史上传统的人类探险活动不同,当今科技发展迅速,信息技术、纳米技术、人工智能技术、虚拟现实技术等飞速前进,人类可以更多地利用工程机械设备或机器人完成早期目的地探测任务:一方面,无人探测任务成本相对较低,技术难度较小,有限的次数即可达到初步探测的目标;另一方面,无人探测任务可为载人深空探测任务积累目的地信息,验证关键技术,因此可作为载人深空探测的先导任务,在人类前往目的地之前先期实施,从而降低人员的风险。此外,人工智能技术的快速进步,使得利用机器或机器人完成较危险的任务成为可能,如探测岩洞、深谷或有毒物质等。若开展人机联合探测,还可充分发挥各自的优势,提高载人深空探测任务的高效性与安全性。可以预见,未来载人深空探测任务的显著特点是人机联合探测与作业。

1.2 载人深空探测顶层任务分析内容

载人深空探测是一门综合了行星科学、航天医学以及航天工程技术的交叉综合学科,开展载人深空探测顶层任务分析需重点开展战略规划与技术路径、科学目标与探测载荷、体系架构与任务分析、核心能力与关键系统、地面试验及模拟验证等方面的内容研究,是最终确定工程实施方案的重要基础,也是本书的重点阐述内容。

1.2.1 战略规划与技术路径

火星是太阳系内与地球环境最为相近的类地行星(通常金星被称作地球的过去,火星被称作地球的未来),随着人类持续在火星上发现存在水的证据和痕迹,人类移民火星的潜质逐步显露。美国在过去几十年里已成功开展了多次着陆火星并巡视探测的任务,对火星特性的认识也不断深入。美国国家航空航天局(National Aeronautics and Space Administration,NASA)提出载人深空探测应以火星为远景目标,现已得到世界主要航天大国/组织的认可,最终实现载人登陆火星的目标已是全球共识。2018 年 1 月国际空间探索协调小组(International Space Exploration Coordination Group,ISECG)公布的全球探索路线图如图 1-4 所示。

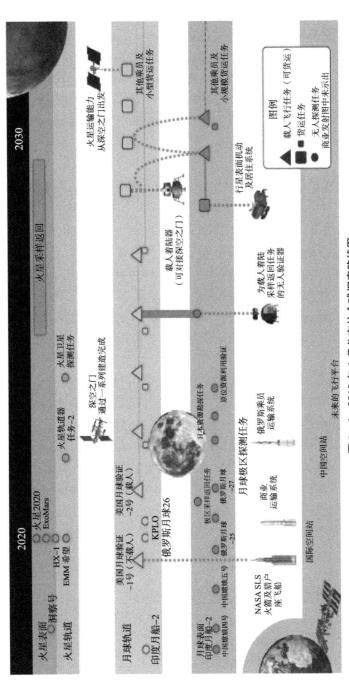

图1-4　2018年1月公布的全球探索路线图

（图片来源于 ISECG 官网）

为达到最终载人登陆及移民火星的目标，载人深空探测任务通常有三类实施途径：第一类途径是以地球或近地空间站为起点，以月球及地月系统拉格朗日点为目标，通过实施载人登月、月球基地等载人月球探测任务，为后续载人登陆火星任务验证相关的工程技术能力；第二类途径是以地球或近地空间站为起点，以火星及其卫星为目标，通过实施载人小行星抓捕及资源利用任务，为后续载人登陆火星任务验证相关的工程技术能力；第三类途径是从月球或地月空间站为起点，以火星及其卫星为目标，既可实现对月球资源的开发利用，又可发挥地月空间站作为中转站的功能，在载人月球探测基础上进一步实施载人火星探测任务。

由于火星距离地球遥远，最近距离约为 5 500 万公里，最远距离则超过4 亿公里，单次飞行任务周期长达 500 天，每 26 个月有一次发射窗口。如果从地球出发前往火星，以现有的化学推进剂为基础，不考虑采用电推进及核推进等先进推进技术且中途没有推进剂补给的情况，即使采用比冲高达 460 s 的液氢液氧推进剂，近地轨道的初始出发质量（Initial Mass in Low Earth Oribit，IMLEO）约为 1 000 t，至少需要 10 枚运载能力在百吨级以上的重型运载火箭才能完成任务。因此实施载人登陆火星探测任务的工程技术难度相当巨大，如何能够减少从地球出发的发射次数，降低近地轨道初始出发质量成为人们必须面对的难题。

因此，人们在设计载人深空探测发展路径时，自然就想到了该如何发挥近地轨道空间站、深空空间站（可以在地月 L1、L2 点附近，也可在环月轨道上），以及月球基地的中转站功能，例如充分利用空间站进行飞行器推进剂补加的功能，或者利用月球基地原位制造的推进剂和水的功能，在地火飞行的途中对飞行器进行推进剂补加和资源补给，从而减少 IMLEO 的规模和发射次数，以便更有效地降低成本。此外还有学者提出利用火星基地的原位制造推进剂的能力，先发射货运设备到达火星，待火星上原位制造出推进剂后，再发射载人火星着陆器，在火星表面对载人火星着陆器的上升级进行推进剂补加，从而降低载人火星上升级从地球出发时的初始质量。

载人深空探测发展路径的研究不仅仅涉及航天任务的顶层设计，还需综合考虑月球、小行星或者火星的原位制造推进剂的能力、利用中转站进行推进剂补给设计的能力，以及人在太空长期飞行的医学承受能力。由于考虑的因素较多，因此可以设计出多条载人深空探测的发展路径，但真正付诸工程实践需要从各国的政治、经济和工程技术承受能力等方面去综合择优，最终选择一条适合本国发展的载人深空探测发展路径。

本书的第 1 章和第 2 章对载人深空探测基本概念与世界各国提出的各种技

术路径及发展现状进行介绍。

1.2.2　任务目标与探测载荷

载人深空探测的任务目标设计是载人深空探测任务分析与设计的关键环节，包括工程目标和科学目标两个部分。无论最终载人登陆目标选择是月球、小行星还是火星，都要体现出载人深空探测任务的科学和工程技术的内涵与意义。此外，载人任务设计的核心思想还需确保人的安全性和可靠性，降低任务风险。以美国 Apollo 载人登月工程为例，需要在任务目标设计上考虑的内容如下：

（1）工程目标。工程目标包括工程总体目标和分阶段工程目标，分阶段工程目标包括近期目标、中期目标和远期目标。例如，Apollo 载人登月工程提出工程总目标是先于苏联将人安全送往月球表面并返回。近期目标包括第一步实施首次载人登月 Apollo 11 任务，发展航天医学和载人环境技术，确保人在载人登月旅途中的安全；第二步实施人在月面小范围的科学考察任务，即 Apollo 12 ~ 14 任务；第三步实施人在月面大范围科学考察任务，研制载人月球车，即 Apollo 15 ~ 17 任务。中期目标包括探测陨石坑或第谷等特殊月球地质地区，即 Apollo 18 ~ 20 任务（后取消），探索不同的月表地质形貌地区。远期目标为探索月球背面和极区等。遗憾的是 Apollo 载人登月工程的中远期目标并未最终实现。

（2）科学目标。科学目标设计将体现出行星科学（含空间天文学）和航天医学的重要内容。例如，Apollo 载人登月工程在 6 次登月的过程中共进行了月震、月磁、月球重力、热流、电性等近 30 项科学试验。月面活动所完成的科学任务包括：①安放被动月震仪、月磁仪、太阳质子和电子观测仪、月球离子观测和电离层研究等仪器、激光反射器及其他仪器；②寻找水源，进行月球高山、峡谷和火山口的地质考察；③测定月球的热流、重力波、月磁等，开展主动月震；④采集岩石和土壤样品；⑤完成月球轨道科学试验。通过这些月面活动，对月球内部构造、月表特征及空间环境有了更多、更深入的认识。此外，通过 6 次登月任务，验证了人在深空飞行的环境控制与生命保障能力，对于低重力、月尘等特殊星球环境对人的影响有了深刻认识。

本书的第 3 章介绍了载人深空探测涉及的科学目标与探测载荷等行星科学基础知识，第 4 章介绍了长期深空探测任务对人的影响等航天医学基础知识和典型风险等级分析案例。

1.2.3　体系架构与任务分析

载人深空探测的顶层任务设计是在确定了载人深空探测的发展路径和任务

目标之后，开展具体工程任务规划和方案设计，包括飞行模式、飞行轨道设计、发射窗口分析、飞行任务周期设计、飞行器的系统组成和系统规模分析、运载能力和发射次数需求分析，以及任务实施规划设计等内容，这是制定后续工程实施方案的重要基础。例如美国在 2009 年公布的《载人火星探索设计参考任务 DRA 5.0》，这份文件为 NASA 制定载人深空探测领域的发展路线和先期启动核心能力与关键系统技术攻关奠定了扎实的基础。

图 1-5 所示为载人深空探测任务去往不同目的地所需的速度增量，这是进行载人深空探测任务飞行模式设计的基础，飞行模式的设计主要根据齐奥尔科夫斯基公式进行推算。轨道设计主要是在飞行模式设计的基础上进行轨道阶段划分、各段轨道详细设计和发射窗口的分析，同时确定了飞行任务周期。根据具体的飞行模式可以确定飞行器系统的组成和各飞行器的系统规模与干重比分配、飞行方案等内容，从而提出对运载火箭运载能力及发射次数的需求；最后根据飞行模式、飞行任务周期、发射次数等内容制定任务实施规划。

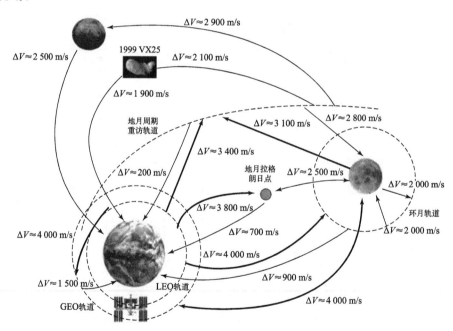

图 1-5　载人深空探测任务去往不同目的地所需的速度增量

本书的第 5 章和第 6 章详细介绍了载人深空探测飞行模式与轨道设计的主要内容和设计方法，并对载人登月、载人小行星及载人火星探测等任务的典型飞行模式进行了分析介绍。

1.2.4　核心能力与关键系统

从美国近半个世纪载人深空探测的发展动态来看，虽然发展路径和任务目标一直处于调整状态，但是却持续投入核心能力和关键系统的研发。例如，为发展进入空间与返回地球的能力，美国研制了新型载人飞船猎户座多用途乘员飞行器（Multi‑Purpose Grew Vehicle，MPGV）和空间发射系统（Space Launch System，SLS）重型运载火箭；私人商业公司 SpaceX 研发了猎鹰重型（Falcon Heavy，FH）运载火箭，目前该型运载火箭已成功首飞。这充分体现了载人深空探测任务提出的"构建核心能力，发展使能技术"的研发策略，即使总体任务目标不断调整，核心能力和关键系统仍保持基本不变。总体任务目标的调整只影响到关键系统的选择和配置。

无论载人深空探测任务的目的地选择是月球、小行星还是火星，载人深空探测飞行器体系必须具备五项基本核心能力，包括进入空间和返回地球的能力、高效轨道转移能力、行星下降着陆与上升能力、太空活动及作业能力，以及在太空长期生存能力，如图 1‑6 所示。

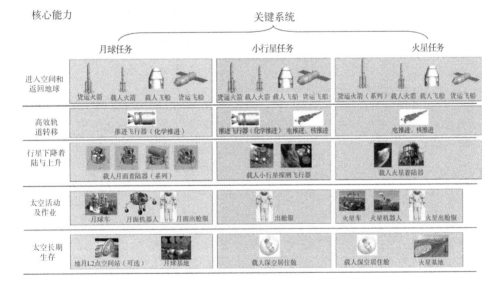

图 1‑6　载人深空探测飞行器体系的核心能力和关键系统

1. 进入空间和返回地球的能力

进入空间能力是指将人员和货物运送至太空的能力，主要由运载火箭和飞船系统提供，包括货运火箭、载人火箭、载人飞船、货运飞船等；返回地球的能力是指将航天员或少量货物从目的地运送回地球的能力，主要是由载人飞船完成。为降低往返运输成本，在提高运载火箭的运载能力基础上，需着重发展重复使用技术，进入空间所需的运载火箭及其推进技术，以及地外天体着陆回收所需的变推力发动机技术等，详见本书第 8 章的具体介绍。

2. 高效轨道转移能力

高效轨道转移能力是指将人员和货物从一条空间轨道转移运输至另一轨道的能力，主要由推进飞行器来完成，推进飞行器可以选用化学推进，也可以选用电推进或者核推进。推进飞行器可与载人飞船进行一体化设计，也可功能独立，设计为独立飞行的空间飞行器，具体根据任务类型而定。高效轨道转移能力涉及低温推进、电推进及核推进技术等，详见本书第 8 章的具体介绍。

3. 行星下降着陆与上升能力

行星下降着陆与上升能力是指将人员和货物从环绕轨道上降落或附着至星体表面，并从星体表面起飞至环绕轨道的能力，主要由载人着陆器或者货运着陆器完成。行星着陆与上升过程涉及高精度制导、导航与控制（Guidance Navigation Control，GNC）技术，热防护技术，发动机羽流导流及防护技术，着陆缓冲技术等，详见本书第 7 章的具体介绍。

4. 太空活动及作业能力

太空活动及作业能力是指人员在太空中或者星体表面开展各种科学探测和试验活动的能力，包括月球/火星车、空间机器人、星球探测工程设备等。载人深空探测任务最大的特色就是进行地外天体的人机联合探测及原位资源利用（In Situ Resource Utilization，ISRU），通过航天员操纵空间机器人，完成月球/小行星/火星的资源探测、测绘及开采任务，生产出推进剂、水或者氧气等消耗品并进行补给，以维持航天员在地外天体的长期生活和工作，详见本书第 9 章及第 11 章的具体介绍。

5. 太空长期生存能力

太空长期生存能力是指人在太空中或者月球/火星表面长期居住、生活和试验所需的居住系统，包括近地空间站、地月空间站、深空空间站、月球基地和火星基地等。本书第 10 章将具体介绍居住系统的类型、居住系统的系统设计技术、居住系统的关键分系统，以及居住系统的运营管理技术等内容。

1.2.5　地面试验及模拟验证

载人深空探测顶层任务分析的内容十分广泛，根据工程技术方案确定地面试验及飞行验证方案也是重要的研究内容。如何开展地面试验及模拟验证是研制载人深空探测飞行器必然面临的关键问题，也是后续对航天员进行模拟训练的重要环节，这些均需在开展顶层任务分析时同步考虑。本书第 12 章将详细介绍地面试验及模拟验证的内容。顶层任务分析的另一个内容就是确定实施规划，不仅包括地面试验和飞行试验，更包括实施规划。本书第 2 章将具体介绍美国载人月球探测飞行试验规划，如 EM - 1 和 EM - 2 任务。

上述五部分内容是开展载人深空探测顶层任务分析的核心内容，也是本书的重点介绍内容。

|1.3　载人深空探测任务面临的挑战|

载人近地轨道任务和无人深空探测任务涉及的相关技术，距离实施载人深空探测任务还存在相当差距，如图 1 - 7 所示。重点围绕"去、登、回、驻、用、人"等方面的因素，对载人深空探测任务进行对比研究，主要存在以下四个方面的突出科技问题。

（1）"去、登、回"的问题。面向有人参与的深空探测任务，解决运载火箭发射、载人深空运输、地外天体进入、着陆、起飞以及再入返回等飞行过程面临的科学技术难题，即解决如何保障人员精确可靠到达、着陆地外天体并安全起飞返回地球的问题。

（2）"驻"的问题。面向长期飞行及地外天体长期驻留任务，如月球基地任务、载人火星探测任务、火星基地任务等，解决保障人类的居住、生活、环境所面临的科学技术难题，即解决如何保障人员在长期飞行及长期驻留任务时的居住及生活环境问题。

（3）"用"的问题。"用"是有人参与的深空探测任务的长远目标，旨在对地外天体实施开发利用，甚至长期移民。面向航天员在地外天体机动和作业及开发利用外太空资源的长远目标，解决人类在地外天体作业及开发利用外太空资源中所涉及的科学技术难题，即解决如何保障人员在地外天体的大范围机动和作业问题。

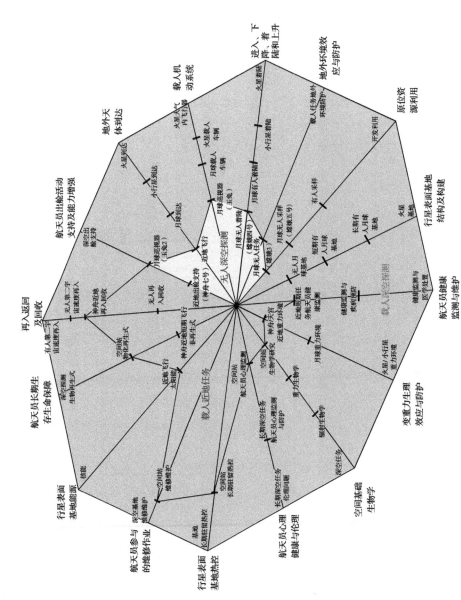

图 1-7 载人近地轨道任务、无人深空探测任务与载人深空探测任务的技术发展关系

（4）"人"的问题。"人"是有人参与的深空探测任务的核心，有人的存在就需时刻保障人员的健康和安全。面向有人参与的深空探测任务特点，解决人类在执行长期飞行和地外天体作业任务期间面临的健康与安全问题，探索人类生命起源的本质，即解决如何保障人员执行长期任务期间的健康和安全问题，同时提高人员的工作绩效。

这四个方面涉及载人飞行器总体技术，动力与能源技术，空间热物理技术，制导、导航与控制技术，着陆回收技术，材料、结构与制造技术，环境控制与生命保障技术，人机联合作业技术，原位资源利用技术，月球及行星科学，空间生命科学，航天医学，哲学等多个科学技术领域。

1.3.1　"去、登、回"面临的挑战

保障人员精确可靠到达、着陆地外天体并安全起飞、再入返回地球是面向载人月球/小行星/火星探测等任务的最基本要求，主要包括以下三个方面的科学技术问题。

1. 载人往返运输问题

与无人深空探测相比，载人深空探测任务的飞行器系统规模大幅增加。一般情况下载人飞行器的体积和质量是无人飞行器的几倍至十几倍，因此直接导致对运载火箭运载能力的需求大幅提升，例如美国 Apollo 载人登月工程所用的"土星 5 号"重型运载火箭近地轨道最大运载能力约 120 t。如此规模的运载火箭在研制上存在诸多难题，如研制重型发动机、大型箭体的加工制造等。同时，为尽可能地降低飞行器系统规模，必须提升深空探测飞行器轨控主发动机的比冲，例如采用低温化学推进或核推进的方式。因此需重点研究大推力液体火箭发动机技术、大型箭体制造技术、先进低温推进技术、轻质低温绝热材料技术、燃料电池技术、核推进及核电源技术等。

2. 载人 EDLA 的问题

在进入、下降、着陆和上升（Entry, Descent, Landing and Ascent, EDLA）等任务环节，载人深空探测与无人探测相比存在以下特点：①进入、着陆与起飞上升精度要求高（着陆精度为百米量级，起飞后要求在数小时内与载人飞船完成交会对接）；②下降着陆过程质量变化大，导致控制难度提升，悬停所采用的变推力发动机要求更高（如 10∶1 的深度变推能力）；③大载荷安全着陆对着陆缓冲系统形成了技术挑战。因此需重点研究确保载人员着陆安全的高精度、高安全的 EDLA 阶段的 GNC 技术、深度变推力技术、大承载高效着陆

缓冲吸能材料及结构技术等内容。

3. 再入返回及回收问题

载人深空探测任务的再入返回及回收过程，与无人深空探测和近地航天任务相比存在明显区别：①再入走廊与再入过载限制的问题，载人深空探测要设计满足第二宇宙速度再入要求的再入走廊，并且过载应限制在航天员的承受能力范围内；②热防护问题突出，第二宇宙速度再入时单位面积的总加热量较大，可达到每平方米数百兆焦，由于载人飞行器规模是无人飞行器的几倍，使热防护难度更大；③大质量飞行器回收需要展开面积几百或几千平方米降落伞支持，难度更大。因此需重点研究高速再入返回气动设计与试验技术、新型轻质热防护材料及结构技术、大承载群伞技术、气囊设计与制造技术、可控翼伞技术等内容。

1.3.2 "驻"面临的挑战

保障人员在长期飞行及长期驻留任务时的居住及生活环境是应对载人火星探测、月球基地及火星基地等长期任务的基本要求，共包含五个方面的科学技术问题。

1. 行星表面基地结构及构建问题

进行地外天体表面的长期驻留，必须解决居住问题，有了人的参与，必须构建出适合人类居住生活的密封空间，为人类生活提供必要的大气、温度和湿度环境。居住空间应满足至少 20 m^3/人的活动空间要求，还要考虑安全性、宜居性、扩展性等问题。同时，基地还要具备高可靠、易维护、防污染的特点。因此需开展行星基地的设计与建造，以及全周期基地高可靠维护与运营技术研究。

2. 航天员长期生存生命保障问题

航天员要长期驻留生存，首先要保证空气、水、食物的持续供给以及废物的有效处理。航天员每天消耗的水、空气和食物的需求量大约为 20 kg/（天·人）。如果执行火星探测任务，假定 3 人乘组 500 天，则所需消耗品共计约 30 t，多人长期驻留则需要更多。如此规模的消耗品如果全部依靠地面运输补给，代价巨大，因此必须考虑资源循环利用的方法。生物再生式生命保障技术是解决这一问题的关键，利用生物循环可实现空气和水的净化、食物生产、废物处理，保持食品生产和废物处理过程中的生态平衡，维持系统运行的稳定性。因此需开展植物栽培技术、动物饲养技术、废物处理与再利用技术以及生命保障系统集成建造技术研究。

3. 行星表面基地能源问题

充足的能源供给是行星表面基地正常运行的基本保证。与无人任务相比，有人基地任务能源需求更大，包括通信导航、生命保障、热控、作业等系统。与航天员有关的居住、生活、照明、图像话音传输、娱乐、健康支持、卫生系统，生物再生式生命保障系统的维持，基地的建设、维护和发展等工程建设作业，载人机动车辆、机器人等行星表面作业的支撑设备等都需要能源的供给和补充。这些都导致有人参与的行星表面基地能源消耗量巨大（高达数十甚至数百千瓦）。同时，为保证乘员安全，还需考虑夜间供电、能量传输和可靠性、安全性问题。因此需重点研究模块化、轻型核能技术、利用放置环月轨道太阳能电站的无线能量传输技术，以及能源系统健康监测及智能处理技术。

4. 行星表面基地热控问题

与无人探测任务相比，有人基地规模更大，系统更为复杂，热耗也相对大大增加，主要表现为以下几个方面：有人基地的外形尺寸和内部发热功率大，热量主要集中于密封舱内，而且内部热负荷变化也较大，导致热排散难度大；环境控制系统与热控系统存在较多的物质及能量的耦合，增加了热控制的技术难度；有人基地的热控设计要适应不同阶段、不同工作模式的热特点与热要求，工作模式显著增多；有人基地的长寿命要求热控方案具有更高的可靠性、安全性与可维修性设计。因此需重点研究大规模热量传输技术、高效热量排散技术以及环热电一体化技术。

5. 行星环境保护问题

行星环境保护所关注的问题主要包括两个方面：一方面是地球生命（如微生物）对地外天体的污染，这会对地外天体的生命探索活动产生干扰，甚至影响到地外天体的生命活动特征；另一方面对于无人返回任务以及有人任务而言，由于目前除了地球以外的其他天体还不能确定是否有生命的存在，因此地外天体对地球污染的可能性也不能排除。因此行星环境保护应面向"正向污染"和"逆向污染"两个方面采取措施，包括飞行器灭菌处理和生物净化技术，也包括采样返回样本隔离存储技术。

1.3.3 "用"面临的挑战

保障人员在地外天体的大范围机动和作业是面向载人登月、月球基地、载人登小行星、载人登火星、火星基地任务，实施深度探测和开发利用地外天体目标的基本要求，共包含五个方面的问题。

1. 载人机动系统问题

人类对地外天体进行环境探测与考察，必须有大范围载人机动系统的支持，包括非密封和密封增压的载人行星车辆。与无人探测相比，有人参与的深空探测任务在载人机动系统方面存在以下突出问题：机动速度要求更快，移动速度至少可达到 10 km/h，目前"玉兔号"无人月球车的巡视速度是 200 m/h；承载能力要求更大，能够搭载多名航天员和大量的样品以及试验设备；具备持续的环控生保支持能力，航天员作业必须穿着航天服，为满足航天员实现更大范围的机动作业的需求，机动系统必须具备环控生保支持能力；满足人机工效学的要求。此外，火星飞机、火星飞艇等新型的机动技术也有可能成为未来支撑载人深空探测任务天体表面作业活动的关键。

2. 航天员出舱活动支持及能力增强问题

航天员出舱作业活动的支持及能力增强问题，是为了提高航天员出舱作业的安全和工作效率。航天员地外作业需要穿着航天服，航天服必须具备质量轻、灵活性高等特点。因此对新型航天服的研究提出了挑战，包括材料的选择、构型的设计、人机工效等问题。此外，航天员经长期飞行，登陆地外天体，经历多种重力环境后，航天员作业能力会有所下降，因此航天服的设计还应该考虑航天员作业的能力增强问题。载人深空探测任务主要采用人机配合协同作业模式。这需要两方面的支撑：一是智能化的空间机器人；二是建立人机交互的通道，发展先进的、满足地外天体特殊作业要求的人机交互技术，例如智能机器人及先进舱外航天服技术、遥操作技术、机械外骨骼技术、自主控制技术、脑机接口技术、先进人机交互技术等。

3. 航天员参与的维修作业问题

由于地外天体环境复杂、恶劣，以及飞行器系统设计上难免存在薄弱环节以及元器件的使用寿命有限，因此不可避免地会发生各种故障。一旦深空探测任务中发生故障问题，航天员无法像近地任务一样快速安全返回，维修和更换是排除故障的重要途径。有人参与的维修作业面临的必须研究和解决的问题包括可维修性问题、可操作性问题及安全性问题。维修必须考虑人的安全性的问题，维修过程必须保证航天员不会受到电击、划伤、碰撞等伤害。

4. 原位资源利用问题

原位资源利用是勘测、获取和利用地外天体的天然或废弃的资源，用于维持人类可长期在地外生存的产品和服务的技术，可以降低发射质量、成本和风险。以月球任务为例，如果在月球上生产 1 000 kg 的氧用于推进剂和生保支持，则可节省 8 000 kg 的发射质量。ISRU 技术主要是指利用地外天体的当地原始资源，提炼所需要的推进剂、水和氧等消耗品，以及利用土壤制造建筑材料等产品，满足人类在地外天体长期生存和工作的需求。ISRU 主要研究内容包括：行星资源的勘探和测绘技术、行星表面能量的利用技术、行星表面推进剂获取和制备技术、消耗品的制造和储存技术，以及建筑材料的原位制造等内容。

5. 行星科学的深度认知问题

行星科学是关于行星系统的科学。行星系统是指围绕恒星（如太阳）运动的行星及其卫星、矮行星、小行星、流星体、彗星和行星际尘埃。行星科学主要研究内容包括天体的大小与形貌、空间与表面环境、物质组成和分布、地质构造、内部物理场与结构等。实施行星实地考察，通过无人实地探测和有人实地考察均可实现，但在认知程度上存在不同。在探测过程中，人的主观性和智能性是任何机器无法比拟的。在实地科学考察过程中，经过培训的航天员可以根据智慧和知识，分层次、分类别地选择样品采集的地点和采集对象，可以凭借洞察力和敏锐性观测到瞬间即逝或者随机出现的自然现象并快速记录，这些均是无人探测所无法做到的。有人参与的行星实地科学考察是实施行星科学认知的最高手段。通过对行星起源、演化和物理状态的研究，能使人类更好地了解地球，这就是比较行星学的观点。如果把地球从类地行星中孤立出来，则无法对我们自己这颗高度演化的、复杂的行星起源和演化史做出合乎逻辑的理解。

1.3.4 "人"面临的挑战

保障人员长期任务中的健康和安全是面向载人登月、月球基地、载人登小行星、载人登火星、火星基地任务，确保实施有人参与任务的基本要求，主要包括五个方面的问题。

1. 空间基础生物学问题

在有人参与的深空探测任务中，航天员将经历更长时间的空间飞行和地外天体居留，航天员在空间飞行环境下的生命保障、健康维护和工作绩效等问题关系到航天探索任务的成败。在航天医学研究中，空间复合环境下的心血管功能失调、骨质流失、肌肉萎缩、免疫功能减弱、神经系统功能障碍、空间运动病、时间节律改变、心理变化等问题，以及植物在不同重力环境下生长规律特点等问题，都必须以空间基础生物学为理论支撑，目前这些生物学效应背后都还存在许多未解之谜。空间基础生物学包括空间重力生物学、空间辐射生物学及空间微生物学等。

2. 变重力生理效应与防护问题

变重力生理效应是航天员在深空探测任务中面临的重要生理问题之一。长期处于微/低重力环境中对人体影响最大的是运动系统及骨骼系统的变化，长时间的作用将引起肌肉系统的废用性变化，即使采取一定的防护措施，肌肉萎缩症状仍会发生。此外，人体的心血管、免疫系统等也会产生不同的生理变化。这些变化可能会影响航天员的健康和工作绩效，从而影响探测任务科学目标的完成。因此需要掌握人体在变重力环境下的生理规律，研究对抗及防护措施。

3. 地外环境效应与防护问题

航天员在长期飞行或地外生存作业过程中，面临的辐射、星尘等特殊环境因素会对人体造成显著影响，包括空间辐射问题，长期空间辐射将造成组织破坏、癌症、白内障、生殖系统影响和后代发育畸形等危害；以及星尘问题，在低重力条件下，呼吸道对粉尘的净化作用会下降，航天员一旦吸入星尘，就会导致呼吸系统中度中毒，甚至患上慢性疾病。此外，星尘本身形状锋利，一旦人体沾染就可能对皮肤、呼吸道黏膜、眼睛等产生物理性损伤。当前美国认为重返月球的最大问题就是月尘问题，每年都召开相关学术会议进行研讨。

4. 航天员健康监测与维护问题

随着深空飞行时间的延长，航天员罹患疾病和受到意外伤害的概率增加，加之失重、辐射、噪声、振动、昼夜节律改变等航天环境因素对人体不利影响的累积，对人体生理应激作用等，将影响航天员健康状态，增加疾病风险。同时，随着飞行时间的延长，航天器系统故障发生概率增加，可能出现有害气体中毒、低压缺氧、烧伤等紧急医疗事件。因此需重点开展航天员健康风险与预防措施，以及航天员健康监测技术研究。

5. 航天员心理健康与伦理问题

长期在轨飞行，密闭狭小空间、有限人群交流、单调生活与高负荷工作以及人工和透射光暴露等因素，会对航天员造成心理负面影响。航天员长期存在负面心理问题，会对任务的执行甚至成败构成威胁。与心理问题同样重要的还有伦理问题，如航天员意外死亡，该如何处理尸体；航天员临终前是否应立下遗嘱；长期任务中的男女关系如何处理等。这些问题不解决，长期有人参与的深空探测任务就很难顺利实施。因此需重点开展长期飞行行为与心理健康研究、航天员心理健康监测与维护及长期飞行任务中的伦理学研究。此外，从哲学、法律、社会学的角度出发，建立有人参与的深空探测实施原则，指导有人参与的深空探测任务的实施。

随着工程实践的不断深入，人们发现在载人深空探测飞行的征途上遇到的风险和挑战还远远不止上述提出的问题，随着世界各国科学家和工程师研究的不断深入，还会有其他意想不到的新问题产生。

|1.4　载人深空探测体系工程的内涵|

20 世纪 70 年代美国实施的 Apollo 载人登月工程在项目管理上取得了突出成就，通过采用系统工程方法，解决了载人登月工程系统规模大、技术水平高、可靠性与安全性高、研制周期长、参与人员多、投资巨大等复杂项目管理问题。在产品研制过程中，从工程总体的研制要求到产品实现以及在轨运行，产生了具有复杂关联关系的海量设计信息，如系统、分系统、单机设计要求及接口关系等，这些信息当时主要是以文档的形式进行存储、交换与管理的。然而，自 1969 年形成美国军用标准《系统工程管理》（MIL – STD – 499）以来，系统工程方法变化很小。但与此同时，随着载人深空探测任务论证的持续深入，以载人火星探测任务为例，系统的规模和复杂性却在显著增长，涉及的学科领域不断增多，信息管理的难度大大增加，而且不同文档中系统参数状态不一致的问题时常出现，导致出现很多设计安全隐患，因此传统系统工程（Traditional Systems Engineering，TSE）方法已经不能满足需求，急需一种新的方法和手段来改变这一现状。

2012 年，NASA 在论证重返月球的"星座计划"时，在一次项目管理挑战研讨会（Project Management Conference，PMC）上提出体系工程的概念，同时来自约翰逊航天中心的技术人员介绍了在航天服开发中应用基于模型的系统工程（Model – Based Systems Engineering，MBSE）的情况，得到了与会各方的赞同和肯定。当前，NASA 所属的兰利航天中心、喷气推进实验室等都在项目研发、技术管理等方面积极推进应用 MBSE 方法，用于巨型复杂任务的项目管理，目的是显著提升项目的经济可承受性、缩短开发时间、有效管理系统的复杂性、提升系统的整体质量水平。

1.4.1　体系工程的概念及特点

体系即系统的系统（System of System，SOS），它不是简单的系统叠加，而是为实现某种能力需求的有机组合，体系具有一般系统组合不具备的功能与能力；体系工程是指面向体系的能力发展需求，在全寿命生命周期中对体系的设计、规划、开发、组织及运作进行系统的管理过程，目标是建立基于能力的动态系统，提供多种能力满足多项任务的需求。未来载人深空探测项目管理将呈现出体系工程的特点，主要体现在以下四个方面：

（1）载人航天任务需求日益复杂，越来越强调体系的能力建设。

在早期的载人航天任务中，通常是完成基于功能的设计，例如载人飞船最早就是为验证人在太空的短期生存能力而设计的，最主要的功能是保障人在太空的短期生存能力；到了空间站任务时期，体系的需求范围大大拓展，系统功能设计日益复杂，例如空间站不仅需保障人在空间的中长期生存功能，还需保障完成各类科学试验载荷的空间科学试验功能，也需保障进行复杂结构的空间组装和维修等功能。当多个舱段进行组装建造完成后，空间站系统表现出来的强大的体系能力，例如组合体的控制与管理能力、在轨运营与后期补给能力、空间应急救援能力，将大大超越单个系统工程，越来越突显出体系工程能力建设的特点，通过不同工程子系统的组合可以满足不同类任务的需求，例如用商业货运火箭发射货运飞船可以完成空间站系统的货物补给运输任务，也可以用载人飞船完成人员和部分货物的补给运输任务。

（2）体系工程中各系统间的接口日益复杂，接口管理和验证至关重要。

以空间站工程为代表的载人航天任务，由于系统组成过于复杂，模块多，进行体系工程设计时首先分解成若干工程大系统，再把工程各大系统分解成子系统，再把子系统分解成单个产品。体系工程中重点强调的是系统间以及子系统间的接口关系，这种接口关系可以简单到信息或数据的传递，也可以复杂到人机交互及管理控制等。子系统之间点对点互联的接口数等于 $n(n-1)/2$，其

中 n 是子系统的数量。例如，目前中国空间站系统拥有 7 个工程大系统，1 个系统工程组织，一共 15 个子系统（包括航天员系统、空间应用系统、长二 F 运载火箭系统、长七运载火箭系统、长五 B 运载火箭系统、载人飞船系统、货运飞船系统、空间实验室系统、空间站系统、光学舱系统、酒泉发射场系统、海南发射场系统、测控通信系统、着陆场系统和工程大总体），各子系统间接口的数量有 105 个。NASA 在 DRA 5.0 中提出的载人火星探测飞行器体系架构如图 1 - 8 所示，从图中可以看出仅仅是飞行器和运载火箭系统已有 12 个之多，中国空间站系统的飞行器体系架构仅仅相当于图 1 - 8 中的深空居住舱、重型运载火箭和载人飞船系统而已，若把发射、测控、着陆、货运补给等多个因素考虑齐全，子系统的个数还需要显著增加，显而易见各子系统间的接口数量和关系更为复杂。

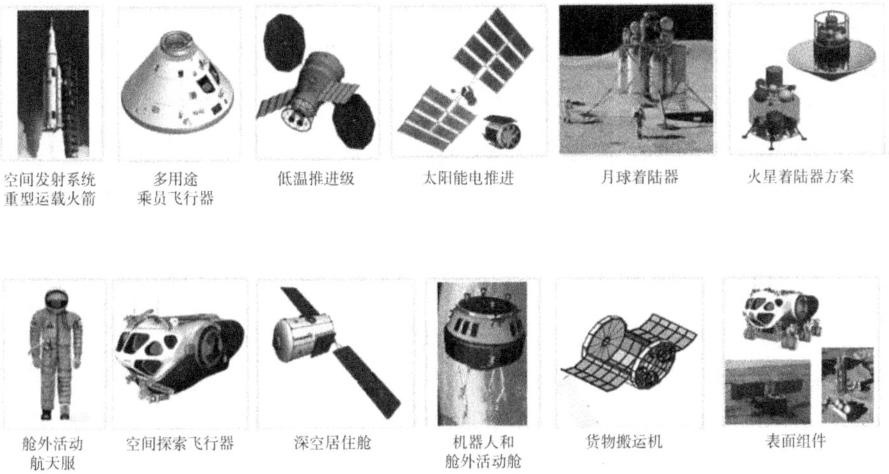

空间发射系统　　多用途　　　低温推进级　　太阳能电推进　　　月球着陆器　　　火星着陆器方案
重型运载火箭　乘员飞行器

舱外活动　　　空间探索飞行器　　深空居住舱　　　机器人和　　　货物搬运机　　　表面组件
航天服　　　　　　　　　　　　　　　　　　舱外活动舱

图 1 - 8　NASA 在 DRA 5.0 中提出的载人火星探测飞行器体系架构
（图片来源于 NASA 报告）

　　虽然载人航天传统意义上可以通过接口需求/控制文档资料进行管理，但是面对复杂大型的体系工程，接口之间的管理和验证将显得至关重要。最复杂和最重要的接口就是对工程大系统的安全与任务成败起决定作用的子系统间的接口关系，这类接口必须易于理解，易于使用，更改可控易追溯，同时能够易于验证，这将是未来载人航天体系工程面临的突出特点。

　　（3）体系工程中系统资源裕量管理难度高，越靠近寿命末期成本越高。

　　以载人登火星为代表的复杂载人航天任务中，体系工程师最重要的工作就是进行系统资源裕量的管理。系统资源管理主要是指质量、体积、能量/功率、数据传输速率、总线带宽、中央处理器（Central Processing Unit，CPU）利用和数据存储量、维修寿命、航天员出舱活动时间等系统级指标；裕量是指两个数值之间的差，通常是指系统需求或分配与实际值之间的差。对于复杂体系工程而言，资源和需求裕量可能是跨系统交叉的，因此需要分层次进行管理和分配。裕量管理的技巧是必须在正确的时间测定出裕量，以操控问题并减少风险，同时为未来的需求存留适量的裕度，包括跨子系统间的支撑裕量来平衡风险。很显然，超过裕量事件的发生时间越靠近任务全寿命周期的后期，花费代价就越高。例如对于机器人探测地外天体任务，如需重构系统质量，成本大于20 万美元/kg；对于载人探测任务而言，成本往往是 10 倍以上。

（4）体系工程项目实施的风险大，故障环节多，产品保证难度大。

众所周知，载人航天任务风险管理要求高，必须坚持安全第一的原则。在体系工程中由于工程各大系统中的各子系统生产研制单位地理分布广泛，参研单位众多，如果按照传统项目管理各自管控各自产品的风险，极易造成接口风险失控，系统故障环节多，一旦出现关键环节失效，代价极其昂贵，因此将风险管理提升到体系工程师产品保证及质量风险管控的层面，也将是未来载人航天体系工程建设和管理的突出特点。

1.4.2　基于模型的系统工程概念

2007 年，国际系统工程学会（International Council on Systems Engineering，INCOSE）在《系统工程 2020 年愿景》中，给出了"基于模型的系统工程"（MBSE）的定义，基于模型的系统工程是对系统工程活动中建模方法正式化、规范化的应用，以使建模方法支持系统要求、设计、分析、验证和确认等活动，这些活动从概念性设计阶段开始，持续贯穿到设计开发以及后来的全寿命周期阶段。由定义可以看出，MBSE 方法与传统基于文档的系统工程方法在基础理论及基本流程方面没有本质区别，区别主要是在设计过程管理方式、工作形式及设计结果展示形式上。

MBSE 和 TSE 的最大区别就在于系统架构模型的构建方法和工具不同，以及由此带来的工作模式、设计流程等方方面面的区别。也可理解为传统的系统工程变成基于模型的系统工程，实际是从"基于文本"（Text - Based）向"基于模型"（Model - Based）的转变。这个模型，指的是用系统建模语言建立的系统架构模型，或者说是系统架构模型的建模语言从"自然语言、文本格式"转向了图形化的系统建模语言（Systems Modeling Language，SysML）。但 MBSE并不是完全抛弃过去的文档，而是从过去"以文档为主、模型为辅"向"以模型为主、文档为辅"的转变。

MBSE 方法相比于以文档为中心的系统工程方法具有以下优点：

（1）理解、沟通效率提高。可视化的模型比文字更容易被接受，图形化的符号配以文字描述，既直观、形象，又保证了信息的完整性，使不同人员对同一模型的理解更容易达成一致，可以提高不同设计人员之间的沟通效率。

（2）数据获取容易。基于文档的系统工程方法处理的最小对象是文档，用户所需的信息散布在大量的文档之中，因此查找起来要耗费巨大的工作量。而 MBSE 方法处理的最小对象是数据，结合数据库管理方法，用户能直接获得所需的指标参数，可大幅减少设计人员的工作量。

（3）技术状态可追踪性好。MBSE 方法在工作过程中会不断建立模型之间的关系，通过这些关系实现技术状态的追踪性和关联性分析，完成对技术状态的全面分析和控制。

（4）设计验证一体化。MBSE 方法在工作过程中强调同时考虑设计与验证，通过建立验证模型与需求模型、功能模型，以及其他设计过程中所用到的相关模型之间的关系，进行验证覆盖性分析，以保证所有项目均满足验证要求。

MBSE 方法的最终目标是以模型为基础，构建出经过测试与验证的系统架构。在整个设计过程中，最基本的是构建系统的需求模型、功能模型和物理架构模型。

1. 需求模型

需求模型是指从系统最顶层的需求直至最底层的需求，以及它们之间逻辑关系构成的集合。按不同侧重点，可将需求分为功能需求、性能需求、接口需求、可靠性需求、安全性需求、人因工程需求等。需求模型用于将系统设计过程中不清晰的期望、要求等转换成需要解决的具体问题，用于指导系统设计。对应于系统的不同层次，需求模型有一个层级结构，最顶层的需求来自用户的使用要求、成本约束、研制周期约束及各利益相关方的期望等，这些顶层需求都被划分为功能需求和性能需求等，并在系统内进行分解与分配，由系统到子系统再到单机部件，层层细化，这个分解和分配过程一直持续到完成完整的满足需求的设计为止。需求模型如图 1-9 所示。

2. 功能模型

功能模型是指系统完成既定任务目标所需要的全部功能的集合，其中包括对应系统级（如载人飞船）、分系统级（如测控系统）、产品级（如传感器），甚至更小单元的功能及它们之间的逻辑关系，用于指导系统组成的设计。功能模型在需求模型的基础上，通过逻辑分解进行系统功能分析，同时基于对任务过程的分析，梳理整个过程中的飞行事件，再通过飞行事件识别出每一层次的系统功能，如图 1-10 所示；之后对功能进行逐级归纳，形成系统的功能模块

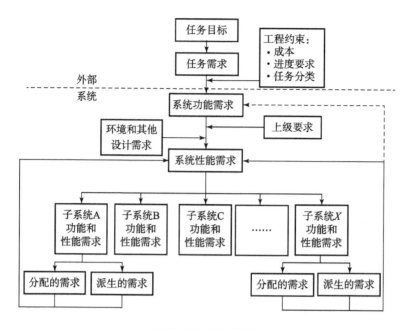

图 1-9 需求模型

划分。此外，在功能模型的构建过程中，还要将总结出来的功能与需求模型中的条目进行匹配，确保每项需求都有功能与之对应。对于没有覆盖到的需求，要考虑其是否合理，是否需要添加相应功能对其支持；对于不支持系统需求的功能，考虑将其删除。

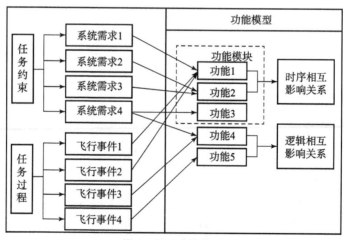

图 1-10 功能模型

3. 物理架构模型

物理架构模型用于描述构成系统的全部要素及它们之间的接口关系，同样由系统级直至产品，甚至更小单元的层级结构组成。构建系统的物理架构模型时，以需求模型和功能模型为基础，综合考虑性能指标、系统效能、研制成本、系统接口、技术风险等，开展多方案比较，选择能满足用户需求并能较好完成系统功能的系统组成方案。物理架构模型如图 1 – 11 所示。

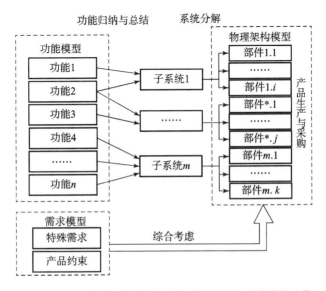

注：n 和 m 分别为功能与子系统的个数；i，j，k 为部件的个数

图 1 – 11　物理架构模型

除上述三个基本模型外，完成整个任务设计还需要系统接口模型、产品结构模型、风险分析及验证模型等。建成任务设计所需的模型后，还要根据事先制定的逻辑规则建立不同模型之间的关系，实现对整个工程中数据的全面可达。整个过程反复迭代，不断细化，直至能清晰描述整个设计、验证及工作过程，最终建立一个完整、一致并可方便追溯与查询的体系，实现参数查询、覆盖性分析等工作，以保证系统设计模型的一体化，避免各个组成部分之间的设计冲突，降低风险。图 1 – 12 所示为 MBSE 方法不同模型之间的关系。

综上所述，MBSE 将在载人深空探测领域得到广泛的推广使用。为应对基于文档的传统系统工程模式在复杂体系工程中产品和系统研发时面临的挑战，它可以逻辑连贯一致的多视角通用的系统模型为桥梁和框架，实现跨系统、跨领域模型的可追踪、可验证和全寿命周期内的动态关联。它适用于从概念方

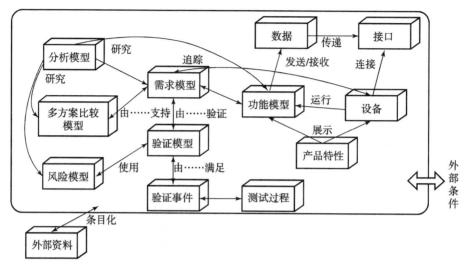

图 1 – 12　MBSE 方法不同模型之间的关系

案、工程研制，乃至使用维护到报废更新的全寿命周期内的活动，从体系工程顶层设计往下到系统、分系统、单机或组件等各个层级内的系统工程过程和活动，包括技术过程、技术状态管理过程、协议过程和项目组织管理过程。

思考题

1. 载人深空探测任务的概念和内涵是什么？
2. 开展载人深空探测活动的意义是什么？
3. 载人与无人深空探测任务的差异是什么？
4. 载人深空探测飞行器体系通常包含哪些核心能力和关键系统？
5. 载人深空探测任务面临的突出科学和技术问题有哪些？
6. 什么是体系工程？为什么说载人深空探测任务呈现出体系工程的特点？
7. 什么是基于模型的系统工程？
8. 与以文档为中心的系统工程方法相比，MBSE 方法有什么特点？
9. 未来从事载人深空探测任务的系统工程师需要掌握什么样的专业技能？

参 考 文 献

［1］钱学森. 星际航行概论［M］. 北京：中国宇航出版社，2008.
［2］中国科学院. 中国学科发展战略·载人深空探测［M］. 北京：科学出版社，2016.

［3］中国科学院月球与深空探测总体部. 月球与深空探测［M］. 广州：广东科技出版社，2014.

［4］焦维新，邹鸿. 行星科学［M］. 北京：北京大学出版社，2009.

［5］果琳丽，王平，朱恩涌，等. 载人月球基地工程［M］. 北京：中国宇航出版社，2013.

［6］杨宏，叶培建，张洪太，等. 载人航天器技术［M］. 北京：北京理工大学出版社，2018.

［7］孙泽洲，叶培建，张洪太，等. 深空探测技术［M］. 北京：北京理工大学出版社，2018.

［8］高耀南，王永富. 宇航概论［M］. 北京：北京理工大学出版社，2018.

［9］［美］唐纳德·拉普. 面向载人月球及火星探测任务的原位资源利用技术［M］. 果琳丽，郭世亮，张志贤，等，译. 北京：中国宇航出版社，2018.

［10］陈善广. 载人航天技术（上、下）［M］. 北京：中国宇航出版社，2018.

［11］［德］格尔达·霍内克，［中］庄逢源. 宇宙生物学［M］. 北京：中国宇航出版社，2010.

［12］［美］Mohammad Jamshid. 体系工程——基础理论与应用［M］. 许建峰，郝政疆，黄辰，等，译. 北京：电子工业出版社，2016.

［13］林贵平，王普秀. 载人航天生命保障技术［M］. 北京：北京航空航天大学出版社，2008.

［14］Neil Leach. Space Architecture—The New Frontier for Design Research［M］. 北京：北京大学出版社，2014.

［15］NASA. NASA 系统工程手册［M］. 朱一凡，李群，杨峰，等，译. 北京：电子工业出版社，2012.

［16］［美］杰弗里·A·艾斯特凡. 基于模型的系统工程（MBSE）方法论综述（中英文对照）［M］. 张新国，译. 北京：机械工业出版社，2014.

［17］叶培建，果琳丽，张志贤，等. 有人参与深空探测任务面临的风险和技术挑战［J］. 载人航天，2016，22（2）：143 – 149.

［18］果琳丽，王平，梁鲁，等. 载人月面着陆及起飞技术初步研究［J］. 航天返回与遥感，2013，34（4）：10 – 16.

［19］果琳丽，左光，孙国江. 载人深空探测发展设想及对动力技术的需求［C］. 中国宇航学会深空探测技术专业委员会第七届学术年会论文集，2010.

[20] 齐玢, 果琳丽, 张志贤, 等. 载人深空探测任务航天医学工程问题研究 [J]. 航天器环境工程, 2016, 33 (1): 21–27.

[21] 陈金盾, 刘伟波, 姜国华, 等. 载人登月的航天医学工程问题 [J]. 载人航天, 2010, 16 (3): 44–51.

[22] 白延强, 吴大蔚. 长期载人航天中的医学挑战与对策 [J]. 航天医学与医学工程, 2008, 21 (3): 210–214.

[23] 白延强, 刘朝霞. 长期载人航天飞行医学保障面临的挑战 [J]. 空军医学杂志, 2011, 27 (1): 12–23.

[24] 欧阳自远, 李春来, 邹永廖, 等. 深空探测进展与开展我国深空探测的思考 [J]. 国际太空, 2003 (2): 2–6.

[25] 沈自才, 代巍, 白羽, 等. 载人深空探测任务的空间环境工程关键问题 [J]. 深空探测学报, 2016, 3 (2): 99–106.

[26] 许峰, 白延强, 吴大蔚, 等. 载人航天空间辐射主动防护方法 [J]. 航天医学与医学工程, 2012, 25 (3): 225–229.

[27] 薛玉雄, 马亚莉, 杨生胜, 等. 火星载人探测中辐射防护综述 [J]. 航天器环境工程, 2010, 27 (4): 437–443.

[28] 张志贤, 果琳丽, 戚发轫, 等. 月面人机联合探测概念研究 [J]. 载人航天, 2014 (9): 432–442.

[29] 李东, 陈闽慷, 果琳丽, 等. 月球探测的初步设想 [J]. 导弹与航天运载技术, 2002, 259 (5): 20–28.

[30] 朱恩涌, 孙国江, 果琳丽. 小行星表面取样技术分析 [J]. 中国航天, 2012, 2: 32–35.

[31] 朱恩涌, 孙国江, 果琳丽. 我国小行星探测发展思路及关键技术探讨 [J]. 航天器工程, 2012, 21 (3): 96–100.

[32] 朱恩涌, 果琳丽, 陈冲. 有人月球基地构建方案设想 [J]. 航天返回与遥感, 2013, 34 (5): 1–6.

[33] 龙乐豪, 王小军, 果琳丽. 中国进入空间能力的现状与展望 [J]. 中国工程科学, 2006, 8 (11): 25–32.

[34] 梁鲁, 朱恩涌, 左光, 等. 登月飞行器组合体动态特性初步研究 [J]. 载人航天, 2012, 18 (2): 21–27.

[35] 彭坤, 徐世杰, 果琳丽, 等. 基于人工免疫算法的地球–火星小推力转移轨道优化 [J]. 中国空间科学技术, 2012, 5: 61–68.

[36] 彭坤, 果琳丽, 向开恒, 等. 基于混合法的月球软着陆轨迹优化 [J]. 北京航空航天大学学报, 2014, 40 (7): 910–915.

[37] 彭坤，李民，果琳丽，等. 近地轨道航天器快速交会技术分析 [J]. 航天器工程，2014，23（5）：92 – 102.

[38] 彭坤，李明涛，王平，等. 基于不变流形的地月 L2 点 Halo 轨道转移轨道设计 [J]. 载人航天，2016，22（6）：673 – 679.

[39] 梁鲁，张志贤，果琳丽，等. 可移动式月球着陆器在载人月球探测活动中的任务分析 [J]. 载人航天，2015，21（5）：472 – 478.

[40] 张志贤，梁鲁，果琳丽，等. 轮腿式可移动载人月面着陆器概念设想 [J]. 载人航天，2016，22（2）：202 – 209.

[41] 田林，威发轫，果琳丽. 载人月面着陆地形障碍探测与规避方案研究 [J]. 航天返回与遥感，2014，35（6）：11 – 19.

[42] 田林，果琳丽，王平，等. 考虑质心漂移的载人月面着陆器自适应姿态跟踪控制 [J]. 航天返回与遥感，2013，34（4）：34 – 42.

[43] 李志杰，果琳丽，董素君，等. 陶瓷瓦热防护结构瞬态热响应非耦合计算方法 [J]. 南京航空航天大学学报，2013，45（5）：641 – 646.

[44] 李志杰，果琳丽. 载人航天器舱内流场与温度场松耦合计算方法研究 [J]. 航天返回与遥感，2015，36（2）：9 – 17.

[45] 李志杰，果琳丽. 月球原位资源利用技术研究 [J]. 国际太空，2017，3：44 – 50.

[46] 李志杰，果琳丽，梁鲁，等. 有人月球基地构型及构建过程的设想 [J]. 航天器工程，2015，24（5）：23 – 30.

[47] 果琳丽，谷良贤. 田林，等. 载人月面着陆器动力下降段自适应姿态控制 [J]. 哈尔滨工业大学学报，2013，45（5）：119 – 123.

[48] 果琳丽，李志杰，齐玢，等. 一种综合式载人月球基地总体方案及建造规划设想 [J]. 航天返回与遥感，2014，35（6）：1 – 10.

[49] 果琳丽，张志贤，张泽旭. 脑机接口技术在载人航天任务中的应用研究 [J]. 国际太空，2016，449：73 – 78.

[50] 果琳丽，申麟，杨勇，等. 中国航天运输系统未来发展战略的思考 [J]. 导弹与航天运载技术，2006，28（1）：1 – 5.

[51] 黄铁球，果琳丽，曾海波. 基于 RecurDyn 的动力学与控制一体化仿真模式研究 [J]. 航天控制，2010，28（3）：60 – 64.

[52] 李君海，果琳丽，梁鲁，等. 基于仿真的月面着陆器上升级推进系统动态特性研究 [J]. 载人航天，2015，21（1）：25 – 31.

[53] 张有山，果琳丽，王平，等. 新一代载人月面着陆器发展趋势研究 [J]. 载人航天，2014，20（4）：353 – 358.

［54］ 白志富，果琳丽，陈岱松. 新型非火工星箭连接分离技术［J］. 导弹与航天运载技术，2009，299：31－37.

［55］ 李恩奇，梁鲁，张志成，等. 月面着陆器上升级压力舱结构优化研究［J］. 载人航天，2016，22（6）：750－754.

［56］ 候砚泽，左光，王平，等. 载人深空探测进入/再入走廊设计方法研究［J］. 航天返回与遥感，2014，35（3）：1－10.

［57］ 吴汉基，蒋远大，张志远，等. 加强我国天体生物学的研究［C］. 中国空间科学学会第七次学术年会，2009.

［58］ 孙辉先，李慧军，张宝明，等. 中国月球与深空探测有效载荷技术的成就与展望［J］. 深空探测学报，2017，（4167）：495－508.

［59］ 姜生元，沈毅，吴湘，等. 月面广义资源探测及其原位利用技术构想［J］. 深空探测学报，2015，2（4）：291－301.

［60］ 何志平，王建宇，舒嵘，等. 月面资源人机联合多尺度红外光谱成像探测概念研究［J］. 载人航天，2017，23（5）：597－601.

［61］ 张有山，杨雷，王平，等. 基于模型的系统工程方法在载人航天任务中的应用探讨［J］. 航天器工程，2014，23（5）：121－128.

［62］ 王崑声，袁建华. 国外基于模型的系统工程方法研究与实践［J］. 中国航天，2012（11）：52－57.

［63］ 贾晨曦，王林峰. 国内基于模型的系统工程面临的挑战及发展建议［J］. 系统科学学报，2016，24（4）：100－104.

［64］ 卢志昂，刘霞，毛寅轩，等. 基于模型的系统工程方法在卫星总体设计中的应用实践［J］. 航天器工程，2018，27（3）：7－16.

［65］ Drake，Bret G. Human exploration of Mars，design reference architecture 5.0［R］. National Aeronautics and Space Administration，NASA－SP－2009－566，2009.

［66］ ISECG. The global exploration strategy，the framework for coordination［R］. International Space Exploration Coordination Group，http://www. globalspace-exploration. org，2007.

［67］ NASA. The vision for space exploration［R］. National Aeronautics and Space Administration，NP－2004－01－334－HQ（Rev），2004.

［68］ Public Law 109－155. National aeronautics and space administration authorization act of 2005［R］. 109th Congress，2005.

［69］ Public Law 110－422. National aeronautics and space administration authorization act of 2008［R］. 110th Congress，2008.

［70］ Borowski, Stanley K, et al. "7 – Launch" NTR space transportation system for NASA's Mars design reference architecture (DRA) 5.0 ［R］. 45th AIAA/ASME/SAE/ASEE Joint Propulsion Conference & Exhibit, AIAA – 2009 – 5308, 2009.

［71］ White House. U. S. Announces review of human space flight plans, independent Blue – Ribbon panel will delineate options ［R］. Office of Science and Technology Policy Press Release, 2009.

［72］ Augustine Norman R. Seeking a human spaceflight program worthy of a great nation ［R］. Review of U. S. Human Spaceflight Plans Committee, 2009.

［73］ Drake Bret G. Reducing the risk of human Missions to Mars through testing, national aeronautics and space administration ［R］. JSC – 63726, 2007.

［74］ ISECG. The global exploration roadmap ［R］. International Space Exploration Coordination Group, http://www. globalspaceexploration. org,2018.

［75］ Office of the President of the United States (2010). National space policy of the United States of America ［R］. 2010.

［76］ Muirhead, Brian, et al. Human exploration framework team: strategy and status ［R］. IEEEAC paper#1759, 2011.

［77］ Culbert Chris. Human spaceflight architecture team (HAT) overview, presentation to the global exploration workshop ［R］. http://www. nasa. gov/pdf/603232main_Culbert – HAT% 20 Overview% 20for% 20GER% 20Workshop. pdf,2012.

［78］ Hale J. NASA integrated model – centric architecture NIMA ［R］. Gaithersburg: NIST, 2013.

［79］ Nichols D, Lin C. Integrated model – centric engineering:the application of MBSE at JPL through the life cycle［R］. Los Angeles,CA:INCOSE,2014.

［80］ NASA. Model – based systems engineering pilot program at NASA langley ［C］. AIAA SPACE Conference & Exposition, 2012.

［81］ Li Yi – fan. Research on the key technologies in manned deep space exploration ［J］. Missles and Space Vehicles, 2018, 359 (1): 25 – 31.

［82］ Vago J, Gardini B, Kmine K G, et al. ExoMars – searching for life on the Red Planet ［J］. ESA Bullefin, 2006 (126): 16 – 23.

［83］ Hoffman S J, Kaplan D I. Human exploration of Mars: the reference mission of the NASA Mars exploration study team ［C］. Houston: Science Applications International Corporation, 1997.

[84] Prince J L, Desai P N, Queen E M, et al. Mars phoenix entry, descent, and landing simulation design and modeling analysis [J]. Journal of Spacecraft and Rockets, 2011, 48 (5): 756 – 764.

[85] Jean – Marc Salotti. Robust, affordable, semi – alirect Mars mission [J]. Acta Astronautica, 2016 (127): 235 – 248.

[86] Gardini B, Ongaro F, Pradier A, et al. The aurora program for the human exploration of the solar system [C]. Long Beach: AIAA Space Conference & Exposition, 2003.

[87] Benton Sr M G, Caplin Sr G, Reiley K, et al. Boeing design trades in support of the NASA Altair Lunar lander concept definition [C]. AIAA Space Conference & Exposition, 2008.

[88] Benton Sr M G. Conceptual design of crew exploration lander for asteroid ceres and saturn Moons Rhea and Iapetus [C]. 48th AIAA Aerospace Sciences Meeting Including the New Horizons Forum and Aerospace Exposition, 2010.

[89] Benton Sr M G, Donahue B, Caplin G, et al. Configuration options to maximize Lunar surface reuse of Altair lander structure and systems [C]. AIAA Space Conference & Exposition, 2009.

[90] Benton Sr M G. Conceptual space vehicle architecture for human exploration of Mars, with artificial gravity and Mini – Magnetosphere crew radiation shield [C]. AIAA Space Conference & Exposition, 2012.

[91] Gabriel G. De L T, Berna van B, et al. Future perspectives on space psychology: recommendations on psychosocial and neurobehavioural aspects of human spaceflight [J]. Acta Astronautica, 2012, 81 (2): 587 – 599.

[92] Turso J. Instrumentation and control needs for reliable operation of Lunar base surface nuclear power systems [R]. NASA/TM – 2005 – 213839.

[93] Zakrajsek J J, Mckissock D B, Woytach J M, et al. Exploration rover concepts and development challenges [R]. AIAA – 2005 – 2525. 3.

[94] West J B. Historical perspectives: physiology in microgravity [J]. Appl Physiol, 2000 (89): 379 – 384.

[95] Guo L L. Manned Lunar Base and in Situ Resource Utilization: How to make humans a multi planet species [C]. Horizon 2061, 2018.

[96] Guo L L. Research on technology validations of deep space exploration in the space station [C]. Global Space Exploration Conference, 2017.

[97] Guo L L, Conceptual design and scientific application analysis of manned Lunar

base〔C〕. Astronomy from the Moon and International Human Moon Missions, 2017.

〔98〕Jason C, Gruson R, Marshall Smith, et al. Deep Space gateway concept: Extending human presence into cislunar space〔C〕. IEEE Aerospace Conference, 2018.

〔99〕Jocly Singer, Jeny Cook. The Mars generation – building the future success of deep space hunan exploration〔C〕. Space Ops Conference, 2018.

〔100〕Melissa L, McGuire, Steven R, et al. NASA GRC compass team conceptual point design and trades of a hybrid solar electric propulsion (SEP) /chemical propulsion human mars deep space transport (DST) Vehicle〔C〕. AIAA Space and Astronautics Forum and Exposition, 2018.

〔101〕Ghassabian G Hady, Calzada DiaI Abigail, Hettrich Sebastian, et al. ALCIDES: A novel: lunar mission concept study for the demonstration of enabling technologies in deep space exploration and human – robots interaction〔J〕. Actel Astronacutica, 2018 (151): 270 – 283.

〔102〕Jody Singer, Jenny Cook. The Mars generation – building the future success of deep space human exploration〔C〕. Space Ops Conference, 2018.

〔103〕Wallace S. Tai, Douglas S Abraham, Kar – Ming Cheung. Mars Planetary network for human exploration era – potential challenges and solutions〔C〕. Space Ops Conference, 2018.

〔104〕Guo J F, Bai C C, Guo L L, et al. Optimal nominal trajactory guidance algorithm for lunar soft landing〔C〕. International Astronauitical Congress, 2014.

〔105〕Bai C C, Guo J F, Guo L L. Lunar landing trajectory and abort trajectory integrated optimization〔C〕. International Symposium on Space Flight Dynamics, 2015.

〔106〕Bai C C, Guo J F, Guo L L, et al. Deep multi – layer perception based terrain classification for planetary exploration rovers〔J〕. Sensors, 2019, 19 (14): 3102.

〔107〕Cao C, Wang W, Yuan J P, et al. Hybrid sail displaced orbits around L2 point in the elliptic Earth – Moon system〔J〕. Journal of Guidance, Control and Dynamics, 2019, 42 (2): 416 – 424.

第 2 章

载人深空探测发展概况

20世纪60年代，美苏争霸开展载人登月竞赛。美国的阿波罗载人登月工程取得了巨大成功，实现了6次成功登月，在科学研究和工程技术上均收获颇丰。随后的载人飞行转向近地轨道，深空探测则以无人任务为主。进入21世纪以后，国际深空探测任务呈现出多元化的发展趋势，美国、俄罗斯、中国都提出了自己的载人登月规划目标。2019年美国特朗普政府明确提出：将在2024年将两名航天员送往月球南极，其中一名是女航天员；在2028年实现月球南极的长期生存；2035年前后实现载人登陆火星的战略目标。在此基础上，欧洲航天局以及俄罗斯、日本、加拿大、澳大利亚等国家的航天局纷纷与美国 NASA 签订合作协议，期望加入美国的 Artemis 任务中。除此之外，美国以 SpaceX 为代表的私营公司也研制了可重复使用的重型猎鹰火箭及"星舰"飞船，并规划了自己的载人深空探测任务时间表。从历次国际宇航大会的研讨情况来看，无论是国家政府行为还是私营商业行为，当前在载人深空探测领域，先实现人类在月球上的长期生存，并以月球为试验基地和跳板，利用月球或小行星资源进行原位资源利用，最终向火星进发的发展思路已成为全球的共识。

|2.1　概　　述|

20 世纪六七十年代，美国和苏联以载人登月为目标开展太空竞赛，载人深空探测工程正式起步并成为世界大国政治角力的舞台。美国 Apollo 载人登月工程取得巨大成功，在工程技术和科学研究上均收获颇丰。而后载人飞行转向近地轨道，深空探测则以无人任务为主。进入 21 世纪，全球载人深空探测呈现多元化发展趋势，在借鉴无人探测取得成果的基础上，载人深空探测的目的地逐渐明晰，即近期瞄准重返月球、远期实现登陆火星，同时有选择地探测小行星。

当前载人航天活动主要依赖近地轨道空间站，未来人类可以探索的目的地及执行的载人深空探测任务主要包括地月空间、月球任务、深空任务、行星际运输任务及火星任务，如图 2 - 1 所示。

根据 2018 年国际空间探索协调小组（ISECG）公布的新版《全球探索路线图》（Global Exploration Roadmap，GER）可知，如图 1 - 4 所示：①在近地轨道，主要以国际空间站（International Space Station，ISS）的运营和中国空间站的建设为主；②在月球表面及轨道任务中，无人探测主要有印度的无人月船、俄罗斯的 Lunar 系列任务、中国的嫦娥月球探测任务，载人探测主要有美国的 EM - 1 和 EM - 2 任务（Exploration Mission，EM），以及深空之门（Deep Space Gateway，DSG）任务；③在火星表面及轨道任务中，主要以无人火星探测任务为主，包括 Mars 2020、ExoMars、火星环绕器任务及火星卫星探测任务等，此外为了发展载人火星探测任务能力，美国开始建造深空运输飞行器（Deep Space Transportation，DST），用于地火往返运输；④在注重构建核心能力和关键

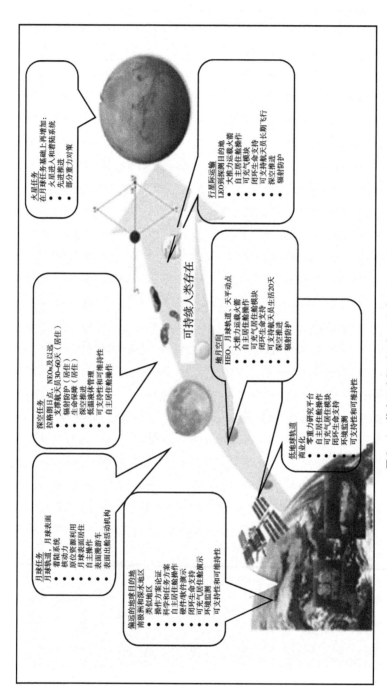

图 2−1 载人深空探测任务目的地及主要技术难点

（图片来源于 ISECG 官网）

火星任务
在月球任务基础上再增加：
- 火星进入和着陆系统
- 先进推进
- 部分重力对策

行星际运输
LEO到探测目的地
- 大推力运载火箭
- 自主居住舱操作
- 闭环生命支持
- 深空推进
- 辐射防护

深空任务
拉格朗日点、NEOs及以远
支持航天员30~60天（居住）
- 辐射防护（居住）
- 生命保障（居住）
- 深空推进
- 低温液体管理
- 可支持性和可维持性
- 自主居住舱操作

地月空间
HEO、月球轨道、天平动点
- 大推力运载火箭
- 自主居住舱操作
- 闭环生命支持
- 可支持航天员生活20天
- 深空推进
- 辐射防护

月球任务
月球轨道、月球表面
- 着陆动力
- 核动力
- 原位资源利用
- 月球表面居住
- 自主操作
- 表面漫游车
- 表面出舱活动机构

低地球轨道
商业化
- 零重力研究平台
- 自主居住舱操作
- 闭环生命支持
- 环境监测
- 可支持性和可维持性

偏远的地球目的地
南极洲和滨水地区
类似地区
- 科学和任务论证
- 操作和方案
- 自主居住舱操作
- 硬件/软件演示
- 闭环生命支持
- 环境监测
- 可支持性和可维持性

可持续人类存在

系统之外，重点开展基于近地轨道空间站的载人深空探测技术验证，并支持推动商业航天的发展；⑤以 DSG 任务为核心进一步开展广泛的国际合作。

图 2 - 1 所示为 ISECG 公布的载人深空探测任务目的地及主要技术难点。

相对 20 世纪以任务牵引为目标的载人登月任务，近 50 年的重返月球论证过程中载人深空探测领域的发展思路转变为能力驱动，同时注重核心系统的建设和关键技术的验证。当前已经明确的核心系统包括重型运载火箭和载人飞船及深空之门（DSG），美国和俄罗斯均已进入工程研制阶段。正是这个措施有力地支撑了 NASA 在 2024 年完成重返月球的战略目标。在关键技术研究和验证上，一方面借助近地轨道国际空间站、中国空间站等平台开展验证，包括闭环生命支持、空间辐射防护、充气可展开结构、低微重力长期生存等；另一方面结合无人探测任务进行飞行验证，如行星进入与着陆、先进推进、原位资源利用、深空环境长期驻留等技术的在轨验证。下面从载人深空探测任务、飞行器系统方案、关键技术的发展概况分别进行介绍。

2.2 载人深空探测任务发展概况

2.2.1 载人月球探测任务

载人月球探测大体上可分为三个阶段：20 世纪中叶以实现载人登陆月球为目标的太空竞赛阶段、20 世纪 90 年代以实现人类重返月球为目标的能力积累阶段，以及 2019 年明确重返月球，并以此为跳板及试验基地，实现载人火星为目标的深入实施阶段。截至 2019 年 10 月底的全球月球探测任务情况详见附录 A。

Apollo 载人登月工程中，共有 12 名美国航天员着陆月面，在月面停留时间总计 280 h，行进总里程达到 100 km，带回地球的月球样品总重 381.7 kg，是迄今为止全世界最复杂的航天任务。工程任务目标是将 3 人乘组、2 人送达月面赤道附近低纬度地区、月面停留 3 天，采用了人货合运的"一次发射直接奔月"飞行模式，充分利用了"土星 5 号"百吨级重型运载火箭的能力。飞行器系统由登月飞船和登月舱组成，登月飞船由指令舱和服务舱组成。飞船指令舱是航天员在飞行中生活和工作的座舱，也是全飞船的控制中心，总重约 6 t，可以支持 3 人 14 天飞行任务；服务舱总重约 24 t，前端与指令舱对接，为航天员提供能源与动力支持以及发动机所需的推进剂。登月舱的主要任务是携带两名航天员完成月面着陆起飞和环月轨道交会对接，由上升级和下降级组

成，总重 16.5 t，可支持 2 人 3 天月面停留任务。

2004 年乔治·沃克·布什总统宣布了"太空探索新构想"计划，再次提出重返月球并以此作为跳板为载人登陆火星做准备，2009 年重返月球计划正式命名为"星座计划"。"星座计划"采用人货分运的近地轨道一次交会对接飞行模式，即"猎户座"（Orion）载人飞船和"牵牛星"（Altair）月面着陆器分别由"阿瑞斯-1"（Ares-Ⅰ）载人火箭和"阿瑞斯-5"（Ares-Ⅴ）重型火箭发射进入近地轨道并对接，组合体利用地球出发级（Earth Departure State，EDS）加速进入地月转移轨道，如图 2-2 所示。

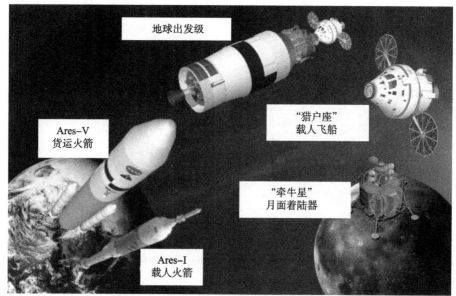

图 2-2　"星座计划"载人地月往返运输系统
（图片来源于 NASA 官网）

美国前总统奥巴马上任后，在 2010 年 2 月宣布取消已进入工程研制阶段的"星座计划"，并提出"21 世纪太空探索"新战略，目标是进行"月球以远"的载人空间探索，并于 21 世纪 30 年代中期实现载人火星轨道飞行，之后实施载人火星登陆。同年，美国又发布了新版《美国国家空间政策》，将奥巴马太空探索新政内容作为一项民用航天指导方针确定下来。此后，对于载人火星探测的过渡目标，美国一直采取了多目的地探索策略，以火星为终极目标，将月球、近地小行星、拉格朗日点等均作为备选目标，注重发展技术能力，以期在最终目标确定之前具备相应工程能力。

2011 年，NASA 成立了载人探索与运行（Human Exploration Operation，HEO）任务部，负责载人相关任务的管理、研发以及投资创新技术；同年，

NASA 发布了"能力驱动框架"指南，明确发展对载人探索至关重要的通用能力，还组建了由 15 个能力领域专家组成的跨中心团队或工作组。

2017 年 6 月 30 日，特朗普签署行政命令，决定重新建立国家航天委员会（National Space Council，NSC），直接隶属于总统行政办公室。2017 年 10 月 5 日，在美国国家航天委员会重组后的首次会议上，副总统麦克·彭斯发表题为《迈向新疆域：国家航天委员会的一个重点》的演讲，正式宣布美国将重启登月计划并建立永久性月球基地。

2017 年 4 月，美国提出修建深空之门（DSG），随后在 9 月召开的第 68 届国际宇航大会（International Astronautical Congress，IAC）上，NASA 和俄罗斯航天国家集团（Roscosmos）达成协议，计划 2024—2026 年发射首个舱段，并在第一阶段任务空间站建成后，将其应用到月球开发及探索火星任务中。

根据 NASA 计划，2020 年前后将执行 Orion 飞船无人环月飞行任务（EM - 1），如图 2 - 3 所示。EM - 1 将是 NASA 新时期载人深空探测系统的第一次无人环月飞行任务，任务周期约 3 周，对 SLS 运载火箭、Orion 载人飞船、肯尼迪航天中心 39B 发射工位及相关地面设施进行综合考核，为未来的载人深空探测飞行打下基础。该任务最远离地距离将达到 44.8 万公里，这将超过以往所有载人飞行任务。针对 EM - 1 任务，目前已经完成（或正在进行）的工作包括：RS - 25 发动机控制器试车，39B 发射工位改造，SLS 贮箱间结构组装，Orion 返回舱推进及环控贮箱管路焊接，Orion 服务舱部件组装。

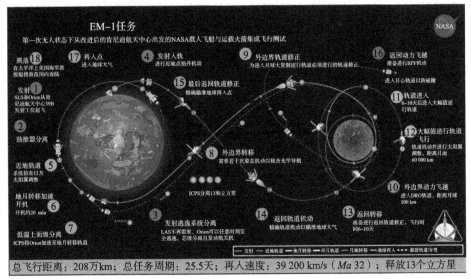

图 2 -3　NASA 载人深空探测 EM -1 任务飞行过程

（图片来源于 NASA 官网）

NASA 完成载人环月飞行任务 EM-2，预计将在真实地月环境下对飞行器系统进行全面测试考核，计划 2023 年采用 SLS Block 1 型火箭发射。EM-2 任务将是 NASA 重返月球及迈向深空至关重要的一步。在 EM-1 验证月球大幅值逆行轨道（Distance Retrograde Orbit，DRO）的基础上，EM-2 采用混合自由返回轨道，如图 2-4 所示。在成功完成 EM-1 和 EM-2 两次任务后，NASA 计划围绕"建设地月走廊"的目标每年执行一次载人发射任务。EM-2 目前已完成的相关工作包括：返回舱结构加工部分完成，宇航服真空测试，发射逃逸系统测试，发射工况模拟仿真。

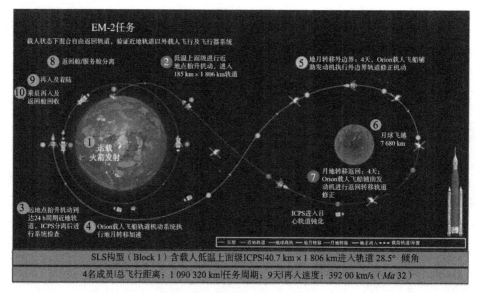

图 2-4　NASA 载人深空探测 EM-2 任务飞行过程

（图片来源于 NASA 官网）

2017 年 12 月 11 日，特朗普在白宫签署了上台以来的"1 号太空政策指令"，将重返月球正式提上日程。在特朗普政府看来，重返月球无疑是"让美国再次伟大起来"（Make America Great Again）的一条重要途径。2019 年是美国 Apollo 载人登月工程实现人类首次载人登月的 50 周年。2019 年 3 月 26 日，美国副总统迈克·彭斯（Mike Pence）在国家航天委员会第五次会议上雄心勃勃地表示，美国将在未来五年内重返月球，并且登上月球的第一位女性和下一位男性都必须是美国宇航员，必须从美国的土地上，由美国的火箭送入太空。

美国国家航天局（NASA）新局长吉姆·布里登斯廷（Jim Bridenstine）对彭斯的说法予以回应："提出这一挑战恰逢其时，我向副总统保证，NASA 将接受这一挑战。"布里登斯廷表示，NASA 已经制定了太空探索三个阶段的完整计划：从近地轨道到月球，再到火星及更远的宇宙，并为此组建成立了一个新部门——"月球及火星任务部"（Moon to Mars Mission Directorate）。2019 年 5 月 13 日，NASA 表示，已经选定"阿尔忒弥斯"（Artemis）作为 2024 年美国登月计划的名称，阿尔忒弥斯是希腊神话中阿波罗的孪生妹妹和月神，作为 NASA 在 2024 年重返月球表面计划的名称。

根据美国政府制定的最新时间表，NASA 重返月球计划将分为以下几步来实现：

➤2020 年，进行名为"EM-1"的无人飞行试验，利用 SLS 重型火箭将飞船发射到月球轨道；

➤2022 年，将宇航员送到月球附近；

➤2024 年，实现重返月球表面，让宇航员在月球南极登陆。

如果一切顺利的话，随后 NASA 将在月球轨道建立空间站，并在 21 世纪 30 年代以此为基础向火星进发。为了按时完成重返月球的艰巨挑战，NASA 及其合作伙伴正在建造四大登月工具：运载火箭、载人飞船、载人月球着陆器和月球轨道空间站。图 2-5 所示为 NASA 制定的重返月球的战略规划图。

| 在近地轨道： | 在地月空间： | 在火星： |
| 采用商业运营以及国际伙伴方式 | 为长期探索而重返月球 | 研究推动未来的载人火星探测任务 |

图 2-5　NASA 制定的重返月球的战略规划图

（图片来源于 NASA 官网）

在美国政府加速推动重返月球的 Artemis 任务实施的同时，美国私营公司也在积极推进载人月球探测任务。2017 年 2 月，SpaceX 公司宣布几年内将送两名付费游客进行环月飞行，将采用猎鹰重型火箭（Falcon Heavy，FH）和载人龙飞船执行此次载人飞行任务。2018 年 9 月，SpaceX 公司确定并公布了第一名付费乘客——来自日本的亿万富翁前泽友作，引起了全世界范围的广泛关注。2019 年 2 月 7 日，FH 火箭首飞成功，成为现役火箭中运载能力最强的火箭，火箭高 69.2 m，近地轨道能力为 63 t，采用芯级并联结构，由三枚经改装的"猎鹰九号"火箭组装而成，其中两枚助推火箭成功回收，可用于重复使用。由于 FH 火箭采用低成本设计思路，因此单发 FH 的发射费用仅为 9 000 万美元。

FH 第二次发射任务为 2019 年 6 月。美国国家航空航天局局长表示，如果 SLS 火箭进度缓慢，将考虑采用 SpaceX 公司的 FH 火箭和联合发射联盟公司（United Launch Alliance，ULA）的助推器来完成发射 Orion 飞船的重任，帮助美国实现 2024 年前重返月球的梦想。

此外，SpaceX 公司还研发了一款超重型运载火箭——大猎鹰火箭（Big Falcon Rocket，BFR）。相对于猎鹰重型 LEO/30 t 运载能力，BFR 可以将 150 t 的载荷送入近地轨道。BFR 主体部分直径约为 9 m，总重约为 4 400 t，助推器配置 31 台猛禽发动机，可产生约 5 400 t 的推力。这款火箭可支持载人火星探测任务。

2019 年 10 月，SpaceX 公司的总裁兼首席运营官 Gwynne Shotwell 表示，公司今年已经筹集了超过 13 亿美元的资金来建造两艘"星舰"（Starship）和"星链"（Starlink）。"星舰"是一种大型火箭，该公司希望用它将人类送上月球和火星；"星链"是一个由 4 万多颗卫星组成的网络，用来为地球提供高速互联网。

Gwynne Shotwell 介绍"星际飞船"的最新目标是："我们希望明年'星舰'能进入轨道，在 2022 年之前把它和货物一起送上月球，并在不久之后把人送上月球。"

2.2.2　载人小行星探测任务

美国在制定载人深空探测发展路线图时，曾提出发展载人小行星探测任务，不仅可以在有人参与的情况下，开展小行星样本采集和分析等探测活动，更可以将小行星的资源用于载人火星探测任务中，成为继月球之外的另一个中转站，同时可对载人火星探测的核心关键技术（例如原位资源利用技术）进行有效验证。

截至 2019 年 10 月底全球的小行星探测任务情况详见附录 B。

2007 年洛克希德·马丁公司提出使用两艘 Orion 飞船组合体实现载人小行星探测的"普利茅斯岩石"（Plymouth Rock）计划。在"星座计划"中止后，2011 年 NASA 提出"小行星重定向任务"（Asteroid Redirect Mission，ARM）初步设想，计划将近地小行星捕获至月球高轨并开展载人探测。2012 年 4 月，美国加州理工大学凯克太空研究学院（Keck Institute for Space Studies，KISS）

在美国"21 世纪太空探索战略"的框架下完成了"小行星捕获可行性研究"报告，如图 2-6 所示。2013 年 ARM 计划得到批准，正式进入工程实施阶段。飞行器系统主要包括小行星重定向飞行器（Asteroid Redirect Vehicle，ARV）和 Orion 载人飞船两大部分。

图 2-6　KISS 提出的小行星捕获方案

（图片来源于 NASA 官网）

ARM 任务分成三个阶段：观测阶段主要是找到合适的目标近地小行星，满足质量、大小等条件和任务约束；小行星重定向机器人任务（Asteroid Redirect Robot Mission，ARRM）计划 2020 年左右发射 ARV 并与目标小行星交会并捕获，利用太阳能电推进系统（Solar Electric Propulsion，SEP）将小行星转移到月球附近；小行星重定向载人任务（Asteroid Redirect Crew Mission，ARCM）计划 2025 年左右发射 Orion 飞船与 ARV 交会对接，实现航天员实地勘测研究和采样，评估资源利用可行性。后来美国政府取消了 ARM 任务，改由商业公司探索发展，政府从法律层面为其开通道路。

开发利用小行星资源对载人深空探测十分重要。有些小行星上含有丰富的水资源，有的含有丰富的 C 资源。从构成生命的 C、H、O、N、P、S 等基本元素的角度来看，月球资源对构建适宜人类居住的长期栖息地而言是非常贫瘠的，因此捕获并开发利用小行星资源非常重要。

此外，根据 NASA 初步测算，1 500 颗近地小行星中大约 10% 存在高价值矿产资源。瞄准小行星采矿的巨大经济价值，国外已有多家私营公司提出其探测开发方案。2012 年 4 月由拉里·佩奇、詹姆斯·卡梅隆等亿万富翁成立了"行星资源"公司，计划 2020 年发射飞行器捕获小行星并提取水，用于在轨制造液氢液氧推进剂；"深空工业公司"（Deep Space Industry，DSI）计划

2023 年前开始小行星采矿，如图 2 - 7 所示；2013 年，"开普勒能源与空间公司"宣布启动小行星采矿业务，并希望大量借鉴以往小行星探测成果。2015 年 5 月，美国众议院表决通过《关于促进私营航天竞争力、推进创业的法案》，该法案从实质上确认了对小行星矿物资源的"允许私人所有"和"先取先得"原则，但这与联合国 1967 年制定的《外空条约》存在冲突。2015 年 11 月，《美国商业太空发射竞争法案》由时任美国总统的奥巴马签署生效，明晰了太空资源的私有财产权，意味着私企开采太空资源和进行商业用途在技术上成为可能，并且获得了法律许可，这为美国政府主导的太空资源商业开发进一步铺平了道路。2019 年世界上采矿领域研究实力最强的机构——美国科罗拉多矿业学院，低调开设了太空采矿专业，该机构早在 20 世纪 90 年代就开始从事太空资源及原位利用方面的研究，在太空采矿领域有扎实的基础。有了法律支持许可以及专业技术的支撑，未来私营企业公司进行载人小行星探测及资源利用将成为可能，因此倍受行业关注。以月球为基地，开发并利用小行星资源也成为推动发展太空新经济的重要抓手。

图 2 - 7　DSI 公司提出的小行星开采利用计划设想

（图片来源于 DSI 公司）

2.2.3　载人火星探测任务

1. 美国

1960 年 10 月 10 日，苏联发射了人类第一个火星探测器，拉开了火星探测的序幕。后续人类实施了一系列无人火星探测任务，对火星及其环境的认识极大提升；同时，世界各国也开展了载人火星探测的概念研究和方案设计。虽然已经成功实施了几十次无人火星探测任务，但无论是技术难度还是经费规模，实施载人探测任务还存在巨大的挑战。截至 2019 年 10 月底全球的火星探测任务情况详见附录 C。

1989 年 11 月，NASA JSC 的 A. Cohen 提出了"NASA 90 天"方案，采取冲点航线、低温推进和火星轨道交会方式，飞行任务的总时间为 500 多天，在火星表面只停留 30 天。该方案大量继承 Apollo 载人登月工程的技术、计划和管理经验，但载人火星探测器属一次使用，无法为后续任务提供支持。Viking 无人火星探测任务成功后，科罗拉多博尔德大学举行了一系列名为"火星案例"的会议，会上提出了载人火星探测计划，最为引人注目之处在于提出了在火星上开展原位资源利用的理念，即可以利用火星的资源制造返回地球所需推进剂。该方案发表于美国宇航学会（American Astronautical Society，AAS）会议录上，后续几年的会议中提出了大量替代方案。

20 世纪 90 年代初期 NASA 提出了"参考任务设计 1.0 版"（Design Reference Mission 1.0，DRM 1.0），旨在探寻当时计划的"第一月球前哨站"与接下来的火星探测任务在系统上的共同点，但除了使用重型运载火箭之外，没有找出其他明显的共同点。1998 年，NASA 公布了多个载人火星探测概念方案，其中最著名且常常被引用的为 NASA"参考任务设计 3.0 版"（DRM 3.0），详细描述了载人火星探测所涉及的技术概念，阐述了罗伯特·祖布林提出的使用火星大气制造推进剂的理念。

2009 年，NASA 对外正式公布提出了载人火星探测"参考任务设计 5.0 版"（DRM 5.0），以 Ares - I、Ares - V 为基础的任务总时间为 900 天，其中飞往火星 180 天、火星停留 540 天、返回地球 180 天，每次火星探测任务使用 8 枚或更多的 Ares - V 重型运载火箭以及 1 枚 Ares - I 载人运载火箭，同时提出将月球作为载人火星探测飞行器系统的技术试验验证平台。

在《美国国家太空政策》和《2010 年 NASA 授权法案》的要求下，NASA 围绕载人火星探测这一战略目标开展工作。2015 年 9 月，NASA 公布火星表面存在液态水活动的强有力证据，将全世界目光聚焦到火星上，同时将继续开展深入的无人火星探测任务。2018 年成功实施了洞察号（Insight）无人火星探测任务，重点对火星内部结构进行立体探测，同时发现了火星大气存在甲烷气体的有力证据。

2015 年 10 月 8 日，NASA 发布了《NASA 火星征程：制定太空探索的后续步骤》报告，阐述 21 世纪 30 年代人类到达火星空间、最终登陆火星并开展可持续探测的战略目标，提出以载人登陆火星为总目标的空间探测实施战略、原则和挑战，按照"依赖地球""试验场""独立于地球"三个阶段循序渐进地实现载人登陆火星目标，如图 2 - 8 所示。

图 2 - 8　NASA 载人火星探测"三步走"发展战略

（图片来源于 NASA 官网）

（1）"依赖地球"阶段。在近地轨道利用国际空间站（ISS）平台和可靠的补给，试验验证载人深空探测所需的技术与能力，如长期深空飞行任务所需的先进环境控制与生命保障系统、微重力环境对航天员身体健康的影响、高能粒子辐射环境下的安全防护、10 亿 bit/s 数据传输速率激光通信系统、在轨增材制造以及原位资源利用等。

（2）"试验场"阶段。在地月空间对深空环境复杂操作技术和载人火星探测能力进行试验验证，如在深空任务中进行载人飞船和重型火箭验证，利用机器人采集近地小行星上的大型岩石样本并运输至月球轨道试验场，验证 150 ~ 200 kW 大功率太阳能电推进技术以及航天员舱外活动能力和样品采集处理技术，建立和测试深空居住舱，验证最大限度地减少对地球补给依赖的技术，等等。NASA 重点测试和建立在深空环境（主要是地月空间）中执行复杂任务的能力，将其复杂程度限定为"乘组可在数天内返回地球"。

（3）"独立于地球"阶段。确保人类到达火星附近、最终登陆火星并开展长期持续探测，突破高效、安全可靠地将货物和人员送往火星，20～30 t 有效载荷在火星表面精确下降与着陆以及从火星表面上升并返回地球的运输系统，人/机协同操作和自主智能操作，火星表面太阳能发电或核能系统，利用火星资源原位生产推进剂、水和空气等，实现航天员在火星轨道中转移居住舱和表面居住舱中的长期工作，以及在火星环境下保证航天员健康和安全的技术，等等。

2017 年特朗普政府推出了以深空之门（DSG）和深空运输飞行器（DST）为代表的载人空间探索最新规划。由于有月球附近深空轨道空间站 DSG 的支持，NASA 载人深空探测的任务模式相比以前的方案丰富了很多，具体分为 5 个阶段：

（1）阶段 0（当前状态）。利用 ISS 研究和测试未来载人深空探测任务所需的技术和能力，并研究月球资源的可用性，如图 2 - 9 所示。

图 2 - 9　NASA 载人深空探测最新规划阶段 0

（图片来源于 NASA 官网）

（2）阶段 1。在地月空间开展多次任务，开展 DSG 以及 DST 建造，如图 2 - 10 所示。

在阶段 1，DSG 能力上可支持 NASA 商业以及国际合作伙伴开展深空探测任务，在 Orion 载人飞船停靠状态下支持 4 名乘员生活至少 30 天，以及 DST 建造，系统组成包括电推进模块、居住舱、补给舱，并为后续气闸以及 DST 建造开展验证。

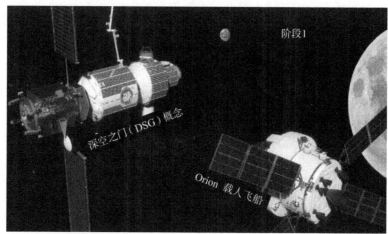

图 2 - 10   NASA 载人深空探测最新规划阶段 1

(图片来源于 NASA 官网)

（3）阶段 2。完成 DSG 建设，并开展火星能力验证工作，如图 2 - 11 所示。

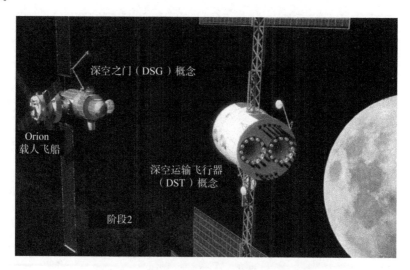

图 2 - 11   NASA 载人深空探测最新规划阶段 2

(图片来源于 NASA 官网)

DST 采用大功率电推进系统，用于为乘员深空飞行（包括未来的火星探测）提供运输和居住支持，通过消耗品补充和少量维修可以重复开展 3 次火星级别的任务，支持 4 名乘员 1 000 天以上的飞行任务，可由 1 枚 SLS 1B 型货运火箭一次发射升空。

（4）阶段 3 + 阶段 4。乘员离开地月系统到达火星轨道，开展火星及其卫星的表面探测任务，如图 2 - 12 和图 2 - 13 所示。

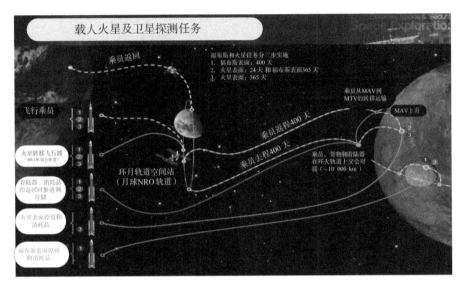

图 2 - 12　载人火星及其卫星探测任务概念图

（图片来源于 NASA 在 GLEX 2017 的会议文件）

注：①MAV：Mars Ascent Vehicle，火星上升飞行器；

②MTV：Mars Transportation Vehicle，火星转移飞行器；

③月球 NRO：Near Rectilinear Orbit，月球近直线轨道

按照上述 5 个阶段的设想，NASA 发布的载人深空探测领域第 1～3 阶段任务规划如图 2 - 14 和图 2 - 15 所示，阶段 1—DSG 组建计划见表 2 - 1，阶段 2 及阶段 3 的初步规划—DST 试航和首次载人火星探测任务见表 2 - 2。按此规划设想，美国将在 2030 年左右完成载人登陆火星的壮举。

2. 俄罗斯

俄罗斯于 2000 年提出了"火星轨道站"（Marpost）方案，航天器总重 400 t，采用"能源号"运载火箭进行 4 次发射，在近地轨道进行部件组装，加速入轨后使用以氙气作为推进剂的太阳能离子推进。后来，Marpost 方案更新为一个可重复使用载人飞船，总任务时间将为 730 天。2005 年，克鲁尼契夫航天研制中心对载人火星探测进行了可行性研究，提出了"火星 2005"（Mars 2005）计划，如图 2 - 16 所示。

图2-13　载人火星表面及福布斯卫星探测任务概念图

（图片来源于 NASA 官网）

		Deep Space Gateway 逐步建成			
EM-1	木卫二快船	EM-2	EM-3	EM-4	EM-5
		2018—2025			2026
SLS Block 1 乘员：0人	SLS Block 1B 货运	SLS Block 1B 乘员：4人 CMP能力：8~9 t	SLS Block 1B 乘员：4人 CMP能力：10 t	SLS Block 1B 乘员：4人 CMP能力：10 t	SLS Block 1B 乘员：4人 CMP能力：10 t
	木卫二快船 （需经批准）	40 kW 电力/推进 平台	居住舱	后勤货舱	气闸舱
远距离高逆行轨道（DRO） 26~40天	直达木星	多次TLI月球自由返回 8~21天	近直线Halo轨道 （NRHO）16~26天	NRHO，具备往返其 他地月轨道的能力 26~42天	NRHO，具备往返其 他地月轨道的能力 26~42天
Gateway 构型 （"猎户座"为灰色）			地月保障 飞行	地月保障 飞行	

图2-14　NASA 载人深空探测任务第一阶段任务规划

（图片来源于 NASA 官网）

注：①NRHO：Near Rectilinear Halo Orbit，近直线 Halo 轨道；

②DRO：Distant Retrograde Orbit，大幅值逆行轨道

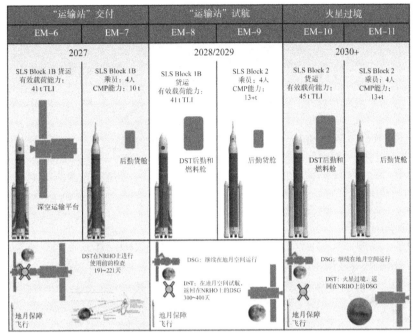

图2-15 NASA载人深空探测任务第二、三阶段任务规划

（图片来源于 NASA 官网）

表2-1 阶段1—DSG 组建计划

任务名称	发射时间/年	运载火箭	乘员数量/人	主要任务
EM-1		SLS Block 1	0	飞行验证
EM-2		SLS Block 1B	4	发射电推进服务舱
EM-3	2018—2025	SLS Block 1B	4	发射深空居住舱
EM-4		SLS Block 1B	4	发射后勤货舱
EM-5	2026	SLS Block 1B	4	发射气闸舱

表2-2 阶段2及阶段3的初步规划—DST 试航和首次载人火星探测任务规划

任务名称	发射时间/年	运载火箭	乘员数量/人	主要任务
EM-6	2027	SLS Block 1	0	发射深空运输平台
EM-7		SLS Block 1B	4	发射后勤货舱
EM-8	2028—2029	SLS Block 1B	0	发射后勤货舱和燃料舱
EM-9		SLS Block 2	4	发射后勤货舱
EM-10	2030 +	SLS Block 2	0	发射后勤燃料舱
EM-11		SLS Block 2	4	发射后勤货舱

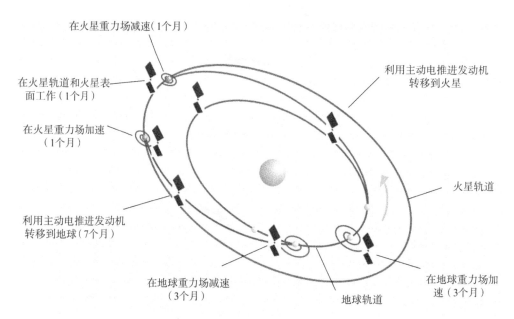

在火星重力场减速（1个月）

在火星轨道和火星表面工作（1个月）

在火星重力场加速（1个月）

利用主动电推进发动机转移到地球（7个月）

利用主动电推进发动机转移到火星

火星轨道

在地球重力场减速（3个月）

地球轨道

在地球重力场加速（3个月）

图 2-16　俄罗斯载人火星探测任务设计

（图片来源于《国际太空》）

2009 年起，俄罗斯科学院生物医学研究所和欧洲航天局（European Space Agency，ESA）合作开展了两个阶段的"火星-500"地面演示试验，如图 2-17 所示，试验时间分别为 105 天和 520 天。105 天试验于 2009 年 3 月 31 日在俄罗斯科学院生物医学研究所启动。520 天任务在 2010 年 6 月 3 日启动，6 名志愿者（包括中国志愿者王跃）在模拟火星飞船中生活 520 天。俄罗斯生物医学研究所负责组织，主要目的是检验人在深空探测活动中的长期承受

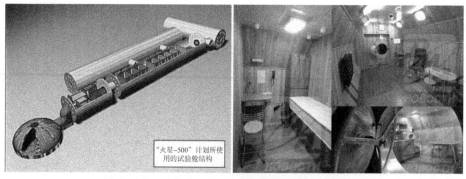

"火星-500"计划所使用的试验舱结构

图 2-17　"火星-500"地面模拟试验装置内外景

（图片来源于《国际太空》）

能力，以及航天员之间的相互协调能力，为未来登陆火星收集数据、知识和经验。"火星－500"项目取得了巨大成功，在 520 天的时间里开展了生理学、心理学和微生物学等五大类试验，为深化航天医学研究提供了大量数据。

2.2.4　其他载人深空探测任务

土卫二和木卫二——欧罗巴上都有大量液态水，可能成为未来地外生命探测以及载人探测的重要目标。2016 年 SpaceX 公司公布了其载人深空探测规划，所提出的载人深空探测飞行器可以适用于多个目的地，包括土卫二、木卫二和土星等，如图 2－18 所示。

图 2－18　SpaceX 公司提出的载人深空探测概念

(图片来源于 SpaceX 公司报告)

土卫二是土星第六大卫星，直径约 500 km。1980 年 11 月，"旅行者 1 号"探测器从距离土星二 20 万公里处掠飞观测；1981 年 8 月，"旅行者 2 号"探测器从距离土卫二 8 万公里处掠飞，发现土卫二表面存在明显的地质活动；2004 年，"卡西尼号"探测器进入土星轨道并对土卫二进行近距离掠飞观测（最小距离 50 km）。经过多次探测，认为土卫二存在地质喷发活动，星体表面以下有大量液态水，在喷发羽状物中发现了特殊化学成分；2017 年 4 月，NASA 宣布木卫二具备生命所需的所有元素。由于距离太阳遥远，太阳能发电无法提供足够的能源，使用核能又会对其环境造成不可逆转的影响，有研究者借鉴地球上的潮汐能发电，提出了水力发电持续供电方案。

土卫六大气层稠密且二氧化碳含量很高，是目前已知唯一有稠密大气的地外天体，一直是深空探测的重要目标。随着"卡西尼·惠更斯"土星探索任务的成功，更多目光投向了土卫六及其深处的甲烷海洋。2007 年有学者提出采用热气球式飞行器探索土卫六表面；2017 年，约翰·霍普金斯大学的应用物理实验室提出了"蜻蜓"无人机，用于探索土卫六的大气和表面。图 2 - 19 所示为 NASA 提出的采用垂直起降飞行器的土卫六探索方式。

图 2 - 19　采用垂直起降飞行器的土卫六探索方式

（图片来源于 NASA 报告）

当前木卫二、土卫二、土卫六等是无人深空探测寻找宜居星球的热点目标星球，一旦有重大科学发现，适宜人类生存或者具备宜居条件后，就会成为继火星之后的载人深空探测下一代目的地。

2.3　载人深空探测飞行器发展概况

2.3.1　载人月球探测飞行器系统

1. 美国

1）Apollo 工程载人飞行器系统

Apollo 载人飞行器系统由登月飞船和登月舱组成，登月飞船由指令舱和服务舱组成，发射阶段指令舱和服务舱连接在一起，登月舱放在服务舱下面的火箭第三级顶部的整流罩里。Apollo 工程载人登月飞船和登月舱发射阶段构型如图 2 - 20 所示，其主要性能指标见表 2 - 3。

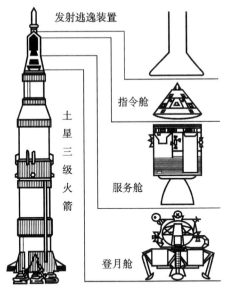

发射逃逸装置

土星三级火箭

指令舱

服务舱

登月舱

图2-20 Apollo载人登月飞船和登月舱发射阶段构型

（图片来源于NASA官网）

表2-3 Apollo载人登月飞船和登月舱主要性能指标

指令舱	
乘员人数/人	3
航天员活动容积/m³	6.17
长度/m	3.47
直径/m	3.9
质量/t	6（包括航天员）
推进剂	一甲基肼 + N_2O_4
服务舱	
高度/m	7.4
直径/m	4
质量/t	24（干重5.2）
姿控发动机推力/N	16×445
主发动机推力/kN	1×97.5
主发动机推进剂	混肼50 + N_2O_4

续表

登月舱	
乘员人数/人	2
月面停留时间/天	3
登月点	赤道附近
上行载荷/kg	309（Apollo－17）
下行载荷/kg	110（Apollo－17）
构型方案	二级
地面起飞质量/t	16.5（Apollo－17）
上升级质量/t	4.8（Apollo－17）
下降级质量/t	11.7（Apollo－17）
最大高度/m	7
最大宽度/m	4
着陆腿最大跨度/m	9.5
压力舱容积/m³	4.5
气闸舱设置	与上升级压力舱共用
姿控发动机推力/N	16×445（N_2O_4/混肼50）
上升推进系统发动机推力/kN	1×15.6（挤压式，N_2O_4/混肼50）
下降推进系统发动机推力/kN	1×44.5（挤压式，10∶1变比，N_2O_4/混肼50）

  指令舱是航天员在飞行中生活和工作的座舱，也是全飞船的控制中心。其外形为钝头体，总重约6 t（包括航天员），可以支持3名航天员14天的飞行任务，乘员总活动空间达到6.17 m³。返回时采用跳跃式再入方法，着陆采用群伞系统减速。服务舱总重约24 t，前端与指令舱对接，为航天员提供能源与动力支持，以及发动机所需的推进剂，后端有主发动机。安装了1台97.5 kN主发动机和16台445 N姿控发动机，使用常规推进剂。Apollo载人登月飞船如图2－21所示。

  登月舱的主要任务是携带2名航天员完成月面着陆起飞和环月轨道交会对接，由上升级和下降级组成，总重16.5 t，可以支持2名航天员月面停留3天，乘员活动空间达4.5 m³。上升级为登月舱主体，安装有导航、控制、通信、生命保障和电源等设备，使用1台15.6 kN恒定推力常规发动机和16台445 N姿控发动机进行控制。下降级是登月舱的无人部分，负责在登月舱下降过程中提供减速、机动和着陆缓冲支撑等功能，使用1台44.5 kN、10∶1大变比的常规挤压式发动机，并具备推力矢量控制（Thrust Vector Control，TVC）

图 2 - 21　Apollo 载人登月飞船

（图片来源于 NASA 官网）

能力，与上升级共用 1 套姿控系统。整个登月舱由 4 根可收缩的悬臂式着陆腿支撑，通过铝蜂窝材料的变形来实现缓冲吸能，在轨飞行期间着陆腿处于折叠状态，月面下降前在轨展开。Apollo 最后三次任务携带了 1 台电动四轮载人月球车（Lunar Rover Vehicle，LRV），为航天员完成远距离的月面移动考察任务提供便利，极大地拓展了航天员月面考察范围。Apollo 登月舱和月球车如图 2 - 22 所示。

图 2 - 22　Apollo 登月舱和月球车

（图片来源于 NASA 官网）

在 6 次成功实施的载人登月任务中，飞行方案基本一致，但在飞行控制细节上进行了持续的技术改进。月面着陆区域集中在月球正面低纬度，Apollo - 12 是首次精确定点着陆任务（以"勘探者 3 号"无人月球探测器为目标），着陆误差仅为 0.163 km。Apollo 计划载人月面着陆点分布如图 2 - 23 所示。

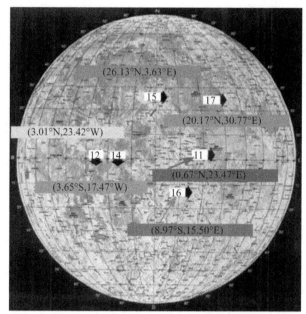

图 2 – 23　Apollo 计划载人月面着陆点分布

（图片来源于 NASA 官网）

　　为解决航天员在月面大范围机动，进行月面多点探测的问题，1969 年美国贝尔宇航公司承担了单人月面巡飞器（Lunar Flight Vehicle，LFV）研究任务，拟借用当时 Apollo 飞船以及其他已有飞行器的技术产品，用于携带航天员在 24 km 范围内进行月面巡飞以及应急救生。LFV 设计总重 453 kg，在短时间内完成了任务分析、多方案比较、原理样机研制、地面试验等工作，完成了航天员手动控制下的自由飞行，但最终未能跟随登月舱到达月面执行任务。LFV 的外形及尺寸概念图如图 2 – 24 所示。

　　2）空间发射系统

　　2011 年 9 月 14 日，NASA 正式公布了新型重型运载火箭——"空间发射系统"（SLS）方案，这是美国继土星 – 5 之后研制的又一枚重型运载火箭，用于向低地球轨道或更远空间发射 Orion 载人飞船、运输重要货物及科学试验设备，由美国波音公司负责研制。除载人月球探测任务外，SLS 还是国际空间站商业乘员运输系统的备份发射运载工具，未来将用于执行近地小行星、拉格朗日点、火星等深空探索任务。

　　SLS 采取渐进式发展模式，并最大限度地使用通用组件和现有资源进行灵活的模块化设计，规划中分为两大基本构型：SLS Block 1 型（含 SLS Block 1 基本载人型、SLS Block 1B 改进载人型和 SLS Block 1B 货运型）、SLS Block 2 型

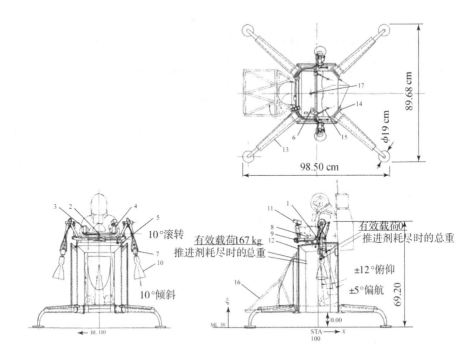

图 2-24 LFV 的外形及尺寸概念图

（图片来源于 NASA 官网）

1—俯仰控制杆旋转轴；2—滚动控制杆旋转轴；3—推力控制杆；

4—偏航控制杆；5—推力控制挡位辅助；6—推进剂隔离阀（2）；

7—推进剂关闭阀（2）；8—推进剂关闭阀控制杆；9—推进剂节流阀；

10—推力室（最大推力 665 N，变推力）；11—仪表面板；

12—多层高温隔离；13—着陆羽流防护；14—着陆腿折叠铰链；

15—航天员限位装置；16—有效载荷架；17—LM/LFV 接口装置

（含 SLS Block 2 载人型、SLS Block 2 货运型）。SLS 火箭芯级均采用 RS-25 氢氧发动机，周围捆绑 2 枚五段式固体火箭助推器，上面级使用 1 台现有的 RL10B-2 低温发动机，整箭由 NASA 马歇尔航天中心抓总研制。SLS 发展型谱及运载能力如图 2-25 所示，SLS 全型谱火箭基本组成如图 2-26 所示。

SLS 大量继承了 NASA 过去半个多世纪积累的技术和零部件，包括航天飞机外贮箱、主发动机 RS-25、德尔它 4 火箭二子级发动机 RL10B-2、Ares-5 火箭固体助推器等。2014 年 8 月 SLS 通过关键阶段评审后进入正式的详细设计和制造阶段，目前芯级五个部段飞行件已全部制造完毕，下一步将进行结构试验，上面级飞行产品已完成最终测试并运抵肯尼迪航天中心与其他部段集成，力争在 2019 年 12 月实现火箭的首飞。

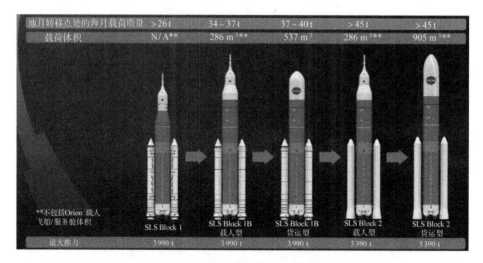

地月转移点处的奔月载荷质量	>26 t	34~37 t	37~40 t	>45 t	>45 t
载荷体积	N/A**	286 m³**	537 m³	286 m³**	905 m³**
最大推力	3 990 t	3 990 t	3 990 t	5 390 t	5 390 t

**不包括 Orion 载人飞船/服务舱体积

图 2-25　SLS 发展型谱及运载能力

（图片来源于 NASA 的 GLEX 2017 会议文件）

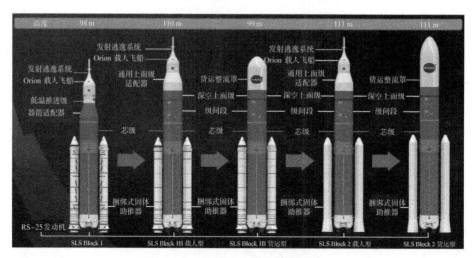

图 2-26　SLS 全型谱火箭基本组成

（图片来源于 NASA 的 GLEX 2017 会议文件）

　　2017 年 12 月，NASA 在斯坦尼斯航天中心完成了 RS-25 发动机规划 50 次系列试车中的第一次，同步进行了一个 3D 打印部件——POGO 蓄能器的测试，3D 打印技术的引入有望大幅降低火箭发动机和整个任务的成本。目前，第一次飞行任务（EM-2）运载火箭芯级所需的 4 套 RS-25 发动机以及控制器飞行件已通过测试。RS-25 发动机试车如图 2-27 所示。

图 2 - 27　RS - 25 发动机试车

（图片来源于 NASA 官网）

　　2019 年 2 月，NASA 开始测试航天发射系统 SLS 火箭的主燃料箱，主燃料箱为 4 台 RS - 25 发动机提供液氢及液氧推进剂；2019 年 5 月，NASA 开展了 SLS 火箭飞行软件系统的系列测试；2019 年 7 月，NASA 开始测试 SLS 火箭的逃逸塔，使用一枚带有逃逸塔的缩比的 SLS 火箭发射简化版的猎户座飞船，火箭发射升空约 55 s 后火箭逃逸塔点火气动，在到达安全区域后，与猎户座飞船分离，飞船最终溅落海面，试验成功；2019 年 9 月，SLS 火箭核心级的 5 个部组件首次开始组装，包括发动机尾段、液氢贮箱、箱间段、液氧贮箱及前裙。图 2 - 28 所示为 SLS 火箭芯级燃料贮箱在进行吊装测试。

图 2 - 28　SLS 火箭芯级燃料贮箱进行吊装测试

（图片来源于 NASA 官网）

2019 年 12 月 9 日，NASA 完成了 SLS 火箭推进剂贮箱在极限压力环境下的测试。随后，NASA 局长 Jim Bridenstine 宣布首枚 SLS 火箭芯级组装完工，同时透露了 SLS 火箭的预估发射成本：批量订购每枚火箭价值 8 亿美元（约 56 亿元人民币），如果 NASA 只购买一枚执行发射任务，则需要 16 亿美元（约 112 亿元人民币）。

此外，由于 SLS 载人重型火箭在研制过程中进度延期、经费超支等原因，NASA 需要对 SLS 能否支持其 2020 年首飞的时间进行重新评估。SLS 火箭被规划用于多达 10 项的 Artemis 任务，因此它是 NASA 能否实现重返月球战略目标的重中之重。

3）Orion 载人飞船

2010 年"星座计划"中止后，Orion 载人飞船升级为"多用途乘员飞行器"（MPCV），主要用于满足美国未来不断变化的空间探索需求，将由 SLS 运载火箭发射。作为美国新一代载人飞行器系列的核心，Orion 载人飞船不仅承担未来的载人深空探测任务，也可以支持国际空间站乘员运输、货物补给等近地轨道任务或自由在轨飞行，还可用作紧急逃生飞船。2018 年 8 月，Orion 载人飞船模拟测试版本通过质量测试（确保飞船正样质心与设计值保持一致）。在近 20 年的研制过程中，已经历了多个发展阶段和多次变化。Orion 载人飞船由 NASA 和 ESA 共同研制，其系统功能设计图如图 2 - 29 所示。

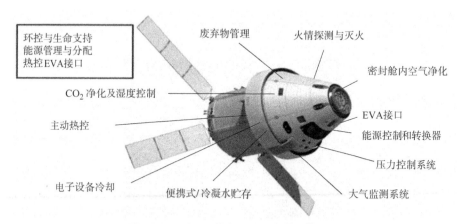

图 2 - 29　Orion 载人飞船系统功能设计图
（图片来源于 NASA 官网）

Orion 载人飞船由指令舱（Command Module，CM）、服务舱（Service Module，SM）、发射逃逸系统（Launch Abort System，LAS）和船箭适配器四个部分组成，Orion 载人飞船系统组成示意图如图 2 - 30 所示。采用与 Apollo 飞船类似的外形，CM 国内也称为乘员舱，外形为锥形，服务舱为圆筒形。飞船总重约 23 t，设计速度增量为 1 738 m/s，相比 Apollo 飞船功能更强大、性能更先进、航天员飞行体验更好，最长独立飞行时间为 21 天，在其他飞行器的支持下可持续飞行 6 个月。

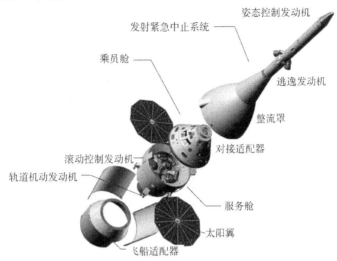

图 2 - 30　Orion 载人飞船系统组成示意图
（图片来源于 NASA 官网）

乘员舱大底直径为 5.02 m，采用倒锥角为 32.5°的钝头体外形，重约 8.5 t，舱体结构为轻型钛增强型铝锂合金材料构成的整体式壁板，密封舱容积达到 19.56 m³，可供航天员居住的空间达到 8.9 m³，比 Apollo 指令舱大 1 倍，最多可以容纳 6 名航天员。采用 3 顶大降落伞和空气缓冲气囊组合的独特海上溅落回收方式，也可直接降落到美国西部沙漠地区。降落伞系统位于返回舱顶部，由两具弹射拉直的减速伞和三具通过弹射拉直的引导伞与三具引导伞拉直的主伞组成，下侧的气囊膨胀后可吸收着陆冲击。迎风面安装有烧蚀热防护层，在背风面以及承压结构与外层之间则安装有可重复使用的热防护层，底部采用名为 AVCOAT 的防热材料，曾用于 Apollo 飞船和早期航天飞机的部分结构区域。指令舱的姿态控制系统（Reaction Control System，RCS）主系统采用气态氧 + 液体乙醇二元推进剂，具有无毒以及与生保系统高压氧供应系统共用氧的特点。在俯仰、偏航和滚动方向各布置了两台推力为 445 N 的发动机，4 个圆柱状的氧气贮箱位于乘员舱底部，给推进系统和生保系统供氧。乘员舱内还配置了一套备用 RCS，再入返回时如果主 RCS 推进剂消耗殆尽时将被启动。备用 RCS 系统也可以被用作乘员舱在返回进入大气层时，将小端在前转为防热大底在前时进行控制，其推进剂与主 RCS 相同。Orion 飞船乘员舱如图 2 - 31 所示。

服务舱用于安装飞船能源系统、电子设备、推进系统、热控辐射器以及船箭适配器，总重约 13.6 t，为整个飞船提供能源和推进支持，由 ESA 在空间站货运飞船"自动转移飞行器"（Automated Transfer Vehicle, ATV）基础上负责研制，2015 年年底通过了关键设计评审。服务舱舱体为非承压半硬壳式结构，采用轻型聚合物复合材料和铝加强型蜂窝结构，舱外安装一对伞形展开式太阳翼。Orion 载人飞船主要部组件设计如图 2 – 32 所示。

图 2 – 31　Orion 飞船乘员舱
（图片来源于 NASA 官网）

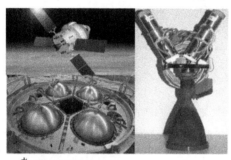

水
- 4 个水箱可以提供 24 kg 水
- 由意大利 Thales Alenia 公司制造的圆柱形水箱
- 发射前水箱装满气体
- 1 个高压气瓶可以装载 30 kg 氮气
- 3 个氧箱可以装载 90 kg 氧气
- 球柱形气瓶和复合材料缠绕
- 由美国 Vivace 公司制造

3 型发动机
- 1 台 25.7 kN 航天飞机用轨道机动发动机，俯仰和偏航方向摇摆
- 8 台 490 N Aerojet 公司制造的 R-4D-11 辅助发动机
- 6 簇，每簇 4 台 Airbus 公司制造的 RCS 推力器

4 个推进剂贮箱
- 单个贮箱容积 2 000 L
- 直径 1 154 mm，高度 2 542 mm
- 工作压力 25 bar①
- 两个 MON 贮箱
- 两个 MMH 贮箱
- 具备装载 9 t 推进剂能力

其他部件
- 两个高压氮气瓶
- 压力控制系统
- 传感器（包括驱动电路）
- 推进剂管路及自锁阀
- 两个 MMH 贮箱
- 过滤器

注：①巴，1 bar = 100 kPa。

图 2 – 32　Orion 载人飞船主要部组件设计
（图片来源于 NASA 的 GLEX 2017 会议文件）

"猎户座"飞船的发射逃逸系统 LAS 与 Apollo 飞船逃逸系统设计类似，利用安装在返回舱上端的逃逸塔进行待发段和上升段的应急救生，包括逃逸发动机、姿控发动机与分离发动机三种发动机。在待发段或上升段，如果出现异常，LAS 可在几秒钟内产生相当于自身和乘员舱重量 15 倍的推力，以 10g 加速度载着航天员逃离危险。如果在发射时发生严重故障，LAS 将上升至约 1 200 m 高度，打开降落伞并着陆到安全区域。从开始研制到测试完成，LAS 预计总费用为 2.56 亿美元，而 Orion 整船研制费用预计超过 110 亿美元。

目前，Orion 飞船已经完成部组件研制进入全面试验阶段，包括紧急逃逸飞行试验、系列声学环境测试、降落伞空投试验、水面溅落试验、力学振动测试、LAS 发动机点火试验以及地球大气高速再入返回飞行试验（EFT – 1）。

2014 年 12 月 5 日，Orion 飞船完成了无人状态首飞任务（EFT-1），以 8.88 km/s的高速再入地球大气并成功着陆海上，这是美国继 1972 年 12 月 Apollo-17飞船之后载人航天器最远的一次飞行，旨在面向载人深空探测验证大型防热结构、电子设备、飞行软件以及降落伞等系统，任务取得圆满成功。2018 年 9 月，NASA 完成了降落伞系统的最终空投测试，确定满足载人飞行任务要求。模拟舱由 C-17 运输机从 9.5 km 高空投放，四套降落伞接力完成减速和着陆任务，第一套是用于在 32 倍超声速开始工作的减速伞，随后展开的是两具减速稳定伞，然后在三具引导伞的帮助下，三具主伞打开直至返回舱着陆海面。

目前，已经明确的 Orion 载人飞船飞行任务有两次：探索任务-1（EM-1）实现无人绕月飞行，任务周期约 3 个星期；探索任务-2（EM-2）实施首次载人飞行任务，搭载 4 名航天员进行至少 21 天的载人月球探测飞行任务，如图 2-3 和图 2-4 所示。

4）载人月面着陆器

在美国的重返月球计划中，提出了多种载人月球着陆器方案，包括 Altair 着陆器、DASH 月球着陆器、洛·马公司的可重复使用月球着陆器及以 ESA 牵头负责研制的 Heracles 月球着陆器等，下面分别进行介绍。

（1）Altair 载人月球着陆器。

"星座计划"中 NASA 经过多次论证提出了短期载人登月型（45 t 级）、月球基地型（45 t 级）、月球货运型（53 t 级）三型月面着陆器，如图 2-33 所示。2007 年 12 月，NASA 将新型载人月面着陆器正式命名为"牵牛星"（Altair），如图 2-34 所示，并将其作为重返月球的登月飞行器系统的关键飞行器之一。

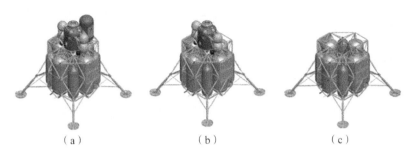

（a）　　　　　　　　（b）　　　　　　　　（c）

图 2-33　"星座计划"中提出的三型月面着陆器

（图片来源于 NASA 官网）

（a）短期载人登月任务；（b）月球基地任务；（c）月球货运任务

图 2 - 34　Altair 载人月面着陆器示意图

（图片来源于 NASA 官网）

Altair 载人月面着陆器主结构采用先进的复合材料，在承载人数、月面停留时间、登月舱质量等指标上均有大幅提高，并提出了多种新型大承载着陆缓冲机构方案。波音公司提出的月面着陆缓冲系统由 4 套着陆缓冲机构组成，其新颖之处在于采用了向上收拢的方式，能够进一步减小发射包络，并且具有很好的固定刚度，着陆缓冲机构的跨度也较大。此外还在积极探索基于新型缓冲材料的着陆缓冲机构、主动控制缓冲机构以及可调节着陆后姿态的着陆机构。Altair 拟采用新的低冲击对接系统（Low - Impact Docking System，LIDS），该系统对现有对接系统将有大幅提升，不仅有效减小了对接冲击，而且将成为对接系统新标准。

GNC 分系统主要包括星敏感器、自主光学导航传感器系统（Optical Navigation Sensor System，ONSS）、惯性测量单元、交会对接激光雷达、对接相机、终段下降雷达系统（Terminal Descent Radar System，TDRS）、终段危险探测敏感器系统（Terminal Hazard Detection Sensor System，THDSS）等。ONSS 包含宽、窄视场两个光学相机，窄视场相机主要用于地月转移段、交会对接的交会段和环月飞行段的远距离观测，宽视场相机则用于下降着陆段以及交会对接的对接段的近距离观测。TDRS 用于测量相对月面的高度和速度，已成功得出着陆器着陆时面临的主要危险来自月面上的环形山、陨石坑、斜面和岩石等。20世纪 60 年代 Apollo 计划的月面探测由航天员完成，与 Apollo 登月舱不同，Altair 月面地形障碍探测由 THDSS 自主完成，测量距离达到 1 km，航天员的观察仅作为备份。交会对接主要敏感器为星敏感器和星载惯性基准单元（Inertial Measurement Unit，IMU），光学导航传感器系统（ONSS）可作为备份敏感器，并通过双向 S 波段测距；同时，激光雷达在 5 km 以内距离时提供方位角和距离信息，在 150 m 以内距离时提供相对姿态信息。

Altair 推进分系统包含两个独立完整的部分。下降级轨控采用液氢液氧低温推进剂，通过主被动结合方法实现低温推进剂零蒸发量的控制目标，主发动机额定推力为 82.9 kN，标称比冲 450 s，具备 10 : 1 变推能力（地面热试车已经达到 17.6 : 1），可双向摇摆。上升级轨控采用常规推进剂（偏二甲肼和 N_2O_4），恒定推力为 24.5 kN，标称比冲 320 s。下降级和上升级分别配置了一套姿控系统。前者包括 4 簇共 16 个 445 N 的 R-4D 推力器，安装平面过着陆月面时的整器质心；后者包括 4 簇共 20 个推力器，每簇包括两台 890 N 的 R-42推力器、两台 22 N 的 AmPac 推力器以及 1 台 445 N 的 R-4D 推力器，安装平面过月面上升交会对接终端时刻的上升级质心。

　　在能源与供电方面，上升级主电源采用锂电池，副电源提供上升级从下降级分离后的功率并作为地月转移加速阶段阴影区的备份电源。下降级采用质子交换膜高能燃料电池（额定功率为 5.5 kW）和蓄电池供电，为着陆器环月轨道飞行和停留月面时供电，并可以在与 Orion 对接后输出 1.5 kW 功率。Apollo 登月舱与 Altair 月面着陆器规模对比如图 2-35 所示，其总体方案对比见表 2-4。

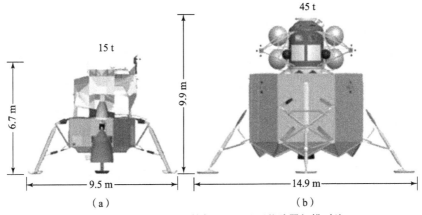

图 2-35　Apollo 登月舱与 Altair 月面着陆器规模对比

（图片来源于 NASA 官网）

（a）Apollo 登月舱；（b）Altair 月面着陆器

表 2-4　Apollo 登月舱与 Altair 月面着陆器总体方案对比

项目	Apollo 登月舱	Altair 月面着陆器
最大乘员数量/人	2	4
月面停留时间/天	3	7（载人登月任务） 最长 210（月球基地任务）
月面到达能力	月球赤道附近低纬度地区	全月面

项目	Apollo 登月舱	Altair 月面着陆器
分级	2	2
总高度/m	7.04	9.75
贮箱宽度/m	4.22	8.8
着陆腿展开直径/m	9.45	13.5
乘员舱加压空间/m³	6.65	17.5（乘员舱＋气闸舱）
上升级质量/t	4.805	6.141
上升级推进剂	1 – UDMH/NTO	1 – MMH/NTO
上升级主发动机推力/kN	15.6	24.5
下降级质量/t	11.666	37.045
下降级推进剂	1 – UDMH/NTO	1 – LOX/LH2
下降级主发动机推力/kN	44.67	83.0

（2）DASH 载人月球着陆器。

由于载人月球着陆器的方案受载人登月飞行模式的影响较大，不同的飞行模式下载人月球着陆器的任务功能差异较大。因此 2006 年 NASA 启动"月面着陆器预先计划"，兰利研究中心创新性地提出了基于可分离制动级的下降辅助分离舱（Descent Assisted Split Habitat，DASH）概念，并完成了初步方案设计工作。DASH 是一种多功能载人/货运月面着陆器，采用一个单独可中途抛弃的制动级以及一个最小化的乘员居住舱，由制动模块（Retrograde Module，RM）、着陆模块（Landing Module，LM）和载荷模块（Payload Module，PM）三个模块组成，如图 2 – 36 所示。RM 采用高性能液氢液氧推进系统，承担近月制动和月面动力下降主减速任务；LM 包含了所有关键系统，完成剩余着陆及月面起飞上升任务；PM 被定义为一个多功能载荷平台，集居住舱、气闸舱功能于一体。执行登月任务时，DASH 从 100 km 高环月轨道下降，动力下降阶段制动级中途分离，由剩余部分继续制动着陆。DASH 方案与 Altair 方案相比，把动力下降段的主减速段功能交由制动模块负责，好处是有效缩小了着陆器的尺寸和规模，便于在月面寻找安全的载人着陆区；缺点是多了一套动力及控制系统，整个月面着陆器的系统组成更复杂。

（3）洛·马公司的可重复使用载人月球着陆器。

除了 Altair 和 DASH 月球着陆器外，2018 年 10 月，洛克希德·马丁公司公布了可重复使用载人月球着陆器方案，作为其"火星大本营"火星登陆构

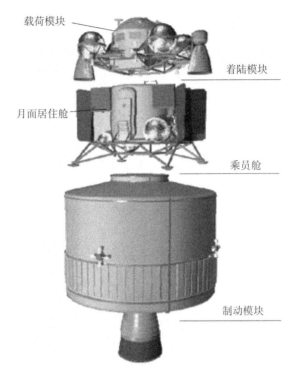

载荷模块

着陆模块

月面居住舱

乘员舱

制动模块

图 2 - 36　DASH 载人月球着陆器外形及其模块组成示意图

（图片来源于 AIAA 报告）

想的一部分，也是火星着陆器设计的"先驱飞行器"。这是一种采用液氧/液氢低温推进剂的单级飞行器，可向月球表面运送 4 人和 1 t 的货物，并可在月面上停留长达两周。具体运行方案包括在月球轨道上建立推进剂补给站，月球着陆器运水过去并制造液氧和液氢，水可以从地球补给也可以在月面开采。着陆器先飞到补给站，随后转往 DSG 供乘员和货物进入，最后前往月面，完成月面任务后返回 DSG，基于 DSG 和着陆器可前往月面上的几乎任何区域。

着陆器净重 22 t，推进剂满载时重 62 t，总高约 14 m。乘员借助一个简易升降平台从着陆器顶部的乘员舱下到月面。乘员舱内部与 Orion 载人飞船非常接近，很多设备也是沿用的。目前只确认使用液氢/液氧推进系统，主发动机考虑采用洛克达因公司的 RL10 或蓝源公司的 BE - 3，要求发动机推力能深度调节。洛·马公司的可重复使用载人月球着陆器的概念示意图如图 2 - 37 所示。

（4）ESA 主导的 Heracles 载人月球着陆器。

在 NASA 主导开展 DSG 设计后，由 ESA 主导、多国合作设计提出了一种

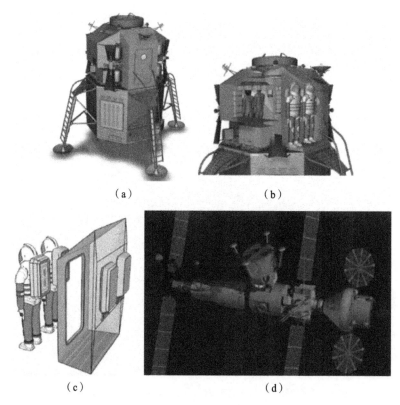

（a）　　　　　　　　　　　（b）

（c）　　　　　　　　　　　（d）

图 2 - 37　洛·马公司可重复使用月球着陆器概念示意图

（图片来源于 AIAA 报告）

（a）整体概念图；（b）乘员舱；（c）出舱服与乘员舱接口；（d）与 DSG 对接示意图

月面着陆器——Heracles，如图 2 - 38 所示。用于 DSG 与月面之间的往返运输任务演示验证，其中月面上升级（Lunar Ascent Element，LAE）由 ESA 负责，月面下降级（Lunar Descent Element，LDE）由日本宇航局（JAXA）负责，月球车由加拿大航天局（Canadian Space Agency，CSA）负责，如图 2 - 39 所示。Heracles 携带一个月面机器人着陆，用于验证月面探测活动以及携带月球样品返回 DSG 的能力，实际上是面向可持续发展载人深空探测任务选择了一条人机联合探测的技术途径。

　　Heracles 月面探测任务将采用太阳能帆板——放射性同位素电源系统，具体设计要点如下：①太阳能帆板能够获得最大的能量效率。②放射性同位素电源可以在月球阴影区或者月夜期间以最小代价和质量提供稳定的能源供给。③可充电电池组满足快速移动或者采样期间的高功率需求。④另外配置的放射性同位素电源可为上升级提供月夜期间的能源供给。

图 2 - 38 Heracles 月面着陆器

（图片来源于 2018 年 ESA 的

Horizon 2061 会议报告）

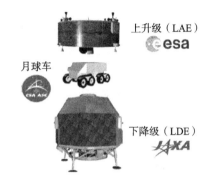

图 2 - 39 Heracles 月面着陆器研制分工

（图片来源于 2018 年 ESA 的

Horizon 2061 会议报告）

5）深空居住舱

1966 年，马歇尔航天中心主导开展了基于"土星 5 号" S - IVB 级试验性支持模块（S - IVB Stage Experiment Support Module，SSESM）研究，并最终演化为"天空实验室"（Skylab Ⅰ）。"星座计划"中 NASA 提出了基于 SLS 运载火箭贮箱的"天空实验室Ⅱ"（Skylab Ⅱ）方案，如图 2 - 40 所示。相对基于国际空间站改进或者全新设计的深空居住舱，Skylab Ⅱ 具有更高的创新性、可靠性和效费比。SLS 火箭液氢贮箱正常工作压力为 0.345 MPa，而且结构本身就预留了 1.4 倍安全裕量，如果改造为载人舱段就有 2.5 倍的结构安全裕量；此外，液氢贮箱内部有加强结构，为设置多层底板和设备安装提供了条件。

在长期的载人深空探测任务中，适宜的居住环境对于保持航天员心理和生理的健康非常关键。"星座计划"中启动了深空居住舱（Deep Space Habitat，DSH）项目，旨在明确和完善空间居住舱架构，通过在相关环境中集成和测试不断完善空间居住舱方案和技术，初始方案任务包括 60 天和 500 天构型，如图 2 - 41 所示。充分利用从近地轨道 ISS 和地面模拟研究中得到的经验与知识，由衍生自 ISS 的硬件和系统、Orion 载人飞船和各种支援飞船组成，居住舱将至少配备一个国际标准对接系统（International Dock Standard System，IDSS）。为评估新技术，NASA 研制了居住舱验证单元（Habitat Demonstration Unit，HDU），分别于 2010—2012 年和 2013 年进行了两个版本 HDU 的地面试验。

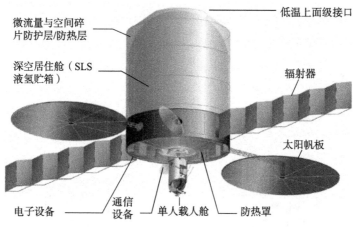

图 2-40 Skylab Ⅱ 居住舱系统方案

（图片来源于《国际太空》）

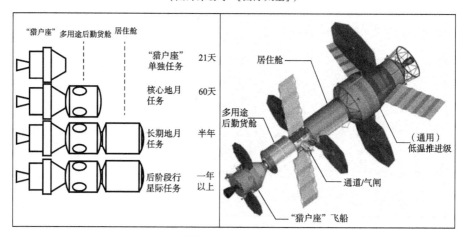

图 2-41 居住系统能力增长路径和马歇尔航天中心提出的 500 天居住系统构型

（图片来源于 NASA 的马歇尔航天中心）

6）月球空间站

从 2000 年开始，NASA 开始研究位于地月系统拉格朗日点（L1、L2）的"门户"（Gateway）空间站，空间站上航天员可对月面机器人实时遥控进行月球基地建设，还可作为空间站储存空间货物，支持载人深空探测任务。Gateway 空间站系统由空间站（模块Ⅰ）、乘员运输飞行器和太阳能发电推进装置（SEP stage）三个部分组成，总质量为 95 t，总长 19.8 m，充气展开后最大直径为 12.8 m，可用容积为 575 m³，如图 2-42 所示。模块Ⅰ为 30.5 t，SEP stage 模块 17 t，装载化学推进剂 47.5 t。设计寿命为 15 年，支持 4 名乘员驻留几个星期，可从环月低轨自主转移至地月 L1 或 L2 点的飞行。

图 2 - 42　Gateway 空间站

（图片来源于 NASA 官网）

　　瞄准 ISS 后时代的载人航天持续发展，2012 年美国波音公司与俄罗斯能源公司联合提出了一种拉格朗日点空间站概念，即基于国际空间站的试验平台（ISS - Experimental Platform，ISS - EP），旨在拓展国际空间站功能，并尽可能降低月球及后续深空探测任务成本。根据所设计载人登月飞行方案，首先在地月 L2 点建立空间站平台，ISS - EP 携带月球转移飞行器（Lunar Transfer Vehicle，LTV）由地月 L2 点转移至 3 200 km 高环月轨道，然后 LTV 与空间站 ISS - EP 分离，并与可重复使用的载人月面着陆器实现交会对接。LTV 的作用是将着陆器由 3 200 km 环月轨道运送至 100 km 环月轨道。图 2 - 43 所示为基于 ISS - EP 空间站的载人登月飞行过程。

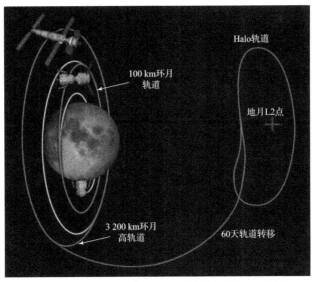

图 2 - 43　基于 ISS - EP 空间站的载人登月飞行过程

（图片来源于波音公司）

2017 年 4 月，考虑 2024 年 ISS 退役后的载人航天发展，NASA 经过多方权衡正式提出 DSG 月球轨道空间站计划，即在月球附近轨道布置一个载人空间站，作为探索月球甚至更远深空目的地（如火星）的中转站，也可作为解决长周期载人深空探测任务中多项技术难题的试验验证平台。

根据 NASA 公布的方案，DSG 计划布置于月球附近的近直线 Halo 轨道（NRHO）上，由电源和推进系统、居住舱、对接机构、气闸舱和后勤货舱段组成，重约 40 t，可支持 4 名航天员驻留，用大功率电推进进行位置保持和环月轨道上的机动，设计寿命 15 年。DSG 各个部段将在系列探索任务（EM - 2 ~ EM - 8）中作为与 Orion 载人飞船同批次有效载荷由 SLS 发射，计划在 2023 年开始逐步发射部署。

2017 年 7 月，NASA 正式发布 DSG 核心部件——动力与推进部件（Power and Propulsion Element，PPE）信息征询书，8 月在"下一代空间技术探索合作"第二阶段项目中发布了 PPE 研究指南，11 月向 5 家公司授予了为期 4 个月的研究合同。2017 年 9 月，NASA 与俄罗斯航天集团在第 68 届国际宇航联大会（68th IAC）上签署协议，俄罗斯正式加入 DSG 计划。同时，当前参与 ISS 的加拿大、ESA、日本等国家（机构）也将陆续加入该计划。按照目前分工，美国负责研制电源和推进舱（ESA 负责部分组件），ESA 和日本负责研制居住舱，俄罗斯负责研制气闸舱，加拿大负责研制机械臂，补给舱有多种过渡方案，目前方案尚未确定。图 2 - 44 所示为 DSG 月球轨道站多国合作分工示意图。

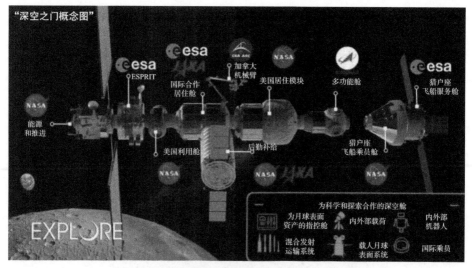

图 2-44   DSG 月球轨道站多国合作分工示意图

（图片来源于 NASA 官网）

2. 苏联/俄罗斯

1) N1 - L3 计划载人飞行器系统

N1 火箭主要任务是将 L3 飞船组合体送入环月轨道并使用第五级火箭承担月面下降段的主减速功能。由于苏联在液体发动机及运载火箭研制领域多年保持技术优势，设计师系统采用了光杆五级构型方案，使用液氧/煤油推进剂，质量为 3 080 t，起飞推力达 4 620 t，近地轨道运载能力约为 100 t。N1 - L3 发射阶段系统构型如图 2 - 45 所示。

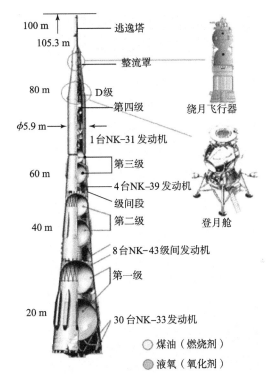

图 2 - 45 N1 - L3 发射阶段系统构型
（图片来源于网络）

N1 - L3 计划中的 L3 飞船组合体包括载人飞船（LOK）（含 Block I 推进系统）和登月舱（LK）（含 Block E 推进系统）两部分。LOK 基于早期联盟 A 型飞船改进而来，由生活舱（BO）、再入舱（SA）和仪器 - 发动机舱（PAO）三部分构成。生活舱（BO）由对接机构（SU）、生活舱发动机系统（DOK）和生活室（BO）三个部分组成。再入舱（SA）在联盟 A 型飞船返回舱的基础上改进完成，如为了适应第二宇宙速度高速再入要求，加大了防热大底的厚度。载人飞船及环月飞行示意图如图 2－46 所示，载人飞船主要参数见表 2－5。

N1－L3 计划中只有 1 名航天员着陆月面，登月舱属于单人飞行器。登月舱规模较小，减轻了整个载人登月运输系统的负担，但 1 名航天员执行月面活动时无法获得其他支持，对航天员自身能力提出了很高要求，执行月面任务的时间也必须控制在最小范围。登月舱采用单舱构型，重约 5.56 t，高 5.2 m，最大直径 4.5 m，可承载 1 名航天员，设计月面工作时间为 3 天。登月舱外形如图 2－47 所示，登月舱主要参数见表 2－6。

图 2－46　载人飞船及环月飞行示意图

（图片来源于网络）

表 2－5　载人飞船主要参数

项目	参数
构成	生活舱＋再入舱＋仪器－发动机舱
乘员/人	2
最长飞行时间/天	13
质量/t	9.85
总长/m	10.06
直径/m	2.93
主发动机推进剂	$UDMH + N_2O_4$

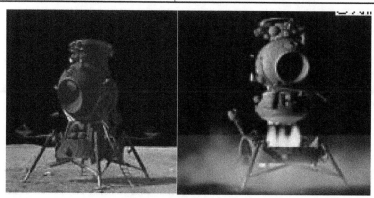

图 2－47　登月舱外形

（图片来源于网络）

表 2 - 6　登月舱主要参数

项目	参数
构型	单舱
组成	月面着陆装置 + Block E 火箭模块 + 乘员舱
乘员/人	1
月面工作时间/天	3
质量/t	5.56

2）超重型运载火箭

俄罗斯联盟 - 5 运载火箭进展顺利，其一子级 RD - 171MV 发动机已完成设计工作，预计 2021 年首飞，将代替安加拉 - A5V 火箭用于发射未来的"联邦号"载人飞船。2017 年 5 月，普京总统要求加快超重型运载火箭的研制，目前俄罗斯航天国家集团已经起草了计划书的拟订，低地球轨道运载能力将达到 160 t，能够向月球轨道运送 27 吨的物资，并计划于 2028 年从俄罗斯的东方航天发射场发射首飞，目标是月球、火星等深空探索。该超重型运载火箭计划从 2020 年开始进入研制阶段。

3）载人飞船

俄罗斯提出的新一代载人飞船（PTK NP）可用于近地轨道和月球载人飞行任务，其原型样机已于 2013 年莫斯科航展公开展出，如图 2 - 48 所示。2016 年新一代载人飞船正式命名为"联邦号"，发射质量 20 t，在月球探测以及近地轨道飞行任务中可以多次重复使用，计划使用联盟 - 5 火箭发射，最多可携带 4 名航天员执行 30 天自主飞行任务，或者在空间站上停靠一年。2017 年 3 月，俄罗斯联邦航天局载人航天领域总设计师叶甫盖尼·米克林表示，

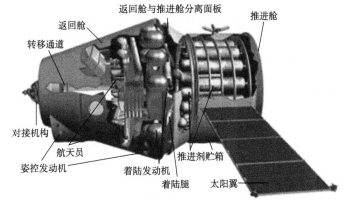

图 2 - 48　俄罗斯新一代载人飞船

（图片来源 russianspaceweb.com）

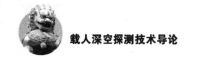

"联邦号"飞船将于 2021 年进行首次自主无人飞行试验，将搭载"费奥尔多"机器人；首次载人飞行任务计划于 2023 年执行。

"联邦号"飞船乘员舱被分为指令隔舱（KO）和聚合隔舱（AO），指令隔舱又分为一个加压座舱和不加压的上部转移段（VP）。为降低质量，不加压的上部转移段、聚合隔舱、隔热罩和推进舱（DO）的主承力结构可能采用碳基复合材料。乘员舱采用可重复使用防热瓦，顶部采用可移动空气动力学襟翼，一旦乘员舱到达可辨识大气的区域就可以用来控制乘员舱。内部空间很大，配备卫生间并可储备大量食物和水，为航天员执行长时间载人登月任务创造了良好条件。乘员舱使用中性气态氢＋乙醇的推进系统，用于大气层外机动控制。着陆采用"发动机＋降落伞＋可折叠着陆腿"组合系统，其发动机具有精确推力控制能力，能够更好地控制着陆速度和着陆点位置。聚合隔舱还设置可折叠着陆腿，用于缓冲乘员舱的触地冲击，并可重复使用。

从俄罗斯近年来的火箭及飞船研制情况总体来看，由于受俄罗斯政府经费投入有限的影响，其再次开展载人月球探测的准备并不充分，单独依靠俄罗斯的能力进行载人月球探测的可能性并不大。

2.3.2 载人月球基地

世界各国对载人月球基地任务进行了大量论证研究，可归纳为月球自身科学研究、月球资源开采利用、科学试验平台、月基空间观测站和深空探测中转站五大类型，最终目的是拓展人类的生存空间，探索浩瀚的宇宙。载人月球基地从建造过程上看可以分为刚性、柔性展开式和建造式等类型。

1. 美国月球基地

图 2 - 49 所示为美国近年来提出的多种载人月球基地概念示意图，包括刚性月球基地中的固定式和转移式两种方案。2000 年，美国 John Mankins 提出了可居住的机器人概念"Habot"，包括居住环境和工作环境两大类模块组，模块采用腿式移动，压力舱为六边形，可以组成一个临时性的月球基地，直径 3～5 m。2005 年，NASA 月球前哨站公布了初步方案，其居住舱采用固定式刚性舱，通过非增压月球车和表面移动运输车扩大探测范围。2007 年，NASA 对月球基地的建设构想进行了较大改进，从分批次发射建造改进为单次发射一个大型登月舱到达月球。美国的 Frassanito 等人提出的 Wagon Train 月球基地由一系列月球车组成，当压力舱模块组装在一起时，车内保持稳定的大气压力，航天员可以在各舱段内自由活动；还可以利用非压力舱的月球车进行局部范围内的探测活动。2006 年，美国的 Andrew T. Bingham 等人提出一种模块化刚性舱月

球基地方案，由六个舱段组成，包括中心舱段、航天员生活区、制造舱段、气闸舱、能源舱和精炼舱。

图 2-49　美国提出的多种载人月球基地概念示意图

（图片来源于《载人月球基地工程》，果琳丽等编著）

（a）NASA 月球前哨站；（b）Habot 移动基地；

（c）Wagon Train 移动基地；（d）固定模块化基地

　　图 2-50 所示为美国近年来提出的可充气展开式载人月球基地的概念示意图，包括了建筑式及柔性展开式月球基地的概念设想。圆球形充气式月球基地的居住舱是一个直径 16 m 的大圆球，可供 12 名航天员在里面生活和工作。整个居住舱是一个可充气结构，外面用 1 m 厚的月球土壤覆盖住，作为防辐射屏蔽层。约翰逊航天中心 LSS Habitation Lead 小组设计了一种扁圆形充气式月球基地方案。两个扁圆形的充气式月球基地的单元内直径为 8.5 m，高 3.6 m，体积大约为 174 m³，可同时供 4 名航天员使用；如果额外增加一个 78 m³ 的充气式载荷后勤保障舱（Payload Logistics Module，PLM），整个月球基地可供 4 名航天员执行 180 天的月球探测任务。美国 ILC Dover 公司研制了一种新型的充气式月球基地，由两个立式圆柱形充气舱构成。较大的充气舱直径为 3.65 m，通过 4 条腿站立；较小的充气舱是气密过渡舱，通过刚性高压舱门与直径为 3.65 m 的充气舱相连，气密过渡舱也通过 4 条腿站立。ILC Dover 公司设计了

卧式半圆柱形充气月球基地，这个完全绝缘和隔热的充气式月球基地可作为健康监控、自愈材料和放射物保护材料等新技术试验平台。

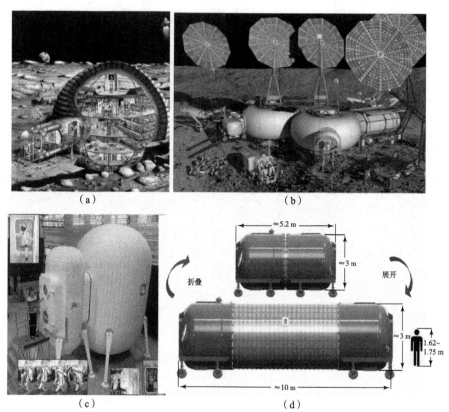

（a）　　　　　　　　　　　　　　　　（b）

（c）　　　　　　　　　　　　　　　　（d）

图 2 - 50　美国近年来提出的可充气展开式载人月球基地概念示意图

（图片来源于《载人月球基地工程》，果琳丽等编著）

（a）圆球形充气式月球基地；（b）扁圆形充气式月球基地；

（c）立式圆柱形充气式月球基地；（d）卧式完全圆柱形充气月球基地

此外，美国月球建筑团队（Lunar Architecture Team，LAT）设计了一种卧式圆柱形充气月球基地模型，模型高约 3 m，折叠状态时长约 5.2 m，展开后长约 10 m，折展比接近 2∶1，适合 1.62～1.75 m 身高的航天员使用。

在充气展开式载人舱的方案设计基础上，2016 年 4 月美国毕格罗公司研制的充气式太空舱——可扩展式活动模块（Bigelow Expandable Activity Module，BEAM）由 SpaceX 的货运龙飞船发射至国际空间站上，这个充气式太空舱重 1.4 t，原始大小为直径 2.36 m、长 2.4 m，充气后会膨胀至直径 3.2 m、长 3.7 m、内部空间 16 m³，它将与 ISS 的"宁静号"节点舱对接两年，如图 2 - 51 所示。在此期间毕格罗公司将测试充气式太空舱的防辐射性能、温度控制能力以及其舱体抗陨石或太空垃圾撞击的性能等。航天员将每年进出太空充气舱三四次以收集数据，但不会在其中生活或居住。

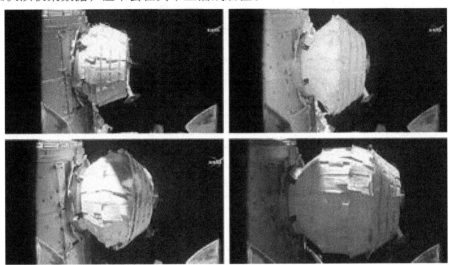

图 2 - 51 毕格罗公司建造的可充气式太空舱与国际空间站对接示意图
（图片来源于《国际太空》杂志）

毕格罗公司的创始人罗伯特·毕格罗对于将充气式结构用于月球任务充满了信心，他认为毕格罗可扩展式活动模块（BEAM）采用多层碳纤维材料以及专门的微陨石与轨道碎片防护层，完全可以达到由金属圆筒组成的 ISS 舱段的结构强度。在此基础上，NASA 与毕格罗宇航公司签订了 B330 充气模块研制合同。B330 充气后内部空间将达到330 m³，与一辆大巴车规模相当，将安装有太阳能电池和热辐射片、半私人床位、一个零重力环境厕所、4 个窗户和 2 套控制推进系统，足够 6 个人在里面居住生活。B330 模块预计 2020 年发射升空，后续用于建造月球基地或者太空酒店，这是向充气式月球基地迈出的关键一步。

2. 俄罗斯月球基地

2008 年，俄罗斯维塔利·谢苗诺夫公布所提出的可移动式刚性舱结构月球基地是一种基于空间站核心舱和节点舱，同时结合了月球车移动和月面着陆器垂直着陆起飞的创新性方案。图 2 - 52 所示为俄罗斯提出的可移动式刚性舱月球基地设想图，在此基础上俄罗斯并未有实质性进展。

3. ESA 月球村

建造式结构月球基地既可以建造在月面以上，也可建造在月面下，或是半月面下，甚至是建设在熔岩管（指早期月球火山喷发时，熔岩流出形成的管

图 2-52　俄罗斯提出的可移动式刚性舱月球基地设想图

（图片来源于《载人月球基地工程》，果琳丽等编著）

道）里。建造式结构扩展性更强，可以根据需要建造成形式多样的月球基地。由于月球表面环境恶劣，需要进行多重防护，单是银河宇宙射线就要求岩石屏蔽防护的厚度不能小于 2 m（可能 10 m 或更多）。月壤具有非常好的绝热性能，月表地下 1 m 往下的温度变化较为平缓，月球基地更容易维持一个合适的热环境，因此永久性载人月球基地特别适合建造于月面下。

ESA 提出了一种构建在月面下的月球基地方案，选址于南极的一个月球坑内，主体结构建在月面下，通过挖掘和烧蚀月壤进行构建。月面上密封舱内种植有多种绿色植物，其密封结构采用透明材料，这样便于利用太阳光照射到植物。近年来也有科学家提出在月球上利用岩管建设月球基地的概念，但这项技术首先得确立在月球上是否有岩管的基础上。2013 年，ESA 提出了一种半地下式月球基地概念设想图，建造结构采用月球混凝土。著名建筑公司 Foster + Partners 演示了利用月球土壤实施 3D 打印的可行性，目前已利用模拟的月球土壤建造了 1.5 t 建材模块，如图 2-53 所示。

图 2-53　ESA 提出的半地下建筑式月球基地概念以及混凝土 3D 打印模块

（图片来源于 ESA 官网）

2017 年 ESA 公布了"月球村"的发展设想，通过原位利用月球上的冰、金属及矿物，采用 3D 打印技术来建设"月球村"，月球车先着陆月面并搭建充气展开结构，其后再让更多月球车登陆月球并协同开展基地建设。计划 2030 年形成 6～10 个月面定居点，到达月球的科学家和工程师将为后续月面居住打下基础，到 2040 年左右形成 100 人的居住规模。ESA 局长简·维尔纳甚至认为一个永久性的月球基地可以取代预计 2024 年退役的 ISS，成为下一个阶段人类地外生存的基地，并强调了国际合作的重要性。关于月球基地选址，ESA 倾向于在月球两极或永久光照区建设"月球村"。ESA "月球村"初步方案如图 2 - 54 所示。ESA 提出的基于"月球村"的载人月面探测任务规划如图 2 - 55 所示。

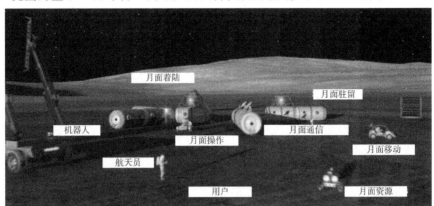

图 2-54　ESA "月球村"初步方案

（图片来源于 ESA 官网）

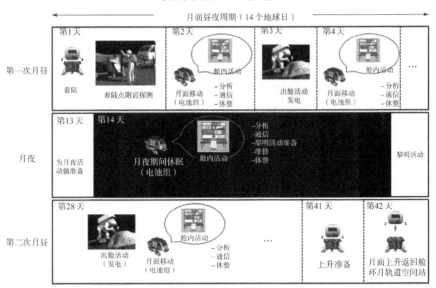

图 2-55　ESA 提出的基于"月球村"的载人月面探测任务规划

（图片来源于 ESA 官网）

2.3.3　载人小行星探测飞行器系统

开展载人小行星探测任务同样需要重型运载火箭、载人飞船及小行星表面附着器等飞行器，这里重点介绍一种独特的载人小行星探测任务的多任务空间探索飞行器（Multi – Mission Space Exploration Vehicle，MMSEV），以及用于抓捕小行星的飞行器 ARV。2007 年，NASA 公布了 MMSEV 的概念，用于探索近地小行星，分为表面探索型和空间探索型，其加压舱既可用于空间任务又可用于行星表面探索活动。后续公布了若干更新版本，融合众多先进技术，包括燃料电池、再生制动器、轮子、轻型结构和材料、主动悬浮、电子设备和软件、舱外活动航天服端口、热控系统、自动交会对接、高能量密度电池和气氢气氧反作用控制系统。

MMSEV 表面探索型底盘上安装加压舱，大小相当于有 12 个轮的轻型卡车，可载两名乘员执行最长 14 天的任务，设有睡眠和卫生设施；也可以将加压舱拆下来，底盘用于装载有效载荷或由着航天服的航天员驾驶，其设计特点如图 2 – 56 所示。表面探索型 MMSEV 要求在 10 年运行寿命中，不需要太多的维护维修工作，能够行驶数千千米，能够越过岩石，攀爬 40° 的斜坡。该型 MMSEV 已在 2008 年进行了地面荒漠的跑车试验。

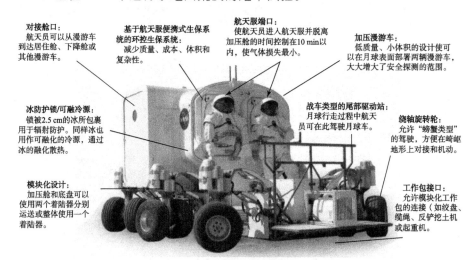

图 2 – 56 MMSEV 表面探索型设计特点
（图片来源于 NASA 官网）

MMSEV 空间探索型是在飞行平台上安装加压舱，可载两名乘员执行最多 14 天的任务，可以装机械臂抓取观测目标，经航天服端口航天员可以更方便地执行出舱活动，提高工作效率。MMSEV 空间探索型设计特点如图 2 – 57 所示。

MMSEV 具有以下设计特点：

（1）探索范围。如果两辆或更多辆 MMSEV 一同在行星表面行驶，行驶距离将增加到 200 km，大大增加了科学探测能力。紧急状况下，即使在最恶劣

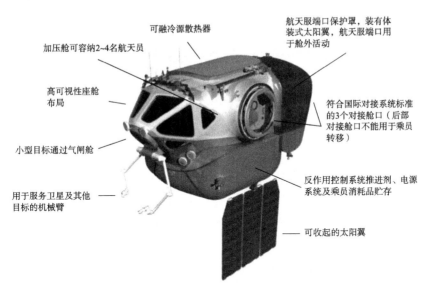

可融冷源散热器

加压舱可容纳2~4名航天员

航天服端口保护罩，装有体装式太阳翼，航天服端口用于舱外活动

高可视性座舱布局

符合国际对接系统标准的3个对接舱口（后部对接舱口不能用于乘员转移）

小型目标通过气闸舱

反作用控制系统推进剂、电源系统及乘员消耗品贮存

用于服务卫星及其他目标的机械臂

可收起的太阳翼

图 2-57　MMSEV 空间探索型设计特点

（图片来源于 NASA 官网）

的地形中央，也可以在 1 h 内得到紧急支援。

（2）航天员防护。MMSEV 的防护层非常强，快速获取的、加压的、防辐射的安全掩体可以为航天员防护最多 72 h 的太阳粒子事件、航天服故障和身体不适等紧急情况。

（3）快速进出。MMSEV 系统的航天服端口可以使航天员非常快速地进行舱外活动，通过"航天服端口"穿脱航天服非常方便，省去了取出航天服、清除航天服内灰尘和其他污染物等程序，并能减少航天服的磨损。航天服端口可以最大化地减少舱内空气的损失，有利于扩展任务周期。

（4）舱内活动能力。加压舱与航天服端口结合，给予航天员前所未有的灵活性，能够在便装和航天服之间方便切换。即使航天员想要走出加压舱近距离观察外面的某个目标，他可以舒服地坐在舱内观察工作站或地质情况，不需要穿着航天服，便于使用计算机、操作机器人、地图，乘员之间也可以方便地交谈。加压舱也可用作流动的科学实验室来研究样品。

（5）对接口。对接口允许乘员从漫游车到达居住舱、下降舱或其他漫游车。

另一种载人小行星捕获飞行器 ARV，是由从上到下分别为头部收缩存储的捕获装置（小行星捕捉袋）、任务模块、中段折叠状态太阳能帆板、太阳能电推进模块（Solar Electric Propulsion，SEP）以及底部的 5 台带有双向侧摆装置的 2 轴 10 kW 霍尔推力器（总共可提供 30 km/s 的速度增量）和交会对接机构组成，如图 2 - 58 所示。ARV 与运载火箭分离后进入在轨飞行模式，将展开太阳能帆板向电推进系统提供能量。当 ARV 接近目标小行星后，将把收紧存储的捕获袋展开成近似圆柱形进行捕获。ARV 推动小行星到达预定的月球轨道后，载人飞船与其交会对接。

在美国 NASA 停止了载人小行星抓捕任务之后，这两种飞行器也就未见有进一步的实质性进展。

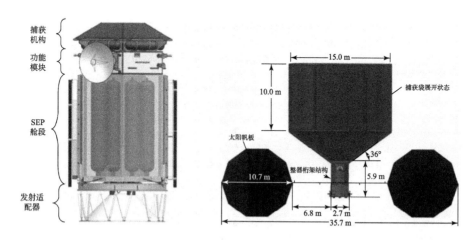

图 2 - 58　载人小行星 ARV 飞行器系统组成（捕获袋收拢和展开状态）

（图片来源于 AIAA 报告）

2.3.4　载人火星探测飞行器系统

载人火星探测飞行器系统中，除了载人飞船及火星着陆器外，NASA 当前重点开展研究的是 DST 飞行器。2017 年 NASA 载人火星探测规划中提出的深空运输器（DST）是一种可重复利用航天器，采用电力和化学双模推进，用于开展包括火星在内的深空探索目的地载人探索任务。航天员将搭乘 DST 往返于目的地与 DSG 之间，DST 经过维护后还可再次出发。

DST 重约 41 t，具备环境控制和生命保障系统，可通过补给和少量维护重复开展 3 次火星级别任务，支持 4 名航天员开展 1 000 天级别的深空任务，并可在 DSG 进行燃料补给和少量维护维修。

此外，私营航天方面，2016 年 9 月，SpaceX 公司 CEO（首席执行官）伊隆·马斯克公布了瞄准载人登陆火星任务的星际运输系统（International Transportation System，ITS），ITS 系统的最大亮点是所有系统都能完成复用。ITS 系统包括运载火箭、载人飞船、货运飞船、轨道加油站及推进剂生产火星基地，其中：

（1）运载火箭：直径为 12 m，高 77.5 m，42 个猛禽发动机，最大运载能力为 550 t。

（2）载人飞船：直径为 12 m，高 49.5 m，9 个猛禽发动机，最大运载能力为 450 t。

（3）货运飞船：直径为 12 m，高 49.5 m，9 个猛禽发动机，最大运载能力为 450 t。

（4）轨道加油站：BFR 贮箱，可存储 150 t 推进剂。

（5）推进剂生产火星基地：可以就地取材合成甲烷、液氧等推进剂。

基于 ITS 系统的载人登陆火星飞行模式如图 2-59 所示。ITS 开发总预算超过 100 亿美元。

经过一年多的研发，2017 年 9 月，SpaceX 宣布提出更先进更经济的 ITS，即研发大猎鹰火箭（Big Falcon Rocket，BFR）取代当前的"猎鹰"火箭和"龙"飞船，将二者合一、箭船整体化。

BFR 属于总称，包括大猎鹰飞船（BFS）和大猎鹰火箭（BFR），分别对应 ITS 系统的载人飞船和运载火箭。BFR 系统总高度从 ITS 的 122 m 缩减到 118 m，直径从 12 m 缩小到 9 m。无论是近地轨道还是月球、火星轨道，BFR 最大运载能力都可达 100 t 以上，并具备 50 t 返回地球的能力。其中：

（1）大猎鹰火箭 BFR：高 63 m，直径为 9 m，配置了 31 个猛禽发动机。

（2）大猎鹰火箭 BFS：高 55 m，直径为 9 m，配置了 7 个猛禽发动机。

图 2-60 所示为 SpaceX 公司的 BFR 飞船概念设计图。BFR 系统具有载人/货运飞船、卫星发射飞船和燃料加注飞船三种工作模式。在执行不同工作模式的任务时，BFR 的外形和总体结构不会发生变化，只会对飞船内的一些模块进行调整。

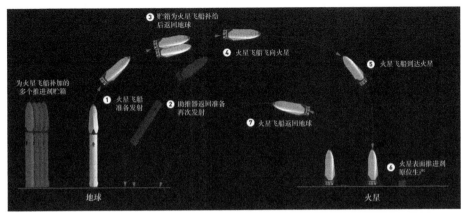

图 2-59　SpaceX 提出的载人登陆火星飞行模式

（图片来源于 SpaceX 公司官网）

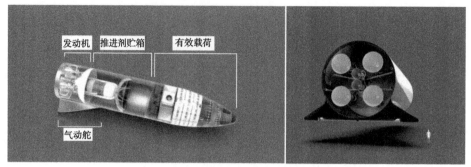

图 2-60 SpaceX 公司的 BFR 飞船概念设计图

（图片来源于 SpaceX 公司官网）

上述这个概念很快又被 SpaceX 公司更新的设计理念所取代，这就是超重鹰（Super Heavy）及星舰（Starship）方案，分别对应原来的大猎鹰火箭（BFR）和大猎鹰飞船（BFS）。这个改变彻底颠覆了对运载火箭、宇宙飞船的刻板印象，如图 2-61 所示。

在这个方案中：

（1）超重鹰火箭（Falcon Super Heavy）：简称 Super Heavy（SH），高 63 m，直径为 9 m，配备 31 个猛禽发动机，基本配置与 BFR 一样，不同的是箭体材质，由碳纤维复合材料全部改为不锈钢合金。

（2）星舰（Starship）：高 55 m，直径为 9 m，配备 7 个猛禽发动机，跟 BFS 大猎鹰飞船一样，关键在于改进处：前后各增加一组机翼。一对前机翼和三个尾翼。尾翼既是飞行机翼，同时用作着陆架。星舰飞船腹部大面积增加了隔热层，能够适应重返地球、月球及火星等多种着陆飞行。

图 2-61 SpaceX 公司提出的 Starship 和 Super Heavy 概念图

（图片来源于 SpaceX 公司官网）

星舰船体与 SH 一样，全部采用不锈钢合金，而不是碳纤维复合材料，星舰可以用作载人飞船，也可用作货运飞船。内部加压空间超过 1 000 m³，比 ISS 加压容积还要大。

为了验证 Starship 的性能，SpaceX 公司又研发了 Starship 的原型飞船，称为"跳虫"（Hopper）。Hopper 高 39 m，直径为 9 m，装备 3 台猛禽发动机，与全尺寸 Starship 相比，显然小很多，也简化得多，如图 2 - 62 所示。研发 Hopper 验证船仅用 34 个月时间，之所以如此快速建造 Hopper，就是为打造全尺寸星舰（Starship）铺路。2019 年 4 月 3 日，星舰验证机 Starhopper 完成首次点火，起动猛禽发动机，完成了系绳跳跃。后续按照 SpaceX 公司的计划，2020 年进行全尺寸星舰首飞。这是私营航天公司进行载人火星探测任务的重要实践。

图 2 - 62　猛禽发动机正被装入 Starhopper

2.3.5　载人火星基地

载人火星基地由于任务遥远，真正进行工程实施的并不多，目前大多停留在概念设计阶段。

2012 年，格拉斯哥大学和国家空间大学联合提出了充气展开式载人火星基地 10 方案（Mars Base 10，MB10），"10" 表示为 10 名火星航天员提供永久适宜的居所，支持火星生命探测以及气候观测，如图 2 - 63 所示。MB10 模块由 MTO/30 t 运载火箭发射入轨，地火转移过程中一般为无人状态，自主执行火星进入下降与着陆（Entry Descent and Landing，EDL）。舱体采用可充气展开结构，在着陆火星表面后与太阳能帆板一起展开到位，形成直径为 26 m、高 9.6 m 的舱体结构，结构设计能够适应火星表面 3.711 m/s^2 的重力环境。充气舱顶部有 5° 斜面，以降低火星沙尘暴的损害。

此外，私营航天方面，2017 年 9 月，SpaceX 公司公布了其最新的火星基地设计方案，核心为其一体化设计的 "火箭 + 飞船" 组合体，如图 2 - 64 所示。如果一切顺利，第一批任务将建设一座永久性而且可持续城市的 "种子"。当然 SpaceX 公司的火星基地方案最终依赖于 Starship 以及 SH 火箭的建造情况。这里需要特别指出的是，无论是 NASA 的载人火星探测任务方案，还是私营公司 SpaceX 公司的方案，都依赖于火星原位资源利用技术，这是确保人类能在火星上生存的关键技术。

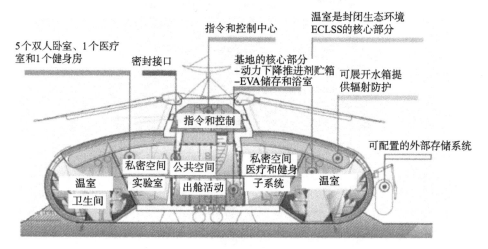

图 2-63　充气展开式载人火星基地 MB10 概念

（图片来源于 42nd International Conference on Environmental Systems）

图 2-64　SpaceX 公司提出的火星基地方案

（图片来源于 SpaceX 公司）

2.4 载人深空探测关键技术发展概况

2018 年，在 ISECG 公布的新版《全球探索路线图》中，按照当前状态（ISS 验证及已有飞行经历）、近期需求（月球附近及表面）及未来需求（火星附近及表面），提出在推进、着陆和返回，自主系统，生命保障，乘员健康及效能，结构及支持系统，以及出舱活动/移动/机器人任务领域共计 31 项技术，如表 2-7 所示。

表 2-7 GER 2018 中提出的优先发展的载人深空探测关键技术

	关键技术	当前状态（ISS 验证及已有飞行经历）	近期需求（月球附近及表面）	未来需求（火星附近及表面）
推进、着陆和返回	空间低温推进剂制造及存储	进行低温推进剂在轨存储试验	微重力条件下低温推进剂零蒸发量控制，低能耗条件下液氢/液氧存储时间 >1 年	
	液氧/甲烷低温推进系统	—	月面着陆变推力发动机	火星着陆变推力发动机
	火星进入下降及着陆	美国火星实验室（MSL）着陆质量约 900 kg	对深空环境中的先进技术进行验证	对于无人任务着陆质量 >1 t，对于载人任务着陆质量 >40 t
	精确着陆及避障	对于月球和火星任务，尚处于技术研究阶段	在任何光照条件下要求 100 m 着陆精度且具备 10 cm 量级障碍识别能力	
	热流隔离及防护	Orion 飞船热防护系统通过了飞行验证（EFT-1）	1 个大气压条件下热流密度约 1 000 W/cm²	0.8 个大气压条件下热流密度约 2 500 W/cm²
	电推进及能源供给	2.5 kW 推力已通过飞行验证（"黎明号"小行星探测器）	单个推力器功率约 10 kW、比冲 2 000 s（部分任务模式下）	单推力器功率为 30 ~ 50 kW（部分任务模式下）
	中大型太阳帆板阵列	单个太阳帆板功率已达 7.5 kW	高强度高刚度可展开太阳帆板，功率为 10 ~ 100 kW 量级（部分任务模式下）	自主可展开式，功率为 300 kW 量级（部分任务模式下）

续表

关键技术		当前状态 （ISS 验证及已有 飞行经历）	近期需求 （月球附近及表面）	未来需求 （火星附近及表面）
自主系统	飞行器系统自主管理	ISS 具备一定的站上自主管理功能，通信时延 <5 s	要求具备系统自主管理能力（通信时延 <5 s）	要求具备系统自主管理能力（通信时延 >40 min）
	自主接近对接与相对导航	ISS 具备自主交会对接能力	全光照条件下高可靠交会对接	
	近地轨道以外乘员自主化	ISS 上具备一定的自主能力	90% 正常工况下可自主开展，需为乘员具备紧急情况下决策的工具	
生命保障	生命支持系统可靠性增强	ISS：平均故障间隔时间（Mean Time Between Failure，MTBF）<1×10^{-6}，在地面控制中心的监视/支持下	更加健壮和可靠的组件（不依赖于地球补给），系统自主性能增长，故障诊断能力，飞行过程中故障修复能力	
	闭环生命支持系统	ISS：42% 的 O_2 基于 CO_2 再生，90% 的 H_2O 再生	深空任务中先进技术的验证	O_2/CO_2 闭环；H_2O 再生，固体废物处理降解存储
	乘员生活环境监视	ISS：采样返回地球	航天器上空气、水和污染分析	
乘员健康及效能	长期宇宙飞行医疗保证	ISS：进行现场救助后返回地球	深空任务中先进技术的验证	乘员接受训练成为医疗专家，持续的监视及决策支持
	长期飞行行为健康及效能	ISS：地面监视	深空任务中先进技术的验证	认识行为监视，行为健康指示和敏感
	反微重力措施	ISS：大型跑步机以及训练装备	深空任务中先进技术的验证	提供训练设备以防止失调，降低微重力不利影响

续表

关键技术		当前状态 （ISS 验证及已有 飞行经历）	近期需求 （月球附近及表面）	未来需求 （火星附近及表面）
乘员健康及效能	深空探测任务中的人因工程	ISS：较大乘员空间，食物及消耗品正常补给	深空任务中先进技术的验证	降低乘员认知负担、劳累，面向乘员健康优化的系统因素及接口
	宇宙辐射防护	ISS：地球环境可提供部分防护能力，阿波罗任务中辐射风险可接受	先进探测和防护技术，新型生物防治措施	
结构及支持系统	高速通信（前向及返向）	地基：前向 256 kb/s，返向 10 Mb/s	深空任务中先进技术的验证	前向 10 Mb/s，返向（光学）>1 Gb/s
	自适应临近空间通信	ISS：有限能力	深空任务中先进技术的验证	多用户之间同时通信>10 Mb/s，多种通信模式，存储、转发及中继
	空间授时及导航	ISS：局限在 GPS（全球定位系统）覆盖范围内，对于深空测控网（Deep Space Network，DSN）局限于（数据平滑网络）覆盖范围内	深空任务中先进技术的验证	提供高精度绝对和相对位置信息，空间时钟分辨率：10x ~ 100xSOA
	低温环境长寿命电池	ISS：锂离子电池，约 167（W·h）/kg	月夜期间温度和周期	
	行星尘埃影响减缓	阿波罗：3 天任务周期期限内	需要多种主动/被动技术，生命周期内有重大进步	
	低温环境结构、机构可靠性	ISS：+121 ~ -157 ℃	最低至 -230 ℃（低温推进剂兼容），多年寿命要求	

续表

关键技术		当前状态 （ISS 验证及已有 飞行经历）	近期需求 （月球附近及表面）	未来需求 （火星附近及表面）
结构及支持系统	ISRU：火星原位资源利用	已开展地面试验	可作为火星任务试验平台，在后续月球任务中可以应用	基于火星大气原位生产 O_2/CH_4，基于火星土壤原位生产液氢液氧推进剂
	核电能源（表面探索任务）	技术研究	可作为火星任务试验平台，在后续月球任务中可以应用	核反应堆（10 kWe 量级）
出舱活动／移动／机器人任务	深空任务宇航服	ISS：0.3 bar 压力环境下的 EVA（Extra - Vehicle Activity）操作	0.55 bar 压力环境下的 EVA 操作	
	地外行星表面出舱服（月球和火星）	Apollo 任务中最长 3 天（月球）	30 天最小任务周期，关节移动型改善、防尘	1 年以上任务周期，隔热（CO_2 大气环境）
	下一代行星表面移动	面向月球和火星任务的技术尚处于研究中	自主或载人能力、无地球支持、移动距离、速度、载荷	
	时延条件下的机器人遥操作	ISS：地面遥操作 <10 s 时延，月球车或火星车遥操作	几秒到 10 s 量级时延，动态环境	最大 40 min 时延
	人机协同工作	ISS：受限（机器人辅助下的 EVA）	EVA 中机器人控制，无地面支持，国际通行标准和协议	

从这些优先支持的关键技术项目中，可以清晰看出未来载人深空探测任务的突出特征就是人机联合探测，充分发挥人与机器人各自的优势，提高任务的效能。在围绕"人"的存在这条主线上，主要的关键和难点是提高载人航天器推进系统的比冲，提高着陆及再入返回的精度，提高能源的供给能力，采用更先进的生命保障技术及研发新型宇航服，提升乘员健康及效能，在发挥

"机"的优势这条主线上，主要的关键和难点是：进一步提高飞行器的自主智能水平，采用高速大容量、自适应通信技术，利用机器人进行月球/火星的 IS-RU 技术验证，布置核电能源，研发先进的月球/火星表面机动移动系统，发展机器人遥操作技术，进一步改进人机界面及人机协同工作能力。在"人"与"机"的关键技术优先投资取得突破的基础上，形成关键产品和系统，通过地面试验及模拟验证，逐步具备执行载人深空探测任务的能力，从而支持多任务、多类型、多目标的载人深空探测体系工程的实施和发展。

此外，私营航天公司在发展重复使用运输系统，包括重复使用的运载火箭和飞船，降低天地往返运输系统的飞行价格方面，取得的经验十分值得借鉴，同样包括充气式太空舱的飞行验证。Hopper 验证机及 Starship 飞船在关键技术上的大胆创新和实践，都值得进一步借鉴和思考。通过核心关键技术的突破研发新型载人深空探测飞行器，甚至颠覆原有的飞行模式和方案，都正在成为现实并改变人类原有的认知。

思考题

1. 世界载人月球探测任务包括哪三个发展阶段？各个阶段的任务目标是什么？

2. 载人月球探测飞行器系统包括哪些飞行器？各个飞行器的系统组成和任务功能是什么？

3. 载人月球基地包括哪些类型？各个类型的优缺点是什么？

4. 欧洲"月球村"任务发展设想的优缺点是什么？

5. 美国提出重返月球的 Artemis 计划后，欧空局、俄罗斯、日本、加拿大、澳大利亚等国的航天局纷纷加入该计划中，中国在这种国际形势下，该如何推进载人月球探测任务？

6. 美国载人小行星探测飞行器 MMSEV 两种类型的设计特点是什么？

7. 美国载人火星探测飞行器系统的组成和任务功能是什么？

8. 实施载人深空探测任务的关键技术是什么？

9. 美国私营航天公司为推动实施载人深空探测任务做了哪些探索和实践？对我们有什么启示？

10. 航天新经济是指什么？对推动实施载人深空探测任务有何作用？

参 考 文 献

[1] 中国科学院. 中国学科发展战略——载人深空探测［M］. 北京：科学出版社，2016.

［2］叶培建，果琳丽，张志贤，等．有人参与深空探测任务面临的风险和技术挑战［J］．载人航天，2016，22（2）：143－149．

［3］褚桂柏，张熇．月球探测器技术［M］．北京：中国科学技术出版社，2007．

［4］［美］唐纳德·拉普．面向载人月球及火星探测任务的原位资源利用技术［M］．果琳丽，郭世亮，张志贤，等，译．北京：中国宇航出版社，2018．

［5］果琳丽，王平，朱恩涌，等．载人月球基地工程［M］．北京：中国宇航出版社，2013．

［6］李成智，李建华．阿波罗登月计划研究［M］．北京：北京航空航天大学出版社，2009．

［7］张柏楠．航天员交会对接任务分析与设计［M］．北京：科学出版社，2011．

［8］戚发轫．载人航天技术［M］．北京：国防工业出版社，2003．

［9］郭筱曦，范嵬娜．国外近地以远载人探索能力发展研究［R］．中国空间技术研究院，2013，QBKT2013－512－014．

［10］彭兢，柳忠尧，张熇．月球着陆器方案概念设想［J］．航天器工程，2008，17（1）：18－23．

［11］张有山，果琳丽，王平，等．新一代载人月面着陆器发展趋势研究［J］．载人航天，2014，20（4）：353－358．

［12］朱恩涌，孙国江，果琳丽，等．我国小行星探测发展思路及关键技术探讨［J］．2016，22（6）：750－754．

［13］徐菁．嫦娥－5：尽心独秒的"采样返回"——专访探月工程副总设计师于登云［J］．国际太空，2015（1）：1－6．

［14］郑伟，许厚泽，钟敏，等．月球探测计划进展［J］．地球物理学进展，2012，27（6）：2296－2307．

［15］郭筱曦．《火星之旅：开拓太空探索新篇章》报告分析［J］．国际太空，2016，5：79－83．

［16］王平，梁鲁，果琳丽．载人登月舱概念设计阶段多方案比较方法初探［J］．航天返回与遥感，2013，34（6）：1－10．

［17］梁鲁，张志贤，果琳丽，等．可移动式月球着陆器在载人月球探测活动中的任务分析［J］．载人航天，2015，21（5）：474－478．

［18］朱恩涌，果琳丽，陈冲．有人月球基地构建方案设想［J］．航天返回与遥感，2013，34（5）：1－6．

［19］孙泽洲，孟林智．中国深空探测现状及持续发展趋势［J］．南京航空航天大学学报，2015，47（6）：785-791．

［20］果琳丽，申麟，杨勇，等．中国航天运输系统未来发展战略的思考［J］．导弹与航天运载技术，2006（1）：1-5．

［21］叶培建，黄江川，孙泽洲，等．中国月球探测器发展历程和经验初探［J］．中国科学：技术科学，2014，44（6）：543-558．

［22］叶培建，孙泽洲，饶炜．嫦娥一号月球探测卫星研制综述［J］．航天器工程，2007，16（6）：9-10．

［23］叶培建，黄江川，张廷新，等．嫦娥二号卫星技术成就与中国深空探测展望［J］．中国科学：技术科学，2013，43（5）：467-477．

［24］黄江川，王晓磊，孟林智，等．嫦娥二号卫星飞越 4179 小行星逼近策略及成像技术［J］．中国科学：技术科学，2013，43（5）：478-486．

［25］嫦娥-3 实现中国首次落月探测［J］．国际太空，2013（12）：1-8．

［26］王开强，李志海，张柏楠．载人小行星探测的飞行模式［J］．载人航天，2014，20（1）：89-93．

［27］徐伟彪，赵海斌．小行星深空探测的科学意义和展望［J］．地球科学进展，2005，20（11）：31-38．

［28］李虹琳．美国的载人小行星和火星探测［J］．中国航天，2014（8）：45-50．

［29］李恩奇，梁鲁，张志成，等．月面着陆器上升级压力舱结构优化研究［J］．载人航天，2012，21（3）：96-100．

［30］郭双生，艾为党．美国 NASA 高级生保计划实验模型项目研究进展［J］．航天医学与医学工程，2001，14（2）：149-154．

［31］周抗寒，傅岚，等．再生式环控生保技术研究及进展［J］．航天医学与医学工程，2003，16（增刊）：566-572．

［32］陈江平，黄家荣，范宇峰，等．"阿波罗"登月飞行器热控系统方案概述［J］．载人航天，2012，18（1）：40-47．

［33］朱浩，田辉．固液推进技术在载人登月中的应用［J］．北京航空航天大学学报，2012，38（4）：487-491．

［34］郑永春，邹永廖，付晓辉．月亮女神探月计划及对我国月球与深空探测的思考［J］．航天器工程，2011，20（2）：57-66．

［35］郑永春，邹永廖，付晓辉．LRO 和 LCROSS 探月计划：科学探测的分析与启示［J］．航天器工程，2011，20（4）：117-129．

［36］杭仁．盘点"阿波罗"登月工程［J］．航天员，2009，4：37-39．

［37］姚源，屠空．"月船 1 号"英年早逝［J］．太空探索，2009（11）：25 － 31．

［38］李成方．"猎户座"载人飞船进行首次飞行试验［J］．中国航天，2015（3）：55 － 57．

［39］程博文，刘伟伟，何熊文，等．猎户座飞船电子系统设计特点分析与启示［J］．航天器工程，2016，25（4）：102 － 107．

［40］张媞媞，予玫．"猎户座"飞船研制迎来关键年［J］．太空探索，2016（4）：36 － 37．

［41］齐玢，果琳丽，张志贤，等．载人深空探测任务航天医学工程问题研究［J］．航天器环境工程，2016，33（1）：21 － 27．

［42］曹红娟，赵海龙，蔡震宇，等．登月下降级液氧甲烷发动机方案研究［J］．载人航天，2016，22（2）：186 － 190．

［43］刘登丰，黄仕启，周伟．登月舱用深度变推下降级发动机系统方案研究［J］．火箭推进，2014，40（4）：22 － 29．

［44］李文龙，李平，邹宇．烃类推进剂航天动力技术进展与展望未来［J］．宇航学报，2015，36（3）：243 － 252．

［45］朱洪来，孙沂昆，张阿莉，等．低温推进剂在轨贮存与管理技术研究［J］．载人航天，2015，21（1）：13 － 18．

［46］王岩松，廖小刚，张峰．2014 年国外载人航天发展综合分析［J］．载人航天，2015，21（1）：91 － 94．

［47］杨雷，张柏楠，郭斌，等．新一代多用途载人飞船概念研究［J］．航空学报，2015，36（3）：703 － 713．

［48］郭筱曦．2015 年国外载人航天发展回顾［J］．国际太空，2016，446（2）：9 － 16．

［49］郭筱曦．NASA《火星之旅：开拓太空探索新篇章》报告分析［J］．国际太空，2016，449（5）：79 － 83．

［50］郭筱曦．美国新型载人飞船"猎户座"首次无人探索飞行试验任务圆满完成［J］．国际太空，2015，433（1）：40 － 42．

［51］郭筱曦．再见，"小行星重定向任务"［J］．国际太空，2018，475（7）：55 － 59．

［52］王霄，张杰．美国重启登月计划解析［J］．载人航天，2018，24（1）：136 － 141．

［53］张蕊．国外新型可重复使用飞船特点分析和未来发展［J］．国际太空，2010（12）：31 － 38．

［54］庞之浩. 美国研制中的几种载人天地往返系统［J］. 国际太空，2014
（7）：70 – 71.

［55］李志杰，果琳丽，张柏楠. 可重复使用航天器任务应用与关键技术研究
［J］. 载人航天，2016，22（5）：570 – 575.

［56］李一帆. 载人深空探测关键技术研究［J］. 导弹与航天运载技术，
2018，359（1）：24 – 31.

［57］张政，李海阳. 载人深空探测虚拟生活舱概念研究［J］. 载人航天，
2018，24（2）：171 – 177.

［58］王悦，刘欢，王开强，等. 载人探测小行星的目标星选择［J］. 航天器
工程，2012，21（6）：30 – 36.

［59］姚成志，胡古，赵守智，等. 火星表面核反应堆电源方案研究［J］. 原
子能科学技术，2016，50（8）：1449 – 1453.

［60］叶建设，宋世杰，沈荣骏. 深空通信 DTN 应用研究［J］. 宇航学报，
2010，31（4）：941 – 949.

［61］李志杰，果琳丽，张柏楠. 国外可重复使用载人飞船发展现状与关键技
术研究［J］. 航天器工程，2016，25（2）：106 – 112.

［62］王平，梁鲁，果琳丽. 载人登月舱概念设计阶段多方案比较方法初探
［J］. 航天返回与遥感，2013，34（6）：1 – 10.

［63］张志贤，梁鲁，果琳丽，等. 轮腿式可移动载人月面着陆器概念设想
［J］. 载人航天，2016，22（2）：202 – 209.

［64］梁鲁，张志贤，果琳丽，等. 可移动式月球着陆器在载人月球探测活动
中的任务分析［J］. 载人航天，2015，21（5）：472 – 478.

［65］田林，安金坤，彭坤，等. 美国梦神号行星着陆器原型系统发展及启示
［J］. 航天器工程，2015，24（5）：105 – 112.

［66］The global exploration roadmap［R］. International Space Exploration Coordination Group，2018.

［67］The global exploration roadmap［R］. International Space Exploration Coordination Group，2013.

［68］Donald Rapp. Human Missions to Mars［M］. UK：Springer，2008.

［69］Stephen Kemble. Interplanetary Mission Analysis and Design［M］. UK：Springer，2006.

［70］Carol Norberg. Human Spaceflight and Exploration［M］. UK：Springer，2013.

［71］Mark Lupisella. The ISECG global exploration roadmap as context for robotic and human exploration operations［R］. Fucino.

[72] Komuves R. Configuration analysis of ascent propulsion subsystem [R]. LED – 550 – 18; NASA – CR – 118587 79N76554. 1979.

[73] Burry R V. High performance Apollo propulsion system study. Volume 2 – Propellant survey final report [R]. NASA – CR – 117535; R – 5446 – VOL – 2 79N76547. 1979.

[74] Lunar module subsystem assembly and installations [R]. Grumman Aircraft Engineering Corporation Manufacturing Engineering, 1967.

[75] Christopher J Johnson, Robert A Hixson. Orion vehicle descent, landing, and recovery system level trades [C]. AIAA SPACE Conference & Exposition, 2008.

[76] George Edward Rains, Cynthia D Cross. Use of heritage hardware on Orion MPCV exploration flight test one [C]. 42nd International Conference on Environmental Systems, 2012.

[77] Bret G Drake. Human exploration of mars design reference architecture 5.0 [R]. NASA Johnson Space Center, 2009.

[78] Thomas Sinn, Ondrej Doule. Inflatable structures for Mars Base 10 [C]. 42nd International Conference on Environmental Systems, 2012.

[79] Johnson W L, Jurns J M, Bamberger H H, et al. Launch ascent testing of a representative Altair ascent stage methane tank [J]. Cryogenics, 2012, (52): 278 – 282.

[80] Marc M Cohen. From Apollo LM to Altair – design environments infrastructure missions and operations [C]. AIAA SPACE 2009 Conference & Exposition, 2009.

[81] John D Baker, Daniel E Yuchnovicz, David J Eisenman, et al. Constellation program (CxP) crew exploration vehicle (CEV) project integrated landing system [R]. NASATM – 2009 – 216165, 2009.

[82] Steven C Fisher, Shamim A Rahman. Remembering the Giants – Apollo Rocket Propulsion Development [M]. NASA History Division Office of External Relations, Washington DC, 2009.

[83] Keith Reiley, Michael Burghardt, Jay Ingham, et al. Boeing CST – 100 commercial crew transportation system [C]. AIAA SPACE Conference & Exposition, 2010.

[84] Schlutz J, Vangen S, Haese M, et al. Assessment of technology developments for the ISECG global exploration roadmap [C]. Global Space Exploration Conference, 2012.

[85] Scott D Norris, Larry A Price. Orion project status [C]. AIAA SPACE Confer-

ence & Exposition，2009．

[86] Kathleen C Laurini，John F Connolly．Altair lunar lander development status：enabling lunar exploration [R] . 20090035549，America，Johnson Space Center，2009．

[87] Christopher J Johnson，Robert A Hixson. Orion vehicle descent，landing，and recovery system level trades [C]. AIAA SPACE Conference & Exposition，2008．

[88] Claudia Herrera，Adam Harding. Orion pad abort 1 crew module mass properties test approach and results [C]. 53rd AIAA/ASME/ASCE/AHS/ASC Structures，Structural Dynamics and Materials Conference，2012．

[89] Thomas Sinn，Ondrej Doule. Inflatable structures for Mars Base 10 [C]. 42nd International Conference on Environmental Systems，2012．

[90] Petrov G，Park K S，Adams C. Optimization of inflatable spacecraft interior volume using constraints driven design [C]. Proceedings of the 40th International Conference on Environmental Systems （ ICES ），AIAA 2010 – 6070，2010．

[91] Sinn T，Vasile M，Gunnar T. Design and development of deployable self – inflating adaptive membrane [C]. 13th AIAA Gossamer Systems Forum as part of 53rd Structures，Structural Dynamics，and Materials and Co – located Conferences，2012．

[92] Curtis D Peters. A 50 – 100 kWe gas – cooled reactor for use on Mars [R]. New Mexico：Sandia National Laboratory，2006．

[93] Miguel Hagenfeldt，Juan L Cano，Luis F Peñín，et al. GNC design for asteroid orbit modification missions [C]. AIAA Guidance，Navigation，and Control （GNC） Conference，2013．

[94] Grush L. NASA will put humans on the Moon again，Mike Peuce tells space council [J/OL]. NASA，2017．https：//www. thererge. com/2017/10/5/16429598/nasa – vice – president – notional – space – council – moon – mars.

[95] Hambleton. Deep space. gateway to open oppor tunities for distant destinations [N/OL]. NASA，2017. http://www. nasa. gov/feature/deep – space – gate – way – to – open – opportunities – for – distant – destirations.

[96] Wilks J. How to build a village on the Moon [N/OL]. Euronews，2017. http：//www. euronews. com/2016/02/25/how – to – build – a – village – on – the – moon.

[97] Cofield C. NASA's Mars plan may include yearlong mission to the Moon

[N/OL]. Space, 2017. https://www. space. com/36781 – nasa – yearlong – crew – moon – mission – ahead – of – mars. html.

[98] Reufers. Russia & VS to create new space station in Moon's orbit [N/OL]. Reuters, 2017. https://www. rt. am/news/404733 – russia – us – new – space – station/.

[99] Harwood W. Trump budget blueprint focuses on deep space exploration, commercial partnerships [R/OL]. Spaceflight Now, 2017. https://spaceflight now. com/2017/03/16/trump – budget – blueprint – focuses – on – deep – space – exploration – Commercial – partnerships/.

[100] Miller D W, Chandler F, Ambrose R, et al. NASA technology roadmaps: introduction, crosscutting technologies, and index [R]. 20546 – 0001, 2015.

[101] Ghassabian G Hady, Calzada Diaz Abigail, Hettrich Sebastian, et al. AL-CIDES: A novel lunar mission concept study for the demonstration of enabling technologies in deep – space exploration and human – robots interaction [J]. Acta Astronautica, 2018 (151): 270 – 283.

[102] Jeffrey CsanK, James Soeder, Jeffrey Fello, et al. Autonomous power controller for the NASA human deep space gateway [C]. International Energy Conversion Engineering Conference, 2018.

[103] Melissa L MoGuire, Steven R Oleson, Laura M Burke. NASA GRC Compass Team Conceptual Point Design and Trades of a Hybird Solar Electric Propulsion (SEP) /Chemical Propulsion Human Mars Deep Space Transport (DST) Vehicle [C]. AIAA SPACE and Astronautics Forum and Exposition, 2018.

[104] Jody Singer, Jerry Cook. The Mars generation – building the future success of deep space human exploration [C]. Space Ops Conference, 2018.

[105] Gatens R L, Anderson M S. Evolution of the international space station life support and habitation systems for deep space exploration [C]. International Astronautical Congress(IAC), 2017.

[106] Morgan E E. Utilizing the international space station as a simulation platform for deep space travel [C]. International Astronautical Congress (IAC), 2017.

[107] Terry D Haws, Joshua S Iimmerman, Michael E Fuller, et al. Space launch system: near term missions on the journey to Mars [C]. IEEE Aerospace Conference, 2018.

[108] Matthew Duggan, James Engle, Jraris Moseman. A crewed lunar launder concept utilizing the SLS, Orion, and the cislunar deep space gateway [C]. IEEE Aerospace conference, 2018.

[109] Mattew Duggan, Trans Moseman. Deep space gateway architecture to support multiple exploration & demonstration goals [C]. IEEE Aerospace Conference, 2018.

[110] Marshall Smith R, Michele Gates, Amy Cassady, et al. An overview of NASA'S exploration Mission 2 (EM – 2) [C]. IEEE Aerospace Conference, 2018.

第 3 章

科学目标及探测载荷

无人深空探测任务中探测最多的目的地就是月球、火星和小行星。月球是地球的天然卫星，是离地球最近的天体，研究月球可以探索地月系的起源及演化等诸多方面的信息。小行星是 46 亿年前太阳系形成初期的行星体，其独特的物理、化学和矿物质特性，成为揭示太阳系起源及演化等重大科学问题的关键。火星被认为是地球的未来，研究火星上水的存在及其消失过程，对地球生态圈的演变具有重要的启示意义。

对月球、火星及其卫星、小行星开展无人或载人探测，不仅有助于了解地球、太阳系乃至整个宇宙的起源和演变，更有助于理解空间现象和地球自然现象之间的关系，极大地丰富人类对地球、太阳系以至整个宇宙起源和演变及其特性的认识。在月球和火星上建立基地，也可更好地开展天文观测和各类科学试验等科学活动；在月球、小行星及火星上开发和利用资源，可以作为人类向更远的深空目标探索提供中转站，为飞向更遥远的星际飞船提供建造材料甚至提供推进剂。此外，实施载人深空探测工程，可以有效地发挥航天员的能动性和在轨服务的优势，完成在轨安装、维修和操作等任务，延长航天器的寿命，提升科学目标，取得更丰盛的科学成果。

|3.1　月球探测的科学目标|

2019 年是 Apollo 载人登月工程成功实现人类登陆月球的 50 周年，美国特朗普政府也宣布将在 2024 年实现重返月球的战略目标，探测月球南极的水冰并开展月球原位资源利用，为后续建立长期月球基地及载人登陆火星奠定科学和技术基础。可以说，人类的第二轮载人月球探测高潮已经来临。那么人类为什么不惜耗费巨资去探测月球呢？分析其原因可以概括成认识月球、利用月球和月面生存等方面，主要表现为：

（1）通过人机联合探测的方式进行月球科学考察，可以获得大量的实地探测数据和丰富的月球样品，有助于加深人类对月球形成、演化及当前状态的认识。

（2）在月球弱重力、无磁场、高真空等特殊环境条件下开展有人参与的物理、化学、天文、地质和原位资源利用等多项科学试验，建立月球综合科学实验站和观测平台，探索月面资源利用的途径。

（3）探索月球环境的生物学效应与内在机制。

（4）研究月球环境对生命活动的宏观过程和微观机理。

（5）利用月球科学实验平台开展生命科学前沿领域探索。

（6）发展空间生物技术，为推动载人深空探测任务而先期开展生命科学研究进行技术验证。

截至 2019 年 10 月底，世界月球探测计划的概貌详见附表 A。下面重点介绍以美国 Apollo 载人登月工程和"星座计划"为代表的载人月球探测工程的科学主题和科学目标。

3.1.1　Apollo 载人登月工程对月球科学的贡献

Apollo 载人登月工程是人类历史上最伟大的国家战略性科技工程，也是迄今为止人类唯一成功登陆地外天体的载人任务。美国从 1969 年 7 月 16 日到 1972 年 12 月 19 日共进行了 7 次登月任务，只有 Apollo - 13 登月任务失败。表 3 - 1 是 Apollo 载人登月工程中历次登月的基本情况。

表 3 - 1　Apollo 载人登月工程的科学探测活动

任务	飞行日期	出舱次数、人数与月面停留时间	主要科学探测活动
Apollo - 11	1969.7.16— 1969.7.24	1 次，2 人，2 小时 31 分	进行地理测量、科学考察和采样；安装科学仪器
Apollo - 12	1969.11.14— 1969.11.24	第 1 次，2 人，3 小时 56 分 第 2 次，2 人，3 小时 49 分	回收"勘测者 3 号"的飞船部件；安装核能源装置；开展地球观测和采样
Apollo - 14	1971.1.31— 1971.2.9	第 1 次，2 人，4 小时 48 分 第 2 次，2 人，4 小时 35 分	进行地理测量、科学考察和采样；安装科学仪器
Apollo - 15	1971.7.26— 1971.8.7	第 1 次，1 人，33 分 第 2 次，2 人，6 小时 33 分 第 3 次，2 人，7 小时 12 分 第 4 次，2 人，4 小时 50 分	首次使用月球车扩大考察范围；在月球轨道释放小卫星；在返回地球图中完成一次出舱活动；科学考察、采样和安装实验站；从服务舱回收胶卷
Apollo - 16	1972.4.16— 1972.4.27	第 1 次，2 人，7 小时 11 分 第 2 次，2 人，7 小时 23 分 第 3 次，2 人，5 小时 40 分	在月球轨道释放小卫星；使用月球车扩大考察范围；科学考察、采样和安装科学实验站；从服务舱回收胶卷
Apollo - 17	1972.12.6— 1972.12.19	第 1 次，2 人，7 小时 12 分 第 3 次，2 人，7 小时 16 分	使用月球车；科学考察、采样和安装科学实验站；从服务舱仪表室回收胶卷

根据开展科学探测活动的区域和性质，Apollo 载人登月工程的科学探测活动可分为月表及环月轨道的科学探测和实验两个方面。

1. 月球表面的科学探测和试验

开展科学探测是 Apollo 载人登月工程的重要任务，航天员的 6 次登月活动在月球表面共开展了近 30 项科学试验项目，主要包括：

（1）科学探测仪器的安装和调试：安装激光反射器、天文望远镜、月震仪、磁力仪、空间环境探测包和其他探测仪器等。

（2）月球野外地质考察：对月海、高地、峡谷和火山口等特殊地区的形貌考察和综合地质调查。

（3）月球内部物理探测：月球热流试验，月表重力场、磁场和电场测量，主动和被动月震测量。

（4）月球环境探测：月球表面气体、月尘、太阳风光谱、超热离子、带电离子、宇宙线等的探测，极紫外照相和光谱仪、流星流量检测、中子探测。

（5）月球样品采集：采集月球岩石和土壤样品。

2. 环月轨道的科学探测和试验

航天员除了完成从 Apollo 载人飞船指令舱及服务舱释放小卫星的技术试验外，还利用轨道器环绕月球期间开展科学探测，主要包括：

（1）利用手持相机、全景相机和绘图相机对月成像，利用激光高度计测量月球地形高程。

（2）开展对地球和月球的紫外照相，以及月球尘埃反射的对日照相。

（3）开展月球伽马射线测量和 X 射线荧光分析，反演月表物质成分。

（4）利用阿尔法粒子谱仪测量月球表面氡的含量，研究月球气体释放作用；利用质谱仪分析月球表面的气体来源、沉降和运输机制。

（5）利用 S 波段异频雷达，测量月球形貌和次表层结构。

（6）从 Apollo 飞船指令舱及服务舱窗口进行流星体观测。

3. Apollo 载人登月工程获得的月球科学认识

Apollo 载人登月工程在月球科学方面取得了巨大成就，获取了大量的遥感和就位探测数据，航天员共采回 381.7kg 的月球样品。为利用好这些探测数据和月球样品，NASA 成立了专业机构负责保存和处理月球样品，并开展月球科学应用与研究，美国共计 200 多所大学和科研机构参与了这项研究工作。中国国家天文台的研究人员通过资料分析后认为：美国通过实施 Apollo 载人登月工程，对月球的地形地貌、表面环境、地质构造、内部结构、化学成分、岩石组成和分布、起源与演化历史等方面的科学认识有了革命性的改变，奠定了迄今为止人类对月球的绝大多数科学认识，主要包括：

（1）月球是一个经历过地质演化和分异的类地行星，不是原始未分异天体，月球具有和地球相似的内部结构。在实施 Apollo 载人登月工程之前，人类对月球的很多认识来自猜测，通过实施 Apollo 载人登月工程，人类首次确证月球是由固体岩石物质组成的，认识到月球曾经历过部分熔融、火山喷发、小天体撞击等地质过程；月球有相对较厚的月壳（厚 60 km）、相对均一的岩石圈（深 60～1 000 km）、部分液态的软流圈（深 1 000～1 740 km）、软流圈底部可能存在一个铁质金属核；岩石剩磁表明月球曾经有过全球性的古磁场。

（2）月球保留着太阳系最早期 10 亿年的撞击历史，而地球由于地质活动强烈，已经遗失了这些历史记录。月球的早期撞击历史对类地行星具有普遍意义，对研究地球和太阳系的早期历史具有重要的科学价值。通过月球上的撞击坑分布与 Apollo 载人登月工程采集的月岩样品绝对地质年龄的对比，建立了月球的地质时标，为利用水星、金星和火星的环形构造建立各自的地质时标提供了重要依据。而在实施 Apollo 载人登月工程之前，月球环形构造的成因尚不明确，科学界对地球上类似环形构造的成因存在很大争议；类地行星遥感影像的地质解译在很大程度上也是立足于月球的经验。

（3）月球上最年轻的岩石比地球上最古老的岩石还要古老。在月球上才能发现决定类地行星体的早期地质过程和地质事件，板块活动、大陆侵蚀等活跃的地质活动已经多次、彻底地改变了地球表面，而 Apollo 载人登月工程探测发现，月岩的年龄从月海玄武岩的 32 亿年到月陆岩石的 46 亿年不等，32 亿年来月球表面几乎不受扰动。

（4）月球的起源和地球的起源存在密切关系，可能形成于太阳星云的同一区域。Apollo 载人登月工程探测发现，月岩和地球上的岩石具有极为相似的氧同位素组成，表明月球和地球具有相似的成因；相对地球生命所需的碳、氢、氧、氮元素而言，月球上高度欠缺碳和氢元素，以及形成大气所需的挥发性元素。

（5）月球上没有任何形式的生命，没有活的有机体，没有古生物化石，没有原生的有机化合物。大量分析月球样品也没有发现月球上过去和现在存在生命的任何证据，即使非生物的有机化合物也不存在，痕量的有机物是由小天体撞击带来的。

（6）所有的月球岩石都经历过没有水参与的高温过程。月球岩石类型包括玄武岩、斜长岩和角砾岩。玄武岩是充填月海盆地的暗色熔岩，总体上与组成地球洋壳的熔岩相似，但更古老；斜长岩是形成月陆高地的亮色岩石，总体上与地球上的斜长岩相似，但比地球上最古老的岩石还要古老；角砾岩是由其他岩石类型通过小天体撞击导致的粉碎、混合、烧结等形成的复合岩。月球上没有发现砂岩、页岩和石灰岩等证明水存在过的岩石类型。

（7）在月球的早期地质历史中曾经历较大深度的熔融，形成岩浆洋。月陆的斜长岩就是早期岩浆洋中上浮的、低密度的、富含长石物质的残留物。月陆形成于距今 44 亿～46 亿年，厚度达数十公里。月球地质形成历史中曾有无数的小天体撞击月陆，在月球盆地间形成一系列的弓形山脉。

（8）在岩浆洋事件之后，月球受到一系列小天体的巨大撞击而形成了盆地。由于月球重力只有 $1/6g$，这意味着月球火山熔岩的流动阻力较地球更小，熔岩行进更为流畅，因此月球阴暗区的表面大都平坦而光滑。同时，流畅的熔岩流很容易扩散开，形成巨大的玄武岩平原。大型的暗色盆地形成于月球地质历史早期，并在 32 亿～39 亿年前被后期岩浆充填，如雨海就是一个巨大的撞击盆地。月球拥有一个火山活动活跃的过去，月球火山活动主要为岩浆的泛滥，火山喷发形成了一些橘黄色和鲜绿色的玻璃珠体。

（9）熔岩管是由火山喷发时流动的熔岩形成狭长结构，但熔岩管和岩脉为何具有如此强的磁性？答案在于在 30 亿年前的古代火山喷发时，月球所处的环境可能是独一无二的。科学家发现 Apollo 载人飞船带回的月球岩石也是有磁性的，试验发现这些岩石在无氧环境受热超过 600℃ 时磁性会增高。这是因为某些矿物质在高温下分解并释放金属铁，如果附近有足够强的磁场，新形成的铁就会沿着磁场方向被磁化。这对于研究早期月球磁场环境意义重大。

（10）月球总体上存在不对称性，背面的月壳比正面的更厚，月海和质量瘤大多数分布在月球正面，这种不对称性可能是月球在地球引力影响下的演化结果。月球内部的质量分布并不均衡，大型的质量密集体（质量瘤）多隐伏于大型月球盆地以下，可能是高密度岩浆集聚区。相对于月球的几何中心，月球的质量中心偏向地球方向数千米。

（11）月球表面覆盖着一层由岩石和矿物碎片、尘埃组成的风化层，也称为月壤。月壤是月球表面在地质历史中遭受无数的小天体撞击形成的。月壤中包含着独特的太阳辐射变化历史，对研究地球的气候变化具有重要意义。由于太阳风的注入，表面的岩石和矿物颗粒富集来自太阳风的化学元素和同位素。月球表面完整记录了 40 亿年以来的太阳活动历史，记录的完整性在太阳系其他天体上很难找到。

3.1.2　"星座计划"提出的月球科学探测主题和科学目标

2009 年美国提出重返月球的"星座计划"，提出了新世纪月球探测的科学

主题和主要科学问题，确定了"星座计划"的科学探测发展战略，并详细规划了无人月球探测阶段和载人月球探测阶段的科学目标。

1. 月球探测的四大科学主题

"星座计划"提出月球探测是一项涵盖众多科学问题和凝集最新科技成果的伟大工程。月球科学与相关学科的密切结合和相互渗透，使月球科学的研究领域不断扩大，主要包括四大科学主题：

（1）早期地月系统科学。大碰撞学说是有关月球成因的一种假说，认为一个火星大小的行星体撞击早期地球，撞击而成的碎片聚集形成了现在的月球。但是45亿年前具有相似物质组成和热状态的月球和地球，为何沿着不同方向演化，并具有完全不同的演化史，是什么因素控制着月球和地球演化方向？

（2）类地行星的分异和演化。月球作为一颗类地行星，在其形成之后的几百年里演化形成了月壳、月幔和月核的圈层结构。岩浆洋假说认为在月球演化早期，曾经存在广泛熔融的岩浆海洋，现在的月壳和月幔就是岩浆洋结晶分异的结果。但目前对月球的岩浆演化过程知之甚少，岩浆洋假说是否适用于其他类地行星也未可知。

（3）内太阳系撞击记录。月球形成于45亿年前，在地质历史中长期遭受小天体撞击。月球表面存在的较大撞击坑都是早期形成的，这一时期的月球和地球都遭受太阳系内小天体的猛烈撞击，这些撞击作用可能直接影响了地球上的生命起源和演化，但遗憾的是地球上的早期大型撞击记录绝大部分已经被后期地质作用改造和破坏。在月球形成之后，撞击频率整体上逐渐降低，只有部分时期撞击频率升高，而且至今仍然保存着这些撞击记录。通过对月球撞击坑的研究，将揭示太阳系的撞击历史。

（4）月球环境。月球环境非常特殊，但这些环境特征对月球探测任务非常关键。月球表面接近真空状态，在太阳辐射的作用下，表面的痕量气体产生电离，与太阳系内一些天体相似。由于月球缺乏整体磁场的屏蔽，月壤遭受宇宙射线和太阳风粒子的持续照射，月壤中累积的气体和其他辐射记录对于研究太阳的成分演化有非常重要的意义。

月球探测的四大科学主题对了解月球的特殊环境、认识月球和地月系统的起源与演化有重要意义，而且对揭示地球的演化和生命的起源同样有重要的启示意义。

2. 月球探测的主要科学问题

"星座计划"提出了月球探测应重点关注的八个方面的主要科学问题：

（1）通过对月球撞击坑的研究，揭示内太阳系的撞击历史。

（2）月球内部的结构和组成为研究分异型行星体的演化提供重要信息。

（3）研究月壳岩石的多样性，揭示行星演化过程。

（4）研究月球极区环境经历的挥发性物质逸散，揭示太阳系后期演化史。

（5）研究月球上的火山作用，分析月球内部热演化和物质成分演化。

（6）研究月球撞击作用，探讨太阳系早期天体撞击的过程、机制和影响。

（7）研究月表月壤层的形成，揭示无大气层天体表面的太空风化作用。

（8）研究月表稀薄大气和月尘的运动过程，探讨其他天体上的原始环境特征。

3. "星座计划"的科学探测发展战略

根据月球探测的八个方面的主要科学问题，美国 NASA 制定了"星座计划"开展月球探测的科学目标，并根据科学价值的重要性进行了排序。经过论证，"星座计划"提出的科学探测发展战略有：

（1）深化月球科学的认识：探测月球本身，研究月球的起源与演化。

（2）月球作为科学试验平台：利用月球的特殊环境，以月球为试验平台开展高真空、低重力条件下的科学试验，测试新型航天技术，为载人深空探测奠定基础。

（3）月球作为深空探测的中转站：以月球为跳板，开展对火星和太阳系其他天体的探测。

（4）深化月面环境与近月环境科学的认识：研究月球表面和近月空间的主要环境特征。

论证规划中的"星座计划"包括无人月球探测和载人重返月球两个阶段。无人月球探测的任务实施时间集中在 2008—2014 年；载人重返月球的任务实施时间集中在 2018 年之后开展，包括短期、中期和长期载人月球探测任务。

4. 无人月球探测阶段的主要科学目标

"星座计划"中无人月球科学探测的重点是：实施绕月探测和机器人登陆月球等探测任务，为未来载人登月提供月表精细地形地貌等基本信息，同时开始发展和试验月球资源原位利用、就位发电和自主智能系统所需的技术。

无人月球探测阶段的主要科学目标有：

（1）确定月面适宜的登陆区，为机器人登月和载人登月任务做准备。获取月球表面高分辨率影响和精细三维地形；确定月球的基本环境参数；对优选的登陆区域成像，分析载人登月的可能风险；分析月球特殊环境（高辐射、

低重力等）对航天员可能造成的伤害。

（2）为月球资源原位利用做准备。勘探和估算月球上可供开采和长期利用的资源；圈定月球水冰富集区，估算水冰资源量。

（3）发展和测试重返月球的技术手段。发展月表特殊环境的防护技术，保证硬件系统和航天员的安全；发展月球水冰资源的就位利用、月球上氧气的生产技术。

（4）建立起重返月球必需的基础设施。建立起完善的通信设施；在月表试验建立能源供应设施；建立起与后续任务相关的其他系统和设备。月球先锋机器人计划是"星座计划"的第一步，包括月球勘察轨道器（Lunar Reconnaissance Orbiter，LRO）、月球坑观测和遥感卫星（Lunar Crater Observation and Sensing Satellite，LCROSS）两个探测器，2009 年 6 月 19 日这两颗卫星发射成功。

LRO 探测器的科学目标是：探测月球表面精细三维地形，搜寻月球表面适宜载人登月的地点，勘察月球资源，探测月球辐射环境以及测试新的月球探测技术。LRO 携带激光高度计、高分辨率相机、多光谱相机、中子探测器、月球辐射计、紫外成像光谱仪、宇宙射线辐射效应望远镜、X 波段和 S 波段合成孔径雷达等有效载荷。利用 LRO 的探测数据，绘制了高分辨率三维月球地形图、月球昼夜温度图、全月球矿物分布图以及月球的紫外线反照率图等。

LCROSS 探测器的科学目标是：探测月球表面永久阴影区内是否有水存在，如果有水存在则确定月壤中水的含量；确定撞击坑中的月壤成分。LCROSS 携带 5 台相机、3 台光谱仪和 1 台光度计等有效载荷，所有科学载荷都是围绕在月球极区找水这个核心目标而设计的。

这两颗卫星的科学发现，为美国 Artemis 计划的登月点最终确定为登陆月球南极做出了重要的贡献。

5. 载人月球探测阶段的主要科学目标

"星座计划"提出可将 4 名航天员送至月球表面停留 7 天，除实现美国重返月球的战略目标外，还可进一步开展月球资源的勘探和原位利用，在月球上生产出可以利用的水、氧气、推进剂和其他必需品，建设长期的载人月球基地。

在科学探测方面，重返月球计划不是重复 Apollo 工程的探测内容，而是重点开展月球资源的就位开发和利用，为建设载人月球基地做准备，主要包括勘测月球地形和地质，寻找水和矿产资源，建造与载人月球基地相关的能源供应、通信设施、采矿设备、基地建筑等。

在建设载人月球基地和月面实验室后，航天员可以在月面上开展空间生物学、天文学和物理学等科学试验，同时评估人类对低重力、强辐射等恶劣空间环境的耐受力，研究和论证航天员在地外天体长期驻留的方式，这对未来实施载人登陆火星工程非常重要。

以月基天文学研究为例，天文学家经过反复论证后发现，以月球为基地开展天文观测有着天文观测卫星所不能比拟的优点。月球为天文望远镜提供了一个巨大、稳定而又极为坚固的观测平台，因而可以采用结构简单、造价低廉的安装、指向和跟踪系统。这一点是处于失重状态的天文卫星所望尘莫及的。同时，月球表面的重力只及地球表面重力的 1/6，因而在月球上建造任何巨大的建筑物都要比地球上容易得多。月球上没有空气，因而也没有风，其表面环境实际上处于超真空状态，故而开展天文观测不会受到大气因素的影响。经过充分开发利用后的月球，能够提供各种必需的原材料，这对于在月球上安装理想的天文望远镜（特别是大口径的天文望远镜），以及建设与之相配的观测站将是十分有利的。

从天文观测工作本身来讲，由于月球远离地球，它所受到的人类活动的影响和地球本身各种活动的影响要比人造卫星小得多。此外，由于月球的自转周期和它绕地球的公转周期恰好相等，因而它总是以同一面面对着地球。如果我们把观测仪器（特别是射电望远镜）放在月球的背面，则地球对天文观测的不利影响就更小了。月球的天空即使在白天也是全黑的，而且它的自转周期长达近一个月，这就使得我们能够观测到望远镜视线所及的全部天空，并对暗弱的天体进行充分长时间的积累观测。

同其他各种空间天文技术相比，在月球上开展天文工作的最大优点很可能是：随着载人月球基地的发展，人力、物力的支援可以就近提供。人们在月球上建造大型的、复杂的天文望远镜不仅成本低廉，安装简便（与在轨组装同类天文卫星相比），而且所有部件都能由熟练的技术人员就近进行维修和更换。尽管天文观测设备将实现全自动化，但航天员发挥的人类智力的现场支援作用无疑会使天文观测仪器变得更高效、更智慧。

尽管 Apollo 载人登月工程的成功实施表明，人类有能力登上月球，并对月球和它的表面环境有了许多新的认识，但这些认识对于后续建设月球基地来说还是很不够的。许多细节问题还有待于进一步探究。例如，人怎样才能在真空和尘埃条件下有效地工作？如何防止宇宙射线和微陨星对人和仪器形成的威胁？怎样应对月球表面昼夜温度的剧烈变化？等等。为此美国在重返月球的"星座计划"中提出在月球上建设月基天文台的设想，其天文学目标如表 3–2 所示。

表 3-2　美国重返月球计划确定的月基天文学科学目标

编号	任务	描述
1	宇宙星图	利用射电天文学绘制宇宙星图，并观测其他天文目标。地球表面上的低频射电都被大气吸收，而高频射电又受控于无线电广播和电视广播。月球的背面将提供一个免受无线电干扰的环境
2	重力波	探测由特大质量黑洞与双致密物体融合而引起的重力波，但是月球上剧烈的温度变化将是一项挑战
3	宇宙射线	对宇宙射线与高能太阳粒子进行长期测量
4	异常物质	通过在月球上部署测震仪网络来寻找物质的异常状态，如奇异夸克物质。虽然科学家预测奇异夸克物质存在于中子星，但它从未被直接探测到。灵敏的测震仪也许能够在奇异夸克粒子经过月球时获取信号
5	检验广义相对论	通过对月球与地球相对位置的精确测量，检验爱因斯坦的广义相对论。NASA 将在面对地球的月面安置激光转发器，这将能够以毫米精度测量出地球与月球间的距离
6	深度冻结	用干涉测量法以紫外线、光学及红外线波长观测宇宙。月球上有很多地方适合安放干涉计。红外探测仪需要在低温下操作。因此可以在月球环形山中放置红外望远镜，这样永远都不会见到阳光。例如位于月球南极的沙克尔顿环形山，它常年的温度都在 30 K 以下
7	寻找外行星	寻找太阳系外行星
8	探测轨道	探测近地小行星及彗星并跟踪其轨道
9	月球天文台	确定月球天文台的最佳位置

　　毫无疑问，真正实现以载人月球基地为基础的天文观测还需要很长一段时间，载人月球基地的开发和建设更为耗资巨大，工程技术难度更大。月基天文台的建设也必然要经历螺旋式发展的过程，然而它对天文学发展所能带来的光辉前景正鼓励着人们朝着这个目标前进。

|3.2　小行星探测的科学目标|

　　小行星是指沿椭圆轨道绕太阳公转的岩石或者金属小天体，它的体积和质量比行星要小得多，但是与流星体的界限还不是很明确。英国皇家天文学学会将小行星与流星体的分界线定义为 20 m，而维基百科全书将其分界线定义为 50 m。到目前为止，太阳系内一共发现了约 127 万颗小行星，而直径超过 240 km 的小行星大约有 16 个。小行星的大小差异很大，微型小行星只有鹅卵石般大小，而最大型的小行星现在被定义为矮行星。国际天文学联合会目前承认的矮行星有 5 颗：谷神星、冥王星、妊神星、鸟神星和阋神星。绝大多数的小行星集中在火星与木星轨道之间的小行星带，称为主带小行星；少数小行星的运行轨道与地球轨道相交，曾有某些小行星与地球发生过碰撞，这类小行星称为近地小行星，它们会对地球和人类的生产、安全构成潜在的危险。小行星是 46 亿年前太阳系诞生初期形成的行星体，也有人认为小行星是由一个大行星在亿万年前被撞击碎裂后的遗留物，现在大多数理论支持前者。事实上，如果将所有小行星的质量加起来考虑成一个"大行星"，这个"大行星"的直径也只有 1 500 km 左右，还不到月球直径的 1/2。

　　小行星是靠反射太阳光才被观测到的，其亮度与其相对太阳和地球的距离、相位角和本身的反照率有关系。为比较各小行星的亮度，常把观测得到的视星等换算成绝对星等，即小行星距离地球为 1AU 且相位角为 0 °时呈现的视星等。大多数小行星的绝对星等为 11～19 等，平均值为 16 等。

　　小行星的表面性质和物质成分可用光谱法、多色测光法、偏振法、红外及射电辐射法、雷达探测等方法进行探测研究。衡量小行星表面性质的一个重要参数是反照率，包括球面反照率和几何反照率，跟小行星表面物质的性质（成分、颗粒大小、表面结构等）有关。最初小行星被划分为反照率小的碳质（C 型）小行星和反照率大的石质（S 型）小行星；后来科学家结合反射光谱等特征将小行星划分为多类（C、B、F、G、P、D、T、S、M、E、A、Q、R、V 型等）；最新的分类研究应用发射光谱和反照率，把小行星分为 S、C、X 三大类以及一些次要的异常类型，每个大类下面又可分出亚类，共 26 个光谱型。

　　小行星表面的反射光谱反映了它本身的物质组成，如 S 型小行星的表面主要成分为硅酸盐与金属铁；M 型小行星的表面主要成分为金属铁；C 型小行星的表面化学成分与太阳大气的平均组成很相似（挥发性组分除外），富含碳质和有机质成分，类似于碳质球粒陨石。不同类型的小行星是由于其内部发生了不同程度的熔融分异的结果，反映了太阳系的演化历史。小行星在漫长的太阳系演化过程中，相互发生碰撞并破裂成众多碎片，有些碎片进入地球重力场而陨落成为陨石。因此陨石是研究小行星以及太阳系的珍贵样品。图3-1给出了近地小行星的概念示意图，根据人类对火星轨道以内的近地小行星的认识，目前将近地小行星分为以下四类：

（1）阿坦型（Aten）：半长轴小于1 AU、远日距略大于0.983 AU（地球近日距），与地球轨道类似，与地球相撞的可能性最大，据估计平均1亿年会有一颗小行星撞击地球。目前，对地球威胁程度最高的阿坦型小行星，是于2004年发现的小行星（99942）阿波菲斯（Apophis），该天体有可能于2036年前撞上地球，酿成灾难。

（2）阿波罗型（Apollo）：半长轴大于1 AU、近日距小于1.017 AU（地球远日距），这些小行星的偏心率较大，能够穿越地球轨道，据估计平均每10亿年会有三颗撞击地球。大约50%的近地小行星属于此类。

（3）阿莫尔型（Amor）：近日距在1.017~1.3 AU，由于受到大行星的引力摄动影响，其轨道发生变化有可能与地球交叉，因此存在撞击地球的危险，据估计平均每10亿年会有一颗撞击地球。大约40%的近地小行星属于此类。

（4）阿迪娜（Atira）：又称为阿波希利（Apohele）小行星，其轨道完全在地球轨道内部，因此又称为地内小行星。阿迪娜型小行星很难被探测到。

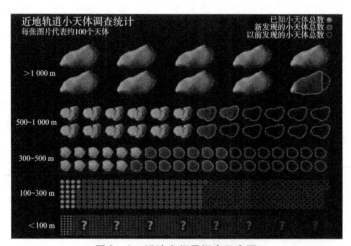

图3-1　近地小行星概念示意图
（图片来源于《月球与深空探测工程》）

目前，人类开展的小行星探测活动主要是近地轨道的小行星，发射的著名小行星探测器包括美国近地小行星交会（NEAR）探测器和"黎明号

（Dawn）"小行星探测器、欧洲的"罗塞塔号"探测器、日本的"隼鸟号"小行星探测器等。截至 2019 年 10 月底，无人小行星探测计划的概况详见附表 B。对近地轨道小行星的探测、捕获、资源开发利用以及小行星的防御是当前小行星探测的重点，载人小行星探测任务主要是美国提出的小行星重定向任务（Asteroid Redirect Mission，ARM）。开展无人及载人小行星探测的科学目标包括以下几类：

1. 研究小行星轨道演化机制，评估近地小行星撞击地球的威胁

小行星撞击地球事件已经是无可争辩的事实，直径 1 km 大小的小行星撞击地球时释放出的能力相当于地球上所有核武器爆炸产生的破坏力，这将对地球文明造成毁灭性灾难。那么这些近地小行星是怎样从小行星主带迁移到近地轨道来的呢？未来近地小行星撞击地球的概率是多少？这是小行星探测领域研究的重要课题。例如，4660 Nereus 小行星将在 2060 年 2 月 14 日距离地球仅为 0.008 AU，有很大的概率撞击地球，目前全世界都在加强对这颗小行星的观测。行星科学家研究发现，小行星的自转速率、自转轴的指向、密度、形状、磁场强度是影响小行星轨道演化的重要因素，然而地面上的天文观测很难准确测定这些物理参数，特别是对那些直径在亚公里以下的小行星，地面观测更加困难。这些小行星的数目比直径大于 1 km 的小行星多很多，因此它们对地球的潜在威胁更大。只有通过深空近距离探测，才能全面准确了解这些小行星的物理特征，改进对小行星的长期轨道演化研究，及时预测未来小行星碰撞地球的概率。

2013 年 12 月 5 日，《Science》杂志公布了 NASA 通过地面雷达对 6489 号近地小行星 Golevka 连续 12 年的观测结果，结果发现亚尔科夫斯基效应（Yarkovsky 效应）[①] 导致该小行星的轨道偏移了 16 km，这对精确预测小行星，特别是近地小行星的长期轨道提出了新的要求。因此，小行星探测的科学目标之一就是测量小行星群的物理性质，包括大小、质量、形状、自转特征、密度、表面状态、反照率、反射光谱等；通过测量小行星的大小、质量可以推测小行星的体积密度及多孔性程度，进一步对小行星的表面化学成分和矿物组成进行评估；通过测量表面物质的光学特性和辐射能力、磁场强度等信息，从而确定小行星表面不均匀热辐射产生的加速度，才有可能精确测定小行星的运行路径，进而为确定预防近地小行星撞击方案提供关键数据。

---

① 亚尔科夫斯基效应（Yarkovsky 效应）是指当小行星吸收阳光和释放热量时，对小行星产生的微小推动力。准确来说，既是一个旋转物体由于受在太空中的带有动量的热量光子的各向异性放射而产生的力。

2. 测定小行星的内部结构和组成成分，建立小行星和陨石之间的直接关系

小行星是太阳系形成早期的产物，由于其体积较小，形成之后没有发生重大的地质变化，较完整地保留了太阳系形成早期的状态，反映了形成过程的物理化学变化，它们的化学成分和矿物组成对研究太阳系的起源有很重要的意义。

通过高精度测量小行星的表面形态，包括撞击坑、裂痕、凹槽、突起等，记录撞市坑和溅射物的丰度和分布，测量表面风化层的厚度，进而研究小行星演化过程中所处的空间环境变迁，表面物质所经历的空间风化作用程度，以及空间风化作用对表面风化层的反射光谱的影响。

目前除了少数月球和火星陨石，绝大多数陨石都来自小行星碎片。目前全世界收集到的3万多块陨石样品中，80%是普通球粒陨石，其余为碳质球粒陨石、顽火辉石球粒陨石和分异陨石（无球粒石陨石、石铁陨石和铁陨石）。原始球粒陨石代表了太阳系最原始的物质组成，而分异陨石的化学成分和矿物组合变化很大，从玄武质无球粒石陨石，到石铁陨石和铁陨石，它们是太阳系早期小行星内部岩浆熔融分异的产物。要充分认识陨石的特性以及它们在太阳系形成过程中的作用，必须首先了解陨石的来源和陨石母体的特性。长期以来，人们试图建立小行星和陨石之间的关系，通过研究陨石来确定小行星的形成，内部熔融分异和演化的历史。按照常理，常见的普通球粒陨石的小行星母体应该存在于小行星带内，然而长期的天文观测并没有在小行星带内找到与普通球粒陨石的反射光谱相同的小行星，这是当今行星科学面临的较大困惑。因此，找寻普通球粒陨石的小行星母体也成为行星科学的重要科学目标。

3. 研究小行星有机成分对地球生命起源的意义，以及水在小行星形成和演化过程中的作用

氨基酸是地球生物圈的重要组成单元，地球上的生命大多具有左旋手性的氨基酸，这是探测生命起源的重要基础。有理论认为，生命起源于无手性的有机分子，而生物在长期演化过程中有选择性地利用了特定手性的有机分子[①]。另

---

① 特定手性的有机分子：手性（chirality）一词源于希腊语，在多种学科中表示一种重要的对称特点。如果某物体与其镜像不同，则被称为"手性的"，且其镜像是不能与原物体重合的，就如同左手和右手互为镜像而无法叠合。手性及手性物质只有两类：左手性和右手性。有时为了对比，另外加了一种无手性（也成"中性手性"）。左手性用 learus 或者 L 表示，右手性用 dexter 或者 D 表示，中性手性用 M 表示。手性分子是化学中结构上镜像对称而又不能完全重合的分子。镜面不对称性是识别手性分子与非手性分子的基本标志。生物分子都有手性，即分子形式的左撇子和右撇子（或左旋、右旋）。手性是生命过程的基本特征，构成生命体的有机分子绝大多数都是手性分子。

一种理论认为，在生命起源之前，地球上就已存在大量左旋手性的有机分子，生命就是从这些有机物中发展和演化而成的。然而，在早期的地球环境下发生的化学反应却不能产生适量的具有左旋手性的有机分子。因此，也有人认为组成生命的左旋手性有机分子（如氨基酸）是由陨石、彗星和宇宙尘埃带入地球的。

在地球上观测到的富含挥发性成分的碳质球粒陨石含有多种有机分子，包括氨基酸、咖啡碱、嘧啶磷等生命起源所需的重要有机分子。C 型小行星的反射光谱与碳质球粒陨石相似，表面物质富含碳和水，有机物含量也很高，但是其相对密度却只有碳质球粒陨石的一半，它们可能含有 20% 的水。然而，S 型小行星的反射光谱并不显示真有水的存在，但其相对密度却很低，这是否说明所有小行星都含有水？还是小行星内部具有特殊的结构，它们比地球上最松散的砂岩还要松散？水在生命起源和演化过程中起到了非常重要的作用，另一方面水又是重要的自然资源，可以作为人类深空探测的资源补给站。

目前，全世界收集到的 3 万多块各种类型的陨石，大多数来自 S 型、C 型和 M 型小行星，但是还有很多类型的小行星（如 T、D、O、Ld 型等），与其对应的物质却不在陨石之列。这些类型的小行星物质的化学成分和矿物组成有什么特性？是否代表了太阳系最原始的物质？有没有经历过水变质和热变质作用的影响？

为解决这些科学问题，仅仅依靠实验室的陨石分析和地面望远镜的小行星天文观测是远远不够的。需要对小行星进行近距离和零距离观测。通过携带近红外光谱仪和 γ 射线光谱线，可能寻找到表面风化层的含水矿物，综合表面物质光谱学数据来研究小行星所经历的水变质过程，以及水变质过程对小行星反射光谱变化的影响。此外，C 型小行星占小行星总数的 75%，从这类小行星上直接采集样品返回地球，对研究生命的起源具有重大意义。

4. 探索小行星的起源和形成机制，以及恒星演化和恒星与行星形成的关系

太阳系形成于 45 亿年前，星云学说认为原始太阳在星云中产生，有以下几个阶段：首先慢速旋转的气态星云由于自引力而塌缩；其后星云中心逐渐冷却而发生凝聚，且其自转速度加快而变得愈发扁平；最后原始太阳在星云中心生成，且周围伴有旋转的气态星周盘。量子假说进而指出，当行星盘冷却后，微米大小的岩石和冰状混合凝结颗粒落在盘中央的平面上，进而固态小颗粒经过相互碰撞，从很薄的尘埃层生长为公里级的星子，接着星子之间发生了大规模的相互碰撞而形成千公里级的行星胚胎，最后由行星胚胎形成目前的大行星，残存的尚未发生吸积的星子即组成太阳系小行星（小天体），如主带小行

星和柯伊伯带的天体。但是关于小行星的形成机制还存在许多未解之谜。

此外，同位素分析表明，有些陨石含有短周期放射性元素（^{26}Al、^{40}Ca、^{53}Mn、^{60}Fe等），还有些陨石含有前太阳恒星尘埃（如碳化硅、石墨、氧化铝和氧化钛等颗粒）。这些由原始太阳星云附近的恒星向太阳系抛入的物质，它们有可能是星际介质的分子，也有可能是恒星的尘埃，因此蕴含了大量恒星形成和演化过程的"密码"。然而，想在陨石中寻找恒星物质非常困难，目前只在少数原始球粒陨石中找到了恒星物质。通过对不同类型小行星的采样返回探测，可以提供新的恒星物质类型，对深入认识恒星形成和演化历史以及恒星在太阳系形成中所起的作用至关重要。

5. 开展小行星高价值样品的采样返回及原位资源利用

开展小行星探测，可分析近地小行星的内部结构及其成分（整体结构还是碎石堆），描述表面热和电属性，测量整体物理属性（质量、形状、密度、孔隙度、自旋、强度），描述表面机械属性（运动碰撞的动量系数、地形地貌特征对运动的影响），并确定影响近地天体重力场的系数。通过载人小行星探测任务，可以充分发挥航天员智能优势，现场采集价值较高的样本，通过研究表岩屑属性（如细颗粒、碎石、卵石）和颗粒结构，确定小行星表面演化情况并描述其特征。

近地小行星具有微重力环境，它们的内部结构也差异很大，有的是整体结构，有的是松散的碎石堆，所以在近地小行星表面运动难度很大。采取什么样的链接措施（锚固、结网）合适，取决于目标的特征。另外，只有了解近地天体的特征，才能量化和启动针对近地天体资源的原位资源利用与勘探。此外，可根据近地小行星的成分，原位制造推进剂或者生保消耗品，或用作制造工艺或屏蔽装置的原材料，这对于实施载人火星探测等复杂任务具有重要的作用和意义。

|3.3 火星探测的科学目标|

火星是太阳系八大行星之一，属于类地行星。火星基本上是沙漠行星，地表沙丘、砾石遍布且没有稳定的液态水体。火星上以二氧化碳为主的大气既稀薄又寒冷，沙尘悬浮其中，每年常有尘暴发生。火星两极皆有水冰与干冰组成的极冠，会随着季节消长。

人类探测火星的目的除了探索宇宙的奥秘之外，还在于火星是地球的近邻，它的特征在很多方面与地球极为相似。从火星演化程度来看，火星正好处于地球和月球之间（地球是演化的壮年期，月球已经死亡，而火星是老年期）。因此，开展火星探测研究，将为类地行星乃至太阳系的演化提供重要的补充和启示。此外，对于认识人类居住的地球环境，特别是认识地球的长期演化过程，是十分重要的。截至 2019 年 10 月底，无人火星探测计划的概况详见附表 C。

总体来看，人类开展火星探测的主要科学目标有：

1. 寻找火星生命存在的痕迹

从 20 世纪中期至今，人类开展了火星的空间探测，其中包括火星是否存在生命的探测。到目前为止，所有的火星探测结果都证明火星现在没有任何生命活动的迹象。尽管如此，人类并没有放弃对火星生命活动信息的搜索。从火星独特的地形地貌特征（如河网体系、海洋盆地、极区冰盖的消失等）和接近地球的表面环境，仍有理由认为火星的过去存在生命的活动。关于地外生命存在的探寻，不仅反映了人类的好奇心，更是人类探索太空的动力和社会责任。因此，探寻火星生命存在的征程才刚刚开始。

美国发射的"凤凰号"火星探测器用左旋乳酸和右旋丙氨酸的细胞培养液与火星上的土壤混合时，发现混合样本释放出的部分气体具有独特的手性特征，大部分的测试结果表明，火星的释放气体都是右旋性。众所周知，组成地球生命体的氨基酸几乎都是左旋性，而没有右旋性。因此，部分科学家认为火星表面的土壤样品没有地球生命构成的基本物质。

2. 了解火星上水的存在及其消失过程

人们根据观测结果推论，火星上有干枯的河川，在远古时期，火星表面大部分地区覆盖着水，也可能存在过生命。火星表面水的消失可能是生命消失的主要原因。那么地球上的水会不会消失？地球上的生命会不会也最终消失？这是需要通过火星探测来进行比较研究的一个问题。关于火星表面水的消失过程的理论机制问题，科学界主要有两种观点：一种认为火星表面的水以沉积岩的形式存在于火星的地表以下；另一种则认为水是通过蒸发和电离，变成带电粒子沿着火星的磁力线逃逸出了火星的大气。第一种观点的研究，需要对火星的地质进行进一步的探测，从而研究火星的地质成分以及火星上的岩石形成机制。第二种观点的研究，需要对火星磁场的长期变化进行探测。通过探测火星岩石中的剩余磁场，从而研究火星上组成水的离子成分如何在不同历史时期的不同强度磁场控制之下进行逃逸的过程。这两种观点的证明都需要对火星上的水与挥发机制进行系统研究，包括存在形式、分布、总量、逃逸过程以及与其他类地行星或陨石进行比较。

尽管探测器从各个方面发现了一些证明火星有水存在的证据，但是火星地外生命探测还是遇到了一些难题，包括：

（1）火星大气中甲烷气体目前无法确定是有机成因还是无机成因。

（2）火星表面发育过海洋盆地、湖泊和河网体系，但至今火星表面没有发现活动的水体，那么水体埋藏的部位、深度与分布有待深入探测。

（3）如何从火星沉积岩中寻找含有古老信息的化石并精细圈定火星表面沉积岩的分布？

尽管在火星陨石的研究中发现了一些火星可能曾经发育过生命的"证据"，但在火星上如何从沉积岩中寻找到含有古老信息的化石仍是个重大挑战。探寻和圈定含有化石的火星沉积岩将是探测火星过去存在生命的突破点，是未来火星着陆器寻找火星过去曾经发育过生命的重大科学任务。

3. 了解火星大气和气候的演化过程

如果火星上曾经存在过类似地球上的生命的话，那么火星在远古时期应该有一个类似于地球那样的大气层来保护生命的存在。现在火星上的大气条件根本不适合生命的存在，火星的大气是如何演化成今天的状态，主要控制因素是什么？地球的大气经过长期的演变会不会像火星现在一样，也是需要通过火星探测来进行比较研究的一个重要科学问题。

"海盗号"、"哈勃"太空望远镜、"火星探路者"、"火星全球勘探者"等探测器对火星大气层进行了详细的探测，大量探测数据显示火星大气稀薄（700~900 Pa）。其大气的主要成分有 CO_2、He、^{14}N 与 ^{13}N、^{40}Ar、O_2，其中 CO_2 的体积分数为95%；微量气体有 H、N^{2+}、CO、CO^{2+}、CO^+、Kr、Xe 等。火星的大气层不是原生大气层，而是在火星演化过程中，火星内部的脱气过程而形成的次生大气层。

火星大气的演化是一个非常复杂的过程，综合作用因素很多，可能与太阳的距离和相对位置关系、火星表面温度、火星的整体化学成分及其热演化，以及火星水体的演化等因素相关。为了能准确地了解火星大气演化的过程及特征、气候的变化和过去生命活动的历史及其相互关系，还需要对火星大气层的成分、密度、结构与成因开展综合的探测和研究，包括火星大气的起源、成分演化历史，以及大气的质量和动力学，也有必要开展类地行星大气层的形成与演化的比较研究。

4. 了解火星固有磁场的演变

探测研究结果表明，目前火星的固有磁场比地球固有磁场弱得多，但在火星表面局部地区观测到了很强的剩余磁场。这说明火星在远古时代有很强的固有磁场，经过长期演变，火星的固有磁场已经变得很小。火星的固有磁场使得火星大气与太阳风相互作用的结果发生改变。这无疑对火星大气演化、对火星上水的消失过程都有重要作用。除了火星磁场外，还需对火星重力场、电学和波速特征以及火星内部结构的精确推演进行研究。

5. 掌握火星的地貌和地质特征

通常对火星的表面进行直接成像来研究火星的地貌。研究结果表明，火星表面分布着大峡谷和高山，高差 12～14 km，有水流过的痕迹。初步探测资料分析表明，火星表面大部分地区覆盖着土壤。火星岩石元素成分中，氧元素含量最高，其次是硅，然后依次为铁、镁、钙和硫。探测火星的岩石成分，除了对研究火星表面水的消失过程、火星本体磁场的长期变化以及火星大气和气候的长期演化过程具有重要意义外，还对于研究火星的形成过程、火星地质及表面成分的长期演变过程以及岩石的结构构造、化学组成以及成因，特别对是否存在沉积岩，火星表面岩石的形成年龄与地壳的演化、岩石和空气的相互作用、岩石和水的相互作用过程，火星地貌的长期变化，都具有重要的科学意义。

6. 开展对火星进行适宜人类居住改造的探索研究

火星是地球的"孪生姐妹"，两者有许多相似之处。例如，地球上的一天是 23 小时 56 分钟，火星上的一天是 24 小时 37 分钟，两者有几乎相同的昼夜长短；地球公转的轨道面和赤道面的夹角是 23°27′，火星轨道面和赤道面的夹角是 25°11′，二者有几乎相同的季节变化。这些相似性都表明，火星是适宜人类居住改造的最好候选行星。但火星不利于人类生存的条件也非常明显：一是火星比地球寒冷得多，其平均温度为 −40～−60 ℃；二是火星表面比地球表面具有较强的宇宙高能粒子辐射；三是火星引力只有地球的 38%；四是火星大气压力仅为地球的 1%。

载人登陆火星将是 21 世纪最宏伟、最复杂的航天工程，也是未来 30 年世界航天大国实施载人航天技术的最高愿景，因此成为当前航天科学技术领域发展的关注焦点。美国在犹他州的沙漠试验场开展的火星改造探索研究工作，目的就是期望能够通过国际合作，实施火星登陆、火星改造和火星利用，在未来几个世纪内将火星改造成一个适宜人类生存和发展的绿色星球，将火星作为人类移民地外星球的试验场。此外，一旦地球环境变得不再宜居，或者遭遇 6 500 万年前恐龙的灭顶之灾，在这种情况下，火星将成为保留人种及人类文明的避难圣地。

然而改造火星必将面临一系列复杂的科学技术难题，如提高火星表面温度；增加火星大气浓度，改变大气组分；建立火星表面生态环境；建立火星农牧业，解决粮副食品自给；建设能源和原材料工业设施；建设人类生活基础设施。一旦把火星环境改造到人类可以耐受的程度内，火星基础设施建设、原位资源利用技术成熟后，就可以考虑大规模的火星旅游或者移民。

3.4 太阳系天体探测的科学载荷

对太阳系中天体的探测主要是靠探测器上搭载的有效载荷。一类为电磁波成像观测，用于高分辨率成像，主要针对行星的地形地貌、天体表面物理性质和化学成分等进行观测；另一类为粒子探测，深空探测对低能离子和中性原子关注比较多；还有一些针对磁场、电场、重力场和声波的探测，磁场多用于对天体的磁场、磁层分布的研究，电场多用来作为行星大气中等离子体的探测载体，重力场探测多借助多普勒重力场试验仪器等，声波探测可以用类似雷达发射接收延迟的方法，探测天体地下的构造特征。太阳系天体（除太阳外）探测的基本方法如表 3-3 所示。

表 3-3 太阳系天体（除太阳外）探测的基本方法

探测项目	探测载荷	获取信息	探测方式
磁层	磁力计	行星的磁层和磁场	轨道器、着陆器
大气层	多波段成像设备	图像	探测器、轨道器、着陆器
	偏振测量设备	通过偏振特性分析得到云质点的成分和性质，大气压力	探测器、轨道器、着陆器
	紫外光谱仪	从反射太阳光的紫外光谱仪，得到大气成分	轨道器、着陆器
	红外辐射强度	通过热辐射强度，得到温度、成分、动力学等信息	探测器
	微波辐射	通过探测大气发射的微波，得到大气结构以及动力学特征	探测器、轨道器
	射电掩星	通过探测器和地面前信号频率和强度变化，得到大气结构信息	探测器、轨道器

续表

探测项目	探测载荷	获取信息	探测方式
表面地貌	多波段成像设备	地质地貌信息	探测器、轨道器、着陆器
	激光高度计	通过发射与反射脉冲的延迟，得到地形信息	轨道器
	雷达	通过反射脉冲的强度和延迟，得到表面高程、土壤性质等信息	探测器、轨道器
表面物理特性	光度测量设备	通过反射太阳光强度，得到表面的物质性质	探测器、轨道器、着陆器
	辐射密度计	通过反射 γ 射线，得到表面密度等信息	轨道器
	红外辐射测量设备	通过测量热辐射强度，得到表面的性质	探测器
	采样返回设备	通过采样测量，得到物理性质	着陆器
表面化学组成	可见光谱仪	通过可见光谱，得到表面化学、矿物和土壤等信息	探测器、轨道器、着陆器
	红外光谱仪	通过红外光谱，确定物质种类，如岩石、冰、氨冰、甲烷冰等	探测器、轨道器、着陆器
	γ 射线谱仪	通过射线谱，得到钾、铀、钍等元素的丰度	轨道器、着陆器
	X 射线荧光谱仪	通过荧光作用，得到表面成分信息	轨道器、着陆器
	粒子探测设备	通过质谱仪、能谱仪、阿尔法粒子探测设备、中心粒子探测设备等，得到化学成分作用	轨道器、探测器
	采样返回	通过携带返回的样品进行化学分析	着陆器
内部磁场	磁力计	内部磁场信息	轨道器、着陆器
内部电场	电场探测设备	内部电场信息	轨道器、着陆器

探测项目	探测载荷	获取信息	探测方式
内部结构	声波探测设备	通过声波反射的强度和延迟，得到内部构造信息	轨道器、着陆器
	雷达	通过反射波的强度和延迟，得到内部结构信息	轨道器、着陆器
内部重力场	重力计	得到重力分布信息	探测器、轨道器、着陆器

3.4.1 常用的科学载荷

1. 成像探测仪器

环绕天体的探测器多用于探测天体地表的地形地貌，多进行成像观测、多波段观测、立体成像观测或成像光谱。成像光谱仪在获取图像的同时，还能得到光谱信息。这种高分辨率的成像可以直接揭示天体的大气特征、表面地质构造、表面性质和成分随空间的分布变化。激光高度计在可见光波段工作，通过测量发射激光的反射信号，记录两者之间的延迟情况，得到地形高度等信息，还可以构造出三维的地形分布。利用类似的原理，人们还制造了雷达和声波探测装置。雷达装置采用射电波，用于测量地形高度和粗糙程度以及土壤的某些物理性质。

2. 环境探测仪器和土壤及矿物分析仪器

近距离的观测可以详细记录天体上的环境条件和地质条件。能量最高的电磁波——γ射线的探测主要分为两类：一类相当于光度测量，叫做辐射密度测量，一般用来探测天体表面的反射γ射线，得到天体表面密度等信息；另一类相当于光谱测量，叫做γ射线谱测量，得到γ射线谱，可以计算出钾、铀、钍元素的丰度，这对于行星形成的历史研究大有益处。X射线的波长比γ射线长，能量相对较低，但X射线有一种特殊的性质：当岩石受到X射线照射后，会吸收X射线的能量，然后再以其他波段的电磁波辐射出去，这种效应叫做荧光效应。因此，通过测量X射线波段的光谱，就可以知道究竟是什么物体在发荧光，也就可以知道行星表面的成分。

3. 低能离子能谱仪和低能离子质谱仪

深空探测和地基观测最大的不同是：它可以通过探测粒子来获得地质数据。例如阿尔法粒子探测器用来测量氡气的含量，从而测定出铀等放射性元素的含量。另外，还有中子谱仪、等离子体成像仪、带电粒子光谱仪、等离子体分析仪、高能粒子与等离子体谱仪等仪器，这些都是针对不同类型粒子而设计的探测器。低能离子能谱仪可以测量空间中能量在几电子伏至几万电子伏离子的分布，并具有很宽的动态范围及较高的角分辨率。如果在低能离子能谱仪多通道板后面加上飞行时间测量系统，还可以具有分辨粒子成分的能力，这时低能离子能谱仪就成为低能离子质谱仪。

4. 中性原子探测器

中性原子探测技术一般有三种：第一种是直接探测没有电离的中性原子，第二种是利用超薄碳膜将中性原子电离后进行探测，第三种是通过表面转换使中性原子带电后进行探测。在美国深空探测器上，考虑不同能量段的中性原子具有不同特性，同时考虑避免紫外光子或极紫外光子的影响，可对低能中性原子、中能中性原子和高能中性原子分别进行探测。

5. 磁场探测器

对行星际空间和行星空间磁场的探测主要是利用磁通门磁强计和感应式磁力仪。其中，磁通门磁强计用于测量静态的直流磁场，主要测量弱磁场；感应式磁力仪用于测量动态的交流磁场，主要测量几赫兹至几万赫兹频率范围的磁场扰动信号。

6. 电场探测器

测量等离子体介质中的空间电场主要有两种方法：第一种是双探针法，即直接测量空间两点间的电位差，由此求出沿探针连线方向的电场；第二种是测量空间电子束的运动，空间电子束运动的变化与电场和磁场有关，如果已经测得了磁场，就可以推断出电场。

3.4.2　嫦娥月球探测器的有效载荷

嫦娥月球探测工程推动了中国行星科学领域探测有效载荷的快速发展。

1. "嫦娥一号"和"嫦娥二号"探测器

中国"嫦娥一号"月球探测器首次实现了对月球的探测活动,它的科学目标包括:获取月球表面三维立体影像,分析月球表面元素含量和物质类型的分布特点,探测月壤特性,探测地月空间环境等。"嫦娥一号"探测器共配置了8种科学探测有效载荷。其中CCD立体相机和激光高度计共同完成了月球表面三维影像获取,干涉成像光谱仪、γ射线谱仪和X射线谱仪完成了元素及物质类型的含量和分布探测,微波探测仪完成了月壤厚度探测,高能粒子探测器和太阳风离子探测器完成了地月空间环境探测。

"嫦娥二号"的科学目标和有效载荷配置类似于"嫦娥一号",如表3-4所示。"嫦娥二号"的CCD相机分辨率从120 m/200 km大幅度提高到了7 m/100 km及1.05 m/15 km,绘制了全月球7 m分辨率影像图和"嫦娥三号"预选着陆区虹湾的1 m分辨率高清图像,为后续实施"嫦娥三号"和"嫦娥四号"任务奠定了基础。

表3-4 "嫦娥一号"和"嫦娥二号"探测器的有效载荷配置

"嫦娥一号"的有效载荷	"嫦娥二号"的有效载荷	科学目标
CCD立体相机	CCD立体相机	获取月球表面三维影像
激光高度计	激光高度计	
干涉成像光谱仪	—	分析月球表面有用元素含量和物质类型的分布特点
γ射线谱仪	γ射线谱仪	
X射线谱仪	X射线谱仪	
微波探测仪	微波探测仪	探测月壤特性
高能粒子探测器	高能粒子探测器	探测地月空间环境
太阳风离子探测器	太阳风离子探测器	

2. "嫦娥三号"和"嫦娥四号"探测器

"嫦娥三号"首次实现了中国月球软着陆和月面巡视探测,有三个主要的科学探测任务:月表形貌与地质构造调查,着陆区与巡视区的矿物组成与化学成分的综合就位分析,日地月空间环境探测与月基天文观测。"嫦娥三号"探测器由着陆器和巡视器组成。着陆器配置了地形地貌相机、月基光学望远镜、极紫外相机和降落相机4种有效载荷。巡视器配置了全景相机、测月雷达、红外成像光谱仪和粒子激发 X 射线谱仪 4 种有效载荷。"嫦娥三号"探测器的有效载荷配置如表 3 – 5 所示。

表 3 – 5 "嫦娥三号"探测器的有效载荷配置

有效载荷	探测任务
地形地貌相机	获取着陆点周围区域的月表地形地貌光学图像，对巡视器及其在月表的移动过程进行观测
极紫外相机	工作波长为 30.4 nm，探测目标是地球等离子体层 He$^+$ 对 30.4 nm 太阳辐射的共振散射，能够连续跟踪探测
月基光学望远镜	工作在近紫外谱段，对各种天体的亮度变化情况进行观测，能够连续跟踪观测
降落相机	着陆器降落过程中，在各个高度连续获取降落区域的月表光学图像
全景相机	获取着陆器和巡视区域周围的月表地形地貌光学图像，对着陆器进行成像
测月雷达	在巡视器行驶过程中，探测行驶所经路线的月壤厚度和结构、月亮浅层结构
红外成像光谱仪	获取巡视区域周围的月表红外光谱和图像，用于月表矿物组成和分布分析
粒子激发 X 射线谱仪	对巡视区域周围的月表物质主要元素的含量进行现场分析，用于识别、鉴定岩石全岩成分、月壤全岩成分和矿物成分

"嫦娥三号"任务不同于"嫦娥一号"及"嫦娥二号"任务，其采用着陆探测和巡视探测，有效载荷要求更加轻小型化，此外红外光谱仪、测月雷达、极紫外相机、月基光学望远镜等都是全新设计的。首次使用了声光可调滤光器，实现光谱探测、时间域探测雷达探测月壤厚度、基于单球面反射和球面光子计数成像探测器的地球等离子体层观测，以及极紫外波段的月基自主天文观测等。

"嫦娥四号"探测器由中继星、着陆器和巡视器组成，着陆于月球背面艾特肯盆地，通过中继星的通信支持，开展对月球背面着陆巡视区的就位探测和巡视勘测。"嫦娥四号"的科学目标为：月基低频射电天文观测研究、月球背面巡视区浅层结构探测研究、月球背面巡视区形貌与矿物组分探测研究。

"嫦娥四号"探测器共配置 8 台有效载荷设备来完成这三项科学目标：着陆器上配置 4 台设备，分别是降落相机、地形地貌相机、低频射电谱仪和中子与辐射剂量探测仪；巡视器上配置 4 台设备，分别是全景相机、测月雷达、红外成像光谱仪和中性原子探测仪，详见表 3 - 6。

表 3 - 6   "嫦娥四号"探测器的有效载荷配置

有效载荷	探测任务
低频射电谱仪	在甚低频频段内同时获得频率连续的射电巡天图像，从而对宇宙的大尺度结构及射电辐射的频率相关性进行研究
降落相机	在"嫦娥四号"探测器降落过程中进行连续成像，进行降落区定位并可重构精细降落轨迹
地形地貌相机	获取着陆器高分辨率地形和图像数据，研究着陆区形貌和地质构造
中子与辐射剂量探测仪	测量月表的综合粒子辐射剂量和 LET 谱；测量月表快中子能谱和热中子通量
测月雷达	获取巡视器行走路线上月球浅层结构厚度分布，提供科学数据进行月球地形和地质结构研究
全景相机	对月球巡视区表面进行立体成像，进行地形、结构、地质特性、火山坑调查，并可监视着陆器状态
红外成像光谱仪	分析月球表面矿物组成和分布，确定岩石类型
中性原子探测仪	在月表上测量太阳风和月表相互作用之后产生的中性原子，包括太阳风本身的离子获得电子后产生的中性原子，和月球表面被溅射出的中性原子。

3. 玉兔一号"和"玉兔二号"月球车

2013 年，"嫦娥三号"探测器和"玉兔一号"月球车着陆在月球正面的雨海宽阔的平原地带，这里形成一种独特的火山玄武岩石。"玉兔一号"月球车在穿过雨海的紫微撞击坑附近时进行了采样，通过勘测，发现月球表面一种玄武岩样本非常特殊，与此前美国 Apollo 载人登月工程发现的样本很不一样。通过对该地点的测量分析发现这里形成于近期，可能是月球表面"最年轻"的区域。虽然月球表面多数区域被认为形成于 30 亿～40 亿年前的火山喷发过程，但"玉兔一号"月球车发现的独特玄武岩样本形成于 29.6 亿年前。该岩石样本包含着独特的矿质混合物，具有较高的二氧化钛含量，同时还有一种叫做橄榄石的绿色矿物质。科学家们认为这种多样性岩石样本说明，上月幔成分均质性低于地球，同时关联化学成分年代，这有助于研究随着时间变迁，来解释月球火山活动是如何发生变化的。

　　2019 年，中国科学院国家天文台团队利用"玉兔二号"携带的可见光和近红外光谱仪的探测数据，证明了"嫦娥四号"落区月壤中存在以橄榄石和低钙辉石为主的月球深部物质。"玉兔二号"月球车携带的可见光和近红外光谱仪在两个探测点获得了质量良好的光谱数据。通过初步分析发现，"嫦娥四号"着陆区的月壤成分明显不同于"嫦娥三号"着陆区的月海玄武岩，这一区域月壤中橄榄石含量最高，低钙辉石次之，并含有很少量的高钙辉石。科学界关于月幔物质组成的推论一直没有被很好地证实。中国科学院的科研人员认为，"玉兔二号"巡视器探测到的这些物质是从冯·卡门撞击坑东北部的一个直径为 72 km 的芬森撞击坑溅射出的。他们认为南极 – 艾特肯盆地在形成后，继续遭到小天体撞击形成更多的小撞击坑。而当芬森撞击坑形成时，有可能撞穿了月壳，将月幔物质挖掘出来并抛射到了冯·卡门撞击坑。

　　当前无论是美国、苏联采回的月球样品，还是环月探测器的遥感数据，都还没有发现与月幔准确物质组成相关的直接证据。这是中国嫦娥月球探测工程对月球科学研究做出的重要贡献。

3.4.3　载人空间站的有效载荷

　　在天空实验室、"礼炮号"空间站、"和平号"空间站、空间实验室及国际空间站等载人实验室或空间站项目中均携带了空间天文载荷，在伽玛射线、X 射线、紫外、可见光和红外等各波段获取了大量数据和影像，取得了技术突破和开创性成果。21 世纪，国际空间站大规模组合体长期在轨运行，也成为高能天体物理探测的理想场所，开展了阿尔法磁谱仪、X 射线和伽玛射线、紫外等多个探测项目。

　　美国的天空实验室（Skylab）携带了阿波罗观测台（Apollo Telescope Mount，ATM），包括：白光日冕仪（White Light Coronograph，WLC）、X 射线光谱望远镜（X – Ray Spectrographic Telescope，XRST）、紫外光谱仪（Ultraviolet Spectrometer，UVS）、双能 X 射线望远镜（Dual X – Ray Telescope，DXRT）、紫外光谱仪/日光仪（Ultraviolet Spectrometer/Heliograph，UVH）等。天空实验室进行了一系列的空间天文科学试验，开启了空间 X 射线天文观测的新阶段。其 X 射线望远镜采用胶片记录，由航天员带回地面，进行地面处理。

　　国际空间站（International Space Station，ISS）是迄今为止最大的载人空间设施，从 1998 年开始，经 13 年多次组装完成，总计达 400 余吨，初建至今已在轨运行 17 年。ISS 在近地轨道长期稳定运行，搭载了以阿尔法磁谱仪为代表的多项科学载荷，用于长期测量宇宙线，寻找反物质和暗物质。日本"希望号"实验舱安装了多个高能天文探测装置,如全天 X 射线检测仪(Monitoring All Sky X – Ray Images,MAXI),在 4 年时间里从 22 个活跃恒星观测了 64 个较大闪耀现象,4.5 年里发现了 6 个新黑洞。欧洲建造的哥伦布舱安装的科学载荷有太阳变化与辐射检测仪(SOlar Variability and Irradiance Monitor,SOVIM)、太阳光谱辐射测量仪(SOlar SPECtral irradiance measurement,SOLSPEC)、自动校准极紫外与紫外光谱仪(SOLar Auto – Calibrationg Extreme Ultraviolet and Ultraviolet Specrtometers,SOLA – CES)。俄罗斯建造的"星辰号"服务舱安装的科学载荷,能够探测银河系宇宙线元素组成与精细能谱、太阳宇宙线粒子,检测空间站附近的微粒子,寻找低能重粒子的太阳和银河系起源等。

基于 ISS 长期在近地轨道运行的优势,天文学家还提出了多种载荷构想和方案,如表 3 – 7 所示,有些已经发射,有些正在研制,计划后续安装在空间站上执行科学探测任务。

表 3 – 7   国际空间站 ISS 上后续计划安装的科学载荷

科学载荷	国家	科学目标
中子星内部成分探测器 NICER:Neutronstar Interior Composition Explorer	美国	研究中子星奇特引力、电磁和核物理环境,探索中子星内部物质状态,软 X 射线(0.2~12 keV)高灵敏度探测内部结构等
国际空间站上的宇宙射线能量及质量测量仪 ISS – CREAM:Cosmic Ray Energetics And Mass for the International Space Station	美国、韩国、墨西哥、法国等	将宇宙线直接测量能量范围拓展至最高,探测宇宙线起源、加速与传播
日本实验舱段上的极高能宇宙天文观测台 JEM – EUSO:Extreme Universe Space Observatory on Japanese Experiment Module	日本等 13 国家	研究极高能宇宙线起源,观测大气簇射荧光
宽视场 X 射线全天监视器 IWF MAXI:Iseep Wide Field MAXI	日本	探测软 X 射线源、伽玛暴、引力波对应体、超新星、新星等
伽马宇宙射线成像光谱仪 GRIS:Gamma – Ray Imaging Spectrometer	俄罗斯	探测太阳耀斑硬 X 射线与伽玛射线(50 keV~200 MeV)、30 MeV 以上太阳中子、伽玛暴或地球伽玛射线闪探测等

在美国推动实施 Artemis 任务后，关于如何建造地月空间站及能够开展哪些科学研究项目，目前正处于全球国际合作征求项目阶段。可以预计，充分利用好这个平台将对未来行星科学及天文学的发展产生重要的推动作用。

思考题

1. 美国成功实施的 Apollo 登月工程对月球科学研究有哪些贡献？

2. 美国在提出的以重返月球为目标的"星座计划"中，论证的载人月球探测任务的科学目标是什么？

3. 太阳系内的小行星是如何分布的？小行星通常可以分成哪几类？

4. 小行星探测的科学目标通常包括哪些内容？

5. 火星探测的科学目标通常包括哪些内容？

6. 太阳系天体探测常用的科学载荷有哪些？

7. 嫦娥月球探测器上携带有哪几类科学载荷？实现了哪些科学目标？

8. 载人空间站的有效载荷有哪些？未来的载人深空空间站的科学目标有哪些？

参 考 文 献

[1] 焦维新，邹鸿. 行星科学 [M]. 北京：北京大学出版社，2009.

[2] 胡中为. 普通天文学 [M]. 南京：南京大学出版社，2003.

[3] 果琳丽，王平，朱恩涌，等. 载人月球基地工程 [M]. 北京：中国宇航出版社，2013.

[4] 欧阳自远，邹永廖，李春来. 月球——人类走向深空的前哨站 [M]. 北京：清华大学出版社，2002.

[5] 中国科学院月球与深空探测总体部. 月球与深空探测 [M]. 广州：广东科技出版社，2014.

[6] [美] Nadine G. Barlow. 火星关于其内部、表面和大气的引论 [M]. 吴季，赵华，等，译. 北京：科学出版社，2010.

[7] [美] 阿尔瑟·M·杜勒. 外空矿物资源——挑战与机遇的全球评估 [M]. 张振军，译. 北京：中国宇航出版社，2017.

[8] 侯建文，阳光，周杰，等. 深空探测——火星探测 [M]. 北京：国防工业出版社，2016.

[9] 侯建文，阳光，满超，等. 深空探测——月球探测 [M]. 北京：国防工业出版社，2016.

[10] ［美］唐纳德·拉普. 面向载人月球及火星探测任务的原位资源利用技术［M］. 果琳丽，郭世亮，张志贤，等，译. 北京：中国宇航出版社，2018.

[11] 姜景山，金亚秋. 中国微波探月研究［M］. 北京：科学出版社，2011.

[12] 欧阳自远，邹永廖. 火星科学概论［M］. 上海：上海科技教育出版社，2015.

[13] 中国科学院地球化学研究所. 月质学研究进展［M］. 北京：科学出版社，1977.

[14] 陈善广. 载人航天技术［M］. 北京：中国宇航出版社，2018.

[15] 徐波，雷汉伦. 探测小天体［M］. 北京：科学出版社，2018.

[16] ［英］大卫·M·哈兰德. 月球简史［M］. 车晓玲，刘佳，译. 北京：人民邮电出版社，2018.

[17] 孙泽洲，叶培建，张洪太，等. 深空探测技术［M］. 北京：北京理工出版社，2018.

[18] 廖新浩. 行星科学和深空探测研究与发展［J］. 中国科学院院刊，2011，26（5）：504 – 509.

[19] 肖龙，GREELEY Ronald，曾佐勋，等. 比较行星地质学的研究方法、现状和展望［J］. 地质科技情报，2008，27（3）：1 – 13.

[20] 郑永春，欧阳自远. 太阳系探测的发展趋势与科学问题分析［J］. 深空探测学报，2014，1（2）：83 – 92.

[21] 欧阳自远. 太阳系探测的进展与比较行星学的主要科学问题［J］. 地学前缘（中国地质大学（北京）；北京大学），2006，13（3）：8 – 18.

[22] 欧阳自远. 我国月球探测的总体科学目标与发展战略［J］. 地球科学进展，2004，19（3）：351 – 358.

[23] 欧阳自远. 月球探测进展与我国的探月行动（上）［J］. 自然杂志，2005，27（4）：187 – 190.

[24] 欧阳自远. 月球探测进展与我国的探月行动（下）［J］. 自然杂志，2005，27（5）：253 – 257.

[25] 欧阳自远，李春来，邹永廖，等. 我国月球探测一期工程的科学目标［C］. 中国宇航学会飞行器总体专业委员会 2004 年学术研讨会，2005：1 – 5.

[26] 欧阳自远，李春来，邹永廖，等. 我国月球探测二期工程的科学目标［C］. 中国宇航学会深空探测技术专业委员会第一届学术会议，2005：417 – 424.

[27] 欧阳自远，邹永廖. 月球的地质特征和矿产自远及我国月球探测的科学目标 [J]. 国土资源情报，2004（1）：36 – 39.

[28] 郑永春，王世杰，刘春茹，等. 月球水冰探测及其进展 [J]. 地学前缘，2004，11（2）：573 – 578.

[29] 郑永春，邹永廖，付晓辉，等. 月亮女神探月计划的有效载荷与科学探测综述 [J]. 航天器工程，2011（3）：108 – 119.

[30] 刘剑，欧阳自远，李春来，等. 中红外光谱在月球探测中的应用 [J]. 矿物学报，2006，26（3）：435 – 440.

[31] 邓连印. 月球探测技术的历程及发展态势研究 [D]. 哈尔滨：哈尔滨工业大学，2009.

[32] 孔维刚. 月球及火星科学中的三个矿物学问题 [D]. 济南：山东大学，2011.

[33] 郑永春，邹永廖，张锋，等. 月球上的水：探测历程与新的证据 [J]. 地质学报，2011，85（7）：1069 – 1078.

[34] 郑永春，邹永廖，付晓辉. LRO 和 LCROSS 探月计划：科学探测的分析与启示 [J]. 航天器工程，2011，20（4）：117 – 129.

[35] 邓湘金，贾阳. 月球详查探测的载荷配置分析 [J]. 航天器工程，2007，16（6）：77 – 81.

[36] 吴季，朱光武，赵华，等. 中俄联合探测火星计划萤火一号科学目标综述 [C]. 第二十二届全国空间探测学术讨论会论文，2009：1 – 10.

[37] 吴季，朱光武，赵华，等. 萤火一号火星探测计划的科学目标 [J]. 空间科学学报，2009，29（5）：449 – 455.

[38] 侯建文，赵晨，常立平，等. 未来月球探测总体构想 [J]. 载人航天，2015，21（5）：425 – 434.

[39] 林杨挺. 月球形成和演化的关键科学问题 [J]. 地球化学，2010，39（1）：1 – 10.

[40] 安恒，杨生胜，薛玉雄，等. 国外月球探测有效载荷进展状况 [J]. 真空与低温，2012，18（4）：194 – 200.

[41] 欧阳自远，李春来，邹永廖，等. 嫦娥一号卫星的科学探测 [C]. 中国空间科学学会第七次学术年会，2009.

[42] 赵葆常，杨建峰，常凌颖，等. 嫦娥一号卫星成像光谱仪光学系统设计与在轨评估 [J]. 光子学报，2009，38（3）：479 – 483.

[43] 王建宇，舒嵘，陈卫标，等. 嫦娥一号卫星载激光高度计 [J]. 中国科学：物理学力学天文学，2010，40（8）：1063 – 1070.

[44] 孙辉先，吴季，张晓辉，等．嫦娥二号卫星科学目标和有效载荷简介 [C]．第二十三届全国空间探测学术交流会论文，2010．

[45] 贾瑛卓，代树武，吴季，等．嫦娥三号着陆器有效载荷 [J]．空间科学学报，2014，34（2）：219 – 225．

[46] 代树武，吴季，孙辉先，等．嫦娥三号巡视器有效载荷 [J]．空间科学学报，2014，4（3）：332 – 340．

[47] 贾瑛卓，邹永廖，薛长斌，等．嫦娥四号任务科学目标和有效载荷配置 [J]．空间科学学报，2018，38（1）：118 – 130．

[48] 赵海斌，徐伟彪，马月华，等．小行星深空探测的科学目标与探测计划 [C]．中国宇航学会深空探测技术专业委员会第一届学术会议，2005：473 – 479．

[49] 徐伟彪，赵海斌．小行星深空探测的科学意义和展望 [J]．地球科学进展，2005，20（11）：1183 – 1190．

[50] 李伟，孙越强，朱光武，等．俄罗斯福布斯探测器有效载荷介绍 [J]．上海航天，2013，30（4）：43 – 44．

[51] 欧阳自远，肖福根．火星探测的主要科学问题 [J]．航天器工程，2011，28（3）：205 – 217．

[52] 欧阳自远，肖福根．火星及其环境 [J]．航天器环境工程，2012，29（6）：591 – 601．

[53] 刘建忠，欧阳自远，李春来，等．火星探测的科学目标及优先原则初探 [C]．2006 年中国科协年会，2006．

[54] 袁子，王慧，王立，等．火星探测有效载荷概述 [C]．中国宇航学会深空探测技术专业委员会第七届学术年会论文集，2015：643 – 649．

[55] 张宇烽，王红杰，朱永红，等．火星相机研制 [J]．红外与激光工程，2016，45（2）：1 – 7．

[56] 朱岩，白云飞，王连国，等．中国首次火星探测工程有效载荷总体设计 [J]．深空探测学报，2017，4（6）：510 – 514．

[57] 赵佳，李欢，钟晓明．火星大气探测载荷现状与展望 [C]．中国空间科学学会空间探测专业委员会第二十六届全国空间探测学术研讨会，2013．

[58] 缪秉魁，林杨挺，陈宏毅．小行星探测研究现状与展望 [C]．中国矿物岩石地球化学学会第 14 届学术年会，2013：617 – 618．

[59] 徐伟彪，赵海斌．小行星深空探测的科学意义和展望 [J]．地球科学进展，2005，20（11）：1183 – 1190．

［60］季江徽. 开展小行星彗星及深空探测的科学意义及启示［J］. 国防科技工业, 2011 (4)：54 – 55.

［61］孙辉先, 李慧军, 张宝明. 中国月球与深空探测有效载荷技术的成就与展望［J］. 深空探测学报, 2017, 4 (6)：495 – 509.

［62］王建宇, 何志平, 徐睿. 基于 AOTF 成像光谱技术在深空探测中的应用［C］. 2013 年上海遥感与社会发展国际学术研讨会, 2013.

［63］杨建峰, 阮萍. 轻小型化全景相机［C］. 第八届全国空间化学与陨石学学术研讨会, 2006.

［64］会庭. 日本"辉夜姬"月球探测器的有效载荷［J］. 中国航天, 2007 (10)：28 – 33.

［65］王馨悦, 孙越强, 李永平, 等. 质谱仪在行星系统与小天体探测中的应用［J］. 深空探测学报, 2017, 4 (6)：522 – 527.

［66］周志权, 吕浩, 张栋, 等. 质谱仪在深空探测中的应用［J］. 质谱学报, 2015, 36 (6)：492 – 505.

［67］张九星, 张伟, 李绪志. 载人航天空间天文领域发展综述［J］. 载人航天, 2017, 23 (5)：670 – 679.

［68］Andolz F J. Lunar Prospector Mission Handbook［M］. Ames Research Center, 1998.

［69］Ouyang Z Y. Introduction of Lunar Science［M］. Beijing：China Astronautic Publishing House, 2005.

［70］Pyle R. Destination Mars, New Exploration of the Red Planet［M］. Prometheus Books, 2011.

［71］Hubbard S. Exploring Mars, Chronicles from a Decade of Discovery［M］. The University of Arizona Press, 2011.

［72］Harland D M. The Earth in Context：A Guide to the Solar System［M］. Chichester：Springer, 2011.

［73］Grego P. What are Comets and Asteroids［M］. Heidelberg：Springer International Publishing, 2014.

［74］Vondrak R, Keller J, Chin G. Lunar reconnaissance orbiter (LRO)：observations for lunar exploration and science［J］. Space Sci Rev, 2010 (150)：7 – 22.

［75］Keller J. LRO instrument suite and measurements［C］. AIAA Annual Technical Symposium (ATS), 2006.

［76］Vondrak R, Keller J, Chin G, et al. Lunar reconnaissance orbiter (LRO)：

observations for lunar exploration and science [J]. Space Science Reviews, 2010, 150: 7 – 22.

[77] Kato M, Sasaki S, Tanaka K, et al. The Japanese lunar mission SELENE: science goals and present status [J]. Advances in Space Research, 2008 (42): 294 – 300.

[78] Goswami J N, Annadurai M. Chandrayaan – 1: India's first planetary science mission to the Moon [J]. Curr. Sci., 96 (4): 486 – 491.

[79] Goswami J N, Thyagarajan K, Annadurai M. Chandrayaan – 1: India mission to Moon [J]. Lunar and Planetary Science, 2006: 1567 – 1577.

[80] NASA. Science summary [EB/OL]. 2006 – 03 – 22 [2006 – 04 – 01]. http://mars. jpl. nasa. gov/mro/science/.

[81] NASA. Overview summary [EB/OL]. 2006 – 03 – 22 [2006 – 04 – 01]. http://mars. jpl. nasa. gov/mro/overview/.

[82] NASA. Spacecraft parts: instruments [EB/OL]. 2006 – 03 – 22 [2006 – 04 – 01]. http://mars. jpl. nasa. gov/mro/sc_instru_hirise. html/.

[83] NASA. Spacecraft & Instruments [EB/OL]. 2006 – 03 – 22 [2006 – 04 – 01]. http://lunar. gsfc. nasa. gov/missions/scandinst. html/.

[84] NASA. Spacecraft & Instruments: LOLA [EB/OL]. 2006 – 03 – 22 [2006 – 04 – 01]. http://lunar. gsfc. nasa. gov/missions/lola. html/.

[85] Mailin Space Science System. Lunar reconnaissance obiter (LRO) Lunar reconnaissance orbiter camera (LROC) [EB/OL]. 2006 – 03 – 22 [2006 – 04 – 01]. http://www. msss, com/lro/lroc/index. html.

[86] Zellner B. Polarimetric albedos of asteroids [J]. Bulletin of the American Astronomical Society, 1973, 5: 388.

[87] Bus S J, Binzel R P. Phase II of the small main – belt asteroid spectroscopic survey: A feature – based taxonomy [J]. Icarus, 2002, 158: 146 – 177.

[88] Zuber M T, David E S, Andrew F C, et al. The shape of 433 Eros from the NEAR – Shoemaker Laser rangefinder [J]. Science, 2000, 289: 2097 – 2101.

[89] Meibom A, Clark B E. Evidence for the insignificance of ordinary chondritic material in the asteroid belt [J]. Meteoritics & Planetary Science, 1999, 34: 7 – 24.

[90] Clayton D D, Nittler L R. Astrophysics with presolar stardust [J]. Annual Review of Astronomy and Astrophysics, 2004, 42: 39 – 78.

[91] Russell C T, Coradini A, De Sanctis M C, et al, Dawn mission: a journey in

space and time ［C］. Lunar and Planetary Science Conference, 2003, XXX-IV: 1473.

［92］ Russell C T. A journey to the beginning of the solar system ［C］. Proceedings of Asteroids, Comets, Meteors, 2002: 63 – 66.

［93］ Sears D W G. The HERA mission: sample return from three Near – Earth asteroids ［C］. 34th COSPAR Scientific Assembly, The Second World Space Congress, 2002.

［94］ Kawaguchi J, Kuninaka H, Fujiwara A. Muses – C, its launch and earth orbit operations ［C］. Proceedings of the Fifth IAA International Conference on Low – Cost Planetary Missions, 2003.

［95］ Nagy A F. The plasma environment of Mars ［J］. Space Sci. Rev, 2004, 111: 33 – 114.

［96］ Cheng A F, Atchison J, Kantsiper B, et al. Asteroid impact and deflection assessment mission ［J］. Acta Astronautica, 2015, 115 (19): 262 – 269.

［97］ Michel P, Cheng A, küppers M, et al. Science case for the asteroid impact mission (AIM): A component of the Asteroid Impact & Deflection Assessment (AIDA) mission ［J］. Advances in Space Research, 2016, 57 (12): 2529 – 2547.

［98］ Cheng A F, Michel P. Asteroid impact and deflection assessment: the double asteroid redirection test (DART) ［C］. Lunar and planetary Science Conference, 2016.

［99］ Abell P A, Rivkin A S. The asteroid impact and deflection assessment mission and its potential contributions to human exploration of asteroids ［J］. Mineralogy & Petrology, 2014, 55 (1 – 3): 53 – 69.

［100］ Mazanek D D, Merrill R G, Belbin S P, et al. Asteroid redirect robotic mission: robotic boulder capture option overview ［C］. AIAA Space 2014 Conference and Exposition, 2014: 4432.

［101］ Belbin S P, Merrill R G. Boulder capture system design options for the asteroid robotc redirect mission alternate approach trade study ［C］. AIAA Space 2014 Conference and Exposition, 2014: 4434.

［102］ Reeves D M, Naasz B J, Wright C A, et al. Prosimity operations for the robotic boulder capture option for the asteroid redirect mission ［C］. AIAA Space 2014 Conference and Exposition, 2014: 4433.

［103］ Acuna M H, Connerney J E P, Wasilewski P J, et al. Magnetic field and plasma observations at Mars: initial results of the Mars global surveyor mission [J]. Science, 1998, 279: 676 – 1670.

[104] Wong M, Kangas J A, Ballard C G, et al. Mars science laboratory propulsive maneuver design and execution [C]. 23rd International Symposium on Space Flight Dynamics, 2012.

[105] Gendrin A, Mangold N, Bibring J P, et al. Sulfate in Martian layered terrains: the OMEGA/Mars Express view [J]. Science, 2005, 307 (5717): 1587 – 1591.

[106] Bibring J P, Langevin Y, Gendrin A, et al. Mars surface diversity as revealed by the OMEGA/Mars Express observations [J]. Science, 2005, 307 (5715): 1576 – 1581.

[107] Veverka J, Burns J A. The moons of Mars [J]. Annual Review of Earth Planer Science, 1980, 8: 527 – 558.

[108] Mahaffy P R, Benna A M, King T, et. al. The neutral gas and ion mass spectrometer on the Mas atmosphere and volatile evolution mission [J]. Space Science Reviews, 2015 (195): 49 – 73.

[109] Paul R M, Richard R H, Benna M, et al. The neutral mass spectrometer on the lunar atmosphere and dust environment explorer mission [J]. Space Science Reviews, 2014 (185): 27 – 61.

[110] Nieman H, Atreya S, Bauer S J, et al. The gas chromatograph mass spectrometer aboard Huygens [C]. Huygens: Science, Payload and Mission, Proceedings of an ESA Conference, 1997, 1177: 85 – 108.

[111] Lawson S L, Jakosky B M. Luar surface thermophysical properties derived from Clementine LWIR and UVVIS images [J]. Journal Geophysical Research, 2001, 106 (11): 27911 – 27932.

[112] Neefs E, Vandaele A C, Drummond R, et al. NOMAD spectrometer on the ExoMars trace gas orbiter mission: Part1 – design, manufacturing and testing of the infrared channels [J]. Applied Optics, 2015, 54 (28): 8494 – 8520.

[113] Gendrin A, Mangold N, Bibring J P, et al. Sulfate in Martian layered terrains: The OMEGA/Mars Express view [J]. Science, 2005, 307 (5717): 1587 – 1591.

[114] Bibring J P, Langevin Y, Gendrin A, et al. Mars surface diversity as revealed by the OMEGA/Mars Express observations [J]. Science, 2005, 307 (5715): 1576 – 1581.

［115］ Thuillier G, Foujols T, Bolsée D, et al. SOLAR/SOLSPEC: Scientific objectives, instrument performance and its absolute calibration using a blackbody as primary standard source ［J］. Solar Phys. , 2009, 257: 185 – 213.

［116］ Thuillier G, Harder J W, Shapiro A, et al. The infrared solar spectrum measured by the SOLSPEC spectrometer on board the international space station ［J］. Solar Phys. , 2015, 290: 1581 – 1600.

［117］ Park J M. Status of the top and bottom counting detectors for the ISS – CREAM experiment ［C］. 17th International Conference on Calorimetry in Particle Physics, 2017.

［118］ Scotti V, Osteria G. The JEM – EVSO time synchronization system ［J］. Nuclear Instruments and Methods in Physics Research A, 2013, 718: 248 – 250.

［119］ Kotov Y D, Yurov V N, Trofimov Y A, ea al. Solar gamma – ray spectrometer GRIS onboard the International Space Station ［J］. Advances in Space Research, 2015, 56: 1797 – 1804.

第 4 章

长期深空探测任务对人的影响

载人航天的发展对解决人类在太空中如何长期生存和工作做出了巨大的贡献，美国 Apollo 载人登月工程使得人类首次获得飞出地球轨道和登陆月球的经验。迄今为止，航天员在近地轨道空间站上的生活和工作时间最长已经达到了 438 天。有 16 个国家参与建造的国际空间站代表全球航天合作关系，标志着当今人类长期驻留空间的能力进入鼎盛时期。但这仅仅是载人航天的开始，未来载人航天将面临三个方面的重大挑战：第一是普通人作为旅游者进行空间旅游；第二是人类重返月球并在月球上建立基地，进行太空资源的开发和利用；第三是人类离开地月空间开始远征火星。在这三方面的挑战中，航天器的工程技术实现能力问题是基础，但限制性因素是实施载人深空探测任务后，乘组成员将远离地球进行长期深空飞行，需遭受到包括空间粒子辐射、变重力、弱磁、星体表面环境等多重危害，同时又面临新的心理精神问题的严峻挑战，这是未来乘员健康保障领域的重要研究方向。

|4.1 深空探测任务中人类的基本需求|

4.1.1 人对基本物质消耗品的需求

人作为生物体是一个开放的系统，为维持人体正常的生理活动，需不断与环境进行物质和能量的交换。人类维持生命的基本物质是空气、食物和水。人如果没有食物供应最多可生存一个月左右，没有水最多活几天，没有氧气则只能生存几分钟。在人类正常的生理活动中还会产生二氧化碳及排泄废物。

水对人体的新陈代谢是至关重要的，一个成年男子身体的 61% ~65% 是由水组成的。脱水会产生严重的生理改变，1% 脱水会影响一些器官的功能，10% 脱水会导致严重的生理代谢问题，20% ~22% 的脱水会导致死亡。维持人体内水的平衡所需水的量与环境参数、代谢产热及饮食有关。

航天员食品中的营养物质包括蛋白质、脂肪和碳水化合物，比例大约是 1∶1∶4。在机体的生化反应中，食物发生氧化作用释放出人生命活动所需要的能量，用于内部器官（心、肺）的工作和肌肉的机械性工作，将大部分能量最终转化为热量，由机体排放至周围环境中。据统计，航天员在长期外太空的飞行任务中，一年时间一名体重 75 kg 的航天员所需的物质，通常包括 4 倍体重的氧气、3 倍体重的食物和 17 倍体重的饮用水，此外还需要更多的水用于生理卫生的需求，这部分需求远远超过营养方面的需求。表 4 – 1 所示为长期航天飞行任务中人对消耗品的需求预估量，本表数据来源于参考文献［3］，数据包含消耗品的包装质量，用于计算 IMLEO。其中，卫生用水占据较大比重，这与载人深空探测任务飞行周期、居住系统设计要求及乘员保障系统的具体方案紧密相关。

表4-1　长期航天飞行任务中人对消耗品的需求预估量

项目	需求/($kg \cdot 人^{-1} \cdot 天^{-1}$)
口腔卫生用水	0.4
洗手/洗脸用水	4.1
冲小便用水	0.5
洗衣用水	12.5
淋浴用水	2.7
餐具清洗用水	5.4
饮用水	2.0
水的总需求	27.6
氧气	1.0
缓冲气体（N_2）	3.0
食物	1.5
废物处理用品	0.5
消耗品总需求	33.6

注：饮用水用于制作饮料及食品；卫生水用于个人卫生、冲洗马桶、清洗衣物及餐具。人体与环境的物质和能量交换与人体负荷、体重、食物结构和性别有密切关系。

根据表4-1数据，一名航天员每天所需的基本能量消耗（Basic Energy Expenditure，BEE）（卡路里）可以由以下公式算得：

女性：基本能量消耗（BEE）＝65＋（9.6×体重）＋（1.7×身高）－（4.7×年龄）

男性：基本能量消耗（BEE）＝66＋（13.7×体重）＋（5×身高）－（6.8×年龄）

根据航天员的地面正常活动水平，所需的能量范围为每天 2 300～3 200 kcal，如果在太空中开展出舱活动，每天需要增加 500 kcal。航天飞行任务食谱中的能量摄入量一般是根据地面正常活动所需制定的。地面正常活动所需的能量水平见表4-2。通常以此为基准，确定航天员在太空活动的基本能量需求及制定航天飞行任务中的食谱能量摄入量。

对于持续 30 天到 1 年的飞行任务，各种生物成分提供的能量如下：

（1）蛋白质：12%～15%。

（2）碳水化合物：50% ~ 55%。

（3）脂肪：30% ~ 35%。

（4）植物纤维：每天 10 ~ 25 g。

（5）液体：1.5 mL/kcal（每天 > 2 L）。

表 4 - 2　地面正常活动所需的能量水平

营养成分	数量
蛋白质	每天每千克体重 0.8 g（最小需求）
碳水化合物	每天 350 g
脂肪	每天 77 ~ 103 g（热量 < 30%）
热量/kcal	2 300 ~ 3 100

注：本表数据只表示需摄入营养成分的数量，未考虑消耗量。

通过对国际空间站长期飞行任务的观察，航天员们在太空的进食一般是不足量的，只能达到 60% ~ 70% 的能量需求，因此观察中发现航天员的体重通常是下降的。当前还没有关于微量元素代谢对航天飞行的影响研究，因此对航天员营养标准中没有提出对微量元素的要求。在长期飞行中起重要作用的是维生素 D，封闭的载人航天器环境阻止了人体皮肤中维生素 D 前体向维生素 D 的转化。在地面我们需要每天将身体暴露在阳光下 20 ~ 30 min，以促进维生素 D 的吸收和转化。因此在长期飞行任务中给航天员补充维生素 D 是十分必要的，航天员使用的剂量是每天 10 mg，在地面则是每天 5 mg。通过国际空间站项目的研究和数据积累，为未来载人登陆火星 500 天的任务积累了充分的食品选择和储存的方法。

表 4 - 3 所示为载人月球探测任务（在月球表面停留 180 天）对生命保障系统的需求，本表数据来源于参考文献 [4]。从中可知，如此大规模的需求需要配备自主生命保障支持系统，它可以提供大气、水和食物，可以处理废弃物和排泄物并提供可能的医疗处理。迄今为止，生命保障系统的功能都是由物理化学过程来实现的，如对水的循环处理。但是对于长期的载人深空探测任务而言，由地球不断供应支持生命保障系统的需求几乎是不可能的，因此学者们开始考虑使用微生物和植物系统，这就是生物式再生生命保障系统（Bioregenerative Life - support System，BLS），它能够提供植物食物，同时对大气和水进行循环利用。此外，还可以考虑发展地外天体原位资源利用技术，利用当地的资源来制造航天员生命保障所需的大气和水，从而降低从地球出发的补给需求。

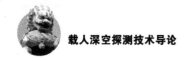

表 4-3　载人月球探测任务（在月球基地停留180天）对生命保障系统的需求

需求和排除废物	地球—月球—地球飞行需求	在月球停留180天的需求
O_2/kg	32.6	734.4
舱外活动气闸所需空气/kg		144.0
水（总质量）/kg	**147.2**	**18 876.0**
清洁卫生用水/kg	57.6	16 560.0
饮用水/kg	89.6	2 016.0
舱外航天服用水/kg		300.0
食物/kg	85.4	1 922.4
特殊需要/kg	62.3	541.1
人体代谢废物		
CO_2/kg	39.7	892.8
水蒸气/kg	94.4	2 124.0
能量/kJ	462 080	10 396 800
其他人类产生的废物		
固体（粪便、气袋、手纸、衣物）/kg	67.1	1 509.1
液体（尿、呕吐物、卫生废物）/kg	92.4	17 209.6

4.1.2　人对适居环境的需求

除了维持生命的必需品之外，人的生存还需要有适居的环境条件，这对于保证航天员工作和生活的舒适性，维持健康的心理状态是十分重要的。对于短期的载人航天任务，适居的环境条件主要指大气条件、噪声、振动、过载、冲击、辐射、卫生条件及居住空间容积要求等。图 4-1 所示为 NASA 的人-系统集合标准（NASA-STD-3000）中人均居住空间容积与任务天数的关系，作为载人航天器设计基本需求的参考标准。对于较长期的载人航天任务而言，适居的环境条件所包含的内容更广泛，涉及人际关系、隐私权等。表 4-4 所示为载人航天飞行适居环境的指标。

环境大气条件是保证适居性的重要指标，对于保证乘员的舒适性和安全性具有重要意义。环境大气参数主要包括大气成分、压力、温度、湿度、微量污染物等。载人航天器舱内大气环境参数设计值见表 4-5，国际空间站通用、降额与应急环境条件对比值见表 4-6。

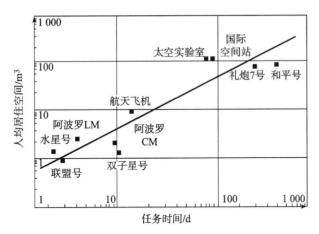

图 4-1　NASA 标准中人均居住空间容积与任务天数的关系图

表 4-4　载人航天飞行适居环境的指标

基本的适居性指标		长期的适居性指标	
气候	气味	乘员组组成	隐私
照明	噪声	人际关系	心理
色彩	振动	矛盾处理	娱乐
装饰	加速度	工作动力	健康
辐射	内部空间	人际交流	餐饮
污染控制	卫生条件	进食周期	—
居住空间容积	食品	—	—

表 4-5　载人航天器舱内大气环境参数设计值

大气参数	设计值	大气参数	设计值
总压/kPa	99.9 ~ 102.7	温度/℃	18.3 ~ 26.7
氧气分压/kPa	19.5 ~ 23.1	相对湿度/%	25 ~ 70
氮气分压/kPa	79	空气流速/(m·s^{-1})	0.076 ~ 0.203
二氧化碳分压/kPa	0.4		

表4-6　国际空间站通用、降额与应急环境条件对比值

因素	单位	通用条件	90天降额条件	28天应急条件
温度	℃	18.3~26.7	18.3~26.7	15.6~29.4
露点（饱和温度）	℃	5~16	1~21	1~21
空气流速	m/s	0.08~0.2	0.05~0.5	0.05~1.0
大气总压	kPa	99.9~102.7	99.9~102.7	99.9~102.7
二氧化碳分压	kPa	0.40 max	1.01 max	1.60 max
氧分压	kPa	19.5~23.1	16.6~23.8	15.9~23.8

1. 大气成分

对航天员生理需求来说，氧气是最重要的大气成分，在地球上海平面的氧分压为21.19 kPa，航天飞机环境控制系统维持氧分压在（22.06 ±1.72）kPa，位于海平面氧分压的正常范围以内。在航天器舱内和航天服中需要控制二氧化碳气体的含量，正常航天飞机飞行期间，二氧化碳分压限值为1.03 kPa。载人飞行任务要求规定当氧分压降到16.13 kPa以下时，或者二氧化碳分压超过2.07 kPa时应当戴上氧气面罩。

2. 气压

在地球海平面上1个标准大气压下的大气压力为101.3 kPa，实际上维持生命最重要的是氧气分压，总的大气压力可以在一定范围内波动。在航天器设计选择大气总压时，需要考虑合适的氧分压、合适的气体成分以减少材料的可燃性，合适的气体密度以满足电子设备冷却的需求，适当的舱内气压与航天服压力比值，还需考虑舱体结构强度及密封性的要求。

3. 温度和水蒸气（湿度）

温度和相对湿度共同作用影响人的舒适感，空气流通能起到一定的作用。"水星号""双子星号""阿波罗"飞船的舱内环境温度变化范围是18~24 ℃，相对湿度是30%~70%。航天飞机和国际空间站的温度变化范围是19~27 ℃，可以增高1 ℃。在NASA-STD-3000中对航天员接触器物表面温度的规定是：接触裸露皮肤的器物表面温度指标不超过40 ℃，持续接触的最高温度为45 ℃，短时接触的最高温度为46~49 ℃，同时指出在45 ℃时也可

能引起烫伤，这取决于接触的时间、表面粗糙度和散热性，以及碰触力度和接触面积的大小等。美国的天空实验室要求航天员与器物的接触温度为 12.8 ~ 40 ℃，裸露皮肤的最低（冷）允许接触温度为 4 ℃，以避免致伤。

水蒸气分压在高湿度时可能导致舱内微生物和真菌生长，在低湿度时可能引发眼睛、皮肤、鼻喉黏膜干燥和嘴唇鞍裂，保护呼吸道的纤毛失去活性，导致增加呼吸器官感染的发病率。除直接的生理影响外，湿度还影响热散失和热平衡。1.31 kPa 的水蒸气分压是适居环境的最佳值，美国航天飞机适居环境的水蒸气压力控制在 0.83 ~ 1.86 kPa 范围内。

4. 有害气体

由于航天器材料脱气、制冷剂和推进剂挥发产生的气体、食物准备再生生保系统分解及航天员生理代谢均可能产生污染物，可造成载人密封舱内存在一氧化碳、氨气、甲胺、乙酸、甲醇、硫化氢等多种有害气体。例如，经检测"阿波罗"飞船和"和平号"空间站中的污染气体有 300 多种，航天飞机有 152 种污染气体。为满足航天员的生理需求，航天器环控生保系统必须针对不同类型的污染物采取不同的控制措施。表 4 - 7 所示为中国神舟飞船舱内主要有害气体的最大允许浓度。

表 4 - 7　中国神舟飞船舱内主要有害气体的最大允许浓度

有害气体名称	最大允许浓度/ $(mg \cdot m^{-3})$	有害气体名称	最大允许浓度/ $(mg \cdot m^{-3})$
一氧化碳	25	乙酸	5
氨	10	甲醇	25
甲胺	1	乙二醇	100
硫化氢	1	醛	0.5
甲硫醇	0.5	乙醛	20
吲哚	1	苯酚	2.5
3 - 甲基吲哚	0.5	苯	5
丙酮	240	甲苯	50
乙醇	200	二氯甲烷	85

|4.2　深空环境及对人体生理的影响|

　　载人深空探测活动通常都是长周期的空间飞行任务，与近地轨道航天飞行任务相比，除了真空环境、热环境、微重力环境等对人体有显著影响外，影响航天员健康的主要因素有变重力环境所引起的生理失调、空间辐射环境的生物效应、星球特殊环境对人体的影响，以及长期飞行中孤独封闭环境下航天员产生的心理和行为障碍。下面重点介绍深空飞行环境中的变重力环境、空间辐射环境、星球特殊环境对人体生理的影响。

4.2.1　变重力环境对人体的影响

　　微重力环境是指在地球重力的影响下系统的表观重量小于其实际重量的环境。主要是指在近地轨道飞行时，载人航天器受到稀薄空气阻力的影响，表观重力在 $10^{-6} \sim 10^{-4}g$ 内波动，因此称为微重力环境。变重力环境是指在载人深空探测飞行过程中，需要经历发射阶段（约 $3g$）与降落（约 $6g$）时的超重环境，地月、地火往返飞行途中的微重力环境，停留在月球和火星上的低重力环境（月球 $1/6g$，火星 $1/3g$），这种重力变化飞行过程称为变重力环境。变重力环境对人体的影响问题是比较前沿的科学问题，也是未来人类能否实现自由安全星际航行的关键问题。

　　地球上的生物是在 $1g$ 的重力环境中生存的，在长期的进化过程中已经形成了适应 $1g$ 重力环境的组织结构和功能调节机制。当生物进入低重力或者微重力环境时，重力的变化必将引起机体生理功能乃至形态、结构的变化，以适应新的重力环境。科学家在航天医学领域多年的研究结果表明，微重力可导致航天员出现运动病、肌肉萎缩、骨质疏松、心血管功能失调、水和电解质代谢紊乱、免疫功能下降等改变，而引起航天员生理功能发生改变的主要原因是感觉传入冲动改变、体液头向分布及运动负荷减少等因素。图 4 - 2 所示为载人月球探测及火星探测任务中的变重力过程示意图。

　　到目前为止全世界已进行了 300 多人次的太空飞行，在轨飞行时间最长约438 天。研究结果表明，微重力条件下生理系统的改变是机体适应环境的变化而出现的自我调节，这一变化是部分可逆的，即返回地球后大部分变化可以减轻或消失，但潜在的疾病风险尚属未知，同时人们对长期飞行后出现的生理症状及病理机制也知之甚少。借鉴微重力环境下人体生理系统的变化影响，初步

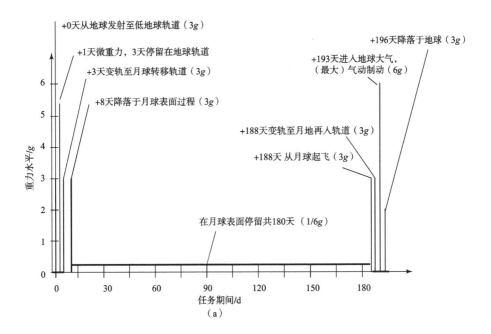

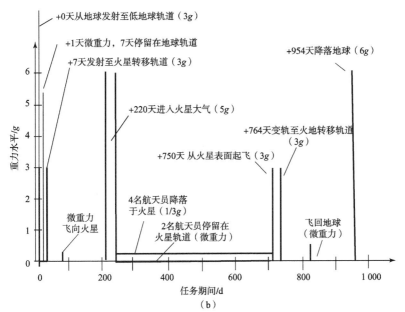

图 4-2　载人月球探测及火星探测任务中的变重力过程示意图

（a）载人月球探测任务；（b）载人火星探测任务（长周期类型）

（图片来自《宇宙生物学》，Gerda Horneck、庄逢源编著）

分析变重力环境下的机体生理改变主要有感觉和前庭系统、循环系统、肌肉和骨骼系统、免疫和内分泌系统等几个方面。

1. 感觉和前庭系统

航天医学研究结果发现，长期空间飞行时，航天员视力下降 5% ~ 40%，对颜色亮度的感觉变化很大。味觉功能也发生较大变化，并且出现定向错觉、视性错觉等感知功能改变。航天员在运动或作业时常常出现用力过度、运动协调能力下降、失定向、肌肉紧张等现象，从而导致工作能力下降。

在进入太空的最初几天，航天员有可能发生眩晕、恶心、呕吐或空间定向障碍等类似地面运动病的症状，称为空间运动病或空间适应综合征，严重影响航天员的健康和工作效率。空间运动病的特点是发病快。最早在发射后 15 min 便出现症状，高峰期是在 24 ~ 48 h，以后症状逐渐消失，不再重复出现。表 4 - 8 所示为美国航天飞机航天员运动病症状发生率。空间运动病具有发病率高、发病机制不清、地面难以预测等特点，是航天医学研究的重要课题之一。

表 4 - 8　美国航天飞机航天员运动病症状发生率

症状	发生率/%
呕吐	86
厌食	78
头痛	64
胃感觉不适	58
嗜睡	51
恶心	50
困倦	22
失平衡	19

2. 循环系统

微重力环境下由于血液流体静压消失，在地球上存在的下肢血液回流难和头向射血难的现象也消失，身体各部位的血压也不同于地面，表 4 - 9 所示为不同重力状态下人体血压值。人体的循环系统调节功能对于失重情况具有良好的适应性，尽管在功能上发生各种适应性改变，但仍能保证整个循环系统在新的条件下维持正常的活动。

表 4 - 9　不同重力状态下人体的血压值

重力	最大血压/最小血压/kPa		
	脑	脑底	大动脉根
地球 1g	8.8/3.47	12.67/7.47	15.6/10.67
月球 0.17g	11.47/6.133	15.47/10.13	15.6/10.67
轨道航行 0g	12/6.67	15.6/10.67	15.6/10.67

3. 肌肉和骨骼系统

肌肉萎缩和骨骼矿物质流失是长期深空飞行需要解决的重点问题。在低重力和微重力环境下，肌肉发生萎缩，下身肌肉质量减少，特别是小腿肌肉的质量减少，肌肉的强度降低，肌肉收缩力及肌肉硬度下降。下身的血液减少也会导致肌肉纤维得不到足够的氧气，肌肉细胞和神经受到较大损害。骨骼矿物质表现为钙负平衡、骨矿盐含量下降、骨质疏松等。在苏联"和平号"空间站上，经过数月飞行的美苏航天员下肢肌肉的萎缩幅度高达 15%。据统计，空间飞行时每个月将引起骨盆部位骨密度 2% 的降低，由此推断载人火星探测任务约 500 天的空间飞行中，股骨密度在飞行后将降至原来的 50%。而人类骨密度下降 15% 将极易引发骨折，所以骨质丢失将是载人深空飞行的重要障碍。近年来已经研发了一些对抗骨质丢失的措施，但这些措施尚缺乏有效性验证。

4. 免疫系统和内分泌系统

航天飞行中的多种因素如失重、超重、昼夜节律、振动、噪声等都可以引起免疫系统的变化。微重力对免疫系统的影响主要表现为免疫器官的萎缩性变化，非特异性免疫功能降低，对细菌的抵抗能力降低、白细胞改变、唾液中溶菌酶活性下降、干扰素改变等。内分泌系统如甲状腺素、血管紧张素、性激素分泌等均发生明显改变。同时，深空飞行还可能诱发微生物基因表达发生改变，毒力增加，如 EB 病毒、巨细胞病毒、水痘 - 带状疱疹病毒可能被重新激活，从而增加航天员罹患感染、肿瘤、过敏和自身免疫性疾病的风险。目前在微重力和变重力环境下，免疫系统和内分泌系统变化的原因还不清楚。

表 4 - 10 所示为微重力环境对人体各生理系统的影响研究。在 40 多年的载人航天实践中，美国和苏联/俄罗斯都投入了大量的人力和物力进行有关微重力及变重力对抗措施研究，包括空间站自行车功量计、跑台、抗阻力锻炼装

置、企鹅服、下体负压、神经肌肉电刺激、套带及抗荷服等常用对抗措施，虽然在飞行前、中、后采用了综合防护措施，飞行任务中也占用了航天员大量时间和空间资源，但长期飞行实践表明，失重生理效应仅得到一定缓解，收效并不大，没有几种对抗措施具有非常肯定的显著效果。如果说保证未来人类火星探测长期飞行成功的关键是航天医学工程问题，那么研究长期飞行中生理失调的对抗措施就是关键中的关键。针对上述变重力生理效应重点问题，在传统防护措施研究的基础上，更应关注多生理系统、多因素及其他生理失调对抗措施之间的相互影响和关系，研究综合性与针对性相结合的防护技术；此外，可进行人工重力专题研究，针对人体适应的程度和耐受的时间、人工重力的指标和效率、人工重力的生物学和遗传学研究等方面重点开展工作。

表 4 - 10　微重力环境对人体各生理系统的影响研究

生理系统	病征	分子机制
运动系统	空间运动病 失重性骨丢失 肌肉萎缩	细胞微管骨架有序性下降，排列紊乱 细胞增殖与分化异常 信号通路，非编码 RNA 测控改变，蛋白泛素化调控变化
消化系统	消化道分泌失衡，消化不良 肠黏膜损伤 消化道菌群微生态改变	胃黏膜瘦素及受体含量增加 NF－κB 信号转导通路激活 大肠杆菌耐热性肠毒素表达上调等
呼吸系统	肺微循环受阻 肺组织结构损伤 肺炎致病菌生长加快	肺微血管管壁增厚，阻力升高 肺微血管内皮细胞自噬体增加 肺泡上皮细胞核体积减小，线粒体肿胀 肺组织趋化因子及受体表达增加
泌尿系统	肾质量增大 肾小管受损、重吸收功能下降 肾血液循环变化	肾小管细胞水肿、空泡样变 AQP2 表达降低 Ca^{2+} 非依赖性信号通路激活
生殖系统	睾丸萎缩，睾酮水平降低 卵母细胞体外受精能力受损 卵母细胞成熟缓慢、成熟率降低	睾酮合成相关基因表达下调 卵母细胞凋亡 卵母细胞微管骨架解聚增加

续表

生理系统	病征	分子机制
内分泌系统	激素失调、皮质醇综合征 血浆儿茶酚胺、皮质醇水平升高、甲状腺分泌细胞活性降低、性激素功能下降	细胞氧化应激响应 HIF-2α、c-myc、PPAR-γ 等基因表达水平上调
免疫系统	外周血粒细胞、单核细胞、巨噬细胞等数量减少 白细胞介素、干扰素等含量降低	人 T 细胞蛋白激酶 PKC 活性及相关信号通路受抑制，T 细胞增殖受抑制，T 细胞骨架成分含量变化，ACTH、CT、GH 等激素水平调控
神经系统	发育前庭神经元体积增大 运动、感觉等神经元兴奋性降低 睡眠障碍、记忆力衰退	ECF 适配蛋白 c-fos 和 Shc 表达水平降低 脊髓运动神经元氧化酶活性下降 大脑皮质神经元蛋白羰基化 海马体神经元下调 NR2A 表达，上调 Caspase-3 表达
循环系统	心血管压力失常、心肌萎缩 肺循环血管平滑肌细胞功能改变 淋巴管管内压力降低	PI3KAkt-eNOS 通路激活 CKIP-1 表达下调，HDAC4 磷酸化水平升高 凋亡通路激活，炎症因子和黏附因子水平改变

　　人体作为一个有机整体，各生理系统之间紧密联系，相互影响，后续可开展微重力及变重力环境下人体各系统间协同生物学效应研究。可将当代系统生物学研究手段如代谢网络分析、通量平衡分析等系统模型，科学地应用到变重力环境下健康效应研究中，对生物代谢网络和代谢通量基因表达与调控网络进行整合分析，为解析变重力环境下各生理系统间相互调节机制提供新思路。

4.2.2　空间辐射环境的生物效应

　　空间辐射测量和防护一直是航天医学专家极为关注的问题。多年的研究结果表明，航天员所接受的空间电磁辐射剂量可以降低，但不能完全避免。航天员在执行任务期间必然会受到空间电磁辐射的照射，而失去了地球磁场和浓密大气层保护的火星之旅，受辐射的风险性将更大，而累积的辐射剂量有可能是人类太空探险中的最大限制因素。在载人深空探测任务中，航天员将长期暴露在各类宇宙射线辐射粒子中，如果不考虑防护措施，长期的粒子辐射有可能造成人体累积剂量超过健康耐受阈值。飞行任务周期越长，受到宇宙辐射剂量越大，患各种辐射损伤和癌症的风险就越高。因此解决宇宙辐射防护问题，是航天医学领域的重要任务。

辐射通常是指波动（电磁波或机械波）或大量微观粒子（如质子或α粒子等）从它们的发射体发射到空间或介质中并向各个方向传播的过程，也可指波动能量或微观粒子本身。例如，电磁辐射既可指电磁场能量以波的形式向外辐射的过程，也可指所发射的电磁波。根据辐射的构成，可分为电磁辐射和粒子辐射；根据能量大小，又可分为电离辐射和非电离辐射。

1. 空间辐射环境

载人深空探测任务中按照飞行目的地的不同，典型的辐射环境包括自由空间电离环境、月球和火星表面的辐射环境。众所周知，自由空间电离辐射主要有三个来源：银河宇宙射线（Galactic Cosmic Radiation，GCR），即来自银河系的高能带电粒子，经过长距离的空间相互调制作用，基本上呈现出各向同性特点；此外还有地球捕获质子和电子辐射（Van Allen 辐射带）以及随机发生的太阳宇宙射线，即在太阳爆发过程中释放出来的大量高能带电粒子流，也称太阳质子事件（Solar Particle Events，SPE），呈现出以太阳为中心的放射状。

能够进入航天器舱体对航天员构成危险的银河宇宙射线主要是 30 MeV 以上的高能粒子，这些粒子先受到太阳耀斑的加速，而后受到太阳风磁场约束驱动飞行。太阳风速度在 200~800 km/s 变化，冻结的磁力线较为稳定。

太阳耀斑爆发导致太阳质子事件的粒子通量迅速增加，在数小时相同能段内增加到相对于背景银河宇宙射线的 10^4 倍以上，并持续数天。在太阳平静时期，可以观测到背景银河宇宙射线，而当太阳爆发观测到辐射粒子通量急剧增加。图 4 - 3 所示为国际监测平台 - 4（International Monitoring Platform - 4，IMP - 4）卫星在地球静止轨道观测到的高能粒子通量比值变化，辐射粒子通量采用年度积分，显示太阳质子事件的高能粒子通量大于银河宇宙射线的高能粒子通量。图 4 - 3 中横虚线表示宇宙射线的辐射粒子总通量与从

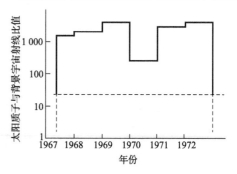

图 4 - 3 IMP - 4 卫星在地球静止轨道观测到的高能粒子通量比值变化

20~80 MeV 范围的通量的比值，这项比值相对变化较小；而图 4 - 3 中显示 IMP - 4 发射以后观测统计到的太阳质子事件粒子总通量持续地比背景宇宙射线的通量高，上升和下降曲线表示的是探测器观测统计数据的开始与结束

过程。

　　使用银河宇宙射线模型，计算载人飞船在不受地球磁场防护的银河宇宙射线的氢、氦及铁核离子的积分能谱分布，可以发现银河宇宙射线的带电粒子谱相对较硬，高能质子丰度占了总量的 85%～90%，而氦核占了约 10%，其余重离子占比较小。使用太阳质子事件模型，计算不受地球磁场防护的情况下太阳活动高年期的 1 年内太阳宇宙射线的空间氢、氦及铁核离子的总能谱分布，相对于银河宇宙射线的能量较低，但是单次通量较大。将两类宇宙射线的粒子能谱进行比较，如图 4-4 所示，从中可以看出深空飞行遭受到的银河宇宙射线能谱宽且硬，而太阳质子事件粒子能谱较窄且较软，太阳质子事件造成的危害效果更明显。

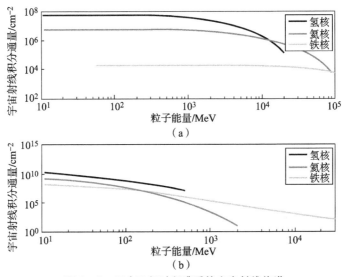

图 4-4　深空飞行过程遭受的宇宙射线能谱
（a）银河宇宙射线；（b）太阳质子事件

　　在载人登月任务中，载人航天器穿过地球辐射带的时间较短，地球捕获辐射的影响不大，主要是受银河宇宙射线（尤其是重离子和次级粒子）的影响；太阳质子事件粒子辐射是影响航天员安全的主要危险源。月球表面的太阳辐射和地球大气层外的相同，即 1 390 W/m²；月球表面的紫外辐射大约为地球表面的 2 倍，因此橡胶材料和某些植物都需设置防护措施；月球的磁场可以忽略不计，月球没有大气层，因此月球表面主要受到太阳风和银河宇宙射线辐射的影响。在太阳活动最弱时，月球表面的离子辐射为：太阳风每年 0.5 Sv，银河宇宙射线每年 0.2 Sv，每次太阳耀斑时月球表面的离子辐射为 1～50 Sv。

　　在载人登火任务中，由于来回飞行需要 26 个月的时间，银河宇宙射线

（尤其是重离子）和太阳质子事件粒子辐射是最主要辐射威胁，由于持续飞行时间长，遇到大的太阳质子事件的概率将增加。火星表面太阳辐射的平均值为 615 W/m^2，在近日点时太阳辐射的最大值为 718 W/m^2，在远日点时，最小值为 493 W/m^2；紫外辐射的通量为 10 J/（m^2·s）；火星表面主要受到太阳风和银河宇宙射线的辐射，离子辐射随太阳质子事件而加强，火星大气层对离子辐射有一定的防护作用。当大气压力较低时（例如 590 Pa），大气层在垂直方向提供约 16 g/cm^2 的防护作用；当大气压力较高时（例如 780 Pa），防护作用约为 22 g/cm^2。

2. 电离辐射的生物效应

空间辐射粒子对人体的危害主要是辐射生物剂量效应，粒子通过电离辐射造成生物 DNA（脱氧核糖核酸）分子的单链或双链断裂，导致生物细胞受到伤害。辐射生物学效应包括躯体效应与遗传效应，躯体效应是指受照者本身的效应；遗传效应是指影响受照者后代的效应，也可以分为近期效应和远期效应，近期效应又分为急性效应与慢性效应，可引起恶心呕吐、腹泻、便血、脱水及休克等急性反应，甚至导致死亡；远期效应一般发生在受辐射后几年到几十年之间，如辐射所致肿瘤、白内障、中枢神经损伤以及辐射遗传效应等。按效应发生规律也可分为随机效应和非随机效应。

人在受到电离辐射后，可发生急性与慢性放射病，以及远期的影响。急性放射病是短期内大剂量辐射所致；慢性放射病是由于较长时间内多次受到超过允许剂量的照射所致，表现为局部和全身性损害。局部损害最常见，如皮肤发红、萎缩、毛发脱落甚至导致恶性肿瘤。全身性损害主要表现为神经系统功能与器质性的改变，如反射功能减退、感觉障碍及神经衰弱等症状。远期影响主要表现为致癌作用和对遗传的影响。人体急性全身辐射暴露的一般效应见表 4 - 11。

表 4 - 11　人体急性全身辐射暴露的一般效应

吸收剂量/Gy	临床表现
0 ~ 0.25	一般察觉不到临床症状，可能有迟发的效应
0.25 ~ 1	一般性淋巴细胞及中性白细胞减少，一般无失能症状，可能发生继发反应，但不严重
1 ~ 2	恶心及疲劳，在 1.25 Gy 以上可能有呕吐，淋巴细胞、红细胞及中性白细胞减少并恢复缓慢

续表

吸收剂量/Gy	临床表现
2 ~ 3	开始数小时内即发生恶心、呕吐及疲劳，严重的骨骼功能降低，发热、无食欲，咽喉发炎，有出血点，除非并发感染或体质虚弱，一般 3 个月内可恢复
3 ~ 5	开始数小时内发生恶心、呕吐及腹泻和肠绞痛，潜伏期可达 1 周，第二周有脱发、无食欲及发烧，第三周则有严重且难以恢复的骨髓功能降低、出血、口腔及咽喉发炎，腹泻及消瘦，2 ~ 6 周有可能死亡，存活者有继发症
>5	开始数小时内发生恶心、呕吐及腹泻，第一周末出现脱发、无食欲、发烧、口腔及咽喉发炎、出血，表现出明显的中枢神经损伤、严重的造血功能降低，第二周发生迅速消瘦及死亡，死亡率达到100%

辐射可引起生物体发生物理性质、化学性质和生物学功能的改变，这些变化很大程度上取决于辐射能量在物质中沉积的数量与分布，通常用照射量（Exposure）、吸收剂量（Absorbed Dose）和剂量当量（Dose Equivalent）来表示物体受到的辐射剂量。

电离辐射对机体的作用不仅取决于总剂量，也取决于吸收剂量率以及身体暴露部位和范围。身体的不同部位对电离辐射的敏感性也不同，而且存在个体差异。一般来说，对电离辐射最敏感的有淋巴组织、骨髓、脾脏、生殖器官及胃肠道。中等敏感的有皮肤、肺和肝脏，而肌肉、神经和成人骨骼最不敏感。电离辐射作用于人体可发生一些确定性效应，如白细胞减少、产生白内障、造血机能低下、胃肠道反应等，这一类效应发生的严重程度随接受剂量增大而加重。表 4 - 12 所示为辐射症状发生概率与剂量的关系，表 4 - 13 所示为一些辐射效应的剂量当量阈值。

表 4 - 12　辐射症状发生概率与剂量的关系

症状	不同发生概率的剂量值/Gy		
	10%	50%	90%
食欲减退	0.4	1.0	2.4
恶心	0.5	1.7	3.2
呕吐	0.6	2.2	3.8

表 4 - 13　一些辐射效应的剂量当量阈值　　　　　　　　　　Sv

组织和效应		单次短时间照射	分次或迁延照射
睾丸	暂时不育	0.15	
	永久不育	3.5 ~ 6.0	
卵巢	不育	2.5 ~ 6.0	6.0
眼晶体	浑浊	0.5 ~ 2.0	5.0
	视力障碍	5.0	>8.0
骨髓	造血机能降低	0.5	

　　美国、欧洲、日本等国都制定了各自的危害限制标准，重点关注人体内的三项敏感器官剂量当量：骨髓、晶状体及皮肤。美国辐射防护与测量委员会依据低轨道空间站制定的不同辐射暴露时间，不同组织器官耐受的剂量当量限值见表 4 - 14。

表 4 - 14　不同辐射暴露时间不同组织器官耐受的剂量当量限值　　Sv

暴露时间	骨髓	晶状体	皮肤
长期	—	4.0	6.0
1 年	0.5	2.0	3.0
30 天	0.25	1.0	1.5

　　美国 2011 年发射的"火星科学实验室"（Mars Science Lab，MSL）的辐射评估探测仪（Radiation Assessment Detector，RAD）观测结果显示，航天员由地球至火星的往返旅程，如不采取屏蔽将可能遭受 0.926 Sv 辐射剂量，接近甚至超过了表 4 - 15 所示的某些年龄段的职业航天员的辐射限值，而造成罹患致死癌症的概率增加 3%。

表 4 - 15　长期暴露人员致死癌症风险为 3% 的职业剂量当量限值　　Sv

性别	25 岁	35 岁	45 岁	55 岁
男性	0.7	1.0	1.5	2.9
女性	0.4	0.6	0.9	1.6

3. 非电离辐射的生物效应

　　对于载人深空探测任务，非电离辐射主要是紫外线和射频辐射，此外如在月球和火星上建设基地时采用核电源，还会产生相应的核辐射，这些辐射作用于人体时也会产生不同程度的损伤。紫外线来源于太阳辐射，射频辐射来源于基地、空间站或者飞行器的通信和遥测设备，核辐射主要来源于核电站。

紫外辐射能够使细胞和病毒失活。紫外辐射在人体组织中的贯穿能力很低，外部辐射引起的生物效应局限于皮肤和眼睛，产生红斑和皮肤老化以及角膜炎等症状。射频辐射的特点是频率高、波长短，照射到人体时一部分被吸收一部分被反射。吸收能量的多少与射频电磁场的频率和组织的含水量有关。

4. 载人航天辐射安全限制

为对抗辐射对人体造成的影响，美国制定了对空间站上的辐射危害进行评估和防护的标准，见表 4-16；苏联制定了飞行时间持续 3 年的安全标准，见表 4-17，该标准还规定了航天员从事航天事业的总限值为 4 Sv，一次暴露的剂量当量不应超过 0.5 Sv。我国规定的近地轨道短期飞行的航天员剂量限值为：1 个月飞行造血器官的剂量限值为 0.2 Sv，总体来看是低于美国标准而高于苏联的一般限值。

表 4-16　美国航天员的剂量当量限值　　　　　　　　　　　Sv

限值	造血器官（5 cm）	眼晶体（0.3 cm）	皮肤（0.1 cm）
一个月最大剂量	0.25	1.0	1.5
一年最大剂量	0.5	3.0	2.0
从事航天事业的总限值	1~4	4.0	6.0

表 4-17　苏联载人航天安全限值

飞行时间/月	危险/（×10^{-4}）	剂量当量限值/Sv	剂量当量率/（mSv·h^{-1}）
1	0.6	0.105	0.146
3	1.8	0.215	0.100
6	3.6	0.370	0.085
12	7.2	0.665	0.076
18	10.8	0.735	0.071
24	14.4	1.185	0.068
30	18.0	1.405	0.065
36	21.5	1.625	0.062

5. 空间辐射的防护方法

深空飞行的航天员辐射防护采取多种措施：屏蔽防护、选用合适药物、选择最佳飞行时间及设置太阳粒子事件预警系统。其中选用合适药物、选择最佳飞行时间及建立太阳粒子事件预警系统三个方面是在任务顶层设计层面采取的措施，而屏蔽防护是在航天器设计层面采取的防护措施，屏蔽防护也可以分为被动屏蔽防护和主动屏蔽防护。

1）被动屏蔽防护

带电粒子穿过材料等物质的过程中，会逐渐损失能量，当物质的厚度大于带电粒子的穿透射程时，粒子将不能通过而被阻止在物质中。被动屏蔽主要是由载人航天器、着陆器及航天服的结构材料或其他防辐射材料构成，利用材料与粒子相互作用消减粒子能量并被材料吸收。随着需要屏蔽的质子能量不断增加，材料吸收粒子能量与其穿透路径成正比，需要耗费材料的厚度和质量也将不断增加。载人航天中普遍采用的就是利用物质的质量厚度方法来进行空间辐射防护，这种被动屏蔽技术简单、可靠性高、造价低廉，但缺点是笨重、发射成本高。

如图 4－5 所示，吸收不同能量质子可用铝、铁及铅作为防护材料，随着质子能量增加，各种防护材料质量急剧增加。铝厚度增加最迅速，而铅增加最慢。虽然铅吸收厚度小，但其密度大，因此质量增加大，当需要吸收 500 MeV 的质子时甚至需要达到 $1\,917.2$ kg/m^2 的面密度。航天器如果完全采用被动防护方法，则防护材料质量极大，如防护标准座舱容积为 $20\sim25$ m^3 时，按照被动防护层的平均面密度为 10 g/cm^2 的标准，防护层的最小质量就达到 10 000 kg，因此仅靠质量防护层进行被动防护是非常不现实的。更为合理的方案是利用航天器舱内各种仪器、设备、燃料等物质科学地进行布局，尽量使舱内各个方向的质量屏蔽厚度大致均匀。例如美国阿波罗飞船的指挥舱，主要结构是铝合金、不锈钢和环氧树脂，防护层的平均厚度为 7.5 g/cm^2，舱的前方较薄，仅为 1.75 g/cm^2，后方有服务舱、防热层和重型设备，防护层厚度达 212 g/cm^2。

质量防护方式存在的另一个问题是在吸收粒子过程中又会产生次级粒子和光子辐射，随着质量屏蔽厚度的增加，次级辐射的剂量厚度也会逐渐增大，因此需结合主动防护方法进行联合防护。

2）主动屏蔽防护

主动屏蔽防护方法是指利用诸如静电场、静磁场或等离子体等偏转驱离或吸能驱离空间带电辐射粒子进行防护，使辐射粒子偏离深空飞行的乘员居住舱。主动屏蔽的缺点是结构复杂、操控难度大，但优点是质量小、发射成本相对较低。

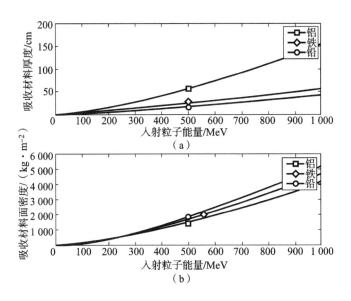

图 4 - 5　不同能量粒子吸收材料的厚度和面密度

（a）材料厚度；（b）材料面密度

（1）电场屏蔽。电场驱离辐射粒子的方法是指在航天器周围产生电场，利用电场降低辐射粒子的电场能量，从而降低碰撞航天器的能量，减轻对航天器的危害。电场屏蔽需要在航天器的外部架设大型结构，由导线、电极及支架构成，导线与电极和航天器电气系统连接，支架用于支撑并隔离导线和电极，电气系统对电极进行高压加载，电极暴露在空间并于空间等离子体环境间形成大面积电场分布。如果驱离 100 MeV 量级的辐射粒子，则用于产生电场的电极长度将在 100 m 量级，电极的电压将需要加载到 MV 量级，将耗费大量电量进行维持。

（2）磁场屏蔽。磁场驱离辐射粒子方法是指在航天器周围产生磁场，对辐射粒子产生的洛伦兹力使其运动方向改变，从而降低威胁程度，这种方法犹如地球磁场对于宇宙射线的屏蔽防护。根据磁场构成形式，又可分为紧凑型磁场结构、稀疏型磁场结构或平面型和立体型磁场结构等。磁场屏蔽需要在航天器外部架设大型结构，由导线及支架构成，导线和航天器电气系统连接，支架用于支撑并隔离导线，导线内加载电流从而产生磁场。由于常规导线内电阻的存在将导致热功耗非常大，因此需尽可能地采用超导材料构成导线，从而降低对电气系统的功耗要求。

（3）等离子体屏蔽。等离子体屏蔽方法也属于磁场屏蔽，但磁场设计成绕轴线旋转，同时在航天器周围释放等离子体叠加磁场旋转，再与太阳风等离子体作用形成"迷你"磁层。由于等离子体的流动而形成类似环电流结构，附加地增强磁场，"迷你"磁层及其磁场对高能带电粒子进行调制从而实现对高能粒子的驱离，最终实现对航天器的防护。等离子体屏蔽无须在航天器外部架设大型结构，只需旋转磁场，但需安装大型等离子体产生和喷射的装置，从而极大地降低结构的复杂度。等离子体产生装置需消耗工质和电能，用于实现喷射等离子体产生电流环。

将这三种主动屏蔽防护方法进行比较，假设都采用电源作为主动控制，采用大尺度构型作为支撑，对比分析对资源供应的要求，可以得到表 4 - 18。

表 4 - 18　三种主动屏蔽防护方法对比

屏蔽方法	优点	需要克服的问题
电场屏蔽	不需要电流，功耗低	会吸引异性电荷粒子
磁场屏蔽	所有电荷粒子都可以偏转	需要大电流、功耗大
等离子体屏蔽	驱离更高能量粒子	大功耗、工作物质消耗

航天员在执行载人月球及火星探测任务时，除受到银河宇宙辐射连续持久的影响外，也会受到太阳粒子事件的辐照。这种太阳粒子事件的爆发虽然是偶发行为，但它产生的辐射剂量很高。在考虑不同被动屏蔽防护能力的情况下，表 4 - 19 所示为载人月球飞行以及 180 天月球基地停留时对航天员造血器官处辐射等效剂量的估值，本表数据来源于参考文献 [4]。这些数据表明，一旦处于最坏太阳粒子事件时，航天员接受照射的剂量大大超过 LEO 轨道上目前确认可以耐受的剂量。

表 4 - 19　载人月球飞行以及 180 天月球基地停留时
对航天员造血器官处辐射等效剂量的估值

银河宇宙辐射剂量 /Sv	太阳活动	屏蔽		
		$1\ g/cm^2$	$5\ g/cm^2$	$10\ g/cm^2$
	活动低年	0.195	0.177	0.161
	活动峰年	0.074	0.070	0.066
最坏的太阳粒子事件辐射剂量/Sv	地点	屏蔽		
		$0.3\ g/cm^2$	$1\ g/cm^2$	$10\ g/cm^2$
	地月空间飞行	4.21	3.52	1.26
	月球表面	2.11	1.76	0.63

续表

①NCPR 对 LEO 的极限辐射剂量/Sv	30 天	年	终生
	0.25	0.50	0.4 ~ 4.0

①作为参照，同时列出美国国家辐射防护委员会（National Council Radiation Protection，NCRP）制定的低地球轨道可以耐受的辐射剂量极限。

航天员在执行载人火星探测任务时受到的辐照剂量将会更大，如表 4 - 20 所示。即使在太阳活动低年时执行任务，银河宇宙辐射剂量也会超过原来规定的极限剂量，因此针对载人火星探测这样的长期深空飞行任务，采用类似磁场偏转防护等主动防护措施，综合考虑防护效果和发射质量、功耗等参数的约束，对于工程实现而言具有重要意义，这类试验可以在近地或深空轨道空间站，或者发射验证卫星至火星轨道进行在轨防护措施验证。表 4 - 20 的数据来源于参考文献［4］。

表 4 - 20　载人火星探测 500 ~ 1 000 天任务时航天员
造血器官可能受到的等效辐射量

	太阳活动	任务期	屏蔽	
			1 g/cm²	10 g/cm²
银河宇宙辐射剂量/Sv	活动低年	1 000 天	0.993	0.852
		500 天	0.828	0.687
	活动峰年	1 000 天	0.420	0.364
		500 天	0.317	0.280

	地点	屏蔽		
		0.3 g/cm²	1 g/cm²	10 g/cm²
最坏的太阳粒子事件辐射剂量/Sv	地火空间飞行	4.21	3.52	1.26
	火星表面	0.32	0.31	0.25

6. 空间辐射风险的评估

一般将处于空间辐射环境中的生物系统（如细胞、组织、器官等），因受辐照而导致的损伤概率称为空间辐射风险。当考虑长期在轨和舱外活动时，迫切需要对空间辐射风险进行有效的评估，这是确保载人航天飞行中辐射安全的重要工作。

目前国际上一般采用模拟计算或试验测量两种方法，获取空间飞行中所接受的空间辐射的物理量。模拟计算法中有的借助于统计物理学中玻耳兹曼输运方程的思想，利用数值方法确定粒子在材料或者生物组织中的能量沉积过程；有的利用蒙特卡洛（Monte Carlo，MC）方法模拟粒子在这些材料中的运动，以及碰撞的过程等。空间辐射风险评估的一般流程如图4-6所示。

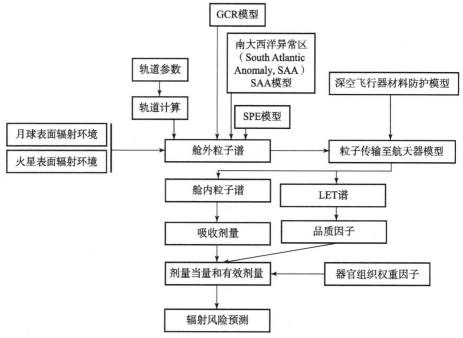

图4-6 空间辐射风险评估的一般流程

国际主要航天组织认为，空间辐射风险的决定因素主要有：辐射类型（粒子谱）、辐射强度［线性能量传输（Linear Energy Transfer，LET）以及吸收剂量等］、飞行时期太阳活动情况、辐照时间以及受照对象（组织权重）等。具体地说，其主要采用图4-6所示的方法或流程进行航天员空间辐射风险评估，其输入的参数主要是轨道参数和空间辐射场模型计算舱外空间辐射环境；在此基础上根据载人飞船材料防护模型计算舱内的粒子谱和LET谱等以及航天员所接受的吸收剂量；继而根据辐射品质因子计算剂量当量，根据器官的组织权重因子计算航天员的有效剂量；最后通过分析单位希弗（Sv）下癌症发生/致死率进行空间辐射风险评估。

对辐射风险进行预警，对轨道辐射环境、舱内辐射环境、航天员个人接受的辐射剂量进行监测是辐射防护的重要工作项目，应从以下几个方面开展：建立辐射风险性分析与预警模型，进一步分析辐射效应和分子机理；构建生物模型，作为空间辐射生物剂量计应用于中长期深空飞行活动的剂量测量和辐射危险评估；轨道环境和舱内环境的实时辐射监测，尽管选择在太阳活动极小年进行载人月球和火星探测飞行，但也不能完全排除遇到太阳粒子事件的可能性，因此应建立轨道辐射环境预警系统；另外，还应针对舱内环境进行辐射监测和预警，建立个人辐射剂量预警系统，航天员还应装备个人剂量仪进行辐射剂量监测和报警，以便及时评估人体所受辐射剂量和损害，为进一步采取防护措施提供依据。

7. 空间辐射防护剂

采用航天辐射防护剂进行防护是辐射防护必不可少的部分，研制高效低副作用的航天辐射防护剂是长期载人航天辐射防护的基本任务之一。辐射防护剂主要分为抗辐射药和生物防护药两类，抗辐射药能降低辐射危害，但均存在不同程度的毒副作用，且只有在接受大剂量照射后才能发挥最大效果；生物防护药能够提高人体抵抗力且增加抗辐射能力，无毒副作用，但目前已研发的抗辐射防护剂还远不能满足载人航天的需要。因此，对质子、重离子、γ 射线和 X 射线均有较好的防护作用，使用效果好且毒副作用低的辐射防护剂是当前研究的重点。

4.2.3　星球特殊环境对人体的影响

1. 尘埃及风暴环境

月球和火星都覆盖有尘埃，火星还有较强烈的沙尘暴运动，火星尘埃可以到处移动。Apollo 载人登月工程中登月回来的航天员报告了月尘对航天员有影响的飞行证据，如"当脱掉头盔时，闻到明显的火药样气味，像石墨一样"；"指挥舱和登月舱中都有月尘污染，登月舱非常脏，我几乎看不见东西，就像这里飘浮着一片细灰组成的云"；"无法处理靠近指挥舱背部系统的月尘，它不断地弥漫到飞船中"；"我们周围飘浮着碎粒和月尘，我们尽可能待在航天服的空气循环环境中"；"在登月舱有月尘和碎片飘浮的环境下生活是十分危险的，大部分时间我的眼睛有灰尘和颗粒，我感觉有一次擦伤了我的眼睛"；"当我取下头盔后，我感到月尘刺激我的眼睛和喉咙，我品味着这些月尘，将它吃下去"。通过登月回来航天员的描述可知，月尘是载人登月及月球基地工程必须重点考虑的一个星体环境因素。月尘颗粒非常细小，外形不规则，平均直径只有 70 μm，非常容易附着在暴露的表面上；月尘也会渗透到登月舱内或登月服内，可能伤害眼睛、喉咙、皮肤和肺部，给航天员带来健康问题，需采取措施防止其对人体造成伤害。在月面低重力环境下，航天员行走、踢、跳、月球车碾压都可能卷起月尘，形成尘埃流，且要传播很长距离，持续时间也会很长。月面灰尘会污染服装表面、外部显示装置和水升华器等；月尘也可能污染和磨损头盔光学面窗，影响视野；月尘还可能进入登月服导管、拉链、腕部关节，降低其灵活性和密封性。航天员从月面返回登月舱，有可能将月尘带进舱内，污染舱内环境。因此，需重点研究登月服和登月舱的防尘、除尘措施，以及月尘对人体的危害及防护问题。

通过 Apollo 载人登月工程的实践，人们认识到月尘对人体的影响主要是可吸入颗粒，即粒径在 10 μm 以下的颗粒物，可吸入颗粒对人体的危害程度取决于颗粒物的理化性质及其来源。颗粒物的理化性质包括成分、浓度、状态、粒径、吸湿性和可溶性等。颗粒物成分是主要致病因子；颗粒物的浓度和暴露时间决定了颗粒物的吸入量和对机体的危害程度；颗粒物的粒径和状态与其在呼吸道内沉着滞留和消除有关。颗粒物的直径越小，进入呼吸道的部位越深。可吸入颗粒将导致人体生理功能下降，引发疾病和加重原有的疾病，其中对呼吸系统的影响最大，容易引发支气管和肺部炎症，并长期持续作用，最终诱发慢性阻塞性肺部疾患并出现继发感染，最终导致因肺心病的死亡率增高。因此美国 NASA 把月尘问题列入重返月球的关键问题之一，每年至少召开一次全国性的学术研讨会重点研讨月尘防护问题。

根据最新的研究结果，火星上极有可能广泛分布着高氯酸盐物质，这种物质已被证实易对人体甲状腺造成损伤。高氯酸盐物质最早在 2008 年是由美国 NASA 的"凤凰号"探测器在火星近北极地区发现的。2012 年年末，"好奇号"探测器的火星样品分析仪对采样自火星地表的尘土样品进行了加热并分析了成分，再次发现含有高氯酸盐物质。由于尘埃会在火星地表到处迁移，因此应当考虑到这种物质对人体健康可能产生的影响。此外"好奇号"在其所在地发现了矿脉，初步分析显示很有可能是石膏脉体，这同样让人感到担忧。石膏本身并没有什么毒性，但是如果空气中存在石膏微粒粉尘，吸入这样的粉尘就容易形成类似矿工易得的尘肺病，这将严重影响肺部的功能。因此，美国国家职业健康安全与健康研究所将石膏粉尘归为"危险粒子"。石膏粉尘也可能是火星尘埃的组成成分，会刺激人体的眼部、皮肤和呼吸系统等。

2. 微流星与空间碎片

在航天员登陆月球/火星的途中有可能会遭遇到微流星或者空间碎片的袭击。微流星直径在 10^{-6} m 到数百米不等，它们在宇宙空间的飞行速度很高。据统计，百年航天飞行任务中极有可能会遭遇一次。例如苏联"火星一号"

在距离地球 64 万公里高度上曾遇到微流星群，在每平方米面积上平均每 2 min 遇到一次冲击，但是幸好未穿透舱壁。在近地轨道空间飞行，常遇到的是微流尘（$10^{-6} \sim 10^{-7}$ g），平均速度约为 30 km/s。这些微流尘将探测器的舱体表面打得斑斑点点，但还不至于穿透舱壁。

据统计，以 50 ~ 70 km/s 高速飞行的流星粒子可穿透 8 ~ 20 倍于自身直径的金属板，如直径 1 mm 的粒子可以穿透厚度为 20 mm 的舱壁，因此深空飞行的载人飞船座舱需要有足够的厚度。在月球上由于没有大气层的屏蔽，极易受到流星和空间碎片的撞击，也有可能会遇到速度已经减少到 1 ~ 1.5 km/s 的流星碎片（二次流星），但仍具有一定的破坏能力，故登月服的外套层必须采用特殊的防护材料。

在火星上除了有微流星、空间碎片的影响外，还有沙尘暴的影响，环境会更加恶劣，因此无论是保护航天员的登火服，还是火星登陆舱及火星基地，都需要有防尘防撞的特殊防护措施。

4.3　长期深空探测任务对人体心理精神的影响

美国、俄罗斯和欧洲在近地轨道航天飞行任务中积累了大量关于心理问题影响飞行任务的实践经验。俄罗斯曾报道了三次长期飞行任务提前结束的情况，其中部分原因就是乘组中出现了心理困境。例如，联盟 21（1976）原计划飞行 54 天，但在第 49 天中止，飞行中止前的乘组内部人际关系已变得难以维持；联盟 T – 14（1985）在原计划飞行 216 天任务的第 56 天中止，原因是任务期间乘组情绪、行为障碍与医疗问题综合导致的；联盟 TM – 2（1987）是第一次"和平号"长期飞行任务，原计划 11 个月的任务却在 6 个月时被中止，主要原因也是乘组间的人际关系问题。天空实验室Ⅲ（1974）的乘组表示，与地面控制人员意见分歧和工作干扰导致了过量的工作负荷，令其航天员非常反感。美、俄在"和平号18"第一次联合航天飞行（1995）中见证了大量的心理反应，事后美国航天员曾表示，各种心理因素对长期飞行任务是最具影响力的。

长期深空飞行主要是指脱离地球轨道以外长期深空探测的飞行任务，已有的航天心理学研究成果能不能满足未来任务的需求？载人深空探测任务中地球开始脱离了航天员的视线，通信也会长时间滞后，乘员的心理和精神影响的问题该如何考虑？在深空环境中又该如何营救一个发病的病人呢？这些问题都是未来载人深空探测任务中心理学必须考虑的问题。

4.3.1 不同航天飞行任务与南极越冬的心理因素比较

当前获得的航天心理学知识主要来自美俄航天员的报告，以及在近地轨道空间站和模拟近地空间环境下进行的研究与试验的基础上得到的。这些知识能否适用于未来的长期深空探测飞行任务呢？可以预计，飞往月球和火星的航天任务涉及的心理问题与风险范围和近地轨道空间是同样的，但是将面临新的挑战，比如载人登陆火星的飞行任务中会显著提高与社会心理问题有关的风险。表 4−21 所示为不同航天飞行模式与南极越冬的心理相关因素的比较，本表数据来源于参考文献［9］。

表 4−21　不同航天飞行模式与地球南极越冬的心理相关因素的比较

相关因素	国际空间站近地轨道飞行任务	地球南极越冬	月球探测任务	火星探测任务
持续时间/月	4 ~ 6	9 ~ 12	6	16 ~ 36
距离地球/km	300 ~ 400	—	$(350 ~ 400) \times 10^3$	$(60 ~ 400) \times 10^6$
乘组人数/人	3 ~ 6	15 ~ 100	4	6
隔离和社会单调程度	低到高	中	高	极高
乘组自治性	低	高	中	极高
紧急情况下撤返飞行中保障措施的有效性	能	不能	能	不能
外部监测	有	有	有	非常有限
双向通信	有	有	有	非常有限
电子邮件上/下链路	有	有	有	有
国际互联网的接入	有	有	有	无
娱乐	有	有	有	有
再补给	有	无	有限	无
访客	有	无	无	无
对地球的目视链路	有	有	有	无

1. 载人月球任务的适应性

从表 4−21 中载人月球飞行任务来看，与近地轨道空间站任务和地球南极越冬任务相差并不大。首先是飞行任务周期与近地轨道空间站任务和地球南极越冬任务不相上下，甚至不如在地球南极越冬任务的时间长；乘组人数与近地轨道任务相当，万一有生命危险或严重身心疾病时可以应急返回，而在地球南极越冬任务中应急撤离是相当危险的。其次，Apollo 载人登月工程表明，登月乘组的心理问题风险不会超过近地轨道任务和地球南极探险任务。目前在近地轨道空间站上使用的维持乘组的工作绩效、心理健康和乘组凝聚力等对抗措施大多可以应用于月球探测任务，即使月球探测任务会因为昂贵的成本问题限制再补给飞行的次数。但是月球探测任务有两个特殊性：其一是乘组人数相比近地任务和南极任务都减少，会造成高度社交单调，这个显著区别于地球南极越冬任务，如果地月之间通过小卫星星座技术建立起高速网络通信，将有助于弥补这种单调，防止月球乘组人员在情绪、行为和工作绩效上出现严重的衰退；其二是远离地球，月球乘组人员的自治感和孤独感会大大提高，月球的荒漠与寂静，昼夜规律与地球相差很大，以及没有黎明和黄昏，昼夜温差也大，这些都会影响航天员的生物节律、睡眠及心理健康，甚至影响行为和认知能力；但月球正面始终能看见地球，如月球基地建在月球正面将有助于减少心理问题带来的风险。

2. 载人火星任务的适应性

载人登陆火星任务对心理问题的挑战将超过以往任何的航天任务。在太空中人类的生活完全依赖载人航天器的生命保障系统，飞往火星的任务由于距离地球遥远，任务周期长，隔离、限制和社会单调的程度大大加深，一旦出现紧急情况应急返回变得不现实，而且没有快速营救措施。目前俄罗斯航天员的最长 438 天飞行纪录是在有乘组调换和访问乘组的情况下创造的，还没有经历极端社会单调的情况。如果是飞往火星或者在火星表面居留期间，预计乘员要忍受更长时间与极端严峻的限制和隔离，这个任务周期有可能长达 500 ~ 1 000天；此外，地火之间的声音、图像或者其他数据的单向传输将延迟 5 ~ 22 min，这取决于地球和火星的相对轨道位置关系。当地球和火星分别位于太阳的两端时，通信还会中断。再者，如果载人登陆火星任务没有再补给或者快速营救的任务规划，那么在当前长期飞行任务中采用的振奋和提高乘组士气与心理健康的保障措施也将彻底无效。因此，总体来说，载人火星飞行任务中因为乘员心理和人际关系问题而给任务的成功与安全带来的风险将显著增大。

4.3.2　长期深空探测任务中可能发生的精神性障碍

在飞往月球及火星的长期深空探测任务中，由于航天器故障、旅途中人际关系问题、远离地球带来的心理影响，以及航天器的环境狭小、感觉刺激减少、缺乏独处空间、活动受限等因素，易引发航天员睡眠障碍、食欲下降、疲劳、情绪不稳、易怒、焦虑不安、衰弱、抑郁、敌意以及工作能力下降等心理问题。据 NASA 统计数据表明，对于一次任务周期为 14 天的飞行任务来说，心理行为问题的发生率为 11%，一般表现为轻度躁狂、抑郁、烦躁和焦虑等；通常航天员不愿意报告自己出现过的心理不适症状，实际的发生率可能会更高。长期载人深空探测任务中可能发生的精神性障碍主要包括以下几个方面：

1. 中毒性精神障碍

在长期深空探测任务中可能出现有毒化学物质累积于乘员舱内的情况，潜在的污染源包括载人航天器使用的塑料等材料的脱气；载人飞船生保系统逸散出来的液体或气体等化学物质；载人飞船推进系统燃烧，热分解导致某些材料挥发产生的化学物质；乘员代谢产生的副产物等。这些有毒物质有可能会导致航天员精神、行为或者人格方面出现障碍。例如，美国 1973 年 5 月 14 日发射"天空实验室 I 号"（不载人），发射后由于防护罩破坏，轨道舱的舱壁直接暴露在阳光下，朝阳面外壁温度达到 146 ℃，舱内平均温度峰值达到 51 ℃。如果温度继续上升，舱内物体将释放出一氧化碳、二氧化碳等气体，甚至可能引起聚乙烯绝热材料释放出甲苯和二异氰酸盐等有毒物质。所幸在后续发射的 Apollo 载人飞船任务中，由三名航天员对天空实验室进行了修复，恢复了正常的载人环境。在 1975 年 7 月 17 日 Apollo 载人飞船与"联盟 19 号"的对接联合飞行试验中，Apollo 载人飞船在返回时曾出现由于故障导致四氧化二氮进入返回舱的情况，三名航天员在四氧化二氮中的暴露时间为 4 分钟 40 秒，四氧化二氮浓度峰值达到 750 ppm[①]，均值达到 250 ppm，这个故障导致指挥舱驾驶员丧失意识，采用应急供氧装置后才恢复意识。返回地面后三名航天员在医院治疗两周才恢复健康，其中两名航天员从此不再执行太空飞行任务。在苏联的"礼炮 6/7 号"空间站上也都发生过因二氧化碳浓度过高，航天员感到头痛、乏力和精神匮乏等症状。

2. 精神病性障碍

虽然航天员都在飞行前经过严格的应激训练考验，使得精神病性障碍得以排除，但是在压力集中排泄途径不足的长期飞行环境下，仍会出现一些精神病性症状，如短暂的反应性精神病、精神分裂症样障碍、偏执性障碍等。因为在

---

① 百万分比浓度，$1 \text{ ppm} = 10^{-6}$。

某些易感人群中，心理社会应激源会导致精神病性反应，目前还没有更好的办法来确定易感人群。

3. 情感性障碍

在成年普通人群中，情感性障碍（不单指抑郁症，还包括躁狂症以及双向情感障碍）女性占 18% ~ 23%，男性为 8% ~ 11%；估计男性 3%，女性 6% 的严重程度需要住院治疗。一些有危险因素的个体（有精神障碍家族史者）虽然可以识别和在航天员选拔中筛选掉，但一些遗传性和生物学因素以及航天中的心理社会应激因素也都可以引起抑郁或者其他情感性障碍。

4. 焦虑障碍

在载人长期飞行任务中出现焦虑障碍的可能性比较大，可以单独症状形式出现，也可作为一种功能缺陷出现。恐惧障碍（焦虑障碍的一种）即使在飞行员中也不少见，例如常见的飞行员突发恐飞症；虽然目前没有足够的事实证明，黑寂浩瀚的宇宙会成为导致航天员焦虑障碍的因素之一，造成恐空间症（恐飞症和广场恐怖症的结合），但有理由相信载人长期飞行容易造成航天员的焦虑障碍，此外还有个例表明有强迫倾向个性的飞行员容易发展为强迫性神经症。

4.3.3　长期深空探测任务中心理社会问题及其对策

1. 心理社会学问题及研究重点

航天员的心理和社会问题被认为是长期深空探测任务的重要障碍之一。长期深空探测任务的周期长、与社会隔离、环境狭小、活动受限、特殊的人际关系以及潜在的各种风险等都会给航天员造成极大的心理压力。国外航天经验已经表明长期飞行中可能会出现不利的心理反应，如焦虑、抑郁、思乡病、人格改变、人际关系紧张、敌意等，并与记忆注意障碍、疲劳、神经衰弱、睡眠障碍等医学问题具有不可分割的关系，直接影响航天员的身心健康。尤其是未来的航天员在历时 2 ~ 3 年的长期飞行到达火星或其他行星时，这种漫长的隔离、通信的滞后，使得航天员乘组不得不自行解决心理及精神方面的问题，因为不可能应急撤出一个发病人员。因此在未来的载人深空探测任务中必须增加心理和社会科学的研究和投入。在长期飞行建立的狭小、孤立而又充满危险的半自主微型社会中，应重点关注以下几点：

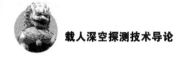

1）个体心理问题

长期飞行中影响航天员之间相容性、能力、满意度及工作效率的心理特征及其变化规律；多种复杂的行为因素如何影响个体的行为。

2）人际关系问题

长期飞行中的人际关系问题较短期飞行更加复杂，包括乘组成员之间的关系、个人与集体之间的关系、乘组人员与地面保障人员的关系等，应针对具体问题进行系统的观察和研究。

3）社会心理学问题

种族、文化、性、道德以及其他社会因素对小集体及个体的影响，包括密闭空间及个人空间对个体心理特征的影响；多重文化差别对航天员心理及行为的影响；混合性别因素对长期飞行小群体的社会心理学影响；等等。

2018年8月30日凌晨俄罗斯的"联盟MS-09号"飞船对接在国际空间站后，根据空间站舱内传感器信息，发现空间站气体微量泄漏和气压降低的事件，值守空间站的6名航天员稍后在空间站对接的联盟飞船轮道舱壁发现一处穿孔，直径为1.5 mm。随后轨道舱的舱壁出现近2 mm的裂缝，航天员进行紧急修补。

当时在国际空间站有2名俄罗斯航天员、3名美国航天员和1名德国航天员。目前俄当局正在排查出现事故的原因，航天员出身的俄罗斯议员马克西姆·苏拉耶夫提出不排除空间站上航天员蓄意破坏的可能性。他推测，那些航天员中可能有人心理出现问题，想早日返回地面，因而试图以破坏飞船的方式达到目的。2018年12月底，联盟飞船返回舱成功返回地面，航天员带回了轨道舱裂缝部位样品，包括一些金属屑。后续俄航天局将通过实验分析这些金属屑的来源，调查人员将在失重条件下在原有裂缝附近进行金属钻孔实验，以观察产生的金属屑的移动情况。一旦确证人为蓄意破坏，将成为载人航天史上航天员心理社会学问题研究的典型案例。

2. 心理健康保障

苏联航天员能够创造在轨438天的最长纪录，这与他们对航天员的选拔、训练及飞行中心理社会支持等各方面的保障有关。欧洲、加拿大和日本航天局的工作重心也从仅关心生理问题，逐渐转移到关心人的心理、行为和工作效率相关的问题上。长期载人航天飞行，心理健康保障尤为重要，需从乘组选拔和组成、乘员和地面关键人员的心理训练、适居性、心理干预与支持以及飞行后心理保障等各个方面入手，做好心理保障工作。具体包括以下内容：

1）乘组构成

乘组构成是从领导力、内聚力、合作性及互补性等方面研究不同任务特点、不同个体特点条件下组建最佳乘组的方法。尤其是针对国际合作情况下，例如月球基地及火星基地任务中，来自不同国家、不同种族、不同宗教信仰的多个乘组之间的关系构成问题。

2）适居性

航天服、航天器和乘员居住地（居住舱）的适居性设计影响乘员的安全、健康和体能。适居性设计原则是指从人体测量学、生物学、生理学、心理学和社会学等方面，对长期航天飞行的舱室居住空间大小、色调、照明、隐私、工作和生活用具的尺寸、色彩、数量和形状、人际关系以及人群的休息和娱乐等进行研究和设计，还包括对环境因素暴露限制，如化学物质、细菌、真菌和火星尘埃等。此外还包括航天食品，不仅提供营养可口的膳食，还需承受太空飞行的严峻考验，易烹饪并且产生最少的废物。

3）医疗护理

近地轨道载人任务具备治疗一名受伤或生病的乘组成员的能力，可以通过远程医疗来实现，也可与地面支持团队实时通信，具备各种硬件解决方案，并保证如果出现只能在地面解决的紧急情况，可利用逃逸系统应急返回。但是对于长期深空飞行任务，与地面支持团队间的通信延迟，利用飞行器应急返回地球的周期长，及时送回地球医治的机会有限，因此需要增加自主医疗能力。

4）心理干预和心理支持措施

丰富长期飞行的心理干预和心理支持措施，研究针对不同飞行阶段不同心理活动特征的心理问题干预方法和心理支持措施，尤其是针对未来的载人月球及火星基地任务多乘组间的心理干预及支持问题。

5）长期飞行后心理保障工作

美苏航天员均曾发生过飞行后性格改变、影响人际关系、造成婚姻失败等情况的案例，这些变化可能是由于久居太空重返地面不适应所致，因此应从减少影响转变的负性因素入手，研究促进个体心理康复的支持措施。

4.4　案例：载人火星探测任务对人体的风险分析

长期载人深空探测任务分析中通常采用对人体的风险综合分析方法来评估乘员健康和绩效风险的严重性，并将风险综合分析的评估结果反馈到整个项目决策和系统方案的设计中去。通过针对某一种特定的飞行任务场景，对每个乘员的健康和绩效风险进行评估，从而理解人体面临的风险，改进载人深空探测任务所需的飞行器和居住舱的设计及操作需求，并以此制定标准及减缓策略。

在 NASA – STD – 3001 第一部分中制定了乘员健康标准，目的是确保为乘员提供一个健康和安全的环境，并为乘员在航天飞行的所有阶段提供健康保障和医疗计划。建立这些标准用于优化乘员健康和绩效，确保任务成功，并防止航天飞行对乘员健康造成的长期负面影响。第二部分是人的因素、适居性与环境健康，涉及航天飞行系统在其寿命周期各个阶段对所有乘员活动的设计和操作。要求设计过程以人为中心，以确保在所有设计阶段充分考虑人的能力和局限性。

4.4.1 火星探测任务中乘员风险分析的相关因素

随着人类深空探测的距离越远、飞行时间越长，需要对如何更好地为探测器提供保障做出风险决策，为此需重点研究在载人深空探测任务期间对人体健康和绩效带来的最大风险。

通常载人深空探测任务会使用4种类型的任务来进行对比分析，分别是：为期12个月的国际空间站任务、月球基地任务、近地小行星探测任务和火星及其卫星探测任务。虽然这些任务类型都涉及乘员健康和绩效方面的挑战，但每一项任务性质和进度的不同也包含独特的挑战。人体的风险分析与任务设计的内容紧密相关，通常会依据风险项目的组合为每项风险做出风险评估。下面以载人火星探测任务为例来进行详细分析。

在本书第5章的5.3节中综合分析了载人登陆火星及环绕火星探测任务飞行模式，其中与乘员风险相关的内容分析如下：

（1）乘组规模。该乘组由包含男性和女性航天员在内的共6名乘员组成。

（2）任务周期。火星探测任务通常考虑为长期驻留任务，特点是既需要最大限度减少乘员在深空辐射和零重力环境中的任务周期，又需要获得较高的科学回报。这样的任务是利用地—火之间的最优往返轨道，以及调整火星驻留时间而实现的，不是强制使用非最优轨道。这样做可以使乘组通过相对较快的轨道往返火星（单程约6个月），并且允许乘组在任务的大部分时间驻留在火星表面（驻留约18个月）。假定从发射至乘员返回总的任务周期约900天。

（3）任务早期中止。一旦出现故障，乘组人员无法及早返回地球。

（4）地面支持/任务控制中心的作用。考虑地火通信延迟时间长的情况，以及完成关键操作的实时控制能力不足，如类似国际空间站专用灵巧机械手和远程机械臂系统的操作，地面支持系统将处于"批处理模式"，而非实时指挥控制。飞行中地面医生也将在批处理模式下提供医疗评估；地面支持系统也将以批处理模式发送乘员培训材料，进行实时互动培训是不可能的。在乘员睡眠期间，地面支持系统也无法实时监控。当发生意外情况时，乘组人员需在没有任何地面援助的情况下保持任务稳定。

（5）乘员居住。任务周期内满足全部任务对乘员居住能力的需求。载人飞船的乘员居住舱需为所有乘员提供生活和工作所需的居住空间，此外还包括提供乘员在整个任务期间所需的货物资源。居住空间必须足够大，以利于执行任务，并提供乘员长期在轨驻留期间心理可接受的居住空间。居住空间要求如图 4-1 所示。乘员居住舱需具备以下功能：①感官刺激（如可变照明和虚拟现实），可缓解心理孤独和单调的社会环境。②监控系统，跟踪乘员认知能力障碍，监控压力、疲劳、行为健康、任务绩效和团队绩效。③减压设备，具备能够减轻疲劳、昼夜颠倒，以及超负荷工作效果的装置。④通信工具，需考虑通信延迟可从数秒到数分钟的情况。

（6）乘员时间表/活动。乘员往返火星涉及两类活动：第一类活动聚焦于乘员在太空中的日常活动：乘员就寝、就寝前/后的活动（如厨房操作和个人卫生）、运动，以及执行计划中的乘员活动；第二类活动主要集中于科学/载荷操作、航天器系统管理与维护，以及与地面控制中心的交互。飞行任务期间，暂不考虑计划外的或应急舱外活动。

在火星表面执行任务期间，乘组将有充足的时间来规划如何处理在火星表面的活动及故障应对问题。这一阶段科学和探测活动是工作的重点内容。乘员活动大纲应在发射前准备完毕，但在整个任务期间会被更新。该大纲应包含详细的表面活动任务规划，包括定期检测航天器系统，以及一定数量出舱活动的计划。在火星表面执行任务期间，乘员将对规划具体活动起到至关重要的作用。

（7）通信延迟。考虑乘组与地面控制中心之间的通信延迟，将从近地轨道的 0 上升至抵达火星的 6~8 min，由于火星任务存在较长时间通信延迟，乘员将根据需要自主规划任务操作。

（8）火星表面作业。着陆火星时，载人着陆器将以全自动方式进行，对乘员驾驶技能和手动控制能力要求较低。在进入、下降/减速和着陆操作中，乘员将处于卧位。目前人体健康数据表明，着陆后乘员需数星期的时间来适应火星的 $1/3g$ 重力。乘员适应火星环境后，初期火星表面活动将从"着陆模式"过渡为"火星表面居住模式"。在 18 个月的火星表面驻留期间，6 名乘组人员将执行多次火星表面出舱活动。火星表面任务中的一个关键目标是让乘组乘员进入火星现场考察，通过舱外活动，并配合加压和非加压的火星车在火星基地附近开展实地探测作业。火星表面的舱外活动将由 2 ~ 4 人来执行。如果使用非加压火星车，将给舱外活动团队增加额外的作业限制。如果使用一辆火星车，舱外活动小组会被限制在火星基地救援范围内进行作业。如果使用多辆火星车，可使舱外活动小组扩大作业范围，因为这些火星车能够相互支持，从而处理更广范围的意外情况。

（9）乘员后勤/食品。乘员消耗品和备件必须在任务开始时准备好并可从居住舱内方便获得。船载食物应包含往返所需的消耗品和应急消耗品。乘员被迫返回时，环绕轨道飞行的轨道器将被用作应急"安全港"，直至火地返回轨道的返回窗口出现。任何船上剩余的应急食物将在再入返回地球之前被抛弃。生活舱设有一个厨房，可供乘员准备菜肴，所需食品储存在货舱中。

（10）再补给和取样返回。不是任何任务都考虑再补给，真如此则需要修改乘员的后勤需求。必须在船上监控所有微生物或毒性危害物质；取样返回是不可能的。

（11）锻炼装备。乘组人员必须按 NASA – STD – 3001 第一部分所定义的生理健康要求进行锻炼。

人体研究计划的要求包括以下几点：①在进入火星大气层期间（5g），乘员需保持卧位，直至着陆操作完成。飞行器的设计要求乘员在进入火星大气层时不能采取直立姿势。②当发生直立不耐受相关事件（如进入火星大气层）时，将提供不能耐受直立的应对措施。③飞行器或居住舱的屏蔽、辐射量测量和操作应设计合理，以防止暴露超过 30 天的允许剂量限值。④按照 NASA – STD – 3001 第一部分的护理五级标准，对乘员的培训将遵循考虑火星任务独一无二的自主性，护理人员应按医师标准进行培训并达到相应标准。

4.4.2　风险等级的含义

通常将长期航天飞行任务中人体面临的风险分为四个等级，分别是：可控、可接受、不可接受、数据不足。美国 NASA 将人体风险等级的定义如下。

等级：可控（C）——绿色。

基于现有的认识，飞行任务设计（指具体的飞行器设计和操作限制）符合保持乘员健康和绩效的标准，有控制健康风险的对策，则该风险的等级评估为可控。可持续进行提高相关能力的研究或技术开发，降低工程和任务风险，提升乘员健康保障。

等级：可接受（A）——黄色。

基于现有的认识，飞行任务设计（指具体的飞行器设计和操作限制）提供所需的能力，符合保持乘员健康和绩效的标准，但风险并不能完全被控制，则该风险的等级评估为可接受。若能容忍这种不确定性，会导致在任务的某些阶段乘员健康和体能风险高于预期水平，继续进行研究或技术开发有望改善相关能力或证实乘员健康标准。

等级：不可接受（U）——红色。

基于现有的认识，飞行任务设计（指具体的飞行器设计和操作限制）不能提供所需的能力，不符合保持乘员健康和绩效的标准，则该风险的等级评估为不可接受。需要开展研究以获得更多的信息，发展必要的能力和制定相应策略，以使风险达到可接受状态。

等级：数据不足（I）——灰色。

没有足够的证据来评估飞行任务设计（指具体的飞行器设计和操作限制），是否符合保持乘员健康和绩效的标准，或者是该标准尚待开发，则该风险的等级评估为数据不足。需要开展研究进一步了解并定义该风险，使其研究等级达到可控、可接受或不可接受，这一等级主要是针对尚不能确定研究等级的新风险。

风险等级与工程任务风险管理措施的关系如下：

（1）不可接受 = 现在"不通过"。

（2）可接受 = 现在有保留地"通过"。

（3）可控 = 现在无重大保留地"通过"。

（4）数据不足 = 未来评估后再确定。

4.4.3 登陆火星任务的风险等级判定

NASA 在 DRA5.0 任务设计中将载人火星探测任务中与登陆火星任务相关的，对人体有重大风险的研究结果列出，见表 4 – 22。在人体研究项目（Human Research Program，HRP）中，研究等级最终确定为"不可接受"的有 7 项风险。例如在 DRA 5.0 火星任务研究中，对于登陆火星任务的辐射暴露风险判断，是根据地球上类似情况（如跨越整个冬季的南极探险）进行推断，并考虑到任务持续时间长和距离地球遥远的距离，最终判定为"不可接受"；还有对食品保质期的要求为 30 个月，但是明显火星表面缺乏食品供给系统，因此将食物和营养风险都判定为"不可接受"。

表4-22　登陆火星任务（DRA 5.0）人体风险研究等级

HRP 要素	风险项	HRP 研究等级
HHC	直立不耐受	A
HHC	骨质疏松	A
HHC	营养	U
HHC	舱外活动健康和绩效	A
HHC	肌肉	U
HHC	肾结石形成	C
HHC	骨折	A
HHC	椎间盘伤害	I
HHC	心律失常	I
HHC	有氧运动能力	U
HHC	免疫能力	A
HHC	感觉运动能力	A
HHC	药理	U
HHC	视障	U
HHC	减压病	C
HHC	乘员保护	I
SHFH	食品	U
SHFH	人的因素——电脑	C
SHFH	人的因素——培训	A
SHFH	人的因素——机器人	A
SHFH	人的因素——任务设计	C
SHFH	尘埃或挥发性暴露	I
SHFH	人的因素——飞行器/居住舱	A
SHFH	宿主——微生物相互作用	A
ExMC	飞行中医疗能力	U
BHP	行为健康	U
BHP	睡眠	C
BHP	团队	A
SR	辐射——癌症	U
SR	辐射——急症	C
SR	辐射——中枢神经系统	I
SR	辐射——退行性	I

注：HHC：Human Health Coping Strategies，人体健康应对策略；SHFH：Spatial Human Factors and Habitability，空间人因和适居性；BHP：Behavior Health and Performance，行为健康和绩效；SR：Space Radiation，空间辐射；ExMC：Exploration Medical Capability，探索医疗能力。

在综合医学模型评估中，由于医疗条件导致乘员损失的概率为 10%。另外两项风险，即肌肉能力和有氧能力，被评估为"不可接受"，这是基于国际空间站的经验结果，证明目前应对这些风险的措施不够有效。此外还有 10 项风险数据不足，无法提供人体风险评估等级。例如尘埃和药物对于人体健康和绩效面临的挑战，目前还无法判定。火星尘埃和挥发物的物理与化学性质，目前理解得还很不充分，也不知道哪些药物在火星任务过程中能保持稳定和有效。辐射对人体中枢神经系统和心血管疾病的终身影响也仍然是未知。对于其余 6 项风险，通过为期 6 ~ 12 个月的国际空间站任务中积累的经验，去判定为期 30 个月的火星任务，也充满太多的不确定性。

4.4.4　环绕火星任务的风险等级判定

环绕火星任务是指环绕火星及其卫星的探测任务，并不实施登陆火星，详细分析见 5.3 节的介绍。表 4 – 23 所示为环绕火星任务人体风险等级。需要特别强调的是，风险相对增加或者减少不会导致风险等级的变化。

表 4 – 23　环绕火星任务人体风险等级

HRP 要素	风险项	火星 DRA 5.0 任务	环绕 火星 任务	基本原理（论据）
HHC	直立不耐受	A	↑	处于失重状态的时间↑[1]
HHC	骨质疏松	A	↑	处于失重状态的时间↑[1]
HHC	营养	U	←→	假设非真空，冷冻，谷物
HHC	舱外活动健康和绩效	A	↓	更少的出舱活动，出舱活动处于失重状态
HHC	肌肉	U	↑	处于失重状态的时间↑[1]
HHC	肾结石形成	C	↓	处于失重状态的时间↑[1]
HHC	骨折	A	↓	处于失重状态的时间↑[1]，着陆过程
HHC	椎间盘伤害	I	↑	处于失重状态的时间↑[1]
HHC	心律失常	I	↑	处于失重状态的时间↑[1]
HHC	有氧运动能力	U	↑	处于失重状态的时间↑[1]
HHC	免疫能力	A	↑	隔离、幽闭和极端环境（Isolation、Claustrophobia、Extreme，ICE）时间↑
HHC	感觉运动能力	A	↑	月球氧气净化系统（Oxygen Purification System，OPS）；ICE 时间↑（认知↓）

续表

HRP 要素	风险项	火星 DRA 5.0 任务	环绕 火星 任务	基本原理（论据）
HHC	药理	U	⬇	任务时间和药物稳定性↓
HHC	视障	U	⬇	处于失重状态的时间↑
HHC	减压病	C	⬇	更少的舱外活动；舱外活动将处于失重状态
HHC	乘员保护	I	⬆	处于失重状态的时间↑[1]
SHFH	食品	U	⬅➡	假设非真空，冷冻，谷物
SHFH	人的因素——电脑	C	⬆	ICE 时间↑（认知↓）
SHFH	人的因素——培训	A	⬆	ICE 时间↑（认知↓）
SHFH	人的因素——机器人	A	⬆	ICE 时间↑（认知↓）
SHFH	人的因素——任务设计	C	⬆	ICE 时间↑（认知↓）
SHFH	尘埃或挥发性暴露	I	⬇	在深空居住舱中，无暴露
SHFH	人机因素——飞行器/居住舱	A	⬆	ICE 时间和行为健康↑
SHFH	宿主——微生物相互作用	A	⬆	ICE 时间↑
ExMC	医疗保健	U	⬇	无行星舱外活动
BHP	行为健康	U	⬆	ICE 时间↑
BHP	睡眠	C	⬇	无昼夜夹带
BHP	团队凝聚力	A	⬆	ICE 时间和行为健康↑
SR	辐射——癌症	U	⬆	辐射暴露↑[2]
SR	辐射——急症	C	⬆	辐射暴露↑[2]
SR	辐射——中枢神经系统	I	⬆	辐射暴露↑[2]
SR	辐射——退行性	I	⬆	辐射暴露↑[2]

注：HHC：人体健康应对策略；

　　U 不可接受的风险，将使任务无法继续进行；

　　A 可接受风险，但风险不确定性高，建议采取进一步风险减缓措施；

　　C 通过采取现有的控制措施，风险可接受；

　　I 对风险了解甚少，缺少标准，数据不充分；

　　⬅➡ 没有预测的变化趋势；

　　⬆预计情况会恶化；

　　⬇预计情况会得到改善；

　　[1] 由于骨骼、肌肉、心脏技术的发展，关键等级有可能降低；

　　[2] 详细情况和到达与接近火星及其卫星的轨迹密切相关。

从表 4 - 23 可知，只进行环绕火星轨道的探测任务系统面临的风险比着陆火星表面任务要大。从初步评估结果来看，在只进行环绕火星轨道探测任务的情况下，有 21 项风险指标提高，2 项风险指标无变化，9 项风险指标降低。其中：

　　（1）风险级别增加项。关于辐射的风险级别有 4 项是增加的，这主要是由考虑环绕火星探测任务中在轨飞行时间长、飞行器的辐射屏蔽防护能力低导致的。另外有 9 项风险级别增加是由于环绕火星探测飞行中人员处于隔离、幽闭的极端环境（Isolated and Confined Environment，ICE），包括乘组被局限在载人飞船、深空居住舱等飞行器内，不能进入行星基地和载人星球车内，也不能执行星体表面探测任务，居住环境的限制使得确保乘组人员的健康与绩效的压力比较大，最终导致团队风险和居住风险被升级至"不可接受"级别。同时 ICE 对人体生理的影响，也增加了免疫和寄生微生物、人体的感觉和运动功能与认知能力的影响的风险级别。还有 8 项风险级别增加是因为长期置身于微重力及变重力环境中，在近地轨道国际空间站项目中积累的经验和应对策略可以用于这类风险，但还需开发适应环绕火星任务飞行器质量、功率和体积限制的健康保障应对策略。

　　（2）风险级别持平项。比较火星着陆任务 DRA 5.0 与环绕火星探测任务，仅有食品和营养两项风险是不敏感的，这是基于假设两种任务的食物系统是完全相同的前提。

　　（3）风险级别减少项。在环绕火星探测任务中，有 9 个风险项的风险级别降低。其中医疗保健风险、舱外活动健康和绩效风险，以及减压病项风险级别降低，是因为环绕火星任务中乘员出舱活动总量减少而降低；同时因没有在火星表面上执行出舱活动，从而降低了火星尘埃暴露风险；由于不需要形成火星天规律，故轨道任务的睡眠风险降低；由于没有着陆火星表面任务，环绕火星轨道任务航天员遭受的骨折风险项的风险几乎消失，因此骨折风险级别显著降低。

4.4.5　风险点及减缓策略

　　由于在环绕火星轨道探测任务中，乘组在居住舱封闭而有限空间里停留 600～900 天的时间，因此轨道任务中另外两项风险变得"不可接受"，包括团队凝聚力和人机因素——飞行器/居住舱设计。由于不确定性以及缺乏超长期零重力飞行任务的相关研究数据，因此在 600 天冲型任务和 900 天合型任务中所面临的风险并没有大的区别。这两种方案在深空零重力环境下都要停留很长时间，超出了人类目前的经验。通过 30 天、60 天、180 天、360 天的深空暴露试验获得相关的人机系统性能数据，是降低 HRP 团队确定的这些风险的关键策略，这些暴露试验将在地球防护环境以远逐步开展辐射效应、行为和可居住性测试。

除了人体保障风险外，火星任务所面临的其他方面的风险，包括乘员伤亡和任务失败，也必须给予考虑。可采用高层次的风险建模工作，对环绕火星轨道探测和表面探测任务进行风险评估。风险模型利用了 NASA 制定 DRA 5.0 时采用的评估方法，模型中的数据根据"最佳匹配"原则来自多种渠道，包括国际空间站、航天飞机、"星座计划"、其他空间计划（卫星或运载火箭）以及其他相关分析（乘员医疗、辐射等）。在风险建模的早期，目的不是确定绝对的风险值，而是了解各种类型的任务、任务各个阶段以及任务要素所面临的风险驱动因素。图 4-7 所示为 NASA 在 DRA 5.0 任务中提出的未来载人火星探测所面临的关键挑战和风险，显示了环绕探测的火星轨道任务在人体保障及深空运输方面所面临的更大挑战。对只进行环绕探测任务的方案来说，由于人体保障带来的挑战增加，因此重点应放在改进运输系统性能以缩短任务周期，但这同时也增加了 IMLEO 质量。登陆任务从另一个角度来说通常包含了更多的挑战，这是由于增加了 EDLA 过程带来了飞行器的系统数量和质量的增加。

	火星轨道任务*	火星表面任务
人体健康和机能		
零重力自由空间中的时间/天	600~900	180/180
火星表面停留时间/天	0	180/180
宇宙射线防护	√√	√
600~900天人的行为健康	√√	√
关键能力		
130 t SLS大容量火箭发射	√√	√
"猎户座"900天休眠，6名乘员	√	√
900天深空居住	√√	√
先进的深空推进技术（如NTP、NEP）	√√	√
20~40 t（有效载荷）着陆器	N/A	√
30 kW级连续聚变表面发电站	N/A	DRA 5.0
技术开发		
空间捕获	√	DRA 5.0
自主交会和对接	√	√
零汽化低温推进	√	√
火星上升甲烷-氧推进	N/A	√
高速地球再入	√√	√
基于大气的 ZSRU	N/A	DRA 5.0
系统更可靠性	√	√
高可靠性密闭生命保障系统	√	√

图 4-7　未来载人火星探测所面临的关键挑战和风险

	火星轨道任务*	火星表面任务
关键先导知识		
大气动力学	√	√√
表面物质特性	√	√√
行星保护	√	√√
任务模式（短期/长期驻留）	√	DRA 5.0
预部署的任务货物	√	DRA 5.0
用于从火星表面上升的ISRU	N/A	√
目的地探索运行方案	√	√
发射准备和发射有效性	√√	√
集成和计划		
综合战略/计划	√	√
多个大规模技术计划	√	√√
多个并行系统开发	√	√√
基础设施投资	√	√
缩比验证	√	√√
多个开发的连续性	√	√√

注：*　假设执行冲型任务（短驻留时间），降低乘员在深空环境下的暴露时间；

　　√　适用的关键挑战；

　　√√　关键挑战领域难度增加；

　　DRA 5.0　表示NASA对每项火星设计参考架构5.0的决策（NASA-SP-2009-566）；

　　N/A　不适用

图 4 - 7   未来载人火星探测所面临的关键挑战和风险（续）

一旦明确了面临挑战的主要因素，应确定为减小风险因素而采取的策略。表 4 - 24 所示为载人火星探测任务风险的风险减缓点，这为后续优化载人火星探测任务的顶层设计提供了依据。

表 4 - 24   载人火星探测任务风险的风险减缓点

风险领域	风险减缓点				
	地球	国际空间站	地月空间	深空	火星机器人
航天器硬件可靠性	√	√	√	√	
人体保障	√	√	√	√	
"猎户座"载人飞船可靠性	√		√	√	
再入、下降和火星着陆	√				√
ISRU 和火星上升	√				√
先进推进系统	√			√	

值得一提的是，2019年特朗普政府明确提出了 Artemis 任务，航天员将在2024年登陆月球南极，2030年前后将宇航员送往火星的战略目标。针对载人登陆火星长期飞行面临的风险问题，根据表4-24的风险减缓措施建议，NASA 同步确定了以下技术途径：

（1）充分利用 ISS 开展乘员模拟验证试验。虽然 ISS 在地球近地轨道运行期间承受的宇宙辐射影响、易于得到来自地球的补给以及与地球的通信时延小等方面与载人飞往火星任务有很大不同，但是 ISS 在模拟载人火星飞行器的乘员舱内的狭窄封闭空间环境、社交单调，对研究乘员心理及生理变化等方面却是最适宜的设施。为了分析载人火星飞行过程中人体的变化情况，美国用一对同卵孪生双胞胎兄弟 Kelly 和 Mark 开展的天地对比试验显示，弟弟 Kelly 在 340 天的太空飞行之后，相对于哥哥，他的基因改变了 7%，且不可恢复。后续 NASA 计划在 ISS 上继续开展 10 个为期一年期左右的任务，充分利用私营商业航天的天地往返运输能力，将更多的航天员送往 ISS，逐步积累更多的数据。

（2）考虑利用地月空间站（Lunar Gateway）开展模拟验证活动。目前正在论证如何利用 Artemis 任务中多国共同建造的地月空间站，在月球引力环境下开展长期低/微重力条件下的飞行试验，进一步模拟航天员在载人飞往火星过程中的生理和心理变化，研究相应的对策，为最终制定载人飞往火星任务的人体策略奠定基础。

（3）此外，还在同步论证如何利用地球南极科考站、月球基地等开展火星长期生存的模拟验证活动。

思考题

1. 在载人月球探测任务中，假设乘组人员是 12 名，在月球基地停留时间为 270 天，需要的基本消耗品总量是多少？产生的废物总量是多少？

2. 在载人火星探测任务中，假设飞行任务周期为 900 天，乘组人员是 6 名，那么按照 NASA 的人均居住空间标准，人均需要的生存空间体积是多少立方米？假设载人火星飞行器能够提供的有效活动空间为航天器总容积的 20% ~ 30%，那么载人火星飞行器的总容积至少是多少立方米？

3. 如何才能控制和减少载人飞行器中的有害气体？

4. 在长期载人深空飞行任务中，变重力及空间辐射等环境会对人体产生什么影响？

5. 如何对深空飞行中航天器及航天员进行辐射防护？

6. 特殊的地外天体环境会对人体产生什么样的影响？试举例说明。

7. 长期深空探测任务会对航天员产生什么样的心理及精神影响？分析相

应的应对措施。

8. 分析载人火星探测任务中（含环绕及登陆任务）乘员面临的风险项，以及相应的减缓风险的措施。

9. 试述如何利用 ISS、地月空间站及月球基地等设施模拟载人登陆火星任务中乘员面临的各项风险？

参 考 文 献

[1]［法］吉勒斯·克莱芒. 航天医学基础［M］. 陈善广，等译. 北京：中国宇航出版社，2008.

[2]［俄］А·С·卡拉杰耶夫. 载人火星探测［M］. 赵春潮，王苹，魏勇，译. 北京：中国宇航出版社，2010.

[3]［美］唐纳德·拉普. 面向载人月球及火星探测任务的原位资源利用技术［M］. 果琳丽，郭世亮，张志贤，等译. 北京：中国宇航出版社，2018.

[4] 格尔达·霍内克，庄逢源. 宇宙生物学［M］. 北京：中国宇航出版社，2010.

[5] 黄伟芬. 航天员出舱活动医学基础［M］. 北京：中国宇航出版社，2008.

[6]［美］克里斯托弗·D·威肯斯. 工程心理学与人的作业［M］. 张侃，孙向红，等，译. 北京：机械工业出版社，2014.

[7] 林贵平，王普秀. 载人航天生命保障技术［M］. 北京：北京航空航天大学出版社，2006.

[8] 张其吉，白延强. 航天心理学［M］. 北京：国防工业出版社，2001.

[9]［美］尼克·卡纳斯，［德］迪特里希·曼蔡. 航天心理学与精神病学［M］. 白延强，王爱华，译. 北京：中国宇航出版社，2009.

[10]［美］帕特里夏·A·桑蒂. 航天员必备心理素质的鉴别——航天员心理选拔［M］. 陈善广，王爱华，译. 北京：中国宇航出版社，2010.

[11] 黄伟芬. 航天员选拔和训练［M］. 北京：国防工业出版社，2006.

[12] 肖玮，苗丹民. 航空航天心理学［M］. 西安：第四军医大学出版社，2013.

[13] 胡文东，文治洪. 航空航天医学工程学［M］. 西安：第四军医大学出版社，2013.

[14] 商澎. 空间生物学与空间生物技术［M］. 西安：西北工业大学出版社，2016.

［15］［德］Hanns – Christian Gunga．人类极端环境生理学［M］．商澎，译．北京：科学出版社，2018．

［16］陈善广，王跃．火星500"王"者归来［M］．北京：中国科学技术出版社，2011．

［17］刘红，I. I. Gitelzon，胡恩柱，等．生物再生生命保障系统理论与技术［M］．北京：科学出版社，2009．

［18］孙喜庆，姜世忠．空间医学与生物学研究［M］．西安：第四军医大学出版社，2010．

［19］陈善广．航天医学工程发展60年［M］．北京：科学出版社，2009．

［20］高耀南，王永富．宇航概论［M］．北京：北京理工大学出版社，2018．

［21］陈善广．载人航天技术（上、下）［M］．北京：中国宇航出版社，2018．

［22］［美］肯内斯·托马斯，哈罗德·麦克曼．美国航天服［M］．舒承东，译．北京：中国宇航出版社，2017．

［23］祁章年．航天环境医学基础［M］．北京：国防工业出版社，2001．

［24］俞尧荣．航天员医学监督与医学保障［M］．北京：国防工业出版社，2001．

［25］马治家．航天工效学［M］．北京：国防工业出版社，2003．

［26］沈自才．空间辐射环境工程［M］．北京：中国宇航出版社，2013．

［27］胡文瑞．空间微重力概论［M］．北京：科学出版社，2010．

［28］齐玢，果琳丽，张志贤，等．载人深空探测任务航天医学工程问题研究［J］．航天器环境工程，2016，33（1）：21 – 27．

［29］陈金盾，刘伟波，姜国华．载人登月的航天医学工程问题［J］．载人航天，2010，3：44 – 51．

［30］王跃，陈善广，吴斌，等．长期空间飞行任务中航天员出现的心理问题［J］．心理技术与应用，2013，1：42 – 47．

［31］张其吉，白延强．载人航天中的若干心理学问题［J］．航天医学与医学工程，1999，12（2）：144 – 148．

［32］白延强，吴大蔚．长期载人航天中的医学挑战与对策［J］．航天医学与医学工程，2008，21（3）：210 – 214．

［33］王峻，白延强，秦海波，等．空间站任务航天员心理问题及心理支持［J］．载人航天，2012，18（2）：68 – 73．

［34］秦海波，白延强，王峻，等．载人航天飞行对认知能力影响的研究进展［J］．中华航空航天医学杂志，2010，2：5 – 9．

［35］白延强，刘朝霞．长期载人航天飞行医学保障面临的挑战［J］．空军医

学杂志. 2011, 27 (1): 12 – 23.

[36] 江丕栋. 载人火星探测计划的生物医学准备 [J]. 国际太空, 2009 (10): 16 – 22.

[37] 孙喜庆, 张舒, 耿捷, 等. 对长期飞行任务中航天员医学防护问题的思考 [J]. 载人航天, 2013, 19 (4): 69 – 80.

[38] 李勇枝. 航天员医学监督与医学保障 [J]. 科学, 2007, 59 (4): 32 – 36.

[39] 李常银, 孙野青, 杨谦. 空间生物学研究进展 [J]. 哈尔滨工业大学学报, 2003, 35 (4): 385 – 388.

[40] 任维, 魏金河. 空间生命科学发展的回顾、动态和展望 [J]. 空间科学学报, 2000, 20 (增刊): 48 – 55.

[41] 沈力平. 载人航天工程的后续目标与航天医学工程的研究方向 [J]. 航天医学与医学工程, 2003, 16 (增刊): 475 – 481.

[42] 沈自才, 代巍, 白羽, 等. 载人深空探测任务的空间环境工程关键问题 [J]. 深空探测学报, 2016, 3 (2): 99 – 107.

[43] 沈自才. 深空辐射环境及其效应的分析与比较 [J]. 航天器环境工程, 2010, 27 (3): 313 – 341.

[44] 杨彪, 胡添元. 空间站微重力环境研究与分析 [J]. 载人航天, 2014, 20 (2): 178 – 183.

[45] 童靖宇, 李蔓, 白羽, 等. 月尘环境效应及地面模拟技术 [J]. 中国空间科学技术, 2013, 33 (2): 78 – 83.

[46] 许峰, 白延强, 吴大蔚, 等. 载人航天空间辐射主动防护方法 [J]. 航天医学与医学工程, 2012, 25 (3): 225 – 229.

[47] 袁明, 姜世忠. 中国航天医学进展 [J]. 空间科学学报, 2005, 25 (4): 273 – 279.

[48] 顾逸东. 我国空间科学发展的挑战和机遇 [J]. 中国科学院院刊, 2014, 29 (5): 575 – 582.

[49] 郭英华, 刘长庭. 空间生命科学与展望 [J]. 解放军医学杂志, 2011, 36 (4): 416 – 417.

[50] 钟国徽, 李玉恒, 凌树宽, 等. 太空微重力环境对人体的影响及防护措施 [J]. 生物学通报, 2016, 51 (10): 1 – 4.

[51] 苗治平, 仇伍霞, 马小莉, 等. 空间微重力环境对骨代谢影响的研究进展 [J]. 宇航学报, 2017, 38 (3): 219 – 229.

[52] 韩忠宇, 贾懿劼, 田京. 失重状态造成肌萎缩的研究与进展 [J]. 中国

组织工程研究，2013，17（28）：5249－5254.

[53] 李莹辉，曲丽娜，陈海龙. 航天应激损伤与防护措施［J］. 生理科学进展，2013，44（5）：354－358.

[54] 王春慧，陈晓萍，蒋婷，等. 航天工效学研究与实践［J］. 航天医学与医学工程，2018，31（2）：172－181.

[55] 邹明，何思扬，赵琦，等. 模拟月球重力对人体心血管系统的影响及其自主神经调控特征［J］. 航天医学与医学工程，2018，31（1）：7－11.

[56] 孙永彦，张紫燕，黄晓梅，等. 微重力环境人体健康效应研究进展［J］. 军事医学，2018，42（4）：317－321.

[57] 高英，孙野青. 空间辐射与微重力的协同生物学效应研究［D］. 大连：大连海事大学，2015.

[58] 薛玉雄，马亚莉，杨生胜，等. 火星载人探测中辐射防护综述［J］. 航天器环境工程，2010，27（4）：437－443.

[59] 杨垂柏，张斌全，薛彦杰，等. 载人深空长期飞行辐射粒子的磁场防护探讨［J］. 航天器工程，2016，25（6）：109－115.

[60] 沈羡云. 载人登月的危险因素——月尘［J］. 中国航天，2011，3：29－35.

[61] 何小英，贺碧蛟，蔡国飙. 探月过程中的粉尘干扰效应［J］. 载人航天，2012，18（6）：29－35.

[62] 商澎，呼延霆，顾逸东，等. 中国空间站生命科学研究展望［J］. 载人航天，2015，21（1）：29－35.

[63] 赵磊. 空间辐射风险评估理论与应用研究［D］. 大连：大连海事大学，2016.

[64] 呼延奇，钟秋珍. 空间天气事件对空间站的工程影响分析［J］. 载人航天，2013，19（4）：30－37.

[65] 董海胜，赵伟，臧鹏，等. 长期载人航天飞行航天营养与食品研究进展［J］. 食品科学，2018，39（9）：280－285.

[66] NASA Space Flight Human Systems Standard，Volume 1：Crew Health，NASA－STD－3001，5 March 2007.

[67] NASA Space Flight Human Systems Standard，Volume 2：Human Factors，Habitability，and Environmental Health，NASA － STD － 3001，10 January 2011.

[68] Human Integration Design Handbook，SP－2010－3407，27 January 2010.

［69］ Stenger M B, Evans J M, Knapp C F, et al. Artificial gravity training reduces bed rest – induced cardiovascular deconditioning ［J］. Eur J Appl Physiol, 2012, 112 (2): 605 – 616.

［70］ Stenger M B, Brown A K, Lee S M, et al. Gradient compression garments as a countermeasure to post – spaceflight orthostatic intolerance ［J］. Aviat Space Environ Med, 2010, 81 (9): 883 – 887.

［71］ Coats B W, Sharp M K. Simulated stand tests and centrifuge training to prevent orthostatic intolerance on Earth, Moon, and Mars ［J］. Ann Biomed Eng, 2010, 38 (3): 1119 – 1131.

［72］ Lucas R A, Ainslie P N, Morrison S A, et al. Compression leggings modestly affect cardiovascular but not cerebrovascular responses to heat and orthostatic stress in young and older adults ［J］. Age (Dordr), 2012, 34 (2): 439 – 449.

［73］ Vakoch D. A Psychology of space exploration ［R］. NASA, 2009.

［74］ White R J, Averner M. Humans in space ［J］. Nature, 2001, 409 (6823): 1115 – 1118.

［75］ Ball R J, Evans C H. Safe Passage: Astronaut Care for Exploration Missions ［M］. Washington D C: National Academy Press, 2011.

［76］ de La Torre GG, van Baarseh B, Fertazzo F, et al. Future perspectives on space psychology: Recommendations on psychosocial and neurobehavioural aspegts of human spaceflight ［J］. Acta Astronautica, 2012.

［77］ Durante M, Cucinotta F A. Heavy jon carcinogenesis and human space exploration ［J］. Nat Rev Cancer, 2008, 8 (6): 465 – 472.

［78］ Schneider S, Abeln V, Popova J, et al. 111e influence of exercise on prefrontal cortex activity and cognitive performance during a simulated space flight to Mars (MARS500) ［J］. Behav Brain Res, 2013, 236 (1): 1 – 7.

［79］ Basner M, Dinges D F, Mollicone D, et al. Mars 520 – d mission simulation reveals protracted crew hypokinesis and alterations of sleep duration and timing. Proc Natl Acad Sci U S A, 2012. http://www. ncbi. nlm. nih. gov/pubmed/23297197/.

［80］ Hasler D M, Zeitlin C, Wimmer – Schweingruber R F, et al. The radiation assessment detector (RAD) investigation ［J］. Space Sci Rev, Published online, 2012, 14: 503 – 558.

［81］ Hassler D M, Zeitlin C, Wimmer – Schweingruber R F, et al. Mars' surface radiation environment measured with the Mars Science Laboratory's Curiosity rov-

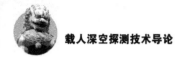
er [J]. Science, 2014, 343 (2): 1 – 11.

[82] Susan M. The SG 3.19/1.10 team. Feasibility study of astronaut standardized career dose limits in LEO and the outlook for BLEO [J]. Acta Astronautica, 2014, 104: 565 – 573.

[83] Pallnkas L A, Keeton K E, Shea C, et al. Psychosocial Characteristics of Optimum Performance in Isolated and Confined Environments [DB/OL]. NASA, 2011, http:www. sti. nasa. gov.

[84] Townsend LW. Implications of the space radiation environment for human exploration in deep space [J]. Radiat Prot Dosimetry , 2005, 115 (1 – 4): 44 – 50.

[85] Li Yinghui. The demands and challenge of space medicine in China's intending manned space flight [J]. Manned Spaceflight, 2007 (23): 4 – 7.

[86] Shen xianyun. Expectation of the study of weightlessness physiology in the 21st century [J]. Space Medicine & Medica Engineering, 2003, 16 (S): 573 – 576.

[87] Horneck G, Comet B, Humex. A study on the survivability and adaptation of humans to long duration exploratory missions, part II : missions to Mars [J]. Advances in Space Research, 2006, 38 (4): 752 – 759.

[88] Psychology and Culture During Long – Duration Space Missions, International Academy of Astronautics Study Group on Psychology and Culture During Long – Duration Space Missions, Final Report, December 17, 2007.

[89] Baevsky B M, Baranov V M, Funtora II , et al. Autonomic cardiovascular and respiratory control during prolonged spaceflights aboard the International Space Station [J]. Jappl Physiol, 2007, 103 (1): 156 – 161.

[90] Stewart L H, Trunkey D, Rebagliati G S. Emergency medicine in space [J]. JEmevg Med, 2007, 32 (1): 45 – 54.

[91] Moore E C, Ryder J. Planning for crew exercise for deep space mission scenarios [R]. NASA, 2014.

[92] Rvcker M A, Anderson M. Issues and design drivers for deep space habitats [R]. NASA, 2012.

[93] Clowdsley M S, Nealy J E, Wilson J W, et al. Radiation protection for Lunar mission scenarious [R]. AIAA, 2005.

[94] Wilsony J W, Shinn J L, Tripathi R K, et al. Issues in deep space radiation protection [J]. Acta Astronautica, 2001, 49 (3 – 10): 289 – 312.

［95］ Wang Y, Jing X L, Lv K, et al. During the long way to Mars: effects of 520 days of confinement (Mars 500) on the assessment of affects stimuli and stage alternation in mood and plasma hormone levels ［J］. Pols One, 2014, 9 (4): 107 - 114.

［96］ Carole T, Alla V, Angelina C, et al. Correlation of etho - social and psycho - social data from "Mars - 500" interplanetary simulation ［J］. Acta Astronautica, 2015 (111): 19 - 28.

［97］ Ling S, Li Y, Zhong G, et al. Myocardial CKIP - 1 overexpression protects from simulated microgravity - induced cardiac remodeling ［J］. Front Physiol, 2018, 9: 40.

［98］ Drake, Bret G. Human exploration of Mars, design reference architecture 5. 0 ［R］. National Aeronautics and Space Administration, NASA - SP - 2009 - 566, July 2009.

［99］ NASA. Human research program 2016 fiscal year annual report ［R］. http:// www. nasa. gov/sites/defauct/files/atoms/files/hrp - fy2016 - annual - report - web - version. pdf. ［2018 - 02 - 01］.

［100］ NASA. Human research program plan ［R］. HRP - 4705 ID, PCN - 1, October 12, 2017, https://hrp. sp. jsc. nasa. gov/HRP% 20 Pages/HRP% 20 Document% 20 Management% 20 System. aspx.

［101］ NASA. Human research program, integrated research plan, HRP - 47065, PCN - 1 (3 - 6 - 15), March 2015, https://sashare. jsc. nasa. gov/sites/ HRP/HRP% 20 Pages/HRP% 20 Document% 20Management % 20 system. aspx.

［102］ Kathryn A, Worden - Buckner, Jennifer L Rhatigan, et al. Reduahg human radiation risks on deep space missions ［C］. IEEE Aerospace Confereuce, 2018.

［103］ Horneck G. The microbial case for Mars and its implication for human expeditions to Mars ［J］. Acta Astronautica, 2008 (63): 1015 - 1024.

［104］ Horneck G, Comet B. General human health issues for Moon and Mars missions: Resucts from the HOMEX Study. Adv. Space Res. 2006 (37): 100 ~ 108.

［105］ Kim Binsfed, Ryam L Kobrick, Marc óGriofa, et al. Human factors research as part of a Mars exploration analogue mission on Devon Island ［J］. Planetary and Space Science, 2010 (58): 994 - 1006.

[106] John Flores – McLaughlin. Radiation transport simulation of the Martian GCR Surface flux and dose estimation using spherical geometry in PHITS compared to MSL – RAD measurements [J]. Life Sciences in Space Research, 2017 (14): 36 – 42.

[107] Ieltlin C, et al. Measurements of energetic particle radiation in transit to Mars on the Mars Science Laboratory [J]. Science, 2013 (340): 1080 – 1084.

第 5 章

载人深空探测飞行模式

由于载人深空探测任务飞行轨道复杂、任务周期长，载人深空探测飞行器的总质量规模巨大，难以通过单次发射任务完成，因此通常采用多次发射多个飞行器形成飞行器组合体的方式来完成不同轨道间的人员及货物运输任务。为降低单个载人深空探测飞行器的质量规模，可按照单枚运载火箭的最大运载能力上限，采用多次发射的方式，在某个空间位置或轨道上通过交会对接和在轨组装的方式形成飞行器组合体。飞行模式的分析和设计决定了单个飞行器的质量规模、火箭运载能力需求、任务可靠性，以及工程研制难度和实施风险。

本章重点介绍了两大类（基于直接登月和基于空间站）共计12种载人登月模式，以及6种载人小行星探测飞行模式、多种载人火星探测模式，并分别进行了对比分析。本章是开展载人深空探测任务顶层任务分析与设计的基础。

|5.1　载人月球探测飞行模式|

纵观美、俄等国载人登月方案可知，早期载人登月飞行模式主要采用直接载人登月飞行模式，其核心是奔月过程中通过空间交会对接轨道和次数的选择，来设计不同质量规模的飞行器。近年来随着空间站工程技术的成熟和实施，载人登月飞行模式还可选择基于空间站的设计模式，其核心是空间站所处不同轨道位置的选择。

5.1.1　直接载人登月飞行模式

美国 Apollo 载人登月工程采用的就是直接奔月飞行模式。其登月飞行器由指令舱、服务舱和登月舱三部分构成，由 "土星Ⅴ号" 重型货运火箭一次性将 30 t 级的载人飞船（服务舱和指令舱）和 15 t 级的登月舱送入地月转移轨道，然后载人飞船到达月球附近进行近月制动，之后登月舱实施登月。参考这种飞行模式，在直接载人登月飞行模式中需要使用重型载人火箭、重型货运火箭、载人飞船、月面着陆器（相当于登月舱）和推进飞行器（相当于运载火箭上面级）。

按照飞行器实施交会对接轨道的不同，可将载人登月交会对接飞行模式分为近地轨道对接模式、环月轨道对接模式，以及近地 + 环月轨道对接模式。如果在奔月过程中无交会对接，则称该模式为一次发射直接奔月飞行模式。通常

近地轨道交会对接次数不超过 3 次。近地轨道对接次数越多，对发射场保障要求越高，发射窗口约束越强，任务周期也越长，近地轨道交会对接可分为近地轨道 1 次对接模式、近地轨道 2 次对接模式和近地轨道 3 次对接模式。

1. 一次发射直接奔月飞行模式

一次发射直接奔月飞行模式是指由 1 枚重型载人火箭将载人飞船及月面着陆器组合体直接送入地月转移轨道，再完成近月制动、月面下降、月面上升、环月轨道交会对接，最终返回地球的奔月飞行模式。

一次发射直接奔月模式的主要飞行过程如下：①月面着陆器和载人飞船组合体由重型载人火箭发射进入地月转移轨道；②登月飞行器组合体在地月转移期间利用载人飞船或月面着陆器进行 2～3 次轨道中途修正；③到达近月点附近，载人飞船或月面着陆器进行制动减速，将登月飞行器送入环月轨道；④航天员从载人飞船进入月面着陆器，月面着陆器与载人飞船分离，并在月球表面着陆，同时载人飞船留在环月轨道上自主飞行；⑤航天员完成月面任务后，月面着陆器的上升级从月面发射，进入环月轨道与载人飞船进行对接，航天员进入载人飞船；⑥月面着陆器的上升级与载人飞船分离，载人飞船加速进入月地转移轨道，其间进行 2～3 次轨道中途修正；⑦载人飞船抛掉轨道舱和推进舱，返回舱进入地球大气层，安全着陆。

一次发射直接奔月飞行模式仅需 1 枚重型载人火箭，月地返回过程需要 1 次环月轨道交会对接，发射载人飞船和月面着陆器组合体至环月轨道，其任务剖面如图 5-1 所示。直接奔月模式具有任务周期短、飞行模式简单、任务可靠性高等优点；但其缺点是重型载人火箭的运载能力要求高、起飞质量大、任务风险高，百吨级重型载人运载火箭的研制难度大，研制周期长。美国 Apollo 载人登月工程采用的就是一次发射直接奔月飞行模式，可乘坐 3 名航天员，2 名登陆月球中低纬度地区，"土星 V 号"重型载人火箭的低轨运载能力约 120 t。

2. 近地轨道 1 次对接模式

近地轨道 1 次对接模式是指由重型货运火箭和载人火箭分别将月面着陆器 + 推进飞行器组合体与载人飞船送入近地轨道进行 1 次对接，再完成奔月、近月制动、月面下降、月面上升、环月轨道交会对接，最终返回地球的奔月飞行模式。美国"星座计划"中提出的重返月球任务就采用近地轨道 1 次对接模式。与 Apollo 载人登月工程的直接奔月飞行模式相比，近地轨道 1 次对接模式虽增加了 1 次火箭发射和 1 次近地轨道交会对接，但人货分运的方式最大限度地保障了航天员的安全，降低了任务风险。

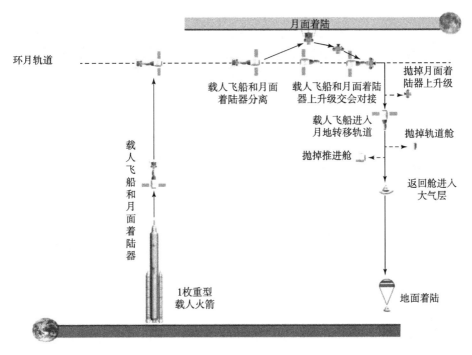

图 5-1　直接奔月飞行模式示意图

近地轨道 1 次对接模式的主要飞行过程如下：①月面着陆器和推进飞行器组合体由货运火箭发射进入近地轨道；②载人飞船由载人火箭发射入轨，与月面着陆器和推进飞行器组合体进行对接，完成登月飞行器的在轨组装；③登月飞行器完成地月转移加速前的姿态调整，进行地月转移加速，达到预定速度后关机，推进飞行器分离，地月转移期间利用月面着陆器进行 2~3 次轨道中途修正；④到达近月点附近，月面着陆器进行制动减速，将登月飞行器送入环月轨道；之后的飞行过程与一次发射直接奔月飞行模式相同。

近地轨道 1 次对接模式奔月过程需要 1 次发射重型货运火箭，1 次发射载人火箭；需要 1 次近地轨道交会对接，月地返回过程需要 1 次环月轨道交会对接，如图 5-2 所示。

近地轨道进行 1 次对接组装模式需研制百吨级的重型货运火箭，技术难度大，研制周期长。但其飞行模式简单，对接次数相对较少，任务可靠性相应较高。美国"星座计划"采用近地轨道 1 次交会对接飞行模式，载人火箭近地轨道运载能力 25 t，重型货运火箭的运载能力 188 t（含末级入轨质量），可将 4 名航天员送入月球表面，具备全月面到达能力。

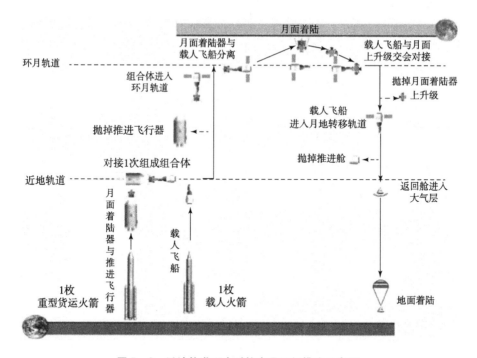

图 5-2　近地轨道 1 次对接奔月飞行模式示意图

3. 近地轨道 2 次对接模式

近地轨道 2 次对接模式是指由 2 枚重型货运火箭和 1 枚载人火箭分别将推进飞行器第一级、月面着陆器 + 推进飞行器第二级组合体，以及载人飞船送入近地轨道进行 2 次对接，再完成奔月、近月制动、月面下降、月面上升、环月轨道交会对接，最终返回地球的奔月飞行模式。

近地轨道 2 次对接模式主要飞行过程如下：①推进飞行器第二级和月面着陆器的组合体由重型货运火箭发射到近地轨道；②推进飞行器第一级单独由重型货运火箭发射入轨，进行变轨和姿态控制，从后端与推进飞行器第二级进行第 1 次对接；③载人飞船由载人火箭发射入轨，与月面着陆器进行第 2 次对接，完成登月飞行器的在轨组装；④登月飞行器完成地月转移加速前的姿态调整，加速进入地月转移轨道，推进飞行器第一级和第二级工作完后分离，地月转移期间利用月面着陆器进行 2~3 次轨道中途修正；⑤到达近月点附近，月面着陆器进行制动减速，将登月飞行器送入环月轨道；之后的飞行过程与 1 次发射直接奔月飞行模式相同。

近地轨道 2 次对接模式奔月过程需要 2 次发射重型货运火箭，1 次发射载人火箭，需要 2 次近地轨道交会对接，月地返回过程需要 1 次环月轨道交会对接，如图 5-3 所示。与近地轨道 1 次对接模式相比，近地轨道 2 次对接模式对运载火箭的运载能力要求相对较低，研制难度相对较小。其缺点是不如近地轨道 1 次对接模式简单，短时间内需完成 3 次发射（2 次零窗口发射）和 2 次近地轨道交会对接，组织实施难度较大，风险较高。此外，近地轨道 2 次交会对接后形成的登月组合体，长度较长，在地月转移及加速动力飞行过程中动力学控制难度大。如果采用低温高比冲氢氧发动机，在轨蒸发量控制的难度较大。发射场需建设 2 个重型货运火箭发射工位，才能确保零窗口发射。

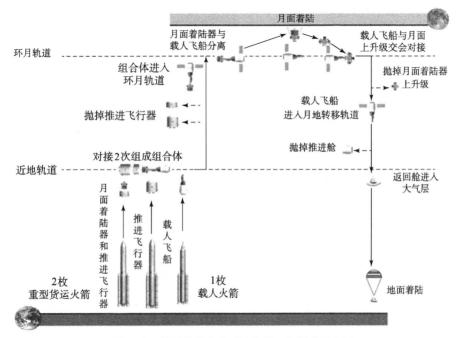

图 5-3　近地轨道 2 次对接奔月飞行模式示意图

4. 近地轨道 3 次对接模式

近地轨道 3 次对接模式是指由 3 枚重型货运火箭和 1 枚载人火箭分别将推进飞行器第一级、推进飞行器第二级、月面着陆器 + 推进飞行器第三级组合体，以及载人飞船送入近地轨道进行 3 次对接，再完成奔月、近月制动、月面下降、月面上升、环月轨道交会对接，最终返回地球的奔月飞行模式。

近地轨道 3 次对接模式的主要飞行过程如下：①月面着陆器和第三级推进飞行器的组合体由重型货运火箭发射到近地轨道；②第二级推进飞行器由重型货运火箭发射入轨，进行变轨和姿态控制，从后端与第三级推进飞行器进行第

1 次对接；③第一级推进飞行器由重型货运火箭发射入轨，进行变轨和姿态控制，从后端与第二级推进飞行器进行第 2 次对接；④载人飞船由载人火箭发射入轨，与月面着陆器进行第 3 次对接，完成登月飞行器的在轨组装；⑤登月飞行器完成地月转移加速前的姿态调整，加速进入地月转移轨道，第一级、第二级、第三级推进飞行器完成工作后分离，地月转移期间利用月面着陆器进行 2~3 次轨道中途修正；⑥到达近月点附近，月面着陆器进行制动减速，将登月飞行器送入环月轨道；之后的飞行过程与 1 次发射直接奔月飞行模式相同。

近地轨道 3 次对接模式奔月过程需要 3 次发射重型货运火箭，1 次发射载人火箭，需要 3 次近地轨道交会对接，月地返回过程需要 1 次环月轨道交会对接，如图 5 - 4 所示。该模式的优点是对重型货运火箭运载能力要求较低，技术继承性好，可利用现有火箭进行技术改进。其缺点是飞行模式相对复杂，对接次数相对较多，任务可靠性相应降低，需要连续发射 4 枚火箭（其中 3 次零窗口发射），连续 3 次近地交会对接，组织实施难度大，任务风险高。此外，同样由于多次交会对接形成组合体长度较长，地月转移过程动力学控制及低温推进剂蒸发量控制技术难度大。发射场需要新建设 3 个重型货运火箭发射工位才能确保零窗口发射，这种方案的建设规模较大。

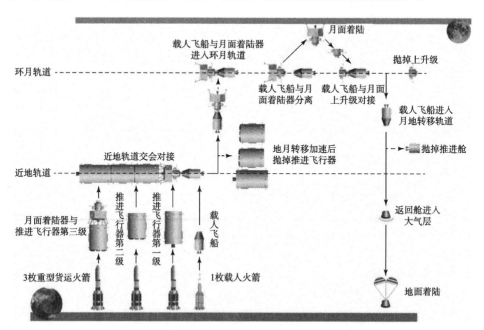

图 5 - 4 近地轨道 3 次对接奔月飞行模式示意图

5. 环月轨道对接模式

环月轨道对接模式是指由重型货运火箭和重型载人火箭分别将月面着陆器与载人飞船送入地月转移轨道，分别进入环月轨道后进行一次环月轨道交会对接，再完成落月、上升、环月轨道交会对接，最终返回地球的奔月飞行模式。

环月轨道对接模式的主要飞行过程如下：①月面着陆器由重型货运火箭发射进入地月转移轨道；②地月转移期间月面着陆器进行 2 ~ 3 次轨道中途修正；③到达近月点附近，月面着陆器进行制动减速，进入环月轨道；④载人飞船由重型载人火箭发射进入地月转移轨道；⑤地月转移期间载人飞船进行 2 ~ 3 次轨道中途修正；⑥到达近月点附近，载人飞船进行制动减速，进入环月轨道；⑦月面着陆器和载人飞船完成环月轨道交会对接，航天员从载人飞船进入月面着陆器，月面着陆器与载人飞船分离，并在月球表面着陆，同时载人飞船留在环月轨道上自主飞行；之后的飞行过程与 1 次发射直接奔月飞行模式相同。

环月轨道对接模式需要 1 次发射重型货运火箭，1 次发射重型载人火箭；2 次环月轨道交会对接，如图 5 - 5 所示。该模式的优点是载人飞船和月面着陆器的飞行过程独立、人货分运、发射灵活性较强。其缺点是奔月过程环月轨道交会对接难度较大，对自主控制能力要求强，对重型载人火箭的要求高。与研制重型货运火箭相比，重型载人火箭的安全性和可靠性要求更高，其研制难度大、研制周期长和研制经费需求高。发射场需建设 2 个重型运载火箭发射工位，保障实施难度相对较大。这种模式的另一个优点是重型货运火箭与重型载人火箭的运载能力规模基本相当，可以将基础级设计得基本相同，通过重型货运火箭的发射增加火箭发射的可靠性子样，从而有助于提高重型火箭的可靠性指标。

6. 近地 + 环月轨道对接模式

近地 + 环月轨道对接模式是指由第一枚重型货运火箭将月面着陆器送入地月转移轨道，第二枚重型货运火箭和载人火箭分别将推进飞行器组合体与载人飞船送入近地轨道进行一次对接，月面着陆器和载人飞船组合体进入环月轨道后进行一次环月轨道交会对接，再完成落月、上升、环月轨道交会对接，最终返回地球的奔月飞行模式。

近地 + 环月轨道对接模式的主要飞行过程如下：①月面着陆器由重型货运火箭发射进入地月转移轨道；②地月转移期间月面着陆器进行 2 ~ 3 次轨道中途修正；③到达近月点附近，月面着陆器进行制动减速，进入环月轨道；④推

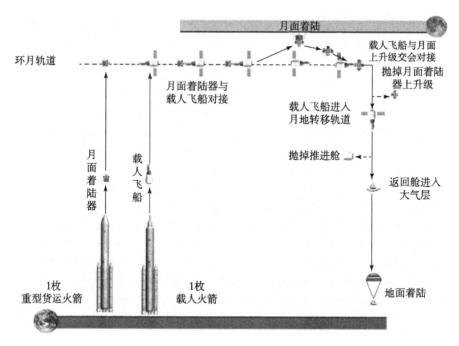

图 5 - 5　环月轨道对接奔月飞行模式示意图

进飞行器第一级与第二级组合体由重型货运火箭发射进入近地轨道；⑤载人飞船由载人火箭发射进入近地轨道；⑥推进飞行器第一级与第二级组合体从后端与载人飞船进行近地轨道交会对接，完成载人飞船的在轨组装；⑦载人飞船利用推进飞行器第一级加速，进入地月转移轨道后与推进飞行器第一级分离，地月转移期间利用推进飞行器第二级进行 2～3 次轨道中途修正；⑧到达近月点附近，推进飞行器第二级进行制动减速，进入环月轨道；⑨月面着陆器和载人飞船完成环月轨道交会对接，航天员从载人飞船进入月面着陆器，月面着陆器与载人飞船分离，并在月球表面着陆，同时载人飞船留在环月轨道上自主飞行；之后的飞行过程与 1 次发射直接奔月飞行模式相同。

近地＋环月轨道对接模式共需要 2 次发射重型货运火箭，1 次发射载人火箭；1 次近地轨道交会对接，2 次环月轨道交会对接，如图 5 - 6 所示。该模式的优点是人货分运发射，航天员发射阶段安全性相对较高；对重型货运火箭研制要求相对较低，可实现性较好；避免了近地轨道大质量飞行器的对接难题。其缺点是飞行任务阶段较多，任务规划复杂，在短时间内需完成 3 次发射，发射关联性较强，任务组织实施难度相对较大，奔月过程环月轨道交会对接难度较大。发射场需建设 2 个重型货运火箭发射工位，保障实施难度相对较大。

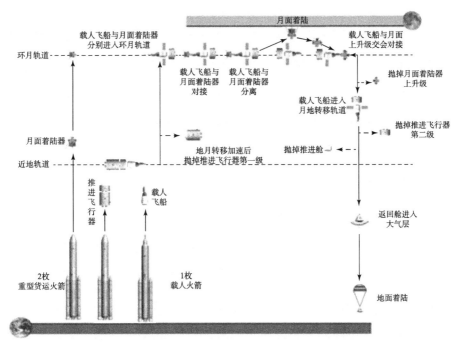

图 5-6　近地 + 环月轨道对接奔月飞行模式示意图

5.1.2　基于空间站的载人登月飞行模式

近地轨道空间站的建设与应用是人类近年来载人航天活动的重点。将空间站作为地月空间运输的中转站，可把载人天地往返任务和登月任务解耦：先将人员运输到空间站上等待，时机合适时再进行月面探测，遇到突发情况还可迅速实施月面上升返回空间站，从而增加任务的灵活性和安全性。其次易于实现多次登月重复探测，假设月面着陆器是可重复使用的，那么在货运飞船给空间站补给满推进剂和货物之后，可从空间站向月面着陆器进行补给，从而实现多次往返登月，有利于全月面的深度探测。虽然从工程实施角度来看，除了载人飞船、月面着陆器、推进飞行器之外，又增加了地月空间站和货运飞船，但是随着登月次数增多，整个系统的效率反而是更经济高效的，因此美国提出联合欧、俄、日等国共同建设月球"深空之门"（Deep Space Gateway，DSG），不仅用于载人月球探测，更可使日后的载人火星探测任务作为中转站。

根据空间站所处轨道位置的不同，基于空间站的载人登月飞行模式主要有 6 种：基于近地轨道（Low Earth Orbit，LEO）空间站飞行模式、基于地球静止轨道（Geostationary Earth Orbit，GEO）空间站飞行模式、基于地月循环轨道空间站飞行模式、基于地月 L1 点空间站飞行模式、基于地月 L2 点空间站飞行模式，以及基于环月轨道（Low Lunar Orbit，LLO）空间站飞行模式。

在上述的基于地月平动点空间站飞行模式中通常只考虑基于 L1 及 L2 点放置空间站的飞行模式。由于地月系统中共有 5 个平动点（图 5 - 7），其中 L1、L2、L3 称为共线平动点，L4、L5 称为三角平动点，它们是圆形限制性三体问题的平衡点，相对地月大天体是静止的。研究表明，三角平动点 L4、L5 是稳定的，而共线平动点 L1、L2、L3 是不稳定的。处在共线平动点上的物体，在受到小扰动后即按指数规律远离这一平衡位置。由 L3 点的位置可知，其处在地月连线上且位于地球一侧，远离月球。假若利用 L3 点登月，则其登月飞行方案先要向 L3 飞行，然后再飞向月球，其飞行方案速度增量和飞行时间均比 L1 与 L2 点登月大，故一般不采用 L3 点。由 L4 点和 L5 点的位置可知，其与地月形成一个等边三角形，登月飞行方案为先向 L4 点或 L5 点飞行，然后向月球飞行，相当于飞行 2 个地月距离。因此，L4 点和 L5 点任务的飞行时间比 L1 点和 L2 点任务的飞行时间长。同时 L4 点和 L5 点的逃逸和制动速度比 L1 点和 L2 点大，故不宜采用 L4 点和 L5 点放置地月空间站进行载人登月。综上所述，对于地月平动点空间站飞行模式，主要考虑 L1 点空间站飞行模式和 L2 点空间站飞行模式。

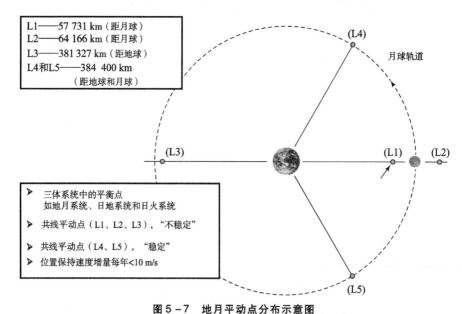

图 5 - 7　地月平动点分布示意图

下面分别介绍这 6 种基于空间站的载人登月飞行模式。

在后续所有的基于空间站的载人登月飞行模式分析中，均假设空间站已处于运营模式，空间站和月面着陆器已提前发送到指定轨道上，飞行过程从载人飞船发射开始，执行 1 次登月任务，直至返回地面。其中载人飞船负责 LEO

到空间站和空间站到地面的往返运输，月面着陆器负责空间站到月面和月面到空间站的往返运输。

1. 基于 LEO 空间站飞行模式

基于 LEO 空间站飞行模式是指载人飞船先与 LEO 空间站进行交会对接，航天员转移到空间站，通过停泊在空间站上的月面着陆器完成登月任务后返回空间站，航天员转移进入到载人飞船，最后返回地球。

基于 LEO 空间站飞行模式的主要飞行过程如下（图 5 – 8）：①用载人火箭将载人飞船发送到 LEO 轨道；②载人飞船从 LEO 轨道飞向空间站所在轨道，并与空间站对接，航天员从载人飞船转移到空间站；③航天员从空间站转移到月面着陆器，月面着陆器离开空间站飞向 LLO；④月面着陆器进行月面下降，并着陆月面；⑤完成月面任务后，月面着陆器整体上升返回 LLO；⑥月面着陆器从 LLO 飞向空间站；⑦月面着陆器与空间站对接，航天员从月面着陆器转移到空间站；⑧航天员从 LEO 空间站转移到载人飞船上，载人飞船离轨机动，返回地球，并再入大气层，最终着陆地面。

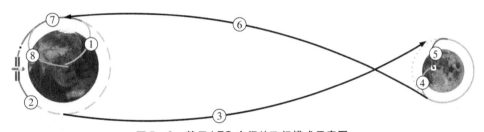

图 5 – 8　基于 LEO 空间站飞行模式示意图

基于 LEO 空间站飞行模式的变轨任务包括：①LEO 交会对接；②近地加速；③近月制动；④环月降轨；⑤动力下降；⑥月面上升；⑦月地转移加速；⑧进站制动；⑨近程交会；⑩离轨机动。总速度增量需求约为 12 700 m/s。由于完成登月任务后需要返回 LEO 空间站，登月飞行器需要约 3 150 m/s 的速度增量进行制动进入 LEO（也称为近地制动），故导致整个任务总速度增量大。

该模式下空间站运行于 LEO 上，存在大气阻力，空间碎片撞击概率相对较大。空间辐射环境较好，不会遭遇地球辐射带带电粒子，太阳宇宙射线和银河宇宙射线影响较小。由于空间站的 LEO 空间位置一定，故其每月与月球轨道的交点为 2 个，即每月有 2 次登月窗口。该模式中涉及的交会对接主要有：①载人飞船与空间站在近地轨道上交会对接；②月面着陆器与空间站在近地轨道上交会对接。第 1 次交会对接是近地轨道交会对接，技术比较成熟；第 2 次交会对接也为近地轨道交会对接，其难度主要体现在从月地转移轨道到 LEO

进行近地制动的精度和代价。如果没有月球 ISRU 技术的支持，用于近地制动的推进剂将从地球携带上去，这将显著增加近地轨道出发初始总质量（IM-LEO），代价较大。理论上该模式也可支持载人小行星和载人登火星任务。

2. 基于 GEO 空间站飞行模式

基于 GEO 空间站飞行模式是指载人飞船先与 GEO 空间站进行交会对接，航天员转移到空间站，通过停泊在空间站上的月面着陆器完成登月任务并返回空间站，最后航天员回到载人飞船，返回地球。

基于 GEO 空间站飞行模式的主要飞行过程如下（图 5 - 9）：①用载人火箭将载人飞船发送到 LEO 轨道；②载人飞船从 LEO 轨道飞向 GEO 空间站所在轨道；③载人飞船与空间站对接，航天员从载人飞船转移到空间站；④航天员从空间站转移到月面着陆器，月面着陆器离开空间站飞向 LLO；⑤月面着陆器进行月面下降，并着陆月面；⑥完成月面任务后，月面着陆器整体上升返回LLO；⑦月面着陆器从 LLO 飞向空间站；⑧月面着陆器与空间站对接，航天员从月面着陆器转移到空间站；⑨航天员从空间站转移到载人飞船上，载人飞船GEO 离轨机动，返回地球，并再入大气层，最终着陆地面。

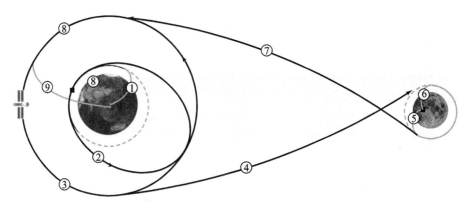

图 5 - 9　基于 GEO 空间站飞行模式示意图

基于 GEO 空间站飞行模式的变轨任务包括：①LEO 向 GEO 轨道转移；②GEO 轨道交会对接；③近地加速；④近月制动；⑤环月降轨；⑥动力下降；⑦月面上升；⑧月地转移加速；⑨进站制动；⑩近程交会；⑪离轨机动。总速度增量需求约为 14 750 m/s。该飞行模式下，与 GEO 空间站对接前需要从LEO 向 GEO 转移，登月任务后需要制动返回 GEO 空间站，以及 GEO 离轨机动。这三项变轨任务导致整个任务总速度增量非常大。

该模式下空间站运行于 GEO 上，不存在大气阻力，空间辐射环境较近地恶劣，处于外辐射带，将遭遇辐射带捕获电子。由于空间站的 GEO 空间位置一定，故其每月与月球轨道的交点为 2 个，即每月有 2 次登月窗口。该模式中涉及的交会对接主要有：①载人飞船与空间站在 GEO 轨道上交会对接；②月面着陆器与空间站在 GEO 轨道上交会对接。这两次交会对接都是在 GEO 轨道上进行交会对接，第 1 次交会对接可通过 LEO 向 GEO 轨道转移进行调相和调平面，技术难度较低；第 2 次交会对接的难点主要体现在从月地转移轨道到 GEO 轨道进行近地制动的精度和代价。同 LEO 空间站模式一样，如没有月球 ISRU 技术的支持，代价较大。理论上该模式也可支持载人小行星和载人登火星任务。

3. 基于地月循环轨道空间站飞行模式

地月循环轨道是指周期性往返于地球和月球之间，在行星附近绕飞而不停留的轨道。暂取地月循环轨道的远地点约为 48 万公里，近地点为 1 万公里，轨道平面靠近月球公转平面，如图 5-10 所示。

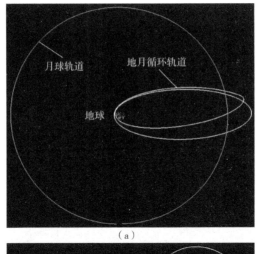

（a）

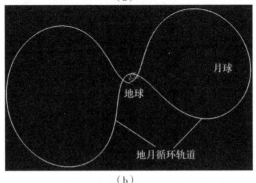

（b）

图 5-10　地月循环轨道飞行轨迹示意图

（a）地心惯性系轨迹；（b）地月旋转系轨迹

基于地月循环轨道空间站飞行模式是指载人飞船先与地月循环轨道空间站进行交会对接，航天员转移到空间站，再进入停泊在空间站上的月面着陆器，待登月任务完成后返回空间站，航天员再转移到载人飞船，最后返回地球。

基于地月循环轨道空间站飞行模式的主要飞行过程如下（图 5 - 11 ~ 图 5 - 14）：①用载人火箭将载人飞船发送到 LEO 轨道；②载人飞船从 LEO 轨道飞向地月循环轨道空间站所在轨道；③载人飞船与空间站对接，航天员从载人飞船转移到空间站；④航天员从空间站转移到月面着陆器，在空间站向月球飞行较近时月面着陆器离开空间站飞向 LLO；⑤月面着陆器进行月面下降，并着陆月面；⑥完成月面任务后，月面着陆器整体上升返回 LLO；⑦月面着陆器从 LLO 飞向空间站；⑧月面着陆器与空间站对接，航天员从月面着陆器转移到空间站；⑨航天员从空间站转移到载人飞船上，载人飞船地月循环轨道离轨机动，返回地球，并再入大气层，最终着陆地面。

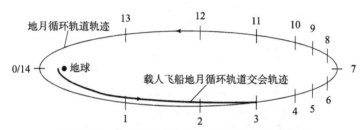

图 5 - 11　载人飞船从地球飞向空间站轨迹示意图

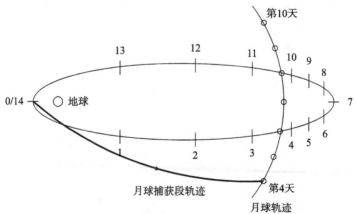

图 5 - 12　月面着陆器从空间站飞向 LLO 轨迹示意图

基于地月循环轨道空间站飞行模式的变轨任务包括：①近地加速；②飞船地月循环轨道进入；③飞船地月循环轨道近程交会；④着陆器地月循环轨道离轨；⑤月球捕获机动；⑥环月降轨；⑦动力下降；⑧月面上升；⑨月球逃逸机

动；⑩着陆器地月循环轨道进入；⑪着陆器地月循环轨道近程交会；⑫飞船离轨机动。该模式总速度增量需求较小，约为 10 100 m/s。

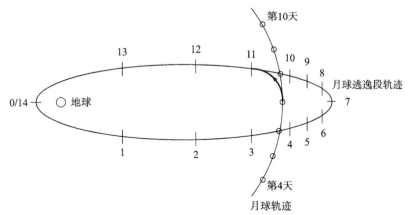

图 5 - 13　月面着陆器从 LLO 飞向空间站轨迹示意图

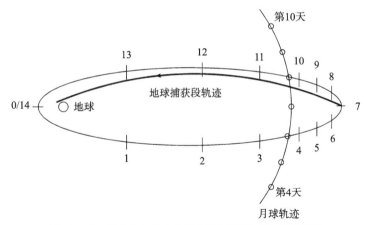

图 5 - 14　载人飞船从空间站离轨返回地球轨迹示意图

　　该模式下空间站运行于地月循环轨道上，不存在大气阻力，光照条件良好，热环境稳定，微流星/空间碎片撞击概率相对较小。空间辐射环境较近地恶劣，将一次穿越内辐射带和外辐射带，其间将遭遇辐射带捕获电子和捕获质子；地月飞行期间持续遭遇银河宇宙射线和太阳风粒子，太阳爆发期间还会遭遇太阳宇宙射线。地月循环轨道的轨道周期约为 14 天，其中在约第 7 天位置与月球、地球共线。地月循环轨道与月球交会的周期为 2 个地月循环轨道周期，约为 28 天。在每 28 天内，一个 14 天周期与月球交会，地月空间站与月球处于地球同侧；另一个 14 天周期远离月球，地月空间站与月球分处地球两侧。故其登月窗口为每月 1 次。该模式中涉及的交会对接主要有：①载人飞船与空间站在地月循环轨道上交会对接；②月面着陆器与空间站在地月循环轨道上交会对接。这两次交会对接都属于地球大椭圆轨道交会对接，登月飞行器通过 2 次脉冲变轨进入空间站附近区域，进行自主控制段飞行并完成对接。其难度主要体现在 2 次脉冲变轨的精度，登月飞行器的自主导航和控制精度，大椭圆轨道各点速度的不一致性。总体来看，其交会对接难度大。该模式可支持载人小行星和载人登火星任务，可支持地月空间的科学研究以及深空长期飞行技术验证。

4. 基于地月 L1 点空间站飞行模式

基于地月 L1 点空间站飞行模式是指载人飞船先与地月 L1 点空间站进行交会对接，航天员转移到空间站，通过停泊在空间站上的月面着陆器完成登月任务并返回空间站，航天员转移到载人飞船，最后再返回地球。

基于地月 L1 点空间站飞行模式的主要飞行过程如下（图 5 - 15）：①用载人火箭将载人飞船发送到 LEO 轨道；②载人飞船从 LEO 轨道飞向地月 L1 点空间站所在轨道；③载人飞船与空间站对接，航天员从载人飞船转移到空间站；④航天员从空间站转移到月面着陆器，月面着陆器离开空间站飞向 LLO；⑤月面着陆器进行月面下降，并着陆月面；⑥完成月面任务后，月面着陆器整体上升返回LLO；⑦月面着陆器从 LLO 飞向地月 L1 点空间站；⑧月面着陆器与空间站对接，航天员从月面着陆器转移到空间站；⑨航天员从空间站转移到载人飞船上，载人飞船地月 L1 点离轨机动，返回地球，并再入大气层，最终着陆地面。

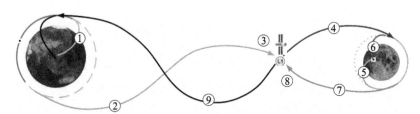

图 5 - 15　基于地月 L1 点空间站飞行模式示意图

基于地月 L1 点空间站飞行模式的变轨任务包括：①近地加速；②飞船 L1点进入；③飞船 L1 点近程交会；④着陆器 L1 点离轨；⑤月球捕获机动；⑥环月降轨；⑦动力下降；⑧月面上升；⑨月球逃逸机动；⑩着陆器 L1 点进入；⑪着陆器 L1 点近程交会；⑫飞船 L1 点离轨。该模式下总速度增量需求约为10 900 m/s。该飞行模式下，登月飞行器需要在地月 L1 点进行制动和加速，整个任务总速度增量较大。

该模式下空间站运行于地月 L1 点，不存在大气阻力，光照条件良好，热环境稳定。由于处于月球内侧，其微流星/空间碎片撞击概率相对较小。空间辐射持续遭遇银河宇宙射线和太阳风粒子，在太阳爆发期还会遭遇太阳宇宙射线。由于在地月旋转系中 L1 点相对月球的位置固定不变，其随时可以登月。该模式中涉及的交会对接主要有：①载人飞船与空间站在 L1 点上交会对接；②月面着陆器与空间站在 L1 点上交会对接。这两次交会对接都属于地月空间平动点交会对接，登月飞行器通过 2 次脉冲变轨进入 L1 点附近区域，进行自主控制段飞行并完成对接。由于空间站处于 L1 点，故交会对接无须相位调整；同时 L1 点处于力平衡位置，自主控制速度增量消耗小。另外，L1 点区域非线性强，测控和控制稍有误差就会产生很大的位置和速度误差。其难度主要体现在深空飞行的导航精度和登月飞行器的自主导航与控制精度。该模式可支持载人小行星和载人登火星任务，支持地月 L1 点区域的科学研究以及深空长期飞行技术验证。

5. 基于地月 L2 点空间站飞行模式

基于地月 L2 点空间站飞行模式是指载人飞船先与地月 L2 点空间站进行交会对接，航天员转移到空间站，通过停泊在空间站上的月面着陆器完成登月任务并返回空间站，最后航天员返回到载人飞船，再入返回地球。

从地球出发去 L2 点空间站有两种方式，如图 5 - 16 所示。为节省速度增量，一般选择月球借力去 L2 点。L2 点始终位于月球背面，其与地球通信和测控被月球本体挡住。因此需将空间站置于较高高度的 Halo（晕）轨道上（详见 6.1.2 节的高度为 8 000 km 的 Halo 轨道的设计方案），以解决通信和测控容易被遮挡的问题。

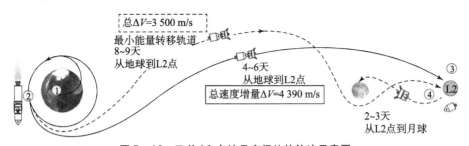

图 5 - 16　飞往 L2 点地月空间站的轨迹示意图

因此，基于地月 L2 点空间站飞行模式的主要飞行过程如下（图 5 - 17）：①用载人火箭将载人飞船发送到 LEO 轨道；②载人飞船从 LEO 轨道飞向月球，进行月球借力后到达地月 L2 点空间站所在轨道；③载人飞船与空间站对接，航天员从载人飞船转移到空间站；④航天员从空间站转移到月面着陆器，月面着陆器离开空间站飞向 LLO 轨道；⑤月面着陆器进行月面下降并着陆月面；⑥完成月面任务后，月面着陆器整体上升返回至 LLO 轨道；⑦月面着陆器从 LLO 轨道飞向地月 L2 点空间站；⑧月面着陆器与空间站对接，航天员从月面着陆器转移到空间站；⑨航天员从空间站转移到载人飞船上，载人飞船地月 L1 点离轨机动，返回地球，并再入大气层，最终着陆地面。

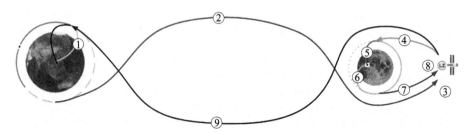

图 5 - 17 基于地月 L2 点空间站飞行模式示意图

基于地月 L2 点空间站飞行模式的变轨任务包括：①近地加速；②飞船 L2 点进入（含月球借力）；③飞船 L2 点近程交会；④着陆器 L2 点离轨；⑤月球捕获机动；⑥环月降轨；⑦动力下降；⑧月面上升；⑨月球逃逸机动；⑩着陆器 L2 点进入；⑪着陆器 L2 点近程交会；⑫飞船 L2 点离轨。该模式下总速度增量需求约为 10 000 m/s。由于采用月球借力的方式，该飞行模式的总速度增量较小。

该模式下空间站运行于地月 L2 点，空间环境与地月 L1 点相近，由于处于月球外侧，其微流星/空间碎片撞击概率相对较大。由于在地月旋转系中 L2 点相对月球的位置固定不变，理论上随时可以登月，但其登月窗口还受 Halo 轨道相位影响。该模式中涉及的交会对接主要有：①载人飞船与空间站在 L2 点 Halo 轨道上交会对接；②月面着陆器与空间站在 L2 点 Halo 轨道上交会对接。这两次交会对接都属于地月空间平动点 Halo 轨道交会对接，登月飞行器通过轨道转移进入 L2 点 Halo 轨道附近区域，进行自主控制段飞行并完成对接。其难度主要体现在 Halo 轨道进入精度、Halo 轨道进入相位，以及登月飞行器的自主导航和控制精度。其总体交会对接难度略大于 L1 点交会对接。该模式可支持载人小行星和载人登火星任务，也支持地月 L2 点区域的科学研究以及深空长期飞行技术验证任务。

6. 基于 LLO 空间站飞行模式

基于 LLO 空间站飞行模式是指载人飞船先与 LLO 空间站进行交会对接，航天员转移到空间站，通过停泊在空间站上的月面着陆器完成登月任务并返回空间站，航天员转移到载人飞船，最后返回地球。

基于 LLO 空间站飞行模式的主要飞行过程如下（图 5 - 18）：①用载人火

箭将载人飞船发送到 LEO 轨道；②载人飞船从 LEO 轨道飞向 LLO 轨道；③载人飞船与 LLO 轨道空间站交会对接，航天员从载人飞船转移到空间站；④航天员从空间站转移到月面着陆器，月面着陆器进行月面下降，并着陆月面；⑤完成月面任务后，月面着陆器整体上升返回 LLO 轨道；⑥月面着陆器在 LLO 轨道与空间站交会对接，航天员从月面着陆器转移到空间站；⑦航天员从空间站转移到载人飞船上，载人飞船进行 LLO 轨道离轨机动返回地球，并再入大气层，最终着陆地面。

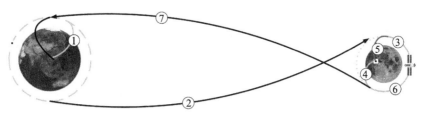

图 5 - 18　基于 LLO 空间站飞行模式示意图

基于 LLO 空间站飞行模式的变轨任务包括：①近地加速；②近月制动；③登月前环月轨道交会对接；④环月降轨；⑤动力下降；⑥月面上升；⑦登月后环月轨道交会对接；⑧月地转移加速。总速度增量需求约为 9 650 m/s。该模式类似于直接登月飞行模式，其总速度增量与环月轨道对接奔月飞行模式近似，整个任务总速度增量小。

该模式下空间站运行于 LLO 上，不存在大气阻力，热环境变化较大（受月球红外辐射影响），微流星/空间碎片撞击概率比 L1 点大。空间辐射持续遭遇银河宇宙射线和太阳风粒子，在太阳爆发期还会遭遇太阳宇宙射线。环月轨道始终围绕月球转动，随时可以进行月面下降和着陆月面，即可随时登月，登月窗口主要受登月点的位置约束。该模式中涉及的交会对接主要有：①载人飞船与空间站在环月轨道上交会对接；②月面着陆器与空间站在环月轨道上交会对接。其中第 2 次交会对接类似于 Apollo 载人登月工程中月面上升后的环月轨道交会对接，第 1 次交会对接是奔月过程的环月轨道交会对接，包括远程导引和自主控制。其难度主要体现在环月轨道进入精度、远程导引定轨精度，以及登月飞行器的自主导航和控制精度。该模式可支持载人小行星和载人登火星任务，以及深空长期飞行技术验证。

5.1.3　多种载人登月飞行模式比较

上述介绍了两大类共计 12 种载人登月飞行模式，其中直接登月的飞行模式比较适合于初期月球探测，能够实现小规模、快速登月。这六种直接载人登月飞行模式的主要区别在于对运载火箭的运载能力需求不同。表 5-1 所示为六种直接载人登月飞行模式的飞行器和运载火箭系统规模比较，其中假定载人飞船返回舱和月面着陆器上升级质量相同。通过比较可知，各种模式总的速度增量需求越少，飞行器质量规模越小，对运载火箭的运载能力规模需求就越小；在同样满足任务要求的前提下，登月飞行器的质量规模越小越好，代表系统效率越高。

表 5-1　六种直接载人登月飞行模式的飞行器和运载火箭系统规模比较　　t

飞行器质量和运载火箭的运载能力规模		1 次发射直接奔月飞行模式	近地轨道1 次对接模式	近地轨道2 次对接模式	近地轨道3 次对接模式	环月轨道对接模式	近地 + 环月轨道对接模式
载人飞船质量	返回舱	12	12	12	12	12	12
	推进舱	11	11	11	11	22	11
月面着陆器质量	上升级	7	7	7	7	7	7
	下降级	38	38	38	38	27	27
推进飞行器质量		—	—	35 + 80	5 + 50 + 50	—	11
重型货运火箭运载能力		—	63 × 1 (LTO)	80 × 2 (LEO)	50 × 3 (LEO)	34 × 1 (LTO)	34 × 2 (LTO)
载人火箭运载能力		68 × 1 (LTO)	23 × 1 (LEO)	23 × 1 (LEO)	23 × 1 (LEO)	34 × 1 (LTO)	23 × 1 (LEO)

基于空间站的载人登月飞行模式更适合于大规模、深度探测开发利用月球资源任务，也能为后续的载人小行星探测及火星探测奠定基础。基于空间站的各类载人登月飞行模式的特点综合比较如表 5-2 所示。

对于基于空间站的载人登月飞行模式，可从速度增量需求、空间运行环境、任务周期、任务支持能力、可靠性和安全性等方面进行比较。从结果来看，LEO 轨道空间站模式不支持月面着陆器重复使用，若采用月面着陆器重复使用，则需进行近地制动，速度增量大，不适合作为登月任务飞行方案；地月循环轨道空间站模式登月窗口少，交会对接难度大，不适合作为登月任务飞行方案；相对于 L1 点和 L2 点空间站，环月轨道空间站模式的地面发射窗口少，环月轨道交会对接难度大，对深空探测任务支持小。因此，基于地月 L1 点和地月 L2 点空间站飞行模式较优。相比之下，基于地月 L2 点空间站飞行模式的优点是任务总速度增量小，可支持月球背面任务；缺点是任务周期长，测控通信条件受一定限制。

表 5－2　基于空间站模式的各类载人登月飞行模式的特点综合比较

项目		地月 L1 点空间站	地月 L2 点空间站	环月轨道 (100 km) 空间站	近地轨道空间站	地月循环轨道空间站	GEO 空间站
任务支持		支持登月任务（全月面）；支持小行星探测任务；支持火星探测任务	支持登月任务（全月面，更好地支持月球背面探测任务）；支持小行星探测任务；支持火星探测任务	支持登月任务（特定区域）	支持登月任务（特定区域）；支持小行星探测任务；支持火星探测任务	支持登月任务（全月面）；支持小行星探测任务；支持火星探测任务	支持登月任务（速度增量大）；支持小行星探测任务；支持火星探测任务
		支持深空长期飞行技术验证	支持深空长期飞行技术验证	支持深空长期飞行技术验证	部分支持深空长期飞行技术验证	支持深空长期飞行技术验证	支持深空长期飞行技术验证
		支持科学研究范围中（L1 点轨道）	支持科学研究范围中（L2 点轨道）	支持科学研究范围小（月球轨道）	支持科学研究范围小（近地轨道）	支持科学研究范围大（地月空间）	支持科学研究范围小（GEO 轨道）
空间运行环境		光照条件良好	光照条件良好	月球遮挡光照条件一般	地球遮挡光照条件一般	光照条件良好	光照条件良好
		热环境稳定	热环境稳定	热环境不稳定（月球辐射）	热环境较稳定	热环境稳定	热环境稳定
		无大气阻力微流星/空间碎片少	无大气阻力微流星/空间碎片少	无大气阻力微流星/空间碎片少	有大气阻力微流星/空间碎片多	无大气阻力微流星/空间碎片少	无大气阻力微流星/空间碎片少
		空间辐射环境恶劣	空间辐射环境恶劣	空间辐射环境恶劣	空间辐射环境较好	空间辐射环境较好	空间辐射环境恶劣

续表

项目	地月 L1 点空间站	地月 L2 点空间站	环月轨道（100 km）空间站	近地轨道空间站	地月循环轨道空间站	GEO 空间站
从 LEO 到达空间站速度增量	4 040 m/s	3 450 m/s	4 400 m/s	180 m/s	3 470 m/s	4 400 m/s
从空间站到达月面速度增量	3 100 m/s	3 100 m/s	2 230 m/s	6 300 m/s	3 400 m/s	4 530 m/s
从 LEO 到达空间站时间	4 天	11 天	3 天	2 天	7 天	2 天
从空间站到达月面时间	3 天	3 天	70 分钟	3 天	4 天	3 天
登月任务窗口	每天	每天	每天	每月 2 次	每月 1 次	每月 2 次
交会对接难度	难度大	难度大	难度大	难度较低	难度大	难度较低

续表

项目	地月 L1 点空间站	地月 L2 点空间站	环月轨道（100 km）空间站	近地轨道空间站	地月循环轨道空间站	GEO 空间站
优点	发射、登月窗口安排灵活，支持全月面到达能力较强。飞行任务周期于 L2 点轨道空间站模式	发射、登月窗口安排灵活，支持全月面到达能力较强。相比地月 L1 点，可通过月球借力飞行，到达月面速度增量较小。能更好地支持月球背面探测，不需要单独部署中继通信卫星。从 L2 点出发到达火星所需的速度增量更小	距离月面较近，应急能力较强	近地轨道进行交会对接的难度较低，测控条件好	更好支持地月空间环境长期探测	测控条件好。兼顾 GEO 在轨服务任务
缺点	到达 L1 点所需速度增量量高于 L2 点	任务周期从地球出发到达时间多约 7 天（在有中转站支持的情况下，消耗品的增加对飞行器规模影响较小）	地面发射窗口少。空间热环境较差。对深空探测任务支持能力较差	空间碎片/微流星环境较差。部分支持深空探测技术验证	地月循环轨道稳定性较差。登月窗口少。交会对接难度大	GEO 轨道空间站登月任务所需速度增量远大于其他模式

参考附表 D 给出的飞行模式评价指标体系，载人登月的两大类多种飞行模式的综合比较详如表 5－3 所示。

表5－3　多种载人登月飞行模式综合比较

项目		直接载人登月飞行模式				基于空间站的飞行模式				
		一次发射直接奔月	近地交会对接	环月交会对接	近地+环月交会对接	LEO空间站	GEO空间站	地月循环轨道空间站	平动点空间站	LLO空间站
系统组成[1]		载人火箭 月面着陆器 载人飞船	载人火箭 货运火箭 月面着陆器 载人飞船 推进飞行器	载人火箭 货运火箭 月面着陆器 载人飞船	载人火箭 货运火箭 月面着陆器 载人飞船	空间站 载人火箭 月面着陆器 载人飞船 货运飞船	空间站 载人火箭 月面着陆器 载人飞船 货运飞船	空间站 载人火箭 月面着陆器 载人飞船 货运飞船	空间站 载人火箭 月面着陆器 载人飞船 货运飞船	空间站 载人火箭 月面着陆器 载人飞船 货运飞船
飞行器系统规模		最小 ☆	最小 ☆	最小 ☆	最小 ☆	☆☆☆☆	最大 ☆☆☆☆☆	☆☆☆☆		☆☆
运载火箭运载能力需求	载人	最大 ☆☆☆☆☆	最小 ☆	☆☆☆☆	最小 ☆	最小 ☆	☆☆☆☆	☆☆	☆☆	☆☆☆☆
	货运	无	最大 ☆☆☆☆☆	☆☆☆	☆☆☆	☆☆☆	无	无	无	无
建设空间站运载火箭需求		无	无	无	无	☆	最大 ☆☆☆☆☆	☆☆	☆☆☆	☆☆☆
研制/建造难度		☆☆☆	☆☆	☆☆☆	☆	☆☆☆☆☆ ☆	☆☆☆☆☆ ☆☆	☆☆☆☆☆ ☆☆☆☆	最大 ☆☆☆☆☆ ☆☆☆☆☆	☆☆☆☆☆ ☆☆☆
任务复杂度		☆	☆☆	☆☆	☆☆☆	☆☆☆☆☆ ☆	☆☆☆☆☆ ☆☆	最大 ☆☆☆☆☆ ☆☆☆☆☆	☆☆☆☆☆ ☆☆☆☆	☆☆☆☆☆ ☆☆☆☆
任务窗口灵活性		☆☆☆☆	☆	☆☆☆	☆☆	☆☆☆☆☆ ☆	☆☆☆☆☆ ☆	☆☆☆ ☆☆	最大 ☆☆☆☆☆ ☆☆☆☆☆ ☆☆☆☆☆	☆☆☆☆☆ ☆☆☆☆☆
飞行器可重复利用性		无	无	无	无	☆☆	☆☆☆	☆☆☆☆	最大 ☆☆☆☆☆ ☆☆☆☆☆	最大 ☆☆☆☆☆ ☆☆☆☆☆

续表

项目	直接载人登月飞行模式				基于空间站的飞行模式				
	一次发射直接奔月	近地交会对接	环月交会对接	近地 + 环月交会对接	LEO 空间站	GEO 空间站	地月循环轨道空间站	平动点空间站	LLO 空间站
研制/建造成本	☆☆☆	☆☆	☆☆☆	☆☆	☆☆☆☆☆☆☆	☆☆☆☆☆☆☆	最大 ☆☆☆☆☆☆☆☆☆	☆☆☆☆☆☆☆☆	☆☆☆☆☆☆
维护成本	无	无	无	无	☆☆☆☆☆☆	最大 ☆☆☆☆☆☆☆☆☆	☆☆☆☆☆	☆☆☆☆	☆☆☆☆
适用范围	早期载人登月任务	中小规模月球探测任务	中小规模月球探测任务	中等规模月球探测任务	大规模月球探测任务	大规模月球探测任务	大规模月球探测任务	大规模月球探测任务	大规模月球探测任务

注：1. 该系统组成以一次航天员运输任务为例，基于空间站的载人登月飞行模式中假设月面
　　着陆器和空间站已处于运行轨道上。

　　2. 五角星数量表示程度的深浅，数量越多表示程度越深，越少则反之。

5.2　载人小行星探测飞行模式

　　与载人登月任务类似，载人小行星探测任务由于飞行距离远、速度增量大、任务周期长，系统规模较大，采用单级飞行器很难直接完成探测任务，因此探测器需要采用多舱段交会对接的方式来实现探测任务。访问式小行星探测模式的基本任务流程为：探测器系统在近地轨道附近完成交会对接，进行转移飞行，与小行星交会，对小行星开展探测任务，完成任务后返回地球。

　　由于从地球到小行星的往返航行段和小行星探测段的飞行方案较固定，对系统速度增量变化影响较小，因此本节重点介绍在地球影响球内轨道段飞行模式，不同的交会对接和逃逸方式将影响飞行模式的选择。目前，小行星探测的飞行模式可分为近地组装发射飞行模式、日地 L2 点停泊飞行模式、双曲线交会对接飞行模式、大椭圆轨道交会对接飞行模式、地月 L1/L2 点停泊飞行模式。

5.2.1　近地组装发射飞行模式

　　近地组装发射飞行模式是指利用两枚或两枚以上运载火箭将航天员和探测

器所需载荷与燃料分别送入近地轨道，通过一次或多次对接形成组合体，从而满足探测任务所需的速度增量需求。该模式可降低任务对单枚运载火箭运载能力的过高需求，从而降低重型载人运载火箭的技术风险、研制成本与研制难度。

针对不同的目标星，小行星探测任务时间和探测距离均不同，可采用多次发射、多次近地轨道交会的方式。但随着交会次数的增加，对发射窗口要求更高，同时短时间连续发射增加了对发射场任务保障能力的要求。

近地组装发射飞行模式的飞行方案如下（图5-19）：①推进舱（第一级、第二级、第三级）、生活舱、探索飞行器等由重型货运运载火箭从发射场发射，进入近地停泊轨道；②载人飞船由1枚载人运载火箭从发射场发射，进入近地停泊轨道；③载人飞船作为主动飞行器与其他舱段组合体完成近地轨道交会对接，构成探测飞行器组合体；④到达预定的转移窗口，推进舱第一级、第二级先后点火，进行地球逃逸，达到逃逸速度后与探测器分离；⑤轨道转移飞行阶段利用推进舱第三级进行中途修正；⑥到达小行星附近，采用推进舱第三级进行制动与小行星实现交会，将探测飞行器（载人飞船＋探索飞行器＋生活舱）送入环小行星轨道后分离；⑦探索飞行器开展探测任务，探索飞行器与组合体分离，并着陆或附着在小行星表面，对小行星采样；⑧探索飞行器上升与组合体对接，完成航天员与货物转移后分离，载人飞船与生活舱组合体加速从小行星引力场附近逃逸，轨道转移段进行轨道中途修正；⑨再入返回地球段，载人飞船与生活舱分离，航天员进入返回舱后，抛掉生活舱，月地再入变轨后，完成中途修正，抛掉推进舱、返回舱。进入地球大气层，在着陆场安全着陆。

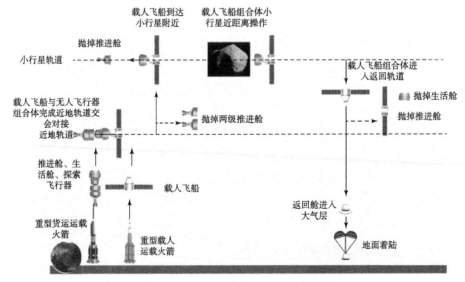

图5-19 近地组装发射飞行模式示意图

5.2.2　日地 L2 点停泊飞行模式

日地 L2 点停泊飞行模式是指将探测器组合体（推进舱、生活舱、探索飞行器等）无人舱段长期停泊于日地 L2 点，需要执行任务时利用不变流形轨道返回至地球附近，与从地球发射的载人飞船（返回舱、推进舱2）完成交会对接后实现地球引力场逃逸，开展小行星探测任务。在探测器组合体进入返回地球轨道时，载人飞船与探测器组合体分离，再入地球；其余舱段通过少量速度修正借助不变流形返回 L2 点停泊轨道，等待下一次探测任务。此外，利用无人补给飞行器对探测器组合体补充燃料和生活物资。

日地 L2 点停泊飞行模式充分利用日地 L2 点的物理特性，可以节省探测器组合体交会对接后所需的逃逸速度增量，同时仅需重型货运火箭进行一次发射，即可满足多次任务需求，实现重复利用。在开展多次探测任务的背景下，可以节约探测任务的成本，降低发射场连续发射的压力。但载人飞船与其余舱段进行交会对接时速度较大，增大了交会对接的难度和危险性。且探测器组合体虽然从日地 L2 点附近周期轨道借助不变流形可以实现低能量转移，但转移时间较长，初次入轨的能量消耗较大。

日地 L2 点停泊飞行模式的飞行方案（图 5–20）如下：①推进舱1、生活舱、探索飞行器等探测器组合体长期停泊于日地 L2 点附近周期轨道，执行探测任务时利用不变流形轨道返回地球；②载人飞船由一枚重型载人运载火箭从发射场发射，进入近地停泊轨道；③载人飞船作为主动飞行器在探测器组合体靠近地球时，与其完成交会对接；④载人飞船与探测器组合体根据发射窗口，

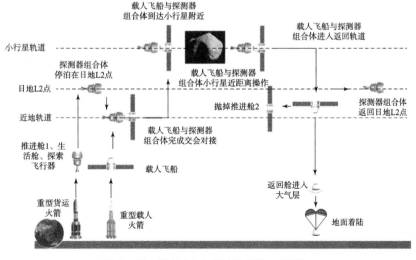

图 5–20　日地 L2 点停泊飞行模式示意图

施加逃逸脉冲，实现地球逃逸；⑤星际航行阶段利用推进舱 2 进行中途修正；⑥到达小行星附近，采用推进舱 2 进行制动，与小行星实现交会，将载人飞船与探测器组合体送入环小行星轨道；⑦探索飞行器开展探测任务，探索飞行器与载人飞船与探测器组合体分离，并着陆或附着在小行星表面，对小行星采样；⑧探索飞行器返回，与探测器组合体对接，完成航天员与货物转移后分离，推进舱 2 加速从小行星附近逃逸，进入地球返回轨道，返回期间进行轨道中途修正；⑨载人飞船返回舱在地球附近与推进舱 2 和生活舱、探索飞行器组合体再次分离，载人飞船返回舱再入大气层，在着陆场安全着陆；探测器组合体施加速度修正，进入稳定流形，返回日地 L2 点待命，等待下一次任务；⑩重型货运运载火箭发射补给飞行器，为日地 L2 点的探测器组合体补充燃料和物资。

5.2.3　双曲线交会对接飞行模式

双曲线交会对接飞行模式是指将探测器的交会对接和地球逃逸两个阶段合二为一，采用在逃逸轨道上实现交会对接的方式。无人的探测器组合体（含推进舱 1、生活舱、探索飞行器）采用重型货运运载火箭发射，通过连续脉冲小推力持续加速，达到逃逸速度。载人飞船（含推进舱 2、返回舱）采用载人运载火箭发射，利用火箭上面级施加逃逸速度。选择合适的逃逸窗口，使探测器两部分轨道在离开地球影响球处相交，探测器组合体在相交点交会对接，开展小行星探测任务。

双曲线交会对接中推进舱和生活舱采用连续小推力加速，虽然增加了飞行时间，但推进效率高，降低了对运载火箭能力的要求，同时可携带更大质量的载荷。但探测器在逃逸轨道完成交会对接，交会速度大，交会时间窗口小，交会难度大，对飞船测控系统要求高。

双曲线交会对接飞行模式的飞行方案（图 5-21）如下：①推进舱 1 和生活舱、探索飞行器等探测器组合体由重型货运运载火箭从发射场发射，进入近地停泊轨道；②探测器组合体利用推进舱 1 的推进装置施加连续小推力，达到地球逃逸速度，实现地球逃逸；③载人飞船由一枚重型载人运载火箭从发射场发射，进入近地停泊轨道；④推进舱 2 为载人飞船加速，使其进入地球逃逸轨道，随后与载人飞船分离；⑤载人飞船与探测器组合体在逃逸轨道交点处实现交会对接，逃离地球影响球；⑥星际航行阶段利用推进舱 1 进行中途修正；⑦探索飞行器开展探测任务，探索飞行器与载人飞船和探测器组合体分离，并着陆或附着在小行星表面，对小行星采样；⑧探索飞行器与载人飞船和探测器组合体对接，完成航天员与货物转移后分离，载人飞船加速从小行星附近逃逸，返回期间进行轨道中途修正；⑨载人飞船与生活舱分离，航天员进入返回舱后，抛掉生活舱，月地再入变轨后，完成中途修正，抛掉推进舱 2、返回舱进入地球大气层，在着陆场安全着陆。

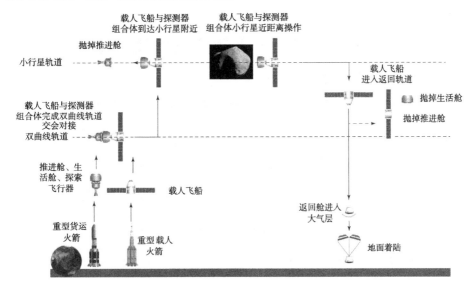

图 5-21　双曲线交会对接飞行模式示意图

5.2.4　大椭圆轨道交会对接飞行模式

大椭圆轨道交会对接模式可以看作近地交会对接的优化方案，探测器组合体（含探索飞行器、推进舱 1、生活舱等）采用重型货运运载火箭发射至近地轨道，然后充分利用火箭上面级的能量，将探测器组合体轨道转移至近地点在地球停泊轨道，远地点在地球高轨的大椭圆轨道，载人飞船（含推进舱 2、返回舱）采用重型载人运载火箭发射至地球停泊轨道，当组合体经过近地点时加速实现交会对接，然后探索飞行器在大椭圆轨道上施加脉冲实现地球逃逸。

大椭圆轨道交会对接飞行模式中探测器组合体采用连续小推力加速，虽然增加了飞行时间，但提高了推进效率，降低了对运载火箭能力的要求，同时可以携带更大质量的载荷。同时仍选择在近地点附近实现交会对接，交会对接速度相对双曲线交会要小，但探测器组合体的轨道周期较长，实现交会对接的窗口少，交会难度较近地交会要大，对测控系统要求高。

大椭圆轨道交会对接飞行模式的飞行方案（图 5-22）如下：①探测器组合体（推进舱 1、生活舱、探索飞行器等）由重型货运运载火箭从发射场发射，进入近地停泊轨道；②探测器组合体利用推进舱 1 的推进装置施加连续小推力，转移至近地点在地球停泊轨道附近，远地点在地球高轨的大椭圆轨道；③载人飞船（返回舱、推进舱 2）由一枚重型载人运载火箭从发射场发射，进入近地停泊轨道；④在探测器组合体经过近地点时，与载人飞船进行交会对接；⑤在椭圆轨道上，根据发射窗口，由推进舱1施加逃逸脉冲，载人飞船与探测器组合体逃离地球影响球；⑥轨道转移段利用推进舱1进行中途修正；⑦到达小行星附近，采用推进舱1进行制动，与小行星实现交会，将载人飞船与探测器组合体送入环小行星轨道；⑧探索飞行器开展探测任务，探索飞行器与组合体分离，并着陆或附着在小行星表面，对小行星采样；⑨探索飞行器与组合体对接，完成航天员与货物转移后分离，载人飞船加速从小行星附近逃逸，返回期间进行轨道中途修正；⑩载人飞船与生活舱分离，航天员进入返回舱后，抛掉生活舱，月地再入变轨后，完成中途修正，抛掉推进舱2，返回舱进入地球大气层，在着陆场安全着陆。

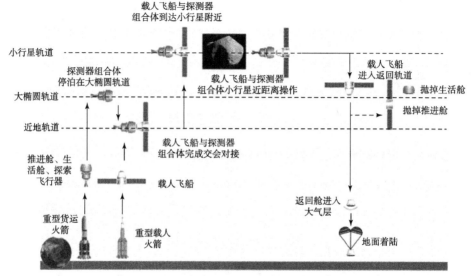

图 5-22 大椭圆轨道交会对接飞行模式示意图

5.2.5 地月 L1/L2 点停泊飞行模式

地月 L1/L2 点停泊飞行模式与日地 L2 点停泊飞行模式相似，选择地月的 L1/L2 点作为停泊点，探测器在该点附近保持与地球和月亮的相对位置不变。探测器组合体（含推进舱1、生活舱和探索飞行器）需要执行任务时利用流形从地月 L1/L2 点返回至地球附近，与从地球发射的载人飞船（含推进舱2、返回舱）完成交会对接后实现地球逃逸，开展小行星探测任务。探索飞行器在完成小行星探测任务后返回地球，载人飞船返回舱与推进舱2、生活舱等分离，再入地球；其余舱段通过少量速度修正借助不变流形返回地月 L1/L2 点停泊轨道，等待下一次探测任务，利用补给飞行器对探测器组合体补充燃料和生活物资。

地月 L1/L2 点停泊飞行模式的系统组成和功能以及主要阶段与日地 L2 点

相同。相比日地 L2 点，地月 L1/L2 点距离地球较近，停泊在地月 L1/L2 点除可完成小行星探测任务外，对月球探测也可提供中转和系统支持。但由于地月 L1/L2 点相对于地月旋转系静止，而在日地系下运动，因此探测器组合体再入地球，返回 L1/L2 点时受星历约束较大，可能无法找到低能量的转移轨道。且由于 L1/L2 点的不稳定流形距离地球最近距离较远，需要增加中间脉冲才能接近近地轨道，相比于日地 L2 点飞行模式优势较小。

地月 L1/L2 点停泊飞行模式的飞行方案（图 5 - 23）如下：①推进舱 1、生活舱、探索飞行器等探测器组合体长期停泊于地月 L1/L2 点附近周期轨道，执行探测任务时利用不变流形轨道返回地球；②载人飞船由一枚重型载人运载火箭从发射场发射，进入近地停泊轨道；③载人飞船作为主动飞行器，靠近地球时，完成与探测器段组合体的交会对接；④载人飞船与探测器组合体根据发射窗口，施加逃逸脉冲，实现地球逃逸；⑤轨道转移阶段利用推进舱 1 进行中途修正；⑥到达小行星附近，采用推进舱 1 进行制动，与小行星实现交会，将载人飞船与探测器组合体送入环小行星轨道；⑦探索飞行器开展探测任务，探索飞行器与载人飞船与探测器组合体分离，并着陆或附着在小行星表面，对小行星采样；⑧探索飞行器上升与载人飞船与探测器组合体对接，完成航天员与货物转移后分离，推进舱 2 加速从小行星附近逃逸，进入地球返回轨道，返回期间进行轨道中途修正；⑨载人飞船返回舱在地球附近与推进舱 2 和生活舱、探索飞行器再次分离，载人飞船返回舱再入大气层，在着陆场安全着陆；其余组合体施加速度修正，进入稳定流形，返回地月 L1/L2 点待命，等待下一次任务；⑩重型货运运载火箭发射补给飞行器，为地月 L1/L2 点的探测器组合体补充燃料和物资。

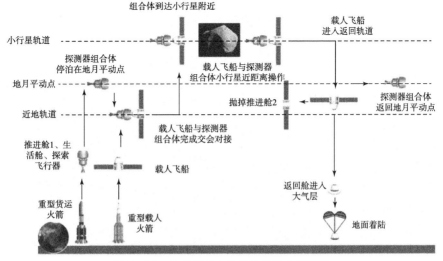

图 5 - 23　地月平动点停泊飞行模式示意图

5.2.6 多种飞行模式对比分析

从上述五种飞行模式可以看出，载人小行星探测可分为直接奔向小行星的飞行模式和基于高势能点的飞行模式，其中近地轨道组装发射飞行模式属于直接奔向小行星的飞行模式，其余四种属于基于高势能点的飞行模式。基于高势能点的飞行模式可通过小推力连续变轨将无人飞行器舱段送入高势能点，从而大大降低探测器系统规模。综合分析比较可知：

（1）近地轨道组装发射飞行模式实现难度较低，技术继承性、安全性较好，如果重型货运火箭研制难度大，可采用多次近地轨道交会对接的方式，该模式是未来 10 ~ 15 年内实现载人小行星探测任务的合理选择。

（2）双曲线轨道交会对接模式交会对接难度大，且探测器返回地球很难重复使用，在其他方面也不具优势。

（3）大椭圆轨道交会对接模式，由于探测器返回地球制动难度大，较难实现大部分探测器的重复使用，在其他方面不具有优势。

（4）日地 L2 点停泊飞行模式系统规模小，任务窗口灵活，并且主要舱段可重复使用，对于多次小行星探测任务，运行成本相对较低，可支持火星探测任务，是载人深空探测小行星探测路线的合理选择，任务实施过程中可作为近地轨道组装发射飞行模式的后续任务，支持逐步拓展的小行星探测范围和未来火星探测任务，如果在日地 L2 点建设空间站，可作为载人深空探测的基地，支持各种探测任务。

（5）地月 L1/L2 点停泊飞行模式虽然支持多种载人深空探测飞行任务，但其任务窗口灵活性差，对行星际探测约束大，此外相对于日地 L2 点停泊飞行模式其速度增量相对较大，系统规模以及后续运营成本都将大幅增加。

综上所述，载人小行星深空探测路线可以近地轨道组装飞行模式为先导，易于实现；这种基于高势能点的探测飞行模式有可能成为未来载人深空探测任务的重要趋势。后续任务可不断拓展探测范围，以日地 L2 点作为未来载人深空探测的支点，开展更广泛的载人小行星探测任务。

|5.3 载人火星探测飞行模式|

载人火星探测任务的主要飞行阶段包括地火转移加速、火星制动、火星进入下降与着陆、火星上升与交会对接、火地转移加速再入返回地球等阶段，总速度增量需求十分巨大，约 26.4 km/s，如图 5 - 24 所示，相应的载人火星飞行器系统的质量规模更大。如果采用类似直接登月式的直接往返火星的飞行模式，初步估计近地轨道组装后登火飞行器系统的质量规模需达到千吨级以上，需要数十枚百吨级重型货运火箭才能完成一次往返火星的载人飞行任务，这样的工程实施和保障难度相当巨大，难以实现。类似的分析如载人月球及小行星探测飞行模式，不再赘述。

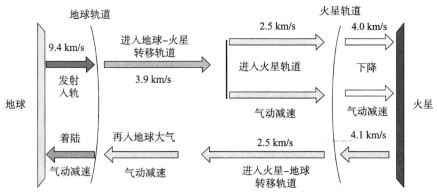

图 5 - 24　载人火星探测往返轨道及速度增量估计

载人火星探测任务的另一个难点是任务周期的敏感性。由于航天员长期处于深空变重力环境及空间辐射环境中，会对航天员的生理及心理产生较大的影响，因此需在任务设计时尽量缩短飞行时间，但缩短飞行时间就意味着需要进一步增加整个飞行任务的速度增量。为降低任务总发射质量和运载火箭的发射次数，需采用先进的推进技术，然而当前能够广泛工程应用的还是化学推进技术，大功率的电推进技术、核推进技术都尚处于研发阶段，技术成熟度较低，离真正工程化应用实施阶段还有相当差距。

在进行载人火星探测任务分析时，不难发现，上述缩短飞行任务时间、降低推进技术难度的需求，与降低近地轨道出发初始总质量（IMLEO）的需求是相互矛盾的，寻求平衡力图整体效益最优的目标是难以实现的。但如果将封闭任务转化为开放任务设计，采用 ISRU 技术的方式在火星表面制造推进剂及生保消耗品，补加到火星上升级中可以降低速度增量总需求，ISRU 就成为化解这个难题的重要选项。

5.3.1　火星探测参考任务的演变

从 20 世纪 90 年代开始，美国约翰逊航天中心（Johnson Space Center，JSC）就开始火星设计参考任务（Design Reference Mission，DRM）的论证，陆续提出了包括 DRM - 1、DRM - 3、DRM - 4、DRA - 5.0（Design Reference

Architecture 5.0）等几个系列的方案，这些方案的显著特点都是基于原位资源利用 ISRU 技术。

1993 年美国提出了 DRM‐1.0 方案，其设计原则是采用"任务分割"策略，即将一次庞大的载人火星探测任务分解成小规模的多次飞行任务，而无须在近地轨道对接或组装成庞大的飞行器。这个策略要求这几组飞行器能够在火星表面进行对接，因此需要它们精确着陆到火星表面的同一个地点，或者这几组飞行器能够在火星表面进行机动，以便它们在火星表面机动后能够连接组装起来。"任务分割"策略的另一个优势是，在把乘组人员从地球发射入轨之前，可先将货物发射到无人的火星表面，这样货物运输可以采用低能量、较长周期的转移轨道，而载人发射任务可以采用高能量、短周期的转移轨道，从而将单次任务分解成两次或者多次任务，在把航天员发射入轨之前，可对货运基础设施提供更多的机会进行例行检查，这也为后续多次发射任务提供更高的可靠性，也可为早期的发射任务提供备份服务。这种"任务分割"的策略也可在载人月球及小行星探测任务上广泛使用，例如在美国"重返月球"计划中使用的近地轨道一次交会对接模式，实际上就采用了"任务分割"的策略。

DRM‐1.0 任务设计为连续三次飞行任务，大约每隔 26 个月发射一组飞行器，如图 5‐25 所示。第一期发射 4 个飞行器：地球返回飞行器（Earth Return Vehicle，ERV）、火星上升飞行器（Mars Ascent Vehicle，MAV）、居住舱（Habitat）、乘员着陆器（Crew Lander，CL），前三个货运飞行器在乘员着陆器发射之前 26 个月沿最小能量轨道飞向火星。登陆火星后，核反应系统自动展开，在航天员离开地球之前，火星上升飞行器燃料贮箱内已注满燃料。第一期航天员 6 人，乘坐载人飞船沿 180 天的快速转移轨道到达火星表面，与前面到达的上升飞行器及居住舱会合。第二期和第三期任务均发射 2 个货运任务载荷，地球返回飞行器、火星上升飞行器；以及发射 1 次载人任务载荷，即乘员着陆器。第一期任务发射的居住舱留在火星表面供以后的航天员重复使用，航天员可以按部就班地在火星表面建设基地，在第三期航天员完成任务后，火星基地的基础设施可以支持长期居住的需求。每个居住舱上都带有 ISRU 设备，核反应堆在距离 MAV 数百米的地方展开，用以产生上升到火星轨道的推进剂，在航天员完成表面探测任务后，MAV 的推进剂贮箱被填满，MAV 上升与停留在火星轨道上的 ERV 对接，然后航天员返回地球。

1997 年提出 DRM‐3.0 方案，是 DRM‐1.0 方案的改进版，对原有体系结构进行了一系列精简，如采用轻质的结构材料，从而减小了近地轨道初始出发质量（IMLEO），不需研制 200 t 以上的重型运载火箭，而是采用 80 t 级的运载火箭在近地轨道多次对接。DRM‐3.0 包括 4 批飞行任务，如图 5‐25 所示。

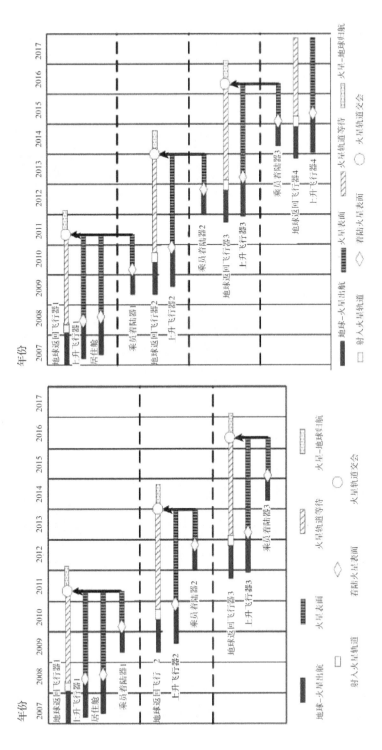

图 5-25　DRM-1.0 与 DRM-3.0 的载人火星探测任务序列对比

DRM-4.0方案包括核热火箭（Nuclear Thermal Rocket，NTR）和太阳能电推进（Solar Electric Propulsion，SEP）两种子方案，目的是希望能通过采用先进推进技术降低任务周期。NTR子方案采用核反应装置提供整个空间转移过程中需要的变轨冲量和电能。SEP子方案的太阳能电推进转移飞行器（Solar Electric Transfer Vehicle，SETV）采用小推力变轨的模式，需要6~12个月时间才能从300 km的近地圆轨道进入300 km×400 000 km的大椭圆地球轨道。此时化学发动机点火，把有效载荷（货运飞船）送入奔火星轨道，之后SETV通过螺旋形轨道不断降低远地点重新回到300 km圆轨道，重复上一过程把第二批货物送入大椭圆轨道。在货运飞船进入奔火星轨道之前，航天员乘坐使用化学推进的小型载人飞行器，迅速从地面发射到大椭圆轨道，与货运飞船对接，避免了在漫长的上升过程中，航天员遭受微重力和辐射伤害。

2009年提出DRA-5.0任务，其方案继承了以往DRM的一些基线设计，包括共3批次的载人火星任务，任务时间大约需要10年。任务假设在执行3次载人火星任务之前，已经在地面、国际空间站（International Space Station，ISS）、地球轨道、月球和火星上（由机器人先驱任务）进行过充分的试验与验证。DRA-5.0中单次往返任务的飞行模式如图5-26所示，前两批次流程简图如图5-27所示。DRA-5.0对推进系统的设计从前几次任务的热核推进变化到综合考虑热核推进和化学推进。在飞行器体系架构设计上，也将原来用

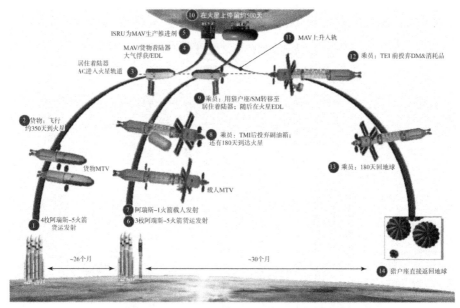

图5-26　DRA-5.0中单次往返任务的飞行模式

（图片来源于NASA报告，NASA-SP-2009-566）

于乘员地球火星转移的 CL 和火星地球转移的 ERV 两者功能合并，采用火星转移飞行器（Mars Transfer Vehicle，MTV）用于乘员往返转移。

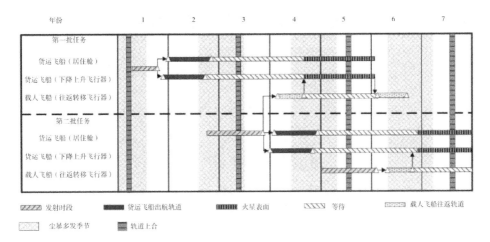

图 5 - 27　DRA - 5.0 的载人火星探测任务流程时间表
（图片来源于 NASA 报告，NASA - SP - 2009 - 566）

从轨道设计角度来看，地火往返任务是一个日心空间的双交会问题。第一次交会是由地球飞出与火星交会，必须考虑从火星飞回地球的第二次交会的影响。这两条交会轨道相对于太阳处于不同的平面上，因此导致了两种不同的任务类型：冲型短停留类型任务和合型长停留类型任务。按照返回地球的能量效率可以分为冲型任务和合型任务，冲型任务一般为短期停留任务，大约 560 天，需要 8.3 ~ 14.1 km/s 的速度增量；合型任务则是长期停留任务，采用最小能量的轨道类型，大约 950 天，需要 6.5 ~ 7.9 km/s 的速度增量。冲型短停留类型任务（图 5 - 28）的特征是在火星附近停留的时间相对较短，通常为 30 ~ 60 天。这类任务由于在火星停留的时间短，没有足够的时间重新规划应对意外事件或意料之外的新发现，必须严格按照计划表执行任务。

合型长停留类型任务（图 5 - 29）的特征是在火星附近停留的时间长，通常为 330 ~ 560 天，整个任务时间为 900 天以上。这类任务为在火星表面重新安排任务操作提供了充足的时间，但代价是增加了乘员在深空零重力和辐射环境中的暴露时间。在这类任务的设想中，探测器一旦到达火星，将按照原计划的探测方案进行，但鉴于人类对火星的认识有限，任务的不确定性增加，航天员可以灵活调整为更适合的火星表面探测任务规划。在 DRA - 5.0 任务中，每次任务都将采用合型的飞行方案。

冲型短停留任务：

- 非最优转移，将导致更多的能量需求；
- 在火星停留时间短（通常30~60天）；
- 总转移能量随停留时间增加而增加

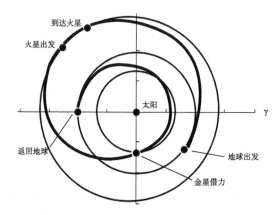

图5-28　冲型短停留载人火星探测任务

合型长停留任务：

- 往返火星的轨道都属于最小能量转移；
- 调整火星停留时间（通常为500天）以最小化转移轨道的能量

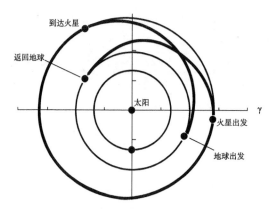

图5-29　合型长停留载人火星探测任务

　　总之，作为同一系列方案，从 DRM-1.0 到 DRA-5.0 的飞行任务方案和任务流程都较为相似，只是不同任务方案在一些具体细节设计上各具特色。按时间先后，下一个方案往往是对上一个方案的改进与优化，体现了美国载人火星探测飞行模式的整体演变过程。从表5-4中可以清晰地看出这五个方案的共同之处是都采用了基于ISRU的飞行模式，即基于火星原位资源可利用的前提。

表5-4　美国火星设计参考任务方案对比分析

项目	DRM-1.0	DRM-3.0	DRM-4.0 （NTR）	DRM-4.0 （SEP）	DRA-5.0
计划中首次发射年份	2007	2007	2011	2011	2035
轨道类型	合型	合型	合型	合型	合型
飞行体系	分模块	分模块	分模块	分模块	分模块
推进类型	热核推进	热核推进	核热推进	太阳能/电推进	化学推进/ 热核推进
出航时间/天	150	150	180	180	174
火星表面停留时间/天	610	610	570	570	537
归航时间/天	120	120	150	150	201
任务总时间/天	880	880	900	900	914
IMLEO/t	900	419	400	400	849
着陆火星有效载荷质量/t	63	44	33	33	40.4
航天员人数/人	6	6	6	6	6
总发射次数	10	18	18	18	10
运载火箭	DRM1	—	—	—	Ares I/Ares V
对火箭近地运载能力需求/t	240	80	75	75	25/130
飞行任务批次	3	4	3	3	3
火星制动方式	大气制动	大气制动	大气制动	大气制动	大气制动+ 发动机制动
原位资源利用	是	是	是	是	是

5.3.2　基于 ISRU 飞行模式的优势

在美国国家航空航天局（NASA）喷气推进实验室（Jet Propulsion Laboratory，JPL）出版的《面向载人月球及火星探测任务的原位资源利用技术》一书中指出：ISRU 技术是指利用月球/火星上的大气、水冰、土壤、矿物等资源来制造人类长期生存所需的氧气、水、食物及推进剂等的技术，如果能够在月球/火星上制造出推进剂并对飞行器进行补给，或者原位制造出人类生存所需的生命保障物质，将显著减少从地球发射时飞行器的初始质量规模，从而降低发射任务成本。下面从利用 ISRU 技术制造火星上升级推进剂及火星表面生保消耗品两个方面，介绍基于 ISRU 飞行模式的优势。

1. 火星上升级推进剂

ISRU 对载人火星任务至关重要，原因是当乘组需返回地球时，可以把在火星表面制造出的推进剂补加至火星上升级，用于从火星表面上升并与返回舱在环火轨道交会对接。从火星表面上升所需的液氧推进剂总质量是由以下因素决定的：①负责完成上升段和交会对接阶段任务的上升级质量；②乘组人员数量；③交会对接轨道类型及高度；④与氧化剂发生反应的燃料剂类型。在载人火星探测任务设计中，通常使用液氧作为上升级推进系统的氧化剂，如液氧 − 甲烷推进剂组合，其中液氧质量占推进剂总质量的 75% ~ 80%。如果从地球出发时携带甲烷而利用 ISRU 技术在火星上原位制造出液氧，ISRU 就可以负担 75% ~ 80% 的上升级推进剂需求。如果某些火星 ISRU 设备不但可以制造液氧推进剂，还能制造甲烷推进剂，这样 ISRU 系统就能负担 100% 的火星上升级推进剂。因此，利用 ISRU 技术制造推进剂的优势有降低火星着陆质量、降低地球返回飞行器（ERV）进入火星轨道所用推进剂质量、降低飞行器离开火星轨道时需要的推进剂质量。

在 NASA 的 DRMs 任务设计中，带有核动力和 ISRU 设备的上升级先于航天员乘组 26 个月离开地球飞往火星，上升级推进剂贮箱在航天员从地球出发前就会被加满。即便使用最小型的 ISRU 设备，假设每周 7 天每天 24 h 不停地工作 1 年时间，也可制备出上升级所有的推进剂需求。为减少能源需求，如果考虑火星上昼夜环境 1 天有效时长 12 h，那么仅需 2 年时间，也可制备出上升级所需推进剂，在航天员到达后具备提供补加的能力。

在附表 F 中详细分析了使用 ISRU 的情况和不使用 ISRU 的情况下，进入、上升和离轨过程中的推进剂质量与 IMLEO 值的情况。从附表 E − 2 和附表 E − 3 的对比情况来看，在使用 ISRU 的情况下，为提供在火星上升、火星轨道进

入与离轨所需的推进剂折合到 IMLEO 质量，采用椭圆轨道情况减少了 648 –
269 = 379(t)。如果采用圆轨道，这个数值将减少 707 – 568 = 139（t）。

如果火星上升飞行器（MAV）在上升到轨道后不与地球返回舱（ERV）
交会对接，而是直接由火星表面进行起飞并返回着陆地球，那么利用 ISRU 进
行原位制造节约的推进剂量将会更为可观。在 Robot Zurblin 博士提出的"火星
直击任务"设想中即采用了这种方案，麻省理工学院（Massachusetts Institute of
Technology，MIT）的研究结果表明，从火星表面直接进行起飞上升返回地球所
需的推进剂总量（甲烷 + 液氧）大于 100 t，如果在任务中没有使用 ISRU，这
表示在 LEO 轨道需要至少大于 900 t 的 IMLEO 质量（采用气动捕获方式），或
者大于 3 100 t 的 IMLEO 质量（采用反推制动方式）。由此可以看出，ISRU 在
火星任务中是必不可少的关键技术。

2. 火星表面生保消耗品

通过火星 ISRU 也可同时生产出用于生命保障系统的消耗品，从而减少必
须送到火星表面的物质质量，如附录 F 的分析，假设 6 人乘组执行 600 天的火
星表面作业任务，6 人乘组每人每天用水量约 167 kg，600 天算下来总用水量
就是 100 t。假设环控生保系统每天进行一次循环，每次循环损失水量为
$(1 - \eta) \times 167$ kg/天，η 为水的每次再循环使用的效率。NASA 预估环控生保
系统的质量大约是 10 t。另外，对循环中损失水资源提供补给的储存量为 $B =$
$600 \times (1 - \eta) \times 167/1\,000$ t。如果 η 取 0.94，B 就等于 6 t。这就是 NASA 给出
环境控制与生命支持系统（Environmental Control and Life Support System,
ECLSS）每次循环可达 94% 的回收率，总的水资源再生利用系统的总质量为
16 t 的原因。

如果 ECLSS 确实可以达到上述效率，ISRU 系统的最主要潜在目标就是提
供水资源补给，从而大大降低了系统风险指数。另外，利用 ISRU 代替单纯的
再生循环系统，在航天员离开地球前就开始给航天员乘组补给一年半的水资
源，这将具有突出的价值。然而是否能建立长寿命和高可靠性的高效 ECLSS
目前还是一个难题，因此可以确信，能够生产氧气和水的 ISRU 系统作为
ECLSS 的备份将具有无法替代的价值。

3. 火星 ISRU 的优势

如前所述，使用 ISRU 制造火星上升级的推进剂，会使 IMLEO 减少约
379 t。如果不采用 ISRU，我们需要将这部分质量直接运往火星。假设向近地
轨道 LEO 运输 1 t 物质需要花费 2 200 万美元，每次载人火星任务运送和返回

的可节省费用约为 100 亿美元，三次系列任务总共可以节省 300 亿美元。在目前的阶段，我们难以估量 ISRU 探索和开发所需的支出，但 NASA 分析应该不会超过 100 亿美元。而 ISRU 在生命保障方面的价值难以估量，且至少能省下数十亿美元。因此总体来看，生产火星上升级所需的液氧推进剂和作为 ECLSS 系统水与氧气的备份资源，这两项潜在的应用使得 ISRU 技术对载人火星探测任务而言优势明显，不可缺少。关于 ISRU 技术的具体分析，详见第 9 章。

5.3.3 火星及卫星探测的飞行模式

根据探测目标星的不同，载人火星探测的飞行模式可分为载人登陆火星探测飞行模式和载人火星及卫星环绕探测飞行模式。

1. 载人登陆火星探测飞行模式

图 5-30 所示为典型的载人登陆火星探测的飞行模式示意图。该任务描述了载人登陆火星探测任务的飞行模式：首先利用两组货运飞行器，采取较低能量的转移轨道，提前将货物部署在环绕火星轨道上；然后将一个乘组送往环绕火星轨道，到达环火轨道后，该乘员飞行器将与在前一个轨道转移窗口送到火星的两个货运飞行器中的一个对接。另一个货运飞行器将在计划的火星表面探测地点着陆，在火星着陆之后，将自动建立太阳能发电站和原位推进剂制备站。当所有确保乘组生命安全必要的系统处于运行状态、具备条件之后，乘组将启动着陆程序。乘组在火星表面着陆后，他们将花费大约 500 天的时间从预定的火星基地开始，进行一系列长距离的穿越探测任务（预计数百千米）。在完成表面探测任务之后，乘组将利用在基地制造的推进剂（液氧或甲烷）从火星表面基地上升，返回等待在环火轨道的乘员飞行器中。在适当的时候，乘组将离开火星，进入火地返回轨道，用大约 6 个月的时间返回地球。

2. 载人火星及卫星环绕探测飞行模式

图 5-31 所示为典型的载人火星及卫星环绕探测的飞行模式示意图。首先将货运飞行器在乘组人员从地球出发前的一个发射窗口提前部署到环火轨道，可以采用低能量转移轨道，减少推进剂携带量，从而降低任务规模。在载人任务发射前，需对货物飞行器进行检查以确保其安全到达和如期运行，这与登陆火星探测飞行模式类似。

火星及卫星的环绕探测飞行模式的不同之处是，利用一个大型地火转移飞行器（MTV）送乘组人员往返火星。在到达火星之后，转移飞行器将进入高火星轨道（High Mars Orbit，HMO）。到达火星轨道之后，乘员飞行器将与之前

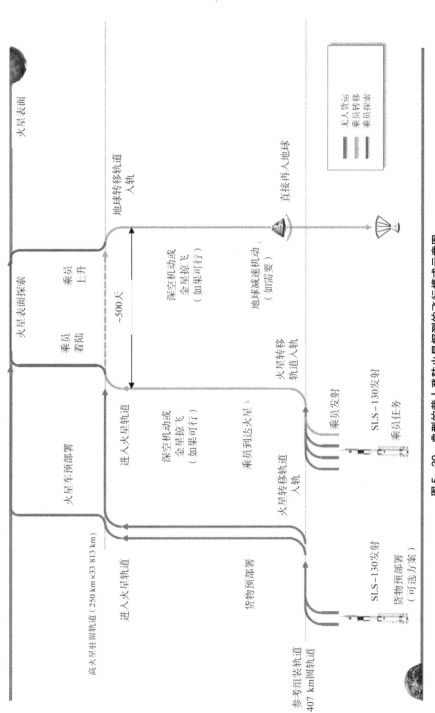

图 5 – 30　典型的载人登陆火星探测的飞行模式示意图

（图片来源于 NASA 报告，NASA – SP – 2009 – 566）

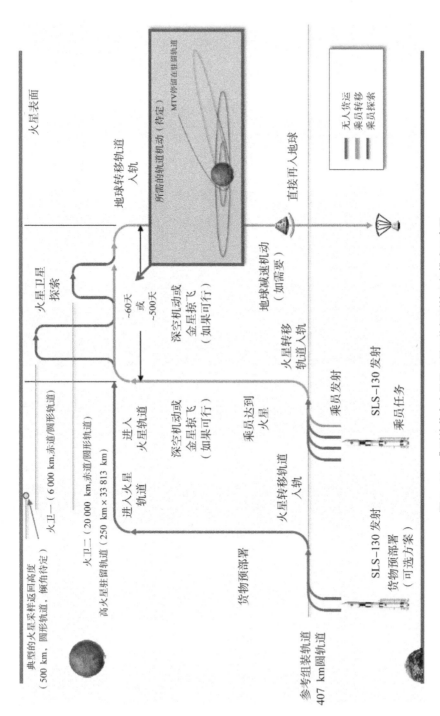

图 5 – 31　典型的载人火星及卫星环绕探测的飞行模式示意图

（图片来源于 NASA 报告，NASA – SP – 2009 – 566）

部署在驻留轨道的货运飞行器对接。图 5 – 31 中给出了乘员进行火星卫星探索的时间可能是 60 天或 500 天，也即短周期任务和长周期任务两种类型。

以短周期任务为例，当乘组人员到达火星后，一半的乘组人员将使用 SEV – 1 和 3 个化学轨道转移级中的一个从驻留轨道转移到火卫一附近，再用 2 周的时间进行火卫一探测。由于火卫一和火卫二的轨道都靠近火星的赤道面，转移轨道到达倾角和逃逸倾角通常不在同一个平面，因此需要进行大的轨道机动用于改变轨道面，将乘组人员从高驻留轨道转移到火星卫星的轨道。从火卫一探测任务返回后，另外乘组的两个乘员将利用第二个空间探索飞行器 SEV – 2 和轨道转移级从驻留轨道转移到火卫二附近，并用后续 2 周时间进行火卫二探测。第三个轨道转移级将用于乘员在火卫一或火卫二探测中出现危险情况时的乘员营救。在不进行火卫一或火卫二探测的时间里，如果通信路径可用，乘员也可以从独立的机器人取样返回任务或火星表面远距离遥操作机器人取样返回系统中取回样品。在轨道驻留末期，将抛弃所有的空间探索飞行器和轨道转移级设施，乘员将离开驻留轨道返回地球。

图 5 – 32 和图 5 – 33 所示为短周期和长周期载人火星探测飞行模式示意图。不同之处是根据火星附近停留时间的长短，短周期任务中 MTV 将与两名乘组成员留在驻留轨道，装载转移级的 SEV 则携带另外两名乘组成员进行火星卫星的探索，并最终返回 MTV。如果可实现在火星系统足够的停留时间，留在 MTV 的两名乘组成员将利用第二个 SEV 和转移级前往火卫二进行探索并返回。长周期任务首先利用 MTV 和两个 SEV 的组合体转移至火卫二进行探索。在完成火卫二的轨道操作之后，组合体将转移至火卫一。在返回地球前，长周期任务的推进部分必须能够推动整个组合体完成所有的机动。两种任务方案中，SEV 都将在出发机动前被抛弃。然而，在地球出发之后，SEV 在无人模式继续操作的情况下也可能不被抛弃，这受限于剩余的推进能力。长周期任务中两个 SEV 都将停留在火卫一附近，而短周期任务中它们将被留在火星的驻留轨道。

总之，从 NASA 载人火星探测参考任务的演变和飞行模式的设计中可以得出如下结论：①采用任务分割策略，先将货运飞行器采用低能量转移轨道送入环火轨道，有利于降低任务规模；②采用 ISRU 技术可以显著降低 IMLEO 质量，减少发射次数，是载人登陆火星探测任务必不可少的；③对于火星及卫星环绕探测模式，可以根据火星附近停留时间的长短，选择火星卫星探测目标的顺序，通常来说火卫一的科学目标及探测价值的优先级会更高些。

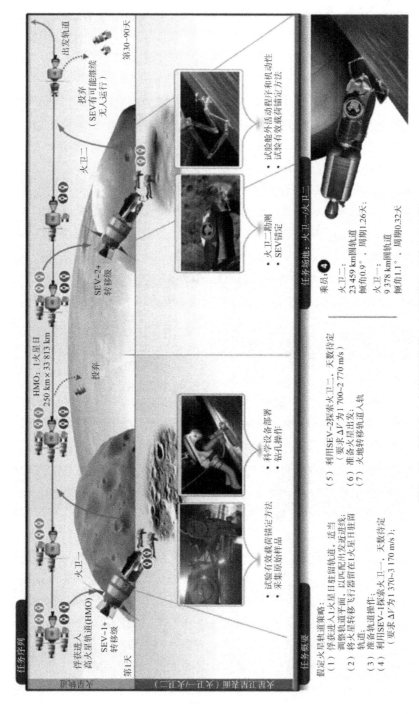

图 5 - 32　DRA 5.0 中的短周期载人火星探测飞行模式示意图

（图片来源于 NASA 报告，NASA - SP - 2009 - 566）

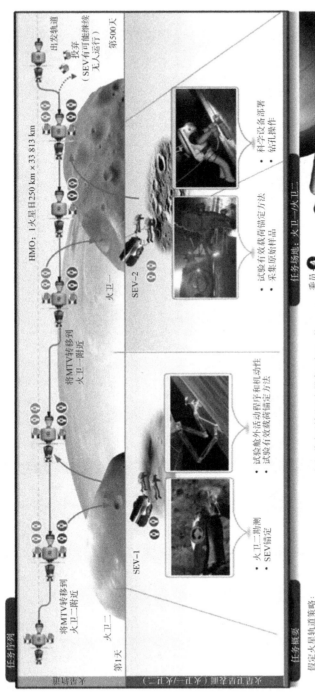

图 5 – 33 DRA 5.0 中的长周期载人火星探测飞行模式示意图

（图片来源于 NASA 报告，NASA – SP – 2009 – 566）

思考题

1. 载人月球探测飞行模式包括哪几种类型？主要的区别是什么？

2. 基于地月平动点空间站飞行模式中为什么通常只考虑基于 L1 和 L2 点设置空间站的模式？

3. 基于空间站的飞行模式中，哪种更适合月球基地任务？为什么？

4. 载人小行星探测飞行模式包括哪几种？各有什么特点？

5. 载人火星探测任务的难点是什么？

6. 什么是冲型短停留载人火星探测任务？什么是合型长停留载人火星探测任务？

7. 基于 ISRU 技术的载人火星探测飞行模式有什么优点？

8. 载人登陆火星探测飞行模式与载人火星及卫星环绕探测飞行模式有何不同？

9. 在地月系统中，在环月轨道及近地轨道各放置一个空间站，即所谓的双空间站载人登月模式，需要的总速度增量是多少？试分析这种登月模式的优缺点及可行性。

参 考 文 献

[1] 李成智，李建华. 阿波罗登月计划研究［M］. 北京：北京航空航天大学出版社，2009.

[2] 果琳丽，王平，朱恩涌，等. 载人月球基地工程［M］. 北京：中国宇航出版社，2013.

[3] ［美］唐纳德·拉普. 面向载人月球及火星探测任务的原位资源利用技术［M］. 果琳丽，郭世亮，张志贤，等，译. 北京：中国宇航出版社，2018.

[4] 郗晓宁，曾国强，任萱，等. 月球探测器轨道设计［M］. 北京：国防工业出版社，2001.

[5] 盛英华，张晓东，梁建国，等. 载人登月飞行模式研究［J］. 宇航学报，2009，30（1）：1-7.

[6] 龙乐豪. 关于中国载人登月工程若干问题的思考［J］. 导弹与航天运载技术，2010，310（6）：1-5.

[7] 彭祺擘，李桢，李海阳. 载人登月飞行方案研究［J］. 上海航天，2012，29（5）：14-19.

［8］李桢，周建平，程文科，等. 环月轨道交会的奔月方案［J］. 国防科技大学学报，2009，31（1）：16 – 20.

［9］高启滨，张洪礼，韩潮. 基于地月 L1 点的载人登月飞行方案分析［J］. 载人航天，2014，20（6）：562 – 568.

［10］彭祺擘. 基于空间站支持的载人登月方案研究［D］. 长沙：国防科技大学，2007.

［11］李宇飞，高朝辉，刘伟，等. 载人登月人货分运与人货合运模式对比分析［J］. 载人航天，2014，20（4）：307 – 311.

［12］赵志萍，杨剑峰，王长焕，等. 分步式人货分落载人月球探测方案探讨［C］. 第四届载人航天学术大会，2016：76 – 81.

［13］杨雷，向开恒，童科伟，等. 基于地月周期重访轨道空间站的载人月球探测方案设想［J］. 载人航天，2013，19（5）：47 – 51.

［14］刘林. 航天器轨道理论［M］. 北京：国防工业出版社，2000.

［15］果琳丽，王平，梁鲁，等. 载人月面着陆及起飞技术初步研究［J］. 航天返回与遥感，2013，34（4）：10 – 16.

［16］果琳丽，左光，孙国江. 载人深空探测发展设想及对动力技术的需求［C］. 中国宇航学会深空探测技术专业委员会第七届学术年会论文集，2010.

［17］张文博，成跃，王宁飞. 地月循环轨道动力学建模与计算研究［J］. 宇航学报，2015，36（5）：510 – 517.

［18］彭坤，李明涛，王平，等. 基于不变流行的地月 L2 点 Halo 轨道转移轨道设计［J］. 载人航天，2016，22（6）：673 – 679.

［19］李春来，欧阳自远，都亨. 空间碎片与空间环境［J］. 第四纪研究，2002，22（6）：540 – 551.

［20］何巍，徐世杰. 地月低能转移轨道设计方法研究［J］. 宇航学报，2006，27（5）：965 – 969.

［21］彭坤，徐世杰，果琳丽，等. 基于人工免疫算法的地球 – 火星小推力转移轨道优化研究［J］. 中国空间科学技术，2012，32（5）：61 – 68.

［22］田林，安金坤，彭坤，等. 美国梦神号行星着陆器原型系统发展及启示［J］. 航天器工程，2015，24（5）：105 – 112.

［23］彭坤，杨雷. 利用地月间空间站的载人登月飞行模式分析［J］. 宇航学报，2018，39（5）：471 – 481.

［24］郑博，张泽旭. 载人小行星探测最优两脉冲转移轨道优化设计［J］. 哈尔滨工业大学学报，2016，48（10）：24 – 30.

[25] 王悦，刘欢，王开强，等. 载人探测小行星的目标性选择 [J]. 航天器工程，2012，21 (6)：30－36.

[26] 王开强，李志海，张柏楠. 载人小行星探测的飞行模式 [J]. 载人航天，2014，20 (1)：89－94.

[27] 张泽旭，郑博，周浩，等. 载人小行星探测任务总体方案研究 [J]. 深空探测学报，2015，2 (3)：229－235.

[28] 尚海滨，崔平远，熊旭，等. 载人小行星探测目标选择与轨道优化设计 [J]. 深空探测学报，2014，1 (1)：36－43.

[29] 周必磊，陆希，尤伟. 载人小行星探测的总体方案设想 [J]. 深空探测学报. 2015，2 (1)：43－47.

[30] 洪刚，娄振，郑孟伟，等. 载人核热火箭登陆火星方案研究 [J]. 载人航天，2015，21 (6)：611－617.

[31] 段小龙. 载人火星计划空间推进方案的任务性能 [J]. 火箭推进，2002 (6)：42－47.

[32] 朱新波，谢华，徐亮，等. 载人火星探测任务方案构想 [J]. 上海航天，2014，31 (1)：22－28.

[33] 高朝辉，童科伟，时剑波，等. 载人火星和小行星探测任务初步分析 [J]. 深空探测学报，2015，2 (1)：10－19.

[34] 周旭东，张振鹏. 载人火星飞行轨道方案的设计和计算 [J]. 载人航天，2012，18 (4)：56－62.

[35] 孙宝枕. 奔月飞行轨道设计与仿真研究 [D]. 哈尔滨：哈尔滨工业大学，2005.

[36] 王建明，马英，刘竹生. 基于自适应遗传的载人探火任务规划方法 [J]. 导弹与航天运载技术，2013，329 (6)：1－6.

[37] 王刚，李志刚，袁恩会. 基于核动力的登月货运方案初探 [C]. 第四届载人航天学术大会，2016：82－87.

[38] 李桢. 载人火星探测任务轨道和总体方案研究 [D]. 长沙：国防科技大学，2011.

[39] 郑越，泮斌峰，唐硕. 地月低能转移轨道的混沌控制方法 [J]. 宇航学报，2018，39 (7)：751－759.

[40] 俞辉，宝音贺西，李俊峰. 双三体系统不变流形拼接成的低成本探月轨道 [J]. 宇航学报，2007，28 (3)：129－134.

[41] 侯锡云，刘林. 共线平动点的动力学特征及其在深空探测中的应用 [J]. 宇航学报，2008，29 (3)：736－747.

[42] Koon W S. Lo M W, Marsden J E, et al. Dynamical Systems. the Three – ibody Problem and Space Mission Design [M]. New York: Springer – Verlag, 2007: 24 – 34.

[43] Stanley D, Cook S, Connolly J, et al. NASA's exploration systems architecture study [R]. NASA Final Report, TM – 2005 – 214062, 2005.

[44] Benton Sr. M G. Crew and cargo landers for human exploration of Mars – Vehicle System Design [R]. AIAA – 2008 – 5156. 2008.

[45] Benton Sr. M G. Concept for human exploration of NEO asteroids using MPCV, deep space vehicle, artificial gravity module, and mini – magnetosphere radiation shield [R]. AIAA Space 2011 Conference & Exposition, September. 2011.

[46] Drake Bret G, Editor. Human exploration of Mars, design reference Architecture 5.0. National Aeronautics and Space Administration [R]. NASA – SP – 2009 – 566, July 2009.

[47] Drake Bret G, et al. Alternative strategies for exploring Mars and the moons of Mars [R]. Global Space Exploration Conference, 2012.

[48] Drake Bret G. Strategic considerations of human exploration of Near – Earth Asteroids [C]. IEEE Aerospace Conference, 2012.

[49] Logsdon J M, Launius R D. Human Spaceflight: Projects Mercury, Gemini, and Apollo [M]. Washington, DC: NASA History Division Office of External Relations, 2008.

[50] Manned spacecraft center. Apollo 11 mission report [R]. MSC – 00171, 1969.

[51] NASA. NASA's exploration systems architecture study [R]. NASA – TM – 2005 – 214062, 2005.

[52] Robertson E, Geffre J, Joosten K, et al. Lunar architecture focused trade study final report [R]. ESMD – RQ – 0005, 22 October 2004.

[53] Charles P Llewellyn, Karen D Brender. Technology development, demonstration and orbital support requirements for manned lunar and mars missions [R]. NASA Technical Memorandum 101666, 1990.

[54] Thronson H, Geffre J, Prusha S, et al. The lunar L1 gateway concept: Supporting future major space science facilities [R]. NASA – 20040074295, March 2002.

[55] Santovincenzo A, Thomas U, Khna M, et al. Architecture study for sustainable lunar exploration [R]. CDF Study Report: CDF – 33 (A), Decem-

ber, 2004.

[56] Peng K, Yim S Y, Zhang B N, et al. Fast search algorithm of high – precision earth – moon free – return trajectory [C]. AAS/AIAA Astrodynamics Specialist Conference, 2015.

[57] Hughes P S, Qureshi H R, Cooley D S, et al. Verification and validation of the general mission analysis tool (GMAT) [C]. AIAA/AAS Astrodynamics Specialist Conference, 2014.

[58] Farquhar R W. Lunar communications with Libration – Point Satellites [J]. Journal of Spacecraft and Rockets, 1967, 4 (10): 1383 – 1384.

[59] Demeyer J, Gurfil P. Transfer to distant retrograde orbits using manifold theory [J]. Journal of Guidance Control and Dynamics, 2007, 30 (5): 1261.

[60] Burns J O, Kring D A, Hopkins J B, et al. A lunar L2 – Farside exploration and science mission concept with the Orion Multi – Purpose Crew Vehicle and a teleoperated lander/rover [J]. Advances in Space Research, 2013, 52: 306 – 320.

[61] Hopkins J B. Proposed orbits and trajectories for human missions to the Earth – Moon L2 region [C]. 64th International Astronautical Congress, 2013.

[62] Augustine N R. Seeking a human spaceflight program worthy of a great nation [R]. Final Report of the Review of U. S. Human Spaceflight Plans Committee, 2009.

[63] Office of the President of the United States of America. National space policy of the United States of America [R]. 2010.

[64] Hoffman Stephen J, Drake, et al. Mars as a destination in a capability – driven framework [C]. ASCE Earth and Space 2012 Conference, 2012.

[65] Sims J A, Finlayson P A, Rinderle E A, et al. Implementation of a low – thrust trajectory optimization algorithm for preliminary design [C]. AIAA/ AAS Astrodynamics Specialist Conference, AIAA – 2006 – 6746, 2006.

[66] Landau D, Chase J, Randolph T, et al. Electric propulsion system selection process for interplanetary missions [J]. Journal of Spacecraft and Rockets, 2011, 48 (3): 467 – 476.

[67] Landau D, Strange N. Human exploration of Near – Earth asteroids via solar electric propulsion [C]. In Proceedings of the 21st AAS/AIAA Space Flight Mechanics Meeting, 2011.

[68] NASA. Orion, America's next generation spacecraft [R]. NP – 2010 – 10 –

025 - JSC, 2010.

[69] NASA. Space exploration vehicle concept [R]. NF - 2010 - 06 - 499 - HQ, http://www. nasa. gov/pdf/464826main_SEV_Concept_FactSheet. pdf.

[70] Munk M M, Cianciolo A D. Entry, descent, and landing for Human Mars Missions [C]. Global Space Exploration Conference, 2012.

[71] Condon Gerald L. Earth - Mars Artificial - G NEP Architecture Sun - Earth L2 Architecture, 3 - week parametric trade study [R]. Presentation to the JSC Exploration Office, 2003.

[72] Barbee Brent W. Preliminary analysis of trajectories within the Martian system for human exploration of phobos and deimos [C]. Internal NASA Presentation, 2012.

[73] Landau D. Comparison of Earth departure strategies for human missions to Mars [C]. AIAA 2012 - 5143, AIAA SPACE Conference, 2012.

[74] Landau D F, Longuski J M, Penzo P A. Method for parking orbit reorientation for human missions to Mars [R]. Journal of Spacecraft and Rockets, 2005, 42 (3): 517 - 522.

[75] Foster Cyrus. Delta - V budgets for robotic and human exploration of phobos and deimos, Abstract 11 - 018 [C]. 2nd International Conference on the Exploration of Phobos and Deimos, 2011.

[76] Human Space Exploration Framework Summary. National Aeronautics and Space Administration, January 12, 2011, http:// www. nasa. gov/exploration/new_space_enterprise/home/heft_summary. html.

[77] P - SAG. Analysis of Strategic Knowledge Gaps Associated with Potential Human Missions to the Martian System. Precursor Strategy Analysis Group (P - SAG), (jointly sponsored by MEPAG and SBAG), 2012, http://mepag. jpl. nasa. gov/reports/index. html.

[78] White House. U. S. Announces review of human space flight plans, independent Blue - Ribbon panel will delineate options [R]. Office of Science and Technology Policy Press Release, 2009.

[79] Thomas B, Griffin B, Vaughan D. A comparison of transportation systems for human mission to Mars [R]. AIAA2004 - 38344, 2004.

[80] Cage P G, Kroo I M, Braun R D. Interplanetary trajectory optimization using a genefic algorithm [C]. Scottsdale: AIAA/AAS Astrodynamics Conference, 1994: 538 - 539.

［81］ Spencer D B, Kim Y H. Optimal spacecraft rendezvous using genetic algorithms ［J］. Journal of Spacecraft and Rockets, 2002, 39 （6）: 860 –865.

［82］ NASA. Exploration systems mission directorate: Lunar architecture focused trade study final report, ESMD –RQ –0005, 22 OCTOBER, 2004.

［83］ Ariel N Deutsch, James W Head, Kenneth R Ramsley, et al. Science exploration architecture for phobos and deimos: the role of phobos and deimos in the future exploration of Mars ［J］. Advances in Space Research, 2018 （62）: 2174 –2186.

［84］ Mariel Borowitz, Jonathan Battat. Multidisciplinary evaluation of next steps for human space exploration: technical and strategic analysis of options ［J］. Space Policy, 2016 （35）: 33 –42.

［85］ Grant Gates, Chel Stromgren, Bryan Mattfeld, et al. The exploration of Mars launch & assembly simulation ［C］. ASME 2016 International Design Engineering Technical Conferences, 2016.

［86］ Salazar F J T, Macau E E N, Winter O C. Chaoic dynamics in a low –energy transfer stategy to the equilateral equilibrium points in the Earth –Moon system ［J］. International Journal of Bifurcation & Chaos, 2015, 25 （5）: 1 –10.

［87］ Bosanac N, Howeu K C, Fischbaoh E. Stability of orbits near large mass ratio binary systems ［J］. Celestial Mechanics & Dynamical Astronomy, 2015, 122 （1）: 27 –52.

第 6 章

载人深空探测轨道设计

载人深空探测轨道设计又被称作"任务使命设计",轨道设计是顶层任务分析工作的核心环节,不仅涉及大量的理论推导、数学建模、优化求解,还需考虑各飞行阶段轨道设计的逻辑顺序和约束关系。本章以载人登月任务和载人小行星探测任务为例,详细介绍这两类深空探测任务中的飞行轨道设计方法，以及面向载人任务的高可靠、高安全及尽量缩短任务周期等需求。由于篇幅有限，载人火星探测轨道设计方法不再赘述。

|6.1　典型载人登月轨道设计方法|

6.1.1　载人登月轨道设计

以美国"星座计划"的近地轨道 1 次交会对接飞行模式为例，载人登月任务最具代表性的轨道段有 LEO 交会对接轨道、自由返回轨道、月面软着陆轨道、月面动力上升轨道、月面上升快速交会对接轨道、月地转移轨道和再入返回轨道 7 个轨道段。其中，LEO 交会对接轨道设计和再入返回轨道设计属于近地轨道设计范畴，本书不做赘述，本章重点介绍其他 5 个轨道段的设计方法。

1. 自由返回轨道设计

载人地月转移轨道是载人登月轨道设计的关键，它决定了登月飞行器能否顺利到达月球附近。一般来说，地月转移轨道有多种设计方法，为节省燃料，可以采用弱稳定边界的低能地月转移轨道或小推力地月转移轨道等。这类轨道的特点是推进剂消耗量小，但飞行时间长，长达几十甚至上百天，通常适用于无人月球探测任务，或者是载人月球探测任务中的货物运输任务。对于载人登月任务而言，考虑到飞行器携带航天员的生命保障消耗品量等约束条件，任务周期需要尽可能短，因此一般考虑采用飞行时间为 3 天左右的两脉冲地月转移轨道。两脉冲地月转移轨道的飞行流程为：载人登月飞行器选择合适的时机，在近地停泊轨道进行地月转移加速，进入地月转移轨道；当到达近月点时，登月飞行器再施加一个反向脉冲制动减速，从而进入环月轨道。

不同于普通近地轨道设计，地月转移轨道涉及两个中心引力体，即地球和月球，且月球影响球包含在地球影响球范围内，也即整个地月转移过程中地球和月球引力相互耦合。同时，地月转移过程还需考虑地球非球形摄动、月球非球形摄动、大气阻力摄动、太阳引力摄动、太阳光压摄动等。在地心天球坐标系下，飞行器的动力学方程如下：

$$\frac{\mathrm{d}^2 R}{\mathrm{d}^2 t} = -\mu_E \frac{R}{R^3} + A_N + A_{NSE} + A_{NSL} + A_R + A_D \qquad (6-1)$$

式中：$-\mu_E \dfrac{R}{R^3}$为地球的中心引力；A_N为其他天体引力摄动；A_{NSE}为地球非球形摄动；A_{NSL}为月球非球形摄动；A_R为光压摄动；A_D为大气阻力摄动。其中，其他天体引力摄动A_N一般考虑月球和太阳的引力摄动。

载人登月任务中为保证航天员的安全性，一般将载人地月转移轨道设计为自由返回轨道（Free-Return Trajectory，FRT），这与无人月球探测任务有显著不同。其主要意义在于，载人登月任务地月转移飞行过程中倘若航天员或登月飞行器出现意外以至于无法完成登月，那么自由返回轨道可以在不实施近月点制动情况下使载人飞船自动沿预先设计的轨道返回地球，从而挽救航天员的生命，如著名的 Apollo-13 任务。

地月转移轨道动力学方程非线性强，如果直接采用迭代搜索算法不易收敛。通常将地月转移轨道设计分为两步：先采用简化动力学模型得到轨道初值，再利用数值解法得出精确自由返回轨道。目前，一般采用两类简化动力学模型，即双二体模型和圆形限制性三体模型。在双二体模型下，地月转移轨道分为地心段和月心段，两者在月球影响球处进行拼接。在圆形限制性三体模型下，只考虑地球引力和月球引力，首先求得月球轨道面内对称自由返回轨道，并将其作为初值，其次采用数值解法求解月球轨道面外的地月转移轨道。不管采用哪种简化模型，最后都需要在高精度模型中再进行迭代搜索。

相比于一般地月转移轨道，自由返回轨道的目标约束更多，不仅要求飞行器能到达近月点，还要求飞行器能自动返回并满足再入条件，因此求解难度更高。下面给出一种直接在高精度动力学模型中求解自由返回轨道的方法。

1）系统模型

自由返回轨道的飞行过程可描述为：设飞行器在初始时刻 t_{EPI} 入轨，进入一个近地停泊圆轨道（Earth Parking Orbit，EPO）上，入轨点为 P_{EPI}；在 EPO

运行 Δt_{LEO}（可设 $0 \leqslant \Delta t_{LEO} < T_{LEO}$，$T_{LEO}$ 为近地停泊轨道的轨道周期）时间后，施加面内切向速度增量 ΔV，进入自由返回轨道（FRT），则该加速点 P_{TLI} 为自由返回轨道近地点；飞行器地月转移飞行至近月点 P_{LP} 时，距月面高度 h_{LP} 满足目标参数要求；此后飞行器借助月球引力返回地球再入点 P_{EI}，再入高度 h_{EI} 和再入角 γ_{EI} 满足目标参数要求。自由返回轨道飞行过程如图 6-1 所示。

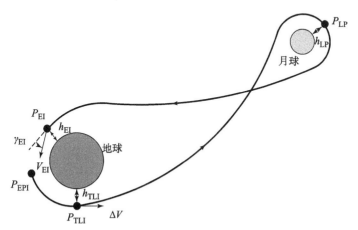

图 6-1　自由返回轨道飞行过程

一般地，入轨点 P_{EPI} 的轨道高度 h_{EPI} 和轨道倾角 i_{EPI} 由运载火箭发射参数确定，可作为已知条件。由飞行过程可知，自由返回轨道的加速点高度 h_{TLI} 近似为入轨点 P_{EPI} 的轨道高度 h_{EPI}，其加速点轨道倾角 i_{TLI} 近似为近地停泊轨道的轨道倾角 i_{EPI}。设入轨时刻 t_{EPI} 已知，则可通过轨道推演得到自由返回轨道加速点高度 h_{TLI} 和倾角 i_{TLI} 的精确值。因此，可将初始入轨时刻 t_{EPI}、入轨点轨道高度 h_{EPI} 和入轨点轨道倾角 i_{EPI} 作为初始条件。由于 EPO 为圆轨道，入轨偏心率为 0，则有

$$\begin{cases} t_0 = t_{EPI} \\ h_{EJ2K}(t_0) = h_{EPI} \\ e_{EJ2K}(t_0) = 0 \\ i_{EJ2K}(t_0) = i_{EPI} \end{cases} \quad\quad (6-2)$$

式中：t_0 为初始时刻；h_{EJ2K}、e_{EJ2K} 和 i_{EJ2K} 分别为地心 J2000 系下的地心轨道高度、偏心率和轨道倾角。

自由返回轨道主要有三个目标参数：①近月点高度 h_{LP}，需满足环月轨道高度要求；②再入高度 h_{EI}，根据飞行器第二宇宙速度再入边界确定；③再入点地心 J2000 坐标系轨道倾角 i_{EI}，为返回指定着陆场（λ，η），则要求 $i_{EI} \geqslant \eta$。

$$\begin{cases} h_{\mathrm{MIne}}(t_{\mathrm{LP}}) = h_{\mathrm{LP}} \\ h_{\mathrm{EJ2K}}(t_{\mathrm{EI}}) = h_{\mathrm{EI}} \\ i_{\mathrm{EJ2K}}(t_{\mathrm{EI}}) = i_{\mathrm{EI}} \end{cases} \qquad (6-3)$$

式中：t_{LP}和t_{EI}分别为自由返回轨道的近月点时刻和再入点时刻，h_{MIne}为月心惯性系下的月心轨道高度。

根据已有研究结果，地月转移过程中，月球引力摄动、太阳引力摄动和地球非球形摄动的摄动加速度量级较大，可忽略影响较小的摄动力，如月球非球形摄动、光压摄动、大气阻力摄动。因此，可建立地心 J2000 坐标系下的高精度动力学方程作为飞行器状态方程，即

$$\frac{\mathrm{d}^2 \boldsymbol{R}}{\mathrm{d}^2 t} = -\mu_{\mathrm{E}} \frac{\boldsymbol{R}}{R^3} + (-\mu_{\mathrm{L}}) \left(\frac{\boldsymbol{R}_{\mathrm{L}}}{R_{\mathrm{L}}^3} + \frac{\boldsymbol{R} - \boldsymbol{R}_{\mathrm{L}}}{\| \boldsymbol{R} - \boldsymbol{R}_{\mathrm{L}} \|^3} \right) +$$
$$(-\mu_{\mathrm{S}}) \left(\frac{\boldsymbol{R}_{\mathrm{S}}}{R_{\mathrm{S}}^3} + \frac{\boldsymbol{R} - \boldsymbol{R}_{\mathrm{S}}}{\| \boldsymbol{R} - \boldsymbol{R}_{\mathrm{S}} \|^3} \right) + \boldsymbol{A}_{\mathrm{NSE}} \qquad (6-4)$$

式中：等号右边第 1 项为地球中心引力摄动；第 2 项为月球引力摄动；第 3 项为太阳引力摄动；$\boldsymbol{A}_{\mathrm{NSE}}$为地球非球形摄动，采用 8×8 阶的 WGS84 模型；$\boldsymbol{R}$，$\boldsymbol{R}_{\mathrm{L}}$，$\boldsymbol{R}_{\mathrm{S}}$ 分别为飞行器、月球和太阳在地心 J2000 坐标系下的位置矢量；μ_{E}，μ_{L}，μ_{S} 分别为地球、月球和太阳的引力常数。

已知自由返回轨道近地点轨道高度 h_{EP}（$h_{\mathrm{EP}} = h_{\mathrm{TLI}}$）、加速点 P_{TLI} 的轨道倾角 i_{TLI}、真近点角 θ_{TLI}（加速点为近地点，故 $\theta_{\mathrm{TLI}} = 0°$）及初始入轨时刻 t_{EPI}。要确定自由返回轨道，还需确定加速点的升交点赤经 Ω_{TLI}、近地点幅角 ω_{TLI} 以及远地点高度 h_{EA} 这三个参数。

对于自由返回轨道，加速点近地点幅角 ω_{TLI} 无法直观地表征近地点与地球和月球的几何关系。不同自由返回轨道的近地点幅角 ω_{TLI} 差别较大，无法进行精确的初值猜测。这里可采用加速点地月旋转系赤经 ϕ_{TLI} 来代替近地点幅角 ω_{TLI} 作为控制变量，该变量只与地月转移时间相关，不随自由返回轨道发生大范围变化，便于初值猜测及提高搜索收敛性。ϕ_{TLI} 的计算公式如下：

$$\phi_{\mathrm{TLI}} = \arctan(Y_{r\mathrm{TLI}}/X_{r\mathrm{TLI}}) \qquad (6-5)$$

式中：$X_{r\mathrm{TLI}}$ 和 $Y_{r\mathrm{TLI}}$ 分别为飞行器加速点位置矢量 $\boldsymbol{R}_{\mathrm{TLI}}$ 在地月旋转系 $O_{\mathrm{E}}X_r Y_r Z_r$ 下 X_r 轴和 Y_r 轴的分量。地月旋转系 $O_{\mathrm{E}}X_r Y_r Z_r$ 原点在地心 O_{E} 上，X_r 轴为由月球指向地球方向，Z_r 与月球公转运动角动量方向相同，Y_r 方向由右手定则确定。飞行器地心位置矢量在地月旋转系 $O_{\mathrm{E}}X_r Y_r Z_r$ 与地心 J2000 坐标系的转化关系如下：

$$\boldsymbol{R}_r = \boldsymbol{L}_Z(\Omega_{\mathrm{L}}) \boldsymbol{L}_X(i_{\mathrm{L}}) \boldsymbol{L}_Z(\pi + u_{\mathrm{L}}) \boldsymbol{R} \qquad (6-6)$$

式中：$\boldsymbol{R}_r$ 和 $\boldsymbol{R}$ 分别为飞行器在 $O_{\mathrm{E}}X_r Y_r Z_r$ 和地心 J2000 坐标系中的位置矢量；$\boldsymbol{L}_Z$ 和 $\boldsymbol{L}_X$ 分别为绕 Z 轴和 X 轴旋转的转换矩阵；Ω_{L}，i_{L}，u_{L} 分别为月球在地心

J2000 坐标系下的升交点赤经、轨道倾角和纬度幅角，可通过月球星历求得。

为便于模拟飞行器的自由返回飞行过程，用近地停泊轨道升交点赤经 Ω_{EPI} 替代自由返回轨道加速点升交点赤经 Ω_{TLI}，用加速点速度增量 ΔV 替代自由返回轨道远地点高度 h_{EA}。最终，选定近地停泊轨道入轨点升交点赤经 Ω_{EPI}、加速点地月旋转系赤经 ϕ_{TLI} 以及加速点速度增量 ΔV 作为控制变量。

2）控制变量初值估计

ΔV 为从 EPO 转移至 FRT 所需的速度增量，可将 FRT 近似看作远地点高度 38 万公里的地心椭圆轨道，此时 ΔV 可用下式进行初值估计：

$$\Delta V = \sqrt{\frac{2\mu_E \cdot (h_{\text{EA}} + R_{\text{Earth}})}{(h_{\text{EP}} + R_{\text{Earth}}) \cdot (h_{\text{EA}} + h_{\text{EP}} + 2R_{\text{Earth}})}} - \sqrt{\frac{\mu_E}{(h_{\text{EP}} + R_{\text{Earth}})}} \quad (6-7)$$

自由返回轨道地月转移段主要受地心引力影响，可将其地月转移段轨道近似为地心二体模型下的轨道，地月转移轨道 t_{TLI} 时刻的加速点位置为 t_{LP} 时刻月球位置的反向点，故存在以下关系：

$$\phi_{\text{TLI}} = \omega_{\text{Lunar}} \cdot \Delta t \quad (6-8)$$

式中：ω_{Lunar} 为月球公转角速度；Δt 为地月转移段飞行时间，一般可取为 $\Delta t = 72 \text{ h}$。考虑到月球引力摄动，其 ϕ_{TLI} 初值可取为 44°。

设 B 为月球公转轨道的升交点，建立地心赤道坐标系 $O_E \tilde{X}\tilde{Y}\tilde{Z}$，其原点在地心 O_E 上，$\tilde{X}$ 轴为由地心 O_E 指向 B 方向，$\tilde{Z}$ 垂直于地球赤道方向，$\tilde{Y}$ 方向由右手定则确定。则通过球面几何关系可求得弧长 $l_{\text{BP}_{\text{TLI}}}$，即

$$l_{\text{BP}_{\text{TLI}}} = \arctan\left[\frac{\cos\left(\frac{i_{\text{TLI}} - i_L}{2}\right)}{\cos\left(\frac{i_{\text{TLI}} + i_L}{2}\right)}\tan\left(\frac{\tilde{\Omega}_{\text{TLI0}} + \Delta\Omega_{\text{EPI}} - 180°}{2}\right)\right] +$$

$$\arctan\left[\frac{\sin\left(\frac{i_{\text{TLI}} - i_L}{2}\right)}{\sin\left(\frac{i_{\text{TLI}} + i_L}{2}\right)}\tan\left(\frac{\tilde{\Omega}_{\text{TLI0}} + \Delta\Omega_{\text{EPI}} - 180°}{2}\right)\right] \quad (6-9)$$

式中：i_L 为 t_{TLI} 时刻白赤夹角；i_{TLI} 为 t_{TLI} 时刻 EPO 在地心赤道坐标系中的轨道倾角；$\tilde{\Omega}_{\text{TLI}} = \tilde{\Omega}_{\text{TLI0}} + \Delta\Omega_{\text{EPI}}$ 为 t_{TLI} 时刻 EPO 在 $O_E \tilde{X}\tilde{Y}\tilde{Z}$ 中升交点赤经。令 $\Omega_{\text{EPI0}} = 0°$，$\tilde{\Omega}_{\text{TLI0}} = f(\Omega_{\text{EPI0}})$。由于地月转移轨道 t_{TLI} 时刻的加速点位置为 t_{LP} 时刻月球位置的反向点，故

$$l_{\text{BP}_{\text{TLI}}} = \tilde{u}_L + \omega_{\text{Lunar}} \cdot \Delta t \quad (6-10)$$

式中：$\tilde{u}_L$ 为 t_{TLI} 时刻月球反向点在 $O_E\tilde{X}\tilde{Y}\tilde{Z}$ 中的纬度幅角。联立式（6-9）和式（6-10），即可求出 Ω_{EPI} 的初值。

3）多层搜索流程

由于自由返回轨道非线性强，敏感性高，这里采用 3 层搜索流程逐步趋近自由返回轨道精确值，其飞行轨迹变化如图 6-2 所示。

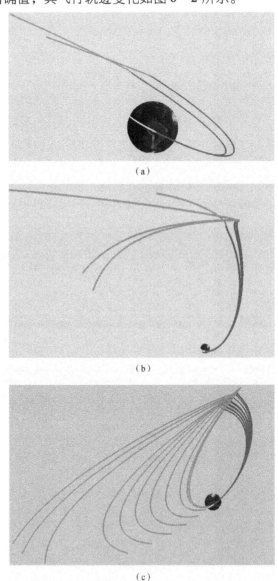

（a）

（b）

（c）

图 6-2　自由返回轨道多层搜索的飞行轨迹变化

（a）近地端轨道面搜索；（b）近月端轨道面搜索；（c）精确轨道搜索

（1）进行近地端轨道面搜索，通过调整 ϕ_{TLI} 和 Ω_{EPI}，确定地月转移轨道近地端轨道面，满足对准月球约束。

（2）进行近月端轨道面搜索，以 B 平面参数为目标值，通过微调 ΔV、ϕ_{TLI} 和 Ω_{EPI}，确定地月转移轨道近月端轨道面，初步满足近月点约束。

（3）进行精确轨道搜索，通过微调 ΔV、ϕ_{TLI} 和 Ω_{EPI}，确定月地转移轨道再入点轨道参数，使自由返回轨道满足近月点和再入点约束，最终搜索到精确的自由返回轨道。

通过选择控制变量和采用多层搜索流程，控制变量初值接近真实值；同时高精度轨道仿真时间较长，不宜进行大规模仿真迭代，故这里选择微分修正算法，使自由返回轨道求解过程快速收敛。微分修正算法的基本思路如下：

（1）设 x、y 为控制变量，目标约束可表示为

$$\begin{cases} f(x+\Delta x, y+\Delta y) = A \\ g(x+\Delta x, y+\Delta y) = B \end{cases} \qquad (6-11)$$

（2）设 x_0、y_0 为初值估计，则控制变量修正公式如下：

$$\begin{bmatrix} x_1 \\ y_1 \end{bmatrix} = \begin{bmatrix} x_0 \\ y_0 \end{bmatrix} + \begin{bmatrix} \dfrac{\partial f}{\partial x} & \dfrac{\partial f}{\partial y} \\ \dfrac{\partial g}{\partial x} & \dfrac{\partial g}{\partial y} \end{bmatrix}^{-1} \begin{bmatrix} A - f(x,y) \\ B - g(x,y) \end{bmatrix} \qquad (6-12)$$

（3）不断修正 x、y，直至满足目标约束条件允许的误差范围。

满足相同近月点和再入点约束的自由返回轨道共有 4 条，分别对应近地出发和返回再入的升降轨组合情况，如图 6 - 3 所示。FRT1 为降轨出发和降轨返回，FRT2 为升轨出发和降轨返回，FRT3 为降轨出发和升轨返回，FRT4 为升轨出发和升轨返回。

2. 月面软着陆轨道设计

载人登月飞行器近月制动进入环月轨道后，月面着陆器需要进行制动以着陆月面。在典型的月球软着陆过程中，从环月轨道下降到月球表面主要可分为两个阶段：霍曼转移段和动力下降段。其中，霍曼转移段指着陆器从环月停泊轨道通过霍曼变轨进入环月椭圆轨道，并运行至近月点；动力下降段指着陆器从近月点处开始发动机制动抵消水平速度，并最终以较小速度着陆月面。由于霍曼变轨速度增量较小，着陆器的大部分燃料都消耗在动力下降段，故有必要对动力下降段的着陆轨迹进行优化设计以减少燃料消耗。

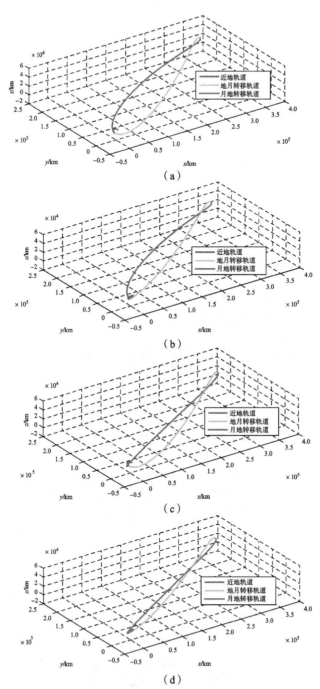

图 6-3　满足相同约束的 4 条自由返回轨道飞行轨迹

（a）FRT1；（b）FRT2；（c）FRT3；（d）FRT4

目前，月球软着陆轨迹优化方法可分为间接法和直接法两大类。间接法能保证解的最优性，但其初值猜测仍需要丰富的经验。直接法则将月球软着陆问题进行参数化，再用非线性规划算法进行求解，也可引入随机智能算法进行求解。这里给出一种求解最优月球软着陆轨迹的混合法，月面软着陆轨迹优化问题转化为以伴随变量初值和终端时间为优化变量的参数优化问题，采用人工免疫算法（Artificial Immune Algorithm，AIA）求解该优化问题。

1）系统建模

由于动力下降段基本都在同一个平面内飞行，故可建立二维极坐标系（图6-4）描述着陆器的运动，选择月球中心为极点 O，定义由月球指向动力下降段初始位置的射线为极轴 Ox。着陆器的动力下降段一般从 15 km 高度处开始，整个软着陆过程时间比较短（在几百秒范围内），可忽略月球引力非球项、日地引力摄动以及月球自转影响，着陆器在软着陆过程中只受月球引力 F_L 和制动发动机推力 F_t 的作用。

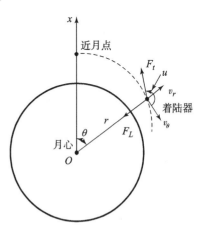

图 6-4　月球软着陆的二维极坐标系

着陆器的运动可由二维极坐标系下的位置速度摄动方程来描述，其形式如下：

$$\begin{cases} \dot{r} = v_r \\ \dot{\theta} = v_\theta / r \\ \dot{v}_r = -\mu_L/r^2 + v_\theta^2/r + F_t/m \cdot \sin u \\ \dot{v}_\theta = -v_r v_\theta/r + F_t/m \cdot \cos u \\ \dot{m} = -F_t/w \end{cases} \qquad (6-13)$$

式中：r，θ，v_r，v_θ 和 m 分别为着陆器的极半径（月心距）、极角、径向速度、横向速度和质量；μ_L 为月球引力常数；F_t 为发动机推力，其幅值假设为常数；u 为推力方向角；w 为排气速度。

初始条件为着陆器在环月椭圆轨道近月点处，终端约束为着陆器着陆月面。令变轨初始时刻为 $t_0 = 0$，终端时刻 t_f 自由，相应的边界条件为

$$r(0) = r_0, \theta(0) = 0, v_r(0) = 0, v_\theta(0) = v_{\theta_0}, m(0) = m_0 \qquad (6-14)$$

$$r(t_f) = r_f, v_r(t_f) = 0, v_\theta(t_f) = 0 \qquad (6-15)$$

式中：r_0 为近月点处的月心距；v_{θ_0} 为近月点处的轨道速度；m_0 为航天器的初始质量；r_f 为月球半径。

在月球软着陆优化过程中，由于各个状态变量的量级相差较大，寻优过程可能会丢失有效位数而难以收敛。为此，可将系统模型进行归一化处理。定义基本参考变量 $r^* = r_0$，$m^* = m_0$，则归一化状态方程可变为

$$\begin{cases} \dot{\bar{r}} = \bar{v}_r \\[2mm] \dot{\bar{\theta}} = \bar{v}_\theta / \bar{r} \\[2mm] \dot{\bar{v}}_r = -1/\bar{r}^2 + \bar{v}_\theta^2/\bar{r} + \bar{F}_t/\bar{m} \cdot \sin u \\[2mm] \dot{\bar{v}}_\theta = -\bar{v}_r \bar{v}_\theta/\bar{r} + \bar{F}_t/\bar{m} \cdot \cos u \\[2mm] \dot{\bar{m}} = -\bar{F}_t/\bar{w} \end{cases} \qquad (6-16)$$

相应的边界条件为

$$\bar{r}(0) = 1, \bar{\theta}(0) = 0, \bar{v}_r(0) = 0, \bar{v}_\theta(0) = \bar{v}_{\theta_0}, \bar{m}(0) = 1 \qquad (6-17)$$

$$\bar{r}(\bar{t}_f) = \bar{r}_f, \bar{v}_r(\bar{t}_f) = 0, \bar{v}_\theta(\bar{t}_f) = 0 \qquad (6-18)$$

为尽可能增加有效载荷的质量，需要设计一条燃料消耗最省的软着陆轨迹，即要求以下性能指标达到最大：

$$J = \bar{m}_f \qquad (6-19)$$

2）控制律设计

利用 Pontryagin（庞特里亚金）极大值原理可得月球软着陆归一化模型的哈密顿函数 H 为

$$H = \lambda_r \bar{v}_r + \lambda_\theta \frac{\bar{v}_\theta}{\bar{r}} + \lambda_{v_r}\left(-\frac{1}{\bar{r}^2} + \frac{\bar{v}_\theta^2}{\bar{r}} + \frac{\bar{F}_t}{\bar{m}}\sin u \right) +$$

$$\lambda_{v_\theta}\left(-\frac{\bar{v}_r \bar{v}_\theta}{\bar{r}} + \frac{\bar{F}_t}{\bar{m}}\cos u \right) + \lambda_m\left(-\frac{\bar{F}_t}{\bar{w}} \right) \qquad (6-20)$$

最优推力方向角 u 为

$$\tan u = (-\lambda_{v_r})/(-\lambda_{v_\theta}) \qquad (6-21)$$

伴随方程为

$$\begin{cases} \dot{\lambda}_r = \lambda_\theta \dfrac{\overline{v}_\theta}{\overline{r}^2} - \lambda_{v_r} \left(\dfrac{2}{\overline{r}^3} - \dfrac{\overline{v}_\theta^2}{\overline{r}^2} \right) - \lambda_{v_\theta} \left(\dfrac{\overline{v}_r \overline{v}_\theta}{\overline{r}^2} \right) \\[2mm] \dot{\lambda}_\theta = 0 \\[2mm] \dot{\lambda}_{v_r} = - \lambda_r + \lambda_{v_\theta} \dfrac{\overline{v}_\theta}{\overline{r}} \\[2mm] \dot{\lambda}_{v_\theta} = - \dfrac{\lambda_\theta}{\overline{r}} - \lambda_{v_r} \dfrac{2\overline{v}_\theta}{\overline{r}} + \lambda_{v_\theta} \dfrac{\overline{v}_r}{\overline{r}} \\[2mm] \dot{\lambda}_m = - \dfrac{\overline{F}_t}{\overline{m}_2} \sqrt{\lambda_{v_r}^2 + \lambda_{v_\theta}^2} \end{cases} \qquad (6-22)$$

3）优化模型

由式（6-21）、式（6-22）以及式（6-16）可知，只要给出 4 个伴随变量的初值，就可逐步推出下一时刻的最优推力方向角和软着陆状态变量。为避免伴随变量的初值猜测，混合法将 4 个伴随变量初值 $\lambda_r(0)$、$\lambda_{v_r}(0)$、$\lambda_{v_\theta}(0)$ 和 $\lambda_m(0)$ 作为优化变量，采用优化算法对其进行优化。同时，由于终端时间 $\overline{t}_f$ 自由，也需将其作为优化变量。故混合法的优化变量为 $\boldsymbol{X} = [\lambda_r(0)$, $\lambda_{v_r}(0), \lambda_{v_\theta}(0), \lambda_m(0), \overline{t}_f]^{\mathrm{T}}$。

联立式（6-16）和式（6-22）就可得到混合法优化模型的状态方程。由状态方程（6-16）可得，状态变量 θ 在状态方程中是解耦的，故可暂时先不考虑 θ 及其伴随变量的状态变化。

月球软着陆优化问题是具有终端状态约束的最优控制问题，如何处理约束关系着混合法求解软着陆轨迹优化问题的成败。目前处理约束的方法主要有修复不可行解法和罚函数法。对于求解软着陆轨迹优化这类高维的非线性优化问题，罚函数法的应用效果更好。这里采用罚函数的形式定义评价函数 $f_{\mathrm{aff}}(\boldsymbol{X})$：

$$f_{\mathrm{aff}}(\boldsymbol{X}) = \overline{m}(\overline{t}_f) - \sigma_1 | \overline{r}(\overline{t}_f) - \overline{r}_f | - \sigma_2 | \overline{v}_r(\overline{t}_f) | - \sigma_3 | \overline{v}_\theta(\overline{t}_f) | \qquad (6-23)$$

式中：$\boldsymbol{X} = [\lambda_r(0), \lambda_{v_r}(0), \lambda_{v_\theta}(0), \lambda_m(0), \overline{t}_f]^{\mathrm{T}}$；$\sigma_1$，$\sigma_2$，$\sigma_3$ 分别为三个惩罚项的权重系数。

4）优化算法

人工免疫算法模拟生物免疫系统，将待优化的问题对应抗原，可行解对应抗体，可行的质量对应抗体与抗原的亲和度，将寻优过程与生物免疫系统识别抗原并实现抗体进化的过程对应起来，形成一种智能优化算法。

（1）计算亲和度：由于 AIA 求解的是最优问题的最大值，因此可将亲和度取为式（6-23）所示的形式。

（2）计算浓度和激励度：在寻优过程中，AIA 优化算法对浓度过高的抗体进行抑制以保持个体的多样性。抗体浓度 $f_{den}(X_I)$ 计算方法如下：

$$f_{den}(X_I) = \frac{1}{n}\sum_{i=1}^{n} f_{bff}(X_I, X_i) \qquad (6-24)$$

式中：n 为种群中抗体个数；X_I 为种群中的第 I 个抗体；$f_{bff}(X_I, X_i)$ 为抗体 X_I 与抗体 X_i 的相似度。激励度计算方法如下：

$$f_{sim}(X_I) = f_{aff}(X_I) \cdot \exp[-a \cdot f_{den}(X_I)] \qquad (6-25)$$

式中：$f_{aff}(X_I)$ 为抗体 X_I 的评价函数，也即亲和度；$f_{den}(X_I)$ 为抗体 X_I 的浓度；a 为计算参数，可根据实际情况确定。激励度是对抗体质量的最终评价结果，它综合考虑了抗体的亲和度和浓度。个体的亲和度越大，浓度越小，激励度越大。

（3）免疫操作：首先根据激励度进行免疫选择，然后进行 τ 次克隆、变异操作，实现局部搜索。变异操作采用如下公式：

$$X_{I,j,k} = \begin{cases} X_{I,j,k} + (P_r - 0.5P_m) \cdot \delta, P_r < P_m \\ X_{I,j,k}, P_r \geq P_m \end{cases} \qquad (6-26)$$

式中：$X_{I,j,k}$ 为抗体 X_I 的第 k 个克隆体的第 j 个变量；δ 为定义的邻域范围；P_r 为 $0 \sim 1$ 的随机数；P_m 为变异概率。最后进行克隆抑制，找出变异后的抗体及源抗体中亲和度最高的抗体 A_I 替代源抗体 X_I，使得种群中抗体个数不变。

（4）种群刷新：对激励度低的抗体，AIA 将进行删除并随机生成新抗体 B_i 进行替代。

3. 月面动力上升轨道设计

航天员完成月面探测任务后，会返回载人月面着陆器，乘坐上升级进行月面动力上升并返回至环月大椭圆轨道，为与环月圆轨道上的载人飞船交会对接做准备。在 Apollo 登月工程轨道设计中，该大椭圆轨道一般取为 15 km × 80 km 椭圆轨道。月面上升轨道与月面下降轨道过程相反，其轨道设计方法类似，均为求解一个非线性规划问题。与月面下降相比，月面上升轨道初值在月面上，需要先转换到惯性系上进行计算。为区别月面下降轨道设计，本节建立一套新的系统模型，并采用直接法对月面上升轨道优化模型进行求解。

1）起飞点初值

起飞点的初值有 4 个量：速度 v_0、位置 r_0、角速度 ω_0、欧拉角 E_0。由于月面发射时，上升级在月面固定不动，上升级的初始速度与位置为起飞点的速度与位置，根据月面起飞点几何关系可得到 $\boldsymbol{v}_0$、$\boldsymbol{r}_0$ 在月球固连坐标系下的值为

$$\boldsymbol{v}_0 = \begin{bmatrix} r_m \omega_m \cos \varphi_a (-\sin \lambda_a) \\ r_m \omega_m \cos \varphi_a \cos \lambda_a \\ 0 \end{bmatrix} \tag{6-27}$$

$$\boldsymbol{r}_0 = \begin{bmatrix} r_m \cos \varphi_a \cos \lambda_a \\ r_m \cos \varphi_a \sin \lambda_a \\ r_m \sin \varphi_a \end{bmatrix} \tag{6-28}$$

式中：r_m 为月球平均半径；λ_a 为起飞点月球经度；φ_a 为起飞点月球纬度。

上升级在月面是固定不动的，随着月球进行自转，因此其相对于起飞点惯性坐标系的角速度矢量即随月球自转的角速度，但需要进行坐标转换。由于月球自转的角速度很小，暂时可不予考虑。上升级起飞时的姿态考虑为理想状态，因此相对于起飞惯性坐标系的 $\boldsymbol{\omega}_0$、$\boldsymbol{E}_0$ 为

$$\boldsymbol{\omega}_0 = \boldsymbol{L}_{ba} \boldsymbol{L}_{am} \begin{bmatrix} 0 \\ 0 \\ \omega_m \end{bmatrix} \approx \begin{bmatrix} 0 \\ 0 \\ 0 \end{bmatrix} \tag{6-29}$$

$$\boldsymbol{E}_0 = \begin{bmatrix} 90 \\ 0 \\ 0 \end{bmatrix} (°) \tag{6-30}$$

式中：$\boldsymbol{L}_{ba}$ 为月面起飞点惯性坐标系到上升级本体坐标系的坐标转换矩阵；$\boldsymbol{L}_{am}$ 为月球固连坐标系到月面起飞点惯性坐标系的坐标转换矩阵。

2）系统建模

月面上升质心运动方程的矢量形式为

$$\begin{cases} \dot{\boldsymbol{r}} = \boldsymbol{v} \\ \dot{\boldsymbol{v}} = \dfrac{\boldsymbol{P}}{m} + \boldsymbol{g}_m - 2\boldsymbol{\omega}_{\text{Lunar}} \times \boldsymbol{v} - \boldsymbol{\omega}_{\text{Lunar}} \times (\boldsymbol{\omega}_{\text{Lunar}} \times \boldsymbol{r}) \\ \dot{m} = -\dfrac{P}{I_{\text{sp}} g_{e0}} \end{cases} \tag{6-31}$$

式中：$\boldsymbol{r}$，$\boldsymbol{v}$ 分别为上升级位置速度矢量；$\boldsymbol{P}$ 为上升级推力矢量；$\boldsymbol{g}_m$ 为月球重力加速度。

月面上升质心运动方程在月心赤道固连坐标系下的分量形式为

$$\begin{cases} (\dot{r})_m = (v)_m \\ (\dot{v})_m = \dfrac{L_{ma}L_{ab}(P)_b}{m} + (g_m)_m - 2(\omega_{\text{Lunar}})_m \times (v)_m - \\ \qquad\qquad (\omega_m)_m \times [(\omega_m)_m \times (\dot{r})_m] \\ \dot{m} = -\dfrac{P}{I_{\text{sp}}g_{e0}} \end{cases} \qquad (6-32)$$

式中：$\dot{m}$ 为发动机燃料消耗量；m 为上升级质量；P 为上升级发动机推力；g_m 为月球引力加速度；ω_m 为月球自转角速率，约为 $2.661\ 699 \times 10^{-6}\ \text{rad/s}$；$I_{\text{sp}}$ 为主发动机比冲；g_{e0} 为地球海平面重力加速度。

3）优化模型

月面上升标称轨迹设计是在满足约束条件下通过对某一参数的优化而得到标称轨迹。月面上升过程中最主要的考虑因素是燃料消耗。一般地，上升级发动机选择固定推力，因此燃料消耗最少和飞行时间最短是等价的。

考虑固定推力下共面上升时，上升轨迹是由推力俯仰角 φ 决定的，如图 6-5 所示。而上升级发动机一般是不可摆动的，即使有小角度摆动，也是做姿态控制，因此推力俯仰角 φ 与上升级俯仰角 θ 是等价的，有 $\theta = \varphi - \alpha$，$\alpha$ 为角度差。故可以选择推力俯仰角或上升级俯仰角为优化变量，并按时间离散推力俯仰角。当选择上升级俯仰角为优化变量时，上升轨迹优化问题就转化为上升级俯仰角设计问题，其实质是一个有约束非线性规划问题。可以将月面上升轨道设计转化为有约束非线性规划问题求解的标准型，即

$$\min f(x) \quad \text{s. t.} \begin{cases} c(x) \leqslant 0 \\ c_{\text{eq}}(x) = 0 \\ A \cdot x \leqslant b \\ A_{\text{eq}} \cdot x = b_{\text{eq}} \\ lb \leqslant x \leqslant up \end{cases} \qquad (6-33)$$

这里将月面上升终端高度约束、高度变化率约束转化为优化目标，而月面上升终端速度约束设置为仿真中止条件。当 $\|v - v_f\| \leqslant \varepsilon$ 时，仿真中止，ε 为入轨速度误差控制常数，那么无量纲化后的优化目标函数为

$$J = \frac{\mathrm{d}m(t_f)}{m_0} + \frac{h(t_f) - h_p}{h_p} + \frac{\dot{h}(t_f)}{v_p} \qquad (6-34)$$

式中：$\mathrm{d}m$ 为燃料消耗；m_0 为上升级初始质量；t_f 为仿真结束时刻；h_p 为目标轨道近月点高度；v_p 为目标轨道近月点速度。无量纲化的好处是可以将不同的物理量放在一起处理，另外也不至于在量级上相差过大。

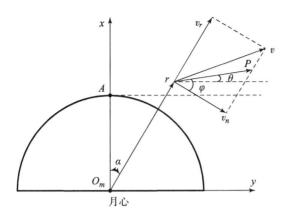

图 6 - 5　二维月面上升坐标关系

4）求解算法

这里采用 MATLAB/Simulink 进行上升过程建模，将优化变量直接代入月面上升仿真模型进行积分计算，并进行寻优。同时可采用 MATLAB 自带的有约束非线性规划问题求解函数 fmincon 进行求解。月面上升过程中，很明显 $0° \leqslant \theta \leqslant 90°$，且符合单调性条件：$\theta(i) \geqslant \theta(i+1)$。经过处理转化标准型后，即可利用 fmincon 进行求解计算。计算取点个数可根据需要进行选取，这里采用等时间间隔取点，然后在间隔点之间进行插值计算，仿真步长也可以根据需要进行设置。

4. 月面上升快速交会对接轨道设计

载人月面上升后环月轨道交会对接过程如图 6 - 6 所示。上升级通过月面上升后进入一个 15 km × 80 km 环月椭圆轨道的近月点，经过半个轨道周期到达远月点，并在远月点进行轨道圆化；通过一段时间调相后，上升级通过两脉冲变轨与载人飞船交会，在两脉冲变轨过程中进行 1 ～ 2 次中途修正。其中，为节省交会时间，两脉冲变轨一般采用 Lambert 变轨方式。

载人月面上升后环月轨道交会轨道设计步骤如下：

（1）采用高精度模型将上升级轨道从近月点推演到远月点。

（2）在远月点施加脉冲，使上升级轨道进行圆化。

（3）采用高精度模型将上升级轨道推演一段时间至时刻 t_0，根据 t_0 时刻上升级的位置速度矢量 $[\boldsymbol{r}_{c0}, \boldsymbol{v}_{c0}]$，载人飞船的位置速度矢量 $[\boldsymbol{r}_{T0}, \boldsymbol{v}_{T0}]$ 以及转移时间 $\Delta t (t_f = t_0 + \Delta t)$，利用 Lambert 变轨算法在二体模型中计算初始时刻 t_0 和终端时刻 t_f 的上升级的变轨速度增量 $\Delta \boldsymbol{V}_{c0}$ 和 $\Delta \boldsymbol{V}_{cf}$。

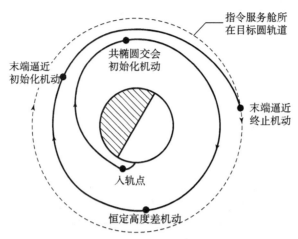

图6-6　载人月面上升后环月轨道交会对接过程

（4）以二体模型变轨速度增量为初值，在高精度模型中采用微分修正算法计算出变轨速度增量精确值。

5. 月地转移轨道设计

月地转移轨道是地月转移轨道的逆过程，其起始点是环月轨道，终端点为近地轨道。月地转移飞行过程为：飞行器运行于环月轨道 LLO 上，在月地转移时刻 t_{TEI}，施加切向变轨脉冲 ΔV_{TEI}，进入月地转移轨道（Trans – Earth Orbit，TEO），在月地转移轨道上飞行 Δt 后，到达地球再入点 E。

对于载人登月任务设计，一般要求飞行器在环月轨道上的轨道高度 h_{LLO} 和轨道倾角 i_{LLO} 固定，而升交点赤经 Ω_{LLO} 和近月点幅角 ω_{LLO}（令真近点角 $\theta_{LLO} = 0°$）可调。到再入点 E 时，为安全再入地球，对再入高度 h_{EI} 和再入角 γ_{EI} 有严格要求。同时，由于要返回指定着陆场 (λ, δ)，要求再入点地心轨道倾角 $i_{EI} \geqslant \delta$ 且再入点轨道面过着陆场。

根据以上问题描述，可确定月地转移轨道求解问题的已知条件、目标参数和控制变量。月地转移轨道的初始条件为 t_{TEI}、h_{LLO}、i_{LLO}。t_0、$h_L(t_0)$、$i_L(t_0)$ 为月地转移轨道初始时刻、初始月心轨道高度和初始月心轨道倾角。由于月地转移起始点为近月点，故月地转移轨道初始真近点角为 0°，即

$$\begin{cases} t_0 = t_{TEI}, & h_L(t_0) = h_{LLO} \\ i_L(t_0) = i_{LLO}, & \theta_L(t_0) = 0 \end{cases} \qquad (6-35)$$

月地转移轨道的终端约束为再入点高度约束 h_{EI}、再入角约束 γ_{EI}、着陆场共面约束，以及再入点轨道倾角约束 i_{EI}。t_f、$h_E(t_f)$、$\gamma_E(t_f)$、$i_E(t_f)$、$\boldsymbol{R}_E(t_f)$、

$V_E(t_f)$ 分别为月地转移轨道终端时刻、终端地心轨道高度、终端地心航迹角（速度矢量方向与水平方向夹角）、终端地心位置矢量和终端地心速度矢量，R_{land} 为着陆场的地心位置矢量。其中，约束 h_{EI} 和 γ_{EI} 之一用来确定 t_f，故实际约束条件仅为 3 项，即

$$\begin{cases} h_E(t_f) = h_{EI} \text{ 或 } \gamma_E(t_f) = \gamma_{EI} \\ i_E(t_f) = i_{EI} \\ R_{land} \cdot [R_E(t_f) \times V_E(t_f)] = 0 \end{cases} \quad (6-36)$$

令 $\cos \delta = \dfrac{R_{land} \cdot (R_E \times V_E)}{\| R_{land} \| \cdot \| R_E \times V_E \|}$，则终端约束可转化为下式：

$$\begin{cases} h_E(t_f) = h_{EI} \text{ 或 } \gamma_E(t_f) = \gamma_{EI} \\ i_E(t_f) = i_{EI} \\ \delta(t_f) = \pi/2 \end{cases} \quad (6-37)$$

控制变量为 $X = [\Delta V_{TEI}, \Omega_{LLO}, \omega_{LLO}]$，对应式（6-37）中 3 项终端约束。要求解一条月地转移轨道，需要确定 7 个变量，分别为月地转移时刻和该时刻的 6 个轨道要素。现有初始条件已知 4 项，终端约束 3 项，可确定一条月地转移轨道。通过修正 3 个控制变量，满足 3 项终端约束，即可求解出月地转移轨道参数。月地转移轨道的轨道动力学模型采用高精度的地月间摄动模型，与载人地月转移轨道高精度动力学模型相同。

6.1.2 平动点轨道及其转移轨道设计

从第 5 章的载人登月飞行模式可知，除了直接载人登月飞行模式外，还有基于空间站的载人登月飞行模式。其中，空间站所处轨道是基于空间站的载人登月飞行模式设计的关键。根据第 5 章的分析，基于地月 L2 点 Halo 轨道空间站飞行模式是一种优选的基于空间站的载人登月飞行模式。对于这类空间站处于地月系统平动点轨道的载人登月飞行模式，还需要设计空间站停泊的平动点轨道及其相应的转移轨道。

1. Halo 轨道设计

在进行 Halo 轨道设计以及轨道特性初步分析时，无须采用复杂的高精度星历模型，一般可采用圆形限制性三体模型来设计 Halo 轨道。令地球 m_1 和月球 m_2 为主天体，假设 m_1 和 m_2 绕其地月系统质心做角速度为 ω 的匀速圆周运动，且航天器 $m_3 \ll m_2 < m_1$。以地月系统质心为原点，地月连线由地球指向月球方向为 x 轴，z 轴沿角动量方向，建立会合坐标系 $O-xyz$。利用拉格朗日方程可推导出会合坐标系下航天器 m_3 的动力学方程，并进行归一化处理可得

$$\begin{cases} \ddot{x} - 2\dot{y} = \dfrac{\partial \Omega}{\partial x} \\[2mm] \ddot{y} + 2\dot{x} = \dfrac{\partial \Omega}{\partial y} \\[2mm] \ddot{z} = \dfrac{\partial \Omega}{\partial z} \end{cases} \qquad (6-38)$$

式中:

$$\begin{cases} \Omega = \dfrac{1}{2}(x^2 + y^2) + \left[\dfrac{1-\mu}{r_1} + \dfrac{\mu}{r_2} \right] \\[2mm] r_1 = \sqrt{(x+\mu)^2 + y^2 + z^2} \\[2mm] r_2 = \sqrt{(x-1+\mu)^2 + y^2 + z^2} \\[2mm] \mu = \dfrac{m_2}{m_1 + m_2} \end{cases} \qquad (6-39)$$

将动力学方程从会合坐标系下转化到平动点 L2 坐标系下,并除以距离尺度 γ_2,即 $\boldsymbol{\rho} = (\xi, \eta, \zeta)^{\mathrm{T}} = 1/\gamma_2 \cdot (x - x_2, y, z)^{\mathrm{T}}$,则可将其平动点附近运动构造为如下形式:

$$\begin{cases} \xi = -A_x \cos(\lambda t + \varphi) \\[1mm] \eta = k A_x \cos(\lambda t + \varphi) \\[1mm] \zeta = A_z \cos(\upsilon t + \psi) \end{cases} \qquad (6-40)$$

式中:A_x 和 A_z 分别为平面内和平面外的振幅;λ 和 υ 分别为平面内和平面外的频率;φ 和 ψ 分别为相位角。当 λ 和 υ 相等时,则形成 Halo 轨道。采用 Richardson 三阶近似值作为 Halo 轨道初值,即

$$\begin{cases} \xi = a_{21}A_x^2 + a_{22}A_z^2 - A_x\cos\tau_1 + (a_{23}A_x^2 - a_{24}A_z^2)\cos(2\tau_1) + \\ \qquad (a_{31}A_x^3 - a_{32}A_xA_z^2)\cos(3\tau_1) \\ \eta = kA_x\sin\tau_1 + (b_{21}A_x^2 - b_{22}A_z^2)\sin(2\tau_1) + (b_{31}A_x^3 - b_{32}A_xA_z^2)\sin(3\tau_1) + \\ \qquad [b_{33}A_x^3 + (b_{34} - b_{35})A_xA_z^2] \\ \zeta = \delta_n A_z\cos\tau_1 + \delta_n d_{21}A_xA_z(\cos(2\tau_1) - 3) + \delta_n(b_{32}A_xA_z^2 - d_{31}A_z^3)\cos(3\tau_1) \end{cases}$$

$$(6-41)$$

Halo 轨道初值 $\boldsymbol{u} = (x_0, 0, z_0, 0, \dot{y}_0, 0)^{\mathrm{T}}$ 中有 3 个不确定,根据其特性从初值积分至半轨道周期 $y_f = 0$ 时,应满足 $\dot{x}_f = \dot{z}_f = 0$。令初值 z_0 固定,而 δx_0 和 $\delta \dot{y}_0$ 可调,则可由以下公式进行修正直至满足 $\dot{x}_f = \dot{z}_f = 0$。

$$\begin{pmatrix} \delta\dot{x} \\ \delta\dot{z} \end{pmatrix} = \left[\begin{pmatrix} \Phi_{41} & \Phi_{45} \\ \Phi_{61} & \Phi_{65} \end{pmatrix} - \frac{1}{\dot{y}} \begin{pmatrix} \ddot{x} \\ \ddot{z} \end{pmatrix} (\Phi_{21} \quad \Phi_{25}) \right] \begin{pmatrix} \delta x_0 \\ \delta\dot{y}_0 \end{pmatrix} \qquad (6-42)$$

式中：$\boldsymbol{\Phi}_{ij}$ 为状态转移矩阵 $\boldsymbol{\Phi}$ 的分量。根据以上方法可求解出地月 L2 点附近的 Halo 轨道在归一化单位下的飞行轨迹。图 6-7 所示为 $A_z = 2\,000 \sim 32\,000$ km 的南北向 Halo 轨道簇。由图 6-7 可知，Halo 轨道按照其 z 轴偏向，可分为南向和北向两簇。

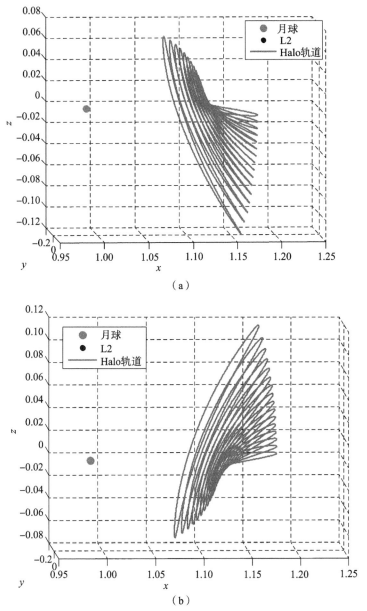

（a）

（b）

图 6-7　地月 L2 点南北向 Halo 轨道簇

（a）南向轨道；（b）北向轨道

2. Halo 轨道不变流形设计

不变流形是与 Halo 轨道光滑连接的一簇空间轨道，分为稳定流形和不稳定流形。其中稳定流形逐渐趋近 Halo 轨道，不稳定流形逐渐远离 Halo 轨道。因此，可以将 Halo 轨道的不变流形作为 Halo 轨道转移轨道的初值，在其基础上进行调整可得到 Halo 轨道转移轨道。

不变流形计算过程主要有三步：①计算 Halo 轨道某点状态及其积分一个周期后状态所对应的状态转移矩阵 $\boldsymbol{\Phi}(0,T)$（也称单值矩阵）；②根据不变流形的类型和方向计算该点 $\boldsymbol{\Phi}(0,T)$ 的特征向量、扰动量，从而求出该点不变流形初始状态；③利用动力学方程进行积分，得到不变流形的轨迹。

图 6-8 所示为 $A_z=8\ 000$ km 的 Halo 轨道的不稳定流形和稳定流形在归一化单位下的轨迹，暂取扰动值 $\varepsilon=50$ km，积分时间 $\Delta T=18$ 天。由图 6-8 可知，地月 L2 点 Halo 轨道的左向流形逐渐靠近月球，可以作为转移轨道到达环月轨道；而其右向流形则延伸到远离月球的方向，无法作为转移轨道到达环月轨道。

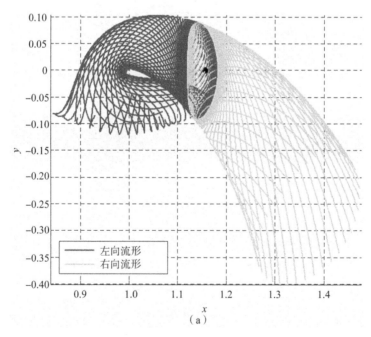

图 6-8　地月 L2 点 Halo 轨道的不变流形

（a）不稳定流形

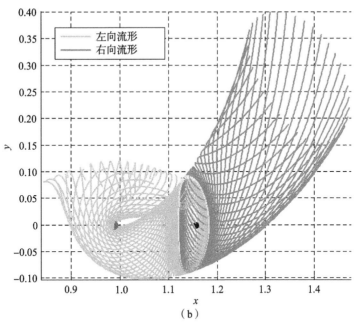

（b）

图 6-8　地月 L2 点 Halo 轨道的不变流形（续）

（b）稳定流形

3. Halo 轨道转移轨道设计

1）基于不变流形的零消耗转移轨道分析

由不变流形轨迹特性可知，利用左向稳定流形可以设计从环月轨道到 L2 点 Halo 轨道的转移轨道。若不变流形的最小月心距等于环月轨道的月心距，则该不变流形可直接作为转移轨道，称为零消耗转移轨道（入轨点处无须变轨）。以下以 A_z = 8 000 km 的 Halo 轨道为例，设环月轨道高度为 H_L = 100 km，即近月点月心距为 R_{fT} = 1 837.400 km，分析其零消耗转移轨道的特点。

（1）将 Halo 轨道按时间等分为 360 段，初始点为 1，与终点 361 重合，如图 6-9 所示。

（2）生成 Halo 轨道上每个节点的左向稳定流形，积分时间取为 ΔT = 18 天，如图 6-10 所示。计算每条不变流形距离月球的最小月心距，看是否有流形最小月心距等于环月轨道月心距。由图 6-10 可得，整圈 Halo 轨道有两处（约为 86 节点和 186 节点）不变流形的最小月心距与环月轨道月心距相等，可以作为零消耗转移轨道。

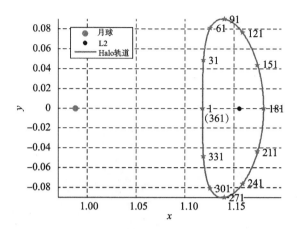

图 6-9　地月 L2 点 Halo 轨道分段

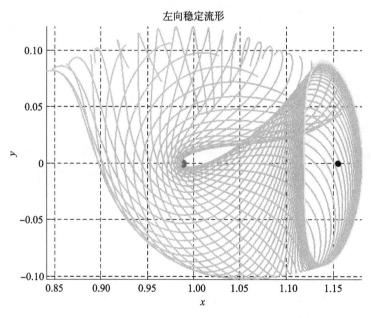

图 6-10　地月 L2 点 Halo 轨道左向稳定流形及其最小月心距

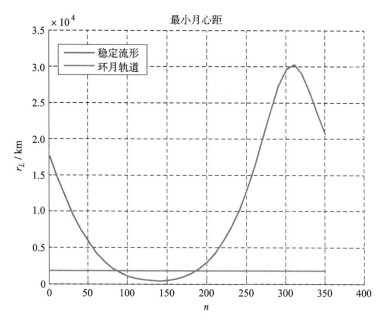

图 6 - 10 地月 L2 点 Halo 轨道左向稳定流形及其最小月心距（续）

（3）可采用二分法求解精确的 Halo 轨道不变流形节点。这里采用先粗选再精选的流程搜索精确的 Halo 轨道不变流形节点。首先，选取 Halo 轨道上一定间隔的采样点，计算其不变流形最小月心距与环月轨道月心距的差值，记录月心距差值突变的采样点数。间隔 10 个节点采样，既保证采样精度，同时减少计算量。其次，以差值突变处的前后两个采样点作为边界，设置月心距误差精度，采用二分法精确搜索满足月心距约束条件的节点。

（4）根据以上算法，可以精确求解出两条满足月心距约束的零消耗转移轨道，其结果如表 6 - 1、图 6 - 11 和图 6 - 12 所示。由搜索结果可知，若利用天然不变流形设计零消耗的转移轨道，则满足近月点月心距约束的转移轨道个数较少，无法满足 Halo 轨道全相位（1 ~ 361 节点）的轨道转移需求。

表 6 - 1 零消耗转移轨道搜索结果

轨道参数	零消耗转移轨道 1	零消耗转移轨道 2
环月轨道逃逸速度 $\Delta V/(\text{m} \cdot \text{s}^{-1})$	652.751	652.787
转移时间 $\Delta t/$天	14.222	14.611
近月点月面高度 $r_L/$km	100.001	100.000
近月点航迹角 $\gamma/(°)$	0.012	0.021

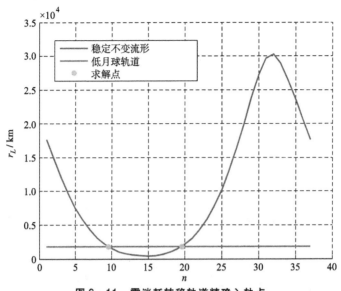

图 6-11 零消耗转移轨道精确入轨点

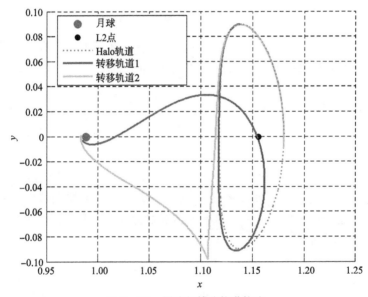

图 6-12 零消耗转移轨道轨迹

2）基于不变流形的两脉冲转移轨道改进微分修正设计

为提高 Halo 轨道转移轨道任务窗口，应满足 Halo 轨道上全相位轨道转移的要求，需要在天然不变流形的基础上，在 Halo 轨道入轨点加入脉冲变轨，使稳定流形的近月点月心距满足约束，此时形成的流形称为受摄流形。同时在近月点施加脉冲，使航天器从环月轨道进入受摄流形。通过这两次脉冲变轨，可得到满足 Halo 轨道全相位点入轨的转移轨道。由于 Halo 轨道处于三体混沌区内，其动力学特性具有强非线性，转移轨道搜索容易发散，可考虑以其不变流形为初值，进行微小速度增量调整，得到入轨速度增量较小的两脉冲转移轨道。

（1）微分修正算法。转移轨道主要考虑近月点月心距约束 $a_1 = |\boldsymbol{R}_{fT}| - R_{\text{des}}$ 和航迹角约束 $a_4 = \sin \boldsymbol{\gamma} - \sin \boldsymbol{\gamma}_{\text{des}}$，其中 $\boldsymbol{R}_{fT} = \boldsymbol{R}_f - \boldsymbol{R}_T$ 为相对月球中心的位置矢量，$\boldsymbol{R}_f$ 为航天器位置矢量，$\boldsymbol{R}_T$ 为月球位置矢量，R_{des} 为月心距目标值，$\boldsymbol{\gamma}$ 为航天器航迹角，$\boldsymbol{\gamma}_{\text{des}} = 0°$ 为航迹角目标值。为减少修正约束量，采用航迹角为终止条件，则入轨点速度增量的微分修正算法如下：

$$\begin{cases} \delta V = M^{\text{T}} (MM^{\text{T}})^{-1} \delta a_1 \\ \\ M = \left(\dfrac{\partial a_1}{\partial V} - \dfrac{\partial a_1}{\partial t} \dfrac{\dfrac{\partial a_4}{\partial V}}{\dfrac{\partial a_4}{\partial t}} \right) \end{cases} \quad (6-43)$$

通过求导链式法则可得

$$\begin{cases} \dfrac{\partial a_1}{\partial V} = \dfrac{(\boldsymbol{R}_f - \boldsymbol{R}_T)^{\text{T}}}{|\boldsymbol{R}_f - \boldsymbol{R}_T|} \cdot \dfrac{\partial \boldsymbol{R}_f}{\partial V} \\[4mm] \dfrac{\partial a_1}{\partial t} = \dfrac{(\boldsymbol{R}_f - \boldsymbol{R}_T)^{\text{T}}}{|\boldsymbol{R}_f - \boldsymbol{R}_T|} \cdot V_f \\[4mm] \dfrac{\partial a_4}{\partial V} = \left[\dfrac{V_f^{\text{T}}}{|\boldsymbol{R}_f - \boldsymbol{R}_T||V_f|} - \sin \gamma \dfrac{(\boldsymbol{R}_f - \boldsymbol{R}_T)^{\text{T}}}{|\boldsymbol{R}_f - \boldsymbol{R}_T|^2} \right] \cdot \dfrac{\partial \boldsymbol{R}_f}{\partial V} + \\[4mm] \qquad\quad \left[\dfrac{(\boldsymbol{R}_f - \boldsymbol{R}_T)^{\text{T}}}{|\boldsymbol{R}_f - \boldsymbol{R}_T||V_f|} - \sin \gamma \dfrac{V_f^{\text{T}}}{|V_f|^2} \right] \cdot \dfrac{\partial V_f}{\partial V} \\[4mm] \dfrac{\partial a_4}{\partial t} = \left[\dfrac{V_f^{\text{T}}}{|\boldsymbol{R}_f - \boldsymbol{R}_T||V_f|} - \sin \gamma \dfrac{(\boldsymbol{R}_f - \boldsymbol{R}_T)^{\text{T}}}{|\boldsymbol{R}_f - \boldsymbol{R}_T|^2} \right] \cdot V_f + \\[4mm] \qquad\quad \left[\dfrac{(\boldsymbol{R}_f - \boldsymbol{R}_T)^{\text{T}}}{|\boldsymbol{R}_f - \boldsymbol{R}_T||V_f|} - \sin \gamma \dfrac{V_f^{\text{T}}}{|V_f|^2} \right] \cdot A_f \end{cases} \quad (6-44)$$

令状态转移矩阵为 $\boldsymbol{\Phi}$，则

$$\begin{bmatrix} \delta \boldsymbol{R}_f \\ \delta V_f \end{bmatrix} = \boldsymbol{\Phi} \begin{bmatrix} \delta \boldsymbol{R} \\ \delta V \end{bmatrix} = \begin{bmatrix} A & B \\ C & D \end{bmatrix} \begin{bmatrix} \delta \boldsymbol{R} \\ \delta V \end{bmatrix} \quad (6-45)$$

从而得到

$$\begin{cases} \dfrac{\partial \boldsymbol{R}_f}{\partial V} = B \\[4mm] \dfrac{\partial V_f}{\partial V} = D \end{cases} \quad (6-46)$$

（2）快速终止条件设计。在微分修正的轨道积分过程中，需要判断 $a_4 = \sin\gamma - \sin\gamma_{des} = 0$。若直接判断 $a_4 = 0$，则有时会收敛到远月点；同时对于 Halo 轨道上 $n = 1$ 或 181 的节点，其起点位置即满足 $a_4 = 0$，会导致奇异。为此，有些学者对航迹角终止条件进行处理，以增加算法收敛性。其设置固定积分时间 ΔT，找出所有 $a_4 = 0$ 的点，并比较其月心距，以最小月心距作为其积分终止点，该方法大大改善了算法的收敛性。但该算法每次需要积分固定时间 ΔT，且需要比较月心距，使每次轨道积分时间较长；同时该算法也会将远月点作为积分终止点，造成修正矩阵不准。

考虑近月点的特征，加入航迹角导数，快速确定近月点，节省轨道积分时间；同时加入最小 x 轴约束，避免 $n = 1$ 或 181 节点处产生奇异以及收敛到月心距较大的局部近月点。其终止条件判断公式如下：

$$t = t_f, \text{如果} \begin{cases} \gamma(t) = 0 \\ \dot{\gamma}(t) < 0 \\ x(t) \geqslant 1 \end{cases} \qquad (6-47)$$

（3）自适应退步搜索。由于 Halo 轨道周围相空间的强非线性，即使以不变流形为初值，在微分修正过程中也会出现终止条件不满足 $a_4 = 0$，从而给出错误的修正矩阵信息，导致转移轨道发散或收敛到入轨速度增量较大的转移轨道上。为此，采用一种自适应退步搜索。当采用微分修正算法给出的修正值时，若轨道积分停止到固定时间 ΔT 且月心距较大，则视为迭代错误返回上一步速度增量值，并将修正值减半后再进行积分，如此不断循环直至迭代跳出错误区域。其具体算法如下：

$$\begin{cases} \delta V^{j+1} = \dfrac{\delta V^j}{2} \\ V = V - \delta V^j + \delta V^{j+1} \end{cases}, \text{如果} \begin{cases} t = \Delta T \\ R_{fT} > \xi^{(2)} \end{cases} \qquad (6-48)$$

式中：$R_{fT} = \| \boldsymbol{R}_{fT} \|$；$\xi^{(2)}$ 为 L2 点距离月球的无量纲化长度。

（4）设计流程。总结以上策略，可得到两脉冲转移轨道改进微分修正算法，如图 6-13 所示。

采用改进的微分修正算法，每隔 3 个节点采样对全相位 Halo 轨道入轨点设计转移轨道。图 6-14 所示为搜索到的全相位 Halo 轨道入轨点对应的转移轨道。从中可知，所有的转移轨道都收敛到两条轨道附近，这两条轨道对应零消耗转移轨道。对于 $A_z = 8\,000$ km 的北向 Halo 轨道，本算法搜索到的以不变流形为基础的转移轨道转移时间范围为 9~19 天；入轨点速度增量范围为 0~8 m/s，属于小速度增量。

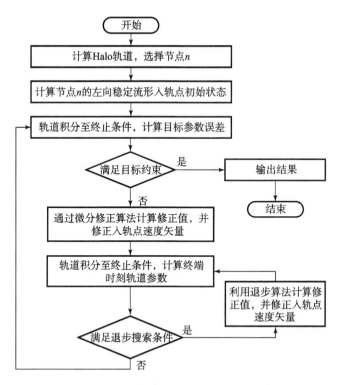

图 6-13   两脉冲转移轨道改进微分修正算法

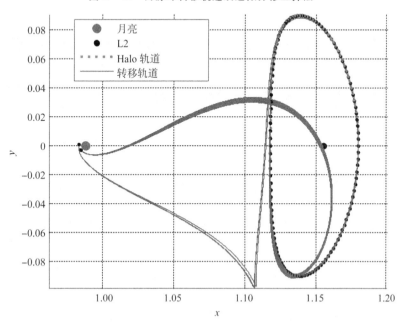

图 6-14   全相位 Halo 轨道入轨点对应的转移轨道

6.1.3 载人小行星轨道设计

载人小行星轨道设计包括地球逃逸轨道设计、地球至小行星转移段轨道设计、小行星探测轨道设计，以及小行星至地球转移轨道设计。一般小行星距离地球较远，不在地球影响球范围内，因此可将各段飞行轨道独立设计。地球逃逸轨道动力学模型以地球中心引力为主；地球与小行星间转移轨道动力学模型以太阳中心引力为主；小行星探测轨道动力学模型以小行星引力场为主。

对于地球逃逸轨道，其本质为近地轨道设计，终端条件为加速到达地球逃逸速度，设计较为简单。小行星探测轨道为飞行器接近和着陆小行星的轨道。小行星具有形状不规则、非球形引力显著和引力场微弱等特点，在其附近运动的飞行器受到小行星非球形引力、太阳光压摄动和太阳三体引力摄动等显著影响。因此，小行星探测轨道运动十分复杂，稳定的环绕轨道十分有限，需要采用理论分析和数值仿真验证的方法来寻找稳定的环绕轨道。目前，只有在低阶球谐引力场近似下才存在少量的解析结果，在更复杂的力学环境中，大部分的轨道设计依赖于数值计算，无统一方法求解，不作为本书载人小行星轨道设计的重点。对载人小行星探测任务影响最大的是地球与小行星间的转移轨道设计。地球与小行星间的转移轨道直接决定了载人小行星探测任务的发射窗口、飞行时间和变轨总速度增量，是整个任务成败的关键。

地球与小行星间转移轨道设计的轨道参数有：从地球出发的时刻 T_0、到达小行星的时刻 T_1、离开小行星的时刻 T_2，以及返回地球的时刻 T_3。轨道设计参数可以设为 $X = [T_0, T_1, T_2, T_3]$。转移轨道的性能指标可设为如下形式：

$$J(X) = \Delta V_1 + \Delta V_2 + \Delta V_3 \qquad (6-49)$$

式中：ΔV_1 为飞行器从地球停泊轨道出发进入转移轨道所需的加速度增量；ΔV_2 为飞行器与小行星交会时所需的制动速度增量；ΔV_3 为飞行器从小行星出发时需要的加速度增量。同时，由于是载人任务，要考虑飞行时间过长对航天员的影响，任务周期不得太长。可初步设置如下飞行时间约束：

$$\begin{cases} 10 \text{ d} \leqslant T_1 - T_0 \leqslant 200 \text{ d} \\ 7 \text{ d} \leqslant T_2 - T_1 \leqslant 21 \text{ d} \\ 10 \text{ d} \leqslant T_3 - T_2 \leqslant 200 \text{ d} \\ 0 \text{ d} \leqslant T_3 - T_0 \leqslant 365 \text{ d} \end{cases} \qquad (6-50)$$

在进行轨道设计时，计算的地球到小行星转移段和小行星到地球转移段均为两脉冲轨道，可采用 Lambert 变轨算法求解。Lambert 变轨算法的核心思想是：已知转移轨道初始时刻位置矢量、终端时刻位置矢量和转移时间，通过迭代算法求解初始时刻速度矢量和终端时刻速度矢量。以下详细介绍采用普适变量为迭代变量的 Lambert 变轨迭代算法。

Lambert 变轨过程（图 6 – 15）可以描述为：在二体模型下，已知 T_1 时刻航天器的位置矢量和速度矢量分别为 $\boldsymbol{r}_1$ 和 $\boldsymbol{v}_{1i}$，求在 T_1 和 T_2 时刻施加的速度增量 $\Delta \boldsymbol{v}_1$ 和 $\Delta \boldsymbol{v}_2$，使得航天器在 T_2 时刻的位置矢量和速度矢量分别为 $\boldsymbol{r}_2$ 和 $\boldsymbol{v}_{2f}$。此问题可简单描述为已知航天器在某一转移轨道上两点的位置矢量为 $\boldsymbol{r}_1$、$\boldsymbol{r}_2$ 和转移时间 Δt，求其在这两点的速度矢量 $\boldsymbol{v}_{1t}$ 和 $\boldsymbol{v}_{2t}$。

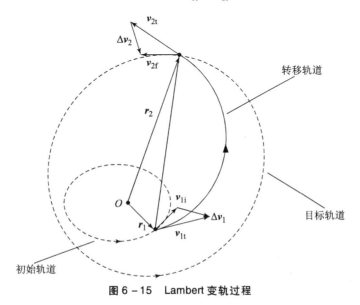

图 6 – 15 Lambert 变轨过程

传统普适变量法选择普适变量 z 作为迭代变量，用以下公式求解转移轨道的变轨点速度：

$$\begin{cases} \boldsymbol{v}_{1t} = \dfrac{\boldsymbol{r}_2 - F\boldsymbol{r}_1}{G} \\[3mm] \boldsymbol{v}_{2t} = \dfrac{\dot{G}\boldsymbol{r}_2 - \boldsymbol{r}_1}{G} \end{cases} \qquad (6 - 51)$$

式中：F，G，$\dot{G}$ 为普适变量 z 的函数，z 的定义和 $F(z)$，$G(z)$ 和 $\dot{G}(z)$ 的形式详见参考文献。

普适变量 z 与 Lambert 变轨转移时间 Δt 之间有如下关系：

$$\Delta t = \frac{1}{\sqrt{\mu}} \left[x(z)^3 S(z) + A\sqrt{y(z)} \right] \qquad (6 - 52)$$

式中：$x(z)$，$S(z)$ 和 $y(z)$ 为 z 的函数；A 为由 $(\boldsymbol{r}_1, \boldsymbol{r}_2)$ 确定的常数；μ 为地球引力常数。

普适变量法的求解过程为：首先选取普适变量 z 的初值，由式（6-52）用牛顿迭代法求出其正确解 z_r；然后由 z_r 求出 F、G 和 $\dot{G}$；最后由式（6-51）求出 v_{1t} 和 v_{2t}，从而得出 Lambert 变轨的转移轨道，变轨所需的速度增量大小为

$$\Delta v = |\Delta v_1| + |\Delta v_2| = |v_{1t} - v_{1i}| + |v_{2f} - v_{2t}| \qquad (6-53)$$

其中，A 和 G 的表达式分别如下：

$$A = \frac{\sqrt{r_1 r_2} \sin \Delta f}{\sqrt{1 - \cos \Delta f}} \qquad (6-54)$$

$$G = A \sqrt{y/\mu} \qquad (6-55)$$

式中：Δf 为位置矢量 r_1 和 r_2 的夹角。

6.2 基于直接登月模式的载人登月轨道方案

由第 5 章直接载人登月飞行模式的分析可知，一次发射直接奔月飞行模式和环月轨道对接模式需要研制重型运载火箭，研制风险高。近地 + 环月轨道对接飞行模式任务复杂，近地轨道对接飞行模式相对比较容易实现。这里以美国"星座计划"提出的近地轨道 1 次对接飞行模式为例，介绍直接载人登月飞行模式的飞行轨道设计流程和方法。

6.2.1 飞行阶段划分

基于近地轨道 1 次对接模式的载人登月飞行过程可以划分为 13 个飞行阶段：①货运发射段；②载人发射段；③近地轨道交会对接段；④地月转移段；⑤近月制动段；⑥环月飞行段；⑦动力下降段；⑧月面工作段；⑨月面上升段；⑩环月轨道交会对接段；⑪月地返回段；⑫再入段；⑬着陆回收段。

每个飞行阶段的定义如下。

1. 货运发射段

货运发射段是指，从货运火箭点火起飞至载人火箭点火起飞，主要任务是采用重型货运火箭，将月面着陆器和推进飞行器（或称运载火箭末级 EDS）组合体一次发射至近地停泊轨道上，等待与载人飞船对接。

2. 载人发射段

载人发射段是指从载人火箭点火起飞至载人飞船与载人火箭分离后，发射

进入近地停泊轨道，主要任务是将载人飞船发射至近地停泊轨道，等待与月面着陆器及推进飞行器组合体的交会对接。

3. 近地轨道交会对接段

近地轨道交会对接是指从载人飞船进入近地停泊轨道至登月飞行器系统（含载人飞船、月面着陆器及推进飞行器）进行地月加速起始点。主要任务是载人飞船与月面着陆器及推进飞行器组合体完成近地轨道交会对接，之后在近地停泊轨道飞行，等待合适的地月转移时刻进行地月转移加速。

4. 地月转移段

地月转移段是指从登月飞行器系统进行地月转移加速进入地月转移轨道至登月飞行器系统到达近月点制动减速起始点。在此过程中，登月飞行器系统首先通过推进飞行器点火变轨，使登月飞行器系统进入地月转移轨道。其后抛掉推进飞行器，载人飞船与月面着陆器组合体在地月转移轨道飞行直至到达近月点。

5. 近月制动段

近月制动段是指从载人飞船与月面着陆器组合体近月点减速制动至变轨进入环月圆轨道。主要任务是载人飞船与月面着陆器组合体到达近月点后，通过 1~3 次制动，进入环月圆轨道。

6. 环月飞行段

环月飞行段是指从载人飞船与月面着陆器组合体进入环月圆轨道至月面着陆器进行动力下降起始点。在环月飞行过程中，月面着陆器与载人飞船分离。月面着陆器在环月轨道上的适当位置进行减速进入月球下降轨道，载人飞船继续环月飞行。下降轨道一般选择一个 15 km × 100 km 的椭圆轨道，月面着陆器进行一次霍曼转移，半个轨道周期后到达离月面 15 km 的近月点。

7. 动力下降段

动力下降段是指从月面着陆器到达离月面 15 km 的近月点开始动力下降至月面着陆器着陆月面。动力下降段的主要过程可分为三个阶段，分别是制动段、接近段以及最终着陆段。制动段制导过程以节省燃料为主，其目的是减小月面着陆器的轨道速度。在接近段月面着陆器保持一定的姿态，方便航天员在整个阶段通过舱窗对着陆区进行观测。最终着陆段是一个受控竖直下降过程，

提供对着陆点的连续可视，可以从自动控制转为航天员手动控制。

8. 月面工作段

月面工作段是指从月面着陆器着陆月面至月面着陆器上升级点火起飞。在此阶段，航天员出舱，进行月球探测活动，采集月球样品，进行月面科学试验。完成月面探测任务后，航天员返回月面着陆器上升级，进行月面起飞准备工作。

9. 月面上升段

月面上升段是指从月面着陆器上升级点火起飞至上升级到达目标轨道。上升段在上升发动机连续工作下可分两个阶段执行：第一个阶段是垂直上升段，主要作用是消除月面地形对上升级的影响；第二阶段是轨道进入段，其主要目的是使月面着陆器进入目标轨道。

10. 环月轨道交会对接段

环月轨道交会对接段是指从月面着陆器上升级进入目标轨道，至载人飞船加速进入月地转移轨道起始点。上升级进入目标环月椭圆轨道后，开始执行月球轨道交会对接任务。上升级在地面测控支持下，通过一系列的轨道调整，完成远程导引，进入高度约 100 km 的目标轨道；然后自主完成近程交会和与载人飞船的对接操作，完成航天员和月球样品从上升级到载人飞船的转移。随后载人飞船与上升级分离，并在环月轨道上停留一段时间，等待合适的月地返回窗口。

11. 月地返回段

月地返回段是指从载人飞船开始加速进入月地转移轨道，至载人飞船返回舱到达地球再入点（离地面高度约 120 km）。在此阶段，载人飞船加速进入月地转移轨道，月地转移轨道末端满足地球再入返回轨道的要求。月地转移过程中进行 2~3 次中途修正，抛掉载人飞船推进舱。

12. 再入段

再入段是指从载人飞船返回舱到达再入点至返回舱伞降系统开始工作。该阶段载人飞船返回舱以半弹道跳跃式再入大气层。

13. 着陆回收段

着陆回收段是指伞降系统开始工作至航天员出舱。该阶段载人飞船返回舱进行着陆前的准备，包括抛掉影响着陆的设备、进行姿态调整等。软着陆任务成功后，航天员进行出舱。

在上述的 13 个飞行阶段中，除去货运火箭和载人火箭发射的火箭弹道，以及着陆回收段的伞降轨迹外，最具特色的飞行轨道有以下 9 段轨道：①近地轨道交会对接轨道；②载人地月转移轨道；③近月制动轨道；④环月飞行轨道；⑤动力下降轨道；⑥月面上升轨道；⑦环月轨道交会对接轨道；⑧月地返回轨道；⑨再入轨道。

载人登月飞行轨道方案设计的关键是设计以上 9 段轨道方案，并需妥善协调各段轨道之间的接口关系，满足面向载人任务的特殊需求。

6.2.2　近地轨道交会对接轨道方案

近地轨道交会对接通常采用多圈多脉冲变轨策略，交会对接包括远程导引段和自主控制段。

1. 远程导引段

在远程导引段，考虑共进行 5 次轨道机动，最终达到自主控制段起始点轨道要求，如图 6 – 16 所示，具体方案如下：

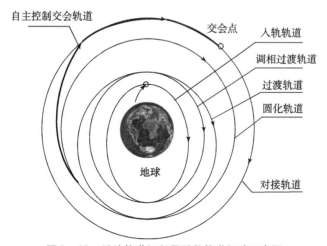

图 6 – 16　近地轨道远程导引段轨道机动示意图

（1）远地点进行变轨，根据载人飞船与月面着陆器组合体实际相位差和交会时间，确定调相轨道。

（2）在调相轨道和目标轨道面交点处进行变轨，用来修正轨道面偏差。

（3）在调相轨道近地点进行变轨，继续调整载人飞船与月面着陆器组合体实际相位差，同时调整轨道高度。

（4）在调相轨道远地点进行变轨，进行轨道圆化。

（5）根据需要进行轨道综合修正（正常情况不执行），在远程导引结束前，需要留有一定的时间进行测定轨。

2. 自主控制段

自主控制段分为寻的段和接近段：①寻的段可采用 C－W 三脉冲制导。②接近段的控制模式分为两段，在距离较远段，可采用 C－W 制导和视线制导相结合的方案，根据转移时间和相对位置进行控制律的切换；在距离较近段，可采用六自由度控制，进行平移靠拢和对接。

6.2.3　载人地月转移轨道方案

低能奔月轨道比传统的直接奔月方式节省 18% 左右的燃料，但一般需要 70～110 天，因此直接奔月是载人任务的首选方案，低能奔月轨道可用于货运任务。

地月转移段飞行流程大致如下：①登月飞行器选择合适的时机，从近地停泊轨道出发，利用推进飞行器点火，将登月飞行器推入奔月轨道之后抛掉推进飞行器；②在地月转移过程中，月面着陆器进行必要的中途修正；③当到达近月点时，利用月面着陆器施加一个反向速度增量，使载人飞船与月面着陆器组合体进入环月轨道。

地月转移轨道方案按是否为自由返回轨道可分为四大类：①一般转移轨道方案；②自由返回轨道方案；③自由返回轨道＋终端变平面方案；④混合轨道方案。一般转移轨道方案是指地月转移轨道直接对准目标环月轨道，不考虑自由返回问题，一般用于无人月球探测。自由返回轨道方案是指地月转移轨道若在近月点不进行制动，则不需要速度增量而能返回地球。自由返回轨道＋终端变平面方案是指地月转移轨道为自由返回轨道，到达近月点后进行轨道平面变轨，使飞行器进入目标环月轨道。混合轨道方案是指地月转移段前期采用自由返回轨道，在 5～10 h 后变轨进入非自由返回轨道。这四种载人地月转移轨道方案对比如表 6-2 所示。

表 6-2　载人地月转移轨道方案对比

转移轨道方式	$\Delta V/(\mathrm{m \cdot s^{-1}})$	月面到达范围	近月制动故障返回地球
一般转移轨道	4 000	全月面	不能
自由返回轨道	4 100	南北纬25°范围内部分区域	能

续表

转移轨道方式	$\Delta V/(\mathrm{m \cdot s^{-1}})$	月面到达范围	近月制动故障返回地球
自由返回轨道 + 终端变平面	4 100 + 220	全月面	能
混合轨道	4 100 + 100	全月面	不能

　　为保证航天员的安全，应引入自由返回轨道的约束，任务中止时只需要很小的推力进行轨道修正就能将载人飞船与月面着陆器组合体返回地球。在近月制动前，推力系统发生任何故障，都可以不做机动直接沿着自由返回轨道返回地球，因此具有很高的安全特性。同时，若要求全月面达到，则采用自由返回轨道 + 终端变平面方案。图 6 - 17 所示为 Apollo 载人登月飞船的无动力返回轨道（会合坐标系），是一个典型的在地月会合坐标系中无动力返回轨道的完整形状，呈现出 ∞ 字形。载人飞船在月球作用球的"前面"掠过，之后再绕到月球背面，如果飞行中一切正常，则可以在月球背面上空的近月点处点火制动，然后再完成登月任务；反之，如果出现任何故障需要返回地球，则载人飞船将在月球引力的作用下无动力返回地球。从图 6 - 17 中的轨道形状可以看出，无动力返回轨道要求载人飞船的绕月轨道相对于月球自转方向是逆行的，不过考虑到月面赤道处自转速度仅有 4 m/s，因此是顺行还是逆行对于在月面上的着陆和起飞影响不大。

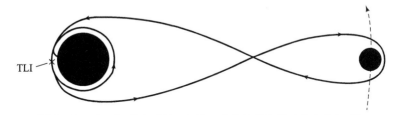

图 6 - 17　Apollo 载人登月飞船的无动力返回轨道（会合坐标系）

　　根据目前的理论研究结论，通过调整地月转移进入速度和起飞点位置，可以找到一条可行的自由返回轨道，如图 6 - 18 和图 6 - 19 所示。根据轨道设计结果可知，一般从近地轨道进入地月转移轨道需要的速度增量约 3.2 km/s。自由返回轨道的近月点在月球背面上空，近月制动需要的速度增量为 0.9 km/s。如果自由返回落点必须在指定的区域，则需要精心设计发射窗口。该阶段主要事件序列：①地月转移进入机动，速度增量为 3.2 km/s；②地月转移轨道巡航过程中，根据需要进行 2 ~ 3 次中途修正；③在近月点制动，速度增量为 0.9 km/s；④如果制动之前动力系统发生故障，则登月飞行器自由返回地球。

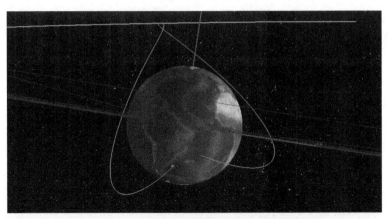

图 6 – 18　地心惯性坐标系下自由返回轨道轨迹

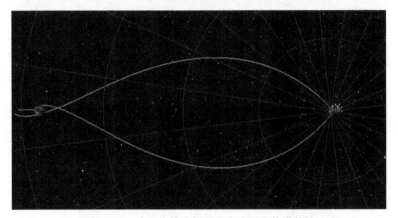

图 6 – 19　地月旋转坐标系下自由返回轨道轨迹

6.2.4　近月制动轨道方案

自由返回轨道对环月轨道倾角有限制，不一定满足登月点纬度要求，因此需要在近月制动过程中调整轨道面。美国"星座计划"中近月制动考虑采用三次机动方案，如图 6 – 20 所示。第一次制动将载人飞船轨道从双曲轨道变为大椭圆轨道；第二次在远地点调整轨道平面，以便达到定点着陆的要求；第三次在近月点进行轨道圆化制动，进入环月圆轨道。

该阶段主要事件序列：①进行第一次机动，平面内近月制动进入环月轨道；②进行第二次机动，在远月点附近调整轨道平面机动；③进行第三次机动，平面内近月制动圆化轨道；④等待月面下降机会。

近月制动飞行轨迹如图 6 – 21 所示。整圈椭圆轨道为载人飞船第 1 次制动机动进入的环月椭圆过渡轨道 LOI – 1，半圈椭圆轨道为载人飞船进行轨道面

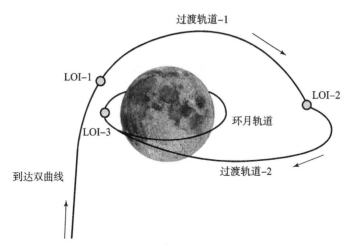

图 6-20　近月制动飞行轨迹示意图

机动进入的环月椭圆过渡轨道 LOI - 2，轨道高度较低的近圆轨道为月面着陆器飞行的环月圆轨道。

图 6-21　近月制动飞行轨迹

6.2.5　环月飞行轨道方案

根据 Apollo 载人登月工程的实施经验，月面着陆器和载人飞船的组合体环月轨道一般取为 100 km 高的环月圆轨道，轨道倾角根据月面着陆点的纬度确定。设月面着陆点的纬度为 ϕ_d，则环月轨道倾角为 $|\phi_d| + \delta$ 或 $180° - (|\phi_d| + \delta)$。其中 δ 为设计的最优轨道倾角偏置，主要根据月面停留时间和月面上升零轨道面偏差考虑进行设计。

在 100 km 的环月停泊轨道上，月面着陆器与载人飞船分离，月面着陆器远离载人飞船并处于安全距离外。环月运行一段时间后，月面着陆器选择合适的时机进行发动机点火制动，进入一个环月椭圆轨道，近月点位置根据着月点确定。在 Apollo 载人登月工程中，环月椭圆轨道的近月点高度为 15 km，远月点高度为 100 km。图 6 - 22 所示为下降轨道设计。

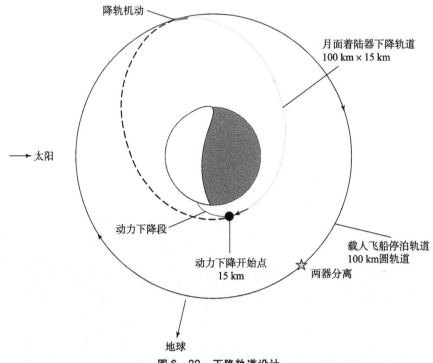

图 6 - 22 下降轨道设计

载人飞船位于 100 km 的环月轨道上，载人飞船的速度为 1 631 m/s；100 km × 15 km 椭圆轨道上远月点速度为 1 611 m/s，因此下降轨道机动所需的速度增量为 20 m/s。在无动力转移段，月面着陆器沿着霍曼转移轨道无动力滑行，滑行至高度为 15 km 的近月点。该滑行段所需的时间为 57 min，近月点速度为 1 689 m/s。

该阶段的主要事件序列：①载人飞船与月面着陆器分离；②月面着陆器降轨到 100 km × 15 km 的椭圆轨道，速度增量约为 20 m/s；③月面着陆器自主飞行至近月点准备下降；④载人飞船在环月轨道继续飞行，监视月面着陆器的下降过程和着陆过程，以及着陆后的中继通信联系。

6.2.6 动力下降轨道方案

动力下降段的主要任务是月面着陆器从 15 km 高度开始利用下降级主发动机进行持续制动，直至最终软着陆月面。参考美国 Apollo 载人登月工程中的登月舱和"星座计划"中的 Atairl 月面着陆器，动力下降段轨道分解为以下 5 个任务段，如图 6 – 23 所示。

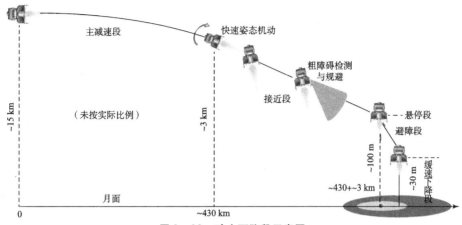

图 6 – 23　动力下降段示意图

1. 制动段（也称主减速段）

制动段从月面着陆器到达离月面 15 km 高度处起进行制动，直到月面着陆器高度下降至 3 km 左右结束。制动任务的主要目的是消除月面着陆器的轨道速度。

2. 接近段

接近段从月面着陆器到达离月面 3 km 左右起，至下降到 100 m 高度左右结束。接近任务的主要目的是进行粗障碍检测与规避，选择合适的着月点。

3. 悬停段

悬停段是指月面着陆器悬停在离月面 100 m 附近，相对月面速度接近零。悬停任务的主要目的是对着月点进行精障碍检测与规避，航天员选择精确的着月点。

4. 避障段

避障段是指确定了安全着月点后，月面着陆器从离月面 100 m 下降到 30 m 左右，同时处在着月点上方，水平速度接近零。

5. 缓速下降段

缓速下降段是指月面着陆器从着月点上方 30 m 平稳缓速下降直到收到关

机敏感器信号关闭发动机，然后自由落体着陆月面。

图 6 – 24 所示为用混合法设计出的最优月球软着陆轨迹与间接法（Pontryagin）求解结果的对比，两种方法求得的状态曲线几乎重合，验证了该轨迹的最优性，可作为工程上实施月球软着陆的标称轨迹。

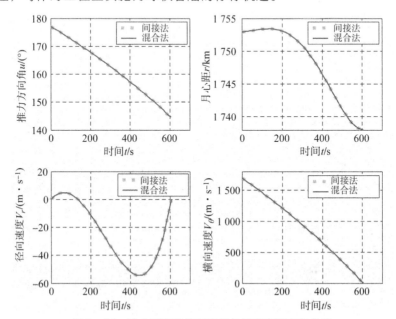

图 6 – 24　动力下降段控制变量与状态变量变化曲线

6.2.7　月面上升轨道方案

月面上升飞行过程可以分为三个阶段：垂直上升段、姿态调整段和最优控制段，如图 6 – 25 所示。

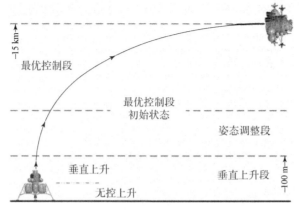

图 6 – 25　二维月面上升飞行过程示意图

垂直上升段可细分为两个阶段：①无控段，不进行任何姿态控制，确保上升级离开下降级；②进行姿态稳定，使上升级沿月球重力反方向上升。姿态调整段就是进行姿态综合调整，使姿态满足最优控制段初始状态要求。当姿态满足最优控制段初始状态要求时，转入最优控制段。在最优控制段，上升级按照最优控制算法设计出的标称轨迹进行飞行，直至进入目标轨道。当满足入轨条件后，上升级发动机关机，最优控制段结束。上升级从月面开始出发，终端条件为 15 km × 80 km 的椭圆轨道近月点，采用直接法求解的最优月面上升轨道状态变量变化曲线如图 6 – 26 所示。

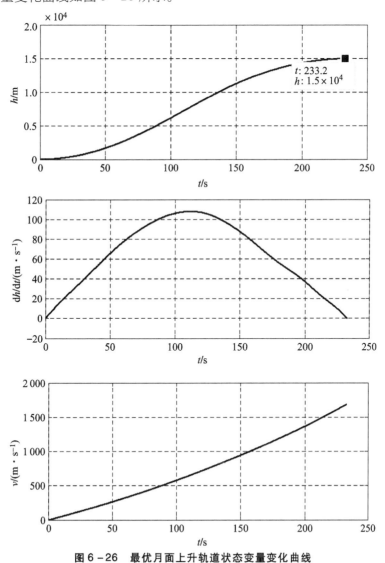

图 6 – 26　最优月面上升轨道状态变量变化曲线

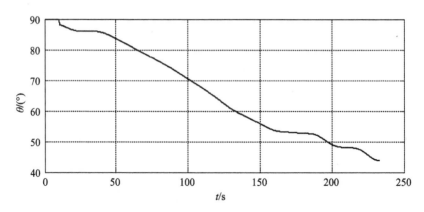

图 6 - 26 最优月面上升轨道状态变量变化曲线（续）

6.2.8 环月轨道交会对接轨道方案

载人登月任务中环月轨道交会对接的主要飞行过程为：①月面着陆器上升级经过月面动力上升，进入环月轨道交会对接初始轨道；②月面着陆器上升级作为主动飞行器，自主完成入轨准备、交会和最终逼近，满足交会条件；③载人飞船与月面着陆器上升级进行对接；④载人飞船与月面着陆器上升级以组合体形式运行；⑤月面着陆器上升级与载人飞船完成组合体分离准备，并先后分离。

考虑到月面上升后的环月轨道交会对接过程对人员安全性与任务可靠性的要求，整个交会对接时间应尽可能缩短，因此不采用时间相对较长的多圈多脉冲变轨策略。参考 Apollo 载人登月工程的实施方案，可采用共椭圆交会策略，其具体策略如图 6 - 27 所示。

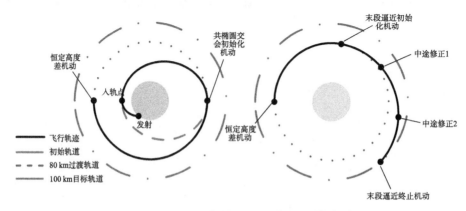

图 6 - 27 环月轨道交会对接变轨具体策略

1. 交会段

交会段包括：①上升级入轨进入 15 km × 80 km 初始轨道，在第一个远月点进行共椭圆交会初始化机动，抬高近月点，进入 80 km × 80 km 圆轨道，同时进行必要的轨道面偏差修正；②上升级进行恒定高度差机动，进入与载人飞船共面的椭圆轨道且满足相位角差和高度差要求，开始调相；③上升级经过一段时间调相，完成相关交会对接设备的检查，准备末端逼近初始化机动。

2. 最终逼近段

最终逼近段包括：①上升级进行末端逼近初始化机动，捕获载人飞船环月轨道，调相结束；②上升级经过一定时间和相位角的末端逼近，启动末端逼近终止机动，完成对载人飞船的逼近，该过程进行必要的中途修正以提高末端逼近精度；③上升级完成末端逼近后，进入目标轨道，与载人飞船相距一定距离；④上升级采用 C－W 制导和视线制导相结合的方案，实施一次变轨机动至某一停泊点；⑤其后，上升级进行六自由度相对运动控制并完成对接。整个轨道交会远程段与近程段总时间约 4 h，相当于载人飞船在 100 km 高度环月圆轨道运行 2 圈左右。

图 6－28 所示为环月轨道交会对接相位角变化曲线。

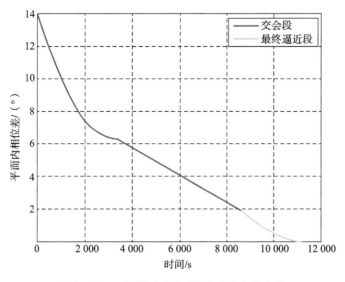

图 6－28　环月轨道交会对接相位角变化曲线

6.2.9　月地返回轨道方案

载人飞船与月面着陆器交会对接后，航天员从月面着陆器转移到载人飞船。随后载人飞船将抛弃上升级，环月停泊一段时间，进行月地转移轨道射入机动准备。最后进行轨道机动使飞船进入一个飞行时间约3天的月地转移轨道上。月地返回段主要完成两大任务：一是进行月地加速进入月地转移轨道；二是在地月转移过程中进行中途修正，保证载人飞船满足再入边界条件。

参考"星座计划"月地转移策略，月地转移加速机动分3次轨道机动完成（图6-29）：TEI（Trans Earth Injection）-1、TEI-2和TEI-3。TEI-1主要创造一个中间转移轨道，它主要是轨道能量机动，以便在TEI-2能进行一个低消耗的轨道平面改变机动，发生在轨道平面内。TEI-2主要用来改变平面。TEI-3是一次速度增量较大的机动，它使载人飞船定位到地球边界轨道上，包括海面或陆地着陆。在地月返回轨道段，预定进行3次中途修正，以实时修正再入边界。

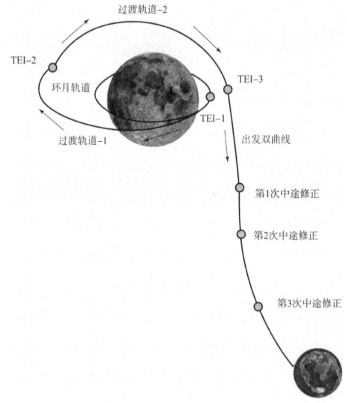

图6-29　飞船返回地球示意图

该阶段主要事件序列：①载人飞船在环月轨道上进行第一次机动，进入大椭圆轨道；②载人飞船在远月点进行第二次机动，将轨道平面调整到返回轨道初始要求；③载人飞船在近月点进行第三次机动，进入月地转移轨道；④月地转移轨道巡航期间，进行 3 次中途修正。

　　月地转移加速的飞行轨迹如图 6-30 所示。整圈椭圆轨道为载人飞船第一次月地转移加速进入的环月椭圆过渡轨道-1，半圈椭圆轨道为载人飞船轨道面机动进入的环月椭圆过渡轨道-2，轨道高度较低的近圆轨道为载人飞船环月停泊圆轨道。

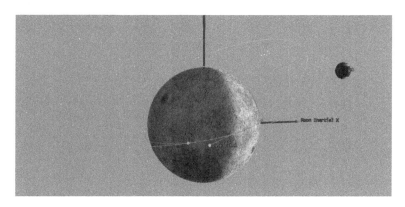

图 6-30　月地转移加速的飞行轨迹

　　图 6-31 和图 6-32 所示为地心惯性坐标系和地月旋转坐标系下的月地转移轨道轨迹。

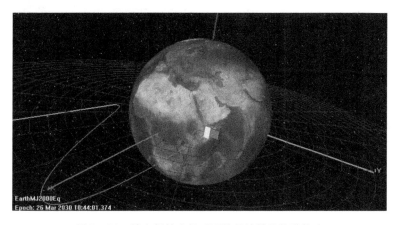

图 6-31　地心惯性坐标系下的月地转移轨道轨迹

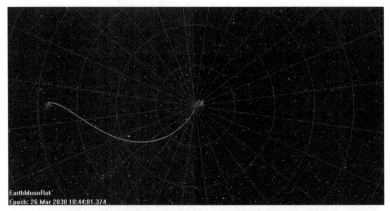

图6-32 地月旋转坐标系下的月地转移轨道轨迹

6.2.10 再入轨道方案

载人飞船拟采用半弹道式再入大气层，满足航天员安全性要求，从航程上具备返回陆上着陆场或海上着陆场的能力。

为了减小再入过载、增宽再入走廊、提高着陆精度，从月球返回的再入方式选择跳跃式再入方法，如图6-33所示。返回舱以较小的再入角首次进入大气层后，依靠升力作用再次飞出大气层，做一段弹道式飞行后，又再次进入大气层，再入速度降低至近地轨道返回的水平，再入条件得以改善。

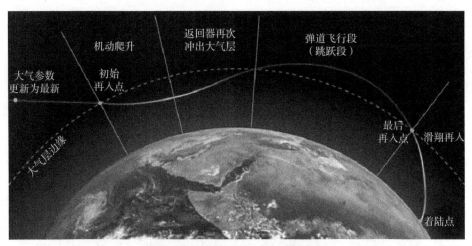

图6-33 跳跃式再入弹道示意图

参考Apollo载人登月工程实施方案，载人返回舱大约在120 km高度再入，以半弹道跳跃式方式升轨返回着陆场。再入返回段包括以下几个飞行过程：

①第一次再入飞行段：返回舱再入大气层并被大气捕获，返回舱持续下降一段时间，而后跃起上升，至跳出大气层；②滑行段：返回舱跳出大气层，至重新再入大气并被大气捕获；③第二次再入飞行段：返回舱第二次再入大气并被大气捕获，至返回舱。

6.3 基于地月 L2 点空间站的载人登月轨道方案

基于空间站的载人登月轨道设计主要分为三个部分，即空间站轨道设计、载人天地往返轨道设计以及登月任务轨道设计。空间站轨道设计内容包括空间站运行轨道的具体参数和分析轨道特性。载人天地往返轨道设计包括设计载人飞船在 LEO 与空间站间往返飞行的轨道设计。登月任务轨道设计是指月面着陆器在空间站和月面间往返飞行所涉及的轨道设计内容。

根据第 5 章基于空间站的载人登月飞行模式分析，基于地月 L1 点和 L2 点空间站飞行模式较优。本节以基于 L2 点空间站的载人登月飞行模式为例，阐述基于空间站的载人登月轨道设计方法。

6.3.1 空间站轨道方案

假定空间站所处的地月 L2 点 Halo 轨道在地月系统的空间位置如图 6 – 34 所示。假设空间站所处的 Halo 轨道的轨道周期约为 14 天，其 z 向振幅取值为 8 000 km（主要考虑不影响空间站的测控通信），如图 6 – 35 所示。

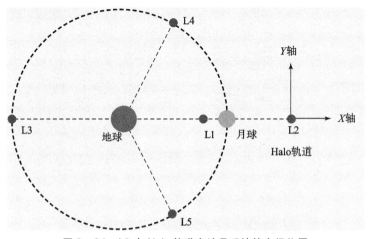

图 6 – 34 L2 点 Halo 轨道在地月系统的空间位置

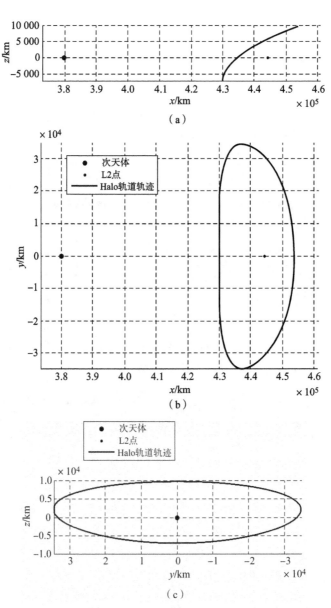

图 6-35　L2 点 Halo 轨道不同视角轨迹图

（a）xz 平面视图；（b）xy 平面视图；（c）yz 平面视图

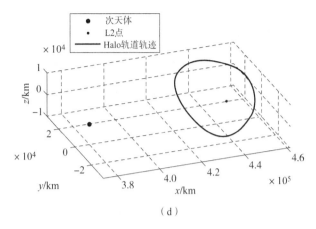

（d）

图 6 - 35　L2 点 Halo 轨道不同视角轨迹图（续）

（d）轴侧视图

6.3.2　载人天地往返轨道方案

1. 飞行阶段划分和主要飞行轨道

载人天地往返可分为以下飞行阶段：①载人发射段；②载人地月转移段；③载人 L2 点 Halo 轨道进入段；④载人 L2 点 Halo 轨道交会对接段；⑤载人飞船 L2 点 Halo 轨道运行段；⑥载人 L2 点 Halo 轨道逃逸段；⑦载人月地转移段；⑧再入返回段。

其中，载人发射段为火箭发射弹道，载人飞船 L2 点 Halo 轨道运行轨道即空间站运行轨道，再入返回轨道与近地轨道 1 次对接模式载人登月任务的再入返回轨道类似，不再赘述。因此，该任务重点研究的飞行轨道有：①载人地月转移轨道；②载人 L2 点 Halo 轨道进入轨道；③载人 L2 点 Halo 轨道交会对接轨道；④载人 L2 点 Halo 轨道逃逸轨道；⑤载人月地转移轨道。

2. 载人地月转移轨道

载人地月转移段采用自由返回轨道＋混合轨道方案，如图 6 - 36 所示。为了保证航天员的安全性，载人地月转移段初期选择自由返回轨道，后期为混合轨道。在混合变轨前，推进系统发生任何故障，都可以不做机动直接沿着自由返回轨道返回地球，重点考虑安全性设计。为进一步满足月球借力需求，选择自由返回轨道＋混合轨道方案。之后，载人飞船进行 1 次混合变轨，进入混合轨道飞行，直至到达近月点。混合轨道飞行过程中设置 3 次中途修正。

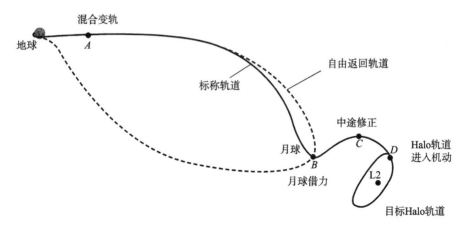

图 6–36　L2 点空间站模式的载人地月转移 + Halo 轨道进入过程

3. 载人 L2 点 Halo 轨道进入轨道

载人 L2 点 Halo 轨道进入段采用两脉冲变轨方案，如图 6–36 所示。载人飞船在近月点进行 1 次月球借力变轨，进入转移轨道，并在到达 Halo 轨道入口点处进行制动，进入 L2 点 Halo 轨道。该阶段飞行总时间为 7 天，其间进行 1 次中途修正。

4. 载人 L2 点 Halo 轨道交会对接轨道

载人飞船 L2 点 Halo 轨道交会对接可采用四脉冲变轨接近策略，载人飞船作为主动飞行器。具体交会飞行方案如图 6–37 所示。当载人飞船与空间站相隔一定距离后，载人飞船进行六自由度相平面控制以接近空间站，并最终完成对接。

5. 载人 L2 点 Halo 轨道逃逸轨道

载人 L2 点 Halo 轨道逃逸段可采用两脉冲变轨方案，如图 6–38 所示。载人飞船在 Halo 轨道逃逸点进行离轨变轨，进入转移轨道，并在到达近月点处进行一次月球借力变轨，进入月地转移轨道，其间进行 1 次中途修正。

6. 载人月地转移段

载人飞船完成月球借力变轨后，进入月地转移轨道，以减少变轨速度增量，如图 6–38 所示。月地转移过程期间可设置 3 次中途修正。

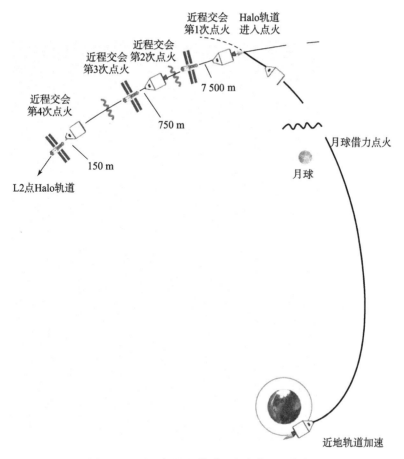

图 6-37 L2 点 Halo 轨道近程交会飞行方案

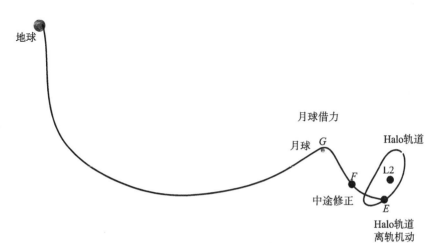

图 6-38 L2 点空间站模式的 Halo 轨道逃逸 + 载人月地转移过程

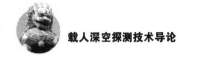

6.3.3 登月任务轨道方案

1. 飞行阶段划分和主要飞行轨道

通过任务分析可将登月任务分为以下飞行阶段：①月面着陆器月球捕获段；②月面下降段；③月面工作段；④月面上升段；⑤月面着陆器月球逃逸段；⑥着陆器 L2 点 Halo 轨道交会对接段；⑦登月返回 L2 点 Halo 轨道停泊段。

其中，月面下降段、月面工作段和月面上升段与近地轨道 1 次对接模式载人登月任务的相应轨道设计类似；着陆器 L2 点 Halo 轨道交会对接轨道与载人 L2 点 Halo 轨道交会对接轨道设计类似；登月返回 L2 点 Halo 轨道驻留轨道即空间站运行轨道，不再赘述。因此，该任务重点研究的飞行轨道有：①月面着陆器月球捕获轨道；②月面着陆器月球逃逸轨道。

2. 月面着陆器月球捕获轨道

月面着陆器组合体从地月 L2 点 Halo 轨道转移至轨道高度 100 km 的环月轨道上，被月球捕获。其飞行轨迹如图 6-39 所示。该阶段飞行时间约为 3 天，其间进行 2~3 次机动。

3. 月面着陆器月球逃逸轨道

月面着陆器假定从 100 km 高度环月轨道转移至地月 L2 点 Halo 轨道上，与空间站交会对接。其飞行轨迹如图 6-40 所示。该阶段飞行时间约为 3 天，其间进行 2~3 次机动。月面着陆器与空间站近程交会方案与载人飞船与空间站近程交会方案类似。

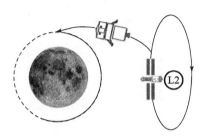

图 6-39　月球捕获段飞行轨迹

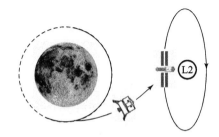

图 6-40　月球逃逸段飞行轨迹

|6.4　载人小行星探测轨道方案|

由于小行星数量众多，因此载人小行星探测任务轨道设计不同于载人登月轨道设计，首先需要选择目标星，然后进行飞行阶段的划分和飞行轨道设计。

6.4.1　小行星目标星选择

1. 目标星初选

对于小行星探测任务而言，由于小行星数目巨大、特性各异，进行探测目标的选择是任务设计与规划的首要工作。影响探测目标选择的因素与约束很多，特别是对于载人小行星探测而言，需要考虑的因素更多，约束更为苛刻。

小行星按其分布区域和轨道要素分类，可分为主带小行星、近地小行星、特洛伊群小行星、柯伊伯带小行星、半人马小行星等。假如直接对主带及主带外小行星探测所需的速度增量大（单程大于 9.5 km/s），探测时间长（大于 1 年）。采用借力飞行等方法虽然可以降低所需的速度增量，但会进一步增加任务周期。较长的任务周期不适合载人型探测任务。近地小行星因轨道与地球接近，发射所需的速度增量相对较低，任务周期相对较短，且小行星周期性接近地球，使探测机会较多。因此通常选择近地小行星作为载人小行星探测的目标星。

2. 约束条件分析

载人小行星探测和无人小行星探测在目标星选择上的区别主要体现在：

由于有航天员的参与，航天员的生命安全是任务的最高级别，因此对小行星的周围环境要求更苛刻；对小行星轨道参数、物理参数的完备性、准确性要求更高。

载人探测任务的系统规模更大，起飞质量远大于无人探测器，目前或可预见的未来发展的运载火箭或星载推进系统，所能提供的速度增量要小于无人探测任务。从飞行方案来看，载人小行星探测任务类似于无人采样返回任务，都需要经历小行星转移、小行星探测和返回地球三个步骤，需要考虑探测器从小行星返回地球所需的速度增量，因此对速度增量的约束更强。

考虑到飞船的生命保障系统能力和航天员长期生活在微重力环境下对身体

的影响，载人探测任务在时间上有较强约束。通常来讲，载人小行星探测任务的周期一般要小于1年。

针对上述特点，载人小行星探测任务的约束条件通常包括绝对星等、速度增量、任务周期、飞船返回再入速度、发射窗口的数量和每次发射窗口的长短、观测时长、观测手段和观测精度、小行星信息的完整性和可获取情况、发射机会的速度增量与任务时间的关系、应急返回轨道、光谱类型等。

3. 目标星选择流程

根据以上约束条件分析，可将所有约束分成多层次进行逐层筛选。

首先，依据目前已观测编目的近地小行星作为选择对象，依据绝对星等和轨道根数排除不适合探测的小行星目标。

其次，针对满足约束的小行星进行第二层筛选，先进行发射机会搜索，搜索变量为从地球发射时间 T_0、地球到小行星转移时间 T_G、在小行星停留时间 T_S 和小行星到地球转移时间 T_R。采用遍历搜索策略，其中 T_S 搜索步长为1天，其他3个搜索参数的搜索步长为10天。搜索过程中，总的速度增量 ΔV_T 由三部分组成：从500 km地球停泊轨道施加的逃逸速度脉冲、到达小行星时的制动脉冲和离开小行星时的速度脉冲。总速度增量的约束按发射时间给出。对满足速度增量约束的探测方案，计算再入速度，排除不满足最大再入速度约束的方案，保留符合要求的方案。对各个时间段内所有满足要求的小行星，依据速度增量最小排序选择前20位进行下一步筛选。

再次，分析小行星的观测信息、发射机会的次数和发射窗口宽度，结合速度增量大小，选择精度高且发射机会较灵活的多个目标，绘制速度增量与任务时间关系图和应急返回轨道等高线图，在保证任务的可靠性和成功率的基础上给出速度增量较小的优选小行星目标。

最后，分析小行星的物理特性和光谱类型，从科学探测角度给出最优的载人探测目标星。由于存在部分小行星的特性不完全，因此仅对已知信息的小行星进行分析，排除物理特性不适合探测的目标，并从时间角度和光谱类型两个方面给出较适宜探测的目标星列表。

整个目标星选择流程如图6-41所示。

4. 目标星选择结果

目前近地小行星库中共有10 728颗小行星，通过第一层筛选，满足绝对星等约束的小行星有5 719颗。满足绝对星等约束的近地小行星的分布区域很广泛，很多小行星距离太阳很远，这主要是由于其半长轴和偏心率较大造成

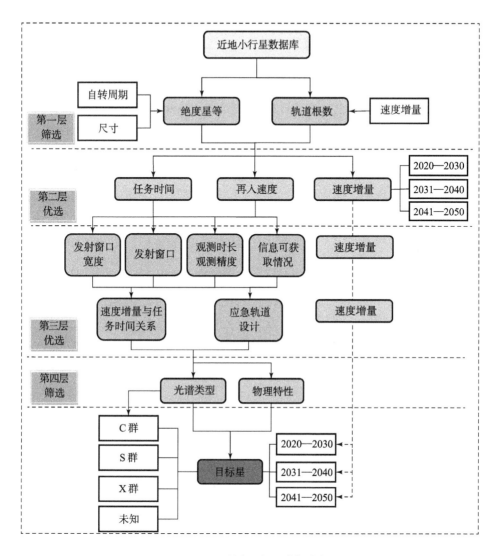

图 6 − 41 整个目标星选择流程

的。对小行星轨道根数约束后，共有 572 颗小行星满足条件。考虑近期载人小行星探测任务，在第二层筛选中从 2020—2030 年时间段中搜索目标星，选择速度增量约束 9 km/s，任务周期约束 365 天，搜索出满足条件的前 20 位小行星，其中小行星 2000 SG344 在 2028 年有 5 次发射窗口，转移时间最长不超过 288 天，去程总速度增量不超过 5 km/s。在第三层筛选中，考虑应急轨道设计，采用两脉冲直接中止方案。两脉冲直接中止方案需要在中止时刻施加一个脉冲使探测器飞向地球，在到达地球影响球时再施加一个脉冲使探测器返回地球。表6-3所示为载人小行星任务中止能力评估。其中第2~4列分别为执行中止任务所需总速度增量的范围占整个中止任务方案的百分比。从表6-3中可以看出，对于小行星Bennu、Itokawa和2000 SG344都具有很好的应急返回效率。小行星Bennu仅利用小于5 km/s的速度增量，实现这种应急返回的方案占总任务方案的比例达到了33.2%，而小行星2000 SG344可以用5 km/s实现返回的比例达78.4%，小于10 km/s的应急返回能力达到了任务时间的90%。在第四层筛选中，小行星2000 SG344是有史以来第一颗与地球相撞危险等级较高的小行星，因此也是美国NASA载人小行星探测计划的目标星，其相关参数如表6-4所示，NASA对该小行星的运转轨道进行了精确的测量，因此其最具科学探测意义。

表6-3 载人小行星任务中止能力评估

编号	0~5/(km·s^{-1})	5~10/(km·s^{-1})	10~15/(km·s^{-1})
2008 EV5	0	12.6%	15.1%
2011 DV	0	29.0%	23.6%
2007 SQ6	0	17.8%	14.2%
Apophis	0	26.8%	12.1%
1999 RA32	0	23.3%	27.9%
2009 BL71	0	9.0%	19.2%
Bennu	33.2%	26.0%	10.4%
2000 AF205	0	4.7%	21.4%
1999 SO5	0	17.5%	21.9%
1999 FA	0	0	7.1%
2001 QC34	0	26.3%	13.2%
1998 HD14	0	50.7%	17.5%
Itokawa	35.3%	22.5%	10.7%
2000 SG344	78.4%	12.35%	4.28%

表6-4 NASA目标星小行星2000 SG344相关参数 （MJD=56 800.0日心黄道系）

项目	数值
半长轴a(AU)	0.977 5
偏心率e	0.066 9
轨道倾角i/(°)	0.111

续表

项目	数值
升交点赤经 Ω/(°)	192.086
近地点幅角/(°)	275.176
平近点角/(°)	312.01
绝对星等	24.70
直径/m	30 ~ 70

6.4.2 基于近地组装发射飞行模式的轨道方案

近地组装发射飞行模式实现难度较低,技术继承性、安全性较好,如果重型货运火箭研制难度大,可采用多次近地轨道交会对接的方式,因此该模式是未来 10 ~ 15 年内世界各国实现载人小行星探测任务的合理选择。本节以此模式为例,进行载人小行星探测轨道设计。

1. 飞行阶段划分和主要飞行轨道

载人小行星探测轨道如图 6 – 42 所示,轨道主要分为三部分:地球出发、轨段转移和地球返回。根据不同的飞行方案,可对轨道段进行详细分析。

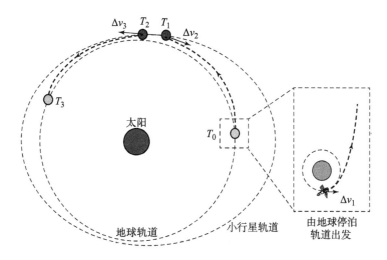

图 6 – 42 载人小行星探测轨道

近地组装发射飞行模式的载人小行星探测任务分为以下飞行阶段:①载人发射段;②近地轨道交会对接段;③地球逃逸段;④载人地球至小行星转移

段；⑤载人小行星探测段；⑥载人小行星至地球转移段；⑦再入返回段。

其中，载人发射段为火箭发射轨道，近地轨道交会对接轨道和再入返回轨道与近地轨道1次对接模式载人登月任务的再入返回轨道类似，不再赘述。因此，该任务重点研究的飞行轨道有：①地球逃逸轨道；②载人地球至小行星转移轨道；③载人小行星探测轨道；④载人小行星至地球转移轨道。

2. 地球逃逸轨道

为节约任务时间，保障航天员的安全，采用 B 平面法对逃逸轨道进行设计。根据双曲线超速和不同的轨道高度，可得到不同的逃逸轨道。考虑可以采用月球借力方式的逃逸轨道，防止逃逸阶段飞船出现问题，可采取机动，借助月球引力实现应急返回。选择 200 km 高的停泊轨道，所需施加的逃逸速度增量为 3.311 km/s，逃逸时间约为 6 h，地球逃逸轨道轨迹设计如图 6-43 所示。

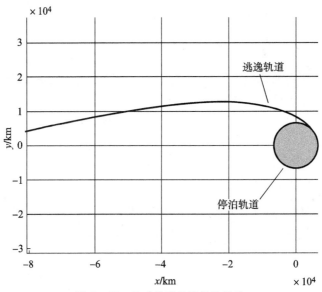

图 6-43　地球逃逸轨道轨迹设计

3. 载人地球至小行星转移轨道

采用出发等高线图对从地球出发和到达小行星对时间进行搜索，由于载人探测要求转移时间尽量短，因此采用两脉冲转移轨道加中间修正对速度增量进行调整，如图 6-44 所示。

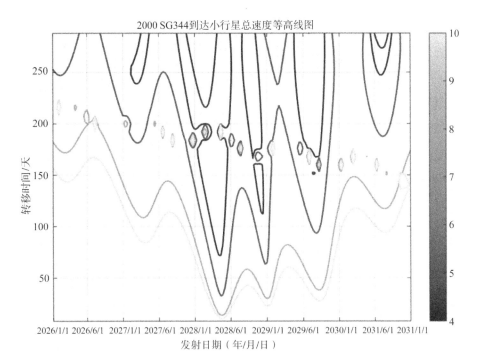

图 6-44　探测器到达小行星总速度增量

根据到达小行星的速度增量，选择较低的目标，由于载人探测需要考虑从小行星返回地球的速度增量，因此需要综合考虑到达时间和返回时间对速度增量进行选择，同时需要满足在小行星附近停留时间约束。根据等高线图可以选择探测增量较低的探测机会，如表 6-5 所示。

由表 6-5 中可以看出，虽然存在速度增量较低的发射机会，但是转移时间超过 250 天。考虑一年的总任务时间，返程时任务时间短，速度增量大，因此需综合考虑返程时的速度增量情况。选择发射时间为 2028 年 4 月 20 日、到达时间为 2028 年 9 月 5 日的发射机会，其所需地球逃逸速度增量为 3.310 97 km/s，到达小行星时速度增量为 0.171 81 km/s，飞行时间为 138 天。

表 6-5　能量较优的发射机会

序号	发射时间	到达小行星时间	转移时间/天	逃逸速度增量/(km·s⁻¹)	到达速度增量/(km·s⁻¹)	总速度增量/(km·s⁻¹)
1	2028/5/10	2029/2/22	288	3.315 44	0.069 32	3.384 76
2	2028/5/10	2028/1/21	256	3.319 02	0.094 31	3.413 32
3	2028/4/30	2028/12/2	216	3.326 37	0.091 10	3.418 26

续表

序号	发射时间	到达小行星时间	转移时间/天	逃逸速度增量/（km·s⁻¹）	到达速度增量/（km·s⁻¹）	总速度增量/（km·s⁻¹）
4	2028/4/20	2028/9/27	160	3.311 65	0.136 36	3.448 00
5	2028/4/20	2028/9/5	138	3.310 97	0.171 81	3.482 79

设计在去程段施加 3 次中途修正来修正轨道偏差：第 1 次轨道修正在探测器地球逃逸 10 天后，对逃逸速度增量误差进行修正；第 2 次在逃逸 20 天后，根据修正情况考虑是否施加；第 3 次轨道修正在接近小行星 20 天前，对载人飞船与小行星的相对速度进行测控，修正交会误差。地球至小行星转移段轨道轨迹如图 6-45 所示。

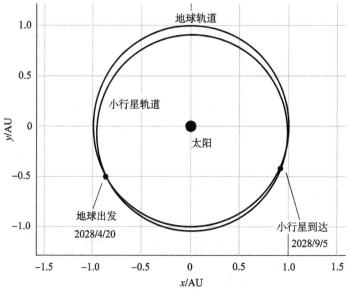

图 6-45　地球至小行星转移段轨道轨迹

4. 载人小行星探测轨道

载人小行星探测段的设计分为两类情况：对于尺寸直径大于 2 km 的小行星，考虑采用环绕探测的方式进行探测，载人飞船在主动控制和小行星引力的共同作用下形成环绕轨道，同时在预定的时间和位置在小行星上着陆。

环绕轨道的高度选择在 1~1.25 倍小行星直径，轨道高度过低，由于测量和控制误差以及小行星的尺寸不规则特性，飞船容易与小行星接触，会威胁到航天员的安全。轨道高度太高，受小行星的引力影响较小，无法形成环绕轨道。以直径 5 km 的小行星为例，密度为 2.9 g/cm³，质量约为 1.9×10^{11} t，质量常数 $\mu = 1.266 \times 10^{-8}$。轨道高度 5 km 的探测器，圆轨道的轨道速度约为 0.041 1 m/s，着陆舱采用悬停着陆的方式进行，着陆探测降落和起飞所需的速度增量小于 5 m/s。

对于直径小于 2 km 的小行星，由于自身引力较小，很难形成环绕轨道，采用距离小行星一段距离的伴飞轨道对小行星进行探测，着陆器着陆时采用主动控制逐渐靠近小行星，着陆与起飞所需的速度增量小于 3 m/s。

综合考虑探测器在小行星附近的轨道保持以及着陆起飞燃料消耗，所需的总速度增量小于 10 m/s。

5. 载人小行星至地球转移轨道

小行星返程段与去程段的轨道设计方法相似，选择两脉冲转移轨道加中间修正的轨道设计，采用等高线图对返回转移机会进行搜索。由于载人飞船直接返回大气层，无须考虑最终的减速脉冲，仅需保证再入速度的上限即可。因此，仅对探索飞行器离开小行星的速度增量绘制等高线，如图 6 – 46 所示，对速度增量较小且转移时间短的机会进行讨论。

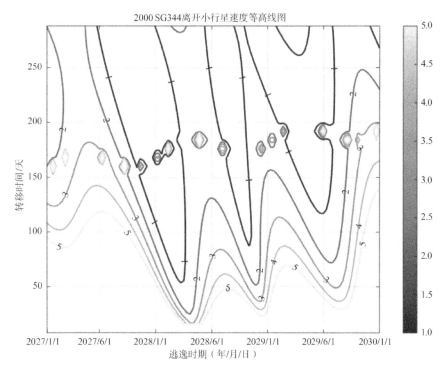

图 6 – 46　探测器离开小行星速度增量图

由于探测任务的总周期为 1 年，因此返程轨道还需满足时间约束和停留时间约束，根据上文选择的去程时间，选择满足约束的机会且增量较小的探测机会，如表 6 - 6 所示。选择返回时间为 2028 年 9 月 12 日，到达地球时间为 2029 年 3 月 15 日，转移时间 184 天的发射机会，出发所需速度增量为 0.464 89 km/s，再入速度为 11.074 1 km/s。小行星至地球转移段轨道轨迹如图 6 - 47 所示。

表 6 - 6 满足约束的返回机会

序号	离开小行星时间	到达地球时间	转移时间/天	逃逸速度增量/(km·s⁻¹)	到达地球 v_∞/(km·s⁻¹)	再入速度/(km·s⁻¹)
1	2028/9/12	2029/3/15	184	0.464 89	0.956 63	11.074 1
2	2028/9/12	2029/3/23	192	0.489 92	0.813 05	11.071 7

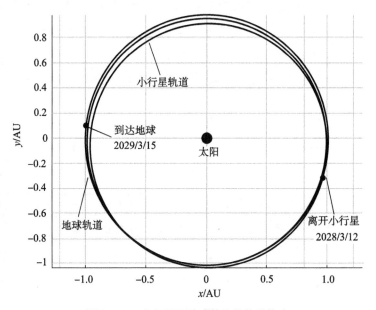

图 6 - 47 小行星至地球转移段轨道轨迹

小行星至地球转移段安排 3 次中途修正来修正轨道偏差：第 1 次轨道修正在探测器离开小行星 10 天后，对逃逸速度增量误差进行修正；第 2 次在离开 20 天后，根据修正情况考虑是否施加；第 3 次轨道修正在返回地球 10 天前，修正交会误差。

思考题

1. 美国"星座计划"载人登月轨道设计，可以划分为哪些轨道段？每个轨道段的设计特点是什么？

2. 简述载人地月自由返回轨道的设计方法。

3. 简述载人平动点轨道及其转移轨道的设计方法。

4. 简述载人月面动力下降及上升段的轨道方案。

5. 月地返回轨道设计需要考虑哪些设计因素？

6. 简述基于地月 L2 点空间站的载人登月轨道方案。

7. 简述载人小行星探测轨道方案。

8. 思考人工智能及深度学习技术能为"解决三体问题"的轨道设计做什么，如何做？

参 考 文 献

[1] 李言俊，张科，吕梅柏，等. 利用拉格朗日点的深空探测技术［M］. 西安：西北工业大学出版社，2014.

[2] 刘林，侯锡云. 深空探测器轨道力学［M］. 北京：电子工业出版社，2012.

[3] 李京阳. 载人登月多段自由返回轨道及受摄交会问题研究［M］. 北京：清华大学出版社，2018.

[4] 孙泽洲，叶培建，张洪太，等. 深空探测技术［M］. 北京：北京理工大学出版社，2018.

[5] 郗晓宁，曾国强，任萱，等. 月球探测器轨道设计［M］. 北京：国防工业出版社，2001.

[6] 刘林，王歆. 月球探测器轨道力学［M］. 北京：国防工业出版社，2006.

[7] ［美］拉尔森，普兰克. 载人航天任务分析与设计（上、下）［M］. 张海联，译. 北京：中国宇航出版社，2016.

[8] 孟云鹤，张跃东，陈琪锋. 平动点航天器动力学与控制［M］. 北京：科学出版社，2015.

[9] 彭坤，果琳丽，向开恒，等. 基于人工免疫算法的载人登月任务地月转移双脉冲中止策略研究［J］. 载人航天，2014，20（2）：146 – 151.

[10] 黄文德，郗晓宁，王威，等. 基于双二体假设的载人登月自由返回轨道

特性分析及设计 [J]. 宇航学报，2010，31（5）：1297－1303.

[11] 张磊，于登云，张熇. 绕月自由返回轨道的设计与分析 [J]. 航天器工程，2010，19（2）：128－135.

[12] 白玉铸，陈小前，李京浩. 载人登月自由返回轨道与 Hybrid 轨道设计方法 [J]. 国防科技大学学报，2010，32（2）：33－39.

[13] 谷立祥，刘竹生. 使用遗传算法和 B 平面参数进行月球探测器地月转移轨道设计 [J]. 导弹与航天运载技术，2003，3：1－5.

[14] 彭坤，果琳丽，向开恒，等. 基于混合法的月球软着陆轨迹优化 [J]. 北京航空航天大学学报，2014，40（7）：910－915.

[15] 王大轶，李铁寿，马兴瑞. 月球最优软着陆两点边值问题的数值解法 [J]. 航天控制，2000（3）：44－49.

[16] 赵吉松，谷良贤，潘雷. 月球最优软着陆两点边值问题的数值解法 [J]. 中国空间科学技术，2009，29（4）：21－27.

[17] 王劼，崔乃刚，刘暾，等. 定常推力登月飞行器最优软着陆轨道研究 [J]. 高技术通讯，2003，13（4）：39－42.

[18] 王劼，李俊峰，崔乃刚，等. 登月飞行器软着陆轨道的遗传算法优化 [J]. 清华大学学报（自然科学版），2003，43（4）：1056－1059.

[19] 朱建丰，徐世杰. 基于自适应模拟退火遗传算法的月球软着陆轨道优化 [J]. 航空学报，2007，28（4）：806－812.

[20] 段佳佳，徐世杰，朱建丰. 基于蚁群算法的月球软着陆轨迹优化 [J]. 宇航学报，2008，29（2）：476－481.

[21] 孙俊伟，乔栋，崔平远. 基于 SQP 方法的常推力月球软着陆轨道优化方法 [J]. 宇航学报，2006，27（1）：99－103.

[22] 彭祺擘，李海阳，沈红新. 基于高斯－伪谱法的月球定点着陆轨道快速优化设计 [J]. 宇航学报，2010，31（4）：1012－1016.

[23] 单永正，段广仁，张烽. 月球精确定点软着陆轨道设计及初始点选取 [J]. 宇航学报，2009，30（6）：2099－2104.

[24] 梁栋，刘良栋，何英姿. 月球精确软着陆李雅普诺夫稳定制导律 [J]. 中国空间科学技术，2011，31（2）：25－31.

[25] 王明光，裴听国，袁建平. 基于伪光谱方法月球软着陆轨道快速优化设计 [J]. 中国空间科学技术，2007，27（5）：27－32.

[26] 赵吉松，谷良贤. 基于广义乘子法的月球软着陆轨道快速优化设计 [J]. 科技导报，2008，26（20）：50－54.

[27] 单永正，段广仁. 应用非线性规划求解月球探测器软着陆最优控制问题

[C] //第 26 届中国控制会议，湖南张家界，2007：485 – 487.

[28] 曹涛，董长虹. 基于组合优化策略的月球软着陆最优轨道设计 [J]. 北京航空航天大学学报，2012，38（11）：1537 – 1541.

[29] 孙宁. 人工免疫优化算法及其应用研究 [D]. 哈尔滨：哈尔滨工业大学，2006.

[30] 曹鹏飞，贺波勇，彭祺擘，等. 载人登月绕月自由返回轨道混合—分层优化设计 [J]. 宇航学报，2017，38（4）：331 – 337.

[31] 张磊，谢剑峰，唐歌实. 绕月自由返回飞行任务的轨道设计方法 [J]. 宇航学报，2014，35（12）：1388 – 1394.

[32] 贺波勇，李海阳，张波. 载人登月转移轨道偏差传播机理分析与稳健性设计 [J]. 物理学报，2013，62（19）：91 – 98.

[33] 贺波勇，李海阳，周建平. 载人登月绕月自由返回轨道与窗口精确快速设计 [J]. 宇航学报，2016，37（5）：512 – 518.

[34] 贺波勇，彭祺擘，沈红新，等. 载人登月轨道月面可达域分析 [J]. 载人航天，2014，20（4）：290 – 295.

[35] 彭祺擘，贺波勇，张海联，等. 地月转移自由返回轨道偏差传播分析 [J]. 深空探测学报，2016，3（1）：56 – 60.

[36] 彭祺擘，张海联. 载人登月地月转移轨道方案综述 [J]. 载人航天，2016，22（16）：663 – 672.

[37] 彭祺擘，李桢，李海阳. 载人登月飞行方案研究 [J]. 上海航天，2012（5）：14 – 19.

[38] 彭祺擘，李海阳，李桢，等. 从空间站出发的奔月轨道设计 [J]. 国防科技大学学报，2009，31（2）：25 – 30.

[39] 宝音贺西，李京阳. 载人登月轨道研究综述 [J]. 力学与实践，2015：36（16）：665 – 673.

[40] 黄文德，郗晓宁，王威. 基于双二体假设的载人登月混合轨道特性分析及设计 [J]. 国防科技大学学报，2010，32（4）：61 – 67.

[41] 李海阳，贺波勇，曹鹏飞，等. 载人登月转移轨道偏差传播分析与中途修正方法概述 [J]. 力学与实践，2017，39（1）：1 – 6.

[42] 彭祺擘，沈红新，李海阳. 载人登月自由返回轨道设计及特性分析 [J]. 中国科学：技术科学，2012，42（3）：333 – 341.

[43] 何巍，徐世杰. 地 – 月低能耗转移轨道中途修正问题研究 [J]. 航天控制，2007，25（5）：22 – 27.

[44] 张磊，于登云，张熇. 月地转移轨道中途修正方法及策略 [J]. 航天器

工程，2012，21（3）：18 - 22.

[45] 郑爱武，周建平. 直接再入大气的月地返回窗口搜索策略 [J]. 航空学报，2014，35（8）：2243 - 2250.

[46] 周文艳，杨维廉. 月球探测器转移轨道的中途修正 [J]. 宇航学报，2004，25（1）：89 - 92.

[47] 罗宗富，孟云鹤，汤国建. 双月旁转向轨道的修正方法研究 [J]. 力学学报，2011，43（2）：408 - 416.

[48] 胡军，周亮. 基于显式制导的月地返回轨道中途修正研究 [J]. 中国空间科学技术，2013，5：7 - 14.

[49] 祝海，罗亚中，杨震. 环月快速交会调相策略设计与任务分析 [J]. 载人航天，2017，23（1）：8 - 13.

[50] 李桢，周建平，程文科，等. 环月轨道交会的奔月方案 [J]. 国防科技大学学报，2009，31（1）：16 - 20.

[51] 尹军用，颜根廷，祝强军，等. 载人登月航天器快速交会对接技术研究 [C]. 第33届中国控制会议，2014.

[52] 彭坤，黄震，杨宏，等. 基于弹道逃逸和小推力捕获的地月转移轨道设计 [J]. 航空学报，2018，39（8）：322047 - 1 - 11.

[53] 彭坤，孙国红，杨雷，等. 三体模型下二维平面地月转移轨道设计与特性分析 [J]. 载人航天，2018，24（4）：479 - 487.

[54] 彭坤，孙国红，王平，等. 地月空间对称自由返回轨道设计与分析 [J]. 航天器工程，2018，27（6）：27 - 33.

[55] 李晨光，果琳丽，王平. 登月舱月面上升制导方案初步研究 [C]. 第二届载人航天学术大会，2012：214 - 219.

[56] 陈欢，张洪礼，韩潮，等. 环月远程快速交会任务规划 [J]. 载人航天，2016，22（4）：417 - 422.

[57] 彭坤，徐世杰，陈统. 基于引导型人工免疫算法的最优 Lambert 变轨 [J]. 北京航空航天大学学报，2010，36（1）：6 - 9.

[58] 彭坤，徐世杰. 一种无奇异的求解 Lambert 变轨的普适变量法 [J]. 北京航空航天大学学报，2010，36（4）：399 - 402.

[59] 饶建兵，向开恒，彭坤. 月球探测器环月段返回速度影响因素研究 [J]. 航天器工程，2015，24（4）：20 - 26.

[60] 彭坤，果琳丽，王平，等. 基于轨道逆推的月地转移轨道设计方法 [C]. 中国宇航学会深空探测技术专业委员会第十二届学术年会暨首届哈工大空间科学与技术国际学术研讨会，2015：334 - 340.

[61] 郑爱武，周建平. 月地转移轨道精确轨道设计 [J]. 飞行器测控学报，2014，33（1）：52－58.

[62] 周亮，胡军. 基于双曲线 B 平面参数的快速微分修正月地返回轨道精确设计 [J]. 航天控制，2012，30（6）：27－31.

[63] 张磊，于登云，张熇. 月地转移轨道快速设计与特性分析 [J]. 中国空间科学技术，2011，31（3）：62－70.

[64] 黄文德，郗晓宁，王威. 载人登月返回轨道发射窗口分析与设计 [J]. 飞行器测控学报，2010，29（3）：48－53.

[65] 高玉东，郗晓宁，白玉铸，等. 月球探测器返回轨道快速搜索设计 [J]. 宇航学报，2008，29（3）：765－770.

[66] 路毅，李恒年，韩雷，等. 搭载平动点中继星的载人自由返回探月轨道设计与优化 [J]. 载人航天，2017，23（3）：320－326.

[67] 彭坤，杨雷，果琳丽，等. GMAT 软件介绍及其在地月转移轨道设计中的应用 [C]. 五院科技委星上综合电子与测控专业组 2015 年学术年会，2015.

[68] 彭坤，李明涛，王平，等. 基于不变流形的地月 L2 点 Halo 轨道转移轨道设计 [J]. 载人航天，2016，22（6）：673－679.

[69] 胡少春，孙承启，刘一武. 基于序优化理论的晕轨道转移轨道设计 [J]. 宇航学报，2010，31（3）：663－668.

[70] 李明涛，郑建华. 于锡峥，等. 约束条件下的 Halo 轨道转移轨道设计 [J]. 宇航学报，2009，30（2）：438－441.

[71] 张景瑞，曾豪，李明涛. 日地 Halo 轨道的多约束转移轨道分层微分修正设计 [J]. 宇航学报，2015，36（10）：1114－1124.

[72] 张景瑞，曾豪，李明涛. 不同月球借力约束下的地月 Halo 轨道转移轨道设计 [J]. 宇航学报，2016，37（2）：159－168.

[73] 沈红新. 载人登月定点返回轨道问题研究 [D]. 长沙：国防科学技术大学，2009.

[74] 李明涛. 共线平动点任务节能轨道设计与优化 [D]. 北京：中国科学院空间科学与应用研究中心，2010.

[75] 彭祺擘. 考虑应急返回能力的载人登月轨道优化设计及特性分析 [D]. 长沙：国防科技大学，2012.

[76] 果琳丽. 载人月面上升轨道优化与控制技术研究 [D]. 西安：西北工业大学，2013.

[77] 郑博. 载人小行星探测转移轨道设计与优化 [D]. 哈尔滨：哈尔滨工

业大学，2015.

[78] 乔栋. 深空探测转移轨道设计方法研究及在小天体探测中的应用 [D].
哈尔滨：哈尔滨工业大学，2007.

[79] 张磊. 航天器月面上升与月地转移轨道设计研究 [D]. 北京：中国空
间技术研究院，2012.

[80] 白玉铸. 载人登月轨道设计相关问题研究 [D]. 长沙：国防科技大
学，2010.

[81] 孙宝枕. 奔月飞行轨道设计与仿真研究 [D]. 哈尔滨：哈尔滨工业大
学，2005.

[82] 武江凯，王开强，张柏楠，等. 载人小行星探测轨道设计 [J]. 中国空
间科学技术，2013，33（1）：1-6.

[83] 尚海滨，崔平远，熊旭，等. 载人小行星探测目标选择与轨道优化设计
[J]. 深空探测学报，2014，1（1）：36-43.

[84] 陈海朋，余薛浩，黄飞. 载人登月应急返回轨道倾角优化设计 [J]. 中
国空间科学技术，2017，37（4）：69-74.

[85] 徐伟彪，赵海斌. 小行星深空探测的科学意义和展望 [J]. 地球科学进
展，2005，20（11）：1184-1185.

[86] 乔栋，黄江川，崔平远，等. 嫦娥二号卫星飞越 Toutatis 小行星转移轨
道设计 [J]. 中国科学：技术科学，2013，43：487-492.

[87] 乔栋，崔祜涛，崔平远，等. 小行星探测最优两脉冲交会轨道设计与分
析 [J]. 宇航学报，2005，26（3）：362-367.

[88] 彭坤，李民，果琳丽，等. 近地轨道航天器快速交会技术分析 [J]. 航
天器工程，2014，23（5）：92-102.

[89] 王雪瑶，龚胜平，李俊峰，等. 基于快速交会特殊点变轨策略的航天器
发射窗口分析 [J]. 载人航天，2015，21（6）：553-559.

[90] 李萌，龚胜平，彭坤，等. 直接优化算法在快速交会组合变轨策略中的
应用 [J]. 载人航天，2017，23（2）：156-162.

[91] 乔栋，崔祜涛，崔平远. 利用遗传算法搜索小天体探测最优发射机会
[J]. 吉林大学学报（工学版），2006，36（1）：98-99.

[92] 王建明，马英，刘竹生. 基于自适应遗传的载人探火任务规划方法
[J]. 导弹与航天运载技术，2013，329（6）：1-6.

[93] 王悦，刘欢，王平强，等. 载人探测小行星的目标星选择 [J]. 航天器
工程，2013，21（6）：30-36.

[94] 李俊峰，蒋方华. 连续小推力航天器的深空探测轨道优化方法综述

［J］. 力学与实践，2011，33（3）：1 - 6.

［95］ 郑博，张泽旭. 载人小行星探测最优两脉冲转移轨道优化设计［J］. 哈尔滨工业大学学报，2016，48（10）：24 - 30.

［96］ 崔平远，乔栋，崔祜涛，等. 小行星探测目标选择与转移轨道方案设计［J］. 中国科学：技术科学，2010，40（6）：677 - 685.

［97］ 乔栋，崔平远，尚海滨. 星际探测多脉冲转移发射机会搜索方法研究［J］. 北京理工大学学报，2010，30（3）：275 - 278.

［98］ 乔栋，崔祜涛，崔平远，等. 小行星探测最优两脉冲交会轨道设计与分析［J］. 宇航学报，2005，26（3）：362 - 367.

［99］ 张泽旭，郑博，周浩，等. 载人小行星探测任务总体方案研究［J］. 深空探测学报，2015，2（3）：229 - 235.

［100］ Battin R H. An Introduction to the Mathematics and Methods of Astrodynamics, AIAA Education Series［M］. New York，AIAA，1987，437 - 422.

［101］ Carn M，Qu M，Chrone J，et al. NASA's planned return to the moon：global access and anytime return requirement implications on the lunar orbit insertion bums［C］. AIAA/AAS Astrodynamics Specialist Conference and Exhibit，AIAA 2008 - 7508，2008.

［102］ Miele A. Theorem of image trajectories in Earth Moon space［J］. Acta Astronaut，1960，6（5）：225 - 232.

［103］ Miele A. Revisit of the theorem of image trajectories in the Earth - Moon space［J］. Journal of Optimization Theory and Applications，2010，147（3）：483 - 490.

［104］ Jesick M，Ocampo C. Automated generation of symmetric lunar free - return trajectories［J］. Journal of Guidance，Control，and Dynamics，2015，34（1）：98 - 106.

［105］ Li J Y，Gong S P，Baoyin H X，et al. Generation of multisegment lunar free - return trajectories［J］. Journal of Guidance，Control，and Dynamics，2013，36（3）：765 - 775.

［106］ Adamo D R. Apollo B trajectory reconstruction via state transition matrices［J］. Journal of Guidance，Control，and Dynamics，2008，31（6）：1772 - 1781.

［107］ Peng K，Yim S Y，Zhang B N，et al. Fast search algorithm of high precision earth - moon free - return trajectory［C］. AAS/AIAA Astrodynamics Specialist Conference and Exhibit，2015，AAS 15 - 706.

[108] Adamo D R. Apollo 13 trajectory reconstruction via state transition matrices [J]. Journal of Guidance, Control, and Dynamics, 2008, 31 (6): 1772 – 1781.

[109] Peng Q B, Shen H X, Li H Y. Free return orbit design and characteristics analysis for manned lunar mission [J]. Science China, Technological Sciences, 2011, 54 (12): 3243 – 3250.

[110] Jesick M, Ocampo C. Automated generation of symmetric lunar free – return trajectories [J]. Journal of Guidance, Control, and Dynamics, 2011, 34 (1): 98 – 106.

[111] Hou X Y, Zhao Y H, Liu L. Free return trajectories in lunar mission [J]. Chinese Astronomy and Astrophysics, 2013, 37: 183 – 194.

[112] Luo Q Q, Yin J F, Han C. Design of Earth – Moon free – return trajectories [J]. Journal of Guidance, Control, and Dynamics, 2013, 36 (1): 263 – 271.

[113] Zhang H L, Luo Q Q, Han C. Accurate and fast algorithm for free – return lunar fly by trajectories [J]. Acta Astronautica, 2014, 102: 14 – 26.

[114] Yim S Y, Baoyin H. High – latitude landing circumlunar free return trajectory design [J]. Aircraft Engineering and Aerospace Technology, in press, DOI: 10. 1108/AEAT = 05 – 2013 – 0092, 2015.

[115] Yim S Y, Gong S P, Baoyin H. Generation of launch windows for high – accuracy lunar trajectories [J]. Advances in Space Research, in press, DOI: 10. 1016/j. asr. 2015. 05. 006.

[116] Farquhar R W. Lunar communications with libration – point satellites [J]. Journal of Spacecraft and Rockets, 1967, 4 (10): 1383 – 1384.

[117] Hopkins J B, Pratt W, Buxton C, et al. Proposed orbits and trajectories for human missions to the Earth – Moon L2 region [C]. 64th International Astronautical Congress, 2013.

[118] Howell K C, Barden B T, Lo M W. Application of dynamical systems theory to trajectory design for a libration point mission [J]. Journal of Astronautical Sciences, 1997, 45: 161 – 178.

[119] Zazzera F B, Topputo F, Massari M. Assessment of mission design including utlizatlon of libration points and weak stability boundaries [R]. ESTEC contract No. 18147/04/NL/MV, 2004.

[120] Li M T, Zheng J H. The optimization of transfer trajectory for small amplitude Halo orbits [J]. Measurement and Control, 2008: 41 (3): 81 – 84.

[121] Qiao D, Cui P Y, Wang Y M, et al. Design and analysis of an extended mission of CE – 2: From lunar orbit to Sun – Earth L2 region [J]. Adv Space Res, 2014, 54 (10): 2087 –2093.

[122] Benton Sr M G. Spaceship discovery – NTR vehicle architecture for human exploration of the solar system [C]. AIAA – 2009 – 5309, 45th AIAA/ASME/SAE/ASEE Joint Propulsion Conference and Exhibit, 2009.

[123] Benton Sr M G. Concept for human exploration of NEO asteroids using MPCV, deep space vehicle, artificial gravity module, and mini – magnetosphere radiation shield [C]. AIAA Space 2011 Conference & Exposition September, 2011.

[124] Borocoski S. Modular growth NTR space transportation system for future NASA human lunar, NEA and Mars exploration missions [C]. AIAA – 2012 –5144, Space 2012 Conference & Exploration, 2012.

[125] Iimmer A K, Messerschmid E. Going beyond: target selection and mission analysis of human exploration missions to Near – Earth Asteroids [J] Acta Astronautica, 2011, 69 (11): 1096 –1109.

[126] Bradley N, Ocampo C. Optimal free – return trajectories to near – earth asteroids [J]. Journal of Guidance, Control, and Dynamics, 2013, 36 (5): 1346 –1355.

[127] Qu Q Y, Xu M, Peng K. The aslunar low – thrust trajectory via the libration point [J]. Astrophysics and Space Science, 2017, 362: 96.

[128] Damon F Landau, James M Longuski. Human exploration of Mars via Earth – Mars semicyclers [J]. Journal of Spacecraft and Rockets, 2007, 44 (1): 203 –210.

[129] Guo J F, Bai C C, Guo L L, et al. Optimal nominal trajectory guidance algorithm for lunar soft landing [C]. International Astronautical Congress, 2014.

[130] Bai C C, Guo J F, Guo L L. Lunar landing trajectory and abort trajectory integrated optimization design [C]. International Symposium on Space Flight Dynamics, 2015.

第 7 章

载人行星进入减速着陆与起飞技术

相比无人深空探测任务，载人任务的进入、下降、着陆与上升技术存在多个突出特点，需要在无人探测任务的基础上进一步开展深入研究和验证。

月球任务中载人飞行器规模一般大于无人飞行器一个数量级，而火星任务中载人飞行器则往往大于无人飞行器两个数量级；同时，载人着陆起飞飞行器中推进剂占比很高（有可能大于75%），动力飞行过程中飞行器质量特性会发生大幅度变化，给精确制导和稳定控制增加了难度；载人任务的安全性和可靠性要求远高于无人任务，航天员的参与能够显著提高飞行任务的安全性和可靠性，因为目前的人工智能技术仍难以达到人类自身特有的危险环境感知和智能决策判断能力水平，人类智慧对于处理特殊紧急情况有着明显突出的优势。

然而，航天员的存在也带来了更多的任务约束，包括飞行器规模、任务周期、过载、热环境、人机功效等，需从顶层任务分析角度加以考虑。

本章重点介绍载人月球/火星的着陆及起飞阶段的飞行过程、高精度的GNC技术、大气进入的热防护技术以及着陆起飞的稳定技术等内容。

|7.1　飞行过程概述|

进入、下降、着陆与上升（Entry，Descent，Landing and Ascent，EDLA）的含义是：进入即飞行器脱离原飞行轨道后，被目标行星重力场捕获并进入着陆下降段的转移轨道过程；减速是不断降低飞行器相对目标行星表面的速度；着陆是不断调整与目标行星表面的相对运动状态并最终安全稳定地停留在行星表面适宜的区域；上升则是从行星表面起飞上升直至进入行星环绕轨道。对于月球和火星探测任务，EDLA 也可简称为着陆起飞任务段；对于小行星探测任务，则可以采用伴飞、附着、锚定等形式来完成探测。

载人 EDLA，顾名思义是指承载航天员完成进入、下降、着陆与上升的飞行过程，这是实现载人目标行星探测必不可少的飞行阶段，也是整个载人深空探测任务中飞行环境最为复杂、状态变化最为剧烈、任务风险最高，对飞行器和航天员要求最高的飞行阶段，需要面临以下技术挑战：

（1）准确进入目标行星轨道，针对目标着陆区制动进入下降轨道，下降着陆过程中获得导航信息并开展制导控制，克服各种内外扰动实现准确安全着陆。

（2）从行星表面起飞前确定自身位置和姿态信息，调整初始状态以满足后续入轨要求，起飞后获得导航信息并开展制导控制，直至进入目标轨道。

（3）下降到目标行星表面附近时准确识别行星表面障碍，快速寻找一个平坦安全且满足任务要求的着陆点，控制飞行器机动避障，最后准确着陆。

（4）接触行星表面时残留的相对速度会带来冲击过载，也有可能导致飞行器滑移倾覆，必须采取多种缓冲措施确保稳定着陆，并为后续起飞提供良好的初始状态。

（5）对于有大气行星进/再入，与行星大气初始相对速度为 km/s 量级，利用气动阻力进行减速和制导控制，可大幅节省推进剂；气动减速过程中加热效应十分突出，必须采用高效率的热防护措施，确保飞行器结构安全和航天员生理舒适。

（6）着陆起飞发动机工作时，发动机羽流会对光电敏感器造成污染，与结构相对作用会产生明显的力热效应，与行星表面相互作用产生的干扰力/力矩会给起飞带来扰动，必须对发动机羽流进行有效的预示、防护和导流。

进入、下降与着陆（Entry Descent Landing，EDL）技术早期被应用于返回式卫星和载人飞船返回舱，苏联的"东方号""上升号"和"联盟号"载人飞船均采用陆上着陆方式，"上升号"和"联盟号"还配备了发动机反推着陆系统，而美国的"水星""双子星"以及 Apollo 载人飞船则采用海上溅落的着陆方式。早期载人飞船返回舱采用弹道方式再入地球大气层，后为了解决飞行过载大、再入走廊狭窄等问题，研究应用了半弹道式再入技术。对于第二宇宙速度再入，还采用了跳跃式再入方法，如苏联"探测器 6 号"月球探测器。随着美国火星探测任务的推进，火星大气 EDL 技术迅速发展，采用了气动减速、伞降、气囊缓冲、着陆腿缓冲等多种减速着陆方式。尤其是 2012 年到达火星的 MSL 任务，综合采用了半弹道式进入、基于马赫数的开伞控制、空中悬吊、精确避障等先进技术，将火星大气 EDL 技术提升到新的高度。

载人 EDLA 阶段属于载人深空探测任务的"远端"，距离地球遥远，对于目的地的前期探测获得的信息极其有限，载人 EDLA 技术研究对于确保航天员生命安全非常关键。未来的载人 EDLA 技术需要更加关注高精确定点着陆（或附着）GNC 技术、大型载人航天器着陆高效缓冲与稳定技术、载人火星大气高速进入热防护技术等。

7.1.1　载人月面着陆及起飞过程

载人月面着陆起飞任务是指承载航天员从环月轨道制动进入下降轨道，逐渐制动减速后软着陆月面，支持航天员在月面开展科学考察活动，完成月面活动后从月面起飞返回环月轨道上，并与环月轨道上等待的其他飞行器交会对接。

美国 Apollo 载人登月工程中，载人月面着陆由下降滑行轨道（起始点为

DOI，Descent Orbit Insection）和动力下降（起始点为 PDI，Powered Descent Initial-ization）两个过程组成。PDI 高度确定为 15.24 km，过高则动力下降飞行推进剂利用率不高，过低则不利于飞行安全。动力下降分为三个阶段，如图 7-1 所示。

（1）主减速段：以推进剂最优方式降低轨道速度，直至到达接近段飞行的初始状态。

（2）接近段：以基本固定的轨迹和姿态斜向下飞行，为航天员观察月面提供良好的视野，直至到达着陆段飞行的初始状态，其间航天员可重新选定着陆点。

（3）着陆段：航天员保持对着陆点月面地形的观察，最终着陆时进行手动避障控制。

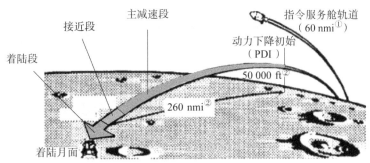

图 7-1 Apollo 登月舱动力下降飞行过程
（图片来源于 NASA 的 Apollo 任务总结报告）

上升级从月面起飞后，要求准确进入与载人飞船交会对接初始轨道，目标轨道设计为 16.7 km × 83.3 km，月面起飞时刻同时满足交会相位要求，分为两个阶段，如图 7-2 所示。

（1）垂直上升段：消除起飞处月面地形的影响，将上升级本体 Z 轴调整到目标轨道面内。

（2）轨道进入段：以推进剂最优方式到达交会对接所需初始状态，如有需要可进行轨道机动以消除轨道平面误差。

相对于美国 Apollo 载人登月工程，"星座计划"中对 Altair 月面着陆起飞过程进行了细化，应用了计算量大但精度更高的动力显式制导律，着陆最后阶段和起飞初始阶段的调节能力更强，下降飞行过程分为四个阶段，如图 7-3 所示。

① 海里，1 nmi = 1.852 km；

② 英尺，1 ft = 304.8 mm。

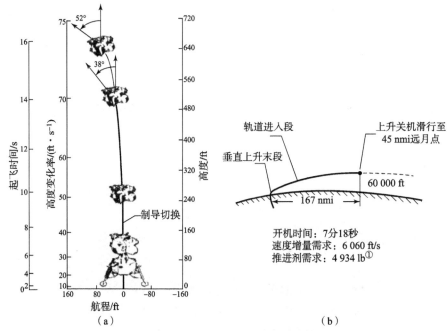

图 7 - 2　Apollo 登月舱动力上升飞行过程

（图片来源于 NASA 的 Apollo 载人登月工程总结报告）

（a）垂直上升阶段；（b）轨道进入阶段

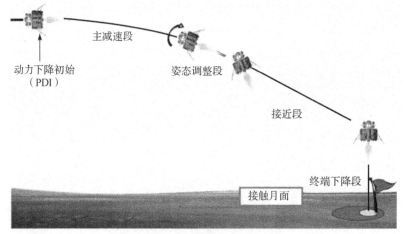

图 7 - 3　Altair 月面动力下降飞行过程

（图片来源于 NASA 的 "星座计划" 任务设计报告）

---

① 磅，1 lb = 0.453 6 kg。

（1）主减速段：以推进剂最优方式消除轨道速度，下降主发动机推力固定为最大推力的92%，飞行姿态接近水平。

（2）姿态调整段：主减速段结束后进行俯仰姿态机动并调节推力，以到达接近段初始状态。

（3）接近段：下降级主发动机推力可变（额定推力的40%～60%），以跟踪预定飞行轨迹，同时对着陆区地形进行检测，着陆避障敏感器辅助航天员识别地形障碍并确定安全着陆点。

（4）终端下降段：控制Altair月面着陆器以1m/s的恒定速度垂直下降直至着陆月面，同时消除其水平速度。

完成月面任务后Altair上升级以下降级为支撑平台起飞，上升过程分为三个阶段，如图7-4所示。

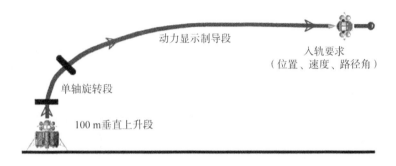

图7-4　Altair月面动力上升飞行过程

（图片来源于NASA的"星座计划"任务设计报告）

（1）垂直上升段：上升级垂直上升至100 m高度，以消除起飞月面地形的影响，一般不超过10 s。

（2）单轴旋转段：将上升级姿态调整到动力显式制导段所需的初始姿态，要求角速度不超过5°/s。

（3）动力显式制导段：基于显式制导律动力飞行直至达到关机目标状态。

7.1.2　载人火星进入减速及着陆过程

当前仅有美国成功着陆火星表面7个无人探测器，进入着陆方式大体相同，采用了相似的气动外形（半锥角为70°）。前6次均采用了弹道式进入控制，仅在2012年MSL任务中使用了基于Apollo载人登月工程返回制导律改进的升力式进入控制方法。"海盗号"和"好奇号"的气动外形为低升力体构型，但"海盗号"没有利用升力进行轨迹控制，仅仅是为了改善减速效果和

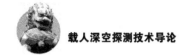

保证开伞高度。无人火星探测器 EDL 相关参数详见附录 G。

在无人探测器成功着陆火星表面的基础上，美国 NASA 的 JPL 实验室的先进项目设计团队（也称 X 团队），设计提出了 8 种载人 EDL 方案，如图 7 - 5 所示。其中，#1 方案是中升阻比方案，与 DRA 5.0 的进入构型类似，使用 10 m × 30 m 的整流罩结构作为中升阻比进入飞行器，以实现大气俘获和进入，使用超声速反推来下降和着陆；#2 方案是高超声速方案，使用 23 m 的高超声速充气气动减速架构来进行大气俘获和进入，是一种轻量的刚性减速机构；#3 方案考虑一种全推进的进入方式；#4 方案使用 10 m × 30 m 整流罩进行大气俘获，使用高超声速充气气动减速器（Hypersonic Inflatable Aerodynamic Decelerator，HIAD）进入；#5 方案与#4 方案一样使用整流罩进行大气俘获，但是使用一个加大尺寸的 HIAD 而非超声速反推进，能使其在很高的高度上减至亚声速，再用亚声速反推制动完成着陆；#6 方案与#5 方案相似，但使用相同的 HIAD 来完成大气俘获；#7 方案使用了一个中升阻整流罩和超声速充气气动减速器，减速至亚声速，再起动反推制动完成着陆；#8 方案同样使用 HIAD 和超声速充气气动减速器减速至声速，再起动反推制动完成着陆。

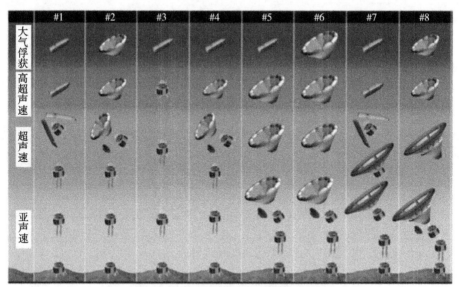

图 7 - 5　X 团队独立设计和评估的思路图
（图片来源于 NASA 的 DRA 5.0 设计报告）

通过对这 8 种载人 EDL 方案的对比研究，X 团队推荐采用的有：技术成熟度较高的中升阻比飞行器#1 方案、质量效率较高的高超声速充气气动减速#2

方案。X 团队对中升阻比和高超声速充气气动减速两种方案进行了独立设计和规模评估，下面分别进行介绍。

1. 中升阻比方案

中升阻比飞行器在 129 km 的高度开始进入，依靠气动外形从高超声速减速至超声速。在 3 Ma 的速度下，飞行器以 0°俯仰角进入准备开始切换至动力下降。在 2.97 Ma 的速度下，防护罩像蛤一样打开，火工品点火，载人着陆舱与防护罩分离。之后自由下降 10 s，着陆器在 2.89 Ma、高度 7.3 km 时开始动力下降。在动力下降时，载人着陆器继续减速，以 2.48 m/s 的速度着陆。图 7 - 6 所示为载人下降的详细过程。

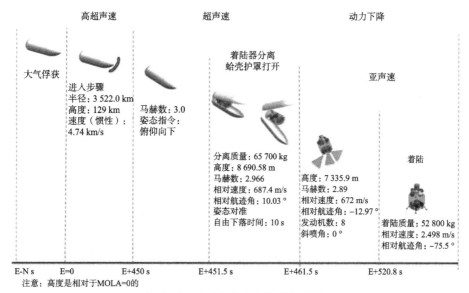

图 7 - 6 中升阻比方案的 EDL 过程

（图片来源于 NASA 的 DRA 5.0 设计报告）

其中，载人着陆器设计为被包在两瓣中升阻比气动防护罩内部。防护罩尺寸为 30 m×10 m。为保证从超声速转换为动力飞行时的鲁棒性和可行性，防护罩设计成蛤型结构。防护罩有两个用途：一是在进入火星大气时减速，二是在从地球发射时作为有效载荷整流罩。这可以节省系统总质量。从超声速段转入分离后的动力下降段这个过程中，防护罩与着陆器采用了贝壳型结构，这个转换方案是 2013 年 NASA 经过多种比较后的进入、下降与着陆阶段分析研究的首选方案，详细过程如图 7 - 7 所示。

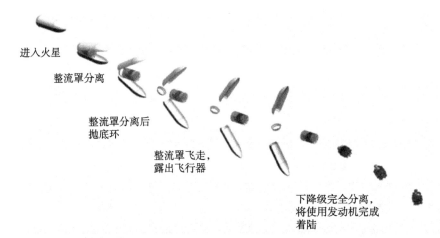

进入火星

整流罩分离

整流罩分离后
抛底环

整流罩飞走，
露出飞行器

下降级完全分离，
将使用发动机完成
着陆

图 7 - 7　防护罩与载人着陆器组合体的进入及分离过程示意图

（图片来源于 NASA 的 DRA5.0 设计报告）

其中载人着陆器的质量（含有效载荷）为 73 t，防护罩的质量为 25.5 t。载人着陆器与防护罩的组合体示意图如图 7 - 8 所示，在着陆器的底部与防护罩之间还有分离支架，类似于星箭分离支架。载人着陆器包括上升飞行器和下降级。在 X 团队的设计方案中，上升飞行器安装在着陆器的顶部，便于起飞时携带航天员返回环火轨道。下降级采用桁架主结构设计方案，主体是推进剂贮箱，着陆腿安装在外部，散射板安装在着陆器的侧面，在底部是 8 个 100 kN 推力的液氧甲烷发动机。上升级与下降级之间是有效载荷区域，携带送往火星表面的有效载荷。这种方案巧妙地利用了飞行器飞出地球大气层时使用的整流罩，作为进入火星大气时的防护罩，载人着陆器在内部的安装方式和结构受力基本保持不变，气动力的主载荷均由整流罩的外部壳体结构来承担，载人着陆器方案如图 7 - 9 所示。

2. 高超音速充气气动减速方案

高超音速充气气动减速飞行器的进入是在 129 km 的高度开始，依靠气动外形从高超音速减速至超音速。与中升阻比方案一样，在马赫数为 3.0 时飞行器俯仰角调整至 0°，准备转换至动力下降阶段。在马赫数为 2.02 时，载人着陆器与滑行飞行的 HIAD 分离，开始转换过程。硬式防热罩依然连接在着陆器上。分离由火工品点火启动。在马赫数为 2.01，高度为 6.8 km 时，HIAD 分离，自由下落 6 s 后，着陆器启动斜装式下降发动机，开始动力下降。在高度为 1.2 km，抛防热罩同时，另外两台下降发动机也点火。动力下降的着陆器减速至 2.47 m/s 着陆。详细的载人进入减速及下降过程如图 7 - 10 所示。

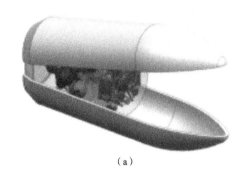

（a）

保留整流罩用于
火星进入

下降级

有效载荷

上升飞行器

用于安装主载荷的
外壳蛤壳结构

整流罩内侧视图　　整流罩内俯视图　　整流罩中的飞行器

（b）

图 7 - 8　中升阻比方案中防护罩与载人着陆器组合体示意图

（图片来源于 NASA 的 DRA 5.0 设计报告）

（a）气动减速过程；（b）发射过程

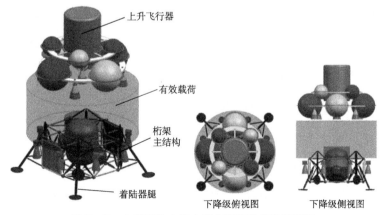

上升飞行器

有效载荷

桁架
主结构

着陆器腿

下降级俯视图　　下降级侧视图

图 7 - 9　中升阻比方案中载人着陆器方案示意图

（图片来源于 NASA 的 DRA 5.0 设计报告）

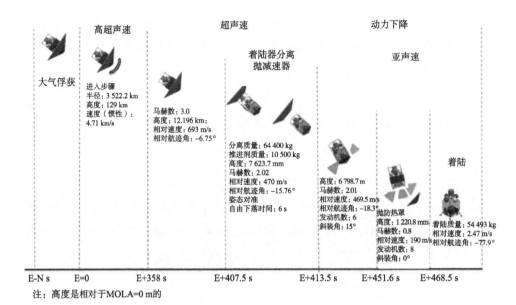

高超声速　　　　　　　　　　　超声速　　　　　　　　　动力下降

着陆器分离
抛减速器

亚声速

大气俘获

进入步骤
半径：3 522.2 km
高度：129 km
速度（惯性）：
4.71 km/s

马赫数：3.0
高度：12.196 km
相对速度：693 m/s
相对航迹角：−6.75°

分离质量：64 400 kg
推进剂质量：10 500 kg
高度：7 623.7 mm
马赫数：2.02
相对速度：470 m/s
相对航迹角：−15.76°
姿态对准
自由下落时间：6 s
发动机数：6

高度：6 798.7 m
马赫数：2.01
相对速度：469.5 m/s
相对航迹角：−18.3°
抛防热罩
高度：1 220.8 mm
斜装角：15°
马赫数：0.8
相对速度：190 m/s
发动机数：8
斜装角：0°

着陆

着陆质量：54 493 kg
相对速度：2.47 m/s
相对航迹角：−77.9°

E−N s　　　E=0　　　　E+358 s　　　　E+407.5 s　　　　E+413.5 s　　　E+451.6 s　　　E+468.5 s

注：高度是相对于MOLA=0 m的

图 7 – 10　高超声速充气气动减速方案的 EDL 过程

（图片来源于 NASA 的 DRA 5.0 设计报告）

其中，载人着陆器安装在高度为 23 m 的 HIAD 上，在进入之前它会展开充气。HIAD 由位于中部直径为 9 m 的刚性热防护罩和柔性可充气结构组成，充气结构可以展开至 HIAD 的周边以外。载人着陆器结构与刚性热防护罩之间用刚性链接。热防护罩和 HIAD 都有热防护系统保护。与中升阻比架构不同，发射整流罩在高超声速充气气动减速方案进入火星时并无用处。高超声速充气气动减速方案的进入质量包括结构质量和载人着陆器的湿重，共 85.7 t。其中，HIDA 质量为 11.5 t，载人着陆器质量（含推进剂和 40 t 的有效载荷）为 74.2 t。高超声速充气气动减速方案的详细 EDL 过程如图 7 – 11 所示。HIDA 和载人着陆器组合体示意图如图 7 – 12 所示。

与中升阻比方案一样，载人着陆器顶部是上升飞行器，在上升飞行器下面暗灰色的筒状物是放置货物的有效载荷空间。载人着陆器在发射时安装在转换支撑结构上，在进入时提供支撑，并在分离时为着陆器提供滑动导轨，以便滑动通过 HIAD。在动力下降到火星表面过程中笼型结构始终存在。一旦着陆，这个笼型结构至少有一部分必须被抛离或者展开，为 MAV 提供无障碍通道，使其能够离开着陆器顶部，让乘员返回环火轨道。下降级的设计与中升阻比方案类似，着陆腿安装在外部，在发射时是折叠起来的，散热器也安装在飞行器侧面。在下降级周边布置 8 个 100 kN 的液氧甲烷下降发动机，可以产生

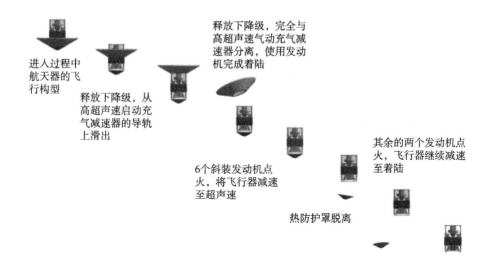

进入过程中
航天器的飞
行构型

释放下降级，从
高超声速启动充
气减速器的导轨
上滑出

释放下降级，完全与
高超声速气动充气减
速器分离，使用发动
机完成着陆

6个斜装发动机点
火，将飞行器减速
至超声速

热防护罩脱离

其余的两个发动机点
火，飞行器继续减速
至着陆

图 7 - 11 高超声速充气气动减速 EDL 详细过程

(图片来源于 NASA 的 DRA 5.0 设计报告)

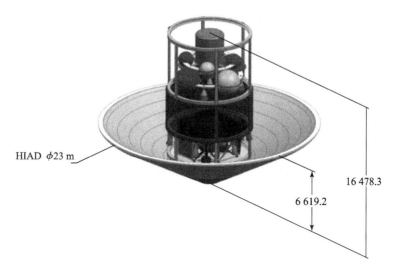

HIAD ϕ23 m

16 478.3

6 619.2

图 7 - 12 高超声速充气气动减速方案中 HIAD 和着陆器组合体示意图

(图片来源于 NASA 的 DRA 5.0 设计报告)

800 kN 的下降推力。6 个下降发动机向外斜装 15°，能在动力下降开始阶段在
热防护罩形成无羽流区。另外两个发动机没有斜装，只在当热防护罩展开后才
点火工作。载人着陆器的方案如图 7 - 13 所示。

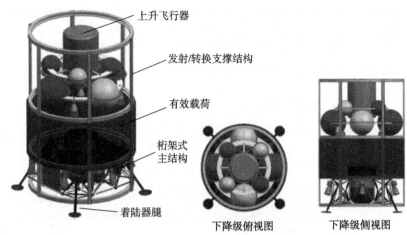

图 7-13　高超声速充气气动减速方案中载人着陆器方案示意图
（图片来源于 NASA 的 DRA 5.0 设计报告）

3. 研究结论

X 团队的结论表明，对比这两种载人 EDL 方案，高超声速充气气动减速方案有更好的质量效率，其飞行器总质量是 87.5 t，而中升阻比方案是 98.5 t。但是在制导飞行阶段，高超声速充气气动减速架构飞行器可能会遇到难度较大的控制问题。虽然高超声速充气气动减速架构在进入时质量效率高，但在发射时整流罩内的容积利用率低。两种方案都可以合适地安装在整流罩内，但都需要研究如何在着陆器指定的有效载荷区中安装货物。对比两种方案，两者都有相同的 EDL 时序，都需要进行高超声速飞行控制以达到高着陆精度的要求，都需要在超声速下进行发动机点火。这些设计难度都还需要进一步分析研究。

| 7.2　高精度 GNC 技术 |

7.2.1　载人月面着陆起飞 GNC 技术

1. 月面下降制动发动机选择

月面着陆标称速度增量约为 2 200 m/s，上升入轨速度增量约为 1 900 m/s，单独一个飞行器是无法完成近 4 100 m/s 速度增量的轨道机动任务，需要采用分级起降的方式。着陆起飞主发动机选择是一个综合分析过程，主要因素包括：

1）推进剂使用效率

通过制导仿真分析，动力下降初始推重比（地球重力加速度意义下）为 0.6 左右时推进剂使用效率高，如图 7 - 14 所示。

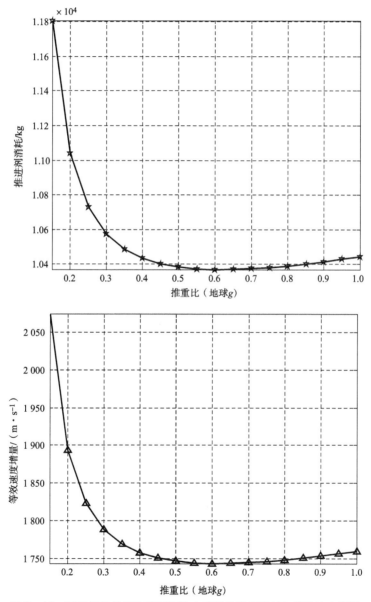

图 7 - 14　不同初始推重比时月面动力下降推进剂消耗与等效速度增量

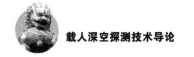

2）月面稳定着陆

经过近月制动以及动力下降飞行，飞行器质量大幅降低，只有满足发动机最小推力小于飞行器重力（1/6 地球重力加速度环境下）的条件才能稳定着陆。

3）月面着陆避障机动

月面着陆最后阶段能够获得准确的障碍信息，此时推进剂剩余量已不富裕，必须具备一定的横向机动能力，才能及时有效地完成避障机动飞行任务。

2. 动力下降制导方法

月面动力下降主减速段的轨迹散布对整个月面精确定点着陆有决定性的影响，后续飞行阶段只具备小范围机动能力。主减速段可采用多项式或者显式制导律，由于精确定点着陆需要同时控制航程、横程以及终端速度，一般采用可变推力并结合整器姿态控制或者发动机摇摆获得制导推力。

1）多项式制导律

多项式制导律采用多项式拟合飞行状态（加速度、速度和位置），结合终端状态要求和数值解算方法得到制导指令。假设 T_{go} 为剩余飞行时间，则终端状态可以写为

$$r(T_{\mathrm{go}}) = r_{\mathrm{T}} + v_{\mathrm{T}} \cdot T_{\mathrm{go}} + a_{\mathrm{T}} \cdot \frac{T_{\mathrm{go}}^2}{2} + j_{\mathrm{T}} \cdot \frac{T_{\mathrm{go}}^3}{6} + s_{\mathrm{T}} \cdot \frac{T_{\mathrm{go}}^4}{24} \tag{7-1}$$

$$v(T_{\mathrm{go}}) = v_{\mathrm{T}} + a_{\mathrm{T}} \cdot T_{\mathrm{go}} + j_{\mathrm{T}} \cdot \frac{T_{\mathrm{go}}^2}{2} + s_{\mathrm{T}} \cdot \frac{T_{\mathrm{go}}^3}{6} \tag{7-2}$$

$$a(T_{\mathrm{go}}) = a_{\mathrm{T}} + j_{\mathrm{T}} \cdot T_{\mathrm{go}} + s_{\mathrm{T}} \cdot \frac{T_{\mathrm{go}}}{2} \tag{7-3}$$

解算得到制导指令：

$$a(T_{\mathrm{go}}) = a_{\mathrm{T}} + \frac{6}{T_{\mathrm{go}}}[v_{\mathrm{T}} + v(T_{\mathrm{go}})] + \frac{12}{T_{\mathrm{go}}^2}[r_{\mathrm{T}} - r(T_{\mathrm{go}})] \tag{7-4}$$

式中：r，v，a 为当前运动状态；r_{T}，v_{T}，a_{T} 为目标运动状态；j_{T} 为目标加加速度；s_{T} 为目标加加加速度。

T_{go} 通过下降轨道平面外的数值计算得到：

$$j_{\mathrm{T}_z} T_{\mathrm{go}}^3 + 6 a_{\mathrm{T}_z} T_{\mathrm{go}}^2 + [18 v_{\mathrm{T}_z} + 6 v_z(T_{\mathrm{go}})] \cdot T_{\mathrm{go}} + 24[r_{\mathrm{T}_z} - r_z(T_{\mathrm{go}})] = 0 \tag{7-5}$$

2）显式制导律

月面动力下降采用显式制导律时，实际上是求解一个两点边值的问题，运动学模型为

$$\frac{\mathrm{d}^2 r}{\mathrm{d}t^2} = g_{\mathrm{L}} + a_{\mathrm{T}} \tag{7-6}$$

式中：r 为位置矢量；g_{L} 为月球重力加速度；a_{T} 为发动机推力加速度。

分解到三维坐标系下有

$$\begin{cases} \ddot{x} = g_{Lx} + a_{Tx} \\ \ddot{y} = g_{Ly} + a_{Ty} \\ \ddot{z} = g_{Lz} + a_{Tz} \end{cases} \qquad (7-7)$$

如果着陆器当前位置速度为 $\boldsymbol{r}(t_o) = \begin{bmatrix} x_o & y_o & z_o \end{bmatrix}^T$，$\boldsymbol{v}(t_o) = \begin{bmatrix} \dot{x}_o & \dot{y}_o & \dot{z}_o \end{bmatrix}^T$，求解制导指令，使得对于 $t_0 \leqslant t \leqslant T$，有：$\boldsymbol{a}_T(t) = \begin{bmatrix} a_{Tx}(t) & a_{Ty}(t) & a_{Tz}(t) \end{bmatrix}^T$。在终端时刻 $t = T$，得到 $\boldsymbol{r}(T) = \begin{bmatrix} x_D & y_D & z_D \end{bmatrix}^T$，$\boldsymbol{v}(T) = \begin{bmatrix} \dot{x}_D & \dot{y}_D & \dot{z}_D \end{bmatrix}^T$，同时满足优化指标：$\int_0^T \sqrt{\boldsymbol{a}_T \cdot \boldsymbol{a}_T}\, dt = \min$。

在下降轨道平面内有

$$\dot{x}(t) - \dot{x}(t_o) = \int_{t_o}^{t} \ddot{x}(t)\, dt \qquad (7-8)$$

在终端时刻有

$$\dot{x}_D - \dot{x}_o = \int_{t_o}^{T} \ddot{x}(t)\, dt \qquad (7-9)$$

$$\dot{x}_D - \dot{x}_o - \dot{x}(t_o) \cdot t_{go} = \int_{t_o}^{T} \left[\int_{t_o}^{t} \ddot{x}(t)\, dt \right] dt \qquad (7-10)$$

设定

$$\ddot{x}(t) = c_1 p_1(t) + c_2 p_2(t) \qquad (7-11)$$

系数 c_1、c_2 满足

$$\begin{cases} \dot{x}_D - \dot{x}_o = f_{11} c_1 + f_{12} c_2 \\ x_D - x_o - \dot{x}_o \cdot t_{go} = f_{21} c_1 + f_{22} c_2 \end{cases} \qquad (7-12)$$

其中

$$\begin{cases} f_{11} = \int_{t_o}^{T} p_1(t)\, dt \\[2mm] f_{12} = \int_{t_o}^{T} p_2(t)\, dt \\[2mm] f_{21} = \int_{t_o}^{T} \left[\int_{t_o}^{t} p_1(t)\, dt \right] dt \\[2mm] f_{22} = \int_{t_o}^{T} \left[\int_{t_o}^{t} p_2(t)\, dt \right] dt \end{cases} \qquad (7-13)$$

转换为矩阵形式有

$$\begin{bmatrix} \ddot{x}_D - \ddot{x}_o \\ x_D - x_o - \dot{x}_o \cdot t_{go} \end{bmatrix} = \begin{bmatrix} f_{11} & f_{12} \\ f_{21} & f_{22} \end{bmatrix} \begin{bmatrix} c_1 \\ c_2 \end{bmatrix} \tag{7-14}$$

$$\begin{bmatrix} c_1 \\ c_2 \end{bmatrix} = \begin{bmatrix} e_{11} & e_{12} \\ e_{21} & e_{22} \end{bmatrix} \begin{bmatrix} \ddot{x}_D - \ddot{x}_o \\ x_D - x_o - \dot{x}_o \cdot t_{go} \end{bmatrix} \tag{7-15}$$

如果选择 p_1、p_2 为

$$\begin{cases} p_1(t) = 1 \\ p_2(t) = T - t \end{cases} \tag{7-16}$$

则有

$$\begin{bmatrix} c_1 \\ c_2 \end{bmatrix} = \begin{bmatrix} 4/t_{go} & -6/t_{go}^2 \\ -6/t_{go}^2 & 12/t_{go}^3 \end{bmatrix} \begin{bmatrix} \ddot{x}_D - \ddot{x}_o \\ x_D - x_o - \dot{x}_o \cdot t_{go} \end{bmatrix} \tag{7-17}$$

$$\begin{cases} \ddot{x}(t) = c_1 + c_2(T - t) \\ a_{Tx} = c_1 + c_2(T - t) + g_x(t) \end{cases} \tag{7-18}$$

在一段时间内制导指令加速度不变，并且忽略月球重力加速度的影响，进行速度增量的预估得到

$$v = \int_0^t a\,\mathrm{d}t = \int_0^t \frac{P}{m_o - \dot{m}t}\mathrm{d}t = v_e \ln \frac{\tau}{\tau - t} \tag{7-19}$$

如果设定

$$\begin{cases} v = v_G \\ t = t_{go} \end{cases} \tag{7-20}$$

则得到

$$t_{go} = \tau(1 - e^{-\frac{v_G}{v_e}}) \tag{7-21}$$

Apollo 载人登月工程中，月面动力下降全程采用多项式制导律，但不同飞行阶段采用的制导参数存在区别。"星座计划"中，计算机能力大幅提升，月面动力下降主减速段采用显式制导律，接近段采用多项式制导律。登月舱在下降轨道进入（DOI）和动力下降初始（PDI）两个开机时刻均设计为 10% 小推力开机，以使主发动机推力线对准当前登月舱质心，随后推力全开进行制动减速。正式飞行方案中，DOI 工作推力提高了 40%；PDI 先使用 RCS 工作 7.5 s 进行推进剂沉底，然后主发动机 10% 推力开机 26 s 使推力线对准质心，最后以 100% 推力进行减速。图 7 - 15 所示为 Apollo 登月舱月面动力下降推力曲线。

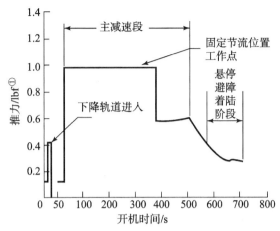

图 7-15 Apollo 登月舱月面动力下降推力曲线

（图片来源于 NASA 的 Apollo 载人登月工程总结报告）

3. 动力上升制导方法

月面或火星表面上升一般采用近月（火）点入轨方式，入轨倾角和相位通过发射窗口保证，飞行高度和速度要求则通过动力飞行精确制导保证，一般采用定常推力轨控发动机实现。经过对比研究，在入轨后交会对接过程中进行轨道平面修正的效率要高于上升过程中利用偏航机动来修正的效率，则上升过程中的制导可以简化为平面内的问题，即上升动力飞行制导仅通过调整轨控发动机推力俯仰角 φ_P 即可实现。

平面内的上升运动方程为

$$
\begin{cases}
\dot{r} = v_r \\
\dot{\alpha} = \dfrac{v_n}{r} \\
\dot{v}_r = -\dfrac{\mu_m}{r^2} + \dfrac{v_n^2}{r} + \dfrac{P}{m}\sin\varphi_P \\
\dot{v}_n = -\dfrac{v_n}{r}v_r + \dfrac{P}{m}\cos\varphi_P
\end{cases}
\tag{7-22}
$$

式中：r 为飞行器当前月心距；α 为飞行器当前位置与起飞点的月心夹角；v_r 为径向速度；v_n 为横向速度；φ_P 为推力俯仰角。

制导律推导中忽略月球重力球形项，上升运动方程简化为

---

① 磅力，lbf，1 lbf = 4.45 N。

$$\begin{cases} \dot{r} = v_r \\[2mm] \dot{\alpha} = \dfrac{v_n}{r} \\[2mm] \dot{v}_r = \dfrac{P}{m}\sin\varphi_P - g_m \\[2mm] \dot{v}_n = \dfrac{P}{m}\cos\varphi_P \end{cases} \quad (7-23)$$

根据最优控制原理构造的 Hamilton 函数为

$$H(\boldsymbol{x},\boldsymbol{u},\boldsymbol{\lambda},t) = L(\boldsymbol{x},\boldsymbol{u},t) + \boldsymbol{\lambda}^{\mathrm{T}}\boldsymbol{f}(\boldsymbol{x},\boldsymbol{u},t) \quad (7-24)$$

式中，$\boldsymbol{\lambda}$ 为协状态变量；$\boldsymbol{f}(\boldsymbol{x},\boldsymbol{u},t)$ 为系统状态方程。

上升采用定常推力，则推进剂总消耗由常数积分得到，Hamilton 函数可以改写为

$$H = 1 + \lambda_1 v_r + \lambda_2\frac{v_n}{r} + \lambda_3\left(\frac{P}{m}\sin\varphi_P - g_m\right) + \lambda_4\left(\frac{P}{m}\cos\varphi_P\right) \quad (7-25)$$

基于最优控制，必须满足

$$\frac{\partial H}{\partial \varphi_P} = \lambda_3\frac{P}{m}\cos\varphi_P - \lambda_4\frac{P}{m}\sin\varphi_P = 0 \quad (7-26)$$

可求得最优控制为

$$\tan\varphi_P^* = \frac{\lambda_3}{\lambda_4} \quad (7-27)$$

由于 α 是终端自由的，则 $\lambda_2(t_f)=0$，所以协状态变量的终端条件可表示为

$$\lambda_1(t_f) = k_1, \quad \lambda_2(t_f) = 0, \quad \lambda_3(t_f) = k_3, \quad \lambda_4(t_f) = k_4 \quad (7-28)$$

式中：k_1，k_3，k_4 为待定常数。

对协状态方程积分可得

$$\lambda_1 = k_1, \quad \lambda_2 = 0, \quad \lambda_3 = k_3 + k_1(t_f - t), \quad \lambda_4 = k_4 \quad (7-29)$$

可得

$$\tan\varphi_P = c_0 + c_1 t \quad (7-30)$$

式中，c_0，c_1 为待定常数。

式（7-30）无法进行积分求解，必须采用其他手段。假设 φ_P 较小，则有

$$\begin{cases} \sin\varphi_P = c_0 + c_1 t \\ \cos\varphi_P = 1 \end{cases} \quad (7-31)$$

此时

$$\dot{v}_r = \frac{P}{m}(c_0 + c_1 t) - g_m \quad (7-32)$$

对式（7 - 32）进行两次积分可得上升级的月心距变化为一个三次多项式，多项式的系数由边值条件来确定，最后得到制导指令为

$$\varphi_P^* = \arcsin\left[\left(a_r + g_m - \frac{v_n^2}{r}\right)m/P\right] \qquad (7-33)$$

4. 月面着陆起飞控制方法

月面下降着陆控制主要是跟踪制导指令以及着陆最后阶段的避障机动控制，一般采用喷气推力器（Reaction Control System，RCS）和推力矢量控制（Thrust Vector Control，TVC）方法。对于无人月面着陆器，扰动力矩和主动控制力矩均不大，RCS 可实现控制；对于载人月面着陆器，扰动力矩（如主发动机推力偏离整器质心）量级大，快速调姿时需要的主动控制力矩也大，可采用 RCS + TVC 复合控制方案。

美国 Apollo 载人登月工程的登月舱上升级布置了 16 台 445 N 喷气推力器（采用 4 簇每 4 台构型），提供月面着陆起飞主动控制力矩以及月面上升后环月轨道交会对接期间的六自由度控制力/力矩；月面下降过程中主发动机 TVC 控制提供俯仰及偏航方向的力矩。主发动机双向侧摆角度范围均为 ±6°，考虑结构柔性以及推进剂液体晃动，侧摆伺服控制带宽设计为 0.13 ~ 0.18 Hz。美国 Apollo 载人登月工程的登月舱 RCS 安装布局如图 7 - 16 所示。

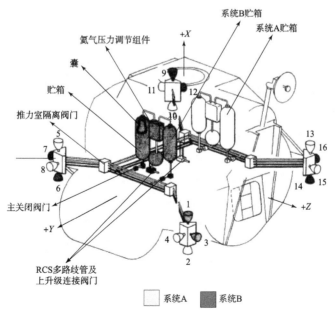

图 7 - 16 美国 Apollo 载人登月工程的登月舱 RCS 安装布局（1 ~ 16 均为姿控发动机）

（图片来源于 NASA 的 Apollo 载人登月工程总结报告）

Altair 上升级和下降级各安装了一套 RCS，其中下降级 RCS 包括 4 簇共 16 个 445 N 推力器，安装平面通过预测的着陆器质心（接触月面时）；上升级 RCS 包括 4 簇共 20 个推力器（单簇包括 2 个 890 N 的 R－42 推力器、2 个 22 N 的 AmPac 推力器和 1 个 490 N 的 R－4D 推力器）；安装平面过与载人飞船对接时上升级质心（预测值）。Altair 载人月面着陆器 RCS 具体安装布局如图 7－17 所示。

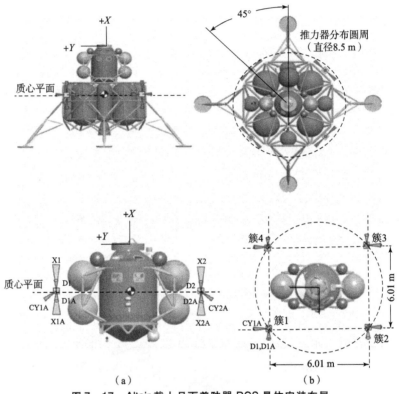

图 7－17　Altair 载人月面着陆器 RCS 具体安装布局
（图片来源于 NASA 的"星座计划"任务设计报告）
（a）下降级 RCS 安装布局（上面的是正视图；下面的是俯视图）；
（b）上升级 RCS 安装布局（上面的是正视图；下面的是俯视图）

Altair 载人月面着陆器下降级主发动机额定推力为 82.9 kN，在环月轨道进入以及月面着陆中使用 TVC 进行俯仰/偏航姿态控制。通过对多个阶段姿态控制任务的深入分析，并且考虑了 TVC 伺服中的误差因素，得到了主发动机侧摆角度的预算为 ±6°。在 TVC 控制带宽的设计上，Altair 充分研究考虑了推进剂液体晃动、月面着陆器结构柔性等因素，经过建模与分析，TVC 控制带宽初步确定为 0.12 ~ 0.15 Hz。Altair 载人月面着陆器的 TVC 控制带宽设计如图 7－18 所示。

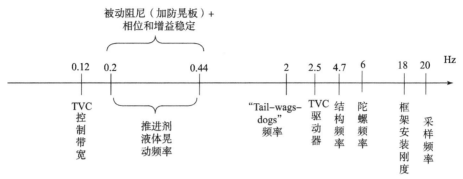

图 7 – 18　Altair 载人月面着陆器的 TVC 控制带宽设计

（图片来源于 NASA 的 "星座计划" 任务设计报告）

5. 月面着陆起飞导航方法

载人月面着陆可以划分为多个飞行阶段，每个飞行阶段的导航方案有所不同，以满足不同的制导和控制任务要求。

主减速段初始由地面定轨给出初始轨道参数，由星敏感器给出初始惯性姿态参数之后，开始采用 IMU 进行导航，下降至特定高度时引入测距测速信息对 IMU 导航信息进行修正，以提高导航精度。为了进一步提高着陆的精度，必要时需要利用光学导航敏感器对月面进行成像和识别，并与预先设定的路标进行匹配跟踪，以修正导航的水平位置。下降姿态调整后引入着陆避障敏感器系统对月面进行成像，或者由航天员视觉观察，判断月表起伏情况，达到粗避障功能。到达月面高度 100 m 左右时，着陆避障敏感器系统对目标着陆区域进行高分辨率成像，用于障碍识别和安全着陆点选择。100 m 高度以下的避障段最终着陆段，由惯性导航辅以测速测距修正，引导着陆器到达安全着陆点上方。30 m 高度以下采用纯惯导递推导航，着陆缓冲机构接触月面或者高度计测量达到关机高度后，发动机关闭。月面动力下降与着陆阶段导航方法如表 7 – 1 所示。

表 7 – 1　月面动力下降与着陆阶段导航方法

阶段 敏感器	主减速段 (15 ~ 2 km)	快速调整段 (2 ~ 1.4 km)	+接近段 (2 km ~ 100 m)	悬停过程 (100 m)	避障段 (100 ~ 30 m)	缓速下降段 (30 ~ 0 m)
IMU	载人月面下降着陆全程使用，是主要导航部件之一					
星敏感器	提供下降着陆初始姿态，着陆过程出现故障时提供姿态基准信息					

续表

敏感器＼阶段	主减速段 (15~2 km)	快速调整段 (2~1.4 km)	+接近段 (2 km~100 m)	悬停过程 (100 m)	避障段 (100~30 m)	缓速下降段 (30~0 m)
微波测距测速仪	动力下降段特定高度引入，以修正 IMU 高度和三维速度信息					如果有信号就引入
激光测距测速敏感器	动力下降段特定高度引入，以修正 IMU 高度和三维速度信息					如果有信号就引入
着陆光学导航敏感器	提供路标点视线反向测量，用于修正着陆器水平位置	—	—	—	—	—
着陆避障敏感器系统	—	—	距月面 500 m 左右引入，用于粗避障	悬停过程成像，进行安全区识别和安全点选择	避障过程进行匹配跟踪，对水平位置进行修正	—
光学导航敏感器系统	作为着陆光学导航敏感器的备份，提供路标点坐标	—	—	—	—	—
高度计或者着陆缓冲机构探针	—	—	—	—	—	测量达到关机高度或者接触月面

6. 起飞前初始定位及对准

行星表面起飞上升飞行时间较短（一般在 1 000 s 以内），纯惯性导航的方式能够满足入轨精度要求。惯性导航系统的精度主要取决于两个部分：一是初始定位和对准的精度；二是惯性器件的累积误差。前者决定了导航系统的初始误差，后者决定了导航误差随时间的增长情况。为了保证入轨精度，必须在起飞前精确测量飞行器的位置、姿态并装订给惯性导航系统。月面或者火星表面起飞时不具备地面发射时的全方位支持条件，要实现准确的初始定位和对准难度较大。

美国 Apollo 载人登月工程中初始定位主要依靠地面深空测控网（Deep Space Network，DSN）三个测站完成，同时采用两种辅助定位手段，包括由登月舱着陆段导航推算落点位置，以及通过远程交会雷达与环月轨道上的载人飞船进行相对测量。初始对准采用三种方法，包括：测量当地重力矢量确定俯仰和偏航姿态，结合预先存储的方位角确定滚动姿态或通过瞄准光学望远镜（Alignment Optical Telescope，AOT）观测单颗恒星来确定滚动姿态，或利用 AOT 观测两颗恒星推算获得三轴姿态。Apollo 对准方法具有实现简单、计算量小的特点，但要求上升级外部振动干扰小，而且需要对多次对准结果进行平滑以减小误差。

"星座计划"中月面初始定位和对准方法与 Apollo 类似，但 Altair 载人月面着陆器的仪器水平大大提高，IMU 由平台式升级为捷联式，光学导航系统（Optical Navigation Sensor System，ONSS）取代了 AOT。另外，计划在 DSN 的基础上新增智利、南非和日本三个测控主站。

月面解析对准是利用陀螺仪和加速度计对月球自转角速度和重力加速度进行测量，并估算飞行器本体坐标系 S_B 与起飞点惯性坐标系 S_A 间的姿态矩阵 L_{AB}，为精对准提供初始条件。

起飞前月面坐标系 S_M 与起飞点惯性坐标系 S_A 的变换关系恒为

$$L_{MA} = \begin{bmatrix} 0 & 1 & 0 \\ \sin \chi_A & 0 & \cos \chi_A \\ \cos \chi_A & 0 & -\sin \chi_A \end{bmatrix} \tag{7-34}$$

将月球自转角速度 $\boldsymbol{\omega}_m$ 和月心引力矢量 $\boldsymbol{g}_m$ 投影至起飞点惯性坐标系 S_A，可得

$$[\boldsymbol{\omega}_m]_A = [\omega_m \cos \varphi_A \cos \chi_A \quad \omega_m \sin \varphi_A \quad -\omega_m \cos \varphi_A \sin \chi_A]^T \tag{7-35}$$

$$\boldsymbol{g}_m^A = [0 \quad -g_m \quad 0]^T \tag{7-36}$$

解析对准是利用上述已知的 $\boldsymbol{\omega}_m^A$、$\boldsymbol{g}_m^A$ 和 $\boldsymbol{\omega}_m^B$、$\boldsymbol{g}_m^B$ 的测量值来计算 L_{BA}。考虑

惯性器件的测量误差，陀螺仪和加速度计的测量值 $\boldsymbol{\omega}^B$、$\boldsymbol{f}^B$ 可分别表示为

$$\boldsymbol{\omega}^B = \boldsymbol{\omega}_m^B + \boldsymbol{\varepsilon}^B \tag{7-37}$$

$$\boldsymbol{f}_B = -\boldsymbol{g}_m^B + \nabla^B \tag{7-38}$$

式中：$\boldsymbol{\varepsilon}^B$ 为陀螺零偏（（°）/h）；∇^B 为加速度计零偏（m/s²）。

根据 $\boldsymbol{\omega}_m^A$、$\boldsymbol{g}_m^A$ 和 $\boldsymbol{\omega}^B$、$\boldsymbol{f}^B$ 所构造求解向量的不同，粗对准有以下两种方法。

1）方法一

在已知向量 $\boldsymbol{\omega}_m^A$、$\boldsymbol{g}_m^A$ 和 $\boldsymbol{\omega}^B$、$\boldsymbol{f}^B$ 的基础上，构造辅助向量 $\boldsymbol{g}_m^A \times \boldsymbol{\omega}_m^A$ 和 $\boldsymbol{f}^B \times \boldsymbol{\omega}^B$。根据坐标变换关系，有如下关系成立：

$$\begin{bmatrix} -\boldsymbol{f}^B & \boldsymbol{\omega}^B & -\boldsymbol{f}^B \times \boldsymbol{\omega}^B \end{bmatrix} = \boldsymbol{L}_{BA} \begin{bmatrix} \boldsymbol{g}_m^A & \boldsymbol{\omega}_m^A & \boldsymbol{g}_m^A \times \boldsymbol{\omega}_m^A \end{bmatrix} \tag{7-39}$$

则 $\boldsymbol{L}_{BA}$ 计算如下：

$$\boldsymbol{L}_{AB} = \begin{bmatrix} (\boldsymbol{g}_m^A)^T \\ (\boldsymbol{\omega}_m^A)^T \\ (\boldsymbol{g}_m^A \times \boldsymbol{\omega}_m^A)^T \end{bmatrix}^{-1} \begin{bmatrix} -(\boldsymbol{f}^B)^T \\ (\boldsymbol{\omega}^B)^T \\ -(\boldsymbol{f}^B \times \boldsymbol{\omega}^B)^T \end{bmatrix} \tag{7-40}$$

考虑惯性测量误差，进行正交化得到

$$(\boldsymbol{L}_{AB})_o = \boldsymbol{L}_{AB} [(\boldsymbol{L}_{AB})^T \boldsymbol{L}_{AB}]^{-\frac{1}{2}} \tag{7-41}$$

式中：$(\boldsymbol{L}_{AB})_o$ 表示正交化后的姿态矩阵。

采用微小扰动法分析式（7-41）所得姿态矩阵的失准角 $\boldsymbol{\psi} = \begin{bmatrix} \psi_x & \psi_y & \psi_z \end{bmatrix}^T$ 与惯性器件误差间的关系，可得

$$\psi_x = \frac{1}{2} \left(\frac{\varepsilon_y^A \sin \chi_A}{\omega_m \cos \varphi_A} + \frac{\nabla_y^A \sin \chi_A \tan \varphi_A - \nabla_x^A \sin \chi_A \cos \chi_A - \nabla_z^A (1 + \cos^2 \chi_A)}{g_m} \right) \tag{7-42}$$

$$\psi_y = -\frac{\varepsilon_x^A \sin \chi_A + \varepsilon_z^A \cos \chi_A}{\omega_m \cos \varphi_A} - \frac{(\nabla_x^A \sin \chi_A + \nabla_z^A \cos \chi_A) \tan \varphi_A}{g_m} \tag{7-43}$$

$$\psi_z = \frac{1}{2} \left(\frac{\varepsilon_y^A \cos \chi_A}{\omega_m \cos \varphi_A} + \frac{\nabla_x^A (1 + \sin^2 \chi_A) + \nabla_y^A \cos \chi_A \tan \varphi_A + \nabla_z^A \sin \chi_A \cos \chi_A}{g_m} \right) \tag{7-44}$$

式中，$\begin{bmatrix} \varepsilon_x^A & \varepsilon_y^A & \varepsilon_z^A \end{bmatrix}^T$ 和 $\begin{bmatrix} \nabla_x^A & \nabla_y^A & \nabla_z^A \end{bmatrix}^T$ 分别是 $\boldsymbol{\varepsilon}^B$ 和 ∇^B 在起始点惯性坐标系 S_A 下的投影。

可以看出该方法的对准精度与惯性器件的误差紧密相关。

2）方法二

采用辅助向量 $\boldsymbol{f}^B \times \boldsymbol{\omega}^B$ 和 $(\boldsymbol{f}^B \times \boldsymbol{\omega}^B) \times \boldsymbol{f}^B$ 对 $\boldsymbol{L}_{AB}$ 进行计算，公式如下：

$$\boldsymbol{L}_{AB} = \begin{bmatrix} (\boldsymbol{g}_m^A)^T \\ (\boldsymbol{g}_m^A \times \boldsymbol{\omega}_m^A)^T \\ [(\boldsymbol{g}_m^A \times \boldsymbol{\omega}_m^A) \times \boldsymbol{g}_m^A]^T \end{bmatrix}^{-1} \begin{bmatrix} -(\boldsymbol{f}^B)^T \\ -(\boldsymbol{f}^B \times \boldsymbol{\omega}^B)^T \\ [(\boldsymbol{f}^B \times \boldsymbol{\omega}^B) \times \boldsymbol{f}^B]^T \end{bmatrix} \tag{7-45}$$

对式（7－45）进行正交化并采用微小扰动法分析所得姿态矩阵的失准角 $\boldsymbol{\psi} = [\psi_x \quad \psi_y \quad \psi_z]^T$ 与零偏之间的关系，可得

$$\psi_x = -\frac{\nabla_z^A}{g_m} \qquad (7-46)$$

$$\psi_y = -\frac{\varepsilon_x^A \sin \chi_A + \varepsilon_z^A \cos \chi_A}{\omega_m \cos \varphi_A} - \frac{(\nabla_x^A \sin \chi_A + \nabla_z^A \cos \chi_A) \tan \varphi_A}{g_m} \qquad (7-47)$$

$$\psi_z = \frac{\nabla_x^A}{g_m} \qquad (7-48)$$

比较方法一和方法二的对准误差公式可见，这两种方法所得到的偏航角精度是一样的，采用方法二计算的俯仰角和滚转角精度仅和水平加速度计的精度有关，与陀螺的精度和起飞方位角无关。

7. 月面着陆避障

月球表面覆盖着大小不一、形状各异的月球坑和月岩，和月面坡度一起成为三类主要的月面地形障碍，给载人月面着陆任务带来极大危险。月面地形障碍可能导致月面着陆器倾斜角度过大，后续无法正常起飞返回环月轨道；如果月面着陆器倾覆，将导致载人登月任务失败；着陆过程中月球坑边缘或月岩有可能与月面着陆器结构碰撞，破碎部件受到着陆发动机羽流作用后有可能与主结构发生碰撞，严重时导致月面着陆器功能衰减甚至损毁；着陆在月面崎岖地形中，航天员或月球车无法顺利开展月面考察活动，载人登月工程的成效将大打折扣。在缺乏全月面高精度地形图的情况下，飞行任务实施前的着陆选址只能降低月面着陆器遭遇地形障碍的概率。为有效保障载人月面着陆任务安全并全面提升载人登月任务成效，必须在着陆过程中实时地进行地形障碍探测与规避，并充分发挥航天员的快速判断与智能决策优势，使月面着陆器准确着陆于月面平坦区域。

美国 Apollo 载人登月工程受到当时敏感器技术水平的限制，月面着陆避障全部由航天员手动完成。登月舱中的航天员通过舷窗目测飞行前方月面地形，并通过着陆点指示器（Landing Point Director，LPD）预测着陆区域。在飞行高度较高时，如果目标着陆区域地形条件不满足安全着陆要求，航天员将手动输入避障机动指令；在着陆最后阶段，航天员通过手柄直接控制登月舱机动飞行，以准确避开月面障碍。Apollo－12 是首次载人月面定点着陆任务，在接近段飞行中航天员进行了 7 次着陆点重新规划和避障机动，然后又通过手柄操纵登月舱机动飞行，最终准确着陆于距离"勘探者 3 号"无人月面着陆器 163 m 处的安全区域，如图 7－19 所示。

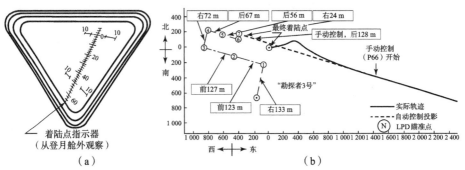

图 7 - 19　Apollo 登月舱中的着陆点指示器及 Apollo - 12 任务中人控避障操作

（图片来源于 NASA 的 Apollo 载人登月工程总结报告）

（a）Apollo 登月舱中的着陆点指示器；（b）Apollo - 12 任务中人控避障操作

　　尽管进行了大量方案和技术上的改进，Apollo 月面着陆任务中还是多次出现了危险情况：Apollo - 14 着陆后下降级发动机边缘距离月面只有 0.34 m，整器倾斜 11°（安全极限为 12°）；Apollo - 15 着陆于小型月球坑边缘，发动机受损且整器倾斜 10°；Apollo - 17 着陆于一块大型岩石附近，给航天员出舱活动带来了很大不便，如图 7 - 20 所示。

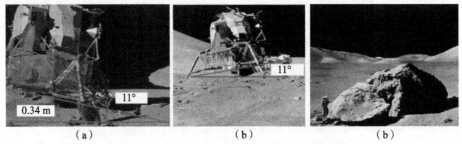

图 7 - 20　Apollo - 14/15/17 任务中实际着陆情况

（图片来源于 NASA 的 Apollo 载人登月工程总结报告）

（a）Apollo - 14；（b）Apollo - 15；（c）Apollo - 17

　　2005 年 NASA 约翰逊航天中心启动了自主着陆避障项目（Autonomous Landing Hazard Avoidance Technology，ALHAT），目标是"为载人、货运或无人月面着陆器发展自主着陆所需的 GNC 技术以及敏感器，能够识别并规避月面地形障碍，在任何光照条件下可安全精确着陆于月球任何预定地点，落点精度优于 100 m，且技术成熟度达到 6"。ALHAT 以安全精确着陆月面为目标，研究着陆相关的总体设计、着陆轨迹分析、GNC 系统方案、敏感器配置以及多种设计分析软件，月面障碍识别目标定为：不小于 0.3 m 的月岩或坑洞以及不小于 5°的斜坡。"星座计划"中止后，考虑到着陆避障技术在未来载人深空探测中的重要应用价值，ALHAT 项目研究一直在持续。2014 年 4 月 23 日，装备了在 ALHAT 中研发的新体制敏感器及控制算法的"梦神号"（Morpheus）着陆器成功地完成了自主着陆避障飞行试验。

8. 月面着陆器 GNC 系统设计

美国 Apollo 载人登月工程的登月舱 GNC 系统主要组成如图 7－21 所示。

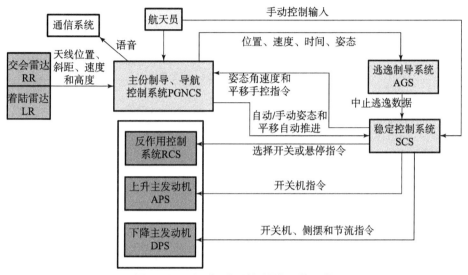

图 7－21　Apollo 登月舱 GNC 系统组成

（图片来源于 NASA 的 Apollo 载人登月工程总结报告）

1）主份制导、导航和控制系统（Primary Guidance Navigation and Control System，PGNCS）

在登月舱全飞行周期内进行自动控制，标称工况下引导登月舱下降并安全着陆于预定月面着陆点，然后从月面起飞并进入交会对接初始轨道，故障工况下引导登月舱进入与指令服务舱轨道相交的停泊轨道。

2）逃逸制导系统（Abort Guidance System，AGS）

在动力上升阶段和飞行中止逃逸时作为 PGNCS 的备份，为乘员显示和显式制导提供信息，可控制主发动机开关。

3）稳定和控制系统（Stabilization and Control System，SCS）

接收 PGNCS、AGS 以及航天员手动输入的指令，驱动推进系统工作。Apollo 登月舱着陆与起飞入轨阶段的 GNC 方案如表 7－2 所示。

表 7-2　Apollo 登月舱着陆与起飞入轨阶段的 GNC 方案

功能		硬件配置	软件算法
制导	下降着陆	下降主发动机额定推力为 46.7 kN，变推比为 10:1	制导律由加速度表示，加速度设计为飞行时间的二次函数。推力大小控制由发动机变推实现，指向控制则由登月舱姿态调整加上主发动机侧摆实现
	起飞上升	上升主发动机额定推力为 15.5 kN，恒定推力	通过调整上升级姿态来获得期望的推力指向。"垂直上升"段维持起飞姿态，"轨道进入段"采用条件线性制导
导航	下降着陆	惯性测量单元	惯性导航加测距测速修正
		制导计算机	
		光学瞄准望远镜	
		着陆雷达	
		着陆点指示器	
	起飞上升	惯性敏感组件	用惯性导航
		制导计算机	
		数据综合与控制组件	
控制	下降着陆	下降级主发动机 TVC + 16 台 445 N 姿控发动机	TVC 控制俯仰和偏航姿态，RCS 控制滚动姿态；TVC ± 6° 侧摆，伺服带宽为 0.13 ~ 0.18 Hz
	起飞上升	16 台 445 N 姿控发动机	RCS 控制三轴姿态

　　"星座计划"将月面着陆精度要求提高为：载人月面着陆精度要求为 1 km，面向月球基地任务为 100 m。Altair 在系统设计、器件配置以及 GNC 算法上都进行了研究和改进，如图 7-22 所示。Altair 月面着陆与起飞阶段的 GNC 方案如表 7-3 所示。

7.2.2　火星大气进入 GNC 技术

　　火星大气进入 GNC 技术包括制导、导航与控制过程，载人火星大气进入 GNC 技术与无人火星大气进入 GNC 技术类似，但国内目前研究不多。下面以无人火星探测器为例来说明。

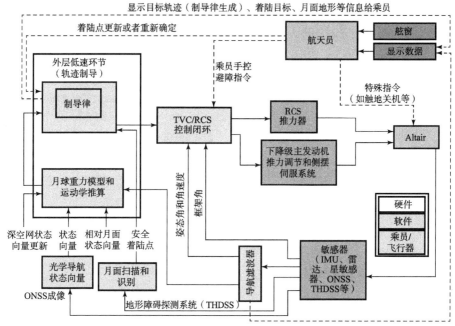

图 7 - 22　Altair 的 GNC 系统组成及信息流设计

（图片来源于 NASA 的"星座计划"任务设计报告）

表 7 - 3　Altair 月面着陆与起飞入轨阶段的 GNC 方案

项目	硬件配置	软件算法
制导	下降主发动机额定推力为 83 kN，变推比为 10:1	主减速段采用动力显式制导律，接近段使用四次多项式制导，终端下降段以 1 m/s 的速度稳定下降，直至主发动机关机
	上升主发动机额定推力恒定，为 24.5 kN	垂直上升段设计达到 100 m 高度时结束，单轴旋转段要求将上升级姿态调整到动力显式制导段初始状态，动力显式制导段控制上升级飞行到达关机点时，关机状态满足入轨要求
导航	惯性测量单元	下降着陆段采用惯性导航加测距测速修正，并引入光学导航系统或者地形障碍探测系统测量信息进行地形相对导航
	星敏感器	
	光学导航系统	
	着陆雷达系统	
	地形障碍探测系统	

续表

项目	硬件配置	软件算法
控制	下降级主发动机 TVC	下降着陆阶段： TVC 控制俯仰和偏航姿态，±6°侧摆角，伺服带宽为 0.12 ~ 0.15 Hz；下降级 RCS 控制滚动姿态。 起飞上升阶段： 上升级 RCS 控制三轴姿态
	下降级安装了 16 台 445 N 姿控发动机	
	上升级安装了 20 台姿控发动机	

1. 火星大气进入制导

火星大气进入精确制导控制面临的主要难题包括：

1）大气稀薄且大气模型的不确定性大

火星大气进入初始速度在 4 ~ 7 km/s，大气密度仅为地球的 1% 左右，为了消耗 99% 进入动能需要更长的减速时间和更低的开伞点，对于高海拔地区探测难度更大。虽然 NASA 已经通过多次任务建立 Mars – GRAM 大气模型，其不确定性随着高度逐渐减低，不确定性最大为 80%、最小为 5%。

2）着陆器进入段控制能力不强

火星着陆探测器大都采用低升阻比外形，为满足着陆精度和海拔高度要求，必须利用升力消除初始点状态误差和大气密度误差。仅通过倾侧角一个控制量要消除误差影响，同时满足开伞点航程、横程、高度等约束，控制能力存在不足。

3）着陆环境恶劣

火星进入时配备的防热结构导致光学敏感器无法使用，大气高速摩擦电离引起无线电信号无法使用，只能通过惯性测量单元进行导航，但精度随时间增加逐渐降低。同时，进入控制需要满足多种力/热约束，否则将会导致结构损坏等严重后果。火星表面地形十分复杂，目前的探测数据尚无法支持建立高精度地形模型，从科学考察角度出发更倾向着陆于复杂地形区域，给避障探测和制导控制带来了极大的技术难度。

NASA 前 6 次无人探测任务均采用无制导的弹道式进入方式，落点散布主要来源包括初始状态误差（主要是飞行进入角）和大气参数误差（包括密度和风速），落点散布在 100 km 量级，火星探路者（Mars Pathfinder, MPF）达到 300 km，探测漫游车（Mars Exploration Rover, MER）达到 80 km。在 2012

年的 MSL 任务中，应用了基于 Apollo 再入预测－校正制导律，对初始状态误差和大气参数误差进行修正，落点散布主要来源于导航误差，通过实时修正将落点散布降低到 20 km 量级。MSL 进入火星大气的制导过程设计为 4 个阶段，包括初始制导、航程控制、前向对齐以及姿态机动，详细介绍如表 7－4 所示。

表 7－4　MSL 火星大气进入制导阶段

阶段	进入标志	目标
初始制导阶段	—	滚转角保持
航程控制阶段	过载大于 0.5g	根据预测模型生成标称弹道，对滚转角进行控制，以减少开伞点的航程误差；横程误差通过滚转角变号来保持
前向对齐阶段	相对速度小于 900 m/s	减小残留的横程误差
姿态机动阶段	相对速度小于 450 m/s	通过抛离平衡质量块，攻角变为 0°，方位角变化至着陆雷达探测所需方向

　　MSL 最终实现了与目标（盖尔陨石坑，4.589 5 °S、137.441 7 °E）2.385 km 的实际着陆精度，主要归功于航程控制阶段的制导精度。MSL 火星进入段采用的预测－校正制导律基于 Apollo 飞船返回舱终端制导律改进得到，通过倾侧角控制改变升力方向实现精确制导，其工作过程如图 7－23 所示。

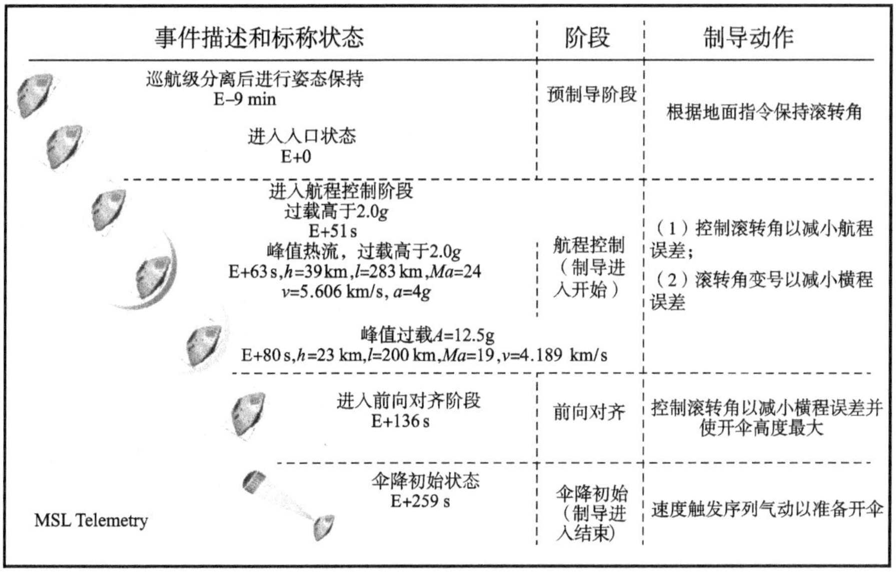

事件描述和标称状态	阶段	制导动作
巡航级分离后进行姿态保持 E−9 min	预制导阶段	根据地面指令保持滚转角
进入入口状态 E+0		
进入航程控制阶段 过载高于2.0g E+51s 峰值热流，过载高于2.0g E+63 s，h=39km，l=283 km，Ma=24 v=5.606 km/s，a=4g	航程控制（制导进入开始）	（1）控制滚转角以减小航程误差；（2）滚转角变号以减小横程误差
峰值过载A=12.5g E+80 s，h=23 km，l=200 km，Ma=19，v=4.189 km/s		
进入前向对齐阶段 E+136 s	前向对齐	控制滚转角以减小横程误差并使开伞高度最大
MSL Telemetry 伞降初始状态 E+259 s	伞降初始（制导进入结束）	速度触发序列气动以准备开伞

图 7－23　MSL 进入火星大气制导过程

MSL 在 Apollo 返回舱终端制导律的基础上，基于相对标称轨迹预测的误差影响系数对终端航程以及速度进行主动控制，标称轨迹用剩余航程、阻力加速度、高度变化率定义，这些参数均为相对速度的函数，对倾侧角进行控制即可控制航程。

当前时刻航程预测为

$$R_{\mathrm{p}} = R_{\mathrm{ref}} + \frac{\partial R}{\partial D}(D - D_{\mathrm{ref}}) + \frac{\partial R}{\partial \dot{r}}(\dot{r} - \dot{r}_{\mathrm{ref}}) \qquad (7-49)$$

式中：R 为距离目标点航程；R_{p} 为预测航程；R_{ref} 为标称航程；D 为气动阻力；D_{ref} 为标称气动阻力；$\dot{r}$ 为高度变化率；$\dot{r}_{\mathrm{ref}}$ 为标称高度变化率。

为了保证航程控制收敛，得到升阻比指令为

$$\left(\frac{L}{D}\right)_{\mathrm{v,c}} = \left(\frac{L}{D}\right)_{\mathrm{v,ref}} + \frac{K_3(R - R_{\mathrm{p}} - R_{\mathrm{dep}})}{\partial R / \partial (L/D)_{\mathrm{v}}} \qquad (7-50)$$

式中：R_{dep} 为开伞点航程散布；L 为升力；K_3 为升力阻力控制增益。

最后得到倾侧角指令为

$$\Phi_{\mathrm{c}} = \cos^{-1}\left(\frac{(L/D)_{\mathrm{c}}}{(L/D)}\right) \times K_2 \qquad (7-51)$$

式中：K_2 为倾侧角控制增益。

火星大气进入伞降段不进行制导。后续着陆段中，"海盗号"和"凤凰号"采用了典型的多项式制导和重力转弯制导；"好奇号"采用了多项式制导和标称轨迹制导，由于着陆末段增加了"悬吊着陆"方式，其动力下降过程进行了调整。这些火星探测任务设计时，均考虑了选择合适安全的着陆区以及着陆期间分离部件（降落伞、防热后罩、防热大底等）对着陆器的碰撞威胁，但着陆过程中自身无法进行在线地形障碍检测和规避。

2. 火星大气进入导航

无人火星探测任务中，进入火星大气之前基于地面深空网注入和星敏感器估计确定 IMU 初始参数。"海盗 1 号"和"海盗 2 号"均由 1 个轨道器和 1 个着陆器组成，进入环火轨道后两器分离，着陆器在 EDL 过程中的飞行状态向轨道器的单向 UHF 链路传输，码率为 4 kb/s，轨道器再通过自身 S 频段下行相关数据。"火星探路者"采用着陆器 + 巡视器组合，直接进入火星大气，EDL 过程中通过 X 频段持续发送探测器状态数据以及关键事件执行情况。对于"勇气号"和"机遇号"任务，除了与"火星探路者"类似的 X 频段直接对地通信以外，还增加了后壳分离以后经由"火星全球勘探者"（Mars Global Surveyor，MGS）向地面转发的 8 kb/s 状态数据。"凤凰号"执行 EDL 任务时与地面无直接通信链路，利用 UHF 频段与"火星奥德赛"（Mars Odyssey，ODY）、"火星勘探轨道器"（Mars Reconnaissance Orbiter，MRO）和"火星快车"（Mars Express，MEX）等下行导航信息，进入火星大气前 2 min 开始下行 8 kb/s 状态数据、开伞后码率提高至 32 kb/s。MSL 任务充分继承了前 6 次火星 EDL 任务的成功经验，设置了 X 频段直接对地通信和超高频（Ultra High Frequency，UHF）中继通信链路。

进入火星大气后、抛掉防热大底之前，GNC 系统通过惯性测量单元推算得到当前着陆器的速度、阻力加速度，并通过与当前期望的值相比，确定目标倾侧角，完成参考轨迹跟踪。抛掉防热大底之后，采用雷达高度计 + IMU 组合导航、光学图像 + IMU 组合导航、雷达测距测速 + IMU 组合导航等方式。"海盗号""凤凰号"和 MSL 采用多普勒雷达测量相对姿态和水平速度，"火星探路者""勇气号"和"机遇号"受探测器规模限制使用光学导航相机图像处理实现对水平速度的估计。

3. 火星大气进入控制

火星大气进入段，"海盗号""凤凰号"和 MSL 采用三轴姿态主动控制系统，其他任务中则依靠自旋稳定。开伞后，进行主动姿态控制或者阻尼器消除由于开伞和阵风引起的姿态扰动，以保持敏感器的指向正确。着陆段，通过三轴姿态控制和变推力发动机制动减速，实现以接近于零的速度和垂直姿态着陆，但"火星探路者""勇气号"和"机遇号"均采用固体反推火箭 + 气囊结合的方式缓冲着陆冲击，无须进行准确的姿态控制。

MSL 任务中，采用质量配重块来调整整个着陆器质量特性。进入火星大气初始利用 RCS 进行消旋和姿态调整（达到 – 15° 的攻角和 – 15.5° 的航迹角），然后抛掉两个 75 kg 钨质质量块使着陆器质心偏离主轴，保证在 $Ma = 24$ 时达到 0.24 的升阻比以及 – 15° 的配平攻角。当着陆器速度降低到 455 m/s 时进入制导结束，又依次抛掉 6 个 25 kg 的质量块，使着陆器质心重新回到主轴线上。

"好奇号"姿态控制系统配置了 8 个推力器，进入前单机推力为 165 N，进入后推进系统增压推力提升至 275 N。动力下降则采用 8 个变推力发动机，额定推力为 3 230 N，变推比最大为 10∶1，推力指向与着陆器纵轴有一定夹角，以避免羽流影响。同时，通过 8 个发动机推力差动，可以进行姿态控制。"好奇号"总推进剂量为 390 kg，其中 2/3 消耗在动力下降阶段。

|7.3 大气进入热防护技术|

7.3.1 热防护需求与途径

执行近地轨道任务时，返回舱以第一宇宙速度（约 7.8 km/s）再入返回；执行月球探测任务时，返回舱将以第二宇宙速度（约 11 km/s）甚至更高速度再入返回。高速再入可以充分利用大气阻力进行减速，但其动能因减速会转换成非常严重的气动热，防热系统（Thermal Protection System，TPS）用于保护飞行器以高超声速进/再入大气层时免受气动加速环境的伤害。

根据气动力学能量方程，返回舱驻点处空气温度 T_0 为

$$T_0 = T_\infty \left(1 + \frac{\gamma - 1}{2} Ma^2 \right) \tag{7-52}$$

式中：Ma 为飞行马赫数；T_∞ 为当地大气温度；γ 为空气定压比热容与定容比热容之比，一般取 1.4。

返回舱进入大气层时，当地飞行马赫数 $Ma = 28$，当地大气温度 $T_\infty = 200$ K（北半球中纬度春秋季节），返回舱驻点温度最高达 31 560 K，但这时由于气体很稀薄，实际的加热量并不大。气动加热最严重的时刻在 $Ma = 24 \sim 10$，相应的飞行高度为 70～40 km，当地大气温度 $T_\infty = 220 \sim 250$ K，此时返回舱驻点温度最高达 5 250 K。飞行马赫数与表面热流最高温度的关系如表 7-5 所示。再入过程中返回舱结构将被数千度的高温气流包围，如果不采取有效的防护措施，返回舱舱体结构将会损坏甚至会被烧为灰烬，航天员的生命安全也无法保证。

表 7-5　飞行马赫数与表面热流最高温度的关系

飞行速度 Ma	驻点温度/K
0.3	286.5
0.8	295.6
1.2	337.5
1.6	396.1
2.0	471.6（铝合金使用临界温度）
3.0	733.7（钛合金使用临界温度）
4.0	1 100

研究表明，进/再入过程中飞行器表面的热流密度和表面曲率半径的平方根成反比，即外形越钝的飞行器接受的加热量越小。

$$Q = \frac{1}{2} \Delta E_k \frac{C_f}{C_D} \qquad (7-53)$$

式中：Q 为飞行器表面总加热量；C_D 为总的阻力系数（由摩擦阻力系数、波组系数、底部阻力系数相加得到）；ΔE_k 为进/再入前后动能变化。

进/再入过程中动能变化量基本确定（近地轨道再入速度为 7.8 km/s，第二宇宙再入速度为 11 km/s），但阻力系数 C_D 可调性较大。C_D 与飞行器头部曲率半径平方根成正比，对于球或者球锥外形 C_D 等于 1～2，$Q \leqslant 0.01 \Delta E_k$，即进/再入过程中总加热量较小，大部分飞行器头部都采用这种外形。所以，为了进行有效的热防护主要采用两种途径：

（1）设计合理的气动外形减少来流的气动加热。

（2）采用合理的防热结构来抵抗气动加热。

完整的防热结构由防热层和防热层背板结构组成。防热层专门用于耗散气动热的材料层，背板结构用以支撑防热层，有时防热层直接连在返回舱的舱体结构上，此时舱体结构就是防热层的背板结构。防热结构设计的最终目标就是在允许的质量和被防护本体结构所允许的最高温度这两个指标约束下，设计出能够经受各种飞行环境以及飞行前地面环境的防热层。返回舱质量约束很强，要严格限制防热层的质量，根据已发射飞行器数据，防热层质量占返回舱总重的 10%～20%。典型再入返回飞行器热防护层质量与防热面积如表 7-6 所示。

表 7-6　典型再入返回飞行器热防护层质量与防热面积

飞行器	返回舱质量/kg	防热层质量/kg	（防热层质量/返回舱质量）/%	防热面积/m²
生物卫星（美国）	223	22	10	1
Apollo 载人飞船	5 470	750	13.7	29
航天飞机	68 000	13 200	19	1 200

被防护本体结构的最高温度，主要取决于它所使用的材料，如铝合金结构的最高温度一般为 200 ℃，钛合金结构的最高温度为 400～450 ℃，复合材料根据树脂体系的最高温度不同，可从 150 ℃到 300 ℃以上。同时，为了防止舱内设备过热，还需要在结构内层加隔热材料。

峰值热流密度和总加热量是决定热防护方案设计的两个最重要的气动热环

境参数。峰值热流密度与飞行器表面在进/再入过程中可能达到的辐射平衡温度正相关，直接影响着热防护系统方案的制定和材料的选择；总加热量是反映热流密度大小及加热时间长短的一个综合性参数，与防/隔热层的厚度和质量有直接关系。

7.3.2　常用热防护方式

防热系统按照防热材料的工作原理可大致分为非烧蚀性和烧蚀性两类。前者又可以分为热容吸热、辐射散热类。热容吸热是利用材料本身热熔在升温时的吸热能力，要求具有高热导率、高熔点和大比热容的特性；辐射散热则利用材料表面在高温下的再辐射作用工作，可与发汗冷却、膜冷却、相变冷却等主动或被动方式相结合。烧蚀防热在材料热流作用下能发生分解、熔化、蒸发、升华等多种吸收热能的反应，依靠材料自身的消耗耗散热量。

1. 热容吸热式防热

热容吸热式防热结构是利用防热层材料的热容量吸收大部分气动热。在返回舱结构外层包覆一层热容量较大的材料，这层材料吸收大部分进入返回舱表面的气动热，从而使传入结构内部的热量减小。热容吸热式防热原理如图7-24所示。

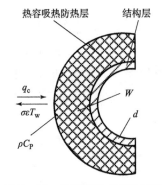

图 7-24　热容吸热式防热原理

从防热层表面传入材料的净热流密度为

$$q_n = q_c \left(1 - \frac{h_w}{h_s} \right) - \sigma \varepsilon T_w^4 \qquad (7-54)$$

式中：q_n 为从表面传入防热层的净热流密度；q_c 为假设表面处在热力学温度零时传入防热层表面的热流密度；h_w，h_s 分别为气体在表面壁温下和气体滞止温度下的焓值；ε 为表面全辐射系数；σ 为斯忒藩-波尔兹曼常数；T_w 为表面壁温。实际上，式（7-54）第一项为修正后的表面气动加热，第二项为表面辐射加热。

在热容吸热式防热中，材料允许的表面温度有限，则辐射项可以忽略不计；其次，主要材料是良好的热导体，其吸收的热量可以很快扩散到整个防热层。

热容吸热式防热结构具有以下特点：

（1）防热层总质量与传入总热量成正比，只适用于加热时间短、热流密度不高的工况，否则防热层质量过大。

（2）防热层表面形状和物理状态不变，只适用于再入/进入时外形不变的飞行器，但可以重复使用。

（3）所用材料或受熔点的限制，或受氧化破坏的限制，一般使用温度在 600 ~ 700 ℃；同时也无法借助辐射方式散热，相对于其他防热方式，防热效率不高。

（4）防热层必须采用比热容和热导率高的材料，比热容越高所用的材料越少；热导率越高，参与吸热的材料越多，防热层质量越小。

热容吸热式防热虽然防热效率不高，但简单易行，在早期载人飞船中应用较多。美国"双子星座"飞船将吸热式防热和辐射式防热结合为一体，在铍板表面涂以蓝黑高辐射陶瓷漆，再采用 7 mm 厚的铍板作吸热层，内表面再镀金（金面辐射系数小，向内表面的传热较小），如图 7 – 25 所示。

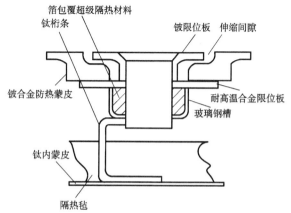

图 7 – 25　"双子星座"飞船吸热式防热结构

2. 辐射式防热

防热结构由三部分组成：直接与高温环境接触的外蒙皮、内部结构、外蒙皮与内部结构之间的隔热层。典型辐射防热结构如图 7 – 26 所示。

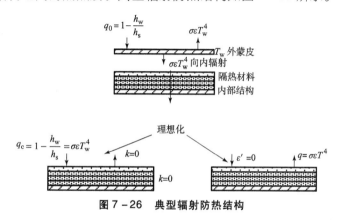

图 7 – 26　典型辐射防热结构

如果满足以下两个条件，进入表面的热流可以全部由辐射散去：隔热材料与外蒙皮贴合，并且将隔热材料热导率 k 降低到 0，净传入内部的热量也为 0。

$$q_n = q_c \left(1 - \frac{h_w}{h_s} \right) - \sigma \varepsilon T_w^4 = - \left(k \frac{\partial T}{\partial x} \right)_{X = \omega} \tag{7-55}$$

此时，对表面的气动加热完全被辐射项抵消。

外蒙皮与隔热材料有空隙时，两者仅有辐射传热，如果外蒙皮向内的表面辐射系数为零，则向内表面传热为 0。所以，如果蒙皮内表面的辐射系数等于 0，或者蒙皮下面隔热材料的热导率等于 0，则可以实现最佳辐射防热。实际工程中无法做到上述两点，但可以在结构和材料上尽量满足这些条件，利用辐射现象将大部分气动热散去。

辐射式防热结构具有以下特点：

（1）受外蒙皮耐高温局限，辐射防热结构只能在较小的热流密度条件下使用。

（2）辐射防热结构受热流密度限制，但不受加热时间的限制。加热时间越长，总加热量越大，防热层的效率越高，对于再入飞行时间较长的返回舱，辐射防热效率较高。

（3）辐射防热结构外形不变，可以重复使用，对于需要较大范围机动飞行又要求重复使用的飞行器比较适用。

辐射蒙皮的选择上，基于再入期间最大热流密度计算得到蒙皮最高温度，再根据最高温度选择蒙皮的材料，选材的范围大致为：

（1）500 ℃以上选用钛合金，500 ℃以下辐射散热的效应很不明显，极少采用。

（2）500 ~ 950 ℃，选用以铁、钴、镍为基的高温合金。

（3）1 000 ~ 1 650 ℃，选用抗氧化处理后的难熔金属。

（4）1 650 ℃以上，选用陶瓷或 C/C 复合材料等。

高温隔热材料是辐射防热结构中的重要部件，无机非金属材料具有比热容大、热导率低的优点，大多数高温隔热材料主要组分均选用该材料。

美国"双子星座"载人飞船辐射防热结构中，蒙皮为牌号 Rene41 的镍基高温合金（工作温度约 900 ℃）；内部承力舱体为钛合金桁条、壳体结构；内外层间采用牌号为 Thermoflex 的纤维隔热材料，桁条与外蒙皮间用颗粒和纤维混合型的超级隔热材料；航天飞机采用了一种轻质新型陶瓷材料系统，可满足多次重复使用。航天飞机上共覆盖了 20 000 块左右高温防热瓦，防热瓦各个块之间留有严格规定的间隙，以便防热瓦之间的伸缩。

3. 烧蚀式防热

烧蚀防热是防热材料在再入热环境中发生一系列物理、化学反应，利用材料质量的损耗获得了吸收气动热的效果。整个烧蚀过程主要包括：当烧蚀防热层表面加热后，烧蚀材料表面温度升高，升温过程中依靠材料本身的热容吸收一部分热量，同时向内部结构通过固体传导方式导入一部分热量。炭化烧蚀材料分层示意图如图 7 – 27 所示。

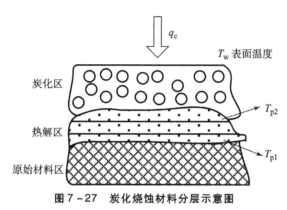

图 7 – 27 炭化烧蚀材料分层示意图

烧蚀过程中炭化烧蚀材料可以分为炭化区、热解区、原始材料区，材料表面的能量平衡关系为

$$Q_7 = (1 - \Psi)Q_c + Q_1 - (Q_2 + Q_3 + Q_4 + Q_5 + Q_6) \tag{7-56}$$

式中：Q_7 为导入结构内部的热量；Q_c 为对表面的气动对流加热；Ψ 为引射因子（热解气体注入热边界层而减小气动加热的系数）；Q_1 为炭层燃气热；Q_2 为表面辐射散热；Q_3 为固体材料热容吸热；Q_4 为材料热解吸热；Q_5 为热解气体温升吸热；Q_6 为炭升华时吸热。

要使传入结构内部的热量 Q_7 减小，必须使所有加热项减小、所有吸热项增加，具体方法有：

（1）热解温度低，热解热大，使 Q_4 增加。

（2）汽化分数高，能产生较多的热解气体注入热边界层，使 Ψ 增加。

（3）热解气体有尽可能高的比热容，Q_5 增加。

（4）材料及炭层密度小，热导率 k 低，比热容 c_p 大，Q_3 增加。

（5）热解后的炭层表面高辐射，使 Q_2 增加，炭层能够抗气流冲刷。

材料性能对于防热能力的影响最为关键。根据基材可将典型的烧蚀材料分为 4 大类，包括塑料基烧蚀材料、橡胶基烧蚀材料、陶瓷基烧蚀材料和金属基烧蚀材料，如表 7 – 7 所示。

表 7 - 7　典型的烧蚀材料

基材	烧蚀防热材料
塑料基	聚四氟乙烯 环氧聚酰胺树脂，内填充粉末状氧化物 酚醛树脂，内填充有机或无机（如硅、碳）增强物 用非碳化材料预浸的环氧树脂
橡胶基	用微小球填充，并由塑料树脂蜂窝增强的硅橡胶 用带有可升华颗粒的酚醛树脂予以改进的聚丁二烯丙乙烯橡胶
陶瓷基	用酚醛树脂预浸的多孔氧化物陶瓷 氧化物纤维和无机胶粒剂缠绕成的多孔复合材料 在金属蜂窝内热压入氧化物、碳化物和氮化物的烧蚀材料
金属基	孔隙内预浸了低熔点金属（如银），多孔难熔金属 内部含有氧化物填充的热压难熔金属

　　塑料基是目前应用最为广泛的一种烧蚀材料，在高超声速气动加热环境中的反应方式主要是：降解升华（聚四氟乙烯类）、热解（酚醛、环氧等树脂类）、分解—熔化—蒸发（尼龙纤维增强塑料类）。塑料基的主要优点是隔热性能好，制成防热壳的工艺好；主要缺点是暴露在高气动剪切力条件下时机械剥蚀严重，对高热载荷不太适用。Apollo 载人飞船采用的就是在玻璃钢蜂窝内填充以酚醛/环氧树脂为基体的烧蚀材料，在树脂基体内添加了石英纤维和空心酚醛小球，酚醛小球有利于降低密度、提高隔热性，添加石英纤维并采用玻璃钢蜂窝增强可大大提高材料和烧蚀后防热表面的抗气动剪切作用。

　　硅橡胶与其返回舱再入环境最匹配，即热导率低，在低热流密度（1 000 kW/m²）条件下烧蚀热效率高、热解温度低、塑性好、抗氧化性高、密度低、与金属结构匹配性佳。烧蚀后的固体产物在烧蚀层表面形成一层炭化层，既可以维持表面的高辐射散热特性，又是一个良好的隔热层。维持烧蚀表面的炭层坚固不掉，对保证高的烧蚀防热效率至关重要，因此在橡胶基烧蚀材料里还添加了许多其他成分（如各类小球和纤维）。为了降低材料的密度和热导率，还常在烧蚀材料里添加酚醛或玻璃空心微球。

7.3.3　防热方案

　　近地轨道再入速度高达 7.8 km/s，载人飞船返回舱前方激波温度可达

8 000 ℃，整个舱体将被高温热流气体包围，必须采取有效的防热措施。为了防热，首先采用钝头体外形，以降低总加热量，使气动热降低到初始动能的 1% 以下。在采用合理的气动外形后，返回舱结构温度仍有可能高于 900 ℃，铝合金和钛合金等结构无法承受，必须使用特殊的防热材料。

中国"神舟"载人飞船返回舱采用全烧蚀防热方案，设计研制了两种低密度烧蚀防热材料（密度为 0.71 g/cm^3 的蜂窝增强低密度烧蚀材料 H96，密度为 0.54 g/cm^3 的蜂窝增强低密度烧蚀材料 H88）和一种中密度烧蚀防热材料（密度为 1.4 g/cm^3 的纤维增强中密度烧蚀材料 MD2）。防热结构主要由两部分组成：侧壁防热层和烧蚀大底。侧壁位于再入飞行后方；烧蚀大底位于飞行前方，属于迎风面，热流密度高。由于两部分结构的气动加热差别大，所以采用了不同的结构形式。返回舱侧壁迎风面和背风面的热流密度以及总加热量相差一个数量级以上，迎风面采用 H96 材料，背风面采用 H88 材料，这种设计不仅良好地适应了不同部位的热流条件，也使防热层质量分布符合整舱质心配置的需求。对于返回舱上的 20 多个舱盖，边缘采用了中等密度的酚醛/玻璃复合材料防热环，与低密度防热材料实现结构拼接，防止出现开口边缘破坏。防热大底是整个返回舱上热载荷最大的部位，结构最为复杂，由烧蚀层、背壁结构层和边缘防热环组成。烧蚀层是厚度为 35 mm、密度为 0.75 g/cm^3 的硅基烧蚀材料填充入玻璃钢蜂窝内而成的；背壁结构是厚度为 30 mm 的玻璃钢夹层结构；防热环由密度为 1.35 g/cm^3 的玻璃短纤维与酚醛树脂压制而成。烧蚀防热主要由大底外层承担，承压和隔热则由内层承担，边缘防热环可以同时承受再入时较大的热载荷和气动剪切。

美国航天飞机机身为铝合金结构，最高设计温度为 175 ℃。根据再入时的加热环境，航天飞机整体防热布局划分为机身、前缘、特殊部位三大区域，并采用了 4 种不同的防热结构：

（1）碳纤维增强结构（Reinforced Carbon – Carbon，RCC）：位于机身鼻锥帽、机翼前缘等加热最为严重的部位，经统计，航天飞机各次飞行任务的表面最高温度范围为 1 260 ~ 1 650 ℃，外观呈黑色。

（2）高温防热瓦（High temperature Reusable Surface Insulation，HRSI）：位于机身中、前段和机翼下表面等迎风面，属于 40° 攻角飞行时第二高热流区域，总计 20 000 余块，经统计，航天飞机各次飞行任务的表面最高温度范围为 648 ~ 1 260 ℃，外观呈灰黑色。

（3）低温防热瓦（Low temperature Reusable Surface Insulation，LRSI）：位于机身中、前段和上表面等背风面，总计 7 000 余块，经统计，航天飞机各次飞行任务的表面最高温度范围为 371 ~ 648 ℃，外观呈白色。

（4）柔性可重复使用表面隔热材料（Flexible temperature Reusable Surface Insulation，FRSI）：用于表面最高温度低于 371 ℃ 的部位，外观为柔性的毡状物。

航天飞机发生过两次严重事故，其中 2003 年"哥伦比亚号"再入时发生爆炸解体，经调查认定发射过程中低温贮箱外保温材料脱落砸中左机翼前缘的防热结构，再入返回时高温气流烧毁了被撞击的防热瓦，导致惨剧发生。

|7.4 着陆起飞稳定技术|

7.4.1 着陆缓冲与起飞稳定

着陆缓冲主要是缓解最后接触行星表面时的过载，防止结构和内部设备受冲击损坏，该过载是由于着陆时残留速度引起的。同时，着陆缓冲结构也能为着陆和起飞建立稳定合理的状态，防止着陆器倾覆。已有行星着陆器主要采用着陆腿、气囊、控制悬吊等着陆缓冲方式，不同着陆缓冲方式如表 7-8 所示。

表 7-8　不同着陆缓冲方式对比

系统类型		着陆腿机构	气囊缓冲装置	空中悬吊装置
主要部件		着陆腿、缓冲器、展开锁定机构	气体发生器、气囊组件、缩回与展开机构	控制悬吊机及其推进系统
基本性能	质量	较大	小	一般
	复杂性	相对简单	简单	较复杂
	性能可调性	基本不可调	性能参数可调	推力可调
	着陆稳定性和适应性	在着陆时基本可以防止倾覆，但在不平坦表面可能发生倾覆，适应性受到限制	着陆时提供大且稳定的"轴距"，在斜坡和有小岩石的粗糙地形上可稳定着陆，有风着陆时能抵抗滚转；因为有气囊缓冲，着陆后着陆器本体保持离开地面	巡视器被直接安全地送到表面，反推发动机与触地动作隔离，远离表面，提供低速稳定触地

续表

系统类型		着陆腿机构	气囊缓冲装置	空中悬吊装置
特点	主要优点	结构相对简单可靠	质量小，结构简单，包装体积小，成本较低，性能可调，技术程度高，稳定性好	着陆速度低，冲击小，安全可靠
	主要缺点	着陆稳定性受限制	易被刺破而受损	系统复杂，控制难度大
	适用范围	可用于较大型或着陆后需要返回的着陆器	适应星球表面的各种变化，如小块岩石和斜坡；适于着陆速度较大、体积较小或着陆后不再返回的着陆器	适用于未来在行星表面的新型着陆方式
	任务应用	（1）月面着陆器：苏联月球 – 16 和 LK 系列，美国"勘探者"和 Apollo 载人登月舱，中国"嫦娥"月球着陆器；（2）火星着陆器：苏联火星 – 3、火星 6，美国"海盗号"和"凤凰号"	（1）月面着陆器：苏联月球 – 9、月球 – 13，美国早期的月球着陆器；（2）火星着陆器：美国"火星探路者"、火星探测巡视器，欧洲"猎兔犬 2 号"和火星生物学；（3）水星着陆器：欧洲"贝皮 – 哥伦布"	火星着陆器 MSL

月球或火星表面着陆缓冲一般采用着陆腿式机构，由着陆腿、缓冲器、足垫、展开锁定机构等部分组成，相应的功能为：

（1）着陆腿：保证着陆稳定性，支撑着陆器上的结构和设备，为后续起飞提供发射平台。

（2）缓冲器：着陆缓冲过程中吸收全部或者大部分能量，保护着陆器不受损坏。

（3）足垫：着陆过程中吸收部分能量，增加着陆器与行星表面接触面积，避免陷落，增加水平方向制动能力，增大地形适应能力。

（4）展开锁定机构：展开并锁定着陆腿，并起到辅助支撑作用。

缓冲器是着陆缓冲机构的关键部件，目前有 6 种类型，包括：

（1）液压/气压缓冲器：以气体、液体或者气液混合物作为缓冲介质，调节压缩工质压力来调节压缩行程。

（2）金属结构变形缓冲器：利用金属结构塑性变形或者被切削来吸收能量，一般用于载人飞船返回舱着陆缓冲，如"联盟号"飞船返回舱航天员座椅胀筒缓冲器。

（3）铝合金蜂窝缓冲器：支柱内部填充铝蜂窝材料，屈服变形时吸收能量，在深空探测领域有广泛的应用，如 Apollo 登月舱、苏联 LK 系列无人着陆器。

（4）机械式缓冲器：包括纯机械、电动机械、电磁缓冲等类型，组成比较复杂。

（5）磁流变液缓冲器：将磁流变液作为阻尼材料，利用磁场变化改变液体黏度，从而得到理想的阻尼缓冲力。

（6）金属橡胶缓冲器：利用金属丝之间的摩擦来消耗吸收能力，在高温、高压、超低温和剧烈振动环境中仍具备调节能力。

美国 Apollo 载人登月工程的登月舱的着陆缓冲子系统由多套着陆缓冲机构组成，在综合考虑质量分配和着陆稳定性等因素后，选用了 4 套着陆缓冲机构均布的方案。为了满足发射包络的要求，Apollo 载人登月舱着陆缓冲机构具备收拢展开功能。发射时着陆缓冲机构处于收拢状态，一方面可以减小发射时的包络尺寸，另一方面可以增强着陆缓冲机构的刚度，增强其承受发射过载的能力，如图 7 - 28 所示。着陆腿的结构为"悬臂式"，主要由主支柱、辅助支柱、展开锁定装置以及足垫组成，在主支柱和辅助支柱上均有相应的缓冲器。辅助缓冲器的设置，使得着陆腿不仅能缓冲垂直方向的冲击，还可以缓冲横向冲击。着陆器通过铝蜂窝材料的变形来实现缓冲吸能，该方法具有缓冲能力大，结构质量轻，缓冲特性对温度和其他空间环境不敏感的突出优点。

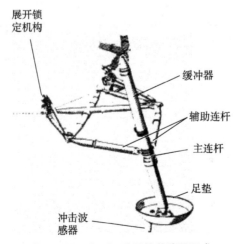

图 7 - 28　Apollo 登月舱着陆腿组成

（图片来源于 NASA 的 Apollo 载人登月工程总结报告）

着陆机构的每条着陆腿都含有 1 条主支柱。主支柱为圆柱形活塞结构，中间填充了缓冲材料（铝蜂窝），以吸收着陆时的冲击载荷。主支柱的一端与登月舱的本体相连，另一端通过球铰和足垫相连，在月面为登月舱提供有效支撑。主支柱的最大可压缩长度为 0.81 m。每条着陆腿包含两条辅助支柱。辅助支柱的结构组成与主支柱相似，也是圆柱形的活塞结构，内部填充了铝蜂窝材料。辅助支柱的一端和主支柱相连，另一端和展开、锁止机构相连。它一方面可以吸收着陆时横向冲击载荷，另一方面可以提高主支柱的支撑刚度，从而保证登月舱在月面的安全着陆。展开锁止机构主要由连杆、扭簧、凸轮组成。当着陆腿即将展开时，火工装置解锁，扭簧驱动连杆推动支柱展开。着陆腿完全展开后，凸轮随动装置到达某一位置，锁定着陆腿。每条着陆腿的末端安装一个足垫。通过球铰和主支柱相连的足垫也由铝蜂窝材料加工而成。这种大直径的足垫可以保证登月舱在较软的月面着陆时不会因冲击而造成深度下陷。另外，当冲击较大时，足垫可以起到缓冲作用。图 7-29 给出了 Apollo 登月舱着陆缓冲主支柱蜂窝的缓冲吸能曲线示意图。

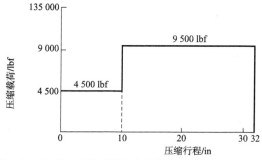

图 7-29　Apollo 登月舱着陆缓冲主支柱蜂窝的缓冲吸能曲线示意图

（图片来源于 NASA 的 Apollo 载人登月工程总结报告）

中国"嫦娥三号"无人月球着陆器通过 4 套着陆缓冲机构实现月面着陆缓冲，如图 7-30 所示。着陆最终阶段依靠着陆缓冲机构缓冲着陆瞬时受到的冲击载荷，实现着陆器在月面的稳定、安全着陆。着陆缓冲机构长期稳定地支撑着陆器，为顺利释放巡视器及保障相关有效载荷的正常工作创造条件。

着陆缓冲机构主要结构采用铝蜂窝材料，用于缓冲着陆时的冲击载荷，需要将多段铝蜂窝材料串联使用，不仅可以降低加工难度，还可以通过组合得到期望的缓冲输出曲线，对着陆缓冲结构压溃过程进行控制。铝蜂窝结构压溃变形时，其缓冲能力具有多个特点：一是具有较长的平台特性，二是不同冲击速度下缓冲力会略有区别，三是冲击过程中铝蜂窝可能会失稳。铝蜂窝材料的压溃过程如图 7-31 所示。

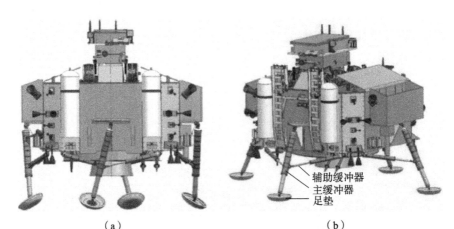

（a）　　　　　　　　　　　　　　　（b）

图 7 - 30　"嫦娥三号"月面着陆器着陆缓冲机构

（图片来源于《航天器工程》）

（a）正视图；（b）侧视图

图 7 - 31　铝蜂窝材料压溃过程

（图片来源于《航天器工程》）

月面着陆缓冲需要吸收的能量主要包括着陆瞬时动能和缓冲器工作，以及足垫下陷引起的着陆器重力势能变化量，即

$$W = \frac{1}{2}mv_v^2 + mg_L H \qquad (7-57)$$

式中：H 为着陆瞬时整器质心下降高度；g_L 为月球重力加速度。

单个主缓冲器的最大吸能能力为

$$A_{max} = a_0 W \qquad (7-58)$$

式中：a_0 为常数，与着陆面形貌、机械特性、初始着陆速度以及具体机构构型均有关。

辅助缓冲器主要用于缓冲水平载荷，初步设计中可以认为单个辅助缓冲器需要吸收整器水平方向动能，则其吸收能力要求为

$$B_{\max} = \frac{1}{2}mv_{\mathrm{h}}^2 \qquad\qquad (7-59)$$

7.4.2　发动机羽流防护与导流

行星表面起飞时发动机工作会产生强烈的羽流喷焰，由于在真空以及低微重力环境中，发动机喷射出的气体将迅速膨胀变得越来越稀薄，并且可以延伸得很远形成羽流。部分羽流会回流并与飞行器表面撞击，会对飞行器光学器件、热控涂层以及太阳能帆板等产生损坏。同时，如果没有适当的导流装置，起飞过程中羽流被起飞平台反射将对上升飞行器产生复杂的气动力、热作用，影响起飞安全，必须采取有效的羽流导流与防护措施。

在羽流研究分析中，努森（Knudsen）数（Kn）是用于表征气体稀薄程度的数，量纲为 1，其定义为

$$Kn = \lambda/L = \lambda/|Q/\nabla Q| \qquad\qquad (7-60)$$

式中：λ 为平均自由程；L 为特征尺度；Q 为某个具体物理量（如密度、温度、速度等）；$|Q/\nabla Q|$ 为基于物理量梯度的当地特征尺度。

根据 Kn，可将气体流动状态划分为 4 个流区，如图 7-32 和表 7-9 所示。

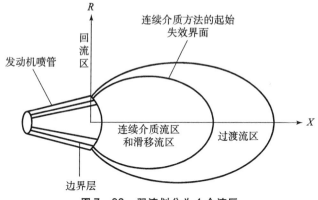

图 7-32　羽流划分为 4 个流区

表 7-9　羽流气体流动状态的 4 个流区

Kn	流区
$Kn < 0.001$	连续介质流区
$0.001 < Kn < 0.1$	滑移流区
$0.1 < Kn < 10$	过渡流区
$Kn > 10$	自由分子流区

在连续介质流区，可以通过连续介质控制方程［如 Navier – Stokes（N – S）方程］来描述气体流动；在滑移流区，仍然可以通过经边界滑移（即速度滑移和温度跳跃）修正后的连续介质方程来描述气体流动；在自由分子流区，必须基于分子（或粒子）的观点来描述，此时控制方程为无碰撞项的 Boltzmann 方程；而对于过渡领域流的研究，目前尚无完善的理论，与之对应的数学方程是完全的 Boltzmann 方程。目前，能够比较成功地模拟自由分子流和过渡领域流的数值方法是直接模拟蒙特卡洛方法（Direct Simulation of Monte Carlo，DSMC），然而这种方法在模拟运动边界，尤其在处理可变性自由运动边界问题时面临很大的难度。

对于羽流场仿真问题，曾经广泛使用基于连续介质假设的 Simons 方法和特征线法（Method of Characteristics，MOC）。Simons 方法是在 1972 年提出的一种羽流点源模型，是一种工程估算方法，当流场特征尺度远大于喷管出口尺度时，认为羽流从喷管出口中心处直线射出，呈轴对称锥状。假设密度按照与距离 r 的平方成反比的关系衰减，并依赖于流线与轴线的夹角 θ，有

$$\rho(r,\theta) = Af(\theta)/r^2 \qquad (7-61)$$

式中：A 和 f 为待定函数。

20 世纪 70 年代到 90 年代初，由于计算机性能有限，求解三维完全 N – S 方程组较为困难，因此在连续介质流体力学理论的基础上发展了 MOC 方法。其假设流动沿流线等熵，无激波和滑移现象，气体是完全气体并且比热比恒定。气体从喷管流出时，将形成普朗特 – 迈耶膨胀波，其中每一条马赫线都是特征线，沿特征线，N – S 偏微分控制方程组将退化为常微分方程组，大大简化了计算。20 世纪 90 年代后期，计算机技术得到了迅速发展，已经有能力求解三维完全 N – S 方程组，因此一般不再使用 Simons 模型和 MOC 方法。

随着计算机计算能力的提高和计算方法的发展，求解 N – S 方程的计算流体动力学（Computational Fluid Dynamics，CFD）方法与 DSMC 方法的耦合逐渐被应用到研究发动机羽流效应中。NASA 应用 CFD 方法与数字模拟转换器（Digital Analogue Converter，DAC）软件结合进行了航天飞机的化学推进发动机羽流场分析。CFD 用于计算发动机内部及发动机出口附近密度较高的流场，DSMC 用于计算外部稀薄流场。耦合 CFD 方法与 DSMC 方法对全流域进行模拟已经成为重要的发展趋势。目前，国际上两款典型的羽流计算软件分别是由 NASA 约翰逊空间中心开发的 DAC 软件和俄罗斯理论和应用力学研究所开发的 SMILE 软件，这两款软件都基于 DSMC 方法，都能够对真空羽流的气动力、热效应进行数值模拟，具有较强的通用性。

受数值模拟技术的制约，Apollo登月舱研制中主要通过试验的手段对月面起飞羽流效应进行了研究，先后开展了缩比地面试验、全尺寸地面试验、起飞综合试验，并在Apollo-5的飞行中进行了试验研究。在缩比模型羽流导流试验中初步确定选用基于导流装置的侧向导流方式，在全尺寸发动机试验中验证了发动机能够经受月面起飞初期有限导流空间内近距离激波的各种影响，并开展了地面综合试验验证了羽流扰动对上升级飞行在姿态控制系统可控范围内，发动机可正常工作，最后在Apollo-5搭载试验中完成了两级分离试验，获得了真空条件下的试验数据，对羽流效应及其防护措施的有效性进行了充分的验证。上升级和下降级之间最终采用了球面型导流方案，用于对上升级起飞过程中上升主发动机的羽流导流。Apollo-16任务首次利用遥控摄像机获得了登月舱上升级从月面起飞上升的过程。图7-33所示为Apollo登月舱上升级射流导流槽示意图，图7-34所示为Apollo-16任务中对月面起飞羽流情况进行摄像分析。

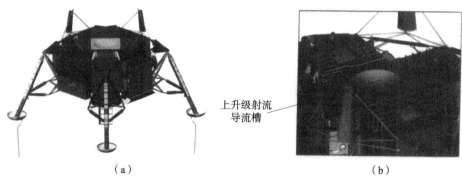

上升级射流
导流槽

（a）　　　　　　　　　　　　　　　　　（b）

图7-33　Apollo登月舱上升级射流导流槽

（图片来源于NASA的Apollo载人登月工程总结报告）

（a）正视图；（b）局部放大的顶视图

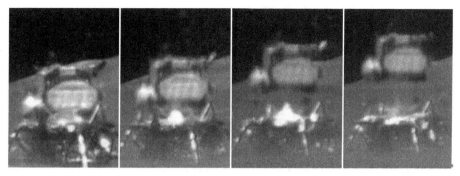

图7-34　Apollo-16任务中对月面起飞羽流情况进行摄像分析

（图片来源于NASA的Apollo载人登月任务总结报告）

"星座计划"中 NASA 约翰逊航天中心研究人员使用 CFD/DSMC 解耦方法，对月面着陆器上升级起飞初始的喷流情况进行分析，得到了作用在上升级的力和力矩的初步结果。分析中分别采用了反应多相方法模拟上升发动机喷管附近连续区域的喷流，再使用 DSMC 方法模拟稀薄气体部分对结构的冲击作用。由于 DSMC 在处理动态边界问题时的难度过大，分析采用了流程与边界运动解耦的方式，对多种高度和多种俯仰偏航姿态的上升级逐一进行模拟分析。图 7 - 35 和图 7 - 36 所示为"星座计划"中月面着陆器上升级分离起飞羽流分析示意图。

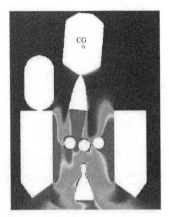

图 7 - 35　"星座计划"中月面着陆器上升级分离起飞羽流分析（一）
（图片来源于 NASA 的"星座计划"任务设计报告）

图 7 - 36　"星座计划"中月面着陆器上升级分离起飞羽流分析（二）
（图片来源于美国 AIAA 报告）

针对"星座计划"中提出的 DASH 月面着陆器，开展了一阶静态羽流分析，得到了着陆最后阶段或者起飞初始阶段发动机喷流中的马赫数情况。仿真模拟了两个发动机以最大推力同时开机的极端工况，验证了所设计导流防护装置的应用效果。相比静态仿真，动态仿真能够模拟整个月面着陆器上的力热过载，为防护导流装置设计提供可靠的依据。初步仿真分析表明，发动机安装位置较高有利于降低羽流扰动影响，允许着陆器以较低垂直速度和较低月面高度接触月面，大幅降低着陆关机后的冲击。

思考题

1. 简述载人 EDLA 技术与无人 EDLA 技术相比的差异。

2. 简述载人月面着陆与起飞的过程。

3. 载人火星 EDLA 方案的中升阻比方案与高超声速充气气动减速方案是什么？哪种方案更好？为什么？

4. 载人月面着陆与起飞 GNC 技术中考虑哪些内容？请举例说明。

5. 载人火星大气进入 GNC 技术中考虑哪些内容？请举例说明。

6. 常用的进/再入热防护方式有哪些？请举例说明防热方案。

7. 着陆起飞稳定性分析需重点考虑哪些内容？请举例说明。

8. 发动机羽流防护与导流分析的意义是什么？请举例说明。

参 考 文 献

[1] 中国科学院. 中国学科发展战略——载人深空探测 [M]. 北京：科学出版社，2016.

[2] 孙泽洲，等. 深空探测技术 [M]. 北京：北京理工大学出版社，2018.

[3] 解永春，雷拥军，郭建新. 航天器动力学与控制 [M]. 北京：北京理工大学出版社，2018.

[4] 王希季. 航天器进入与返回技术（上、下）[M]. 北京：中国宇航出版社，2005.

[5] 杨嘉墀. 航天器轨道动力学与控制 [M]. 北京：中国宇航出版社，2005.

[6] ［俄］А·С·卡拉杰耶夫. 载人火星探测 [M]. 赵春潮，王苹，魏勇，译. 北京：中国宇航出版社，2010.

[7] 余莉. 飞行器救生及个体防护技术 [M]. 北京：国防工业出版社，2015.

[8] 荣伟，叶培建，张洪太. 航天器进入下降与着陆技术 [M]. 北京：北京理工大学出版社，2018.

[9] ［美］拉尔森·普兰克. 载人航天任务分析与设计（上、下）[M]. 邓宁

丰，张海联，等，译. 北京：中国宇航出版社，2016.

[10] 赵育善，师鹏，张晟. 深空飞行动力学 [M]. 北京：中国宇航出版社，2016.

[11] 房建成，宁晓琳. 深空探测器自主天文导航方法 [M]. 西安：西北工业大学出版社，2010.

[12] 崔平远，胡海静，朱圣英. 火星精确着陆制导问题分析与展望 [J]. 宇航学报，2014，35（3）：245 – 253.

[13] 崔平远，乔栋，朱圣英，等. 行星着陆探测中的动力学与控制研究进展 [J]. 航天器环境工程，2014，31（1）：1 – 8.

[14] 李爽，江秀强. 火星 EDL 导航、制导与控制方案综述与启示 [J]. 宇航学报，2016，37（5）：499 – 512.

[15] 李爽，彭玉明，陆宇平. 火星 EDL 导航、制导与控制技术综述与展望 [J]. 宇航学报，2010，31（3）：621 – 627.

[16] 韩鸿硕，王一然，蒋宇平. 国外深空探测器着陆缓冲系统的特点及应用 [J]. 航天器工程，2012，21（6）：7 – 24.

[17] 巩庆海，宋征宇，吕新广. 迭代制导在月面上升段的应用研究 [J]. 载人航天，2015，21（3）：231 – 237.

[18] 杨孟飞，张熇，张伍，等. 探月三期月地高速再入返回飞行器技术设计与实现 [J]. 中国科学：技术科学，2015，45（2）：111 – 123.

[19] 田林，安金坤，彭坤，等. 美国梦神号行星着陆器原型系统发展及启示 [J]. 航天器工程，2015，24（5）：105 – 111.

[20] 果琳丽，王平，梁鲁，等. 载人月面着陆及起飞技术初步研究 [J]. 航天返回与遥感，2013，34（4）：10 – 16.

[21] 刘昌波，兰晓辉，李福云. 载人登月舱下降发动机技术研究 [J]. 火箭推进，2011，37（2）：8 – 13.

[22] 岳帅，聂宏，张明，等. 一种用于垂直降落重复使用运载器的缓冲器性能分析 [J]. 宇航学报，2016，37（6）：646 – 655.

[23] 林轻，聂宏，徐磊，等. 月球着陆器软着陆稳定性关键影响因素分析 [J]. 南京航空航天大学学报，2012，44（2）：152 – 158.

[24] 万峻麟，聂宏，李立春，等. 月球着陆器着陆性能及多因素影响分析 [J]. 南京航空航天大学学报，2010，42（3）：288 – 293.

[25] 田林，戚发轫，果琳丽，等. 载人月面着陆地形障碍探测与规避方案研究 [J]. 航天返回与遥感，2014，35（6）：11 – 19.

[26] 李爽，江秀强. 火星进入减速器技术综述与展望 [J]. 航空学报，2015，

36（2）：422 – 440.

[27] 张洪华，关轶峰，黄翔宇，等. 嫦娥三号着陆器动力下降的制导导航与控制 [J]. 中国科学：技术科学，2014，44（4）：377 – 384.

[28] [英] 鲍尔茨，等. 行星着陆器和进入探测器 [M]. 殷前根，等，译. 北京：中国宇航出版社，2010.

[29] 张鲁民，潘海林，唐伟. 载人飞船返回舱空气动力学 [M]. 北京：国防工业出版社，2002.

[30] 赵梦熊. 载人飞船空气动力学 [M]. 北京：国防工业出版社，2000.

[31] 李桦，田正雨，潘沙. 飞行器气动设计 [M]. 北京：科学出版社，2017.

[32] 杨建中. 航天器着陆缓冲机构 [M]. 北京：中国宇航出版社，2015.

[33] 王镓，周占永，荣志飞，等. 基于视觉的嫦娥四号探测器着陆点定位方法 [C]. 第五届载人航天学术大会，2018：575 – 583.

[34] 孙武，蒋清富，刘佳，等. 载人月面着陆测量避障敏感器关键技术研究 [C]. 第五届载人航天学术大会，2018：625 – 632.

[35] 侯振东，张柏楠，田林，等. 考虑相对测量约束的载人着陆器月面上升交会策略分析 [C]. 第五届载人航天学术大会，2018：654 – 660.

[36] 王斌，王永滨，吕智慧，等. 新型载人月面着陆缓冲装置技术研究 [C]. 第五届载人航天学术大会，2018：742 – 746.

[37] 王永滨，蒋万松，王磊，等. 载人登月月面软着陆缓冲装置设计与分析 [J]. 航天返回与遥感，2015，36（6）：22 – 28.

[38] 陈金宝，聂宏，赵金才. 月球探测器软着陆缓冲机构关键技术研究进展 [J]. 宇航学报，2008，29（3）：10 – 20.

[39] 黄铁球. 基于 RecurDyn 的动力学与控制一体化仿真模式研究 [J]. 航天控制，2010（8）：10 – 20.

[40] 黄铁球，邢琰，腾宝毅. 一种新的基于 Adams 与 C/C + + 语言的模块化协同化仿真模式 [J]. 航天控制，2011，1（29）：10 – 20.

[41] 高峰，荆武兴，杨源. 载人月球探测器软着陆制导控制方法研究 [C]. 第五届载人航天学术大会，2018：752 – 761.

[42] 李骥，刘涛. 一种月面上升 – 交会联合制导律设计 [C]. 第五届载人航天学术大会，2018：780 – 785.

[43] 贾阳，任德鹏，赵洋. 月球基地高精度着陆技术分析 [C]. 第五届载人航天学术大会，2018：798 – 804.

[44] 王卫华，谭天乐，贺亮. 基于组合导航的月面起飞自主对准技术 [J].

载人航天，2014，20（4）：296－300.

[45] 孔翔. 月面起飞初始对准及惯性器件标定技术研究［D］. 哈尔滨：哈尔滨工业大学，2011.

[46] 果琳丽. 载人月面上升轨道优化与控制技术研究［D］. 西安：西北工业大学，2013.

[47] 李建国，崔平远，居鹤华. 基于恒星敏感器的月球车航向角确定算法［J］. 控制工程，2007，14（B05）：84－87.

[48] 周晚萌，李海阳，王华，等. 基于 SIM 仿真平台的载人登月软着陆任务研究［C］. 第五届载人航天学术大会，2018：475－483.

[49] 彭祺擘，李海阳，沈红新. 基于高斯－伪谱法的月球定点着陆轨道快速化设计［J］. 国防科技大学学报，2012，34（2）：119－124.

[50] 李晨光，果琳丽，王平. 登月舱月面上升制导方案初步研究［C］. 第二届载人航天学术大会，2012：214－219.

[51] 曾福明，杨建中，满剑锋，等. 月球着陆器着陆缓冲机构设计方法研究［J］. 航天器工程，2011（2）：46－51.

[52] 穆荣军，吴鹏，李云天，等. 载人月面高精度下降着陆技术综述［C］. 第五届载人航天学术大会，2018：814－822.

[53] 侯振东，张柏楠，田林，等. 考虑相对测量约束的载人着陆器月面上升交会策略分析［C］. 第五届载人航天学术大会，2018：654－660.

[54] 彭坤，彭睿，黄震，等. 求解最优月球软着陆轨道的隐式打靶法［C］. 第五届载人航天学术大会，2018：661－669.

[55] 荣伟. 火星探测器减速着陆技术研究［D］. 北京：中国空间技术研究院，2008.

[56] 陈国良. 航天器回收着陆技术［J］. 航天返回与遥感，2000（01）：9－15.

[57] 王永滨，姜毅，丁弘，等. 火星着陆器扶正展开动力学研究［J］. 航天返回与遥感，2015（01）：24－31.

[58] 荣伟，高树义，李健，等. 神舟飞船降落伞系统减速策略及其可靠性验证［J］. 中国科学：技术科学，2014，44：251－260.

[59] 荣伟，王学，贾贺，等. 神舟号飞船回收着陆系统可靠性分析中的几个问题［J］. 航天返回与遥感，2011，32：19－25.

[60] 荣伟，贾贺，陈旭. 火星探测减速着陆系统开伞点选择初步探讨［J］. 深空探测研究，2010，8（4）：7－10.

[61] 荣伟. 载人飞船回收着陆分系统可靠安全性设计与验证［J］. 航天器环

境工程，2009，26（5）：466 – 469.

[62] 荣伟，陈旭，陈国良. 火星探测减速着陆系统开伞控制方法研究 [J]. 航天返回与遥感，2007，28（4）：6 – 11.

[63] 崔平远，于正湜，朱圣英. 火星进入段自主导航技术研究现状与展望 [J]. 宇航学报，2013，34（4）：447 – 456.

[64] 陈金宝，聂宏，陈传志，等. 载人登月舱设计及若干关键技术研究 [J]. 宇航学报，2014，35（2）：125 – 136.

[65] 沈祖炜. Apollo 登月舱最终下降及着陆综述（最终着陆姿态以及月尘的影响）[J]. 航天返回与遥感，2008，29（1）：11 – 15.

[66] 顾先冰. 航天器再入与着陆降落伞系统分析 [J]. 航天返回与遥感，2000，21（3）：12 – 16.

[67] 李爽，彭玉明. 星际着陆自主障碍检测与规避技术综述 [J]. 航空学报，2010，31（8）：1584 – 1592.

[68] 陈克俊. 飞船返回再入制导方法研究 [J]. 国防科技大学学报，1997，19（6）：31 – 35.

[69] 吴伟仁，李骥，黄翔宇，等. 惯导/测距/测速相结合的安全软着陆自主导航方法 [J]. 宇航学报，2015，36（8）：893 – 899.

[70] 张洪华，梁俊，黄翔宇，等. 嫦娥三号自主避障软着陆控制技术 [J]. 中国科学：技术科学，2014，44（6）：559 – 568.

[71] 王大轶，郭敏文. 航天器大气进入过程制导方法综述 [J]. 宇航学报，2015，36（1）：1 – 8.

[72] 贾贺，荣伟，江长虹，等. 探月三期月地高速再入返回器降落伞减速系统设计与实现 [J]. 中国科学：技术科学，2015，45（2）：185 – 192.

[73] 蔡国飙，贺碧蛟. PWS 软件应用之探月着陆器羽流效应数值模拟研究 [C]. 2009 年空间环境与材料科学论坛论文集，2009.

[74] 唐振宇，贺碧蛟，蔡国飙. 解耦 N – S/DSMC 方法计算推力器真空羽流的边界条件研究 [J]. 推进技术，2014，35（7）：897 – 904.

[75] 张晓文，王大轶，黄翔宇. 深空自主光学导航观测小行星选取方法研究 [J]. 宇航学报，2009，30（3）：947 – 953.

[76] 王立武，王永滨，吕智慧. 新型载人月面着陆缓冲装置技术研究 [C]. 第五届载人航天学术大会，2018：742 – 746.

[77] NASA Apollo guidance and navigation final report [R]. NASA – CR – 136720，1961.

[78] Allan R K. Apollo guidance navigation and control [R]. MIT Charles Stark

Draper Laboratory, Massachusetts, 1971.

[79] Holley M D, Swingle W L, et al. Apollo experience report guidance and control systems Primary guidance, navigation, and control system development [R]. NASA Technical Note, NASA TN D – 8227, 1976.

[80] Raymond E W. Apollo experience report guidance and control systems [R]. NASA Technical Note, NASA TN D – 8249, 1976.

[81] Vaugban C A, Villemarette R, Karakulko W, et al. Apollo experience report Lunar module reaction control systems [R]. NASA Technical Note, NASA TN – D – 6740, 1972.

[82] NASA. Apollo – 12 mission report [R]. NASA – TM – X – 74200, N76 – 78038, 1970.

[83] Hackler C T, Brickel J R, et al. Lunar module pilot control considerations [R]. NASA Technical Note, NASA TN – D – 4131, 1968.

[84] Braun R D, Manning R M. Mars exploration entry, descent, and landing chanllenges [J]. Journal of Spacecraft and Rockets, 2007, 44 (2): 310 – 323.

[85] Li S, Jiang X Q. Review and prospect of guidance and control for Mars atmospheric entry [J]. Progress in Aerospace Science, 2014, 69: 40 – 57.

[86] San Martin A M, Wong E C, Lee S W. The development of the MSL guidance, navigation, and control systems for entry, descent, and landing [C]. 23rd AAS/AIAA Space Flight Mechanics Meeting, AAS 213 – 238, 2013.

[87] Topcu U, Casoliva J, Mease K D. Fuel efficient powered descent guidance for Mars landing [C]. AIAA 2005 – 6286, AIAA guidance, navigation, and control, 2005.

[88] Giuliano V J, Leonard T G, Adamski W M, et al. CECE: A deep throttling demonstrator cryogenic engine for NASA's lunar lander [R]. AIAA – 2007 – 5480, 2007.

[89] Dutta S, Braun R D, Russell R P, et al. Comparison of statistical estimation techniques for Mars entry, descent, and landing reconstruction from MEDLI – like data sources [C]. 50th AIAA Aerospace Sciences Meeting including the New Horizons Forum and Aerospace Exposition, AIAA 2012 – 0400, 2012.

[90] Garei a – Llama E. Apollo – derived terminal control for bankmodulated Mars entries with altitude maximization [C]. AIAA Guidance, Navigation and Control Conference and Exhibit, AIAA 2008 – 6819, 2008.

[91] Mendeck G F, McGrew L C. Post – flight EDL entry guidance performance of the 2011 Mars science laboratory mission [C]. 23rd AAS/AIAA Space Flight Mechanics Meeting, AAS 413 – 419, 2013.

[92] Braun R D, Manning R M. Mars exploration entry, descent, and landing challenges [J]. Journal of Spacecraft and Rockets, 2007, 44 (2): 310 – 323.

[93] Lee A Y, Strahan A, Tanimoto R, et al. Preliminary characterization of the Altair lunar lander slosh dynamics and some implications for the thrust vector control design [C]. AIAA Guidance, Navigation, and Control Conference, AIAA 2010 – 7721, 2010.

[94] Lee A Y, Ely T, Sostaric R, et al. Preliminary design of the guidance and control system of the Altair lunar lander [C]. AIAA Guidance, Navigation, and Control Conference, AIAA 2010 – 7717, 2010.

[95] Kos L D, Polsgrove T P, Sostaric R R, et al. Altair descent and descent reference trajectory design and initial dispersion analysis [C]. AIAA Guidance, Navigation, and Control Conference, AIAA 2010 – 7720, 2010.

[96] Johnson A E, Montgomery J F. Overview of terrain relative navigation approaches for precise lunar landing [C]. IEEE Automatic Conference, 2008.

[97] Gaskell R, Rarnouin – Jha O, Scheeres D, et al. Landmark navigation studies and target characterization in the Hayabusa encounter with Itokawa [C]. AIAA/AAS Astrodynamics Specialist Conference and Exhibit, AIAA 2006 – 6660, 2006.

[98] Paschall S, Brady T, Fill T, et al. Lunar landing trajectory design for onboard hazard detection and avoidance [C]. 32nd Annual AAS Guidance and Control Conference, AAS 09 – 075, 2009.

[99] Henderson R L, Taylor J, Goldfinger A D. An investigation of potential performance impacts of the lander descent engine plume on a laser sensing system for precision lunar landing [C]. AIAA Guidance, Navigation, and Control Conference, AIAA 2009 – 5806, 2009.

[100] Brady T, Bailey E, Crain T, et al. ALHAT system validation [C]. 8th International ESA Conference on Guidance, Navigation and Control Systems, 2011.

[101] Mueller E, Bilimoria K D, Frost C. Improved lunar lander handling qualities through control response type and display enhancements [R]. AIAA, 2010.

[102] Braun R D, Manning R M. Mars exploration entry, descent, and landing chal-

lenges [C]. Jounal of Spacecraft and Rockets, 2007 (44): 310 – 323.

[103] Boyd J W, Bugos G E. Mars exploration – contributions of NASA ames research center [C]. AIAA Space 2012 Conference and Exposition, AIAA 2012 – 5313, 2012.

[104] Drake B G. Human exploration of Mars design reference architecture 5.0 [R]. Lyndon B. Johnson Space Center, 2009.

[105] Mazanek, Goodliff, Cornelius. Descent assisted split habitat lunar lander concept [C]. IEEE Automatic Conference, 2008.

[106] Wu K C, Antol J, Watson J J. Lunar lander structural design studies at NASA Langley [C]. AIAA SDM 2007 Conference, 2006.

[107] Zimmerman D, Wagner S, Wie B. The first human asteroid mission: target selection and conceptual mission design [C]. AIAA/AAS Astrodynamics Specialist Conference, AIAA 2010 – 8370, 2010.

[108] Mendeck G F, Craig L E. Entry guidance for the 2011 Mars science laboratory mission [C]. AIAA Conference, 2011.

[109] Marraffa L, Kassing D, Baglioni P, et al. Inflatable reentry technologies: flight demonstration and future prospects [J]. ESA Bulletin, 2000, 103 (5 – 9): 78 – 85.

[110] Glass D E. Ceramic matrix composite (CMC) thermal protection systems (TPS) and hot structures for hypersonic vehicles [R]. AIAA – 2008 – 2682, 2008.

[111] Vasas R E, Styner J. Mars exploration rover parachute mortar deployer development [R]. AIAA2003 – 2137, 2003.

[112] Curry D M, Norman I, Chao D C, et al. Oxidation of hypervelocity impacted reinforced corbon – corbon [R]. AIAA – 1999 – 3461, 1999.

[113] Bouslog S A, Caram J M, Pham V T. Catalytic characteristics of shuttle high – temperature TPS materials [R]. AIAA – 1996 – 0610, 1996.

[114] Stucky M S. Analysis of the NASA shuttle hypervelocity impace database [D]. California: Naval Postgraduate School, 2003.

[115] Botts M. Libraries and APIS to assist the NASA EUS and the general earth science/GIS visualization development [R]. Visual Data Exploration and Analysis II, 1995.

[116] Polsgrove T, Button R, Linne D. Altair lunar lander consumables management [C]. AIAA Space 2009 Conference &Exposition Pasadena, 2009.

[117] Sinn T, Doule O. Inflatable structures for Mars Base 10 [C]. 42nd International Conference on Environmental Systems, AIAA 2012 – 3557, 2012.

[118] Karlgaard C D, Kuttyu P, Schoenenbergerz M. Mars science labotary entry, descent, and landing trajectory and atmosphere reconstruction [C]. AAS 13 – 307, 2013.

[119] Giersch L. SIAD – R: A supersonic inflatable aerodynamic decelerator for robotic mission to Mars [C]. AIAA Aerodynamic Decelerator Systems (ADS) Conference, 2013.

[120] Cheatwood F M, Bose D, Karlgaard C D, et al. Mars science laboratory (MSL) entry, descent, and landing instrumentation (MEDLI): complete flight data set [R]. NASA: TM – 2014 – 218533, 2014.

[121] Kargaard C D, Van Normal J, Siemers P M, et al. Mars entry atmospheric data system modeling, calibration, and error analysis [R]. NASA TM 2014 – 218535, 2014.

国家出版基金项目
NATIONAL PUBLICATION FOUNDATION

"十三五"
国家重点出版物出版规划项目

空间科学与技术研究丛书

载人深空
探测技术导论
（下册）

Introduction to Human Deep Space
Exploration Technology

果琳丽 杨宏 田林 彭坤 黄铁球 编著

北京理工大学出版社
BEIJING INSTITUTE OF TECHNOLOGY PRESS

图书在版编目（CIP）数据

载人深空探测技术导论／果琳丽等编著. — 北京：北京理工大学出版社，2019.3（2024.12重印）

（空间科学与技术研究丛书）

国家出版基金项目　"十三五"国家重点出版物出版规划项目　国之重器出版工程

ISBN 978 - 7 - 5682 - 6762 - 5

Ⅰ.①载…　Ⅱ.①果…　Ⅲ.①载人航天器－空间探测器－研究

Ⅳ.①V476

中国版本图书馆 CIP 数据核字（2019）第 033819 号

出　　版／北京理工大学出版社有限责任公司	
社　　址／北京市海淀区中关村南大街 5 号	
邮　　编／100081	
电　　话／（010）68914775（总编室）	
（010）82562903（教材售后服务热线）	
（010）68948351（其他图书服务热线）	
网　　址／http：//www.bitpress.com.cn	
经　　销／全国各地新华书店	
印　　刷／北京虎彩文化传播有限公司	
开　　本／710 毫米×1000 毫米　1/16	
印　　张／54.25	责任编辑／张鑫星
彩　　插／1	文案编辑／张鑫星
字　　数／942 千字	责任校对／周瑞红
版　　次／2019 年 3 月第 1 版　2024 年 12 月第 2 次印刷	责任印制／边心超
定　　价／149.00 元（上下册）	

图书出现印装质量问题，请拨打售后服务热线，本社负责调换

序言

　　在巨大的宇宙摇篮中，人类显得渺小而又伟大。与万物之源宇宙的深邃无垠相比，人类文明尚处在萌芽阶段，人类智慧还在竭力思考宇宙、太阳系与生命的起源到底是什么？若有朝一日，太阳变得过于炙热，地球不再宜居之时，人类又将何以栖身？自从认识到自我和世界之后，人类便开始了探索宇宙的漫漫征途，努力拓展着自身的认知边缘，并思考着人类及地球的命运和太阳系及宇宙的关联。正如 1969 年 7 月 20 日，美国航天员阿姆斯特朗成功登上月球后说的那句话："这是我的一小步，更是人类的一大步……"

　　时至今日，人类深空探测的范围已经覆盖了太阳系的太阳、八大行星、矮行星、彗星及小行星等地外天体，美国旅行者一号和二号探测器也相继飞出太阳系的日冕边界层，飞向更遥远的星际空间，而人类在近地轨道空间站上飞行的最长时间也达到了 438 天。60 多年的世界深空探测史，不仅深化了人类对宇宙、太阳系以及生命的起源和演化等前沿科学问题的认识，推动了空间天文、行星科学、航天医学、宇宙生物学等基础学科的飞跃发展，也带动了以运载火箭、深空探测器、载人航天器、应用卫星、通信与测控、地面发射等航天工程技术的快速进步，培养了一代又一代心系宇宙的青年科学家、航天工程师和大国工匠，为人类文明发展史书写了耀眼的篇章。

　　从当年的阿波罗载人登月工程情况来看，在正式实施首次载人登月任务之前，不仅先后发射了"徘徊者""勘探者"系列无人月球探测器，拍摄了大量月球的地形地貌高分辨率图像，为载人登月点最终选址提供充足数据；还利用无人月球探测器验证了奔月变轨、月球捕获、月面软着陆、月面起飞、月－地

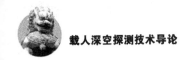

高速再入返回等关键工程技术。即便在阿波罗载人登月工程结束之后，美国也先后发射了"克莱门汀号""月球勘探者""月球勘探轨道器""月球坑观测与遥感卫星""月球重力双星""月球大气与环境探测器"等系列无人月球探测器，继续开展月球的内部结构、重力场、南极阴影坑的水冰及挥发物等科学问题的研究，为美国实施重返月球的 Artemis 计划选择最具科学价值的登陆区域。在 Artemis 计划中还将发射商业月球着陆器和系列立方星，这些无人月球先导任务是美国计划在 2024 年，实现人登陆在月球南极并长期生存战略目标的重要保证。

回顾我国的月球探测工程，在论证之初便明确了"探、登、驻"的大三步走和"绕、落、回"的小三步走战略目标。时至今日，我们的探月工程以较低的成本和极高的成功率，顺利实现了五战五捷，以嫦娥四号为代表的月背探测任务取得了一系列原创性科学成果。目前正在抓紧实施月球采样返回的嫦娥五号工程和火星探测工程。这些无人探测任务的成果不仅为推动我国实施载人探测任务奠定了重要的工程技术基础，更为开展中国航天的国际合作铺平了道路。推动实施中国的载人深空探测工程将是发展航天强国的重要标志之一，在未来的世界航天发展史上我们也将贡献更多的"中国智慧"。这不仅是航天人的历史使命，也是我们实现中华民族复兴的重要标志。

本书《载人深空探测技术导论》的作者们，都来自中国航天工程技术研究一线，他们首次从顶层任务分析和系统设计的角度，对未来的载人登月、月球基地、载人登陆火星等载人深空探测技术进行了重点论述。书中提出的人机联合探测技术、原位资源利用技术、先进的空间推进技术等，都是未来有可能产生颠覆性变革的航天前沿技术领域。虽然当前这些技术的成熟度不高、技术方案的不确定性大，但是作为先期研究的成果，可为后续我国明确重大航天工程的技术途径奠定基础。我很赞赏他们的开创性前瞻性工作。

此外，当我听说本书也将用于中国空间技术研究院神舟学院的研究生教材后，我很赞赏本书的作者们为中国航天持续发展培养后继人才，带动更多的年轻人主动思考、大胆创新。只有一代又一代的中国航天人勇于探索和实践，中国人登上月球的航天梦才能早日实现。我愿意与他们同学习、共进步！

吴伟仁

中国工程院院士
中国探月工程总设计师
2019 年 2 月

序言

　　载人航天和深空探测是人类开展航天活动的两大重要领域。

　　1992 年 9 月 21 日，中国政府决定实施载人航天工程，并确定了三步走的战略。第一步载人飞船阶段，建成初步配套的载人飞船工程，开展空间应用实验；第二步空间实验室阶段，相继发射了神舟七号载人飞船，天宫一号、天宫二号空间实验室，神舟八号无人飞船，神舟九号、十号、十一号载人飞船，以及天舟一号货运飞船，全面验证了航天员出舱活动技术、空间飞行器自动和人工控制交会对接技术，完成了航天员中期驻留，考核了面向长期飞行的乘员生活、健康和工作保障等相关技术；接受了推进剂的在轨补加和货物补给，开展了航天医学、空间科学试验以及在轨维修等技术试验。当前中国载人航天工程已经全面进入第三步空间站阶段，计划 2020 年开始建设基本型空间站，发射"天和"核心舱，2024 年前后进入运营阶段，成为长期有人驻留的中国空间站"天宫"……

　　从 2007 年到 2018 年，中国月球探测工程相继发射了嫦娥一号、二号、三号、四号月球探测器，完成了月球正面和背面的无人软着陆，释放了玉兔一号、二号无人月球车。计划 2020 年发射嫦娥五号月球探测器和火星探测器，此后还将实施嫦娥六号、嫦娥七号、嫦娥八号任务，在月球南极进行采样返回和综合探测等试验，论证中的还有无人月球科考站工程……

　　从中国载人航天和月球探测这两大工程的快速发展来看，一是得益于前期的充分论证工作，分别制定了载人航天和月球探测三步走战略规划；二是得益于各系统扎实的技术储备和创新的工程实践。在这两大工程成功实施的基础上，推动实施载人登月工程为代表的载人深空探测任务已经成为中国航天界的共识。与半个世纪前美国的阿波罗载人登月工程相比，新世纪的载人深空探测任务更有新时代的气息，更能综合体现一个国家和民族的科技进步能力。

习近平指出，探索浩瀚宇宙、发展航天事业，建议航天强国，是我们不懈追求的航天梦。中国的载人深空探测工程该制定什么样的发展战略？中国的载人深空探测工程将选择什么样的技术途径？如何在世界航天发展的进程中体现出中国智慧，贡献中国力量呢？……中国空间技术研究院对此开展了多年的跟踪和研究论证工作，本书的作者们也都来自工程一线，具有丰富的理论研究和工程实践能力。《载人深空探测技术导论》这本书，内容覆盖了未来载人登月、月球基地、载人小行星、载人登火星及火星基地等任务，并对各项任务的技术途径和技术难点有选择地进行了阐述。虽然本书充满了概念性和方案性探索，技术上的不确定性很强，但是作为国内第一本系统论述载人深空探测技术的书籍，本书的出版必能带动更多的年轻人共同进行创新思考。

我一辈子都在从事空间技术的研究和管理工作，深为中国航天事业目前的发展感到欣慰和自豪。我支持年轻的同志继续大胆思考，积极实践，我愿与他们共同进步、共同提高！

中国工程院院士
神舟飞船首任总设计师
2019 年 2 月

Preface

Compared with a hundred years ago, our understanding of the major celestial bodies in the solar system has enriched a lot. Today's international developments of Planetary Sciences and Exploration mainly address six scientific "big questions": how did the solar system form and how did it evolve towards its current configuration? How does it work? What produced the diversity of its objects? How do our planetary systems (the solar system and the four giant planets systems) compare to extraterrestrial planetary systems? Where can we find habitable worlds and what were the conditions leading to their emergence? Is there life anywhere, and how to find it? With the deepening of human understanding of the major celestial bodies in the solar system and the development of comparative planetary science, our understanding of Earth, our own planet and the fragile harbor of humankind's life and destiny, is also more profound. We know that, as the Sun evolves and progressively burns all its hydrogen fuel, within about 5 billion years it will eventually turn into a red giant. Our Earth will become an unhabitable furnace before being "eaten" by the Sun's expanding corona. Even if this perspective is very far ahead, much farther than the age of our own species and of Earth life itself, it must encourage us, fragile human beings inhabiting the Earth, our cradle and provisional shelter, not only to cherish and preserve it, but also to better understand its place in the cosmos, dare explore the universe around it, find

other habitable planets and wonder if they are inhabited. Along this path we might well, in the end, realize the dream of human migration to other extraterrestrial worlds! We are probably the precursors of inhabitants of our Earth which can start thinking rationally about this dream and gather the scientific and technical knowledge needed to make it happen in the coming decades to centuries, under the guidance of generations of astronomers and aerospace engineers to come.

The development of the technologies needed for human deep space exploration requires unmanned deep space exploration as a pilot task and source of the basic knowledge needed, and relies on the use of manned space stations to verify the long - term viability of human beings in space. The nearest destination of humankind is the moon. In the future, shall we reach out farther to Mars and beyond? How can we do it? How can humans adapt to the environment of long deep space flight? How can we overcome the harsh natural environments of the moon, Mars and other celestial bodies? How can we make use of the resources of extraterrestrial objects to establish a long - term presence of humans on these hostile worlds? These are very forward - looking and challenging subjects which the authors of this book have thought deeply and professionally about. Their research results will lay the foundation for the real implementation of future exploration projects, and will also inspire the future generations who will meet this great challenge by devoting themselves to the important basic research required.

The universe is like a vast ocean, the moon is like a reef off the coast, and human beings are right now like children picking up shellfish on the shore. There are many jewels in the deep universe waiting for us to explore and discover... The first step of human migration to extraterrestrial bodies will likely be the moon, this "offshore reef" where a "lunar village" might be established, following ESA's vision of the first extraterrestrial human settlement.

On the occasion of the successful launch of the first Sino - French oceanography satellite, CFOSAT, I am glad and honored to accept the invitation of Professor Guo Linli of the Chinese Academy of Space Technology to write this preface to her wonderful book, and I hope that it will inspire future joint journeys of China, France and other

countries towards still unexplored planetary worlds.

Michel Blanc

Institut de Recherche en Astrophysique et Planétologie (IRAP) ,

Observatorie Midi – Pyrénées (OMP) , France

Interdisciplinary Scientist on the CASSINI – HUYGENS Mission

Co – Leader on NASA's Juno Mission to Jupiter

Full Member of the International Academy of Astronautics (IAA)

Full Member of the Academia Europaea

Full Member of the Air and Space Academy , France

February 21st , 2019

前　言

　　人类走向深空，登陆地外天体，探索未知的宇宙，实现对地外天体资源的开发和利用是激励一代又一代航天人为之奋斗的梦想。从凡尔纳的科幻小说《飞向月球》，到 20 世纪 60 年代美国成功实施阿波罗载人登月工程，以及半个世纪后的今天，人类对登陆月球、火星等地外天体的向往从未停止。随着对太阳系的金星、火星、土星、木星及其卫星等无人深空探测任务的实施，人类对太阳系各天体的认识逐步深入。火星上有可能存在液态水，土卫二有地下海洋初步具备生命存在的必要条件，这些探索和发现都更加激发了人类对寻找生命起源的渴望，人类移民太阳系内宜居星球的梦想似乎正变得触手可及。

　　然而，真正推动实施载人深空探测工程却是一件备受争议的事情。即使是世界瞩目的航天科技强国美国在成功实施阿波罗登月工程之后，也被广泛质疑。阿波罗载人登月工程被定义为美苏争霸的政治工程，将人类送往月球、火星的意义和价值究竟何在？花费巨大的资金究竟能给地球上的人类带来什么利益？在经历了长久持续的争论之后，2004 年奥巴马政府再次停止了 NASA 论证的重返月球的"星座计划"。直到 2019 年初，美国总统特朗普宣布将于 2024 年重返月球并最终实现载人登陆火星的空间探测战略，其中美国聚焦在建设月球轨道空间站（Lunar Gateway），并以此为跳板最终实现载人登陆火星。2018 年 2 月美国私营企业 SpaceX 公司的猎鹰重型火箭（Falcon Heavy，FH）首飞成功，美国政府提出可充分利用商业航天力量来开拓载人深空探测之路。2019 年 3 月美国副总统彭斯宣布将考虑使用猎鹰重型火箭代替波音公司的 SLS 火箭的可能性，从而确保美国将在 5 年内重返月球的战略目标。因此，从美国成功实施阿波罗载人登月工程之后，近50年的重返月球论证过程可知，载人深空探测任务不仅仅是一项单纯的航天工程任务，更体现出各个时代思想观念、认识模式、技术路径的改变，它不但会改变人类对宇宙和太阳系的认识，更可能改变人类对地球家园的认识，并为未来深空探测任务做出巨大贡献。

虽然路途遥远，但是行则将至。梦想在，激情就在。中国空间技术研究院的载人航天研制团队近年来与高校和其他科研院所广泛合作，在载人深空探测领域开展了持续研究工作。我们认为，载人深空探测任务是指以月球、小行星、火星及其卫星为目标的有人类航天员直接参与的地外天体探测任务。具体的探测任务可以包括载人登月、载人月球基地、载人登陆小行星、载人登陆火星及其卫星、载人火星基地等。显而易见，这是一个综合了天文学、行星科学、航天医学等空间科学，以及深空探测和载人航天等空间技术领域的交叉学科，涉及的科学、技术及工程知识相当庞杂，以载人登月为代表的巨型复杂项目的管理模式也将发生适应性改变……

写作这本书的初衷是想跳出作者自身所在的行业和专业局限，力图站在空间科学与空间技术的高度来重新认识、重新思考载人深空探测技术的科学内涵。但是在写作的过程中，作者们不断地质疑与否定，四易书稿，不断修改，我们如何才能写出一部真正能让读者受益的书呢？首先，我们肯定是写不出一本大而全的书，载人深空探测技术是一门综合交叉学科，专业覆盖面极宽，以作者们目前的专业能力想覆盖到方方面面肯定是做不到的；其次，我们又不甘心只写一个点，做到所谓的专而精，因为这样读者就看不到载人深空探测技术的全貌，无法建立起载人深空探测技术的整体概念。

苦思冥想之时，我们又重读了钱学森同志的《星际航行概论》一书，这本写作于1962年的书仿佛是黑夜中的一盏明灯，不仅坚定了我们把这本书写下去的信心，更是指明了前进的方向。既然再艰巨、再复杂的事情总得有人做先行者，那我们就更有责任履行好历史使命，写作这本书正是想阐述载人深空探测任务的复杂性和艰巨性，未来真正实施载人深空探测任务肯定是需要数千万名科学家、设计师、工程师、工艺人员、技术工人和管理人员组成的庞大队伍才能实现。但是正如钱老所说，任务复杂并不等于不可实现，尤其是当前我国载人航天工程已经进入到空间站时代，人类在太空的长期生存和工作所需的保障能力即将实现；嫦娥五号工程也即将从月球完成采样返回任务，实现载人深空探测梦想的基础条件已经初步具备。即便我们目前的认识尚属肤浅，但把目前已经认识到的重点问题系统整理出来，有助于未来的型号研制人员参考使用，加快研制进度。几经商议，反复思量，我们最终将书名定为《载人深空探测技术导论》，所谓导论，未必精准深入，希望能快速引领读者入门而已。

为达到上述目的，我们力图让本书的论述较为基础具体，即使是不同学科、不同专业的人阅读，也能有个系统概念。因此第1～4章为载人深空探测的概念与内涵、载人深空探测发展概况、科学目标及探测载荷、长期深空探测任务对人的影响，重点介绍与载人深空探测任务相关的基础知识，为理解载人深空探测任务的概念和科学内涵做好铺垫，该部分由果琳丽、田林、王平、张有山、张志贤、杨雷等负责编写；第5章、第6章为载人深空探测飞行模式和载人深空探测轨道设计，重点介绍与载人深空探测任务分析相关的基础知识，该部分由彭坤、向开恒、王平、杨雷等负责编写；第7～11章为载人行星进入减速着陆与起飞技术、空间推进技术、原位资源利用、居住系统、人机联合探测技术等，重点介绍载人深空探测任务构建的核心能力和关键系统，该部分由田林、果琳丽、杨宏、黄铁球、梁鲁、王平、张志贤、李志杰等负责编写；第12章为地面模拟活动及试验验证技术，这是最终走向工程实践必须提前重视规划的问题，该部分由田林、梁鲁等负责编写。本书这12章的深浅程度并不完全相同，与月球探测任务相关的稍微具体一些，与小行星及火星探测任务相关的相对简单；顶层任务分析与核心关键技术介绍相对具体，其他问题描述相对简单。全书由果琳丽、李民及杨宏等负责校对审定。

　　本书的作者包括了"60后""70后"和"80后"，他们长期从事航天事业，对推动实施载人深空探测任务饱含热情、充满着激情。在本书的写作过程中，大家反复思考、多次修改，力图本书能保持基础性、专业性及前瞻性。在全书统稿的过程中，我们力图保持各章节的独立性和完整性，以便读者可以根据所需选择感兴趣的章节进行阅读，而无须通读全书。本书在编写过程中，也有意吸收了国内外一些新的观点和看法，以及对目前存在的难点及问题的解决对策，以便给未来的读者更多的启发和思考。

　　鉴于载人深空探测技术复杂，涉及专业学科众多，万里长征我们只走了第一步，作者们学术水平有限，各类问题亦难于在一本书中详尽。此外，由于国内载人深空探测任务尚处于研究论证过程中，本书中概念性、方案性及探索性内容多，不确定性内容也较多，因此本书错误之处在所难免，敬请各位同行专家和读者批评指正！

果琳丽

2019年2月写于北京唐家岭航天城

目　录

上　册

下　册

第 8 章

空间推进技术

人们常说："航天发展，运载先行；运载发展，动力先行"。由此可见，具备进入空间到达目标星球的往返运输能力是载人深空探测任务实施的基础。以直接登月的近地轨道一次对接载人登月模式为例，需要完成包括从地球表面到近地轨道、近地轨道到环月轨道、环月轨道着陆到月球表面、月球表面起飞到环月轨道、从环月轨道再入返回到地球等多个轨道阶段，共约 9 500 m/s 的速度增量，需要重型运载火箭、载人运载火箭、载人飞船、推进飞行器、载人登月舱等多个飞行器接力飞行，才能完成一次完整的载人地月往返运输任务。为提高运载系数，重型运载火箭的发动机通常需选用高比冲推进剂，如液氧煤油、液氧液氢或液氧甲烷等低温动力系统；推进飞行器主要完成轨道间转移运输任务，通常采用液氢液氧等高比冲低温推进剂。对于载人行星着陆和起飞任务，为减小着陆和起飞过载载荷，需要选择变推力发动机技术。此外，对于地火转移等无人货运运输任务，还可采用大功率太阳能电推进或核推进等空间推进技术。这些先进空间推进技术和产品的能力对载人深空探测任务的成败往往起决定性的作用。

|8.1　低温火箭发动机技术|

　　低温推进剂具有比冲高、无毒无污染、价格相对低廉的优势，是未来载人月球、火星及更远距离深空探测的首选推进剂。美国对载人月球探测任务进行详细分析和评估后认为，采用低温推进剂进入近地轨道（Low Earth Orbit，LEO），运载火箭发射系统的质量将比使用常规推进剂减少近45%，单次发射费用降低约10亿美元。对于更远距离的载人深空飞行任务，效费比将会更加明显。

　　低温液体火箭发动机是指采用低温推进剂做燃料的液体火箭发动机，低温推进剂是指在地球大气压下沸点低于环境温度的推进剂，最常见的低温推进剂包括液氧（LO_2）、液氢（LH_2）、甲烷（LCH_4）、丙烷（LC_3H_8）等，这些推进剂只有在低于环境温度下才能保持液体状态。低温推进剂的沸点和临界温度都很低，为减少在环境温度下沸腾引起的蒸发损失，通常需要采用绝热措施。常见的低温推进剂的物理化学性能如表8-1所示，典型低温推进剂组合的理论真空比冲如表8-2所示。

　　低温推进剂选用的基本原则包括性能高（单位质量推进剂的能量高，燃气或分解气体的分子量低）、无毒、无污染、易点火、燃烧稳定、密度大、冷却性好、资源丰富、成本低。除此之外，还需考虑应用环境（运载火箭的一子级、助推级还是上面级）、研制经验、技术风险和研制成本等。

表 8 - 1　常见的低温推进剂的物理化学性能

低温推进剂	分子式	密度/(kg·L⁻¹)	冰点/K	沸点/K	蒸发热/(kJ·kg⁻¹)	临界温度/K	临界压力/MPa
液氧	O_2	1.14	54	90	214	154.3	5.004
液氢	H_2	0.071	13.9	20.4	454	33.2	1.273
甲烷	CH_4	0.42	91	112	578	191	4.5
煤油	$C_{12}H_{22}$	0.83	200~220	420~550	343	673	3.967
丙烷	C_3H_8	0.58	85.5	231.1	425.7	369.8	4.25

表 8 - 2　典型低温推进剂组合的理论真空比冲

推进剂组合	液氧/丙烷	液氧/甲烷	液氧/煤油	液氧/液氢
质量混合比	3.1	3.5	2.74	6.0
喷管面积比①	20	20	20	60
理论比冲/(m·s⁻¹)	3 429	3 481	3 367	4 364
相对密度②	0.922 6	0.827 6	1.024	0.361 0
理论密度比冲/(m·s⁻¹)	3 164	2 881	3 448	1 576

　　①喷管面积比,也称为喷管扩张比,在空气动力学和火箭发动机中是指 $\varepsilon = Ae/At$,其中 Ae 指喷管出口面积, At 是指喉部面积。

　　②相对密度是指液体推进剂的密度值与水的密度值的比值,量纲为 1。

　　载人深空探测任务中使用的低温火箭发动机主要包括液氧煤油、液氧甲烷、液氧甲烷发动机,下面分别对其进行介绍。

8.1.1　低温液氧煤油发动机技术

　　在美国实施的 Apollo 载人登月工程中,做出最重要的贡献是研制了 H - 1、F - 1 两型液氧煤油发动机。此后,发展了 MA 、MB 及 RS - 27 系列液氧煤油发动机,这些发动机的性能都比俄罗斯的液氧煤油发动机性能要弱一些。后来,美国又引进使用了苏联/俄罗斯研制的 RD - 180 发动机、NK - 33 发动机,直到现在美国也在引进俄罗斯的 RD - 180 液氧煤油发动机。美国私人公司 SpaceX 在 F - 1 发动机的基础上,先后研制了 Melin FA 、Melin 1B、Melin 1C 及 Melin 1C Block Ⅱ 发动机。这款发动机海平面推力提高到 56.7 t,地面比冲为 275 s,真空比冲为 304 s,重量只有 653 kg,推重比为 96。之后又研制了 Melin 1D 发动机,它使用了新研制的涡轮泵和燃烧室,它的地面推力为 67 t,真空推力为 74 t,海平面比冲为 282 s,真空比冲为 311 s,重量只有 468 kg,推重比约

160。之后研制的 Melin 1D + 发动机，将推力提高到约 84 t，推重比达 180，而且可在 111% 的推力下工作。正是 Melin 1 系列发动机的研制成功，创造了 SpaceX 公司猎鹰系列火箭的佳绩。美国液氧煤油发动机的发展历程如图 8 – 1 所示。

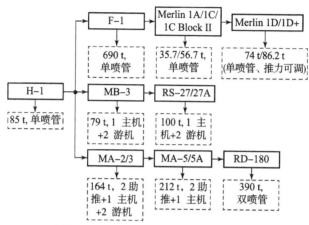

图 8 – 1　美国液氧煤油发动机的发展历程

苏联/俄罗斯的液氧煤油发动机主要是在推力为 154 t 的 NK – 33 发动机的基础上起步，发展了推力为 740 t 的 4 机并联的 RD – 170/171 发动机，之后与美国联合研制了推力为 390 t 的 RD – 180 双喷管发动机，以及推力为 190 t 的单喷管 RD – 191 发动机。RD – 170/171、RD – 180 及 RD – 191 发动机都采用高压富氧补燃循环，这项技术不仅消除了大推力液氧煤油发动机高频燃烧不稳定性和富氧燃气发生器积炭等致命性难题，而且室压得以大幅度提高，性能大幅度提升，同时也解决了煤油冷却及富氧环境下的强氧化问题。因此，这几款发动机在液氧煤油发动机的发展史上被认为是具有里程碑的意义。苏联/俄罗斯的液氧煤油发动机的发展历程如图 8 – 2 所示。

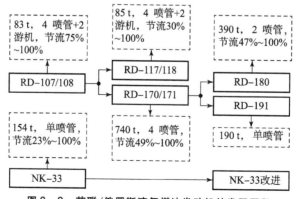

图 8 – 2　苏联/俄罗斯液氧煤油发动机的发展历程

液氧煤油发动机一般是由推力室、推进剂供应系统、流量控制装置，以及保证发动机工作可靠的预冷、排放、吹除及程序控制要求的组件等组成。液氧煤油推进剂在发动机的推力室内按一定规律进行混合、燃烧，生成高温燃气，进而膨胀、加速、排出，从而产生推力。

在大型或重型运载火箭采用的液氧煤油发动机中，基本上都采用了泵压式推进剂供应系统。泵压式推进剂供应系统，按照涡轮泵的驱动方式又可分为开式循环（燃气发生器循环）和闭式循环（补燃循环，又称为分级燃烧）。

1. 燃气发生器循环

早期的液氧煤油发动机都采用燃气发生器循环系统，如 20 世纪 50 年代研制的 MA - 5、MB - 3、H - 1、F - 1、RS - 27、Merlin - 1D 发动机等，该系统除包括推进剂供应系统（贮箱、高压气瓶及管路等）外，发动机系统主要由燃气发生器、涡轮泵、推力室、推进剂管路及阀门等组成。燃气发生器循环也称为开式循环，这种方式是从燃烧剂和氧化剂的主流中抽取少量推进剂到燃气发生器的组件，在该组件内燃烧形成燃气，燃气通过涡轮做功，从而驱动泵将推进剂流体送入燃烧室。这部分燃气既可以直接外排，也可以再次通过发动机喷口排出。随着进入燃气发生器的推进剂增加，产生的燃气做功能力也越来越强，进入燃烧室的推进剂也就越来越多，推力也不断增加。燃气发生器里的推进剂混合是远远偏离最佳混合比的，这样才能够确保燃气温度相对较低，不会超过涡轮叶片所能承受的温度。这种方式的特点在于结构简单，各组件工作状态比较好；缺点在于推进剂未能完全发挥作用，表现在性能上略低。

与传统的挤压式系统相比，推进剂贮箱的压力较低，整个推进系统结构质量较小；推力室易于采用再生冷却，室压较高，发动机性能较高。采用燃气发生器循环液氧煤油发动机的性能参数如表 8 - 3 所示，从表中可以看出燃气循环发动机的室压选得都比较低，一般不超过 10 MPa（绝），这是因为室压如果增加，泵的出口压力也要增加，导致涡轮泵的功率就会增加，也就是说驱动涡轮泵的流量增加，使化学能没有充分利用的流量增加，因此如果室压过高反而会降低发动机的比冲。燃气发生器为富燃发生器，混合比偏低，一般为 0.3 ~ 0.42；发生器燃气温度受涡轮转子材料的限制，通常在 920 ~ 1 060 K。通常采用燃料作为推力室的冷却剂，燃烧室为液 - 液燃烧，燃烧稳定性较差，常产生高频燃烧不稳定现象。例如 F - 1 这种大推力发动机共进行了 2 000 多次全尺寸试验，为解决燃烧不稳定性花费了昂贵的代价。此外，这类发动机在起动之前，还需要对液氧系统进行预冷排放。

表8-3 燃气发生器循环液氧煤油发动机的性能参数

序号	运载器名称	发动机代号	室压/MPa	发动机混合比	燃烧室混合比	喷管出口压力/MPa	喷管面积比	推力/kN 海平面	推力/kN 真空	比冲/(m·s⁻¹) 海平面	比冲/(m·s⁻¹) 真空	燃气发生器 室压/MPa	燃气发生器 混合比
1	SS-东方	RD-107①	5.85	2.47	—	—	17	230×4	1 000	2 520	3 000	5.4	—
2	SS-东方	RD-108②	5.1	2.35	—	—	—	745	942	2 430	3 090	—	—
3	东方号	RD-448 二级	5	—	—	—	82.17	—	54.9	—	3 198	—	—
4	SS-10	RD-111③	7.85	—	—	0.069	—	1 407	1 628	2 700	3 220	—	—
5	闪电、联盟、上升	RD-461④ 二级	—	—	—	—	82.17	—	298	—	3 237	—	—
6	雷神导弹	MB-3	4.13	2.15	2.27	—	8	756.2	867.8	2 473.2	2 839	—	—
7	宇宙神⑤	LR-89-NA-7助推	4.48	2.25	2.35	—	8	1 679.2	1 779.3	2 532	2 683	4.89	0.36
7	宇宙神⑤	LR-105-NA-7主	5.05	2.27	2.46	—	25.8	266.9	375.1	2 153	3 025	4.64	0.30

续表

序号	运载器名称	发动机代号	室压/MPa	发动机混合比	燃烧室混合比	喷管出口压力/MPa	喷管面积比	推力/kN		比冲/(m·s⁻¹)		燃气发生器	
								海平面	真空	海平面	真空	室压/MPa	混合比
8	大力神I	LR-87-AJ-3 一级（2台发动机）	4.36	—	—	—	8	667.2×2	2 440.2	—	—	—	—
		LR-91-AJ-3 二级	4.6	—	—	—	25	—	355.8	—	3 048	—	—
9	德尔塔2000	RS-27	4.874	2.245	2.38	—	—	920.77	1 027.4	2 582	2 880	4.59	0.337
10	土星V	F-1①	6.67	2.27	—	—	18	6 770	7 776	2 597	2 980	6.67	0.416
11	猎鹰重型火箭	Merlin 1D①	10.8	2.36	—	—	227	845	914	2 827	3 057	—	—

①RD-107 由1台涡轮泵向4台推力室、2台游动推力室提供推进剂；

②RD-108 由1台涡轮泵向4台推力室、4台游动推力室提供推进剂；

③RD-111 由1台涡轮泵供应4台摆的推力室；

④RD-461 由1台涡轮泵向4台推力室、4台游动推力室提供推进剂；

⑤ "宇宙神"一级发动机 M-5 由2台助推发动机、1台主发动机和2台游动发动机组成；

⑥F-1 发动机温度为1 061 K；

⑦Merlin 1D 发动机也用在猎鹰重型火箭上第一级以及猎鹰9号的升级版上。

SpaceX 公司研制的 Melin 1D 及 1D + 发动机作为开式循环的液氧煤油发动机，比冲几乎达到了补燃循环发动机的标准，这让它一举成为目前世界上最先进的开式循环液氧煤油发动机。

2. 补燃循环

补燃循环也称作分级燃烧循环，这是闭式循环方式，其燃烧过程是按照分级来组织的。和燃气发生器循环一样，分级燃烧循环系统有一个预燃室来形成驱动涡轮的燃气。在预燃室里通常为一种推进剂少量供入，而另外一种推进剂则大量供应，以进行富氧或者富燃混合燃烧形成驱动涡轮的燃气。燃气进入主燃烧室与剩余的那一种推进剂（先前少量进入预燃室的推进剂）进行再次燃烧。和燃气发生器循环相比，其优势在于所有的推进剂都是在燃烧室内以较优的混合比进行燃烧，而没有从其他分支中排出。这种循环方式经常被应用在功率要求较高的地方，随着燃烧室压力的增加，在同等推进剂消耗量下产生的推力也增强。但这种循环方式在研制成本上比较高，主要是比较高的系统压力使得研制过程变得相对复杂。另外，涡轮的工作条件也相对差一些，且需要高温燃气管路来输送燃气，系统本身也是一个比较敏感的复杂反馈系统。典型的发动机有俄罗斯的 NK－33、RD－170、RD－180 和 RD－191 发动机。与燃气发生器循环的发动机相比，这种发动机压力高、结构质量重，需要多种高强度、耐氧化材料，成本高，但比冲性能可以提高 15% 左右。中国新一代运载火箭系列采用的 YF－100 和 YF－115 发动机采用的就是高压补燃循环方案。燃气发生器循环和分级燃烧循环发动机原理如图 8－3 所示。

从理论上讲，液氧煤油发动机的补燃循环方案分为三种：富燃循环、富氧循环和全流量循环。实际上为避免积炭问题，通常都选用富氧循环。富氧循环的液氧煤油发动机的预燃室由全部液氧和少量的煤油燃烧，产生大流量、高混合比的富氧燃气（混合比为 40～65），驱动涡轮后引入推力室与煤油再次补充燃烧，其燃烧方式为气－液燃烧，消除了液－液高频不稳定燃烧的风险，克服了富燃发生器循环的积炭影响。

关于发动机的不稳定燃烧问题，值得一提的是，火箭发动机出现的不稳定类型通常有高频、中频和低频之分，但燃烧不稳定性主要是指高频，又称声学不稳定性，其振动频率大于 500 Hz。这种振动通常取决于燃烧室内的波动特性，而与供应系统无关。影响燃烧不稳定性的因素有很多，这些影响因素包含推力室的结构尺寸、头部结构、喷嘴形式、喷孔尺寸及流密（即燃烧室横截面单位面积内的推进剂流量）的大小等。这些因素将影响喷射流体的喷射速度比、喷射流体的质量分布、喷射液滴尺寸、液滴与当地气体之间的相对速度

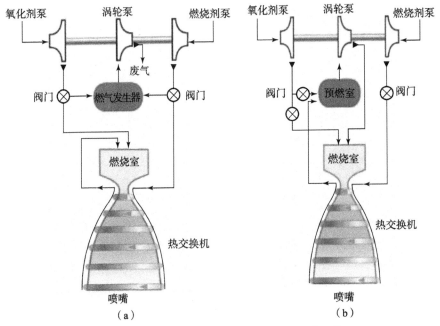

图 8 - 3 燃气发生器循环和分级燃烧循环发动机原理

(a) 燃气发生器循环；(b) 分级燃烧循环

及燃烧速率等与燃烧不稳定性有关的参数。为提高燃烧稳定性，可在设计上采用措施：抑制纵向振荡，可延伸燃烧区；抑制横向振荡，可在燃烧室径向上调节推进剂的分布，也可在结构上采取防振措施，安装头部隔板和声腔等。

富氧补燃循环是未来的液氧煤油发动机的重点发展方向，世界各国已研制的补燃循环液氧煤油发动机的性能参数如表 8 - 4 所示。从表中可以看出，发动机的混合比通常为 2.00 ~ 2.75，室压也比较高，这就是补燃循环发动机性能大幅度提高的关键所在。预燃室的混合比通常为 50 ~ 60，预燃室的混合比主要受制于涡轮承受的高温富氧环境的制约。

8.1.2 低温液氢液氧发动机技术

美国的液氢液氧发动机是在 J - 2 发动机的基础上发展起来的，美国还研制了用于航天飞机的 RS - 25D 和用于"德尔塔Ⅳ"的 RS - 68 发动机。进入 21 世纪，美国提出研制的"星座计划"战神火箭，是将航天飞机的五段式固体助推和 RS - 68 发动机用于"战神 I/V"的第一级，又在 J - 2 发动机的基础上研制了 J - 2X 发动机，使得 J - 2X 发动机的总体性能有了较大的提升。在"星座计划"取消后，应用于美重型火箭 SLS 系列。俄罗斯也为能源重型运载火箭研制了 RD - 0120 发动机，它采用先进的高压补燃循环系统，四机并联为

表 8 - 4　已研制的补燃循环液氧煤油发动机的性能参数

序号	代号	用途	室压/MPa	混合比	面积比	推力/kN 海平面	推力/kN 真空	比冲/(m·s⁻¹) 海平面	比冲/(m·s⁻¹) 真空
1	NK - 33	N - 1	14.7	2.55	27	1 512	1 680	2 914	3 247
2	NK - 43	N - 1	15.3	2.55	79	—	1 755	—	3 393
3	NK - 31	N - 1	9.6	2.60	124	—	400	—	3 452
4	RD - 170	天顶、能源	24.5	2.60	36.4	7 259	7 904	3 030	3 305
5	RD - 120	天顶	16.3	2.60	108	—	834	—	3 432
6	RD - 8	天顶	7.65	2.40	82.3	—	19.6×4	—	3 355
7	RD - 180	宇宙神 3/5	25.7	2.72	36.4	3 830	4 150	3 053	3 313
8	RD - 161	上面级	12.0	2.60	370	—	19.9	—	3 579
9	RD - 0124	联盟、安加拉	16.2	2.60	82	—	294	—	3 522
10	RD - 191	安加拉	26.2	2.63	36.4	1 922	2 081	3 047	3 305
11	YF - 100	CZ - 5/6/7	17.7	2.60	35	1 200	1 340	2 942	3 286
12	YF - 115	CZ - 6/7	12.0	2.60	88	—	180	—	3 342

能源火箭的芯一级提供动力。应该说美国的液氢液氧发动机的研制水平要比俄罗斯的高不少，尤其是航天飞机主发动机 SSME 不仅采用了补燃循环方案，而且可以重复使用，这也成为美国洛克达因公司的经典之作。此外，欧洲为"阿里安 V"运载火箭研制了百吨级推力的火神氢氧发动机，日本为 H−2A/B 运载火箭研制了百吨级推力的 LE−7 系列发动机。美俄欧日的液氢液氧发动机研制发展历程如图 8−4 所示。

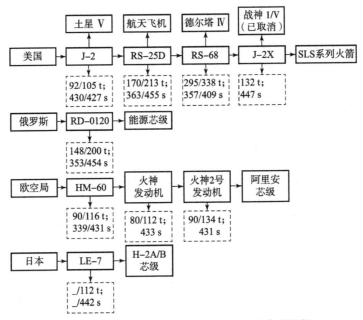

图 8−4 美俄欧日的液氢液氧发动机研制发展历程

目前，已研制成功的液氢液氧发动机均为泵压式系统，包括燃气发生器循环、补燃循环、膨胀循环等，其中膨胀循环和补燃循环方式的差别在于有没有预燃室。膨胀循环是利用主燃烧室的热量将燃烧室冷却通道中的推进剂蒸发后形成蒸气，这些蒸气驱动涡轮，带动泵工作，再进入燃烧室和氧化剂混合后进行燃烧。这种方式往往被应用于低沸点、易蒸发特性的推进剂，如液氢和甲烷。与补燃循环方式一样，膨胀循环中的所有推进剂最终都是在燃烧室内以较优的混合比进行燃烧，典型情况下是没有直接外排的。但是由于其驱动涡轮的能源来自推力室内的热量，而该热量也是有限的，所以实际上反过来也限制了该种循环模式所能提供的最大能力。一般来讲，膨胀循环方式比较适合于小型或者中型发动机。根据燃气的使用情况还有一种衍生系统，称为开式膨胀循环或者抽气膨胀循环。这种方式只抽取了部分燃料蒸气驱动涡轮，且直接排放至外界环境，目的是提高涡轮压比，从而提高做功能力。尽管由于部分燃料外排，降低了推进剂的使用效率，但这种方式却可获得较闭式膨胀循环更高的燃烧室压力。膨胀循环系统如图 8-5 所示。

表 8-5 列出了已研制的部分液氢液氧发动机的主要性能参数，从表中可以看出低温液氢液氧发动机主要被用于运载火箭的芯级和上面级，对于运载火箭的上面级来说，比冲对运载性能影响非常大，闭式膨胀循环的液氢液氧发动机真空比冲高达 4 600 m/s，是非常理想的选择。因此，大型或重型运载火箭的末级或上面级通常均采用闭式循环的液氢液氧低温发动机。

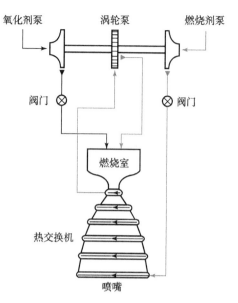

图 8-5　膨胀循环系统

8.1.3　低温液氧甲烷发动机技术

甲烷（CH_4）是分子结构最简单的碳氢化合物，广泛存在于天然气、沼气及煤矿坑井气之中。工业用甲烷主要来自天然气、烃类裂解气。其中，天然气中甲烷含量最多，部分天然气中甲烷含量超过 97%。液化天然气在液化过程中可进一步分离部分杂质，因此可直接作为火箭发动机的推进剂。甲烷的热值很高，为 882 kJ/mol。德国早在 1931 年就研制出了第一台液氧甲烷火箭发动机，后转向研制液氧酒精发动机，冷战时期又转向研制液氧煤油和液氢液氧发动机。随着运载火箭技术从军用转向军民两用及商业发射市场，为追求降低成本，人们的注意力才转向液氧甲烷发动机。进入 21 世纪，随着在火星大气层发现存在甲烷气体后，液氧甲烷发动机再次得到重视。在美国重返月球计划中，NASA 提出在载人登月舱上采用液氧甲烷发动机，并开展在月球表面的储存模拟试验研究。2010 年后，美国蓝色起源公司开始研制 BE-4 液氧甲烷发动机，SpaceX 公司提出研制 Raptor 液氧甲烷发动机。2019 年 10 月，中国的蓝箭航天空间科技股份有限公司研制的可重复使用的"天鹊"液氧甲烷发动机也顺利通过变推力长程试车，真空推力最高可达到 80 t，试车时间为 200 s。"天鹊"发动机包括 TQ-12 和 TQ-11 两种型号，其中 TQ-11 是中国现有唯一多喷管液氧甲烷火箭发动机。

表 8-5　已研制的部分液氢液氧发动机的性能参数

序号	发动机名称	应用	研制日期	研制单位	循环方式	真空推力/kN	真空比冲/(m·s⁻¹)	室压/MPa	喷管面积比	混合比	发动机质量/kg
1	RL-10	宇宙神-半人马星座	1958—1963	美国惠普公司	膨胀循环	66.72	4 354	2.76	57	5.0	137
	RL-10A-3-1	半人马星座	1963 年成功	美国惠普公司	膨胀循环	66.72	4 354	2.06	40	5.0	—
	RL-10A-3-3	土星 I 二级（6 机并联）	1964 年成功	美国惠普公司	膨胀循环	66.72	4 354	2.76	57	5.0	—
2	J-2	土星 IB 二级，土星 V 二级、三级	1960—1966	美国洛克达因	发生器循环	1 023	4 168	5.38	27.5	5.5	1 567
3	SSME	航天飞机轨道器	1972—1981	美国洛克达因	补燃循环	2 090	4 464	20.5	77.5	6.0	3 175
4	RS-68	德尔塔IV 芯一级、战神 V 芯一级（5 台）	1997—2001	美国洛克达因	发生器循环	3 341	4 012	9.7	21.5	6.0	6 597
5	HM-7	阿里安 I 三级	1973—1983	欧洲推进公司	发生器循环	61.6	4 340	3.01	63.5	4.44	149
6	HM-60（火神）	阿里安 V 芯一级	1984—1996	欧洲推进公司	发生器循环	1 145	4 246	11.2	45	5.3	1 700

续表

序号	发动机名称	应用	研制日期	研制单位	循环方式	真空推力/kN	真空比冲/(m·s⁻¹)	室压/MPa	喷管面积比	混合比	发动机质量/kg
7	芬奇	阿里安V上面级	1988—2006	法德意大利	膨胀循环	180	4 660	6.0	243	5.7~5.9	—
8	LE-5	H-1二级	1977—1986	日本宇宙开发事业团	发生器循环	103	4 413	3.63	140	5.5	255
9	LE-7	H-2芯一级	1984—1994	日本宇宙开发事业团	补燃循环	1 080	4 370	12.7	52	6.0	1 714
10	RD-57	N-1第四级	1959—1974	俄罗斯流力卡设计局	补燃循环	392	4 472	10.88	143	5.8	840
11	RD-0120	能源号芯级	1974—1988	俄罗斯化学自动化研究所	补燃循环	1 863	4 467	20.6	85.7	6.0	3 450
12	YF-75	CZ-3A~CZ-3C 3级 2机并联	1986—1994	中国航天科技集团公司	发生器循环	82.76	4 295	3.85	80	5.1	620
13	YF-75D	CZ-5 二级 2机并联	2006—2016	中国航天科技集团公司	膨胀循环	88.36	4 340	4.10	80	6.0	736
14	YF-77	CZ-5 一级 2机并联	2001—2016	中国航天科技集团公司	发生器循环	700	4 197	10.0	80	5.5	双机2750

到目前为止，液氧甲烷发动机共研制了挤压式系统、燃气发生器循环系统、补燃循环系统及膨胀循环系统等几种类型。已研制的部分液氧甲烷发动机的性能参数如表 8-6 所示。

表 8-6 已研制的部分液氧甲烷发动机的性能参数

发动机代号	真空推力/kN	真空比冲/(m·s⁻¹)	用途	状态
RD-183	9.80	3 528	上面级	1996 年研制
RD-160	19.60	3 734	上面级	1993 年研制
RD-182	902.00	3 459	第一级	1994 年研制
RD-185	179.00	3 704	上面级	1996 年研制
RD-190	1 000.00	3 440	第一级	1996 年研制
RD-192S	2 128.00	3 646	上面级	1996 年研制
RD-192	2 138.00	3 489	上面级	1996 年研制
RD-0110MD	245	—	上面级	正在研制中
RD-56M LNG	73.5	—	上面级	1996 年研制
RD-0144	147	3 665	上面级	正在研制中
RD-0145	147	3 665	上面级	正在研制中
RD-0134	2 038	3 508	一子级	正在研制中
RD-0139	2 038	3 342	一子级	正在研制中
RD-0140	2 086	3 420	上面级	正在研制中
RD-0141	2 251	3 459	一子级	正在研制中
RD-0142	2 353	3 616	上面级	正在研制中
RD-0234-CH	442	3 361	上面级	1996 年研制
BE-4	2 475	—	一子级	正在研制中
Raptor	3 333～3 500	382 s	一子级/登陆舱	正在研制中
天鹊 TQ-12	658	283.5 s	一子级/上面级	正在研制中
天鹊 TQ-11	4×20/85	333 s/357 s	二子级游机/三子级	正在研制中

从表 8-6 可知，液氧甲烷发动机的性能介于液氢液氧发动机和液氧煤油发动机之间，与液氧煤油发动机更为接近。与液氢液氧发动机相比，其组合比冲（密度与比冲的乘积）高，可以替代运载火箭芯级使用的液氢液氧发动机。具体设计需根据各个国家发动机研制单位及研制能力情况而定。

此外，甲烷与液氧沸点接近，两种推进剂贮箱之间的绝热问题小，可以采用共底贮箱，减小贮箱整体结构质量和长度。在执行载人火星探测任务时可以利用原位资源利用技术，在火星表面制造出低温液体推进剂，因此液氧甲烷也是载人火星着陆探测任务中的载人登火舱上升级的理想推进剂。需特别指出的是，研制液氧甲烷发动机关注的焦点是推进剂的点火问题，特别是真空条件下的多次点火系统的设计和装置方案，其次是液氧甲烷的安全性、低温在轨补加能力及发动机维护实用性等问题。

甲烷比热高、黏度小、结焦温度高，是推力室良好的冷却剂；富燃燃烧时基本无积炭，可以采用富燃燃气发生器（预燃室）。这个特点也可以被用于重复使用的发动机，因此美国一些私营公司研制的 BE-4 和猛禽 Raptor 等发动机选用了液氧甲烷推进剂，如图 8-6 和图 8-7 所示。

图 8-6 美国蓝色起源公司的 BE-4 发动机

（图片来源于 Blue Origin 公司官网）

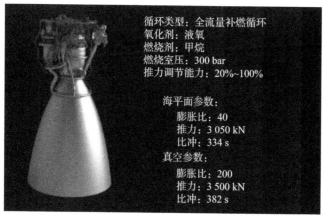

循环类型：全流量补燃循环
氧化剂：液氧
燃烧剂：甲烷
燃烧室压：300 bar
推力调节能力：20%~100%

海平面参数：
膨胀比：40
推力：3 050 kN
比冲：334 s

真空参数：
膨胀比：200
推力：3 500 kN
比冲：382 s

图 8-7 SpaceX 公司的猛禽 Raptor 发动机结构模型

（图片来源于 SpaceX 公司官网）

BE-4 发动机是蓝色起源公司（Blue Origin）2011 年开始研制的新型大推力液体火箭发动机，使用液氧甲烷推进剂，采用分级燃烧/高压补燃循环，地面推力高达 2 400 kN（245 t），燃烧室室压 13.4 MPa，可重复使用至少达到 25 次，2017 年 10 月 19 日完成了首次热点火试验。BE－4 发动机的另一个特点是利用 3D 打印技术来制造许多关键部件，发动机壳体是单一的印刷铝部件，水轮机的转子都是由镍合金 Monel 打印的。这种制造方法允许在壳体中集成复杂的内部流动通道，如果使用常规方法制作则更加困难。涡轮喷嘴和转子也是 3D 打印的，只需要最少的加工程序就能够实现所需的配合。BE－4 液氧甲烷发动机研制成功后，预计将减少美国对俄罗斯 RD－180 液氧煤油发动机的依赖。

SpaceX 公司研制的猛禽 Raptor 发动机采用了全流量分级循环，首先具备分级循环的特征，即所有的推进剂在发动机内部燃烧做功后通过喷管排出产生推力，而没有燃气发生器循环里直接排出涡轮废气的能量损失，所以可以获得较高的比冲。同一般的富氧和富燃补燃循环相比，全流量循环还具有以下特点：富氧燃气驱动氧化剂涡轮，富燃燃气驱动燃料涡轮，不需要确保涡轮燃气与高压液氧/燃料隔离的复杂密封技术；涡轮泵系结构简单，涡轮燃气流量大，入口温度低，寿命长，涡轮功率高，容易提高燃烧室压强，进一步提高比冲；进入主燃烧室的燃料和氧化剂都是部分燃烧后的高温气体，混合效率和燃烧效率高。

现在猛禽 Raptor 是全世界仅有的几种进行过实际试车的全流量分级循环发动机之一，其他两种是苏联于 20 世纪 60 年代研制的室压为 26 MPa 的 RD－270、美国洛克达因公司 2000 年前后研制的集成动力验证机氢氧 RS－2100，但是它们都已经不再研制。Raptor 极有可能成为首台实际用于飞行的全流量发动机，后续 SpaceX 公司拟将其主要用在 BFR 超重型运载火箭上，用于执行载人火星探测任务。

8.1.4　重型运载火箭中的低温火箭发动机

载人深空探测任务所需的重型运载火箭通常是指近地轨道运载能力在百吨级左右，起飞质量达到 3 000 t 左右的运载火箭，主要用来实现载人月球、小行星及火星探测任务的载人及货运型运载火箭。冷战时期，美国和俄罗斯分别研制了"土星 V"重型运载火箭和 N1 重型运载火箭。进入 21 世纪以来，美国洛马公司提出了"战神系列"火箭方案设想，后演变为研制 SLS 系列火箭。在商业航天领域，美国以 SpaceX 公司和蓝色起源公司为代表的商业航天私营公司提出了"猎鹰"重型火箭、BFR 超重型运载火箭和"新格伦"火箭等新一代重型运载火箭方案，这些重型运载火箭的运载能力近地轨道虽然在 50 t 左右，但它们更强调发展低成本深空探测运输任务，进一步降低进入空间的成本，因此着重发展运载火箭的可重复使用技术。

值得一提的是，21 世纪商业航天的蓬勃发展，主要是基于低温液体火箭发动机研制的基础。如 SpaceX 公司研制的"猎鹰 9 号（Falcon 9）"及"猎鹰"重型运载火箭，主要采用的是 Merlin - 1D 液氧煤油发动机，而这种发动机的技术主要来源于 F - 1 火箭发动机。这个时期低温发动机的发展主要是不断提高发动机比冲和推重比等性能指标，同时结合先进的管理模式，发展重复使用技术，通过回收火箭再次重复使用，来降低火箭发射成本。蓝色起源公司的 New Glenn 运载火箭采用的是新研制的 BE - 4 液氧甲烷发动机富氧补燃循环发动机，这种发动机的部分部组件已经采用了先进的 3D 打印技术以便进一步降低制造成本，提高生产质量。上述重型运载火箭的主要参数和发动机的使用情况比较如表 8 - 7 所示。

表 8 - 7　美国和苏联/俄罗斯各时期重型运载火箭的总体参数对比

国家	项目	最大直径/m	起飞质量/t	起飞推力/t	发动机			LEO 运载能力/t
美国	土星 V	10.06	2 946	3 472	芯一级	液煤 F - 1	5×694.5 t	120
	ARES V 战神 V	17.42	3 705	5 352	助推器	固体 RSRB	2×1 720 t	160
					芯一级	氢氧 RS - 68B	6×318.6 t	
	空间发射系统 SLS Block 2	15.8	2 948	4 176	助推器	固体 RSRB	2×1501 t	130
					芯一级	氢氧 RS - 25E	4×234.7 t	
	猎鹰重型	34.8	1 400	1 715	助推器	液氧/煤油 Merlin1 - D	2×9× 63.5 t	53
					芯一级	液氧/煤油 Merlin1 - D	9×63.5 t	
	New Glenn	7 芯级	—	1 710	一级	液氧甲烷 BE - 4	7×240 t	45
					二级	液氧甲烷 BE - 4	1×240 t	
					三级	液氢液氧 BE - 3	1×49 t	

续表

国家	项目	最大直径/m	起飞质量/t	起飞推力/t	发动机			LEO 运载能力/t
苏联/俄罗斯	N-1	17	2 825	4 500	芯一级	液煤 NK-33	30×154 t	90
					二级	液氧煤油 NK-43	8×154 t	
	能源号	18	2 220	3 618	助推器	液煤 RD-170	4×740 t	100
					芯一级	氢氧 RD-0120	4×164.5 t	
					二级	液煤 RD-191	1×196 t	

对于重型运载火箭的芯级动力，目前主要采用的是液氧煤油发动机和液氢液氧发动机。在这两款发动机的基础上，可以看出各国新一轮重型运载火箭的研制方案中，美国、欧洲和日本等国家和地区采用液氢液氧（芯级和上面级）＋固体助推的方案，美国私营 SpaceX 公司的猎鹰重型火箭采用全液氧煤油发动机方案；俄罗斯则采用液氧煤油发动机（芯级和助推）＋液氢液氧（上面级）。由此可知，重型运载火箭的具体方案跟本国的大推力液体发动机研制基础和试验能力是紧密相关的。

中国也同步开展了重型运载火箭"长征九号（CZ-9）"的方案论证及关键技术研究工作，同时也开展了载人重型运载火箭的研制工作。其中，CZ-9运载火箭在 CZ-5 号运载火箭的基础上通过增加箭体直径、增加液氧煤油及液氢液氧发动机的推力、改进发动机循环方式等措施，可使低轨运载能力达到150 t 级左右。载人重型运载火箭则保留 CZ-5 号运载火箭的 5 m 箭体直径，采用全液氧煤油发动机，通过增加子级发动机台数、将发动机改为泵后摆等方式提高发动机性能，可以将近地轨道运载能力达到50 t 级左右。这两型重型运载火箭将构成未来中国载人深空探测任务的进入空间基础，同时支撑起中国未来外太阳系无人深空探测任务。

|8.2 空间低温推进技术|

对于载人月球探测任务，无论是一次发射直接奔月模式，还是近地轨道多次对接模式，都需要轨道转移飞行器。只是一次发射的直接奔月模式中的地月转移飞行任务，通常由重型运载火箭末级的液氧液氢发动机来承担，例如"土星 V"火箭第三级的 J-2 发动机进行 2 次在轨起动就可以完成地月轨道转移运输的飞行任务。对于多次发射多次近地轨道对接的飞行模式来说，通常需要专用的多级组成的地月转移飞行器，也称推进飞行器。通过近地轨道多次对接串联形成一个整体的地月转移运输飞行器，在飞往月球的过程中再逐级抛弃。推进飞行器各子级都由结构系统、推进系统、GNC 系统、电源系统、测控与通信系统、交会对接机构组成。为减少飞行器的系统规模，通常选用高比冲的液氢液氧发动机。

例如，美国"星座计划"中提出的 ARES5 火箭（由战神 5 火箭演化而来）的第二子级又称为地球出发级（Earth Departure Stage，EDS）。EDS 负责提供飞行器进入近地轨道的部分动力，以及地月转移加速。具备在进入 TLI 之前两次起动、在轨工作 4 天的能力，并且向登月舱提供 1.5 kW 的电力。EDS 主体结构由登月舱适配器、前裙/仪器设备舱、液氢贮箱、箱间段、后裙、过渡段和级间段组成，推进剂贮箱采用铝-锂合金。EDS 的构型示意图如图 8-8 所示，EDS 的主要技术参数如表 8-8 所示。

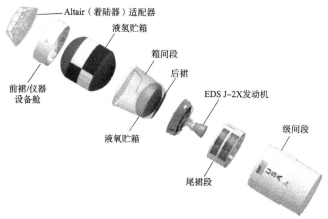

图 8-8 美国 ARES5 火箭的地球出发级（EDS）构型示意图

（图片来源于 NASA 报告）

表 8 – 8   美国 ARES5 火箭的地球出发级（EDS）主要技术参数

技术参数	指标	技术参数	指标
级长/m	约 22	最大直径/m	10
推进剂总重/t	251.9	干重/t	24.2
干量/t	26.6	起飞质量/t	276.1
推进剂	液氢/液氧	真空推力/kN	1 300
发动机	J – 2X	真空比冲/s	448
发动机工作时间/s	503 + 429	最长飞行时间/d	4

从国外重型运载火箭的研制历程来看，在空间使用低温发动机与常规发动机的关键难点不同，空间在轨使用也与地面使用的流程不同，单次点火和多次点火使用的方案也不同。综合来看，空间在轨低温推进技术有以下几个关键技术难点：起动前及多次起动的预冷和吹除、低温推进剂在轨长期储存与蒸发量控制、发动机的推力和混合比调节、发动机的健康管理与故障诊断、低温推进剂在轨补加。

8.2.1   起动前及多次起动的预冷和吹除

采用空间低温推进剂需要在发动机起动前，对低温推进剂管路供应系统进行预冷和吹除。预冷和吹除的目的是保证在发动机起动前推进剂供应管路与泵内无空气、水蒸气及杂物，使流入涡轮泵的推进剂呈液态，保证涡轮泵不会发生气蚀，使涡轮泵能够起动和正常工作。一旦低温发动机正常起动了，就与常规推进剂发动机的工作特性接近。因此，低温发动机首先要特别注意发动机起动前的预冷问题。对于多次起动的空间低温发动机来说，应保证每次起动的预冷过程相似。在发动机的研制过程中，应确定正确的预冷条件和预冷程序。

预冷的本质就是用低温介质把有可能影响发动机正常起动工作的涡轮泵冷却下来。目前，国际上通用的预冷技术包括排放预冷和循环预冷。其中，循环预冷主要是自然循环预冷和强制循环预冷。表 8 – 9 给出了低温液体发动机的主要预冷方式。

排放预冷是指采用低温推进剂或冷却剂流经输送管与涡轮泵腔，对涡轮泵冷却后，从发动机预冷泄出阀排到火箭的箭体之外。例如半人马座的发动机 RL – 10，采用地面冷氦预冷，天上排放预冷，后期改进型取消了地面冷氦预冷。

表 8-9　低温液体发动机的主要预冷方式

国别	发动机		预冷方式
俄罗斯	RD-0120		混合循环预冷（自然循环、引射循环、加入循环泵的强制循环）
	RD-120		自然循环预冷
	RD-170		
美国	RL-10		排放式预冷
	J-2	土星 VS-Ⅱ 级液氧系统和土星 VS-ⅠC 级液氧系统	自然循环预冷 + 氦气引射
		土星 VS-Ⅱ 级液氢系统和土星 VS-ⅣB 级液氢系统和液氧系统	加入循环泵的强制循环预冷
欧洲	HM-7		排放式预冷
	HM-60		
日本	LE-5		排放式预冷
	LE-7		
中国	YF-73		排放式预冷
	YF-75		

　　自然循环预冷是指在发动机预冷回流阀前引出一段管路，接入贮箱，预冷开始后，推进剂从贮箱流入输送管路，经过泵前阀、泵腔、冷却发动机及管路后由回流管流回至贮箱。在该系统中无外加驱动装置，流动仅由回流管与输送管内推进剂的密度差驱动。例如，俄罗斯的 RD-0120 液氧液氢发动机采用自然循环预冷方式。

　　强制循环预冷与自然循环预冷路径一致，区别在于不是利用推进剂密度差形成驱动力，而是采用循环泵或引射器作为推进剂循环动力。国际上采用循环泵的强制循环预冷的典型代表是"土星 V"火箭的 J-2 发动机。该发动机液氢系统和液氧系统均采用循环泵主动循环预冷，如图 8-9 所示。J-2 发动机预冷分三个阶段：

（1）在飞行器加注推进剂期间，前置阀门一直处于打开状态。输送系统中的低压输送导管、泵等组件可在贮箱压力下预冷，以保证其在进行循环预冷前保持温度稳定。

（2）电机驱动离心泵旋转，离心泵带动推进剂循环流动，此时两个前置阀和两个主阀均关闭，运行时间为300 s。

（3）燃料主阀接到发动机起动指令后打开，液氢进入发动机对喷管内的流道、喷射器和点火器预冷，运行时间为8 s。液氢进入发动机的同时开始氦气吹除。

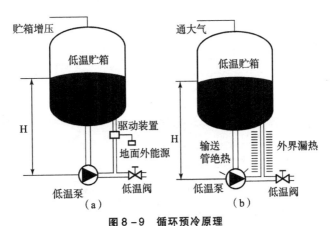

图 8-9　循环预冷原理

（a）强制循环预冷；（b）自然循环预冷

在载人深空探测任务中使用多次起动的低温液体发动机需要特别关注的是：低温发动机每次起动前预冷和吹除的推进剂量是多少？进行预冷和吹除后的推进剂能否再次循环使用？如果预冷和吹除的推进剂消耗量过高，再加上长期飞行过程中液氢液氧推进剂蒸发的损耗量，那么从近地轨道出发时加注的低温推进剂量就需更多了，使用低温推进高比冲带来的好处是否还成立？这些问题都需要在总体任务设计中进行综合考虑。

8.2.2　低温推进剂在轨长期储存与蒸发量控制

在未来的载人深空探测任务中，低温轨道转移级主要执行轨道转移运输任务，例如美国载人月球探测任务中，"星座计划"提出的地球出发级 EDS，见图 8-8，登月舱上升级及下降级都采用低温推进剂，其在轨时间如表 8-10 所示。NASA 在 2009 年发布的载人火星探测任务（Design Reference Mission，DRM）5.0 方案设想中，执行地火转移运输任务的火星转移推进级（MTV，包括 TMI 推进级、MOI 推进级和 TEI 推进级），也采用液氢液氧推进剂，最长在轨时间可达 900 d，如表 8 - 11 所示。

表 8 - 10　"星座计划"中航天器的推进剂及在轨时间

航天器	使用的推进剂	在轨时间/d
EDS	液氢液氧	4
登月舱下降级	液氢液氧	14
登月舱上升级	液氧甲烷	224

表 8 - 11　DRM 5.0 方案中低温轨道转移级的推进剂及在轨时间

航天器	使用的推进剂	在轨时间/d
TMI 推进级	液氢液氧	180/240
MOI 推进级	液氢液氧	360
TEI 推进级	液氢液氧	900

从表 8 - 10 和表 8 - 11 可知，由于深空轨道转移的任务周期比较长，需要实现长达数天、数月甚至数年的低温推进剂在轨储存。在长期飞行过程中，航天器会受到诸如太阳辐射、行星红外辐射、行星反照辐射、黑背景等空间复杂热环境的影响，会造成低温推进剂蒸发，使得贮箱内部压力增高。为了保证贮箱内部压力不超过界限压力、不使壁面贮箱受到破坏，需要在适当压力下将蒸发的气态推进剂排出贮箱，这样不仅会造成低温推进剂的损失，并且贮箱排气还会干扰航天器的飞行姿态。因此，必须解决低温推进剂在轨蒸发量控制问题。按照任务周期的长短不同，可以分别采取如下对策，如图 8 - 10 所示。

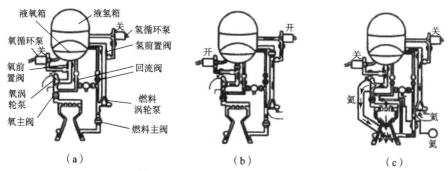

图 8 - 10　美国 J - 2 发动机预冷过程

（图片来源于《氢氧发动机及其低温技术》，朱森元著）

（a）阶段 1；（b）阶段 2；（c）阶段 3

1. 短时间在轨任务，对贮箱隔热要求低

例如，在 Apollo 载人飞船和联盟号载人飞船中，低温推进剂（液氧和液氢）主要应用于氢氧燃料电池，为载人飞船供电，同时还担负着载人飞船生命保障系统氧气和水的供应。该类型低温贮箱主要采用纯金属结构。由于低温推进剂实时消耗，因此对热防护要求比较低，需重点关注金属材料与低温推进剂的相容性。

2. 中短期在轨任务，采用被动蒸发量控制技术

对于中短期在轨任务，常采用被动蒸发量控制技术，主要是从改进低温推进剂贮箱的绝热措施入手，通过优化绝热方案，选择可变密度的多层绝热材料（Multi‑Layer Insulation，MLI）、热力学排气技术（Thermodynamic Vent System，TVS）、蒸气冷却屏（Vapor‑Cooled Shield，VCS）、设置辐射屏或遮挡板等措施，以及喷涂低吸收比与高发射率的热控涂层、优化贮箱结构布局、改进推进剂管理装置和进行姿态控制等措施，来减少系统外界传热。下面介绍几种常用的被动蒸发量控制的技术手段。

1）多层隔热材料（MLI）

贮箱表面的绝热材料是低温推进剂长时间在轨储存的重要组成部分。多层隔热材料（MLI）是真空环境下很好的隔热材料，它是由高发射率的材料（一般为双面镀铝薄膜）和涤纶网组成的层铺结构。在真空低温的环境下，MLI 的热传导方式为辐射和材料之间的热传导。MLI 的热传导对低温贮箱热防护的影响非常关键。因此，优化 MLI 可使处于冷端的内层与热端起辐射作用的外层间隔适当的距离，通过改变每层涤纶网的层数即可改变各层 MLI 的密度，这种 MLI 叫做变密度多层隔热材料。

NASA 通过实验研究表明，当低温推进剂贮箱使用变密度多层绝热材料技术作为隔热材料时，能使低温推进剂蒸发量降低58%，热防护材料质量降低41%。在美国"半人马座"上有45层的变密度多层隔热材料的低温推进剂贮箱，使得低温推进剂蒸发量能够保持在每天1%以内。图8‑11所示即由泡沫及变密度多层隔热材料组成的隔热结构。

2）热力学排气技术（TVS）

热力学排气系统由焦汤膨胀器、热交换器、泵或混合器、隔离阀门等组成。其工作原理为：利用液体获取装置（如泵），以低流率从贮箱内液池中抽取液体，液体经过焦汤膨胀器膨胀后形成温度和压力降低的两相流。该两相流导入与贮箱内液池或贮箱壁连通的热交换器，温度较高的液池或贮箱壁热量通

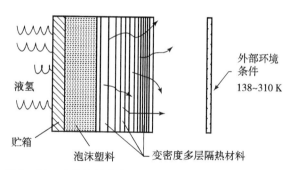

图 8 - 11　由泡沫及变密度多层隔热材料组成的隔热结构

过热交换器转移到两相流中，使其全部变为蒸气，排出贮箱，对贮箱内部低温推进剂产生制冷效应，且同时贮箱压力下降。

1998 年，马歇尔空间飞行中心采用多用途的液氢试验平台，开展了由波音公司开发的同轴喷雾棒式 TVS 试验。喷雾棒式 TVS 的工作原理是：用泵将低温推进剂从贮箱抽出，通过喷雾棒，将低温推进剂呈放射状喷入贮箱内部，通过喷射低温推进剂抑制贮箱分层，降低贮箱压力，如图 8 - 12 所示。当持续一定时间后，上述方式无法满足贮箱压力需要时，一部分推进剂被送到焦汤膨胀器，变成低温低压气体，经过喷雾棒的热交换单元，变成高温气体被排出贮箱外部。在 90%、50%、25% 的填充率和 TVS 热漏率（19 ~ 54 W）下，验证了喷雾棒能够有效消除液体分层和贮箱压力。

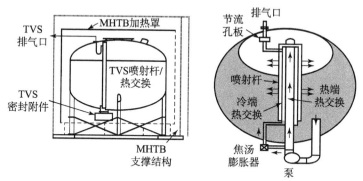

图 8 - 12　马歇尔空间飞行中心开展的 TVS 试验原理

3）蒸气冷却屏（VCS）技术

蒸气冷却屏技术是指将低温贮箱排放的推进剂蒸气流经包围贮箱的热交换器，降低贮箱表面温度，进而降低贮箱热漏率，排放的推进剂蒸气在冷却屏中被加热，热量随气体排放被转移出系统。VCS 一般分为独立的 VCS 系统和集成的 VCS 系统。独立的 VCS 系统如图 8 - 13（a）所示，液氢箱和液氧箱独立地将各自的推进剂蒸气通过冷却屏，使热量随气体单独排放。集成的 VCS 系

统如图 8 – 13（b）所示，由于液氢汽化温度远低于液氧的汽化温度，因此将经过液氢箱冷却屏的气态氢，再通过液氧箱冷却屏后进行排放可显著提高系统效率，减少液氧的蒸发损失。

如果将 TVS 和 VCS 技术结合，让 TVS 排出的气体通过 VCS，经过适当的设计，可使低温推进剂贮箱热漏率降低 51%。

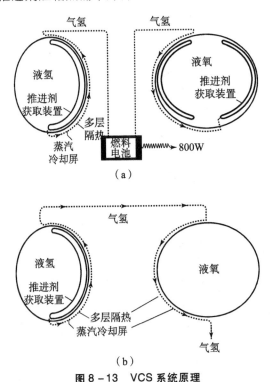

图 8 – 13 VCS 系统原理

（a）独立的 VCS 系统；（b）集成的 VCS 系统

4）遮挡防护与连接隔热技术

NASA 的"土卫 6"探测器（Titan Explorer）计划以及慧核标本返回计划的飞行器都采用液氢液氧作为推进剂。根据飞行任务的要求，液氢液氧的存储时间为 11 年。格林研究中心开展了通过安装辐射屏、隔热板等方式对低温贮箱进行遮挡，从而降低贮箱内外换热。图 8 – 14 所示为带遮挡板的长期在轨低温推进系统。

低温贮箱间的连接支撑结构也是贮箱漏热的主要原因。因此，格林研究中心开展了被动的管道阻断支撑机构技术研究。在空间的自由飞行段，由于作用力较小，热和力通过小直径的复合材料管和较长的路径传递。在发射上升段，热和力通过较粗的复合材料管和较短的路径传递。通过应用管道阻断支撑结构技术，系统漏热减小了 90%。图 8 – 15 所示为被动的管道阻断支撑结构示意图。

图 8 – 14　带遮挡板的长期在轨低温推进系统

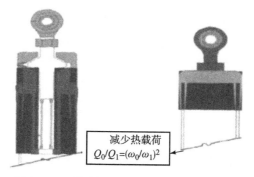

减少热载荷
$Q_0/Q_1=(\omega_0/\omega_1)^2$

图 8 – 15　被动的管道阻断支撑结构示意图

3. 长期在轨任务，采用主被动结合的蒸发量控制技术

主动蒸发量控制技术包括两种：一种是指采用低温制冷设备冷却液氢；另一种是指采用低温制冷设备冷却蒸发的氢气，从而实现无排放的推进剂长期空间在轨存储。为了解决"零蒸发"控制问题，NASA 多家机构采用了不同技术手段进行了主被动相结合的大量试验工作，包括基于制冷机的主动控制技术、基于制冷机和热管耦合的主动控制技术、与结构冷屏相结合的主动控制技术等，目前技术成熟度已经达到 4 ~ 5 级水平。其中主动制冷机的研制、将制冷机与贮箱进行耦合、减少贮箱漏热是研究的重点。图 8 – 16 所示为低温推进剂在轨周期与存储方案示意图。

随着载人火星探测任务的深入研究，对低温推进剂长期在轨储存技术的需求日益增强，NASA 提出 2030 年前的发展目标是具备在空间零蒸发（Zero Boil – off，ZBO）存储 LO_2、最小损耗（Reduction Boil – off，RBO）存储 LH_2 的能力。NASA 多年的研究结果表明，以低热导率复合材料连接支撑结构和复合多层隔热组件为主的先进被动热控技术是实现低温推进剂长期在轨储存与传输

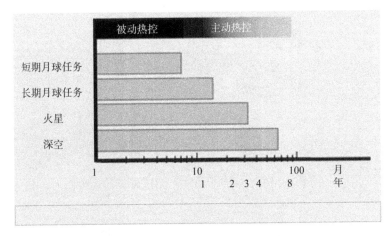

图 8-16 低温推进剂在轨周期与存储方案示意图

的基本手段。低热导率连接支撑结构必须承受火箭主动段的力学载荷和提供足够大的热阻,而多层隔热必须考虑如何在大尺寸贮箱上实施以及与大面积冷屏技术的耦合,并确保最优化设计。采用 90 K 制冷机为蒸气冷却屏提供冷量,可降低 MLI 层间温度,从而大幅减小进入贮箱的漏热,相比直接采用 20 K 制冷机为液氢制冷,效率更高,规模及代价更小。因此,主动制冷机与蒸气冷却屏耦合的主动热控是未来实现液氢 RBO 和液氧 ZBO 最为可行的方案。

8.2.3 发动机的推力和混合比调节

在地月及地火转移飞行的过程中,随着轨道转移飞行器推进剂质量的大幅度消耗,轨道转移飞行器与载人飞船及着陆器的组合体质量也会显著下降,为防止轨道转移飞行器的发动机多次起动进入稳定状态后的过载值增加,需要对轨道转移飞行器发动机的推力和混合比进行调节,这对于载人飞行任务十分重要,在进行任务顶层分析与设计时必须进行考虑。通常在月球轨道中途修正阶段,需要连续推力调节能力,推力变化范围为 1.1:1;在月球轨道转移阶段,可以采用台阶或者连续推力调节,推力变化范围可达 6:1。

对于大推力的液氢液氧发动机,如美国航天飞机的主发动机 SSME,推力调节是通过调节供应氧涡轮泵预燃室的液氧阀来实现的,而混合比调节是通过调节供应氢涡轮泵预燃室的液氧阀来实现的。当两种氧阀的开度改变时,进入预燃室的液氧流量会改变,从而引起两个涡轮泵的涡轮功率值以及相互间比例关系的改变,以实现对推力和混合比的调节。

一些大推力发动机无推力调节功能,只有混合比调节系统,如 J-2 发动机。在氧涡轮泵的出口管路上设置推进剂利用阀,将液氢箱中的电容式液位传感器测得的液位数据传输给计算机伺服系统，控制该系统的伺服马达来调节推进剂利用系统的开度，从而保证液氧流量和液氢流量同时耗尽。大推力发动机的推力可在 60% ~ 105% 的范围进行调节，而混合比调节的范围较窄。

推力较低的膨胀循环的火箭上面级发动机，如 RL - 10 发动机，它的推力调节方式是在推力室冷却夹套出口气氢管路上安装推力调节器，通过敏感室压变化来调节其开度，进而调节不经过涡轮而直接流经燃料主阀进入推力室的那部分气氢流量，由此调节涡轮的气氢流量，从而实现推力调节。

8.2.4　发动机的健康管理与故障诊断

针对载人航天任务的高可靠、高安全要求，发动机的故障通常是单点故障，一旦发动机失效，任务通常没有补救的余地，因此需要对发动机开展健康管理与故障诊断技术研究。20 世纪 80 年代后期，为提高美国航天飞机主发动机故障监控系统的能力，增大故障检测范围，更及早地发现故障和减少由于传感器失灵而误关机，洛克达因公司开发了一种建立在发动机影响系数基础上的标准算法和实时模型。之后人工智能、神经网络及专家系统在健康监控系统中得到应用，洛克达因公司的异常与故障检测系统（System for Anomaly and Failure Defection，SAFD）在数十次灾难性的美国航天飞机主发动机地面试验中确实能及时发现故障苗头，实施紧急关机。

不断提高空间低温发动机故障监测系统本身的可靠性、实时性、实用性、故障定位的准确性及故障覆盖率，是确保载人深空探测任务的关键环节。主要采取的措施包括：研制高可靠、高性能的传感器；开发故障动态模型，选用更有效的检测算法，使系统有容错能力，即使部分传感器失灵，系统仍可正常工作，并能更迅速地发现故障苗头。

8.2.5　低温推进剂在轨补加

未来行星基地推进剂原位资源制造技术成熟后，还需要预留载人低温推进剂的着陆器推进系统与 ISRU 系统的接口。根据流体在加注过程中流动回路的不同，推进剂在轨加注方式可以分为贯通式、排气式和无排气式，如图 8 - 17 所示。常温推进剂在轨加注主要采用贯通式循环及排气式循环驱动技术。贯通式循环结构紧凑，系统压力较低，然而循环泵作为运动部件，会引起一系列稳定性及安全性问题，也会对低温推进剂的存储和传输产生一定热影响。此外，该系统对气液分离、调节控制水平也有较高要求，进一步限制了低温推进剂的适用性。排气加注技术操作控制简单，系统安全稳定性较高，但该技术需要结合高效气液分离技术，否则带液排气会造成加注效率大幅降低，甚至无法达到加注要求。目前，低温推进剂的气液分离技术成熟度较低，是否能够成功避免带液排气还有待进一步验证。然而，加注箱采用的增压气体驱动方式适用于低温推进剂，针对液氢可以采用氦气或氢气作为增压气体。虽然需要附带增压系统，但加注过程相对更加简单、稳定、安全、可靠。

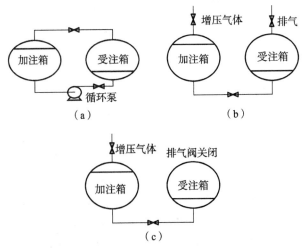

图 8-17 推进剂在轨加注循环方式示意图

（a）贯通式；（b）排气式；（c）无排气式

无排气式加注是研究人员针对低温推进剂易蒸发、易冷凝的特点提出的一种新的加注技术，其可行性和低温推进剂适用性已经通过地面试验验证，液氢贮箱充灌率可以达到90%以上。加注过程中加注箱采用增压气体增压驱动，受注箱始终不排气，通过低温流动液体对气枕的降温作用引起气枕冷凝收缩，实现液体取代气体空间的加注过程。该技术无须考虑带液排气的困难，在微重力条件下的适用前景十分可观，加注过程可以直接通过贮箱压力值进行判断。通过初步研究，目前可知低温推进剂在轨加注的特点有：

（1）低温推进剂沸点低、易蒸发，对漏热十分敏感，需要对加注系统进行全面的热防护设计。此外，加注系统需要配有相应的预冷系统，在加注前对整个加注系统进行严格预冷，从而可合理控制低温推进剂在轨加注过程中的蒸发损失。

（2）低温推进剂沸点低、表面张力小，限制了现有气液分离、质量检测、驱动循环等关键技术对低温推进剂的适用性能。适用于常温推进剂的加注方案在气液分离、系统热防护等方面均不再适用于低温推进剂。低温推进剂在轨加注方案设计中，应该合理设计加注流量、温度、压力等加注条件，以保证加注过程安全有效地进行。

（3）表面张力式气液分离技术、纤维镜或射频质量检测技术、多层隔热材料、无排气加注等先进技术方案对于低温流体和微重力环境均具有较好的适用性，得到了研究人员的广泛关注，将成为实现低温推进剂在轨加注的关键突破口。

8.3　变推力发动机技术

8.3.1　实现变推力的技术途径

在执行载人深空探测地外天体着陆任务时，用作着陆下降任务的发动机大致可以分成三类：第一类是变推力发动机，为着陆下降过程提供主动力，如 Apollo 载人登月工程中采用的登月舱下降发动机（Lunar Module Descent Engine, LMDE）为 10∶1 变推力发动机，我国嫦娥月球工程中采用的 5∶1 变推力发动机；第二类是带节流工况的发动机，这种发动机除了在额定工况工作，还可以在节流工况工作，同时，发动机还具有在额定工况和节流工况上下小幅度调节推力的能力，如苏联的 L3 登月舱下降系统；第三类采用固定推力组合式发动机，通过采用多台固定推力的发动机形成组合，通过控制每台发动机的工作，以获得着陆过程所需要的推力，如美国凤凰号火星探测器着陆下降发动机。

在这三类方案中，最容易实现的是第一类变推力发动机方案，该方案能使整个着陆器的动力系统结构简单，容易工程实现。第二类带节流工况的发动机是设置节流阀，通过推力室供应压力的变化而达到推力调节的目的。但如果推力室的喷注器采用固定面积，在小推力时因喷注压降过低，发动机的性能较低，存在增加了激发低频燃烧不稳定性的问题，因而很难实现大范围推力调节，一般推力变比只能小于 3∶1。第三类方法导致着陆器的系统复杂，多台推力器安装困难，对于大型载人着陆器而言实施难度较大。因此，在载人深空探测任务中通常采用变推力发动机方案。

8.3.2　变推力发动机发展历程

从 20 世纪 40 年代开始，美国、苏联及德国等国家就致力于变推力发动机的研制，其中一些发动机已成功用于飞行试验。图 8 - 18 所示为国外典型的变推力发动机。从表 8 - 12 中可以看出变推力发动机的发展大致经过了三代：

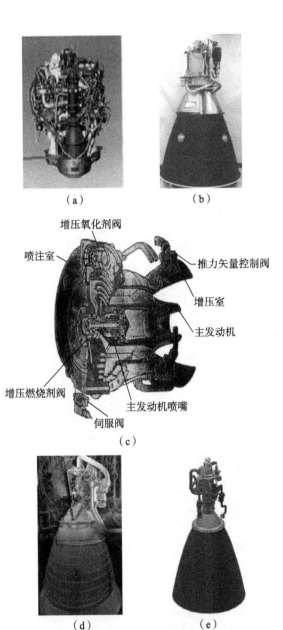

图8-18 国外典型的变推力发动机

（图片来源于《火箭推进》）

（a）LMDE 发动机；（b）RD-858 发动机；（c）RD-0200 发动机；

（d）CECE 发动机；（e）TR202 发动机

表8-12 大范围变推力发动机的研制情况

制造商	发动机名称	型号/应用	最大真空推力/kN	推力变化	调节形式	推进剂	备注
Walter	RⅡ-203、RⅠ-203B	改进型He-176火箭飞机	7.35/1 650	5	台阶式	80% H_2O_2 和液体催化剂溶液	第一台飞行验证的单组元发动机
Curtiss-Wright	XLR25-CW-1	Bell X-2火箭飞机发动机	66.78/15 000	6	推力连续调节，采用一个22.26 kN和两个44.52 kN RPL燃烧室，阀调节范围3:1，喷注器固定面积	LOX/75%酒精25%H_2O	第一台飞行验证，连续可调大变比发动机，氧化剂喷孔为减板径向，燃料为轴向，100%燃料液膜冷却燃烧室
TRW	LMDE、TR200	登月舱下降发动机	46.75/10 500	10	可变面积气蚀管，单个针栓喷注器	N_2O_4/混肼50	挤压式
洛克达因	长矛机动发动机、BC73-60	长矛导弹机动发动机	22.26/5 000	35.7	可移动环形针栓喷注器，带预燃室，燃料作动伺服阀控制	IRFNA/UD-MH（发烟硝酸/偏二甲肼）	轴向为机动发动机，四周有独立的推力222.61 kN助推发动机，是推力可调范围最大的液体火箭发动机，共生产3 200台
洛克达因	J-2S	J-2火箭改进型，用于阿波罗计划土星V第二、三级	1179.93/265 000	6	超临界液体喷注+热气体二级调制阀控制涡轮泵转速	LOX/LH$_2$（液氧/液氢）	在挤压式状态验证过44:1推力变化

续表

制造商	发动机名称	型号/应用	最大真空推力/kN	推力变化	调节形式	推进剂	备注
洛克达因	SSME (Block2) RS-24	美国航天飞机主发动机	2 279.54/512 000	6.3	超临界液体喷注+富燃补燃循环下的涡轮泵转速控制	LOX/LH₂ (液氧/液氢)	仅于1996年在NASA MSFC进行过地面演示试验,飞行状态为1.6:1 (67%~109%)
化学自动化设计局	RD-0120 11D-122	能源火箭一级	1 963.42/441 000	5.6	超临界液体喷注+富燃补燃循环下的涡轮泵转速控制	LOX/LH₂ (液氧/液氢)	仅于1996年由CADB, Aerojet, NASA MSFC进行过地面演示试验,飞行状态为2.4:1 (45%~106%)
Kosberg	RD-0200	Lavochkin SB11 地空导弹第二级	587.69/13 200	10	双燃烧室,气体发生器循环,其他细节未公布	硝酸/胺	—
KB Kimmash	S5.51, 11D68	苏联LOK月球轨道器	33.21/7 460	8.1	三个独立的燃烧室	N₂O₄/UDMH (四氧化二氮/偏二甲肼)	LOK月球轨道器主发动机

第一代的变推力发动机包括采用过氧化氢基单组元的 Walter TP – 1 （最大推力为 7.1 kN）、Walter TP – 2 （最大推力为 3.9 kN）、Walter HWK RII – 203 发动机 （最大推力为 7.35 kN）、Walter HWK RI – 203B 发动机 （最大推力为 1 650 kN），最大推力调节范围可达 5∶1；还有采用 80% 过氧化氢 – 20% H_2O/甲醇 – 水合肼的泵式、再生冷却循环的 Walter HWK RII – 209 发动机 （用于 Me – 163B – 1 飞机） 和 Walter RII – 211 发动机 （用于 Me – 163 飞机），两者最大推力为 14.7 kN，推力变比为 10∶1 （推力不能连续调节）。其中，Walter RII – 211 发动机代表了当时最先进的技术成就，采用单个再生冷却推力室，喷注器采用多个可选的集液腔，推力调节采用分级机械方式。

第二代变推力发动机包括美国研制最大推力为 46.75 kN、推力变比为 10∶1 的变推力发动机，采用可储存推进剂 N_2O_4/A – 50、氦气挤压式供应系统、针栓喷注器、烧蚀冷却推力室。同时，苏联研制的载人登月 E 模块用的 RD – 858 发动机，该发动机最大推力 20 kN，采用 N_2O_4/UDMH 作为推进剂，泵压式燃气发生器循环方式，设置了主级和节流工作模式，配合形成 6.4∶1 的推力调节范围，RD – 858 发动机的研制积累了泵压式变推力发动机的验证经验。此外，还有洛克达因公司为“长矛”导弹研制的真空推力 22.26 kN 的机动发动机，变推比可达 35.7∶1，是目前已知的液体火箭发动机历史上调节范围最大的发动机，采用挤压式供应系统，推力室为紧凑的双层壁面结构，外环为助推推力室，中央为小的芯级推力室，带有控制阀和矢量控制系统。在伺服阀和燃料压力的驱动下，可移动针栓能够在 19.6 ~ 0.062 kN 范围内调节芯级推力室的推力。

第三代变推力发动机研制始于 21 世纪初，随着人类重返月球、建设月球基地和载人登陆火星任务的提出，NASA 以支撑未来着陆器飞行任务的推进技术为目标，开展低温先进推进项目，其中之一就是研制低温推进剂下降深度调节发动机。美国“星座计划”中提出的载人登月舱 Altair 下降发动机采用 4 台 66.7 kN 推力、10∶1 变推力高比冲可伸缩喷管的氢氧发动机 （CECE），由普惠、洛克达因公司进行研制。CECE 发动机在技术成熟的 RL – 10 膨胀循环发动机的基础上进行技术改进，基本沿用了 RL – 10 发动机的设计，甚至有些组件直接借用了 RL – 10 发动机。普惠、洛克达因公司在原型机 RL – 10 的基础上，通过设置调节元件、采用高压降氧喷注器、改进系统控制措施等方案达到 10∶1 变推力的要求。2006 – 2010 年，CECE 发动机分 4 个阶段开展了 47 次热试，累计热试时间为 7 436 s。最终试验成功节流至 5.9%，且系统工作稳定，最终获得了 17.6∶1 的深度变推力能力。RL – 10 和 CECE 发动机如图 8 – 19 所示。

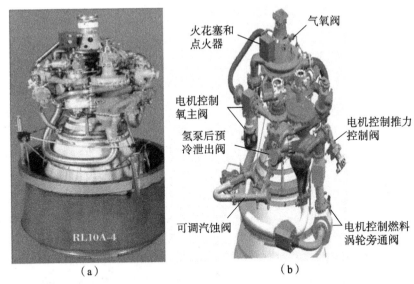

图 8 - 19　普惠、洛克达因公司的 RL - 10 和 CECE 低温高变比发动机

（图片来源于 AIAA 报告 AIAA 2007 - 5480）

（a）RL - 10；（b）CECE

8.3.3　变推力发动机的技术特点

从国外变推力发动机的发展历程来看，大范围变推力发动机具有以下技术特点：

（1）在推力调节方案方面：挤压式发动机以直接调节进入燃烧室的流量为主，变推比可达到 10∶1，泵压式发动机以调节涡轮泵功率为主调节推力，一般采取调节涡轮燃气温度、涡轮燃气流量的方式。其中，单纯依靠降低涡轮燃气温度是无法实现深度推力调节的，变推比范围不超过 5∶1；采用涡轮旁路分流加节流方式调节推力的，变推比范围可达到 10∶1。

（2）变推力技术都需要在喷注器上进行充分设计，可采用栓式喷注器（LMED、TR202、长矛导弹机动发动机及我国 YF - 36 发动机），也可将喷注器设计为双模式，变推力过程中进行切换（Walter RII - 211、RD - 858、J - 2S），或提高额定工况液路喷注器压降（CECE）。

（3）未来变推力发动机呈现出由挤压式转变为泵压式、由小推力提升为大推力、由常温推进剂转变为性能更高的低温推进剂的发展趋势。

|8.4　大功率太阳能电推进技术|

　　载人深空探测的货运任务常采用大功率的电推进技术，可以显著降低探测器的发射质量，整个任务的实施成本和技术难度相对较低。相比载人飞行任务，以物资运输为主的货运任务对探测器的可靠性、生保系统和任务周期等要求相对较低，而对降低运输成本的要求较高。对于如何降低运输成本，也就是轨道转移过程中燃料消耗的问题，在轨道设计领域常采用"时间换空间"的思路，通过应用先进的推进技术，往往可以大幅度降低燃料的消耗，代价是花费更多的时间。而为了达到"时间换取空间"的效果，一般要求推进系统比冲大、推力小、持续工作，因此空间大功率的电推进技术往往是理想选择。

　　载人深空探测电推进的电源系统包括太阳能电池阵和核反应堆电源，基于两类电源和配套电推进系统的空间运输系统分别称为太阳能电推进（Solar Electric Propulsion，SEP）转移级和核电推进（Nuclear Electric Propulsion，NEP）转移级。图 8 - 20 分别为太阳能电推进转移级和核电推进转移级示意图。本节重点介绍太阳能电推进技术。

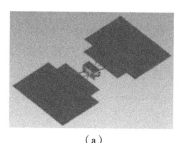 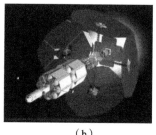

（a）　　　　　　　　　　　（b）

图 8 - 20　太阳能电推进转移级和核电推进转移级示意图

（图片来源于 NASA 报告 NASA TM2006 - 0030353）

（a）太阳能电推进转移级；（b）核电推进转移级

8.4.1　SEP 电推进的典型任务需求

　　美国喷气推进实验室（JPL）针对载人深空探测任务的分析表明，在优化组合低温化学转移级和电推进转移级的前提下，明确提出了针对月球、小行星、火星及其卫星等不同探测目标的电推进转移级功率需求在 80 kW ~ 1 MW 范围，如图 8 - 21 所示。

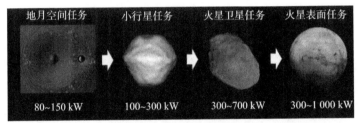

图 8-21　不同目的地载人探测的电推进转移级功率需求

（图片来源于美国 JPL 实验室）

美国 Aerojet 公司具体论证了太阳电推进级从 550 km 的 LEO 运输货物到 100 km 的近月轨道（LLO）的技术方案，用 4 台 150 kW 霍尔推力器组成 600 kW 功率、2 500 s 比冲、太阳阵电源直接驱动的电推进系统，转移级质量为 7 t，需消耗 2.5 t 氙气，可在 6.6 月内完成 22 t 重的货物运输，相对化学推进运载能力提高近 1 倍。

图 8-22 所示为载人探测近地小天体（NEO）航天器运输转移方案。美国 NASA 针对 NEO 载人探测任务的方案论证结果表明，采用 300 kW 太阳电推进转移级，可保证任务周期在 210 天内，并能使探测器发射质量相对全化学推进减轻 50%。整个任务周期不超过 800 天，其中人员空间飞行时间不超过 400 天。太阳电推进级基本设计如图 8-23 所示，早期设计的电推进为寿命末期功率 320 kW、8 台 50 kW 霍尔推力器，进行电推进系统功率、比冲、太阳阵电压、转移周期等优化后，改进设计的电推进为寿命初期 381 kW 功率、300 V 太阳阵，直接驱动 10 台功率为 30 kW、比冲为 2 000 s 的霍尔推力器。

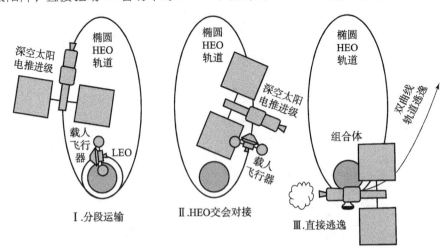

图 8-22　载人探测 NEO 航天器运输转移方案

（图片来源于 IAC 会议报告）

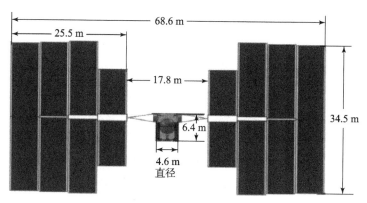

图 8 - 23　美国载人小行星探测太阳电推进级方案

（图片来源于 IAC 会议报告）

　　美国私营火箭公司 AARC 针对载人火星探测货运任务，进行了不同功率电推进的优化设计分析。电推进主要参数为比冲 4 000 ~ 30 000 s、效率 60%、系统比质量 4 kg/kW。图 8 - 24 给出了航天器初始质量为 100 t、电推进 4 000 s 比冲下，火星探测任务周期和电推进功率之间关系。从图中可以看出，不论是太阳能电推进，还是核电推进，提高电推进的功率对于缩短整个任务周期的好处十分明显，尤其是发展兆瓦级的电推进技术。

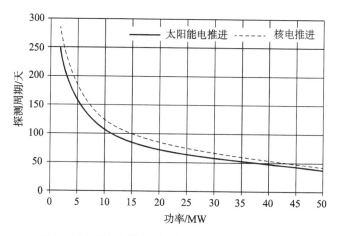

图 8 - 24　载人火星探测任务周期和电推进功率关系

（图片来源于美国 AdAstra 火箭公司）

　　因此，2011 年美国在《NASA 一体化路线图》报告中指出，电推进是进行载人深空探测任务轨道转移运输的重点关键技术。其中，太阳能电推进的关键技术包括：大型、高功率、可展开太阳阵技术；电源管理、分配电压及供电体制；多台推力器同时工作及其寿命；低推力下航天器的导航和姿控优化；电推进工作直接驱动技术；展开太阳阵的强度和刚度（基频）；近地轨道到中地轨道螺旋抬升中太阳阵的太阳角调节；阴影区对电推进系统工作的影响。

对于大功率电推进系统所需的单台电推力器的功率，美国研究表明，在系统功率、推力器冗余、复杂性、成本、地面测试设备能力等限制条件下，功率在 20～50 kW 的电推力器，可以推力器簇的形式，支撑 20～500 kW 的电推进任务，而 50～100 kW 的电推力器可支撑 1 MW 的电推进任务。当然，尽量提高电推力器功率，可减小电推力器数量，对简化电推进系统来讲是有帮助的。为此，NASA 制定了大功率电推进系统的验证计划，如图 8－25 所示，提出重点验证 30 kW 级的 SEP 方案，候选方案如图 8－26 所示。针对太阳电推进转移级飞行试验验证项目，重点考虑整个航天器系统地面验证存在环境效应和相互作用风险，空间飞行验证的关键技术包括：大型 SEP 航天器在 LEO 工作的控制、稳定性和动力学；多次经过辐射带和阴影区的效应；散热系统；推力器低能离子对太阳阵和辐射器的溅射；多台发动机同时工作相互影响；新材料和系统的深空环境效应；太阳阵的指向、退化和性能等。

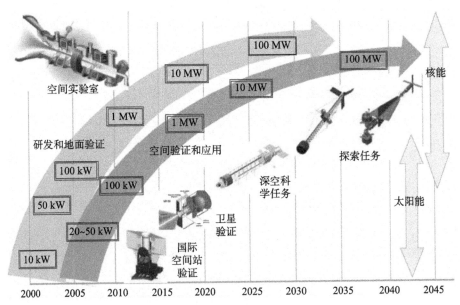

图 8－25　NASA 制定的大功率电推进系统验证计划

（图片来源于 NASA 报告）

	任务	能源/kW	质量/kg	新技术
1	从LEO到地月L2点的载荷运输	40	5 900	无 
2	从LEO到日心空间（小行星交会）	38	5 400	先进的高压太阳能电池 先进的高能电推进 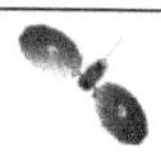
3	从LEO到GEO，再到LEO	22	2 100	先进的太阳能电池板 
4	从GTO到LEO	30	1 600	两种不同的高压太阳能电池 高能电推进 
5	从LEO到近月轨道LLO	25	1 600	先进的高压太阳能电池 高能电推进 先进的Xe储存 
6	从LEO到GEO	40	6 000	先进的高压太阳能电池 高能电推进 
7	从LEO到GEO	12	3 000	先进的能源生产 先进的热控制系统 

图 8 - 26　NASA 提出的 30 kW 级 SEP 系统验证候选方案

（图片来源于 NASA 报告）

8.4.2　典型大功率等离子体电推力器技术指标

电推进在实际应用时，需考虑功率、推力、比冲、效率、尺寸、质量及系统复杂度等多方面的因素。为便于电推力器在载人深空探测器上的集成，需选择没有空间电荷效应限制、可实现大推力、具有大推力功率比（以减小推力器尺寸）的等离子体电推力器。等离子体电推进是一种通过加速准电中性等离子体来产生推力的电推进技术，理论上没有空间电荷效应限制，这是与离子推力器的最大区别。等离子体电推力器可实现很大的功率（可达兆瓦量级）、推力（可达 10 N 量级）和较高的比冲（最高可超过 10 000 s），且推力密度高（尺寸小），因此等离子体电推进是载人深空探测重点考虑的对象。

等离子体电推力器的典型代表为霍尔推力器、磁等离子体动力推力器（Magneto Plasma Dynamicthruster，MPD）、可变比冲磁等离子体发动机（Variable Specific Impulse Magnetoplasma Rocket，VASIMR）和螺旋波等离子体推力器（Helicon Plasma Thruster，HPT）。霍尔推力器主要包括稳态等离子体推力器（Stationary Plasma Thruster，SPT）、阳极层推力器（Thruster with Anode Layer，TAL；也称 Anode Layer Thruster，ALT）两种，其中前者又称磁层推力器（Magnetic - layer Thruster，MLT）。

目前，国际上开展大功率等离子体电推进技术研究的主要是美国、俄罗斯和欧洲，研究对象主要是具有良好应用前景的稳态等离子体电推进、阳极层等离子体电推进、磁等离子体动力电推进、可变比冲磁等离子体电推进和螺旋波等离子体电推进。这些国家和地区在中小功率电推进技术已大幅领先和大量应用的情况下，将大功率等离子体电推进作为核心技术，通过良好的顶层策划和预先研究，积极进行大型深空探测任务论证和大功率等离子体电推进技术研究，保持领先优势。表 8 – 13 所示为美国、欧洲、俄罗斯研制或在研的典型大功率等离子体电推力器技术指标。

表 8 – 13　美国、欧洲、俄罗斯研制的典型大功率等离子体电推力器技术指标

类型	型号	功率/kW	推力/N	比冲/s	效率	启动年份	研制单位
稳态等离子体推力器	NASA – 457Mv2	5 ~ 50（测试过 100）	0.36 ~ 2.30	1 420 ~ 2 740	51% ~ 66%	2004	美国格伦研究中心
	X3	1 ~ 240	15（中等比冲时）	1 400 ~ 4 600	50% ~ 70%	2011	美国密歇根大学
	T – 220	4.6 ~ 10	0.28 ~ 0.52	1 644 ~ 2 392	46% ~ 59%	1997	美国格伦研究中心、TRW 公司、空间电源公司
	HT – 30	30	1.55	2 500	63%	2009	意大利奥塔公司
阳极层推力器	VHITAL – 160	25.3 ~ 36.8	0.53 ~ 0.62	5 375 ~ 7 667	56% ~ 63%	2002	俄罗斯中央机械研究院
	TAL – 160	140	2.5（推算）	8 000	70%	20 世纪 70 年代	俄罗斯中央机械研究院

类型	型号	功率/kW	推力/N	比冲/s	效率	启动年份	研制单位
磁等离子体动力推力器	4MW MPD	300 ~ 4 000	8 ~ 50	1 000 ~ 6 900	8% ~ 45%	2001	美国格伦研究中心
	500MW MPD	500	12.5（推算）	4 500	55%	~1970	俄罗斯能源设计局
	500 kW MPD	500（最大 1 000）	6.4（推算）	8 000	50%	1975	俄罗斯克尔德十研究中心
	MPDT	100	2.5	2 500	30%	2009	意大利奥塔公司
可变比冲磁等离子体动力推力器	VX – 200	200（射频源功率）	5.7	5 000	72%	20 世纪 70 年代提出概念	美国 Ad Astra 公司
螺旋波推力器	HPHT	20 ~ 50	1 ~ 2	>1 500	~50%（约 1 N 时）	~2005	美国华盛顿大学

8.4.3　大功率等离子体电推进关键技术

大功率等离子体电推进相对于中小功率等离子体电推进，在设计方法及技术方案上存在较大差别，技术难度也大幅提升。本小节结合对国外相关情况的研究，从大功率等离子体推力器、超大容量推进剂储存与供应、大功率高电压电能变换与供应、大功率等离子体推力器试验验证等方面进行关键技术分析。

1. 大功率等离子体推力器技术

大功率等离子体推力器是大功率等离子体电推进系统的核心，因此其技术尤为关键。对于稳态等离子体推力器和阳极层推力器，关键在于大发射电流空心阴极、高推力密度、高性能磁路、热防护等。对于磁等离子体动力推力器，关键在于大电流耐烧蚀电极、低等离子体振荡、高推进剂电离率、大功率电磁耦合加速、推进剂优化选择等。对可变比冲磁等离子体发动机，关键在于发动机优化、低损耗高强度磁路、射频能量耦合等。对于螺旋波推力器，近期关键在于突破原理，提高性能，并向工程化转变。

2. 超大容量推进剂储存与供应技术

大功率等离子体电推进所需的推进剂量将远超过目前电推进的数百千克的加注量，达到数十或上百吨，其储存和供应的难度随加注量的增加而增加。且最常用的氙气推进剂，在大气中含量较少且价格较高，在大量应用时的费用较高。为解决推进剂贮箱体积过大等问题，可考虑采用固态储存等方式。缩小贮箱尺寸，降低其耐压要求。为降低推进剂费用，分析采用其他推进剂的可行性，如氩气、氪气等相对廉价的气体推进剂，或镁、铋等金属推进剂。金属推进剂需加热变成液态后才能流动，变成气态后才能供电推力器，其储存方案、长寿命金属推进剂微流量供应技术仍是研究重点。

3. 大功率高电压电能变换与供应技术

空间大功率电推进系统需要数百千瓦至兆瓦量级的功率，是目前空间应用的电推进系统的数百倍。一方面，采用核电源供电会涉及核防护问题；另一方面，电能变换与供应模块体积、质量、发热量都会很大，不利于在航天器上的集成。大功率阳极层推力器在高比冲时，电压达到上千安，兆瓦级磁等离子体动力推力器的电流达到上万安，对高电压、大电流和冗余备份提出需求。难点在于大功率电能供应技术的方案选择与优化、大功率电源变换技术、轻质化技术和热设计技术等。

4. 大功率等离子体推力器试验验证技术

大功率等离子体推力器必须在真空条件下进行试验，由于功率高达数十千瓦至兆瓦量级，相对现有主流的 5 kW 及以下功率的电推力器，其流量数倍、数百倍甚至上千倍增加，试验设备抽真空能力和尺寸要求大幅提高。此外，由于等离子体推力器寿命长达数千至上万小时，地面全寿命周期的试验对真空设备、推进剂供应、电能供应等要求极高。因此，可考虑缩比试验方法来减小试验规模，对于无法在地面试验的，考虑直接在外太空开展试验。

由于大功率等离子体推力器质量达数十千克至吨量级，而其推力在牛量级，现有直接测量推力的电磁天平推力测量装置，即使改进后，也难以承受推

力器本体的质量。因此，可考虑采用基于羽流等离子体动量的间接推力测量
方式。

|8.5　空间核推进技术|

低温化学推进方式虽然可以获得较大的推力，但比冲远远低于电推进；目前使用的霍尔和离子电推力器可以获得较高的比冲，但推力比较低；对于未来载人深空探测任务，缩短任务周期时间，减少宇航员在轨接受宇宙射线辐射的时间是至关重要的。因此，需要开发功能更强大的核推进系统。核推进技术是利用核反应或放射性同位素衰变释放的能量加热工作介质，工质通过喷管膨胀后高速排出，产生反作用推力；或者通过热电转换将核反应能转换成电能，再用电能加速带电粒子高速喷射，产生反作用推力，以此作为空间飞行器推进动力的推进技术。空间核推进系统一般包括核反应堆系统、热电转换系统、热排放系统和电－推力转换系统。核推进的工作原理如图 8－27 所示。

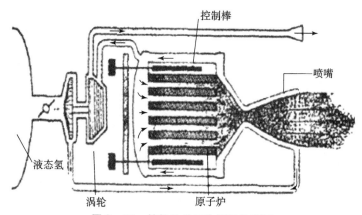

控制棒

喷嘴

液态氢

涡轮　　　　原子炉

图 8－27　核推进的工作原理示意图

（图片来源于《航天推进技术》，谭永华著）

根据核能释放方式的不同，核推进技术可分为放射性同位素衰变、核裂变型和核聚变型三种，相应的发动机也被称为放射性同位素发动机、核裂变发动机和核聚变发动机。放射性同位素发动机的工作原理是将放射性同位素衰变产生的射线转变成热能，再加热工质形成推力，适用于几周至几个月和 0.1 kg 以下的低推力状态，显然不能用作空间飞行器的动力装置。下面重点介绍核裂变推进和核聚变推进技术。

8.5.1 核裂变推进技术

根据能量的利用方式，核裂变推进可以分为核热推进、核电推进、混合核热/核电推进、核裂变碎片推进、核脉冲推进及核冲压推进等。这里主要介绍核热推进与核电推进两种基本形式。

1. 核热推进

核热推进通常采用氢气作为工质兼冷却剂。氢气具有优良的导热性能，在高温低压状态下容易离解为原子氢，并吸收大量的热量，其导热性能可与金属材料相媲美，是最好的冷却介质之一，同时由于其分子量小而成为最优良的工质。核热推进与化学火箭发动机相似，不同的是推进工质的能量由核裂变反应堆产生的热能提供，而非推进剂燃烧产生的化学能。液氢工质经泵增压后进入喷管壁夹层，在对喷管进行冷却的同时吸收热量，变成氢气并推动涡轮做功，之后进入推力室，由反应堆产生的热能进行加热。然后经传导、对流等方式传递给氢气工质，使工质温度升高，成为工质的内能。高温氢气从反应堆排出后，进入收缩扩张喷管，其内能大部分转换为定向动能，使氢气以很高的速度喷出，从而产生推力。

核热推进的反应堆按照燃料形态可分为固态堆芯、液态堆芯和气态堆芯等三种。

1）固态堆芯

固态堆芯的核燃料为固态，反应堆运行温度不能超过燃料的熔点，固态堆芯通常用含铀235或钚239的浓缩物制成。固态堆芯与陆地应用的核反应堆形态相同，燃料形状固定，易于约束，与工质分界明显，可形成固定的工质流道，便于与工质之间的传热，因此实现难度相对较小。但由于固态核燃料耐受温度较低，只能将工质加热到3 000 K左右，因此该种类型的核热推进比冲较低。

2）液态堆芯

液态堆芯的核燃料为熔融状态，不存在熔化问题，但不能汽化。由于液态堆芯的运行温度更高，可将工质加热到5 000 K左右，故可获得更高的比冲。对于液态堆芯而言，熔融状态燃料的形成、熔融状态燃料的包容和控制、工质与熔融燃料之间的高效传热等问题很难解决。

3）气态堆芯

气态堆芯的燃料为等离子气态，采用磁场等方式将燃料约束在堆芯内。气态燃料不与包容材料直接接触，因此可以达到上万K的温度，获得超过5 000 s

的比冲。气态堆芯的问题在于高温燃料难约束、燃料损失率较高,除燃料外的结构温度过高、喷管难以承受高温等。

对于液态堆芯和气态堆芯,目前仅仅开展了概念研究和理论计算,技术成熟度很低。而对于固态堆芯的核推进技术,不仅开展了大量的方案设计和理论分析,而且研发了耐高温的燃料元件,建成了地面原型样机,并进行了大量的启动运行试验,技术成熟度最高。

核热推进的优点主要是有较高的比冲,核热推进利用核裂变反应放出的热量加热氢工质,当排出气体温度达 3 000 K 时,比冲可达 9 806 m/s;反应堆工作寿命都很长(一般在 10 年以上),在寿命期内可以为推进工质提供足够的热能。但核热推进的问题是反应堆体积庞大,质量太大,使得发动机推质比最大只有 5;输出功率密度较低,平均功率密度只有 3 ~ 5 MW/L;由于材料热应力的限制,发动机的起动时间都比较长(典型起动时间在 30 ~ 60 s 的范围),致使推进剂在发动机的损耗太大。

核推进的系统组成与化学火箭的系统组成相似,图 8 - 28 给出了典型的核推进的系统组成,主要包括推进剂贮箱、辐射屏蔽、涡轮和供给系统(取决于发动机循环)、核反应堆和喷管。图 8 - 29 给出了核热推进的反应堆示意图。该反应堆由各种不同的复杂组件构成,以确定核裂变可控。其中主要的部件有:

径向反射层:位于堆芯的外侧,具有可控链式反应和减小堆芯尺寸的功能,用于将链式反应中产生的中子反射回堆芯。径向反射层应防止系统的大量泄漏,从而破坏中子平衡并确保反应堆能自行关闭。反射层由铍材料构成。

反应堆压力槽:必须确保反应堆的压力(3 ~ 8 MPa),由铝或复合材料构成,具有耐高辐射、高热流和压力的性能。在某些反应堆设计中,压力槽还具有冷却热流的作用。

慢化剂:反应堆是热型还是快堆型,取决于大多数核裂变发生时中子的能量。热反应堆中,大多数的核裂变是由能量小于 1 eV 电子伏的中子引起,核裂变反应中产生的中子的能量大多大于 1 eV 电子伏。为了减缓中子产生的数量,采用慢化剂来进行控制,慢化剂大多由低原子质量的材料(如铍、氢化锂或石墨等)构成。

燃料组件:燃料组件含有铀和推进剂/冷却剂管路,燃料产生的热传递给经由核燃料的推进剂。反射层、控制棒以及减速剂通常配置在燃料周围以保持正常的流量和对中子的控制。

控制棒或控制鼓:用于吸收中子,减缓中子运动的速度,控制反应的速度并关闭反应堆。

冷却剂管路:对冷却剂管路进行冷却并提供推进剂气体产生推力。

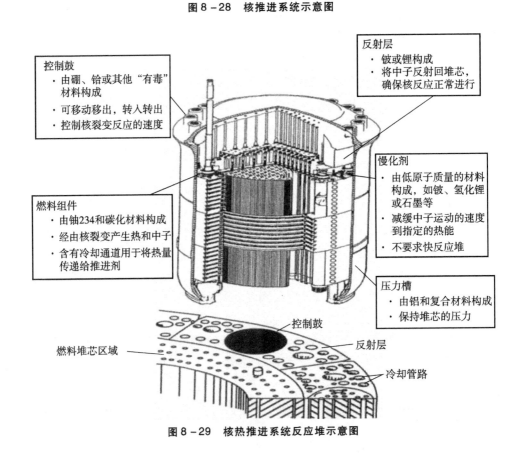

推进剂贮箱
· 存有液氧
· 可用作辐射屏蔽

辐射屏蔽
· 防止飞行器或有效载荷受到反应堆辐射
· 对中子和伽玛射线进行反射和吸收

结构安装
· 飞行器结构的接口
· 推力矢量的万向调节

核反应堆
· 对推进剂加热
· 含有燃料、减速剂、控制棒和反射器
· 到达前端的气相推进剂
· 类型：核热或快堆型

涡轮和供给系统
· 加热气体驱动涡轮
· 低密度推进剂要求涡轮减轻贮箱的质量
· 经再生冷却管或反应堆反射层后加热气体

喷管
· 钟罩形
· 再生或辐射冷却

图 8－28　核推进系统示意图

反射层
· 铍或锂构成
· 将中子反射回堆芯，确保核反应正常进行

控制鼓
· 由硼、铪或其他"有毒"材料构成
· 可移动移出，转入转出
· 控制核裂变反应的速度

慢化剂
· 由低原子质量的材料构成，如铍、氢化锂或石墨等
· 减缓中子运动的速度到指定的热能
· 不要求快反应堆

燃料组件
· 由铀234和碳化材料构成
· 经由核裂变产生热和中子
· 含有冷却通道用于将热量传递给推进剂

压力槽
· 由铝和复合材料构成
· 保持堆芯的压力

控制鼓

反射层

燃料堆芯区域

冷却管路

图 8－29　核热推进系统反应堆示意图

对于火星探测等载人深空探测任务，因受到近地轨道初始质量和任务时间的限制，故很难采用化学推进和电推进，因此采用核热推进是个重要选择。美国的载人火星探测设计参考任务 DRM-1、DRM-3、DRM-5 的系统设计中，都采用核热推进作为载人火星任务的主推进动力。在 DRA-M 任务设计中，三个推力为 111.2 kN 的核热发动机构成了通用推进舱，用于货运火星飞行和载人火星往返，单个核热推进的质量为 3.5 t。当用于载人推进时，比冲为906 s；用于货运推进时，比冲为 940 s。DRA 5.0 中的核热推进载人与货运飞行器概念示意图如图 8-30 所示。其中载人 MTV 的 IMLEO 为 356.4 t，全长96.7 m。载人 MTV 设计有人工重力环境，由三个基本部分组成：核热推进段、

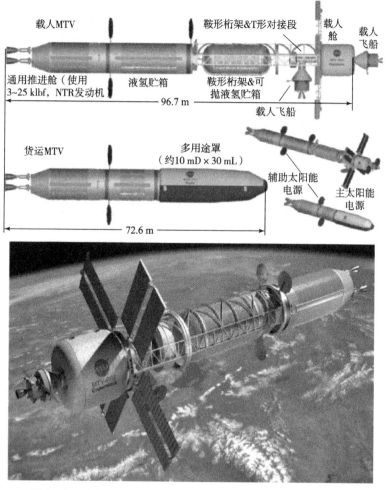

图 8-30　DRA 5.0 中的核热推进载人与货运飞行器概念示意图

（图片来源于 NASA 报告 NASA-SP-2009-566）

载人及有效载荷段、鞍形桁架与可抛液氢贮箱组合体（用于连接前后两个部分）。采用自动交会对接系统降低飞行器组装难度，采用与货运飞行器一样的核热推进舱段，每个发动机安装有辅助的辐射屏蔽装置，可为航天员提供额外的保护。与货运飞行器不同，载人飞行器安装有鞍形桁架，为在合适的时间抛掉液氢贮箱，桁架下半部分设计为开口。采用 4 个 12.5 kWe/125 m² 的矩形太阳能电池板，安装在鞍形桁架的前端，可为载人 MTV 提供约 50 kWe 的电能，用于生命支持、高速率对地通信等。

核热火箭（Nuclear Thermal Rocket，NTR）使用紧凑的裂变反应堆，采用 93% 的浓缩铀（U-235），输出热能数百兆瓦，可加热液氢工质到很高的温度以产生所需的推力。NTR 主要组成如图 8-31 所示，流经两个涡轮泵的高压液氢工质被分为两路，其中一路用于冷却加速喷管、压力阀、中子反射层、控制鼓，另一路用于冷却发动机管理系统。之后两路氢气工质合并为一路，加热后的氢气工质被用来驱动涡轮泵。经过涡轮泵之后再次绕到反应堆压力阀处，依次流经内部屏蔽、堆芯支撑结构、堆芯燃料中的冷却管路。在堆芯中，氢气吸收了大量裂变产生的热能，被加热到很高的温度（2 550~2 950 K）并在高扩张比（约 300:1）喷管中膨胀以产生推力。在这一过程中，工质的物理状态也相应地从泵出口的液态迅速转变为高温气态。

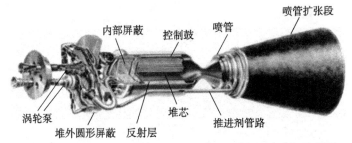

图 8-31　DRM 5.0 中载人 MTV 使用的核热推进发动机示意图

（图片来源于 NASA 报告 NASA-SP-2009-566）

发动机可通过双涡轮泵调整液氢流量来实现不同的输出功率，进而实现起动、满功率运行、关机等不同的操作。安放在堆芯周围反射层区域的多个控制鼓用于调整堆芯中的中子水平和反应堆功率。中子和伽玛射线屏蔽体内部含有冷却管路，放置于堆芯和发动机关键部件之间，防止发动机部件遭受过量的辐射加热造成材料性能的下降。

2. 核电推进

核电推进系统的本质是核能源系统与电推进系统的有机组合，也就是利用核能驱动电推进工作的系统，显然这种驱动是间接的，因为需要进行核能与电能的转换过程，其工作原理如图 8－32 所示。核电推进主要由空间核反应堆、热电转换系统、热排放系统、电源管理与分配系统、大功率电推进系统 5 部分组成，其中空间核反应堆和热电转换系统又称为空间核电源。核电推进的比冲理论上为 49 050 ~ 294 300 m/s。

核电推进

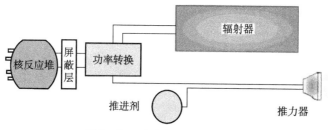

图 8－32　空间核电推进的工作原理

1）空间核反应堆

空间核反应堆是将核燃料能量转换为热能的装置，目前均为核裂变类型，包括中子增殖堆（由燃料组件、冷却剂、反射单元等组成）、反应堆控制系统和屏蔽系统三个部分。空间核反应堆有多种燃料可供选择，最常用的是 Pu－239 和 U－235，燃料丰度均在 90% 以上，以减小反应堆的质量。为了降低核反应堆跌落水中引起的核泄漏风险，通常在核反应堆中插入控制棒。此外，对于载人深空探测器，需要合理设计反应堆的屏蔽层，以降低辐射剂量。

2）热电转换系统

热电转换系统是将核反应堆产生的热能转换成电能的装置，主要有两种转换方式：静态转换和动态转换。静态转换需利用材料的物理属性将热能转换为电能（如热电子、热离子和热光子转换），转换效率为 4% ~ 10%；动态转换需利用旋转机械将热能转换为电能（如布雷顿（Brayton）、Rankine、Stirling 转换），转换效率为 10% ~ 30%。高效率、长寿命的布雷顿（Brayton）转换技术通常是兆瓦级核电推进系统的优先选择。

3）热排放系统

热排放系统是将反应堆、热电转换、电推力器和飞船电子元器件等组件产生的废热排放到宇宙中去的装置。绝大多数热电转换系统的效率低于 30%，其余热量必须排放到宇宙空间中，空间的唯一散热方式是热辐射。目前主要有三种类型的散热器：热管辐射冷却器、泵循环液态金属冷却器、液滴散热器，其中热管辐射冷却器结构简单，应用最广。

4）电源管理和分配系统

电源管理和分配系统是对核电源的电能进行集中管理，将电能分配给大功率电推进系统和载人飞船其他有效载荷的装置。大功率电源管理和分配（Power Management and Distribution，PMAD）系统设计主要关注如下性能：多次使用的可靠性、高压电或高电流使用时的安全开关电路、电源处理效率和质量功率比。

5）大功率电推进系统

大功率电推进系统是利用电能将推进剂电离并高速喷出，从而产生推力的装置。电推进系统主要由电推力器、贮供系统和电源处理单元构成，其中电推力器是核心。

采用核电推进系统运送 40 ~ 60 t 有效载荷到火星通常需要电功率 0.5 ~ 5 MW，运送 80 ~ 200 t 有效载荷到火星估计需要电功率 2 ~ 5 MW。这是一般太阳能电力推进系统难以完成的。据初步估算，功率为 10 kW 的太阳能电池，帆板面积为 593 m²（太阳能电池效率取 12.5%）。如果功率进一步增加到 100 kW，那么庞大的光照面积将给航天器的发射和轨道运行带来许多技术难题。特别是入轨后太阳帆板的伸展和控制、阳光直射的跟踪以及日食，区域内供电的维持使太阳能电力系统的比质量（单位功率的质量）大大增加，还影响航天器的整体结构。

空间核电推进不同于空间核热推进，后者是核反应堆加热冷却剂（兼做推进剂），受热气体直接从喷管射流产生推力。两者在空间计划中具有各自的应用领域，因而发挥不同的作用。空间核电推进所用的动力系统除具有提供高比冲的推力外，还可为飞行任务提供电力，因而可同时满足航天器的双重要求。空间核电推进（Nuclear Electric Propulsion，NEP）产生的推力比空间核热推进（Nuclear Thermal Propulsion，NTP）低得多，因而要求核反应堆动力系统的功率水平相对较低，但寿命却要长。这样，核电火箭中反应堆的温度比起核热火箭反应堆温度相对也较低，但通常比陆地用的核电反应堆温度高得多，关键在于在此温度下长期而可靠地运行。须知核电火箭的寿命（几年）较之核热火箭（几千秒）高出好几个数量级。核电推进系统可供选择的反应堆类型有多种，其中比功率（kW/kg）为核反应堆最重要的指标。

美国 NASA 认为，电功率为 100 kW，比质量为 40 kg/kW，寿命为 10 年的核反应堆系统也可以满足绝大多数行星际飞行任务。因此，从 1983 年开始了 SP - 100 计划，设计指标为热功率 2.3 MW、电功率 100 kW、寿命 10 年（其中满功率 7 年）、氮化铀燃料、燃料质量 190 kg、热电能量变换、辐冷器面积 106 m²、反应堆直径 35 cm、屏蔽质量 1 000 kg。技术特征：SP - 100 采用用氮化铀燃料、锂冷却、快谱反应堆，硅锗热电变换系统，钾热管辐冷器，反应堆工作在 1 350 K 以便应用低毒性材料，辐射防护屏用钨防护 γ 射线和氢化锂防护中子。SP - 100 的示意图和系统结构如图 8 - 33 和图 8 - 34 所示。

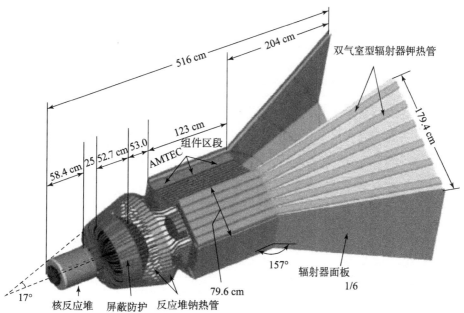

图 8 - 33　核电推进 SP - 100 示意图

（图片来源于 NASA 报告）

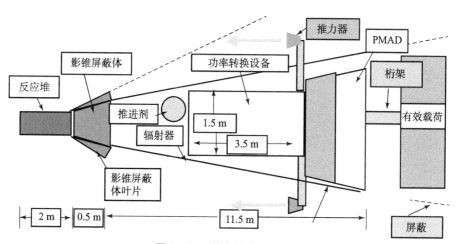

图 8 - 34　核电推进系统结构

（图片来源于 NASA 报告）

设想将 SP - 100 系统用于载人火星探测任务中的电推进载货飞行，需要的电功率在数兆瓦范围。若发射两套电功率为 2.5 MW 的斯特林发电系统，然后在轨道上与货运火星运载工具一起组装，整个组装系统质量为 635 t，有效载荷为 440 t。采用离子火箭发动机电推进，火星飞行时间为 320 天。ENABLER 是美国自 20 世纪 50 年代到 70 年代实施的空间核热推进计划（Rover/NERVA）开发的一种核反应堆发电系统。这种发电系统采用热中子反应堆，以氦 - 氙（He/Xe）为冷却剂，以石墨为减速材料，通过气体涡轮机发电。在反应堆入口与出口冷却剂的温度分别为 848 K 和 1 920 K，平均功率密度为 74 MW/m³。所用燃料基本与高温气冷堆一样，碳化锆（ZrC）包覆碳化铀（UC）的细粒燃料（直径 0.5 mm）分散在石墨基质中而制成燃料单元，大量冷却剂通过该燃料单元进行冷却。目前 NASA 已将 ENABLER 反应堆纳入先行的空间开发倡议计划，准备在 21 世纪中叶实现空间核电推进任务。

8.5.2　核聚变推进技术

聚变能是更高形式的核能利用方式。核聚变推进技术的能量来源于原子核聚变产生的能量，而要产生核聚变，需要将聚变材料在高压下保持足够长的时间，并加热到近亿度。因此，核聚变控制是核聚变推进的关键。核聚变的燃料通常为氘和氚的混合物。氘在海水里大量存在，而氚则需要人工合成。核聚变另一种燃料是氘和氦 3 的混合物，其优点是反应产物为高能离子，可以直接从喷管中喷出产生推离。

目前主要有两种实现方案：一种是惯性约束核聚变（Inertial Confinement Fusion，ICF）推进系统，也称脉冲式核聚变推进系统（Pulsed Fusion Propulsion System，PFPS）；另一种是磁约束核聚变（Magnetic Confinement Fusion，MCF）推进系统。惯性约束核聚变推进系统用燃料本身的惯性来约束它，采用激光束或中子束点燃推力室内可发生核聚变反应的物质，产生推力。由于激光束或中子束能将核物质压缩到发生聚变所需的密度和温度，此时核物质的轻原子就会转变成重原子，并释放出大量的能量。惯性约束核聚变推进系统的核聚变反应与氢弹的原理相同，但规模要小得多。磁约束核聚变推进系统的工作原理是采用微波等手段，将推进剂（氢）加热到发生聚变所需的温度，推进剂产生高温等离子体，依靠外界施加的强磁场对高温等离子进行约束、加速，产生推力。与此同时，人们在积极研究第三种核聚变方式，有效融合 MCF 和 ICF 优点的磁惯性约束聚变（Magneto - Inertial Fusion，MIF），核心思想是采用预先加热并磁化的等离子体靶，对其进行惯性压缩以实现聚变点火。对于相同规模的装置，MIF 驱动器的成本只有 MCF 和 ICF 的 1/100 ~1/10，在成本方面非常具备吸引力。MIF 包括 Z 箍缩聚变。下面重点介绍磁约束聚变探测器和 Z 箍缩聚变探测器。

1. 磁约束聚变探测器

　　NASA 格伦航天中心（Glenn Research Center，GRC）设计并研究了基于磁约束聚变（MCF）的核动力航天器，并将其命名为"发现者 2 号"。其飞行目的地为木星或者土星，携带 6 名航天员，飞行时间小于 1 年，飞船载重比大于 5%。"发现者 2 号"载人星际飞船整体构型如图 8 - 35 所示，飞船最前端是载人舱段，处于旋转状态以产生人工重力，通过中心轮毂与中心桁架相连。前端的桁架支撑两组高、低温平板式辐射器。中间桁架的外部捆绑 4 个液氢贮箱，桁架内部装有 D_3He 燃料贮箱、制冷系统，以及各种数据、电源、冷却剂和推进剂输送管路等。中心桁架的后端是布雷顿热电转换系统、供配电系统、制冷系统、启动反应堆和蓄电池等。桁架的最后端安装球形聚变反应堆、长波等离子体加热装置、磁喷管等。载人星际飞船总长 240 m，近地轨道组装好后的初始质量为 1 690 t。为减少飞船转向控制的难度，在设计过程中尽量将热电转换系统、反应堆、推进剂等大部分的飞船质量布置在接近推力矢量的方向，反应堆布置在离载人舱尽量远的地方。由于载人星际飞船的主要任务为星际巡航，因此仅设计了一个交会对接口。

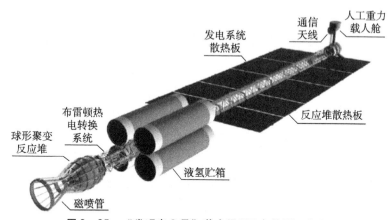

图 8 - 35　"发现者 2 号"载人星际飞船构型示意图
（图片来源于 NASA 报告）

　　载人星际飞船携带的 D_3He 燃料质量为 11 t，液氢推进剂质量为 861 t，有效载荷（包括载人舱、屏蔽、消耗品等）质量为 172 t，结构（包括中心桁架、聚变堆、磁喷管、热电转换系统、冷却系统、长波等离子体加热装置、蓄电池、电子通信系统等）质量为 646 t。整个任务先期需要 7 次发射：第 1 次将发射中心桁架、裂变堆、反应控制系统、蓄电池、通信、电子、热电转换、散热板、制冷装置、PF 线圈、燃料贮箱、燃料注入等系统，第 2 次将把聚变堆和磁喷管等发射入轨，第3次将发射整个人工重力装置，第4～7次将发射4个装满液氢的推进剂贮箱。

聚变反应堆在设计过程中秉持尽量减少反应堆质量、最大化输出功率的宗旨，聚变堆热量直接排放并且不设置包容容器。反应堆小半径为2.48 m，环径比为2，环向β加长（3:1），等离子体电流为66 MA，中心线磁场强度为8.9 T。上述条件会产生很大的环向电流（9.2 MA）。12个环向线圈用于产生环向磁场，7个极向线圈用于稳定等离子体。

聚变反应堆剖面如图8-36所示，堆的中心线为液氢流通管路，钛合金结构用于支撑感应电流线圈负载，其与液氢流通管路中间为真空间隙。支撑大电流产生环向磁场的复合结构外部包覆有高温超导线圈，结构内部有冷却通道，用于传导热量以提供低温环境。磁场的作用是约束热等离子体，使之不与第一壁接触。透过第一壁的大部分辐射被碳-石墨-W_2B_5屏蔽体吸收，第一壁为双层复合碳纤维壳体，在直接与等离子体接触的一侧壁面上涂有铍。

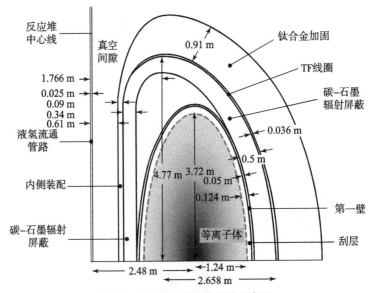

图8-36　聚变反应堆剖面示意图

反应堆的能量通过磁喷管分两步产生推力，由偏滤器出来的高能等离子体与液氢推进剂混合，在降低过热温度的同时增加推进剂质量流量。之后，推进剂通过磁喷管加速产生推力。同时，磁喷管的磁场可有效阻止高温等离子体与磁喷管线圈、喷管结构直接接触。对于完全电离的推进剂，磁喷管的磁场相当于一个容器，可有效降低主动制冷的压力。

要实现2 000～5 000 s的比冲并在数月之内飞往火星，所需的等离子体温度为数百 eV。为产生合适的比冲，进入偏滤器的高温、低数量密度等离子体必须在喷管内加速之前调整到合适的参数。该过程是通过调节从反应堆中逃离的等离子体数量来实现的，等离子体加热并电离液氢推进剂。液氢推进剂在穿过反应堆轴线过程中被中子和韧致辐射[①]加热，并将大多数的推进剂速度方向调整为反应堆轴向方向，之后进入偏滤器。

上述聚变反应堆产生的热量约 7 895 MW，其中 96% 的能量由等离子体携带，其余主要是高能中子（2.45 MeV）。75% 的能量直接用于加热液氢来产生推力（17.8 ~ 26.7 kN，比冲为 3 500 ~ 4 700 s），大部分的韧致辐射（1 016 MW）和中子辐射（307 MW）能量被反应堆吸收，由高温散热板辐射的废热约 1 119 MW，有 96 MW 的热量被用于发电，输出电能约 29 MW，可用于冷却剂/推进剂泵浦以及蓄电池充电等。发电过程中产生的 67 MW 废热由低温散热板排出。发电过程采用闭环布雷顿（Brayton）热电转换方式，热端温度为 1 700 K，氦气压强为 7.5 MPa，循环的最高最低温度比为 3.5，压强比为 4.95。聚变能的输出和利用如图 8 - 37 所示。

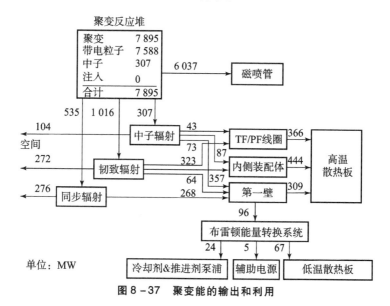

图 8 - 37　聚变能的输出和利用

① 韧致辐射：又称刹车辐射，原指高速运动的电子骤然减速时发出的辐射，后来泛指带电粒子与原子或原子核发生碰撞时突然减速发出的辐射。根据经典电动力学，带电粒子作加速或减速运动时必然伴随电磁辐射。由于电子的热运动发生碰撞而产生的韧致辐射，我们称为热韧致辐射。如果电子的加速是因为磁场的缘故，这时产生的韧致辐射称为磁韧致辐射。在天体物理学中，热韧致辐射通常指高能带电粒子在与原子核相碰撞突然减速时产生的辐射，有些 X 射线源的辐射可用韧致辐射来说明。

2. Z 箍缩聚变探测器

Z 箍缩聚变探测器主要由两部分组成：一是 Z 箍缩聚变推进部分，包括电容器组、Z 箍缩聚变磁喷管等；二是探测器主结构部分，包括桁架、辅助裂变能源系统、散热板、着陆舱、星表居住舱、原位资源利用舱等。Z 箍缩聚变探测器构型如图 8－38 所示。

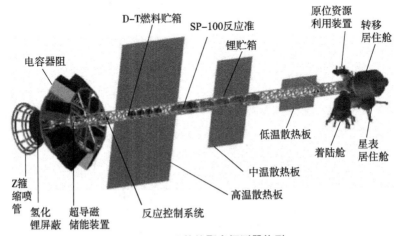

图 8－38　Z 箍缩聚变探测器构型

（图片来源于 NASA 报告）

Z 箍缩聚变发生的前提条件是等离子体在极短的时间（10^{-6}s）内通过极大的电流，该电流感生出磁场，进而压缩等离子体至聚变状态。对于聚变推进系统而言，Z 箍缩的发生需使用环形喷管，喷管内部为 D－T 燃料，喷管外部为 Li^6。其圆锥形构型可以使 D－T 燃料和 Li^6 在类似于阴极的某一点相遇，Li^6 同时作为电流回路和屏蔽层。该构型的另一优势在于中子和 Li^6 的反应会产生氚，进一步增加聚变反应输出的能量，如图 8－39 所示。

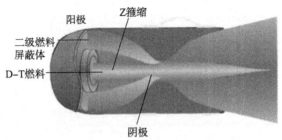

图 8－39　中心轴处的 Z 箍缩阴极

（图片来源于 NASA 报告）

假设反应过程中 Li^6 不与 D – T 燃料反应，仅增加排出物的质量。在这样的保守估计下，发动机推力可达 38 kN，比冲为 19 436 s（脉冲频率为 10 Hz），综合性能可达化学推进的 40 倍。聚变过程产生的能量通过磁喷管转化为探测器的有效脉冲，8 根通电线圈组成抛物面形磁喷管，而聚变反应的位置刚好是其焦点。每个线圈通电后会产生如图 8 – 39 所示的磁场。聚变发生后，快速膨胀的高温等离子体壳压缩磁力线至等离子体与线圈之间的环形区域。由于磁力线的压缩，作用在等离子体壳上的磁场强度增加，起到了阻止等离子体接触线圈的作用。此时，沿磁喷管轴线的反作用力作用在磁喷管上，将膨胀等离子体的动能传递给探测器。等离子体喷出后，磁力线又恢复到初始位置，在整个过程中，等离子体不断地膨胀和排出，磁场类似于做弹簧运动。而在每次的聚变反应中，必须在 100 ns 的时间内对 D – T 燃料施加很大的电流。因此，必须采用可以快速放电的低电容装置。每次聚变发生后，电容器组快速充电，为下一次聚变做好准备，其充电电能来自等离子体膨胀过程中在线圈中产生的感生电流。磁喷管的构型如图 8 – 40 所示。理论上来说，Z 箍缩聚变探测器由于采用了一种更高形式的聚变利用方式，可实现 30 天左右飞往火星，1.4 年内飞往木星。缩短飞行任务周期对载人深空探测任务的重要性不言而喻。

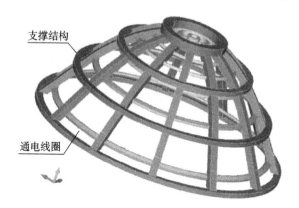

图 8 – 40　磁喷管的构型示意图

（图片来源于 NASA 报告）

8.5.3　空间核能系统的安全措施

太空核动力的安全一向是国际社会共同关心的问题。在发展和使用空间核能系统的同时，也应考虑潜在风险。除关注空间核电源本身的辐射防护外，还需特别注意防止空间核电源在地面试验、发射升空、运行状态与重返大气层时所发生的放射性物质对地球生物圈的污染。此外，也需考虑宇宙空间的绝对零

度的温度环境与宇宙流星对电源结构和运行的影响和冲击。1992 年，联合国大会通过了《关于在外层太空使用核动力源的原则》规定，有关太空核能系统的安全保障措施如下：

1. 空间核电源的安全要求

（1）发射载有核动力源的空间物体的国家应尽力保护个人、人群和生物圈免受辐射危害。载有核动力源的空间物体的设计和使用应极有把握地确保危害在可预见的操作情况下或事故情况下均低于（2）和（3）段界定的可接受水平。

（2）在载有核动力源的空间物体正常操作期间，包括从规定的足够高的轨道重返时，应遵守国际辐射防护委员会建议的对公众的适当辐射防护目标。在此种正常操作期间，不得产生显著的辐射。

（3）为限制事故造成的辐射，核动力源系统的设计和构造应考虑到国际上有关的和普遍接受的辐射防护准则。

除发生具有潜在严重放射性后果之事故的概率极低的情况下，核动力源系统的设计应极有把握地将辐射限于有限的地理区域，对于个人的辐照量则应限于不超过每年 1 mSv 的主剂量限度。允许采用若干年内每年 5 mSv 的辐照副剂量限度，但整个生命期间的平均年有效剂量当量不得超过每年 1 mSv 的主剂量限度。应通过系统设计，使发生上述具有潜在严重放射后果的事故的概率非常小。

（4）应根据深入防范的概念，设计、建造和操作对安全十分重要的系统。根据这一概念，可预见的与安全有关的故障都必须可用另一种可能是自动的行动或程序加以纠正或抵消。

应确保对安全十分重要的系统的可靠性，其办法包括使这些系统的部件具有冗余备件、实际分离、功能隔离和适当的独立。

2. 空间核推进的安全要求

（1）在方案设计中，应减小在任何发射事故中潜在的、易疏忽的启动过程，并优先在空间使用 U235 燃料和其他辐射威胁非常小的材料。

（2）在研制过程中，尽可能在各阶段采用无核化测试，强调采用已有设备和成熟部件。

（3）空间核反应堆电源只有在一定高度的轨道上才能开始启动。对地球而言，空间核反应堆电源的安全轨道是 800 km 或更高的轨道。在这些轨道上，这些装置可非能动地存储几百年。

（4）在启动前由于不成功的运输操作或运载火箭发射后发生事故，要有可靠技术措施绝对保证核反应堆的次临界深度。

（5）任务计划不允许地球再入，意外再入的概率和后果要尽量降低。

（6）空间核反应堆电源可以工作在较低的轨道，同时还要装上备用的辐射安全保证系统。

思考题

1. 在载人深空探测任务中，重型运载火箭为什么通常要选择低温发动机？其优势和代价是什么？

2. 提高低温液体火箭发动机的性能，通常有什么办法？

3. 美国 SpaceX 公司研制的 Melin 1 系列发动机，是如果用开式循环做到闭式循环发动机的性能，一举成为世界上最先进的开式循环液氧煤油发动机？

4. 空间在轨使用低温推进剂的优势和存在的关键技术难点是什么？

5. 如何才能减少低温推进剂的在轨蒸发量？

6. 实现发动机深度变推力的技术途径有哪些？有什么特点和难点？

7. 大功率电推进技术可以承担哪些载人深空探测任务？有什么难点？

8. 当前空间核推进技术的进展如何？还存在什么难点？

9. 如何保障空间核能系统的安全性？

参 考 文 献

[1] 刑继发，刘国球，黄坚定，等. 世界导弹与航天发动机大全［M］. 北京：军事科学出版社，1999.

[2] D·K·休泽尔，等. 液体火箭发动机现代工程设计［M］. 朱宁昌，等，译. 北京：中国宇航出版社，2004.

[3] 张贵田. 高压补燃液氧煤油发动机［M］. 北京：国防工业出版社，2005.

[4] 李斌，丁丰年，张小平. 载人登月推进系统［M］. 北京：中国宇航出版社，2011.

[5] 侯晓. 先进的推进系统与技术：从现在到 2020 年［M］. 北京：中国宇航出版社，2012.

[6] 谭永华. 航天推进技术［M］. 北京：中国宇航出版社，2016.

[7] 朱森元. 氢氧发动机及其低温技术［M］. 北京：中国宇航出版社，2016.

[8] 张育林. 变推力液体火箭发动机及其控制技术［M］. 北京：国防工业出版社，2001.

［9］于达仁，刘辉，丁永杰，等．空间电推进原理［M］．哈尔滨：哈尔滨工业大学出版社，2014．

［10］苏著亭，杨继材．空间核动力［M］．上海：上海交通大学出版社，2016．

［11］Демянко Ю Г，Конюхов Г В，Коротеев А С，等．核火箭发动机［M］．郑官庆，王明法，邱丙贵，译．北京：中国原子能科学研究院，2005．

［12］龙乐豪．关于中国载人登月工程若干问题的思考［J］．导弹与航天运载技术，2010，310（6）：1-5．

［13］果琳丽，张菽，高朝辉，等．21世纪国际载人航天技术发展新动向及启示［J］．航空制造技术，2008，21：26-29．

［14］果琳丽，申麟，杨勇，等．中国航天运输系统未来发展战略的思考［J］．导弹与航天运载技术，2006，281（1）：1-5．

［15］果琳丽，朱永贵．空间站天地往返运输系统初探［J］．导弹与航天运载技术，2000，243（1）：7-11．

［16］果琳丽，刘竹生，朱维增．未来运载火箭重复使用的途径选择及方案设想［J］．导弹与航天运载技术，1998，236（6）：1-7．

［17］果琳丽，刘竹生．两级入轨完全重复使用运载火箭的方案分析与轨道仿真计算［J］．导弹与航天运载技术，1998，242（6）：1-9．

［18］叶培建，果琳丽，张志贤，等．有人参与深空探测任务面临的风险和技术挑战［J］．载人航天，2016，22（2）：143-149．

［19］张贵田．液氧煤油液体火箭发动机的应用与发展前景［J］．中国航天，1994（8）：39-41．

［20］张小平，李春红，马冬英．液氧/甲烷发动机动力循环方式研究［J］．火箭推进，2009，35（4）：14-20．

［21］谭永华．中国重型运载火箭动力系统研究［J］．火箭推进，2011，37（1）：1-6．

［22］谭永华．大推力液体火箭发动机研究［J］．宇航学报，2013，34（10）：1303-1308．

［23］蔡益飞．载人登月运载火箭总体方案研究［J］．上海航天，2012，29（4）：1-6．

［24］刘登丰，黄仕启，周伟．登月舱用的深度变推下降级发动机系统方案研究［J］．火箭推进，2014，40（4）：22-28．

［25］李斌，栾希亭，张小平．载人登月主动力——大推力液氧煤油发动机研究［J］，载人航天，2011（1）：28-33．

[26] 张小平, 丁丰年, 马杰. 我国载人登月重型运载火箭动力系统探讨 [J]. 火箭推进, 2009, 35 (2): 1 – 6.

[27] 刘昌波, 兰晓辉, 李福云. 载人登月舱下降发动机技术研究 [J]. 火箭推进, 2011, 37 (2): 8 – 13.

[28] 李湘宁, 刘宇. 重型火箭下面级发动机基本参数分析 [J]. 航空动力学报, 2009, 24 (4): 938 – 944.

[29] 李湘宁, 刘宇. 重型运载火箭动力系统分析 [J]. 航空动力学报, 2010, 25 (1): 180 – 186.

[30] 孙礼杰, 樊宏湍, 刘增光, 等. 低温推进剂火箭发动机预冷方案研究 [J]. 上海航天, 2012, 29 (4): 41 – 48.

[31] 田玉蓉, 张福忠. 低温推进剂火箭发动机循环预冷方法研究 [J]. 导弹与航天运载技术, 2003 (2): 7 – 15.

[32] 钟轶魁, 陈国邦. 低温液体火箭发动机循环预冷模拟试验 [J]. 低温工程, 2001 (5): 23 – 36.

[33] 田玉蓉, 张化照. 低温推进剂火箭发动机循环预冷试验研究 [J]. 导弹与航天运载技术, 2003 (3): 42 – 50.

[34] 张亮, 林文胜. 低温推进剂双管输送循环预冷系统试验研究 [J]. 推进技术, 2004, 25 (1): 51 – 53.

[35] 王鸿奎, 杨汝平. 航天飞机外贮箱热防护系统 [J]. 导弹与航天运载技术, 2004, (4): 26 – 31.

[36] 张天平. 空间低温流体贮存的压力控制技术进展 [J]. 真空与低温, 2006, 12 (3): 125 – 131.

[37] 褚桂敏. 低温上面级滑行段的推进剂管理 [J]. 导弹与航天运载技术, 2007, (2): 24 – 29.

[38] 赵玲, 吕国志, 任克亮, 等. 再入飞行器多层隔热结构优化分析 [J]. 航空学报, 2007, 28 (6): 1345 – 1350.

[39] 刘欣, 张晓屿. 低温推进剂长期在轨蒸发量主动控制技术发展分析 [J]. 深空探测学报, 2017, 4 (3): 203 – 211.

[40] 胡伟峰, 申麟, 彭小波, 等. 低温推进剂长时间在轨的蒸发量控制关键技术分析 [J]. 低温工程, 2011 (3): 59 – 66.

[41] 胡伟峰, 申麟, 杨建民, 等. 低温推进剂长时间在轨的蒸发量控制技术进展 [J]. 导弹与航天运载技术, 2009 (6): 28 – 34.

[42] 朱洪来, 张浠昆, 张阿莉, 等. 低温推进剂在轨贮存与管理技术研究 [J]. 载人航天, 2015, 21 (1): 13 – 18.

[43] 李鹏，孙培杰，包轶颖，等. 低温推进剂长期在轨存储技术研究概述 [J]. 载人航天，2012（18）：30 – 36.

[44] 李鹏，孙培杰，盛敏健，等. 推进飞行器低温推进剂在轨贮存被动蒸发控制方案研究 [J]. 2018，24（1）：91 – 97.

[45] 冶文莲，王丽红，王田刚，等. 低温制冷机与 ZBO 存储系统耦合数值模拟 [J]. 低温与超导，2013，41（8）：19 – 23.

[46] 冶文莲，王小军，王田刚，等. 液氢贮箱零蒸发数值模拟与分析 [J]. 低温与超导，2012，40（11）：11 – 17.

[47] 杨彬. 低温推进剂在轨贮存蒸发量影响分析与数值研究 [D]. 哈尔滨：哈尔滨工程大学，2014.

[48] 张磊，潘雁频. 带有浸没喷射装置的液氢 ZBO 储箱温度场模拟研究 [J]. 真空与低温，2013，19（1）：19 – 24.

[49] 程进杰，孙郁，杨建斌，等. ZBO 存储低温储箱内的压力变化模拟分析 [J]. 低温与超导，2014，42（1）：17 – 20.

[50] 闫指江，吴胜宝，赵一博，等. 应用于低温推进剂在轨贮存的组合绝热材料综述 [J]. 载人航天，2016，22（3）：293 – 297.

[51] 张少华，张晓屿. 低温推进剂贮箱大面积冷屏热分析及成本优化 [J]. 低温工程，2017（1）：1 – 5.

[52] 张少华，曹岭，刘海飞，等. NASA 低温推进剂长期在轨贮存与传输技术验证与启示 [J]. 导弹与运载火箭技术，2017，353（3）：49 – 53.

[53] 吴建军，张育林，陈启智. 大型泵压式液体火箭发动机故障综合分析 [J]. 导弹与航天运载技术，1996，219（1）：10 – 15.

[54] 陈启智. 液体火箭发动机故障检测与诊断研究的若干进展 [J]. 宇航学报，2003，24（1）：1 – 10.

[55] 张惠军. 液体火箭发动机故障检测与诊断技术综述 [J]. 火箭推进，2004，30（5）：40 – 45.

[56] 马红宇，刘站国，徐浩海，等. 液氧煤油发动机地面试车故障监控系统研制 [J]. 火箭推进，2008，34（1）：45 – 48.

[57] 魏延明，潘海林. 空间机动服务平台在轨补给技术研究 [J]. 空间控制技术与应用，2008，34（2）：18 – 22.

[58] 刘展，厉彦忠，王磊，等. 低温推进剂长期在轨压力管理技术研究进展 [J]. 宇航学报，2014，35（3）：254 – 261.

[59] 王磊，厉彦忠，马原，等. 液体推进剂在轨加注技术与加注方案 [J]. 航空动力学报，2016，31（8）：2002 – 2009.

［60］马原，王磊，厉彦忠，等. 低温推进剂在轨加注技术与方案研究综述［J］. 宇航学报，2016，37（3）：245－252.

［61］王彩莉. 低温液体无排放加注特性的理论与实验研究［D］. 上海：上海交通大学，2011.

［62］吴文跃. 空间站的在轨推进剂再加注问题［J］. 推进技术，1988，9（2）：50－56.

［63］岳春国，李进贤，侯晓，等. 变推力液体火箭发动机综述［J］. 中国科学：技术科学，2009，39（3）：464－468.

［64］雷娟萍，马杰，刘昌波，等. 星球着陆下降发动机及我国登月下降发动机设想［J］. 火箭推进，2010，36（5）：1－6.

［65］雷娟萍，兰晓辉，章荣军，等. 嫦娥三号探测器7500N变推力发动机研制［J］. 中国科学：技术科学，2014，44（6）：569－575.

［66］段小龙，刘站国，王拴虎，等. 补燃循环液体火箭发动机大范围工况调节方案研究［J］. 火箭推进，2004（3）：1－6.

［67］张小平，李春红，马冬英. 液氧/甲烷发动机动力循环方式研究［J］. 火箭推进，2009，35（4）：14－20.

［68］徐浩海，李春红，陈建华，等. 深度变推力液氧煤油发动机初步方案研究［J］. 载人航天，2016，22（2）：150－155.

［69］谭永华，杜飞平，陈建华，等. 液氧煤油高压补燃循环发动机深度变推力系统方案研究［J］. 推进技术，2018，39（6）：1201－1209.

［70］李宗良，高俊，刘国西，等. 小行星探测电推进系统方案研究［J］. 深空探测学报，2018，5（4）：347－353.

［71］徐亚男，康小录，余水淋. 磁屏蔽霍尔推力器技术的发展与展望［J］. 深空探测学报，2018，5（4）：354－360.

［72］杨军，仲小清，裴胜伟，等. 电推进轨道转移效益与风险［J］. 真空与低温，2015，21（1）：1－5.

［73］李林凌，刘伟，赵烁. 电推进系统空间试验技术研究［J］. 航天器工程，2014，23（3）：126－132.

［74］周成，张笃周，李永，等. 空间核电推进技术发展研究［J］. 空间控制技术与应用，2013，39（5）：1－6.

［75］张郁. 电推进技术的研究应用现状及其发展趋势［J］. 火箭推进，2005，31（2）：27－36.

［76］张天平，张雪儿. 空间电推进技术及应用新进展［J］. 真空与低温，2013，19（4）：187－194.

[77] 田立成，王小永，张天平. 空间电推进应用及技术发展趋势 [J]. 火箭推进，2015，41（3）：7-14.

[78] 孙新锋，温晓东，张天平. 高功率等离子体电推进技术研究进展 [J]. 真空与低温，2017，23（6）：311-317.

[79] 杭观荣，梁伟，张岩，等. 大功率等离子体电推进研究进展 [J]. 载人航天，2016，22（2）：175-185.

[80] 汤章阳，周成，韩冬，等. 大功率轨道转移航天器全电推进系统研究 [J]. 深空探测学报，2018，5（4）：367-373.

[81] 段小龙. 载人火星计划空间推进方案的任务性能 [J]. 火箭推进，2002 （6）：42-47.

[82] 朱安文，刘磊，马世骏，等. 空间核动力在深空探测中的应用及发展综述 [J]. 深空探测学报，2017，4（5）：397-404.

[83] 徐友涛. 核热推进运载火箭技术发展综述 [J]. 国际太空，2017（9）：8-14.

[84] 周成，张笃周，李永，等. 空间核电推进技术发展研究 [J]. 空间控制技术与应用，2013，39（5）：1-6.

[85] 谢家春，霍红磊，苏著亭，等. 核热推进技术发展综述 [J]. 深空探测学报，2017，4（5）：417-429.

[86] 胡古，赵守智. 空间核反应堆电源技术概览 [J]. 深空探测学报，2017，4（5）：430-443.

[87] 洪刚，娄振，郑孟伟，等. 载人核热火箭登陆火星方案研究 [J]. 载人航天，2015，21（6）：611-617.

[88] 洪刚，戚峰，王建明，等. 载人登陆火星任务核热推进系统方案研究 [J]. 载人航天，2018，24（1）：102-106.

[89] 李永，丁凤林，周成. 深空探测推进技术发展趋势 [J]. 深空探测学报，2018，5（4）：323-330.

[90] 果琳丽，谷良贤，蒋先旺，等. 未来30年航天运载技术的发展预测 [J]. 航空制造技术，2009（18）：26-31.

[91] 李平. 中国载人航天推进技术发展设想 [J]. 火箭推进，2011，37 （2）：1-7.

[92] 李文龙，李平，邹宇. 烃类推进剂航天动力技术进展与展望未来 [J]. 宇航学报，2015，36（3）：243-251.

[93] 果琳丽，左光，孙国江. 载人深空探测发展设想及对动力技术的需求 [C]. 中国宇航学会深空探测技术专业委员会第七届学术年会，2010.

[94] Colasurdo G, Pastrone D, Casalino L. Mixture – ratio control to improve LOX/ LH$_2$ rocket performance [J]. AIAA, 1996 – 3107.

[95] Torano Y, Artiq M, Takahashi H, et al. Current study status of the advanced technologies for the J – 1 upgrade launch vehicle LOX/LNG engine [J]. AIAA, 2001 – 1783.

[96] Trinh H P. Liquid methane/oxygen injector study for potential future Mars ascent engines [J]. AIAA, 2000 – 3119.

[97] Zurbach S, Thomas J L. Recent advances on LOX/Methane combustion for liquid rocket engine rejecter [J]. AIAA, 2002 – 4321.

[98] Boccaletto L. A comparison between two thermodynamic schemes for reusable LOX/LCH$_4$ engines [J]. AIAA, 2004 – 3356.

[99] Alliot P F, Lassoudiere C F, Rualt J M. Development status of the VINCI engine for the Ariane 5 upper stage [J]. AIAA, 2005 – 3765.

[100] Rcuben S, Matthew M, Oleg S, et al. Integrated modeling and analysis for a LOX/Methane expander cycle engine: Focusing on regenerative cooling jacket design [J]. AIAA, 2006 – 4534.

[101] CraigJudd D, Buccella S, Alkema M. Development testing of a LOX/Methane engine for in – space propulsion [J]. AIAA, 2006 – 5079.

[102] Stephane D A. Transient model of the VINCI cryogenic upper stage rocket engine [J]. AIAA, 2007 – 5531.

[103] Steven J S, Jeremy W J, Joseph G Z. Design, fabrication, and test of a LOX/ LCH$_4$ RCS igniter at NASA [J]. AIAA, 2007 – 5442.

[104] Leudiere V, Supie P, Villa M. KVD – 1 engine in LOX/CH4 [J]. AIAA, 2007 – 5446.

[105] Victor J. Giulianol CECE: A deep throttling demonstrator cryogenic engine for NASA'S lunar lander [J]. AIAA, 2007 – 5480.

[106] Barsi S, Moder J, Kassemi M. Numerical investigation of LO$_2$ and LCH$_4$ storage tanks on the lunar surface [J]. AIAA, 2008 – 4749.

[107] Motil L T, Susan M M. NASA's cryogenic fluid management technology project [J]. AIAA, 2008 – 7622.

[108] Jonathan A G, Bernard F K, Frank Z, et al. Realistic near – term propellant depots: Implementation of a critical spacefaring capability [J]. AIAA, 2009 – 6756.

[109] Michael P D, Joseph D G, Louis J S, et al. Cryogenic fluid management

technology for moon and mars missions［J］. AIAA, 2009 – 6532.

［110］ Joel W R, David D S. Liquid oxygen/liquid methane ascent main engine technology development［C］. IAC, 2008.

［111］ Nakagawa R Y, Grayson S. Concept for a shuttle – tended reusable interplanetary transport vehicle using nuclear propulsion［R］. NASA TM 2006 – 0030353, 2006.

［112］ Palac D T. Nuclear electric propulsion systems for robotic and human exploration［C］. The 1st Space Exploration Conference: Continuing the Voyage of Discovery, 2005.

［113］ Drake B G. Human exploration of Mars design reference architecture 5.0［R］. NASA – SP – 2009 – 566, 2009

［114］ Miernik J, Adams R, Cassibry J. et al, Fusion propulsion z – pinch engine concept［R］. NASA TP – 2012 – 002875, 2012.

［115］ Polsgrove T, Adams R B, Fabisinski L, et al. Z – pinch pulsed plasma propulsion technology development, NASA TP – 2011 – 0008519［R］. Washington: NASA, 2011.

［116］ Hastings L J, Plachta D W, Salerno L, et al. An overview of NASA efforts on zero boil – off storage of cryogenic propellants［J］. Cryogenics, 2001, 41 (2002): 833 – 839.

［117］ DeKruif J S, Kutter B F. Centaur upper stage applicability for several day mission durations with minor insulation modifications［C］. 43th AIAA/ASME/SAE/ASEE Joint Propulsion Conference & Exhibit. Cincinnati, 2007.

［118］ Michael D, Kirk A, Bernard K. Design and development of an in – space deployable sun shield for the atlas centaur［C］. AIAA Space 2008 Conference & Exposition, 2008.

［119］ Plachta D W, Christie R J, Jurns J M, et al. ZBO cryogenic propellant storage applied to a Mars sample return mission concept［J］. Advances in Cryogenic Engineering: Transactions of the Cryogenic Engineering Conference, 2006, 56: 205 – 212.

［120］ Doherty M P, Gaby J D, Salerno L J, et al. Cryogenic fluid management technology for Moon and Mars missions［C］. AIAA SPACE 2009 Conference & Exposition, 2009.

［121］ Kyle C, Sarah K, Justin K. Cryogenic fluid storage for the mission to Mars

[D]. USA: Texas Tech University, 1999.

[122] Nast T, Frank D. Cryogenic propellant boil – off reduction approaches [C]. 49th AIAA Aerospace Sciences Meeting including the New Horizons Forum and Aerospace Exposition, 2011.

[123] McLean C H, Mills G L, Riesco M E. Long term space storage and delivery of cryogenic propellants for exploration [C]. 44th AIAA/ASME/SAE/ASEE Joint Propulsion Conference & Exhibit, 2008.

[124] Hastings L J, Hedayat A, Brown T M. Analytical modeling and test correlation of variable density multilayer insulation for cryogenic storage [R]. USA: NASA, 2004.

[125] Christie R J, Plachta D W. Zero boil – off system design and thermal analysis of the bimodal thermal nuclear rocket [J]. Space Technology & Applications International Forum – Staif, 2006, 813 (1): 494 – 501.

[126] Haberbusch M S, Nguyen C T, Stochl R J, et al. Development of novent liquid hydrogen storage system for space applications [J]. Cryogenics, 2010 (50): 541 – 548.

[127] Panzarella C H, Kassemi M. Comparison of several zero – boil – off pressure control strategies for cryogenic fluid storage in microgravity [J]. Journal of Propulsion and Power, 2009, 25 (2): 424 – 434.

[128] Panzarella C, Plachta D, Kassemi M. Pressure control of large cryogenic tanks in microgravity [J]. Cryogenics, 2004, 44 (6): 475 – 483.

[129] Hastings L J, Tucker S P, Flachbart R H. Marshall space flight center in – space cryogenic fluid management program overview [R]. USA: NASA, 2005.

[130] Ryan H, Robert K, Gary O N. Thermal optimization and assessment of a long duration cryogenic propellant depot [C]. 50th AIAA Aerospace Sciences Meeting including the New Horizons Forum and Aerospace Exposition, 2012.

[131] Plachta D, Kittel P. An updated zero boil – off cryogenic propellant storage analysis applied to upper stages or depots in an LEO environment [R]. AIAA, 2002.

[132] Lin C S, Van Dresar N T, Hasan M M. A pressure control analysis of cryogenic storage systems [C]. AIAA/SAE/ASME/ASEE 27th Joint Propulsion Conference, 1991.

[133] Lin C S, van Dresar N T, Hasan M M. Pressure control analysis of cryogenic

storage systems [J]. Journal of Propulsion and Power, 2004, 20 (3): 480 - 485.

[134] Guernsey C S, Baker R S, Plachta D. Cryogenic propulsion with zero boil - off storage applied to outer planetary exploration [C]. 41th AIAA/ASME/ SAE/ASEE Joint Propulsion Conference & Exhibit, 2005.

[135] Zakar D R, Baldauff R W, Hoang T T. Cryogenic loop heat pipe for zero - boil - off cryogen [R]. AIAA, 2015.

[136] Ho S H, Rahman M M. Three - dimensional analysis for liquid hydrogen in a cryogenic storage tank with heat pipe - pump system [J]. Cryogenics, 2008 (48): 31 - 41.

[137] Ho S H, Rahman M M. Transient analysis of cryogenic liquid hydrogen storage tank with intermittent forced circulation [J]. Journal of Thermophysics and Heat Transfer, 2010, 24 (2): 374 - 380.

[138] Plachta D W, Johnson W L, Feller J R. Cryogenic boil - off reduction system testing [R]. AIAA, 2014.

[139] Haberbusch M S, Nguyen C T, Stochl R J, et al. Development of liquid hydrogen storage system for space applications [J]. Cryogenics, 2010 (5): 541 - 548.

[140] Howard F, Brian L, Mark V. Liquid oxygen/liquid methane integrated propulsion system test bed [C]. 47th AIAA/ASME/SAE/ASEE Joint Propulsion Conference & Exhibit, 2011.

[141] Chato D J. Cryogenic technology development for exploration missions [C]. 45th AIAA Aerospace Sciences Meeting and Exhibit, 2007.

[142] Astorg J M, Louaas E. A cooperation between Europe and Russia to prepare future launchers [C]. 57th Internation Astronautical Congress, 2006.

[143] Stone R. Altitude testing of LOX—Methane rocket engines at ATK GASL [J]. AIAA, 2008 - 3701.

[144] Edwards T, Meyer M L. Propellant requirements for future aerospace propulsion systems [C]. The 38th AIAA/ASME/SAE/ASEE Joint Propulsion Conference and Exhibit, 2002.

[145] Krejci D, Woschnak A, Scharlemann C, et al. Performance assessment of 1 N bipropellant thruster using green propellants H_2O_2/Kerosene [J]. Journal of Propulsion and Power, 2013, 29 (1): 285 - 289.

[146] Powell O A, Miller J E, Dreyer C, et al. Characterization of hydrocarbon/ni-

trous oxide propellant combinations [C]. The 46th AIAA Aerospace Sciences Meeting and Exhibit, 2008.

[147] Taylor R. Safety and performance advantages of nitrous oxide fuel blends (NOFBX) propellants for manned and unmanned spaceflight applications [C]. The 5th IAASS Conference, 2012.

[148] Drake B G. Human exploration of Mars design reference architecture 5.0 [R]. NASA – SP – 2009 – 566, 2009.

[149] Joseph R. Cassady R H. Frisbee. recent advances in nuclear powered electric propulsion for space exploration [J]. Energy Conversion and Management, 2008, 49 (3): 412 – 435.

[150] Ponamarev – Stepnoi N N. Russian space nuclear power and nuclear thermal propulsion systems [J]. Nuclear News, 2000, 43 (2): 3346.

[151] Randolph T, Polk J. An overview of the Nuclear Electric Xenon Ion System (NEXIS) activity [C]. The 40th AIAA/ASME/SAE/ASEE Joint Propulsion Conference and Exhibit, 2004.

[152] Rachuk V S, Gomcharov N S. Design, development and history of the oxygen/hydrogen engine RD – 0120 [R]. AIAA, 95 – 2540.

[153] Chato D J, Martin T A. Vented tanks resupply experiment: Flight test results [J]. Journal of Spacecraft and Rockets, 2006, 43 (5): 1124 – 1130.

[154] Motil S M, Kortes T F, Meyer M L, et al. Concept design of cryogenic propellant storage and transfer for space exploration [C]. Naples: 63rd International Astronautical Congress, 2012.

[155] Christie R J, Plachta D W, Guzik M C. Integration of a reverse turbo – brayton cryocooler with a broad area cooling shield and a heat pipe radiator [C]. Daytona Beach: Presented at Thermal & Fluids Analysis Workshop, 2013.

[156] Hartwig J, Chato D, McQuillen J, et al. Screen channel liquid acquisition device outflow tests in liquid hydrogen [C]. Girdwood: Presented at the 25th Space Cryogenics Workshop, 2013.

[157] Hastings L J, Hedayat A, Brown T M. Analytical modeling and test correlation of variable density multilayer insulation for cryogenic storage [R]. Alabama, USA: Marshall Space Flight Center, NASA/TM – 2004 – 213175, 2004.

[158] Myers R M, Mantenieks M A, LaPointe M R. MPD Thruster Technology [M]. Washington: National Aeronautics and Space Administration, 1991.

［159］ Lev D. Investigation of efficiency in applied field magneto – plasma dynamic thrusters ［R］. Dissertations & Theses – Grad-works, 2012.

［160］ Tang R, Gallimore A D, Kammash T. Design of an ECR gas dynamic mirror thruster ［R］. Michigan：IEPC – 2009 – 210, IEPC – 2009.

［161］ Palac D T. Shrinking the solar system：Nuclear electric propulsion systems for robotic and human exploration ［J］. AIAA, 2005 – 2560.

［162］ Falck R D. Optimization of low – thrust spiral trajectories by collocation ［J］. AIAA, 2012 – 4423.

［163］ Landau D. Electric propulsion system selection process for interplanetary missions ［J］. AIAA, 2008 – 7362.

［164］ Squire J P. VASIMR VX – 200 operation at 200 kW and plume measurements：Future plans and an ISS EP test platform ［J］. IEPC, 2011 – 154.

［165］ Frisbee R H. The nuclear – electric pulsed inductive thruster (NuPIT)：Mission analysis for prometheus ［J］. AIAA, 2005 – 3892.

［166］ Chang F R. Fast power – rich space transformation, key to human space exploration and surival ［R］. IAC – 02 – Q. 6. 05, 2002.

［167］ Smith B K. Advancementfo a 30 kW solar electric propulsion system capability for NASA human and robotic exploration mission ［C］. IAC, 2012.

［168］ Misuri T. Rencet developments in high power electric propulsion outcomes of HIPER project activities ［R］. IAC2012 – C4. 4. 1, 2012.

［169］ Goebel D M. Discharge chamber performance of the NEXIS ion thruster ［J］. AIAA, 2004 – 3813.

［170］ Foster J. The high power electric propulsion (HiPEP) ion thruster ［J］. AIAA, 2004 – 3812.

［171］ Pluta P R, Smith M A, Matteo D N. SP – 100, a flexible technology for space power from 10s to 100s of kWe ［C］. Energy Conversion Engineering Conference, 1989.

［172］ Petrosky L. Scaling laws of prismatic solid fuel nuclear rocket engines ［R］. AIAA – 91 – 2337.

［173］ Nelson K W, Simpson S P. Engine system model development for nuclear thermal propulsion ［R］. AIAA 2006 – 5087.

第 9 章

原位资源利用

载人深空探测任务是一项非常复杂的航天工程，涉及许多制约因素，比如政治因素、技术因素、经济因素、社会因素以及确保人类长期航天飞行安全的因素，实现起来难度较大。其中最核心的消极因素就是任务成本，人类在登陆及定居火星所需付出的巨资代价将远远超过目前任何航天任务。而原位资源利用技术（In‑Situ Resource Utilization, ISRU）将能显著降低任务成本，因此当前广受人们的关注。本章重点论述原位资源利用技术，这是被视为人类建立月球/火星基地，实现永久定居的核心关键技术。但也正如其他的新技术一样，假设我们想要在未来30年内能够真正实现它，就必须从今天开始着手准备。

9.1　原位资源利用的概念

　　原位资源利用（ISRU）是指利用地外天体上天然或人类发射的着陆在天体上的废弃航天器资源，制备出可维持人类长期在地外天体生存的产品和服务的技术，从而减少载人深空探测任务从地球出发所需携带物质（如消耗品、推进剂、建筑材料等）的需求，显著降低短期或长期有人参与深空探测任务的成本和风险。例如，在火星表面利用原位资源生产 25 t 氧气，则可节省至少 250 t 近地轨道出发质量，从火星表面到近地轨道间的运输效率比达到 1∶10，这是一个非常可观的数据。同时，在火星表面停留的时间越长，ISRU 的意义就越大，因此充分利用地外天体上的资源进行生产和开发利用，形成自给自足的资源利用能力，是实现载人月球/火星探测任务长期可持续发展的关键。

　　ISRU 技术理论上来说包括对目的地勘测、勘探和测绘，资源获取，加工和生产，以及制造产品与基地设施安置 4 个部分。其中对目的地勘测、勘探和测绘是指确定可利用资源的过程，主要通过无人探测任务来完成；资源获取是指对原始天体资源的采集和预处理过程；加工和生产是指将原始天体资源制备成飞行器的推进剂、人员生命保障消耗品及基地建筑材料等物质的过程；制造产品与基地设施安置是指支持原位资源利用的工厂和配套设备的组装及安装等过程。

　　针对保障人员生命安全所必需的生保消耗品问题，需要重点关注的是地外天体表面资源的提取、收集与生产、储存、运输及利用等；针对推进剂的原位制造，需要重点关注火星表面的推进剂原位制造、储存、运输和加注等问题；针对基地建筑材料的原位制造，需重点关注土壤或岩石的烧结、浇筑及成型等问题。在载人火星探测任务上使用 ISRU 技术比在载人月球探测任务上使用 IS-RU 技术更有价值，掌握 ISRU 技术是进行火星及以远的地外天体载人探测活动的必备能力。

|9.2　原位资源利用的需求|

9.2.1　生保消耗品的需求

正如本书第 4 章中表 4 - 1 所示，人类长期生存是离不开空气（氧气）和水的，每人每天维持生命消耗量值是 31 kg，这里仅考虑了氧气消耗量，若将其折算成空气消耗量，还需增加 2.6 kg 的稀释气体（如氮气），这样每人每天维持生命的消耗量是 33.6 kg。假设有一个 6 人乘组飞往火星，地火往返的任务周期是 900 天，其中火星表面停留 600 天。那么在这个 6 人乘组的载人火星探测任务中，需要的所有消耗品质量 = 6 × 900 × 33.6 ≈ 200（t）。按照火星表面到近地轨道的质量折算比 1 : 10 计算，这就要求近地轨道初始总质量（Initial Mass in LEO，IMLEO）至少超过 2 000 t。如果这些消耗品不进行再生循环利用，同时在火星上无法进行水的原位制造补给，那么单单是发射维持乘员生命健康的消耗品就需要使用约 13 枚重型运载火箭。很明显，生保消耗品的质量在载人火星探测任务中占有较高比例，这样的任务实际上是不可能实现的，因此进行生保消耗品的再生循环利用和火星水资源的 ISRU 是实施载人深空探测任务的关键。

能够被循环利用的生保消耗品主要是空气和水。对于任何一个可再生的载人环境控制与生命保障系统（ECLSS），除了考虑空气和水能够循环再利用的比例，还需考虑提供可再生功能的 ECLSS 系统的设备质量。通过可再生利用消耗品的比例，计算出在消耗品循环利用的过程中需要进行补给的消耗品质量。

在 6 人乘组的载人火星探测任务中，针对再生空气和水的 ECLSS 系统，需重点关注以下 5 项指标：

（1）6 人乘组在执行任务阶段内的消耗品总需求量（M_T）。

（2）提供可再生功能的 ECLSS 设备质量（M_{PP}）。

（3）再生循环利用百分比（R_P）。

（4）给循环利用过程中损失的消耗品进行补给的备份量：

$$M_B = (100 - R_P) M_T / 100 \qquad (9-1)$$

（5）在执行任务阶段内能够提供消耗品的总需求量 ECLSS 的系统质量。

（系统质量 + 备份质量）：$M_{LS} = M_{PP} + M_B$ $\qquad (9-2)$

其中比较有意义的一个比值是 M_T / M_{LS}，它表示消耗品总需求量在 ECLSS 系统中的占比，这个数值越大，说明系统效率越高。

假设载人火星探测飞行器上的 ECLSS 系统采用先进的再生式生命保障系统，只对水、空气进行循环利用，食物、废物及热管理等系统的物质都不再循环利用；同时，假设在短时间的火星上升和下降任务中不进行 ECLSS 的再循环利用，那么可以得到 6 人乘组消耗品质量估算值，如表 9 - 1 所示。本表数据来源于参考文献 [2]。

表 9 - 1　对 6 人乘组的载人火星探测任务的消耗品质量估算值

任务飞行阶段	火星转移	下降	火星表面停留	上升	地球返回
周期/天	180	15	600	15	180
水的需求 = M_T/t	29	2	100	2	29
水管理单元质量/t	1.4	—	4.1	—	1.4
水的再生利用率/%	>99	—	94	—	>99
水补给的质量/t	0.3	—	6.3	—	0.3
ECLSS 水管理的总质量 = M_{LS}/t	1.7	2	10.4	2	1.7
水：M_T/M_{LS} 比值	17	1	10	1	17
空气的需求 = M_T/t	4	0.9	12	0.9	4
供气管理单元质量/t	0.5	—	1.3	—	0.5
空气的再生利用率/%	83		76		83
空气补给的质量/t	0.7		2.9		0.7
ECLSS 供气管理的总质量 = M_{LS}/t	1.2	0.9	4.2	0.9	1.2
空气：M_T/M_{LS} 比值	3	1	3	1	3
食物/t	1.6	0.15	5.4	0.15	1.6
废物处理物品/t	0.5	0.05	1.8	0.05	0.5
带向火星的总质量/t	5.0	3.1	21.8	3.1	5.0
由 LEO 到各轨道面的"运输效率系数"	3	9.3	9.3	76/34/0[a]	18
ECLSS 系统折算到近地轨道的出发总质量 IMLEO/t	15	29	203	235/102/0[a]	90

注：A/B/C[a]：（A）假设上升到火星椭圆轨道所使用的推进剂来自地球；（B）假设上升到火星圆轨道所使用的推进剂来自地球；（C）假设上升所使用的推进剂来自火星 ISRU。

从表 9-1 的分析计算可以得出以下结论：

（1）消耗品中占比例最大的是航天员在火星表面任务期间 600 天的生保消耗量。

（2）虽然生命保障品的种类比较多，但水在整个任务周期间的消耗量是占比最大的。

（3）采用 ECLSS 系统的再生循环利用技术后，折算出的 IMLEO 比不采用再生循环利用技术的 ECLSS 的 IMLEO 质量大大降低。

（4）在此基础上如果还能从火星 ISRU 中制造出推进剂补给到火星着陆器的上升级中，则将进一步降低 IMLEO 质量。

虽然以上假设估算中并没有考虑 ISRU 和 ECLSS 系统的冗余备份与维修更换问题，但是通过表 9-1 的数据对比，仍然能够清楚地得知在载人火星探测任务中，在火星表面居住的时间越长，对 ECLSS 系统的再生循环利用能力和 ISRU 的能力就要求越高。

当前学术界普遍认为，采用火星 ISRU 技术可以降低在火星表面长期生存期间进行水和氧气循环利用的难度，而水和空气的再生利用率控制在 90% 以上时技术难度比较大，且与 ECLSS 系统的使用寿命及可靠性紧密相关。因此针对载人火星探测表面停留 2 年以上的长周期任务，采用 ISRU 技术利用火星当地资源来制备水和空气，比确保 ECLSS 系统的可靠性以及提高水和空气再生控制率往往更容易实现。

9.2.2　化学推进剂的需求

从表 9-1 中也可以看出，如果能利用火星大气资源进行 ISRU，生产载人火星着陆器的上升级所需的推进剂，大约可减少 200 t，折算到 IMLEO 质量，至少可节约 2 枚重型运载火箭。此外，在载人火星基地任务中，还需要大量的人机联合探测设备，如火星运输车、火星飞行器等，这些设备除利用太阳能、风能和空气动力之外，最重要的能源就是火星 ISRU 制造出的推进剂。因此学者们普遍认为，火星上采用 ISRU 制备推进剂的能力也决定了这些人机联合探测设备在火星表面的机动能力。

在火星的大气中 95% 以上都是 CO_2，如果采用 ISRU 技术将 CO_2 制备为发动机的推进剂，如氧化剂液氧 O_2 及燃烧剂甲烷 CH_4，那么就可以给着陆器上升级使用的液氧甲烷发动机提供补给推进剂。美国"星座计划"的 Altair 载人登月着陆器的发动机之所以选择液氧甲烷方案，就是基于这种理论，目的是作为载人火星着陆器发动机技术的先期验证机。此外，俄罗斯研究院学者提出，也可以设计一种火星任务用的吸气式发动机，将火星大气中的 CO_2 与机载燃料进行混合燃烧，例如让 CO_2 跟镁和铝反应进行燃烧，就像地球上飞机使用的涡轮喷气发动机或冲压发动机一样。CO_2 跟镁和铝燃烧产生的氧化物具有较高的热焓值，可获得的理想比冲在 200 ~ 230 s。这些研究证明了 ISRU 原位生产推进剂理论的可行性，当然还包括点火、镁或铝颗粒的氧化过程及燃烧稳定性等问题需要解决。

此外，火星及月球的南北极等都被认为有水冰的存在，如果能将水冰中的水提取出来，电解产生 O_2 和 H_2，那么只需解决低温储存的问题，就可给液氢液氧低温发动机提供推进剂。通常使用液氢液氧低温推进剂的发动机比冲可达到 460 s，而使用液氧甲烷推进剂的发动机比冲仅为 380 s。

9.2.3　建筑材料等生活用品的需求

以载人月球探测任务为例，月球可以利用的资源除了水冰之外，还有月壤。月壤分布广泛且含有大量的矿物质，既可作为月面建筑材料，也可提炼出多种金属物质（包括钛、铁、镁等）以及非金属物质（如氢、氧、硅等）。以建设月球基地为例，如果人类想长期在月球表面生存并进行矿产开发等活动，就必须解决基地建筑材料的制备及安全防护的问题。月球混凝土是月球基地建设的首选材料，混凝土由水泥和填充材料混合构成，其优点是在月球环境温度下强度高、密度低、热和电的绝缘性高、不可燃、无毒。除水之外，其他材料均可从月壤中获取，混凝土可作为在月球上修建月球基地以及其他月面基础设施的重要建筑材料。月壤中的化学成分二氧化硅、氧化铝、氧化钙的含量均达到普通建筑陶瓷的要求，因此可直接利用月壤作为主要原料制备建筑用的砖。

此外，人类居住过程中各类生活用品，比如餐具、窗玻璃以及容器等，也可考虑利用月壤来进行原位制造。月壤的主要成分为氧化硅、氧化钙、氧化铝、氧化镁、氧化亚铁以及少量的氧化钠、氧化钛，这些原料及月壤中的玻璃质原料均可制成玻璃纤维。制备玻璃纤维是很成熟的传统工艺。由于玻璃产品的加工生产不需要水的参与，原料也是就地取材，因此月球上人类的生活用品可以玻璃材质为主。

美国 NASA 的研究者们在长期研究后认为，ISRU 技术减少了维持月球/火星基地所必须从地球携带的补给需求，并帮助发展不依赖地球指控而独立自主运营的基地。尤其是基地的运营时间越长，基地的人员规模越大，对补给品的需求就越强烈，因此 ISRU 体现出的价值就越突出。

|9.3 原位资源利用的价值|

当前人类对宇宙空间资源的利用主要是利用太阳能来发电，如果能在载人月球或者火星探测任务中充分利用月球或者火星的水冰、大气、土壤等物质来制造生保消耗品、推进剂或者建筑材料及生活用品等，就能够降低从地球携带的补给物质需求量，从而显著降低任务成本。然而，由于 ISRU 技术成熟度并不高，也有很多人质疑研发 ISRU 投入的资金是否能够抵得上制造出的产品价值？对此疑问分析如下：

首先，对于无人月球/火星探测任务，ISRU 肯定没有什么价值，因为不补给对系统的规模影响也不大。但在载人任务中，由于人的存在导致飞行器系统规模较大，随着任务周期的增加，生保消耗品的质量也增加，所以 ISRU 技术才显得非常必要。面对 ISRU 性价比这个颇具争议性的话题，先分析一下对ISRU技术的投入资金，主要包括以下几个方面：

（1）对目的地勘测、勘探和测绘的费用。这部分费用主要是依靠机器人探测任务来完成的，纵然人类对月球和火星已经有了初步的认识，但对于准确掌握月球、火星的资源分布和丰度的情况，并进行大规模开发和利用，还有相当距离。

（2）研发 ISRU 技术和设备的费用。由于 ISRU 技术成熟度比较低，人类通过采样得到的月球土壤岩石的样品数量有限，时至今日尚未从火星采样返回过，因此目前对月球及火星 ISRU 设备开发大都采用的是模拟样品，在ISRU技术真正成熟及投入到工程使用之前的研发费用还是相当可观的。

（3）实际使用 ISRU 技术时配套设备的研发费用。例如，用 ISRU 技术生产出的 H_2 和 O_2 等，在月球或者火星表面低温储存时需要的贮箱、推进剂的输送和加注设备等；配套的能源设备，让 ISRU 系统正常工作的能源主要有太阳能、核能及风能等，确保 ISRU 系统正常工作的能源系统需较大功率，同时系统可靠性要求高，因此开发这类设备的研发费用也比较可观。

（4）ISRU 及配套设备的维修维护费用。所有 ISRU 设备的使用寿命都是有限的，设备到了年限后必须进行定期维修和更换，即便在有人参与条件下的维修和维护，也需要相应的配套设备和经费。

其次，采用 ISRU 技术制备的产品主要有生命保障消耗品、飞行器的推进剂、建筑材料和生活用品等。那么怎样衡量投入的费用和生产出的产品价值之间的大小呢？目前学术界通用的办法就是都折算成质量规模，折算到地球近地轨道初始总质量（IMLEO），最终折算成需要的重型运载火箭规模和发射次数，以此来判定是否能有效降低发射任务费用。这其中还有一个重要的因素就是基地的使用寿命，通常基地的寿命越长，人在基地执行任务的时间越长，需要补给的物质消耗量就越大；而同一套 ISRU 设备自身的寿命越长，需要维修和维护的周期越长，那么 ISRU 的价值就越明显。针对不同类型的基地，存在一个平衡点。超过这个平衡值越大，ISRU 的价值就越大。

这个情况类似于可重复使用航天飞机的效费比关系，重复使用的次数越多，越能平衡掉前期投入的研发费用，如当前国际上第二代载人飞船都设计为可重复使用 10 次的载人飞船，但最终能否达到降低运输成本的目标，还与具体的重复使用方案有关，就像美国 SpaceX 公司开发的可重复使用的 Falcon 9 火箭和载人龙飞船一样，它们的经济效益比美国当年的航天飞机要好很多，因为不同的方案研发投入的差别也是很大的，SpaceX 公司认为载人龙飞船只需重复使用 10 次就能收回前期研发成本。

最值得一提的是，由于火星距离地球遥远、飞行任务周期长，从地球的后勤补给困难以及火星比月球可利用资源更丰富等因素，研究表明火星 ISRU 的价值将远远超越月球 ISRU 的价值。

9.4　原位资源利用的过程

原位资源利用可以分为 5 个过程，即资源探测、资源开采、资源运输、资源提取与生产、产品储存。

1. 资源探测

资源探测是进行资源利用的第一阶段，主要目的是对资源的类型、分布进行全面的评估。资源探测从无人遥感探测任务到载人探测任务将持续不断地开展，资源探测范围不断扩大，探测手段也日趋丰富，人们对资源的认识也不断增加。例如，在月球基地任务时期，对月球资源的探测将表现出全方位的模式，包括卫星及其星座的遥感探测、机器人就位探测等。其中机器人探测是在航天员或者自主系统的监控下进行月面资源的采样和分析，为月球资源的开发和利用提供数据。

2. 资源开采

资源类型多样，形态各异，分布范围和纵深也有所不同，因此资源的开采形式也不相同，如资源挖掘开采、深层资源钻取开采、水冰与气态资源的收集等。资源开采工作需要大型作业机械的支持。资源开采主要包括开发资源确定、设施部署、启动开采系统、实施开采等。

3. 资源运输

资源运输包括资源的封装与运输，是连接资源开采和利用的纽带。由于月球昼夜温差大，环境变化快，因此需要利用封装设备对资源进行封装处理，避免资源遭受污染或发生相应变化。通过资源运输，将开采的资源运送到指定的加工场所进行生产加工，以获得基地所需要的资源产品，涉及的作业系统包括载重运输车等。

4. 资源提取与生产

月球及火星的资源丰富多样，形态各异，因此需进行资源的分离工作，获取要进行处理的目标资源，然后利用物理、化学等手段对资源进行提炼并利用专业的资源提炼及生产设备，制造出基地所需要的产品。

5. 产品储存

对生产出来的水、氧、氢等各种产品进行封装储存，需要考虑月球及火星独特的空间环境。

ISRU全部过程均由航天员负责监控与管理，部分设备需通过航天员亲自来完成操作，一旦设备出现故障，航天员参与维修作业。以月球原位资源利用技术为例，月球原位资源就地探测与利用流程如图9-1所示，具体包含的月球原位资源利用设备如下：

（1）月球探测机器人：用于月球资源探测和评估。

（2）挖掘机/钻进车等月面资源开采设备：主要用于月球资源的开采。

（3）载重运输月球车：用于月面开采资源的封装与运输。

（4）资源分离与提炼设备：用于水资源、氧资源、氢资源、He$_3$资源等的制备。

（5）封装储存设备：用于原位制造出产品的封存。

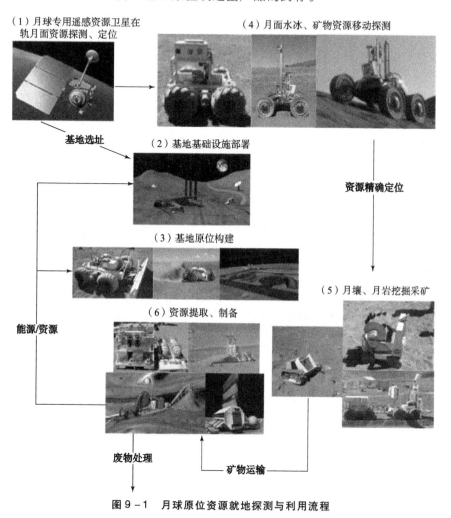

图 9 - 1　月球原位资源就地探测与利用流程

|9.5　原位资源利用的探测|

原位资源探测方法主要包括地表观测、轨道探测和地表调查。地表观测能够对月球/火星的空间环境资源进行宏观探测，如太阳辐射、宇宙微波等。轨道探测可以通过卫星遥感技术对月球/火星的表面资源分布、储量等信息进行粗略估计。地表调查是在月球/火星地表进行就位勘察，这种调查最为直接与详细，但其效率较低，通常在月球/火星的全球普查取得一定成果时进行。

另外，月球/火星表面矿物资源的品位、分布和储量情况是选择探测器着陆点及基地选址的重要依据，同时也是资源采集、转化与利用的前提条件，对整个载人深空探测任务的实施有着至关重要的作用。自 20 世纪 50 年代起，美、俄等航天大国针对月面资源开展了一系列的卫星遥感探测以及发射探测器，开展登月/登火等实地探测活动，初步探测出月球/火星资源的分布与储量。载人深空探测任务的重点是开展基于人机联合的矿物资源探测活动，对探测矿物资源的品位做分布式在线分析，并据此精确评估矿物资源储量与分布情况，为未来对矿物资源采集与利用奠定基础。图 9-2 所示为月面矿物资源品位、分布与储量探测及评估方法，图 9-3 所示为月球/火星资源调查方案流程。

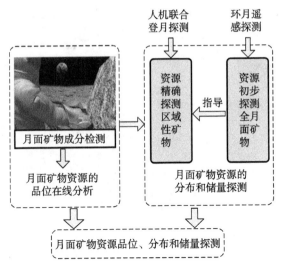

图 9-2　月面矿物资源品位、分布与储量探测及评估方法

9.5.1　资源品位分析

月球/火星矿物资源成分检测是其品位分析的重要步骤。针对地面矿物的成分分析，传统的化学方法先要对样品进行熔融、水提、酸化、沉淀、分离、定容等前处理，然后采取滴定法、分光光度法、原子吸收法及等离子体发射光谱法等对不同成分进行分析。这些方法存在分析周期长、操作步骤复杂、使用仪器多、人为误差大、工作效率低、工作强度大等缺点。X 射线荧光光谱法是

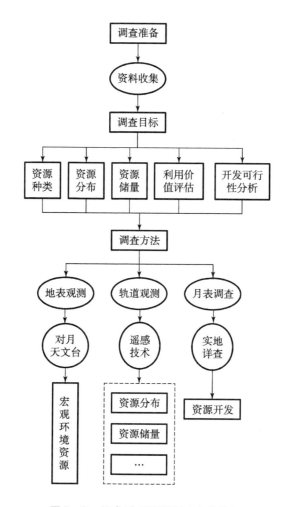

图 9 - 3 月球/火星资源调查方案流程

应用比较早且至今仍在广泛应用的一种多元素分析技术，具有制样简单、测试成本低、分析速度快、分析精度高、灵敏度高、重现性好、分析元素范围广等优点，在地质、冶金等行业内被广泛应用于测定矿石样品中主、次量元素的分析测定。这种方法可以很好地移植应用到月球/火星矿物资源的成分检测和辨识。

X 射线荧光光谱法能够对待评估月球/火星矿床某一测点处的样本进行化学成分检测，获得某一特定金属（如铁、钛等金属）在样本的品位。在月面矿床上进行多点样本品位探测分析，并借鉴地面矿床的相关理论，对整个矿床的平均品位进行估算，进而获得探测金属在整个矿床的矿量。地面矿床平均品位估算有垂直断面法和水平断面法两大种类，其中垂直断面法因计算机的普及

已逐渐被水平断面法取代。水平断面法分为以下三种方法：

（1）三角形法：以每一样品为三角形的一个顶点，依次将平面上所有的样品点连接起来构成一张三角形网，三角形单元的品位为各点品位的算术平均值，矿量为三角形单元面积与台阶高度、密度的乘积。

（2）多边形法：在中心样品与每一相邻样品的连线中点作垂直于连线的直线（称为二分线），这些二分线相交构成多边形网。

（3）地质块段法：根据矿床地质特点，将矿体划分成许多小块段，即理想的具有一定厚度的板状体，用算术平均法计算每一块段的矿量和品位，各块段储量相加即矿体的总储量，采取质量加权计算矿床平均品位。该法的优点是计算简单，可用于任何形状和产量的矿体。

9.5.2 资源分布和储量探测

针对月球/火星矿物资源的分布和储量探测，可以借鉴地球上地面矿床资源的相关分析理论，包括多元统计分析法、模糊数学法、分形几何法、地质统计学法、模式识别法、地理信息系统（Geographic Information System，GIS）法。

（1）多元统计分析法发展最为成熟，实际应用效果较好，但它要求有足够的样本容量，要事前分析各种数据的统计分布特征，对地质变量要进行综合研究（变量的选取、取值、变换、构置等）以剔除噪声、增强有用信息。

（2）模糊数学法在地学中有广阔的应用领域，因地学中有许多概念、语言、判断都具有模糊性，用于矿产预测需满足三个前提条件：控矿因素的选择基本可靠、地质因素的数字化基本合理、各级标准单元基本符合实际。

（3）分形几何法利用矿床在整个地史时期及区域空间上分布的自相似性作为储量定量预测的理论依据。分形理论应用于矿床预测的实例尚不多见，技术发展不成熟。地质统计学法在矿产资源预测及找矿勘探的各个阶段都可以应用。

（4）地质统计学研究变量的统计分布特征，然后进行结构分析，建立变量空间变化模型，并且能够解决多元统计分析法未能考虑区域化现象的空间特征的缺陷。

（5）模式识别法将数学地质和模式识别方法结合起来，开展地球化学模式识别的系列研究，已逐步发展成为一种新的矿产资源定量预测方法——模式识别成矿预测技术。

（6）地理信息系统（GIS）技术可以对地、物、化、遥等多源信息统一处理，建立多源信息库。在多源信息库的基础上，对数据进行属性分析、空间叠加、建立二维和三维模型及分析处理，对多源信息进行综合分析，达到更好的数据处理。

　　针对月球/火星矿物资源的分布和储量探测，需考虑探测的便利性，同时还需兼顾探测代价与探测精度的问题，建立探测方案评价准则，综合考量并提出多种适合月面矿物资源探测方法的备选方案。

　　在初步明确月球/火星矿物资源分布与储量的基础上，开展基于人机联合的矿物资源探测活动，对探测月球/火星矿物资源的品位做分布式在线分析，并据此精确评估月球/火星矿物资源储量与分布情况，为未来对月球/火星矿物资源采集与利用奠定基础。同时，利用月球/火星车的巡视探测功能对特定区域存在的矿产资源情况进行精细化的探测和辨识，对其成分、品位及丰度进行综合分析，明确矿产资源的横向及深度分布信息。

9.5.3　资源遥感勘探

　　卫星遥感影像可以全面、客观地记录地外天体表面综合景观的几何特征，利用卫星遥感影像不仅可以获得地表景观的形态、分布特征组合，还可以提取物质的成分和结构等信息，实现对地物的识别。因此，利用卫星遥感数据来获取月球的影像信息，对研究月球/火星表面的现状以及地质历史演化等有重要意义。此外，中国利用"嫦娥一号"激光高度计（Lase Altimeter，LA）数据所生成的数字高程模型（Digital Elevation Model，DEM）图和局域网即时通信（LAN Instant Message，LIM）高光谱数据可以提取月面主要矿物及部分元素的分布图，结合遥感影像、物质成分、地形地貌分析等多种技术手段，探索月表构造的演化关系，探索风暴洋/雨海等重要地区的地质演化过程。未来可充分发挥小卫星或立方星及其星座的技术优势来制作月球/火星资源图。例如，美国在论证 Artemis 计划中的 EM - 1/2 任务时，规划在 SLS 火箭首次发射新飞船任务时搭载 13 颗立方星，其中部分立方星用于对月球资源遥感勘探。

1. 月面矿物的基本光谱特征

　　月表的反射和发射光谱是指月表物质反射率和发射率随波长的变化规律。月表物质的光谱特征受到很多因素的影响，如理化成分、粒度、结构、表面状态、太空环境等对月壤光谱都会有影响。月球本身并不能发光，人们看到的月表的光是反射来自太阳的入射辐射。月表对太阳光的反射以漫反射为主，人们根据现有的月球反射光谱数据进行月表物质的反射光谱特征分析。

　　与地球矿物相比，月面的矿物受到太空风化的影响，其反射率降低，波长越短降低越显著，吸收深度降低，光谱对比度变弱，长波吸收位置（2.0 μm 附近）深度降低程度超过短波吸收位置（1.0 μm 附近）深度。与地表岩石光谱特征相比，由于月表岩石不含三价铁和水，光谱的诊断性特征较少，光谱特征曲线比较简单、平缓，但月球高地和月海物质光谱差异较大，因此需要建立月表岩石光谱特征数据库。

2. 定量反演月面的岩矿信息

月面矿物都有其独特的光谱特征，可结合反射率的高低、光谱谱形、反射峰、吸收位置、吸收深度等多个方面来识别矿物。根据各种矿物的波谱特征或吸收峰中心波长的位置，设定相应的比值来区分并提取矿物，如橄榄石1 000 nm/1 500 nm、斜长石1 250 nm/750 nm，可应用于月球表面典型月海、撞击坑等地区的岩矿信息提取，获取典型矿物含量分布图，如图9-4和图9-5所示。

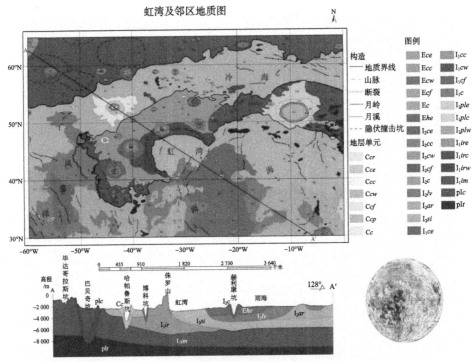

图9-4 利用数据反演得到的月球虹湾及邻区的地质图

利用遥感数据得到月面的化学成分分布图、矿物含量分布图等信息后，与采样点的矿物样品对比分析，并可结合 DEM 数据、遥感影像、矿物成分、地形地貌分析等多种技术手段，探索全月及重要地区的矿物分布规律、构造演化关系、地质演化过程等，全方位、多角度地辨识、勘探月面矿物资源。

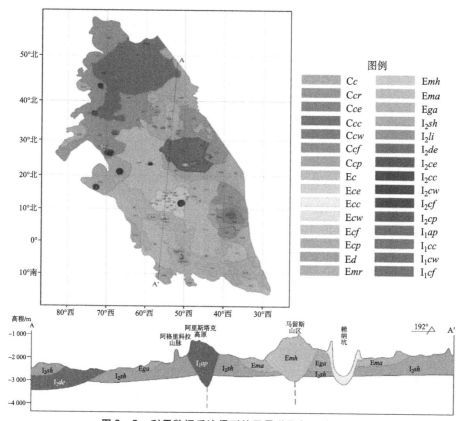

图 9-5　利用数据反演得到的风暴洋及邻区的地质图

9.5.4　月球原位资源探测

对于月球原位资源的探测可采取一种"天月结合"的综合探测方式，如图 9-6 所示，主要探测方案应当包括在轨探测和月面机器人探测，探测范围将覆盖整个月球。

图 9-6　月球原位资源探测方案

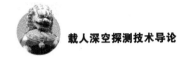

1. 在轨探测

在轨探测是利用月球遥感卫星及小卫星星座对月球进行全面的资源探测，这一过程从月球探测任务初期就开始进行，并一直延续至月球基地时期。在轨探测主要是利用高分辨率 X 射线谱仪、伽马射线谱仪、多波段成像光谱仪等探测设备，对月球的水资源、矿产资源等进行探测，形成全面的、综合的评估结果，支持月球基地资源开发目标的选择。随着现代小卫星技术的迅速发展，也可采用多颗立方星编队或星座技术进行在轨资源探测，以便进一步降低任务成本。

2. 月面机器人探测

月面机器人探测是采用月面机器人进行月面机动探测，是在对月球全球资源初步了解的基础上进行的定点探测。这种有目的性的探测是为了获取资源的样本，详细分析资源的信息，为资源的开发提供目标。机器人的月球机动探测主要是在航天员的指控下进行月面的自主探测或遥感自主探测。月面机器人具备长期持续作业的能力，因此必须配备太阳能电池系统和蓄电池系统，可以进行昼夜条件下的工作，月昼通过太阳能进行供电，对蓄电池进行储能，月夜利用蓄电池维持动力或者通过核能源进行长期持续供电。此外，机器人应具有极强的月面地形地貌适应性，因此月面轮腿式、巡飞式或者跳跃式机器人是一种较为理想的选择，有利于进行月表的多点探测任务。

9.5.5 火星原位资源探测

由于火星上存在大气，除了与月球探测任务类似，还可采用火星遥感卫星及小卫星星座、火星巡视车、火星机器人等方式，此外还可发展火星飞机、火星浮空器等大气层内飞行器进行遥感探测，构成"天—空—火"结合的综合探测模式，探测的范围可覆盖整个火星全球。对于火星上峡谷、山脉等特殊地形的探测，采用火星车和轨道上的遥感卫星比较困难，火星飞机可以携带磁力计质谱仪、光谱仪等科学载荷重点开展火星大气及特殊地形表面的探测。

欧洲宇航局"火星快车"探测器和地面望远镜的观测数据显示，火星大气中存在甲烷，但这些甲烷一旦暴露在阳光之下就会迅速分解，因此其来源是个谜。科学家认为这些甲烷是新产生的，可能来自熔岩，也可能来自微生物。"火星快车"尽管能够探测到甲烷的存在，但是无法对甲烷的来源进行精确定位。NASA 发射的火星车则由于活动范围有限，发现甲烷源的概率很小。因此，来自 NASA 兰利研究中心的科学家致力于火星飞机研发任务，这一项目被称作"火星空中区域环境航空探测器"（Aerial Regional – Scale Environment Survey，ARES）。这种火星飞机能够吸取火星大气并进行直接分析，精确测出甲烷浓度较高的位置，从而确定火星甲烷的来源。根据最新计划，火星飞机将在一个隔热罩的保护下进入火星大气，利用降落伞逐渐接近地面。当到达距火星表面 1.5 km 左右时被释放，利用火箭作为动力进行飞行，如图 9 – 7 所示，火星飞机的活动范围能达几百千米。ARES 的整个飞行任务仅持续 2 h，但会飞过 300 多公里的未探测区域，除了执行大气探测任务外，也开展寻找水的迹象、采集化学成分数据以及研究地壳磁场等一系列科学任务。对磁场的研究也会帮助科学家了解磁场能否屏蔽太阳风，从而预测将来执行载人火星探测任务的可能性。

图 9 – 7　NASA 的火星飞机方案
（图片来源于 NASA 报告，NASA TM – 2009 – 2015 700）

由于火星和地球相距遥远，如果从地球上对火星飞机进行遥控，通信时延过大将使指令无法发挥作用，为此火星飞机安装了预设程序的自动驾驶仪。此外，火星飞机 ARES 可承载 2 kg 的科学考察专用载荷，包括观察地形用的照相机、测量磁场用的磁力计和对物质进行分析的小型分光计等。火星飞机 ARES 不能处理和保存考察获得的数据，必须将获得的数据传输给环绕火星飞行的探测器，探测器对数据信息进行存储，然后再转发到地球。绕火星飞行的探测器与火星飞机并不是每时每刻都可以通信，探测器绕火星飞行一圈，出现在飞机上方的时间大约有 20 min，只有在此期间火星飞机才能与探测器通信。因此，火星飞机在环绕火星探测器没有飞临期间，它只能做待机飞行，因为按照目前的设计方案它采集的数据无法保存下来。未来如果能在火星环绕轨道布置多颗火星小卫星或立方星，与火星飞机进行接力通信，将大大提升火星飞机的资源勘测任务效能。

|9.6 原位资源利用的方法|

9.6.1 利用水冰制备 H_2O 的方法

水对于人类生命活动的意义不言而喻，因此人类要想在月球/火星建立基地并长期生活，必须能在月球/火星上寻找到水或者能原位制备水。在月球极区陨石坑的永久阴影区及火星南北两极可能有水冰资源的存在，但月球/火星上的水资源可能是以固体（水冰/土壤混合物、结晶水）的形式存在的，因此为满足基地人员生存及种/养殖所需的水资源，需要水资源制备系统。

可通过加热的方式，对土壤/水冰混合物（脏冰）和含有结晶水的矿物进行采集，获取水制备所需的大部分原始资源，同时利用冷凝方法获得初态水，再利用过滤设备进行过滤处理，获得较为纯净的水资源，如图 9 - 8 所示。

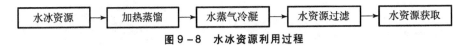

图 9-8 水冰资源利用过程

9.6.2 利用火星大气中 CO_2 制备 O_2 和 CH_4 的方法

火星 ISRU 可用于生产从火星表面起飞的推进剂和用于生命支持的水与氧气。火星的土壤中有氧元素，但处理火星土壤的过程跟月壤制氧一样都比较麻烦，而火星表面大气中 CO_2 的含量超过 95%，因此可以利用 H_2 作为还原剂，将 CO_2 中的 C 和 O 分离出来。但是 H_2 在火星上是很少的，尽管从地球向火星运送 H_2 在技术上是可行的，但由于液氢贮箱的质量、体积和确保零蒸发量控制所需的能源需求太大，实际上很难实现。而无人火星探测器探测到的种种迹象表明，在火星上很多地区的近地表可以获得水，因此开采火星地表的水资源将是一条可行的技术途径，利用近地表开采的水和压缩的火星大气可作为原位资源再利用过程中的碳、氢、氧的主要来源。

1. 逆水 - 气转化反应

工业上常常利用水 - 气转化反应将不可用的 CO 和 H_2O 转化为更有利用价值的 H_2。然而，如果改变反应条件，则会发生以下逆反应：

$$CO_2 + H_2 \xrightarrow{\text{催化剂}} CO + H_2O \qquad (9-3)$$

通过该反应，可将 CO_2 转化为水。若再将水进行电解：

$$2H_2O \xrightarrow{\text{电解}} 2H_2 + O_2 \qquad (9-4)$$

这两个反应的最终效果是将 CO_2 转化成 O_2。理想状态下，第一个反应所需的全部 H_2 均可通过水电解反应再生，因此，不需要额外的 H_2 供应。但实际上，在反应过程中会有一部分的 H_2 损失，需考虑氢回收利用技术以便将 H_2 损失降到最低。以上两个化学反应在 ISRU 中被称为"逆水 – 气转化"（Reverse Water – Gas Shift，RWGS）方法，图 9 – 9 所示为 RWGS 的反应流程。

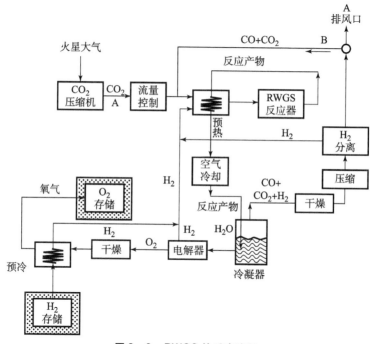

图 9 – 9　RWGS 的反应流程

（图片来源于《面向载人月球及火星探测任务的原位资源利用技术》，唐纳德·拉普著）

2. 萨巴蒂尔/电解反应

在萨巴蒂尔/电解（Sabatier/Electrolysis，S/E）反应中，H_2 和 CO_2 在加温加压的化学反应器中发生如下化学反应：

$$CO_2 + 4H_2 \longrightarrow CH_4 + 2H_2O \qquad (9-5)$$

这个反应是一个放热过程，理论上可将反应中的余热用于其他用途。CH_4 和 H_2 的混合物在冷凝器中分离，CH_4 经过干燥后储存起来用作发动机的推进剂，H_2O 则被收集后通过去离子化并在电解槽中被电解。

通过电解 H_2O 的反应，O_2 被储存起来用作推进剂，H_2 则被循环再利用。需要注意的是，所产生的 H_2 是反应式（9-5）中所需要 H_2 的一半，因此需要额外的 H_2 来源以保证该过程的正常运行。

3. RWGS 反应与 S/E 反应的关系

RWGS 反应与萨巴蒂尔/电解（S/E）反应的主要区别是除了使用的催化剂不同之外，还在于 S/E 反应的平衡状态是在较低温度环境（200~300 ℃）下达到的，而达到 RWGS 反应平衡状态的温度则高得多（>600 ℃）。如果采用合理的催化剂，这两种反应都能发生，低于400 ℃时主要发生 S/E 反应，生成 $CH_4 + 2H_2O$；而高于650 ℃时，CH_4 生成量降至0，主要发生 RWGS 反应，生成 $CO + H_2O$；在400~650 ℃存在一个过渡区，这两类反应均可发生。在过渡区内，当温度由400 ℃上升至650 ℃的过程中，CO 生成量快速增加，甲烷生成量急剧减小。然而，无论温度在该区域内如何变化，大约有一半的 $CO_2 + H_2$ 不发生反应。

如图9-10所示，反应器入口流速为44 mg/s CO_2 和2 mg/s H_2 的工况条件下，达到平衡状态后，反应物和生成物中各种化学组分随温度的变化情况。值得注意的是，这里 CO_2 与 H_2 的比例是 RWGS 的理想比例，而对于 S/E 反应来说 CO_2 过量4倍。由于 CO_2 过量，当 S/E 反应大量发生时，几乎所有的 H_2 均参与反应。

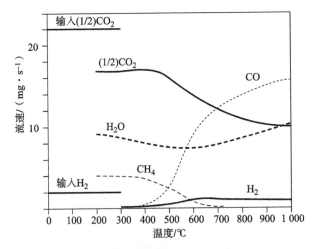

图9-10　反应物和生成物中各种化学成分随温度的变化

（图片来源于《面向载人月球及火星探测任务的原位资源利用技术》，唐纳德·拉普著）

在较低的温度条件下（200～300 ℃），几乎所有的 H_2 都用于生成 CH_4 和 H_2O，CO_2 相应减少，这一区域为 S/E 反应区域，此时未生成 CO_2；相反，在高温区域（>650 ℃），CO 和 H_2O 是主要生成物，CH_4 生成量极少，但几乎一半的 CO_2 和 H_2 未参与反应，而是随生成物一起流出，这是 RWGS 区域。

4. 关于萨巴蒂尔/电解反应的争议

在 S/E 反应的应用过程中存在两个紧密相关的问题。第一个问题是反应过程中需要使用 H_2 作为反应原料，从而迫使从地球运送 H_2 或者从火星地表下层获取水资源，这是 S/E 反应过程的主要争议所在。从地球运输 H_2 到火星并储存，然后用于 S/E 反应的过程实际上存在着很大困难；而从火星地表下层采集水则需要进行大规模的勘探活动，以及运输获取水的工程设备至火星表面，同样存在着较大困难。与此关联密切的第二个问题是，S/E 反应过程中为每一个 O_2 分子产生了一个 CH_4 分子，然而用于推进剂中理想的 CH_4 分子与 O_2 分子的比例是 1∶1.75，因此有多余比例的 CH_4 产生。在其他环境中这并无太大问题，但在火星上就变成了使用十分稀缺的 H_2 资源，经过反应后产生了多余的 CH_4。

为避免将宝贵的 H_2 资源生产出过剩的 CH_4，可以采取以下三种方案：

（1）采用另一种转化过程如固态电解或 RWGS 来产生一半的氧气量，加上另一半从 S/E 反应中获得的生成物，组成所需的 CH_4 和 O_2 混合物比例，从而减少一半的 H_2 的需求量。

（2）从 S/E 反应所产生的过剩 CH_4 中还原 H_2。

（3）将 CH_4 转化成一种更高的碳氢化合物或其他氢/碳比低于 CH_4 的有机物。

通过高温分解可以从 CH_4 中还原 H_2：

$$CH_4 \longrightarrow C + 2H_2 \tag{9-6}$$

通过 O_2 部分氧化：

$$2CH_4 + O_2 \longrightarrow 2CO + 4H_2 \tag{9-7}$$

或通过 CO_2 部分氧化：

$$CH_4 + CO_2 \longrightarrow 2CO + 2H_2 \tag{9-8}$$

总之，关于从火星大气中利用 CO_2 和 H_2 来制备 O_2 与 CH_4 的方法还在研究探讨的过程中，这方面的研究已经得到欧美科学家的高度关注。图 9-11 所示为在理想情况，在 1 个大气压条件下利用 CO_2 和 H_2 来制备 O_2 和 CH_4 的平衡反应物流程示意图。

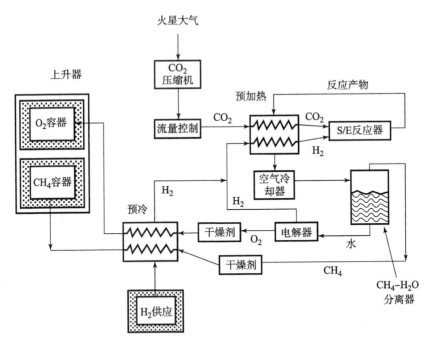

图 9－11　在 1 个大气压条件下的利用 CO_2 和 H_2 来制备 O_2 和 CH_4 的平衡反应物流程

（图片来源于《面向载人月球及火星探测任务的原位资源利用技术》，唐纳德·拉普著）

9.6.3　利用火星大气制备 H_2O 的方法

1. WAVAR 系统的工作原理

美国华盛顿大学提出了一种从火星大气中提取水蒸气的设想，如图 9－12 所示，这个水蒸气吸附反应器（Water Vapor Adsorption Reactor，WAVAR）的原理非常简单。火星大气经过尘土过滤装置后，由风扇吸入至该系统，被过滤后的气体通过吸附床吸收掉水蒸气。一旦吸附床达到饱和状态，需对吸附剂进行恢复，同时将吸收的水分冷凝后排出并储存。该设计只有 6 个部分：过滤器、风扇、吸附床、微波再生器、冷凝器和主动控制系统。WAVAR 系统被设计为在火夜期间吸收火星风驱动的火星大气，在火昼期间有能源供应时再使用风箱和再生器。

WAVAR 系统的风扇在工作过程中需要大量的低温（200～240 K）、低压（~6 torr）气体，使得浓缩水蒸气被吸附固定在吸附床上。由于一个吸附床上的吸附剂是有限的，因此吸附过程中需要使用批量的吸附床。对于火星表面的水蒸气吸附，可选择的吸附剂如沸石 3A。在最初的 WAVAR 系统中，粒状的

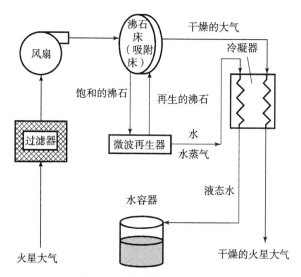

图 9 – 12　WAVAR 系统的组成

（图片来源于《面向载人月球及火星探测任务的原位资源利用技术》，唐纳德·拉普著）

吸附剂被打包放入沿径向划分的圆盘状吸附床中，如图 9 – 13 所示，每一个分区间都采用隔热材料相互密封，以防止再生过程中横向热量和质量流动。吸附床分阶段地转动，这样允许某个分区的吸附剂被放入再生室，同时其他分区则工作在吸附水蒸气的流程中。吸附床的转动通过控制系统来定时实现，使进入再生室的分区刚好达到饱和状态。控制系统通过监测出口气体的湿度调节旋转速率和再生时间，以获得最大的效率。

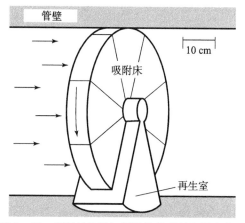

图 9 – 13　WAVAR 最初设计的吸附剂和再生单元

（图片来源于《面向载人月球及火星探测任务的原位资源利用技术》，唐纳德·拉普著）

对吸附床的吸附和解吸附是通过温度变化再生的，其中包含加热吸附床以去除水分，而温度变化可以通过电阻加热或者微波加热实现。微波加热对比传统加热的优势在于可以提供快速均匀的加热，从而减少再生时间。在最初的WAVAR设计中，微波再生室保持在固定位置，吸附床绕其旋转并依次通过它，如图9-14所示。已经饱和的分区通过旋转进入再生室，每个分区之间采用隔热材料进行隔离，同时还有隔热的弹簧盒盖。再生室的密封包含两个特氟纶平板，形成一个密封的再生室。

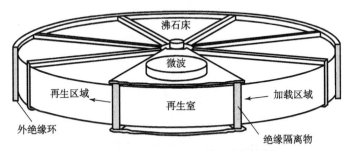

图9-14 WAVAR最初的吸附旋转盘

（图片来源于《面向载人月球及火星探测任务的原位资源利用技术》，唐纳德·拉普著）

WAVAR方法高度依赖于火星气体中存在多少可用的水蒸气。整个火星表面气体中水蒸气的浓度约为0.03%，但水蒸气的浓度还和具体的地理位置有很大关系，在火星夏季的北部高纬度区域，水蒸气的含量是平均含量的几倍。水蒸气浓度随高度变化的关系目前仍然未知。WAVAR每天需要移动大量的"空气"，通过吸附剂才能得到1 kg的水，对于无人探测任务，其能源完全来自太阳能，WAVAR在火夜期间只能完全运行在吸附模式下，且取决于火星风能将多少空气吹入吸附床。在火昼期间，主动风箱可将驱动气体通过吸附床，通过每个分区依次去除水分。

2. WAVAR系统的能源消耗问题

WAVAR构想中需要首先研究的问题是能否从含有0.03%水蒸气的火星低温低压气体中进行有选择性地吸附。如果吸附剂可以在合理的接触时间范围内吸附绝大部分的水蒸气，并且不会被CO_2影响，则WAVAR在技术上是可行的。

假使我们乐观地认为火星大气在低温低压情况下可以被选择性地吸附，从而WAVAR是可行的，接下来最主要的问题就是需要消耗多少电能。主要的能源消耗来自风扇，风扇需要驱动气体通过吸附床和尘土过滤器，此外还有去除水分时加热所需要的电能。假设系统每天利用WAVAR中生产的水分为630 g，则水通过电解后产生560 g氧气和70 g氢气。氢气用于S/E反应过程以产生280 g甲烷和560 g氧气。因此，甲烷向氧气的转化率为$280/(630+560) \approx$

0.235，每天生成的氧气为 1 190 g。

所需要的吸附剂质量取决于在 6 torr 压强和火星表面温度下的饱和率（水的质量/吸附剂质量）。假设饱和率为 0.1，则所需的吸附剂质量为 630/0.1 = 6.3（kg）。假定沸石的密度为 2.1 g/cm^3，则所需沸石的体积为 3 000 cm^3。

如果平板的厚度为 1 cm，则直径为

$$0.785 D^2(1) = 3\ 000$$
$$D \approx 62\ cm \tag{9-9}$$

水加热汽化所需的能量为 540 cal①/g = 0.000 88 kW·h/g，每天汽化 630 g 水需要的电能为 630 × 0.000 88 ≈ 0.55（kW·h）或者是平均 7 h 需要 80 W，假定所有的水分 7 h 内从吸附剂中去除。从沸石中汽化水分比直接汽化水所需要的电能要多，因为还包含了对吸附床的加热，并且不可避免地有热量损失，因此假定 7 h 时需要大约 150 W 用于从吸附剂中去除水分。

风扇在驱动火星气体通过过滤器和吸附床的过程中需要消耗大量的电能。火星气体质量的大小取决于气体中水分的浓度，平均浓度为 0.03%。已知在火星北半球夏季高纬度地区水分含量高，因此乐观地假设系统能够在水分浓度为 0.063% 的区域运行。每天 630 g 水需要的火星气体质量为 630 g 水/0.000 63 = 1 000（kg）气体/天，相应质量气体的体积为

$$[(10^6/44) \times 82.01 \times 240]/(6/760) \approx 5.7 \times 10^{10}(cm^3) = 5.7 \times 10^4(m^3) \tag{9-10}$$

另外一个问题是，在火夜期间当风扇停止工作后，从火星风能够吸附多少水分，这个目前是未知的。若 4.7 × 10^4 m^3 火星气体在 7 h 内通过直径为 62 cm 的圆柱形风扇，其风速为

$$(4.7 \times 10^4)/(0.3 \times 7) = 24\ 000(m/h) = 6(m/s) \tag{9-11}$$

火星表面典型的风速范围是 2～10 m/s，因此火夜期间吸附可在一定程度上减少火昼期间对电能的需求量。然而，如果假定由风力驱动产生的吸附是少量的，则风扇必须每天工作 7 h 以吹动 1 000 kg 的气体通过吸附床，风扇消耗的电能可以凭借气体通过吸附床和过滤器的压强下降量进行估计。假设压强下降量为 0.6 torr，则

$$V \times \Delta = 4.7 \times 10^4 \times 0.6/760 \approx 37\ 105(L - atm) \tag{9-12}$$

可以折算为

$$37\ 105 \times 101.3 \times 2.78 \times 10^{-7} \approx 1.0(kW \cdot h) \tag{9-13}$$

假设风扇的效率为 60%，则风扇每天工作 7 h 需要 220 W 电能。加上用于

---

① 卡路里，1 cal = 4.184 J。

加热的 150 W，每天工作 7 h 的总电能需求为 370 W。因此，在假定大气中水分浓度为 0.063% 的情况下，每千克水需要 4.1 kW·h 的电能。如果火星大气中水蒸气浓度为 0.03%，则每千克水需要的耗电量上升到大约 6.6 kW·h。

9.6.4　利用月壤制备 O_2 的方法

最有希望制备氧气的两种月球原料是钛铁矿（$FeTiO_3$）和硅酸盐（如钙长石，$CaAl_2Si_2O_8$），这两种原料都可在月球上进行大规模开采，分别分布在月壤、角砾岩以及玄武岩中。在氧提炼过程中，还可生产出其他有用的金属和原料。

月球上氧的提炼方式如表 9-2 所示，这 18 种制氧方式的内涵如下：其中 s 为固体，g 为气体，l 为液体。

表 9-2　月球上氧的提炼方式

提炼类型	提炼方式
固气相互作用	利用氢还原钛铁矿制氧
	利用碳/一氧化碳还原钛铁矿制氧
	利用甲烷还原钛铁矿制氧
	利用氢还原氧化亚铁制氧
	利用硫化氢制氧
	利用氟制氧
	利用碳氯化制氧
	利用氯气还原制氧
硅酸盐/氧化物溶（熔）化	电解熔融硅酸盐制氧
	腐蚀溶解和电解制氧
	高温碳还原制氧
	岩浆部分氧化制氧
	利用锂（或钠）还原钛铁矿制氧
高温分解	热解法制氧
	等离子分离制氧
	钛铁矿等离子分离制氧
水溶液	氢氟酸溶解制氧
	硫酸溶解制氧
辅助生产提取	氢/氦的水生产

（1）利用氢还原钛铁矿制氧。化学反应方程式为

$$FeTiO_3(s) + H_2(g) \Longleftrightarrow Fe(s) + TiO_2(s) + H_2O(g)$$

$$H_2O(g) \Longleftrightarrow H_2(g) + 1/2 O_2(g) \tag{9-14}$$

（2）利用碳/一氧化碳还原钛铁矿制氧。化学反应方程式为

$$FeTiO_3(s) + CO(g) \Longleftrightarrow Fe(s) + TiO_2(s) + CO_2(g)$$

$$CO_2(g) \Longleftrightarrow CO(g) + 1/2O_2(g) \qquad (9-15)$$

（3）利用甲烷还原钛铁矿制氧。化学反应方程式为

$$FeTiO_3(s) + CH_4(g) \Longleftrightarrow Fe(s) + TiO_2(s) + CO(g) + 2H_2(g)$$

$$2CO(g) + 6H_2(g) \Longleftrightarrow 2CH_4(g) + 2H_2O(l)$$

$$2H_2O(l) \Longleftrightarrow H_2(g) + 1/2O_2(g) \qquad (9-16)$$

（4）利用氢还原氧化亚铁制氧。化学反应方程式为

$$FeO(s) + H_2(g) \Longleftrightarrow Fe(s) + H_2O(g) \qquad (9-17)$$

（5）利用硫化氢制氧。化学反应方程式为

$$MO + H_2S \longrightarrow MS + H_2O$$

$$MS + 热 \longrightarrow M + S$$

$$H_2O \longrightarrow H_2 + 1/2O_2$$

$$H_2 + S \longrightarrow H_2S \qquad (9-18)$$

反应式（9-17）中 M 代表金属，如铁、镁、钙。

（6）利用氟制氧。化学反应方程式为

$$金属氧化物 + F_2 \longrightarrow 金属氟化物 + O_2$$

$$金属氟化物 + K \longrightarrow 金属 + KF$$

$$KF + 电 \longrightarrow K + 1/2F_2 \qquad (9-19)$$

（7）利用碳氯化制氧。有些学者提出用一氧化碳和氯气的混合气体或者固体碳与氯气的混合和钙长石或钛铁矿反应制备氧。

（8）利用氯气还原制氧。化学反应方程式为

$$MO + Cl_2 \longrightarrow MCl_2 + 1/2O_2 \qquad (9-20)$$

（9）电解熔融硅酸盐制氧。化学反应方程式为

$$Fe^{2+} + 2e^- \Longleftrightarrow Fe^0$$

$$Si(IV) + 4e^- \Longleftrightarrow Si^0$$

$$Fe^{2+} + 2e^- \Longleftrightarrow Fe^0$$

$$4(SiO^-) \Longleftrightarrow 2(Si-O-Si) + O_2 + 4e^- \qquad (9-21)$$

（10）腐蚀溶解和电解制氧。这种方法是用氢氧化钠溶液将氧化物溶解后再进行电解，从而获得氧和金属。

（11）高温碳还原制氧。该方法是在高温下进行有碳参与的反应制备氧。参与反应的碳有多种形式，如纯碳、一氧化碳、甲烷。

（12）岩浆部分氧化制氧。该方法是将含铁的月岩或月壤融化，然后与氧发生反应，生成氧化铁，然后电解得到铁和氧。

（13）利用锂（或钠）还原钛铁矿制氧。该方法是用金属锂（或钠）置换钛铁矿中的金属，然后再利用电解法来得到锂（或钠）和氧。

（14）热解法制氧。该方法是将原料加热到 2 200 ℃ 以上，氧化物将分解为一氧化物和氧原子，然后迅速冷却，得到氧气，其好处是所有原料都可以从月球上获取。

（15）等离子分离制氧。基于等离子分离的基本概念，将粉碎的原料加热到 7 000 ~ 10 000 ℃，对不同的成分进行分离，从而获得各种元素。该方法需要极大的能量。

（16）钛铁矿等离子分离制氧。该方法是将钛铁矿加热到 3 000 ~ 6 000 ℃，此时钛铁矿将分解为铁、钛与氧。然后进行分离和冷却分别得到铁、钛与氧。该方法需要大量的能量，目前仍处于试验阶段。

（17）氢氟酸溶解制氧。该方法是利用置换法加电解法来制氧，主要好处是大多数的月球原料都可以被氢氟酸溶解。

（18）硫酸溶解制氧。该方法是比较成熟经济的方法，但主要目的是生产铁和二氧化钛。

总之，利用月球资源就地生产氧气要充分考虑三个条件：首先是反应方法适合就地利用月球资源；其次是反应的效率高，以最少的反应原料和最低的能量获得最高的氧气产率；最后是反应过程简单直接，由于月球的特殊环境和地月之间高昂的运输成本，简单的反应过程更容易实现。下面具体介绍月面制氧技术在还原剂、反应原料及加热方式选择上的研究进展。

1. 还原剂选择

通过上述月球制氧方法的对比分析可知，氢气还原法在制氧过程中具有更大的优势。从反应本身而言：

（1）氢气还原反应温度相对较低；与等离子高温分解 7 000 ~ 10 000 K 的温度，或高温分解法需要持续保持 1 800 ~ 2 000 K 的熔融温度相比，氢气还原法在 1 173 ~ 1 323 K 即能获得最佳产率；当温度达到 873 K 时反应物就开始转化，而 1 473 K 为反应过程所达到的最高温度。

（2）氢气还原法能耗较低；相对较低的反应温度降低了氢气还原反应的能耗需求；对比等离子高温分离法，每产生 1 t 氧气所需要的能量为 34 500 kW·h，过高的能耗无法进行大规模生产，只能进行少量生产；而在高温电解法中，整个电解试验系统反应时的平均温度需要保持在 1 573 K，若没有持续充分的能量供给保持反应高温，不仅影响反应产率，还会造成反应过程中导管系统堵塞等问题。

（3）氢气还原反应过程简单直接，技术上容易实现；在氟还原法及碳热氯化还原法中，还原剂的循环使用、副产物的产生和提取都需要增加新的试验步骤与设备，反应过程复杂；而氢气还原反应通过对产物水的电解可以同时实现氧气的提取和还原剂氢气的循环使用，并且电解水过程在地球上得到了广泛应用，是一种成熟的技术。

要实现原位利用月球资源，如何在月球上获得还原剂氢十分重要。氢在月球表面的主要来源是太阳风离子。太阳风是太阳大气层原子电离而释放出的等离子体，太阳风最主要的成分是 H，其次富含 He；在月壤中 H 的浓度约为 50 $\mu g/g$，这相当于假设密度为 1.75 g/cm^3 的月壤中含有 100 g/m^3 浓度的 H_2；因此与使用其他还原剂相比，问题并不是月球上是否有足够的氢作为还原剂，而是如何经济地利用月球氢资源。另外，即使考虑从地球向月球运送氢资源，H_2 作为火箭推进剂的主要成分，从地球到月球的运输技术也很成熟，与其他还原剂相比也具有较低的运输成本优势。

（4）H_2 具有较强的还原性，能较好地还原氧化物，但由于还原性稍弱于氟等强还原剂，在反应过程中不产生其余的副产物，使反应过程简单直接，并且 H_2 还原过程不产生腐蚀性产物，便于保护反应设备。

2. 反应原料选择

反应原料的选取主要从以下两个方面考虑。首先是就地利用月球资源，高地和月海主要元素丰度如图 9 - 15 所示，氧元素在高地和月海两种地理单元内含量均为最大。氧离子与其他阳离子形成复杂的硅酸盐或氧化物矿物，按含量多少排列主要为辉石、斜长石、橄榄石、钛铁矿等。其中辉石、斜长石和橄榄石是月壳与月幔岩石中最普通、含量最高的硅酸盐矿物；月球高地和月海中斜长石的含量质量比分别为 70% ~90% 和 10% ~40%，橄榄石在月海玄武岩中的含量可以达到 20%，这使硅酸盐矿物成为月球氧气制取，实现就地资源利用的优先选择。要实现硅酸盐矿物的分解有以下两种方法：①将硅酸盐矿物熔

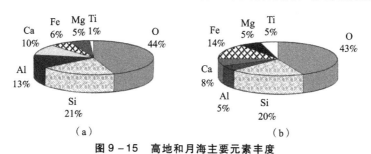

图 9 - 15　高地和月海主要元素丰度

（a）高地；（b）月海

融并在持续高温下（1 373 K 以上）进行还原反应；②通过等离子高温分离法在更高的温度要求下，达到提取氧气的目的。无论哪种方法对能耗及设备的要求都很高，不容易实现。因此，含量其次的钛铁矿成为反应原料的新选择。

月壤中钛铁矿含量在 2% ~ 20%。而 Apollo – 11 任务的航天员采回的样品中，高钛月壤中钛铁矿含量可以达到 10% ~ 24%。利用钛铁矿作为反应原料，可以在 1 273 K（或更低温度）被还原，达到较高的氧气产率；而且月壤中钛铁矿的含量达到 5% 就可以利用选矿方法从月壤中分离。

其次是月壤组分中参与反应的有效成分。总结氢气还原试验，大都采用模拟月壤或真实月壤作为反应原料；研究者对模拟月壤、真实月壤火成玻璃样品及真实月壤样品的氢还原的氧气产率研究，如表 9 – 3 所示。

表 9 – 3　氢气还原生成的氧气产率对比

反应物	模拟月壤 JSC – 1	真实月壤火成玻璃样品 74001，438	真实月壤样品 71131，8
反应温度/K	1 323	1 323 ± 5	1 323 ± 5
氧气产率/%	1.92	4.67	3.61

在表 9 – 3 中，真实月壤的产率比模拟月壤要高，月壤玻璃比真实月壤产率要高。月壤玻璃中的铁氧化物含量较高，与其他月壤样品相比，在更低的温度下可以发生还原反应释放出氧气。Apollo – 17 任务采回的月壤橙色火山玻璃样品 74220 中含有 17.8% 的 Fe^{2+}，其氧气产率为 4.3%；而成分与橙色玻璃相似的月壤黑色玻璃样品 74001 的氧气产率为 4.7%，超过了其他所有月壤样品。岩石矿物所含氧化物的自由能可以判断出离子键相对强弱顺序为 $Ca^{2+} > Mg^{2+} > Al^{3+} > Ti^{2+} > Ti^{4+} > Si^{4+} > Na^+ > Fe^{2+} > Fe^{3+}$，说明铁的氧化物相对钙镁氧化物要容易被还原而释放出氧气。因此，为达到更高的氧气产率，在氧气制取原料的选择上，钛铁矿作为一种化学键键能相对较弱的氧化物，是理想的反应原料。

3. 加热方式选择

通过总结制氧试验，可将试验的加热方式分为传统加热法（如火焰、热风、电热、蒸汽等）和微波加热法两种。传统加热法是利用热传导的原理将热量从被加热物外部传入内部，逐步使物体中心温度升高，加热过程对反应的效率和速率有很大的影响。而微波加热法是指在 300 MHz ~ 300 GHz 频率范围内对物体进行加热，通过微波在原料内部的能量耗散来直接加热原料。结合月球的特殊环境，微波加热是一种更适合月球制氧的加热方法。

与传统加热方法相比，微波加热法有许多优点：①使用微波加热能提高加热效率，它可以 1 273 K/min 的加热速率加热到 2 273 K，快速的动力学过程使加热时间大大缩短；②能提高反应速率，因为微波具有很强的穿透能力，具有更快的扩散速度，能深入到样品内部，使整个样品几乎是均匀地被加热，最终完成加热反应；③微波加热过程简单直接，能量利用率极高，据估计，考虑到加热时间的因素以及微波加热的彻底性，微波加热与传统加热相比，总能量节约 60%。

微波加热除具有高效、直接、快速的特点之外，从能源角度考虑也具有优势。微波能的获取主要通过微波发生器将电能转换为微波能，而电能则是月球能源的最主要提供方式，相对太阳能和核能，它具有易存储、易控制、能连续供给等优点。就太阳能而言，由于月球表面大气十分稀薄，大气密度只有 $2 \times 10^4 \sim 10^5$ 分子/cm^3，没有大气的阻隔，月面上日照强度比地球上强十几倍。直接利用太阳能进行加热，热利用效率很低，同时由于昼夜更替，当月面处于漫长的月球黑夜时，将无法提供太阳能；而目前的太阳能发电技术已日趋成熟，并在地球上得到了逐步应用，结合电能的易存储性和月球的强太阳辐射，将太阳能转化为电能是月球能源供给的一个很好选择。此外，可以在月球上给定的能量接收区域放置太阳能光电池组，这些光电池组由能量在 1 000 s·We（瓦特—电子）~100 s·kWe 之间的单个太阳能光电池组成，用于接收太阳能并将太阳能转换为电能；其中能量为 100 s·kWe 的太阳能电池已经在国际空间站上使用。因此，微波加热是实现月球制氧优先考虑的加热方式。

9.6.5　利用月壤微波烧结制备建筑材料的方法

月壤含有丰富的矿产资源，可以分离和提炼出各种原料，如图 9 - 16 所示，包括氧和氧化物、硅酸盐、金属、氦 - 3 等。其中，氧化物用来生产金属，提取太阳风化物中的氢和氦；硅酸盐生产的二氧化硅、氧化铝、氧化钙等矿物制作建筑材料，建立月球基地；生产的金属可以用来制造工具。其中，利用月壤原料进行基地建造最为关键。目前主要有两种方案：一种是利用超低温特种黏合剂使月壤聚合成型，这种方法首先需要研究能够抵御高温差、强辐射等严酷环境的黏合剂；另一种是以月壤为原料，进行 3D 打印成型。

1. 制备月球混凝土

混凝土是在地球上广泛使用的人造建筑材料。混凝土由水泥和填充材料混合构成，其优点是在环境温度下强度不断加强、密度低、热和电的绝缘性高、

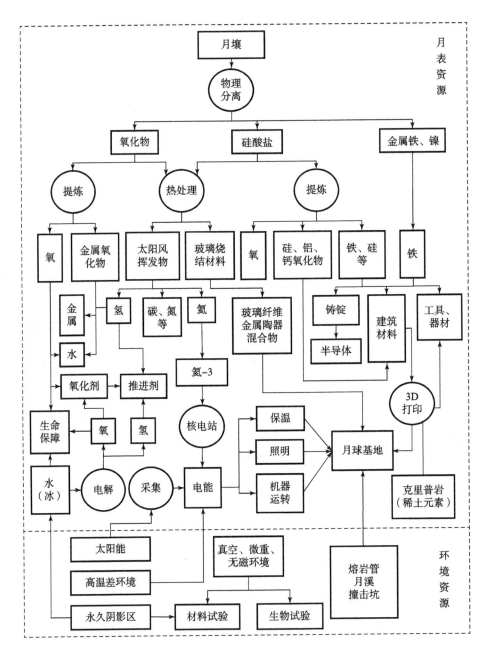

图 9-16　基于月壤的原位资源加工和利用方案

不可燃、无毒；其不足是水泥的生产需要 1 100 ℃以上的高温。混凝土本质上是一种由水泥混合连接的骨料颗粒组成的多相材料。在混凝土制作过程中，水被添加到水泥和骨料中，此时水和硅酸钙之间发生水合作用。水合作用会持续数天，此阶段混凝土的强度变高、硬度变大。基于以上优点，混凝土也可作为在月球上建设月球基地以及其他月面设施的重要建筑材料。

地球上典型的混凝土由 75% 质量的骨料、10% 质量的水泥和 15% 质量的水组成。月球混凝土可参考此比例，但可能会用环氧树脂或其他黏合物来保存珍贵的水。从化学组成来讲，水泥有很多种类。最常用的是硅酸盐水泥，由约 64% 氧化钙、23% 二氧化硅、4% 三氧化二铝和其他氧化物组成，所有这些成分都可在月壤中找到。基于现有月球资源组成和分布数据，月球上的钙长石斜长岩含有大量钙，是最好的制造月球水泥的材料。

月球混凝土结构最具吸引力的地方除了水中的氢元素以外，所需的其他材料都可在月球上找到。而氢可以液态方式用低温贮箱从地球送往月球，也可以甲烷（CH_4）或氨（NH_3）的形式进行运输，其中碳元素提取后还可用于铁的生产，而氮可以用来制备人类居住舱的空气。初步估算，制造 1 000 t 混凝土大约需要 4.5 t 的 H_2。

同时，混凝土具有良好的热稳定性和化学稳定性，可以承受月球的极端温度和真空环境。当温度超过 600 ℃ 时，混凝土开始分解，但此温度远高于月面的最高温度，因此可承受月球的最高温度。在月球低重力环境下，硅酸盐水泥的抗压缩强度会有轻微下降（约 10%），但不会对混凝土造成严重影响。此外，新形成的或变硬过程中的混凝土若暴露在真空中，其性能也会受到影响。试验表明，气泡的扩张以及水汽的蒸发和扩散会造成混凝土内部某些结构上的空洞，从而降低混凝土强度和单位质量。因此建议在混凝土达到沉淀点之前不要暴露在真空中，这意味着用于重要结构的混凝土需在加压空间中预先制造。而对用于一般结构的混凝土，可以直接在月球自然环境中制造，但需覆盖一层不透气的材料。

月球混凝土的生产制造包括一系列活动：①运输和储存骨料、配筋、水泥、镶嵌件和水到混凝土生产工厂；②传送组分到配料车间；③传送搅拌好的混凝土到预制区；④运输混凝土到加工区；⑤加工好后将已变硬的混凝土部件运输到外部储存区或建设区。月球混凝土骨料可以从月壤中提取获得。硅酸盐水泥可从月球钙长石斜长岩中加工处理得到。镶嵌件（如钢结构件或玻璃纤维增强塑料）可以从地球送往月球。图 9－17 所示为大规模月球混凝土制造过程。

2. 烧结工艺选择

利用微波烧结法来烧结月壤等月球物质是一种优选的结构材料制备方法。微波烧结技术作为一种新的技术，与传统烧结技术相比具有许多独特的优势：

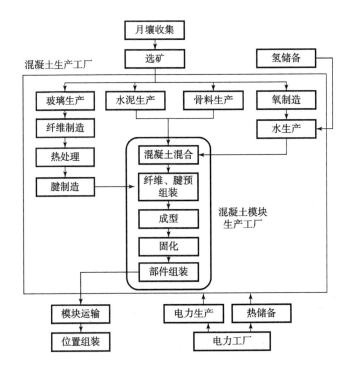

图 9-17 大规模月球混凝土制造过程

①微波烧结温度低，烧结时间短；②能源利用率高；③与传统的烧结工艺生产的工件相比，用微波烧结制成的工件具有较高的密度、硬度和强韧性。另外，月球表面没有大气，太阳辐射可以长驱直入，获得稳定的太阳能；此外，月壤中蕴藏的丰富的氦-3资源是一种可提供人类长期安全、高效、清洁的核聚变发电燃料。由于微波装置比较简单，易于控制，可将太阳能或核能方便地转化为微波能。

3. 反应原料选择

通过对前人利用月壤样品或模拟月壤进行高温烧结的试验结果分析发现，由于月壤样品或模拟月壤的成分复杂，烧结产物虽然具有一定的强度，但其中被还原金属的含量还是相对较少的，烧结产物强度还是较差，很难满足月球基地建设所需结构材料的性能要求。在这些烧结试验中，钛铁矿是最活跃的反应物质，在足够高的温度下就能够完全还原分解出金属铁。同时，根据氧化物的自由能可知，钛铁矿相对其他月壤矿物更容易被还原，且钛铁矿是月壤中含量最高的金属氧化物，故可作为高温烧结制备材料的首选矿物原料。

在月球真空环境中，通过高温烧结很容易将钛铁矿中的金属铁分解出来，其反应方程式如下：

$$2FeTiO_3 \longrightarrow 2TiO_2 + 2Fe + O_2$$

$$2FeO \longrightarrow 2Fe + O_2 \tag{9-22}$$

根据热力学原理，在标准状态下的吉布斯自由能（ΔG^θ）与焓变（ΔH^θ）、熵（ΔS^θ）以及温度（T）之间的关系可表示如下：

$$\Delta G^\theta = \Delta H^\theta - T \cdot \Delta S^\theta \tag{9-23}$$

非标准状态下的吉布斯自由能（$\Delta G_{P,T}$），可根据化学反应等温方程（范德霍夫等温式）通过标准吉布斯自由能、温度以及反应熵（Q）得出，即

$$\Delta G_{P,T} = \Delta G^\theta + RT \cdot \ln Q \tag{9-24}$$

根据表 9 – 4 中的热力学参数，通过反应式（9 – 17）和反应式（9 – 18）可以计算出：标准状态下钛铁矿和氧化亚铁的分解温度分别为 3 789 ℃和 3 674 ℃；在月球 10^{-14} 个标准大气压条件下，它们的分解温度分别为 1 177 ℃和 1 068 ℃，如表 9 – 5 所示。

表 9 – 4　钛铁矿分解反应热力学参数

参数	FeTiO₃	FeO	TiO₂	Fe	O₂
$\Delta H^\theta/(kJ \cdot mol^{-1})$	– 1 246. 41	– 272. 04	– 944. 75	0	0
$\Delta G^\theta/(kJ \cdot mol^{-1})$	– 1 169. 09	– 251. 5	– 889. 51	0	0
$\Delta S^\theta/(J \cdot mol^{-1})$	105. 9	60. 75	50. 33	27. 15	205. 04

表 9 – 5　钛铁矿及氧化亚铁的理论分解温度　　　　　　　　　℃

名称	压力条件		
	1 atm	10^{-7} atm [a]	10^{-14} atm [b]
FeTiO₃	3 798	1 865	1 177
FeO	3 674	1 728	1 068

注：atm 表示标准大气压；

　　a 为地面模拟高真空环境的压力条件（约 10^{-2} Pa）；

　　b 为月球的高真空环境，其压力约为 10^{-14} atm。

根据目前有关钛铁矿微波烧结试验的研究结果可知，钛铁矿具有很好的吸波特性，在微波场中具有很高的活性，因此很短的时间内可以将其加热至较高温度；同时，微波场中产生的活化反应能有效促进钛铁矿的烧结。

物质在微波场中的加热特性可以用三个基本参数来描述，即功率密度

（P）、半衰深度（D_H）和加热速率（ΔT）。功率密度 P 是指电磁场中单位体积物质所吸收的电磁波能量；半衰深度（D_H）是指电磁场能量衰减为表面的一半时在物质中的穿透深度，在微波加热中它的值通常限定被加热物体的尺寸厚度；加热速率（ΔT）则是指被加热物体的温度升高速率。它们与物体本身的介电性质直接相关，可分别表示为

$$P = KfE^2 k' \tan \delta \qquad (9-25)$$

$$D_H = \frac{3\lambda_0}{8.68\pi k' \tan \delta} \qquad (9-26)$$

$$\Delta T \approx (8 \times 10^{-12}) \cdot \frac{fE^2 k' \tan \delta}{\rho C_P} \qquad (9-27)$$

式中：K 为常数；f 为频率；E 为电场强度；k' 为相对介电常数；$\tan\delta$ 为介电损耗；λ_0 为波长；ρ 为密度；C_P 为比热容。

对钛铁矿物理性质的测量可得出其密度约为 $4.39\ \text{g/cm}^3$，相对介电常数为 54.3，介电损耗为 0.6，比热容为 $108.9\ \text{J/(mol·K)}$。若采用频率为 $2.45\ \text{GHz}$ 的微波烧结炉进行烧结，电场强度为 $300\ \text{V/cm}^2$ 时，其升温速率约为 $120\ ℃/\text{s}$。

由以上分析可知，在较低温度下可以很快将钛铁矿中的金属铁还原出来。因此，利用钛铁矿作为原料，通过微波烧结制备月球基地所需材料是一个值得深入研究的方案。

9.6.6 利用月壤3D打印月球基地结构的方法

目前设想中的大多数的月球基地都是将结构和建筑材料从地面转移至月球，然后在月球组装，这种模式的运输成本非常高，对于大型基地的建造是不可能的。最有可能应用的方式是，原位利用月表资源，结合数字制造技术用于月球基地的建设，这种技术一旦突破也可用于未来的火星基地建设。

采用多自由度机器人原位利用月壤资源3D打印建筑结构及材料，无疑是月面建筑基地的有效途径。采用3D打印技术可以根据图纸设计需求打印建筑结构，在月面3D打印技术中，有多种固化途径可供月面基地建设选择，如微波烧结、太阳能光波积热熔融、单组分原位固化、多组分原位固化技术等。

通过可移动的3D打印平台，配合月面月壤、月尘等采集、过滤、处理、喷涂等系统，共同构成打印过程，并采用相应的粉体成型手段，建造出月面建筑结构。3D打印设备组成如图9-18所示。

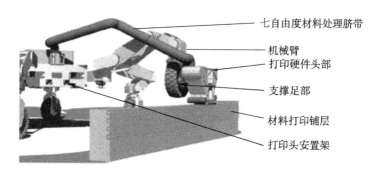

七自由度材料处理脐带

机械臂
打印硬件头部

支撑足部

材料打印铺层

打印头安置架

图 9 - 18　3D 打印设备组成

（图片来源于 ESA 网站）

原位浇筑技术可使用半流体浆料成型具有一定强度的各种三维结构。另外，采用黏结剂将月球表面月尘和月壤黏结在一起，也可以形成具有力学强度的结构材料。例如，硫化浇筑技术可以用于月球表面月尘和月壤的固化成型，并且获得足够的结构强度。月球表面存在硫铁矿（FeS），经过冶炼可以分别获取 Fe 及 S 资源。硫化浇筑技术不同于传统的水性混凝土浇筑，该技术不存在真空条件下的水挥发问题，将月球表面月尘、月壤、沙砾等成分和硫粉混合，经加热后冷却，形成的混凝材料的强度可以超过 17.24 MPa，且材料的固化非常迅速。配合材料输送和数字打印技术，该技术可以建造出任意的建筑结构。经过安装、固定、密封舱门等设备，使用 3D 打印成型技术，即可满足人类的短期居住问题，为进一步的长期探测和月球开发提供场所（图 9 - 19），为实现资源的综合开发利用奠定基础。

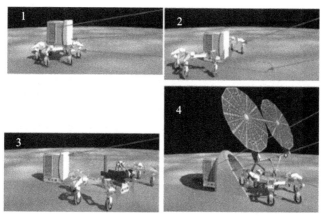

图 9 - 19　利用 3D 打印技术在月面建造防护结构

（图片来源于 *Advances in Space Research*）

|9.7 资源循环利用与环境保护|

9.7.1 资源循环利用

月球/火星资源量虽然巨大，但同样不是取之不尽用之不竭的，因此需要考虑资源的循环再利用。与地球上类似，资源的循环主要经过资源收集、产品加工、产品消耗、废弃物排放、回收分类以及处理提炼，如图 9 – 20 所示。

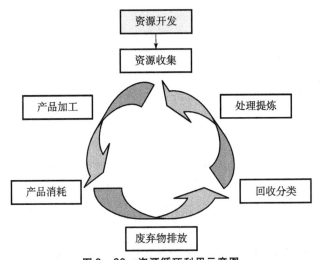

图 9 – 20　资源循环利用示意图

资源的循环利用需要对可循环利用的资源进行分类，主要分为金属材料、无机非金属材料、工业固体废物和水资源。金属材料主要包括钛、铁、铝和镁等。由于月表中金属矿物储量有限，因此对金属的回收利用是非常有必要的。无机非金属材料主要是指废弃的建筑材料、玻璃和陶瓷等，经过回炉重熔可得到新的建筑材料或生活用品。工业固体废物主要包括金属冶炼渣、废旧电池、化工废物以及尾矿等。水资源的回收主要来自生活污水和工业废水。可循环资源分类与处理如图 9 – 21 所示。

在设计载人月球/火星基地任务时，需要考虑如何借助前期无人深空探测任务遗留下来的资产，如着陆器、月球/火星车、运载火箭末级残骸等。与利用月球/火星原位资源制造提炼金属材料相比，直接废物回收这些人造空间资产，维修后进行再利用要更容易些。因此，需要在任务的顶层设计阶段就进行考虑。

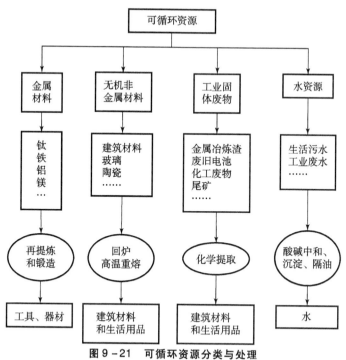

图 9-21　可循环资源分类与处理

9.7.2　环境保护

　　人类在月球/火星上的可持续发展除了需要对资源进行循环利用外，还要进行环境保护。环境保护主要从控制废弃物的排放、抑制细菌繁殖，以及充分利用清洁能源、减少污染性能源的使用量等方面进行。

　　中长期地外天体探测活动中含有大量水分的固体废物，长时间储存容易腐烂发酵和滋生微生物。为了保证航天员生存环境的安全以及储备物资最小化，对其稳定化和安全化处理以及水回收十分必要，因此固体和半固体废物处理是长期载人空间活动必需的技术之一，它不但使废物安全、稳定地储存，同时也有利于空间利用率的提高、水分回收和资源回收。在物化再生阶段前期多由货运飞船携带回地球处理或在货运飞船进入大气层时焚毁；后期则更侧重于开发每一种可利用资源，表 9-6 及表 9-7 所示为近 30 年来美、俄等国对固体、半固体废弃物的处置方法及各方法特点介绍。

　　通过对表 9-6 和表 9-7 分析可见，美、俄对固体废弃物，特别是排泄物主要采用压缩、干燥、燃烧处理，对其进行资源类型转化的方法较少，在资源可持续利用方面尚有较大的研究空间，但同样环境保护问题也需要在任务顶层设计阶段加以考虑。

表 9-6　固体废弃物资源化处理研究现状

任务	处理技术名称	简介	特点
基地短期任务	柔性膜粪便收集器（美、俄）	从较重的柔性膜粪便收集器升级为轻质、适应微重力环境的柔性膜粪便收集器	质量轻，可折叠，节省空间；有除臭装置和粪便空气传输装置，消除了恶臭气体污染和微重力对粪便传输问题的影响
	压缩和热熔压缩技术（美）	2003 年美国 Ames 研究中心研制出两种固体废物压缩装置：一种是非热压缩装置，另一种是热熔压缩装置	非热压缩装置利用气动伸缩活塞，产生压力，固体废物压缩体积较传统方法提高75%。热熔压缩指固体废物（通常塑料含量高于30%）在 140～180 ℃进行的压缩。热熔压缩装置与传统手工压缩相比可以提高90%，实现废物稳定化压缩和水回收
基地中期任务	冷冻干燥技术（美）	2001 年，由 NASA 提出并将其应用于空间固体废物脱水过程；2004 年验证模型的有效性，2005年完成原理样机的设计，2006 年对原理样机的传质和传热过程进行研究	干燥过程分为三步进行：①冷冻固体废物，使冰晶与污染物分离；②中等真空度（＜200 Pa）条件下，冰晶升华为水汽并在冷板上被冷凝；③冰晶被干燥后继续加热，使固体废物中残余的水分进一步干燥
	空气循环干燥技术（美）	热空气的作用下，固体废物中的水汽汽化，流经冷凝器，冷却后的液态水被回收；其余气体在预热器和空气加热器的作用下二次加热，进入下一次干燥循环，循环往复干燥固体废物	空气循环避免了挥发性有机物对空气的污染，并且能耗低。不足之处是脱水效率较低（约 20 g/h），对于大块物质来说，该方法不起作用
	微波辅助真空冷冻干燥技术	真空条件下温度低于 0 ℃时，水具有固态和气态两种相态，温度不变，压力逐渐降低，水会逐渐由固态变为气态。利用这种方法并在微波的辅助作用下，冷冻固体废物中的水分逐渐加速升华为水蒸气，经冷凝器进一步降低温度后，水蒸气又由气态变为固态被回收。NASA 的 Ames 研究中心利用该原理样机对湿垃圾、模拟粪便和浓盐水进行研究，结果表明，脱水效率由高到低分别为浓盐水、模拟粪便和湿垃圾	该技术的优点：①由于整个干燥过程水是由固态→气态→固态，避免了挥发性有机污染物与液态水相互溶解过程，降低了有机物含量，为后续处理减轻了负担；②微波辅助固体废物中水分子升华，有效地提高了固态水的升华速度，由于水分子对微波能量的吸收能力强于其他物质，能量效率大大提高；③处理后固体废物的稳定性提高。 缺点：①水的相态变化所需能量较常温干燥过程大得多，给热量的有效循环利用提出挑战；②相对常温干燥过程而言，冷冻干燥需要较高的能耗

续表

任务	处理技术名称	简介	特点
基地中期任务	微波辅助干燥技术（美）	微波作用于固体废物中的水分子发生汽化，随气流进入冷却装置，水蒸气被液化、回收。其余气体经活性炭吸附处理后直接排入室内。连续气流通过干燥室，携带水汽进入冷凝器，水汽在冷却器表面被液化，回收。其余气体通过活性炭过滤器，物理吸附有机气体，然后进入通风橱或者回到空气	与微波辅助真空冷冻干燥技术相比，该技术流程没有真空泵和热泵，所以能耗较低；但回收的水中含有较高的有机物，增加了后续处理负担；处理流程的尾端需增加活性炭吸附装置吸收挥发性有机物，而活性炭属于消耗品需要定期更新
基地长期任务	焚烧技术	20 世纪 90 年代至 21 世纪初期，美国犹他大学与 Ames 研究中心合作开发研制了流化焚烧床，用于空间飞行过程中生命保障系统植物秸秆和其他废物的氧化处理；1997 年在约翰逊航天中心完成了 4 人 90 天测试；2000 年又对进料系统、冷却系统和飞灰收集系统进行改进；2001 年 Ames 研究中心又对流化焚烧床装置的能量效率和尾气净化能力进行研究并建立能耗评估等式	该技术可以处理除了金属和玻璃以外的所有废物，并且具有较高的转化能力，已被商业化应用，成熟度较高。但是，因焚烧尾气中含 NO_x、SO_2 和有机氯化物等污染物，需要配备复杂的尾气净化装置，操作温度较高且消耗大量的氧气，不利于生命保障系统中的空气平衡调节
	湿式氧化技术	1944 年由 Zimmermann 提出，也称齐默尔曼法；2007 年 Fisher 等研究得出湿式氧化法最佳温度和最佳效率	其原理是在高温和高压条件下，以空气中的氧气（或其他氧化剂，如臭氧、过氧化氢等）为氧化剂，将有机污染物氧化为 CO_2 和 H_2O 等无机或小分子有机物的方法。湿式氧化技术的优点在于温度分布均匀，避免了废物燃烧，而且副产物少。弊端在于 S 和 N 的气体化合物需要进一步处理，中间产物可能有毒

续表

任务	处理技术名称	简介	特点
基地长期任务	超临界氧化技术	20世纪初期，NASA的Ames研究中心开始从事超临界氧化技术和湿式氧化技术处理固体废物；20世纪中期，开始将注意力集中在超临界氧化技术。1985—1987年间，NASA利用超临界氧化技术对粪便和尿液进行处理；2004年格林研究中心研究了微重力对温度和浓度梯度的影响；2008年美国与法国开展合作，研究温度梯度与非温度梯度条件下超临界无机盐的析出与转化；2010年在空间站开展高温加入（High Temperature Insert，HTI）研究，并于2013年利用低浓度硫酸钠溶液开展空间试验研究	优点：①不需要对湿废物垃圾干燥预处理；②处理后产物相对稳定，容易回收；③反应完全且反应速率较快；④通过优化设计和操作，反应可以自我维持；⑤反应产物不会产生氮氧化物和硫化物，不需要后期处理。缺点：超临界状态下，无机盐类会析出，堵塞管路，如果是无极卤化物可能会腐蚀管路。另外，存在连续向反应器中填装固体废物和能量回收等问题
	热解技术	高温、厌氧的条件下，固体废物转变为挥发性气体、焦油和碳的过程。常应用于破坏废物结构，作为空间环境废物管理的候选技术之一	优点：①可以作为燃烧的预处理过程；②使氧气的利用、碳和氮的循环效率更高；③裂解产物气体可以作为燃料电池的原料；④产物可作为原材料供空间使用，如活性炭；⑤可以回收水分。缺点：①相对于其他方法，产物十分复杂；②由于产物中含高浓度CO，无法直接排入环境中
	生物处理技术	过去的20年，肯尼迪航天中心开发多种生物反应器用来降解固体废物和营养物质回收。Whitaker等对厌氧生物反应器进行了大量试验研究；普渡大学和佛罗里达大学分别研制了好氧生物反应器与厌氧生物反应器，这两种反应器研究均得到NASA商业空间环境系统技术中心的资助	生物处理技术相对较成熟，所需的预处理较少，常温常压即可满足处理要求，最重要的是耗能低。但产生的残渣较多（大于50%）以及反应器体积较大

表 9 – 7　半固体废弃物资源化处理研究现状

固体废物处理技术	发展及特点
蒸发干燥技术	Johnson 空间中心研制了浓盐水强化脱水系统，该系统利用热空气使浓盐水中的水分不断蒸发，最终达到水分和盐分回收的目的。测试结果表明，试验装置稳定运行 1 200 h，水分回收率达到 90%，没有检测到微生物
超声雾化干燥技术	Ames 研究中心研制了超声浓盐水脱水系统，该系统利用超声波将浓盐水雾化，再经红外加热汽化，最终实现水分和盐分分离。结果表明，该装置的水分回收率为 95%，盐分回收率为 95.6%，82.2% 的盐分吸附在过滤介质上
微波干燥技术	Ames 研究中心利用微波辅助干燥技术对易燃生活垃圾与浓盐水的均匀混合物进行干燥试验研究。结果表明，混合物的水分去除效率为 145 g/h，与浓盐水水分去除效率 170 g/h 和粪便水分去除效率 135 g/h 相比效果适中，但易燃生活垃圾与浓盐水的混合既避免了微波处理易燃生活垃圾产生的燃烧，也实现了微波辅助干燥装置对浓盐水的脱水处理

思考题

1. ISRU 的概念及内涵是什么？

2. 在载人深空探测任务中，月球任务与火星任务相比，哪个任务对 ISRU 的需求更迫切？为什么？

3. 评估 ISRU 技术的价值的方法是什么？

4. ISRU 的过程是什么？有什么难点？

5. 如何开展月球及火星的原位资源探测？有什么技术途径？

6. 如何利用火星大气中的 CO_2 制备 O_2 和 CH_4？

7. 如何利用火星大气制备 H_2O？

8. 如何利用月壤制备建筑材料？难点是什么？

9. 如何开展月球/火星的资源循环利用与环境保护？

10. 如何看待 ISRU 与行星基地的关系？该如何验证？试举例说明。

参 考 文 献

[1] [美] 阿尔瑟·M·杜勒. 外空矿物资源——挑战与机遇的全球评估

[M]. 张振军，译. 北京：中国宇航出版社，2017.

[2] [美] 唐纳德·拉普. 面向载人月球及火星探测任务的原位资源利用技术 [M]. 果琳丽，郭世亮，张志贤，等. 译. 北京：中国宇航出版社，2018.

[3] [意] 克劳迪奥·布鲁诺，[法] 安东尼奥·G·阿塞图拉. 先进的推进系统与技术 [M]. 侯晓，等，译. 北京：中国宇航出版社，2012.

[4] 欧阳自远. 月球科学概论 [M]. 北京：中国宇航出版社，2005.

[5] 欧阳自远，邹永廖. 火星科学概论 [M]. 上海：上海科学教育出版社，2015.

[6] 李志杰，果琳丽. 月球原位资源利用技术研究 [J]. 国际太空，2017，459 (3)：44 - 50.

[7] 阎师，陈辉，袁勇，等. 月球资源原位利用进展及展望 [J]. 航天器环境工程，2017 (2)：10 - 15.

[8] 姜生元，沈毅，吴湘，等. 月面广义资源探测及其原位利用技术构想 [J]. 深空探测学报，2015 (4)：291 - 301.

[9] 陈志远，周国治. 月球冶金技术的发展前景 [J]. 自然杂志，2013 (1)：1 - 8.

[10] 欧阳自远. 我国月球探测的总体科学目标与发展战略 [J]. 地球科学进展，2004，19 (3)：351 - 358.

[11] 郑永春，张峰，付晓辉，等. 月球上的水：探测历程与新的证据 [J]. 地质学报，2011，85 (7)：1069 - 1078.

[12] 张全生，郭东莉，夏骥. 为月球资源就地应用的 LiOH 电解制氧技术分析和实验观察 [J]. 航天医学与医学工程，2013 (3)：211 - 214.

[13] 李芃，王世杰，李雄耀，等. 利用月球含氧矿物制取氧气的方法学比较 [J]. 矿物岩石地球化学通报，2009 (2)：183 - 188.

[14] 王志浩，刘宇明，田东坡，等. 月壤原位成型技术工程适用性浅析 [J]. 航天器环境工程，2018，35 (3)：298 - 305.

[15] 叶青，杨慧，马成畅. 月球用水泥及混凝土的探索和设计 [J]. 新型建筑材料，2010，37 (5)：16 - 19.

[16] 李丽华，唐辉明，刘数华，等. 月球混凝土研究进展 [J]. 混凝土，2011 (9)：12 - 14.

[17] 宋靖华，周青. 利用月壤进行月球基地建设的3D打印技术 [J]. 华中建筑，2015 (3)：33 - 42.

[18] 唐红，王世杰，李雄耀，等. 月壤钛铁矿微波烧结制备月球基地结构材料的初步设想 [J]. 矿物学报，2009，29 (2)：229 - 234.

［19］ 唐红，王世杰，李雄耀，等. 微波技术在月球资源开发利用中的应用前景［J］. 压电与声光，2008，30（2）：166－169.

［20］ 郑永春. 模拟月壤研制与月壤的微波辐射特性研究［D］. 贵阳：中国科学院地球化学研究所/中国科学院研究生院，2005：44－51.

［21］ 郑永春，王世杰，刘建忠，等. 模拟月壤研制的初步设想［J］. 空间科学学报，2005，25（1）：70－75.

［22］ 李海阳，张亚坤. 基于月痕资源的月球开发新体系构想［J］. 载人航天，2017，23（5）：577－581.

［23］ 张颖一，张伟，王功. 太空增材制造的技术需求和应用模式探索［J］. 中国材料进展，2017，36（7－8）：503－511.

［24］ 李万伦，段怡春，刘秀丽. 国外太空资源勘查进展及我国对策［J］. 资源·产业，2005，7（4）：34－38.

［25］ 邹永廖，欧阳自远. 月面克里普岩成分特征及 REE 等资源开发利用前景［J］. 空间科学学报，2003，23（6）：436－442.

［26］ 孙振平，黎碧云，庞敏，等. 月球混凝土研究进展及展望［J］. 混凝土世界，2019，119：26－32.

［27］ 杨慧. 月球水泥混凝土制备及其性能的研究［D］. 杭州：浙江工业大学，2012.

［28］ Benaroya H. Reliability of telescope for the lunar science［J］. Journal of the British Interplanetary Society，2005，48（2）：99－107.

［29］ Bréton J. The near side of the moon used for earth－related applications［C］. IAF No. 97－Q4. 05，International Astronautical Federation，1997.

［30］ Eckart P. The Lunar Base Handbook［M］. New York：McGraw－Hill Companies，2006.

［31］ Pieters C M，Goswami J N，Clark R N，et al. Character and spatial distribution of OH/H_2O on the surface of the Moon seen by M3 on Chandrayaan－1［J］. Science，2009.

［32］ Colaprete A，Schultz P，Heldmann J，et al. Detection of water in the LCROSS ejecta plume［J］. Science，2010.

［33］ AE Saal，EH Hauri，ML Cascio，et al. Volatile content of lunar volcanic glasses and the presence of water in the Moon's interior［J］. Nature，2008.

［34］ Sanders G B，Larson W E. Progress made in lunar in－situ resource utilization under NASA's exploration technology and development program［R］. JSC－CN－26038，2012.

[35] Mueller R P, Van Susante P J. A review of extra – terrestrial mining concepts [R]. Ksc – 2012 – 096, 2012.

[36] Sanders G B. Lunar polar in situ resource utilization (ISRU) as a stepping stone for human exploration [R]. JSC – CN – 29555, 2013.

[37] Larson W E, Quinn J W, Sanders G B, et al. Resolve: an international mission to search for volatiles at the lunar poles [R]. KSC – 2013 – 129R, 2013.

[38] Larson W E, Picard M, Quinn J, et al. NASA's lunar polar ice prospector, resolve: mission rehearsal in Apollo valley [R]. KSC – 2012 – 257, 2012.

[39] Forrest E Me Yem, Michael H Hecht, Jeffrey A Hoffman, et al. Thermodynamic model of Mars Oxygen ISRU Experiment (MOXiE) [J]. Acta Astronautica, 2016 (129): 82 – 87.

[40] Gehrke C. A manned exobiology laboratory based on the moon [R]. NASA CP – 3166: 351 – 352, 2003.

[41] Allen C, et al. Oxygen extraction from lunar soils and pyroclastic glass [J]. Journal of Geophys. Res, 101 (26): 85 – 95.

[42] Allen C, Zubrin R. In – Situ Resources. Human Space Flight: Analysis and Design [M]. New York: McGraw – Hill, 1999.

[43] Burt D. Lunar mining of oxygen using fluorine [R]. Houston, NASA CP – 3166, 1992.

[44] Chambers J. Quantitative mineralogical characterization of lunar high – Ti mare basalts and soils for oxygen production [J]. Journal Geophys. Res. Planets, 1995, 100 (14): 391 – 401.

[45] Stefanescu D. In – situ resource utilization for processing of metal alloys on lunar and mars bases [R]. Space 98 – Engineering, Construction, and Operations in Space VI, New York, 1998.

[46] Anonymous (2005) Exploration Systems Architecture Study (ESAS) [R]. NASA – TM – 2005 – 214062, NASA, Washington, D. C. (http://www. sti. nasa. gov).

[47] Anonymous (2005A) Constellation Architecture Requirements Document (draft) [R]. November 18, 2005.

[48] Zurbrin R, Wagner R. The case for Mars: the plan to settle the red planet and why we must free press [R]. New York. Rev and updated ed, 2011.

[49] Braun R D, Manning R M. Mars exploration entry, descent and landing challenges [C]. 2006 IEEE Aerospace Conference, 2006.

[50] Brooks K P, Rassat S D, TeGrotenhuis W E. 2005 Development of a microchannel ISPP system [R]. PNNL – 15456, September, 2005.

[51] Bruckner A P, Grover M R, Hilstad M O, et al. Extraction of atmospheric water on Mars in support of the Mars reference mission [R]. (http: //www. marspapers. org/papers/MAR98062. pdf).

[52] Gordon Wasilewski T. Evaluation of drilling – based water extraction methods for Martian ISRO from mid – latitude ice resources [J]. Planetary and Space Science, 2018 (158): 16 – 24.

[53] Chen Ping, Zhitao Xiong, Jizhong Luo, et al. Interaction of hydrogen with metal nitrides and imides [J]. Nature, (420), 302 – 304.

[54] Christian J A, Wells G, Lafleur J, et al. 2002, Sizing of an entry, descent, and landing system for human Mars exploration [C]. AIAA Space 2006 Conference, AIAA 2006 – 7427.

[55] Christopher B Dreyer, Argel Abbud – Madrid, Javed Atkinson, et al. A new experimental capability for the study of regolith surface physical properties to support science, space exploration, and in situ resource utilization (ISRU) [J]. Review of Scientific Instruments 89, 064502 (2018), doi: 10. 1063/1. 5023112.

[56] Ebbesen S D, Mogensen M. Electrolysis of carbon dioxide in solid oxide electrolysis cells [J]. Journal of Power Sources, 2009, (193): 349 – 358.

[57] Guernsey C S, Baker R S, Plachta D, et al. Cryogenic Propulsion with Zero Boil – off Storage Applied to Outer Planetary Exploration [R]. Final Report (JPL D – 31783), NASA Jet Propulsion Laboratory.

[58] Haberbusch M S, Stochl R J, Culler A J. Thermally optimized zero boil – off densified cryogen storage system for space [J]. Cryogenics, 2004, (44): 485 – 491.

[59] Kim – Lohsoontorn P, Bae J. Electrochemical performance of solid oxide electrolysis cell electrodes under high – temperature coelectrolysis of steam and carbon dioxide [J]. Journal of Power Sources, 2011, (196): 7161 – 7168.

[60] Larson W E, Sanders G B. The In – situ resource utilization project: under the new exploration enterprise [R]. (http://ntrs. larc. nasa. gov/search. jsp? N = 4294932186 + 4294504246&Nn = 4294967061 I Document + Type I Technical + Report I I 4294965276 I Subject + Terms I CLOSED + ECOLOGICAL + SYSTEMS).

［61］ Larson W E, Sanders G B, Sacksteder K R. NASA's In – situ resource utilization project: current accomplishments and exciting future plans ［R］. （http://ntrs. larc. nasa. gov/search. jsp? N = 4294932186 + 4294504246&Nn = 4294967061 ｜Document + Type ｜ Technical + Report ｜｜ 4294965276 ｜ Subject + Terms ｜CLOSED + ECOLOGICAL + SYSTEMS）.

［62］ Rapp D. Transporting hydrogen to the Moon or Mars and storing it there ［R］. informal report （http: //www. spaceclimate. net）. 2005.

［63］ Rapp D. Mars life support systems ［J］. Mars Journal, 2006 （http:// marsjournal. org/contents/2006/0005/files/rapp _ mars _ 2006 _ 0005. pdf）. 2006.

［64］ Rapp D. Human Missions to Mars ［M］. Heidelberg: Springer/Praxis, 2007.

［65］ Sanders G B, Larson W E. Progress made in lunar in – situ resource utilization under NASA's exploration technology and development program ［R］. NASA Technical Report, NASA, Washington, D. C, 2011.

［66］ Sanders G B, Larson W E, Picard M. Development and demonstration of sustainable surface infrastructure for Moon/Mars missions ［C］. 62nd International Astronautical Congress, 2011.

［67］ Nakamura T, Smith B. Solar thermal system for lunar ISRV applications: development and field operation ［C］. 49 th AIAA Aerospace Sciences Meeting Including the New Horizons Forum and Aerospace Exposition, 2011.

［68］ Taylor L W. Solar – wind components in lunar soil: valuable resources for Colonization of the Moon ［C］. Abstracts with Programs, 1989, 21 （6）: 368.

［69］ Taylor G J, Martel L. Prospecting for lunar and Martian resources ［C］. In: Abstract of Space Resources Roundtable Ⅲ. Golden, USA, 2001.

［70］ Boucher D S, Dupuis E. Core drilling for extra – terrestrial mining ［C］. In: Abstract of Space Resources Roundtable Ⅱ: Golden, USA, 2000.

［71］ National Research Council. 3D printing in space ［R］. Washington: U. S. , National Academies Press, 2014.

［72］ Andrew C O, Olivier L W. Systems analysis of in – space manufacturing applications for the international space station and the evolvable Mars campaign ［R］. Cambridge: Massachusetts Institute of Technology, 2015.

［73］ Robert P, Mueller L, Scott H, et al. Automated additive construction

（AAC) for Earth and space using in – situ resource ［R］. Washington：U. S. , American Society of Civil Engineers, 2016.

［74］ Sacksteder K R, Sanders G B. In – situ resource utilization for lunar and Mars exploration ［R］. Reno Nerada：NASA Goddard Space Flight Center, 2007.

［75］ Schrunk D, Sharpe B, Cooper B, et al. The Moon Resources：Future Development and Colonization, Appendix E ［M］. John Wiley & Sons, 1999：239 – 278：466.

［76］ Duke M, Hoffman S, Snook K. The Lunar Surface Reference Mission：A Description of Human and Robotic Surface Activities ［M］. NASA, TP – 2003 – 212053, NASA Lyndon B, Johnson Space Center, Houston TX, 2003.

［77］ Meurisse A, Makaya A, Willsch C, et al. Solar 3D printing of lunar regolith ［J］. Acta Astronautica, 2018 (152)：800 – 810.

［78］ Gibson M A, Knudsen C W. Lunar oxygen production from ilmenite ［A］. Mendeu WW. Lunar Bases and Space Activities of the 21th Century ［M］. Lunar and Planetary Institute, Houston 1985：543 – 550.

［79］ Welham N J. Novel process for enhanced lunar oxygen recovery ［J］. Journal of Materials Science, 2001, 36：2343 – 2348.

［80］ Matchett J P, Pomeroy B R, Cardiff E H. An oxygen production plant in the Lunar environment：a vacuum pyrolysis approach ［R］. Space Resource Roundtable Ⅶ, 2005.

［81］ Criswell D R. Lunar solar power system：review of the technology base of an operational LSP system ［J］. Acta Astronautica, 2000, 46 (8)：531 – 540.

［82］ Taylor L A, Meek T T. Microwave sintering of lunar soil：properties, theory, and practice ［J］. Journal of Aerospace Engineering, 2005：188 – 196.

［83］ Brophy, John R, Louis Friedman, et al. Returning an entire near – Earth asteroid in support of human exploration beyond Low – Earth orbit ［R］. Keck Institute for Space Studies, Accessed June 13：2014. http：//www. kiss. caltech. edu/study/asteroid/papers/returning pdf.

［84］ Hanford. Exploration life support baseline values and assumptions document ［R］. NASA CR – 2006 – 213693, 2006.

［85］ Hogue Michael D, Robert P, et al. Regolith derived heat shield for planetary body entry and descent system with in – situ fabrication ［R］. NASA Innovative Advanced Concept (NIAC) Final Report, November 13, 2012.

[86] Mckay, David S. Science and in – situ resources utilization (ISRU): design reference mission for the first lunar outpost [R]. NASA Technical Report, Jan 01, 1992.

[87] Sanders, Gerald, et al. Results from the NASA capability roadmap team for in – situ resource utilization (ISRU) [R]. International Lunar Conference 2005, Toronto, Canada, September, 2005.

[88] Pieters C M, Goswami J N, Clark R N, et al. Character and spatial distribution of OH/H$_2$O on the surface of the Moon Seen by M3 on Chandrayaan – 1 [J]. Science, 2012, 326: 568 –572.

[89] Kuhl C A. Design of a Mars airplane propulsion system for the aerial regional – scale environmental survey (ARES) mission concept [R]. NASA TM – 2009 –215700.

[90] Kuhl C A. Trade study of multiple thruster options for the Mars airplane concept [R]. NASA/TM – 2009 –215699.

[91] Braun R D, Wright H S, Croom M A. Design of the ARES Mars airplane and mission architecture [J]. Journal of Spacecraft and Rockets, 2006, 43 (5): 1026 –1034.

[92] Robert Jedicke, Joel Sercel, Jeffrey Gillis – Davis, et al. Availability and Delta – V requirements for delivering water extracted from near – Earth objects to cis – lunar space [J]. Planetary and spcue Scieuce. 2018 (159): 28 –42.

[93] Jaeho Lee, Ki Yong Ann, Tai Sik Lee, et al. Bottom – up heating method for produahg polyethylene Lunar concrete in Lunar environment [J]. Advances in Space Research, 2018 (62): 164 –173.

[94] Lewis Taylor, Federico Alberini, Antonio Sullo, et al. Study of the rheological properties of water and Martian soil simulate mixtures for engineering applications on the red planet [J]. Advancesin Space Research, 2018 (61): 1490 –1500.

[95] Clarke J D A, Willson D, Smith H, et al. Southern meridiani planum – a canclidate landing site for the first crewed mission to Mars [J]. Acta Astronautica, 2017 (133): 195 –220.

[96] Stephen J Indyk, Haym Benaroya. A structural assessment of unrefined sintered Lunar regolith simulant [J]. Acta Astronautica, 2017 (140): 517 –536.

［97］ Dominguez J A, Whitlow J. Thermal evaluation on ISRU manufacture of building materials &3D printing feedstock ［R］. Report submitted to NASA Florida Space Grant Consortium（FSGC）, 2017.

［98］ Wasilewski T G. Evaluation of drilling – based water extraction methods for Martian ISRU from mid – latitude ice resources ［J］. Planetary and Space Science, 2018（158）: 16 – 24.

［99］ Dreyer C B. Angel A M, Atkinson J, et al. A new experimental capability for the study of regolith surface physical properties to support science, space exploration, and in situ resource utilization（ISRU）［J］. Review of Scientific Instruments, 2018（89）: 064502, doi: 10. 1063/1. 5023112.

［100］ Meurisse A, Makaya A, Willsch C, et al. Solar 3D printing of lunar regolith ［J］. Acta Astronautica, 2018（152）: 800 – 810.

［101］ Nasr M, Meyen F, Hoffman J. Scaling the Mars oxygen ISRU experiment（MOXIE）for Mars sample return ［C］. IEEE Aerospace Conference, 2018.

［102］ Meyen F, Krishnamurthy A, Hoffman J. System theoretic process analysis（STPA）of the Mars oxygen ISRU experiment（MOXIE）［C］. IEEE Aerospace Conference, 2018.

［103］ Schubert P J. Complete hydrogen storage system by ISRU ［C］. AIAA Space Forum, 2018.

［104］ Schubert P J. Lunar – sources GEO powersats: an integrated ISRU system ［C］. AIAA Space Forum, 2018.

［105］ Morrision C. ISRU propulsion architectures for space travel beyond earth orbit ［C］. AIAA Propulsion and Energy Forum, 2018.

［106］ Grosssman K D, Sakthivel T S, Sibille L, et al. Regolith – derived ferrosilicon as a potential feedstock material for wire – based additive manufacturing ［J］. Advances in Space Research, 2019（63）: 2212 – 2219.

［107］ Dominguez J A, Whitlow J. Upwards migration phenomenon on molten lunar regolith: New challenges and prospects for ISRU ［J］. Advances in Space Research, 2019（63）: 2220 – 2228.

［108］ Jones C A, Klovstad J J, Komar D R, et al. Cost breakeven analysis of Cis – lunar ISRU for propellant ［C］. AIAA SciTech Forum, 2019.

［109］ Kyeong Ja Kim. KIGAM's new direction for lunar science and exploration in conjunction with lunar and planetary ISRU ［C］. Korea Institute of Geoscience

and Mineral Resources, Horizon 2061, 2019

[110] Gaudin D. Lunar outpost sustaining human space exploration by utilizing in – situ resources with a focus on propellant production [C]. Horizon 2061, 2019.

[111] Guo L L, Blanc M. Relevant technologies and validation assumptions for ISRU [C]. Horizon 2061, France, 2019.

[112] Guo L L. Manned Lunar Base and in situ Resource utilization (ISRU): how to make humans a multi – planet species [C]. Horizon 2061, France, 2018.

第 10 章
居 住 系 统

在载人深空探测任务中是否需要建造居住系统，通常与国家战略目标紧密相连。对于实现大规模长期可持续开发的战略目标，往往需要建造居住系统。居住系统包括空间站类和基地类两种类型，不同的居住系统选址决定了居住系统的不同用途。居住系统的系统设计包括居住系统的选址、居住系统的构型与结构设计、居住系统的组装与建造方案等内容。居住系统的关键分系统包括结构与密封系统、控制与推进系统、信息管理系统、热管理系统、能源系统、载人环境与乘员保障系统、安全防护系统等。居住系统的运营管理技术主要包括任务规划技术、后勤补给技术及维修维护技术等。

|10.1　持久的争论|

　　在载人深空探测任务中是否需要建造居住系统，一直是个争论不休的问题。以载人月球探测任务为例，以实现政治目标为主的任务通常采用直接载人登月飞行模式，以尽量少的发射次数和费用，尽快达到登陆月球的战略目标，常见于早期的载人登月任务及中小规模的短期月球探测任务；以实现多次往返长期月球探测为目标的任务，通常采用基于空间站的飞行模式，这种飞行模式建造初期表现为系统研制及建造成本大、运营与维护费用多，但是对于多次往返的长期月球探测任务，随着登陆月球探测的次数增多，分摊到每次登陆月球任务的成本就越低，越往后越经济，因此常见于大规模的长期月球探测任务；以实现对月球的资源利用和开发为目的的任务，则通常需要建设载人月球基地，以达到在月球上长期居住和工作的目标。因此，世界各国在载人深空探测任务中是否考虑建造居住系统，通常与其战略目标紧密相连，也被视为其在月球探测、资源开发和利用方面的可持续发展能力的重要标志。

　　美国在二十世纪六七十年代完成了 Apollo 载人登月工程之后，就转向了航天飞机的研制和近地轨道国际空间站的建造，在之后的 50 年里一直在论证如何重返月球。其间，论证过多种载人登月飞行模式，2004 年提出了"星座计划"，并论证了月球基地、载人小行星探测、载人火星探测等多种技术方案，对载人深空探测任务的发展路径开展了反复论证和探索，但一直处于摇摆不定的状态，直到 2019 年美国政府才正式宣布重返月球的 Artemis 计划。Artemis 计划的突出特点是提出建设地月轨道空间站（Lunar Gateway），一个具备在近月轨道长期居住功能的深空空间站。Artemis 计划不只是考虑完成载人月球探测任务，而是以月球为技术试验基地，最终实现载人登陆火星的战略目标。图 10−1 所示为美国 2019 年发布的 Artemis 计划的任务实施时间表（2020—2024 年），从图中可以看出，前两次发射任务是为了测试运载火箭和载人飞船，之后的 4 次任务都是为了建设地月轨道空间站服务，最后一次任务是借助 Lunar Gateway 和载人月球着陆器，实现在 2024 年载人重返月球的战略目标。需要指出的是，在美国的论证规划中，2024 年使用的载人月球着陆器是一次性使用的；而 2028 年使用的载人月球着陆器是可重复使用的，具备推进剂在轨补加能力，即支持从 Lunar Gateway 上在轨补给液体推进剂，也支持利用月球 ISRU 技术制造出的液体推进剂的在轨补给能力。

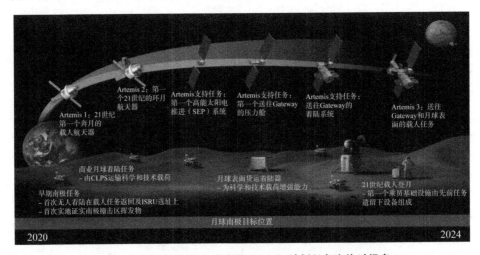

图 10−1　美国 2019 年发布的 Artemis 计划任务实施时间表

（图片来源于 NSAS 官网）

对比 2019 年的 Artemis 计划、2004 年的"星座计划"与 1969 年的 Apollo 载人登月工程，可以清楚地看出：

（1）是否提出在轨建造居住系统，是战略目标中是否考虑对月球实施长期多次往返探测的标志，取决于 NASA 对月球资源的关注程度。

（2）运载火箭、载人飞船及载人月球着陆器是否具备重复使用能力，是能否降低地月空间运输成本的关键。

（3）载人月球着陆器是否具备补加能力，是能否具备重复使用能力的标志。

（4）载人月球探测任务中是否具备月球原位资源开发和利用的能力，是最终能否实现载人火星探测任务的关键。

由上可以看出，不同的战略目标导致不同的飞行模式和技术方案。2019年，美国 Artemis 计划中提出建造地月空间站 Lunar Gateway 不是偶然的想法，而是在成功实施 Apollo 载人登月工程后，50 年反复争论和充分论证之后的最终选择。之所以命名为 Lunar Gateway，也称为月球门户站，意为打开后续载人深空探测之门的含义。当然，美国也有一部分学者公开反对建造地月空间站，例如美国著名的航天工程师 Robot Zublin 博士，在 2019 年美国华盛顿召开的 IAC 大会上，他提出应该以最简洁的方式直接登陆月球，采用类似于"火星直击"方案，而不是耗费巨资建造地月空间站 Lunar Gateway。他的基本观点是：去往火星根本无须借助月球，而月球南极的永久阴影坑中的水冰资源是否可利用，月球资源是否具备可持续发展的能力目前尚未验证，对于 NASA 提出的战略目标和技术路径持怀疑态度，他建议直接载人奔向火星。

此外，如图 10-1 所示，在美国的 Artemis 计划任务实施时间表中，任务实施时间非常紧迫，而最终美国的战略目标是 2033 年前后载人登陆火星。因此，在 ISRU 技术成熟度并不高的情况下，是否需要花费时间和金钱来建造 Lunar Gateway，还是选择更简洁的方案率先实现载人登陆火星，之后再考虑长期居住及生存的问题，也是 NASA 内部长期争论的问题，还存在调整或取消的可能。类似的这种争论还将一直持续下去。

|10.2　居住系统的系统设计|

10.2.1　居住系统的类型

载人深空探测任务的居住系统可以分为两类：一类是建造在空间的居住系统，包括近地轨道空间站、深空空间站；另一类是建造在地外天体上的居住系统，包括月球基地、火星基地等。居住系统是保证人类在太空和地外天体上长期生存和工作的关键基础设施，也是实现载人地外天体探测长期可持续发展的标志。

1. 近地/深空空间站

空间站是典型的建造在空间的居住系统，它是由多个飞行器组成的大型空间设施，需要通过多次在轨组装建造完成。为能够长期在轨安全运行，需要航天员或机器人对空间站进行维修维护，同时也需要载人飞船或者货运飞船为其提供物质及乘员的补给或更换；同时支持在轨开展科学研究和新技术验证与应用。空间站通常需要具备在轨自主飞行、交会对接、在轨组装与建造、长期驻留与在轨试验、出舱活动等功能。

图 10-2 所示为中国即将建造的近地轨道"天宫"空间站，中国空间站额定乘员 3 人，乘组轮换时最多可达 6 人，建成后将成为中国长期在轨稳定运行的国家太空实验室，基本构型包括核心舱、实验舱 I 和实验舱 II。核心舱包括节点舱、生活控制舱（分为大柱段和小柱段）和资源舱三部分，有三个对接口和两个停泊口，三舱组合体的质量约 66 t。对接口用于载人飞船、货运飞船及其他飞行器访问空间站，停泊口用于两个实验舱与核心舱组装形成空间站组合体，另有一个出舱口供航天员出舱活动。"天和"核心舱轴向长度 16.6 m，大柱段直径 4.2 m，小柱段直径 2.8 m，是空间站的管理和控制中心，负责空间站组合体的统一管理和控制，配置兼具气闸舱功能的节点舱和机械臂，用于实验舱、载人飞船、货运飞船等飞行器与其交会对接和停靠，接纳航天员长期访问和物质补给，支持航天员的出舱活动。"天宫"空间站具备长期自主飞行能力，能够支持航天员长期驻留，支持开展航天医学和空间科学试验。建造完成后寿命不小于 10 年。

图 10-2 中国"天宫"近地轨道载人空间站效果

"天宫"空间站采用转位机构和机械臂结合，进行舱段转移、对接，在航天员和机械臂协同下，可以完成复杂舱外建造和操作活动；建造规模适度，预留了舱段和舱外载荷平台扩展能力，最大可扩展三个舱段；设计新型平台装载大型光学设施，同时开展巡天和对地观测，与空间站共轨飞行，必要时可停靠空间站进行维护和补给，开辟了分布式空间站体系架构的创新模式；规划了密封舱内的科学实验柜、舱外暴露实验平台等，支持在轨实施空间科学、空间生命科学与生物技术、微重力基础物理、空间材料科学等众多领域的科学研究和应用项目，综合应用效益将会显著提升到一个新水平。

此外，在中国"天宫"空间站上还可为后续的载人深空探测任务进行技术试验，例如遥操作测试地面机器人、在轨进行生物式再生生态系统技术验证、在轨 3D 打印技术验证，以及为保证航天员长期在密闭狭窄环境下保障生理及心理健康进行技术验证，等等。

深空空间站是相对近地轨道空间站而言的，具体运行位置可在地月拉格朗日点、环月轨道或者环火轨道等位置，需根据具体的任务需求确定深空空间站的系统功能。典型的深空空间站，如美国主导的地月空间站 Lunar Gateway，它可作为来往月球表面的加油站，甚至有可能由此出发前往火星。目前的计划中，除了能源和推进的模块，还会有宇航员的居住模块、资源利用模块、机械手模块、后勤及利用模块、气闸舱及对接口等设施，如图 10 − 3 及图 10 − 4 所示。

图 10 − 3　美国 Artemis 计划中的可扩展的地月空间站 Lunar Gateway

（图片来源于 NASA 官网）

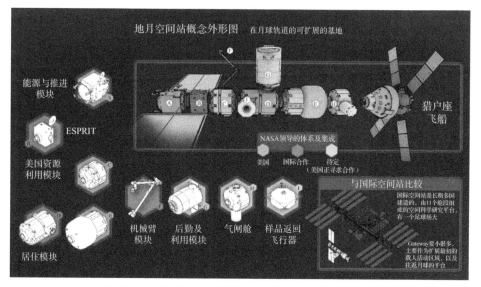

图 10 − 4　美国地月空间站 Lunar Gateway 的系统构成

（图片来源于 NASA 官网）

2. 月球/火星基地

月球/火星基地，顾名思义是在月球或火星上建立的居住系统。人类若想最终实现月球/火星长期居住和工作，就必须先建造起适宜人类居住的月球/火星基础设施。以月球基地为例，月球基地不仅包括月球基地本体，还包括月面运输及作业系统、月面起飞与着陆系统、月球通信与导航系统以及其他辅助支持系统等，保障航天员往返月球、月面长期驻留生活及进行月面作业的需求。月球基地本体是指在月球表面或者地下构建的，可为航天员长期在月球工作、生活提供基础保障的设施，包括生活区、实验区及能源区等。

从某种程度上说，建造月球/火星基地跟空间站系统的构建方法类似，都属于典型的居住系统。居住系统通常的设计流程和方法是：首先初步明确任务需求和系统功能；开展选址设计；开展系统设计，包括居住系统的构型和结构设计、组装与建造等；开展关键分系统设计；对比系统方案总体指标与任务需求的满足度，开展迭代设计。此外，与其他载人航天器，如载人飞船、航天飞机相比，居住系统还需考虑运营管理技术，以支持长期的运营管理活动。

10.2.2　居住系统的选址分析

对于居住系统而言，选址分析是非常重要的。下面以月球基地为例，介绍居住系统选址分析的原则和方法。月球基地的选址将直接影响月球基地工程的任务目标、科学目标和工程目标的设定。月球基地任务乘组在月面停留时间越长，系统的可靠性、安全性问题就越突出，因此必须建立起一套科学的月球基地选址方法，对多个月面候选地址进行筛选，最终评价出最优的月球基地地址。

1. 选址方法及评判标准

1990 年，美国 NASA 提出了月球基地选址基本原则中需优先考虑的四要素，分别是战略意义、科学目标、工程能力约束和资源利用，如图 10 - 5 所示。

1）战略意义

月球基地工程是一项复杂而又庞大的载人航天工程，其技术难度将远远超越无人月球探测工程、载人登月工程及空间站工程，必须依托全国之力乃至世界各国的力量才能完成，这是一种强烈的国家意志行为。而战略意义是国家意志的具体体现，显示出国家政治、经济以及军事等多方面的需求，是月球基地工程实施与否的决定性因素。因此，战略意义是月球基地选址的决定性因素，位于选址原则四面体模型的最高点。

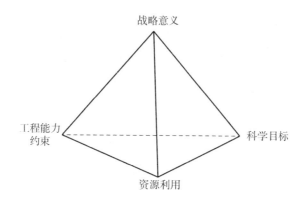

图 10 - 5　月球基地选址的基本原则

2）科学目标

完成指定的科学目标是建设月球基地的基本任务。进行月球基地建设之前，必须明确要实现的科学任务、最有利于任务实现的地区，以及可开展相关科学探测的选址点。

3）工程能力约束

进行月球基地选址时，必须考虑工程实施过程中的能力约束（即运载火箭、登月飞行器、发射场、测控能力等），确保登月飞行器能够在选址区域安全着陆并开展探测和建设任务，选址区域的月面环境适合建立月球基地且保证航天员在月球基地工作期间的生命安全。

4）资源利用

资源利用与月球基地的经济前景直接相关。月球基地建立的最终目的就是深度开发和利用月球资源，为人类造福。月球上各种资源有不同的分布特征，对月球资源的利用取向，很大程度上决定了月球基地地址的选择。

美国 NASA 不仅确定了月球基地选址的基本原则，也同样制定了月球基地选址的评判标准。表 10 - 1 介绍了选址分析中的 6 大项共 30 条评判标准。

第 1 项评判标准为科学优先级，与选址区域类型相关。该项标准需充分反映对选址区域探测后的结果价值。此外，还应考虑各种预期和非预期结果。

表 10 - 1　月球基地选址的评判标准

选址方面	考虑因素
建立科学优先级	科学任务水平
	预期成果
	对了解月球的贡献
	预期外成果的意义

续表

选址方面	考虑因素
科学任务需求	驻留时间
	月球基地人员规模
	月球表面机动性需求
	样品分析及返回
	钻探与挖掘需求
	月面任务时间需求
	可用的试验载荷
科学载荷设计能力需求	测量需求范围
	参数标称设计状态
	子系统支持需求
月球基地选址点特性	位置（经度、纬度）
	选址感兴趣区域
	选址点复杂度
	数据判读的相关性
	与其他潜在选址点的相关性
	与着月点距离约束
工程实施可行性	飞行轨道兼容性
	有效载荷的质量等级
	预期后勤系统的兼容性
	安全性
	任务进度和可行性
	运营成本
	选址点环境的图像侦测
支持科学研究的有效性	主要审查者意见
	飞行准备试验
	航天员（及专家）的可利用性

第 2 项评判标准为科学任务需求，即对选址区域进行勘察以获得足够的选址点信息。科学任务需求具体内容包括驻留时间、月球基地人员规模、月球表

面机动性需求、样品分析及返回、钻探与挖掘需求、月面任务时间需求、可用试验设备等。

第 3 项评判标准为科学载荷设计能力需求，该设计能力需要与科学任务需求进行权衡，确保整个任务可行。选址方法中提到的任务设计状态可以作为定义任务设计能力的依据。

第 4 项评判标准为月球基地选址点特性，主要作用是将典型选址区域转化为实际选址点。该标准反映了选址点位置及其与典型选址需求的匹配情况。通常会在最感兴趣的选址区域内选择多个地点作为月球基地的选址点。

第 5 项评判标准为工程实施可行性。之前的评判标准都是对候选选址点的选择和评价，而该评判标准属于任务方案阶段研究内容，它将建立任务的工程实施可行性。该标准包括从轨道兼容性到选址侦测等任务的各个方面。

第 6 项评判标准为支持科学研究的有效性。设计出到达选定选址点的可行任务后，还需验证其对预期科学研究的支持性。特别是验证是否可利用航天员（或科学家）进行探测。

评判标准不同于选址方法，但两者之间相互关联。选址方法主要是从逻辑上识别选址过程中的关键决策点，而评判标准则代表了决策时所依据的权衡参数。

2. 选址约束

月球基地的选址不仅取决于月球基地的科学目标，还应充分考虑月球表面的特殊环境和月球基地建设过程中的工程能力约束。月球基地选址过程中需重点考虑的约束有：月球地形地貌、月面可达性、月面热环境、月面辐射环境、月面光照条件、微流星体防护、通信条件、资源利用等。

1）月球地形地貌约束分析

月球地形地貌包括陨石坑和岩石的分布密度和大小情况、地形是否平坦等，它直接影响着月球基地的构建、月面运输设施的移动、月面着陆器的着陆和起飞等活动。

月球地形地貌对月球基地选址点的影响主要有三方面：

（1）光滑性要求：要求撞击坑和较大的石块较少，便于月球基地建设和月面着陆器的着陆。

（2）可着陆性要求：要求没有大的山体、高的悬崖和较深的撞击坑，便于月面着陆器能着陆到选址点。

（3）坡度：参考 Apollo 载人登月工程的资料，要求坡度 <2°，便于月球基地构建和月面着陆器的日常起飞与着陆。

基于以上考虑以及月面地形地貌的情况，月球正面的月海地区比较平坦，适合作为月球基地的候选地址。

2）月面可达性约束分析

月球的地形地貌分布情况决定了适合月面着陆器着陆区域的大小，而月面着陆器自身的硬件约束（如外形尺寸、质量和推进剂携带量规模）和任务设计局限（如安全性和飞行控制能力）也反过来决定着其可达并建立月球基地的月面范围。从环月轨道下降着陆到某一月球基地选址点的可达性主要由以下原则和约束决定：充足的推进剂携带量、应急情况下的推进剂余量、月面着陆器下降推进系统的任务中止能力、月球基地选址点的光照条件。

由以上约束可推出与月球基地选址相关的期望因素：最小的推进剂携带量需求、月面着陆的最优太阳高度角、足够的任务中止能力、充足的通信支持、合适的着陆点。

3）月面热环境约束分析

月球表面热环境的特点是温差大，昼夜过渡期间温度变化快。针对月球基地工作期间经历的特殊热环境及月球基地覆盖面积大、工作时间长等特点，需选择温差较小、温度变化较低的区域建立月球基地，以减轻月球基地热控系统的压力。

月球的热源主要有：太阳直接辐射、月球反照、月面辐射、地球反照。月球表面温度主要受太阳直接辐射影响，由于没有大气的热传导，月壤导热系数小，月球表面白天与夜晚的温差很大（月昼期间月表最高温度可达 $127\ ℃$，月夜期间月表温度可降至 $-183\ ℃$），在昼夜过渡的区域温度变化率大（最大瞬态温变率 $>2\ ℃/min$）。而 2019 年中国嫦娥四号月球着陆器在月球背面实测的最低温度达到 $-190\ ℃$。研究估算出月球表面不同区域的平均温度及月变化温度如表 10 - 2 所示。

表 10 - 2　月球表面不同区域平均温度和月变化温度

温度	极地撞击坑阴影区	极地地区	赤道地区			典型中纬度地区
			正面	背面	两侧	
平均温度/K	40	220	254	256	255	220～255
月变化温度/K	—	±10	±140	±140	±140	±100

月球极地地区温差最小，但平均温度较低；赤道地区温差最大，但平均温度较高。因此，可根据热控技术的发展选择不同的区域：若月球基地自身的防

低温能力强，可选择极区；若月球基地自身的防温差变化能力强，可选择赤道地区。

从热环境的约束分析来看，对于极区月球基地，其长期处于低温环境，太阳高度角小，温差变化幅度小，有利于月球基地的航天器和月球车的热控系统设计；而对于赤道地区月球基地，平均温度高，温差变化范围大，要求月球基地的航天器和月球车具备较强的热控调节能力。

4）月面辐射环境约束分析

月球的辐射环境分为太阳电磁辐射和带电粒子辐射。

（1）太阳电磁辐射。在太阳系中包括月球环境在内，基本所有的电磁辐射都来自太阳。月球环境电磁辐射的特征包括：太阳总电磁辐射能量、太阳辐射通量随波长的分布、太阳活动期间太阳辐射通量的变化等。

（2）带电粒子辐射。月球表面上可遭遇的带电粒子辐射主要来源于太阳宇宙线、银河宇宙线以及太阳风。由于月球自身磁场极其微弱，不能在月球周围形成稳定的带电粒子捕获，因此月球不存在类似地球辐射带一样的带电粒子辐射环境。

由于月球表面各处都存在太阳电磁辐射和带电粒子辐射，因此月球辐射环境对月球基地选址的影响不大，主要影响的是月球基地防护系统的设计。

5）月面光照条件约束分析

月球各区域所受光照周期约为 27 天，即在 27 天范围内，有连续 14 天左右的时间处于太阳光照射范围内，其余时间均为阴影区。

月面光照条件主要影响月球基地的能源供给。在月球基地建设中，通常太阳能是维持月球基地运营所需能源的主要供应来源。为保证月球基地的能源供给，要求月球基地选址点处于太阳光照期的时间长。月球极区永久光照区有充裕的太阳能，基于月面光照条件考虑，适合作为月球基地候选地址。

与 Apollo 载人登月工程一样，月球基地工程中月面着陆器通常应在有光照的情况下进行月面着陆。若着陆过程没有光照，一方面会影响月面着陆器对着陆区的观察，另一方面给使用太阳能的月面着陆器带来严重的能源供应问题。着陆过程中，光照约束会减少发射窗口和增加环月轨道停留时间。一旦确定了月球基地的地址，为满足光照约束也就确定了月面着陆器的发射窗口。

6）微流星体防护约束分析

微流星体是宇宙空间中客观存在的一种环境因素。由于月球基地在月面的持续工作时间较长，可能达到 10 年以上，因此必须考虑微流星体的作用。

根据月球目前地形地貌的特点可知，月球正面比背面平坦。这说明在月球

绕地球公转过程中，月球背面由于靠近深空更容易受到微流星体的撞击。因此，为防止微流星体的撞击，月球基地应尽量选择在月球正面区域。

7）通信条件约束分析

选址点必须能使月球基地与地面进行方便、可靠和不间断的通信，以便地面人员能够随时了解和遥控月球基地。月球基地通信主要包括基地与月面目标的通信、基地与地球之间的通信等。基地与地球之间的通信又可分为直接通信和间接通信（通过中继卫星）。由于通信弧段的限制，中继卫星可能是地球卫星、月球卫星和地月拉格朗日点 Halo 轨道卫星。

8）资源利用约束分析

建设月球基地的重要目的是开发利用月球上的资源，月球基地应建立在月球上可利用的资源附近，以便于将来开采和利用，同时有利于将来建造月球工厂。

月球基地开采资源的类型决定了其选址设置：若希望开采矿产资源，可将月球基地选在月球正面的月海区域；若希望开采水资源，可将月球基地选在月球极区的永久阴影区里；若希望开采氦－3资源，可将月球基地选在细颗粒月壤分布地带和成熟月壤分布地带。

3. 候选区选址分析

月球极区、月球赤道区域和月球正面均有突出的特点和理由可以作为月球基地的选址区，下面初选了月球正面的虹湾、月球赤道的马留斯地区和南极 Cabeus 撞击坑进行综合分析。

候选区域一：虹湾（Sinus Iridum）地区是位于月球正面雨海（Mare Imbrium）西北部的一片地势平坦的海湾，直径约为 236 km，坐标范围为（20°～40°W，40°～50°N）。虹湾是一个由玄武岩形成的平原，其玄武岩成分虽然大致相同，但所经历的时间跨度大，可以作为研究虹湾和雨海形成与演化过程的依据。虹湾及其相邻的月海地区富含钛铁矿资源，而钛和铁是进行月球基地建设和月球资源开发利用的重要矿产资源。科学家一般认为月海玄武岩是月球内部半熔化状态下的熔岩覆盖盆地地区形成的，因此，通过探测虹湾地区月海玄武岩的厚度可估算出岩浆的喷发量及推测月球的热演化过程。同时，月球地质演变过程中的火山活动在虹湾地区留下了许多特殊的地质构造，如皱脊和月溪。

候选区域二：马留斯地区是位于月球正面赤道附近风暴洋区域的一个高原，其坐标范围为（47°～60°W，10°～17°N），面积约为 35 000 km²，高出周围地区数百米至 2 000 m。该地区是月球上火山地貌分布最密集的区域，有超过 200 个火山穹窿和火山锥，并且包含丰富的皱脊和月溪构造，是研究月球火山活动的理想地点。马留斯地区的一些地形区域 TiO_2 丰度差异很大，说明该地形区域月表物质分布极不均匀。虽然马留斯地区整体地形起伏较大，但局部地形较为平坦，存在多个理想登月点，可以作为月球基地的候选区。

候选区域三：Cabeus 撞击坑是位于月球南极的一个永久阴影区，坐标范围为（30°~45°W，84°~85°S），直径为 98 km，其中心位置经纬度为（35.5°W，84.9°S）。Cabeus 撞击坑是研究月球水冰的热点区域。Cabeus 撞击坑经过多次撞击，地势起伏较大，主要的山脉分布在南部和北部。此外，还有一条小山脉位于撞击坑底的中央。撞击坑的平均深度为 4 km，坑壁的坡度为 10°~15°。由于撞击坑地处南极地区，太阳高度角较低，太阳光只能照射到撞击坑内部 25% 的面积，因此在撞击坑最深的西部地区存在永久阴影区。Cabeus 撞击坑的 FeO 含量均在 10% 以下；而其 TiO_2 含量则更低，大部分在 0.5% 左右。我国嫦娥一号卫星通过微波辐射计的探测发现，在该撞击坑地区存在明显的微波辐射亮温异常，如图 10-6 所示。一般来说，南极地区的微波辐射亮温非常低，在 40 K 以下。但图 10-6 中的亮温分布并不以南极点为中心向四周分散，说明亮温受地形的影响较大，撞击坑地区存在亮温异常低值区，其亮温远低于同纬度地区。因此，可针对 Cabeus 撞击坑存在永久阴影区这一特点，重点研究该地区水冰的含量和分布情况，为将来在月球南极提取水资源奠定技术基础。

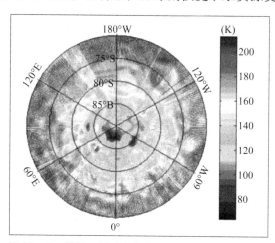

图 10-6　嫦娥一号测定的南极地区微波辐射亮温图

以上三个候选区登月点的科学目标和选址约束情况分析情况如表 10-3 所示。从表中可知，虹湾候选区可研究月球地质演化，并进行钛铁矿开采，其地形地貌平坦，但月面可达性差；马留斯候选区可研究月球火山和熔岩管道，月面可达性较好，但矿产资源少，地形起伏大；Cabeus 撞击坑候选区可研究撞击坑演化和水冰，月面可达性最好，但地势起伏较大。综合以上考虑，虹湾候选区和 Cabeus 撞击坑候选区较适合作为月球基地选址点。

表 10 - 3　月球基地候选区选址约束分析

任务名称	登月点名称	月面经纬度	所属月球区域	科学目标与任务	月面地形地貌	月面可达性	月面热环境	月面辐射环境	月面光照条件	微流星防护	通信条件	资源利用
月球基地候选区 1	虹湾	经度:32.59°W 纬度:41.12°N	月球正面中纬度地区	(1)研究月海玄武岩的厚度,估算岩浆的喷发量及推测月球的热演化过程;(2)通过研究月球地质演变过程中的火山活动	(1)光滑性:较大撞击坑较少,仅有3个,较小撞击坑数十个,较深月溪一条;(2)坡度:小于2°	极月轨道可达周期为14天	温差较大,平均温度较高	存在太阳电磁辐射和带电粒子辐射	太阳高度小,光照条件差	微流星较少	利用全球分布地面站可进行连续通信	可进行钛铁矿开采利用
月球基地候选区 2	马留斯	经度:55.86°W 纬度:12.07°N	月球正面低纬度地区	(1)对各种类型的火山穹隆、火山锥进行形貌勘测和岩石学勘测,并进行采样;(2)对该地区进行勘测,进入熔岩管道内部进行观测和采样;(3)观察和测量特殊的岩浆地质构造,如蜿蜒月溪	地区整体地形起伏较大,登月点附近地形较为平坦	极月轨道可达周期为14天	温差较大,平均温度较高	存在太阳电磁辐射和带电粒子辐射	太阳高度大,光照条件一般	微流星较少	利用全球分布地面站可进行连续通信	钛铁矿含量较少,资源利用效率一般

续表

任务名称	登月点名称	月面经纬度	所属月球区域	科学目标与任务	月面地形地貌	月面可达性	月面热环境	月面辐射环境	月面光照条件	微流星防护	通信条件	资源利用
月球基地候选区3	Cabeus撞击坑	经度：29.42°W 纬度：83.88°S	极区	（1）利用一定的探测仪器和探测方法，进行永久阴影区内部勘察和水冰情况研究；（2）在永久光照区进行发电试验，为建立月球基地和提取水资源提供能源；（3）进行撞击坑演化研究，对其月壤和月岩的垂直分层结构进行研究；（4）进行撞击坑月壤内部热流探测，研究月球热量流动情况	地区经过多次撞击，地势起伏较大，唯有登月点附近较为平坦	连续可达	温差最小，平均温度较低	存在太阳电磁辐射和带电粒子辐射	整个地区太阳高度角小，光照条件差，但存在永久光照区	微流星较少	需借助大倾角环月轨道中继卫星进行通信	可进行水冰资源利用

10.2.3　居住系统的构型与结构设计

本节以月球基地的系统设计为例介绍居住系统的设计方法。月球基地的系统设计主要体现在月球基地本体的构型与结构设计方面。月球基地本体一般由多个舱段组成，并且各舱段间保持相对独立，通常采用模块化建设方案。

1. 月球基地的构型

月球基地构型可以分为平面型、垂直型和混合型。平面型即基地各舱段在同一平面布局；垂直型是指基地各舱段在垂直方向上布局，即可在垂直空间——向上方或下方布局；混合型则是在平面和垂直方向均有模块布局。通常基地建设初期优先考虑技术难度相对较小的平面型，之后逐步向混合型发展。

月球基地构型又可以分为开环式、闭环式和混合式三类。开环式构型是指所有舱段不形成闭合通路，最简单的构型为所有模块以线性的方式逐个连接起来，如一字型。闭环式构型是指所有舱段最终形成闭合的通路，即所有的模块两端连接，如三角形或矩形。对于闭环式构型基地，航天员从一个区域到达另一个区域可以有两种路径，因此在安全性上更具有优势。混合式构型是指开环式和闭环式的综合应用。此外，基地的基本构型还可分为线形、环形、放射形、分支形和串形，如图 10 - 7 所示。

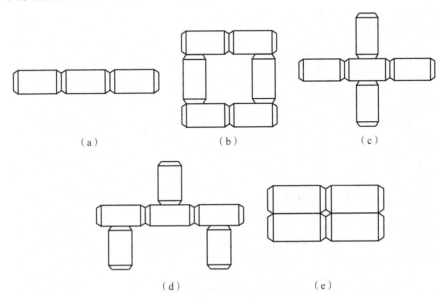

图 10 - 7　月球基地各种构型示意图

（a）线形；（b）环形；（c）放射形；（d）分支形；（e）串形

1）线形构型

线形构型最为简单，具有一个主通路，可以是直线形、阶梯形、波浪形、弧形和螺旋形等。这种构型的扩展能力强，可以在两端进行无限扩展。其主要缺点是基地内部的人员和货物运输需要通过多个舱段，如果其中的某个模块出现故障，将影响整个基地内部运输的通畅，航天员也有可能因此被困在某个舱段中，因此安全性相对较低。

2）环形构型

若将线形构型基地的两端连接，则变成了环形基地。这种构型仍然只有一个主通路，可以有分支，但是它形成了一个闭合回路。

3）放射形构型

放射形构型是指以一个舱段为核心，在至少两个方向上线形扩张。核心舱段是主要功能区，向外辐射的舱段提供辅助功能。辅助功能舱段可以是私人区域或休闲区域。放射形构型的最大优点是每一个辅助功能区都有通道与中央区相连。

4）分支形构型

若核心舱段有多个，则构成一个主通路，但不闭环，分支形成辅助通路，整个构型也就演化成为分支形构型。分支形构型便于整个基地功能区域的分布，同时形成了过渡区域，如从公共区到私人区、从噪声区到安静区、从主功能区到辅助功能区。同时，分支通路可以继续形成更小的分支通路，与地球上的家庭式住房布局类似。

5）串形构型

从线形构型主线路上扩展出一条线路或多条线路就形成了串形构型。串形构型没有闭合的循环通路，其最大特点是有一个大的中间区域。

每种构型都可依据月球基地功能和任务的需要，提供各种活动区域，包括科学试验区、私人生活区、起居室、休闲区。例如，当月球基地需要航天员轮班工作和休息时，可设计成含一个独立工作区、多个独立私人生活区的构型。但是，无论哪种构型都需要针对可靠性和安全性进行冗余设计，都需要提供双重出口，便于应急救生。

2. 构型设计的考虑因素

月球基地构型设计主要指模块化基地各舱段组装后所形成拓扑结构的设计。不同任务目标的基地可采用不同的构型方案。构型设计的主要考虑因素包括人员安全性、经济性、宜居性、可扩展性等几个方面。

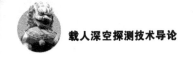

1）安全性

月球基地的首要要求就是确保基地人员的安全。月球基地构型涉及各个功能区域的布置以及应急通道的设置，所以与基地的安全性密切相关。在基地外部安全防护上，可采用月壤（针对月球任务）或者冰层（针对火星任务）覆盖、电场屏蔽等主要手段，基地构型也必须满足应急救生的条件。因此，基地构型设计应当避免因某个舱段出现故障而影响到其他舱段的安全。此外，必须设计应急救生通道，确保每个舱段进入安全区域路径尽可能短，并且有尽可能多的途径进入安全区域。各个舱段之间能够相互形成安全备份，至少具备两个安全出口。出于安全考虑，气闸舱位置和数量的选择必须保证压力舱的出口有冗余。如果出现故障，应该保证至少有一个气闸舱有隔离和减压的能力。另外，从防护空间碎片、流星体等空间威胁角度出发，对暴露在表面的基地而言，暴露面积越少，安全性越高。

2）经济性

经济性是构建基地的重要考虑因素，经济性包括月球基地本体建造的经费规模，也包括基地运营和维护期间的经济规模等。首先，同等任务需求下，月球基地构型影响月球基地规模的大小，其质量和外形尺寸规模决定了对地月运输系统的运载能力总量的需求。对于由刚性舱组装的月球基地，其外形尺寸大小决定地月运输系统整流罩的规模大小；对于采用月面材料建造的月球基地，月球基地的规模决定月面作业系统的工作周期和工作量大小。月球基地本体的制造费、使用地月运输系统建造和补给的次数和规模、月面作业系统的使用和维护费用等都是构建月球基地经济性的重要考虑因素。其次，月球基地的模块化程度越高，模块功能的利用率越高；构建月球基地的费用就会减少。最后，类似空间站等已实施航天项目和任务的技术继承性也会直接影响建造月球基地的费用。除此之外，各种构型在月面的组装难度、技术通用性等多个方面共同决定了构建月球基地的经费规模。

3）宜居性

对于长期运行基地的构型设计必须考虑其宜居性。月球基地不仅需要提供安全可靠的工作环境，还必须保证居住人员的健康和舒适。影响月球基地宜居性的一个重要因素是私密空间，这对航天员的月面生活而言十分重要，曾经在空间站长期停留的航天员一致认为私密空间是不可或缺的。另一个重要影响因素是噪声，短期的低噪声环境会使人精力分散、沟通困难，工作效率低下，长期处于高噪声环境下会使人永久性地丧失听力。

为了提高月球基地的宜居性，通常需将月球基地进行功能分区。把具有相似功能的设备聚集在一起，把需求相抵触的设备分离开。在分区时有两个基本的主线：安静 – 噪声、个人 – 群体。通常情况下，工作区和休息区相互独立，并在两者之间设立过渡区；因个人心理需求等原因，个人卫生区应当与餐饮区分开，噪声区要远离休息区，如图 10 – 8 所示。

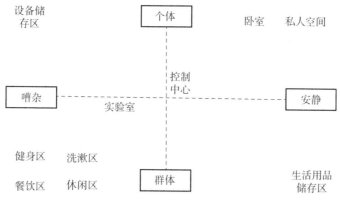

图 10 – 8　月球基地本体系统主要区域划分

此外，航天员的活动空间也是影响宜居性的一个重要因素。活动空间过小将影响航天员的舒适度，不利于正常工作和生活；体积过大则增大了月球基地舱段尺寸，提高了构建成本。实际上，每个航天员对活动空间的需求是乘员人数和任务周期的函数。任务周期主要是指航天员在月球基地驻留的时间。根据 NASA 的人 – 系统集合标准（NASA – STD – 3000）建议，如图 4 – 1 所示，对于 4 个月或更长任务周期的最小可居住体积约为 20 m³/人。基于对长期居住和密封空间的研究，在月球基地内每人至少有 120 m³ 的活动空间（包括生活和工作区）。该值与国际空间站上每个航天员的占有体积基本相当。

4）可扩展性

从月球基地的发展阶段可以看出，月球基地的建设是一个循序渐进的过程。在初级阶段可能只是建设单个或几个舱段，到了中级阶段将进一步扩大规模，到达高级阶段后达到最大规模。月球基地规模的扩大并非重新建设一个月球基地，而是充分利用已有设备，在其基础上进行扩展。因此，月球基地的一个评价标准就是可扩展性。可扩展性要求月球基地构型应当为其进一步扩展留有足够的空间和节点接口。因此，参考国际空间站的构型设计，月球基地留有节点舱是十分必要的，并且应当具备从多个方向上进行扩展的能力。

3. 构型评估标准与方法

月球基地的构型直接影响其性能、安全和功能扩展性，是月球基地设计中十分重要的环节，因此对其进行评估十分必要。评估标准主要基于影响月球基地构型设计的主要因素，包括安全性、宜居性、可扩展性和经济性，如表 10 – 4 所示。

表 10 – 4　月球基地本体系统构型评估标准

评估内容	第一级评估标准	第二级评估标准
安全性	安全防护	暴露在外界的表面积
		具备应急返回地球的能力
	应急救生	各舱段间的安全备份
		应急通道数量
		应急通道长度
		各舱段独立运行的能力
		各舱段安全出口数量
宜居性	活动空间	空间利用率
		模块功能利用程度
		人均活动空间
	居住区的舒适程度	工作区与生活区是否独立
		噪声程度
		私密空间大小
可扩展性	—	可扩展接口数量
		扩展空间的大小
		基地月面移动能力
		模块间重组能力
经济性	研发	技术成熟度
		模块化程度
	生产	技术通用性
		月面组装难度
	地月运输	尺寸
		质量
		模块化程度
	运行	可维修性
		通用性
		使用寿命

4. 月球基地的结构设计

月球基地的结构设计需考虑适应月面特殊环境，且需满足设计和建造的任务要求。由于需考虑人的生理需求，载人月球基地结构比无人月球基地结构更为复杂。质量、尺寸和经济因素等限制条件要求从地球上运送的结构件必须轻质、高强度、长寿命且易连接。月球基地本体结构本质上为一个压力舱，外部压力为零，由材料质量和保护层产生的静态载荷也非常小。依据建筑材料和结构形式的不同，国际上提出了多种月球基地的结构类型，总结起来可分为刚性舱结构、可展开式结构和建造式结构三种。

1）刚性舱结构

刚性舱结构需要在地球上加工、制造、组装后，通过地月运输系统运送到月球表面。刚性舱段通常由金属材料制成，其设计加工技术可以借鉴空间站的舱段经验，技术难度较低，技术成熟度较高。也有专家提出，可以将刚性舱和月面着陆器结合设计，即月面着陆器着陆月面后可以直接作为基地的一个舱段为航天员提供安全保护。由于这种结构无法折叠或展开，所以提供的工作和生活空间较为有限。若要得到更大的舱体空间或者进行基地扩展，则需要地月运输系统进行多次运输。

2）可展开式结构

可展开式结构需要在月球表面展开后才能使用。这类月球基地也需要在地球上加工、制造、组装，之后通过运载火箭直接发射到月球表面。与刚性舱结构不同，这类月球基地通常由柔性材料制成，可以进行折叠装载。可展开式月球基地的结构可以是充气式，也可以是机械展开式，或者两者相结合。结构材料可以全部由柔性材料构成，也可以由刚性芯材和柔性蒙皮构成。由于主结构可以进行折叠装载，所以在尺寸上受运载约束较小，而且相同容积下质量也相对较轻。

但是可展开式结构也有明显的缺点，尤其是对于充气展开结构，由于结构柔性的特点，月球基地内部设备难以依靠主结构内壁作为支撑，只能安装在月面上。如果设备有高度要求，还要再安装支撑机构，因此会降低月球基地内部空间利用率。另一个缺点是可展开式结构表面直接暴露在月面时，辐射、微陨星体冲击和月球交变热环境会导致材料的退化。舱壁的材料必须具有足够的强度以承受应力，同时也要具有足够的柔性，避免在折叠和包装时损坏。为了减小振动在月壤与舱体之间引起的磨损，需要在舱体结构上覆盖抗磨纤维保护层或涂层。因此，可展开式结构材料的必需特性包括：轻质、高弹性模量、可控热膨胀系数、不易损伤、高强度和易加工。

3）建造式结构

采用月面资源作为建筑材料的建造式月球基地是另一种结构方案。建造式月球基地，可以建造在月面以上，也可以依据地理条件建造在月面以下，或是半月面以下，甚至是建造在溶洞里。与另外两种月球基地结构相比，建造式结构扩展性更强，可以根据需要建造成形式多样的月球基地。需要特别指出的是，由于月球表面环境恶劣，需要进行多重防护，单是银河宇宙射线要求岩石屏蔽防护的厚度不能小于 2 m（可能 10 m 或更厚）。由于月壤具有非常高的绝热性能，月表之下温度变化也较为平缓，可以使月球基地更容易维持一个合适的热环境。因此，永久性月球基地特别适合建造于月面下，特别是对于长期有人驻留的居住舱。

建造式结构常用的材料是混凝土。生产混凝土必需的骨料和水泥若从地球运输则成本过高。在月球上就地取材是今后构建建造式月球基地建筑结构的发展方向。月球表面可以直接应用于建筑的材料来源主要是月壤和月球岩石。月球玄武岩是可选的月球建筑结构材料之一。制造这种材料可以通过先融化月球上的特殊土质，然后让它慢慢冷却结晶。其整个铸造过程十分简单，真空中的烧融和铸造也会显著提高最终产品的质量。

由于涉及就地取材的问题，建设建造式月球基地将是一项长期的任务。在建造此类月球基地前必须解决一系列问题，包括挖掘设备、运输设备、加工生产设备、切割设备等在运送至月面或在月面生产的问题，而且还需要大量的机器人参与。

4）对比分析

各种月球基地结构类型进一步又可分为更多的结构形式。对结构类型选择有很多评判标准，主要考虑以下几个方面：

（1）地月运输成本。结构材料的质量和体积直接关系月球基地的建设成本。

（2）月面操作难易程度。月面操作难易程度是指有些结构形式在构建时需要月面作业设备和机器人的参与程度，若月面操作太复杂，则需要将多种设备运送至月面，从而增加了构建成本。

（3）航天员月面作业难易程度。

（4）设备可重复使用性。

（5）使用寿命。

由于我们对月球的了解有限，难以全面评估各种具体的结构形式，尤其是难以确定各项标准在评判过程中的权重。但是上述三类结构形式的特点是明确的，目前至少可以确定不同发展阶段的月球基地适合哪种结构类型。表 10－5 对比了这三类不同结构类型月球基地的特点。

表 10 - 5　不同类型月球基地的特点

结构类型	优点	缺点
刚性舱结构	①月面组装简单，不需要复杂的测试； ②设计制造技术相对成熟； ③可利用登月舱直接构建月球基地	①单个舱段体积和质量严格受到运载能力限制； ②基地扩展需要多次发射，成本高
可展开式结构	①构建基地的主结构单位活动空间的质量小； ②基地体积和质量受火箭限制较小	①构建材料、密封、防护问题在恶劣的月球环境下尤为突出； ②在主结构展开后，需要进行设备的安装测试
建造式结构	①能设计形式多样的基地； ②体积和质量不直接受运载火箭的影响； ③可利用月面资源进行长期维护，月球基地的使用寿命长； ④所构建的月球基地扩展性强	①需要解决月面资源开采利用及月面大功率能源系统等一系列问题，技术难度大； ②需要一系列月球基地构建设备，包括施工机械、月球车和月球机器人等，月面作业量大

从表 10 - 5 可以看出，刚性舱结构月球基地舱段设计制造技术相对较成熟，结构简单，月面构建作业较少，难度较小，但规模不宜过大，因此适用于初级阶段的月球基地；可展开式结构由于舱段受运载约束较小，扩展性强，并且舱段组装相对便利，因此可以用于初级和中级阶段月球基地；建造式结构可以根据任务需求进行建设，受空间的约束小，适合于规模较大的月球基地，但其技术难度高，因此可以用于高级阶段的月球基地。值得注意的是，在构建月球基地时可以选择以上多种形式结构的组合。例如，在月球基地构建初级阶段，可以采用刚性舱与充气式舱段进行组装的方案，即刚性舱可采用类似于美国阿波罗载人登月工程的登月舱，充气式舱段可通过登月舱携带至月面，作为刚性舱的补充。图 10 - 9 所示中国空间技术研究院（China Academy of Space Technology，CAST）提出的几种不同类型的月球基地概念设想图，包括刚性舱、刚性舱 + 柔性舱、建筑式等多种类型。

5. 一种综合式月球基地方案

图 10 - 10 所示为 CAST 提出的综合式月球基地方案设想图。该基地选址在虹湾地区，航天员人数为 3 ~ 6 人，每次任务期间航天员月面停留时间大于 3 个月，月球基地的寿命大于 8 年，主要任务目标是开发和利用虹湾地区丰富的钛铁矿资源，用来制氧和提取金属，为人类在月面的长期生存进行先期技术验

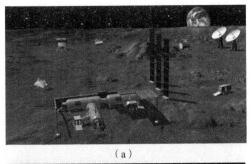

（a）

（b）

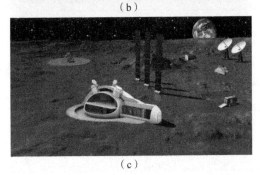

（c）

图 10 - 9　CAST 提出的几种不同类型的月球基地概念设想图
（a）刚性舱月球基地概念设想图；（b）刚性舱 + 柔性舱月球基地概念设想图；
（c）建筑式月球基地概念设想图

证。CAST 综合式月球基地由三个刚性舱组成内部主体结构，外部主体包括 3D 打印的辐射屏蔽防护层和应急救生系统，具备扩展为大型月球基地的能力。这个方案综合了刚性结构舱、柔性结构舱及建筑式结构的优点，分为内部结构和外部结构，可以在月面长期生存，具有安全性好和可扩展等优点。

图 10 - 11 所示为 CAST 提出的综合式月球基地内部结构概念图。在该方案中充分考虑了缓解月面地形崎岖不平的影响，在各个刚性舱段的连接处特意设置了柔性连接通道。此外，由于月球特有的月震现象，因此柔性连接通道也充分缓冲释放解决了振动带来的应力集中问题，延长了基地的使用寿命。刚性舱

可以充分借鉴中国空间站核心舱和实验舱的方案，此外每个刚性舱都有 2 ~ 3 个出口，用于应急情况下航天员的逃生。在图 10 - 11 中也考虑放置一艘应急救生飞船，一旦月球基地遭受不可逆的破坏，乘员可以立即乘坐应急逃生飞船，前往地月空间站或者直接飞回地球。

图 10 - 10　CAST 提出的综合式月球基地方案设想图

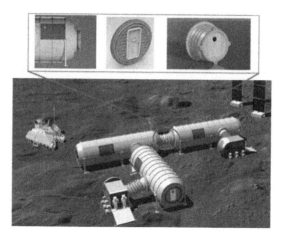

图 10 - 11　CAST 提出的综合式月球基地内部结构概念图

10.2.4　居住系统的组装与建造

居住系统通常都是由多个舱段组成的大型复杂航天器系统，最突出的特征就是需要分阶段地组装和建造，如典型的"和平号"空间站的多模块积木式结构和国际空间站的桁架挂舱式结构。多体结构和多次发射意味着空间站系统在构建过程需要进行在轨组装。这些近地轨道（LEO）空间站的组装建造主要是指在空间站核心舱的节点舱轴向、侧向及径向位置上，通过对接机构将多个来访飞行器连接到一起，形成可靠的机械连接和密封通道的过程。对于深空空间站而言，考虑建造成本和任务周期，通常需对接的舱段和飞行器要少一些，组装与建造的过程相比 LEO 空间站更简单些，但是空间站本体的功能集成度更高些。

空间站的在轨组装需要进行多次航天器之间的空间交会对接，但空间站的对接口通常是十分有限，一般在完成空间交会对接任务之后或者下次空间交会对接任务之前，都要把空间站的一个舱段从对接口转移到停泊口，通常称为舱段转位任务，这是空间站组装建造过程中的关键环节。此外，空间站长期在轨运营期间，除了舱段在轨组装之外，舱外大型设备或附件（如扩展用太阳电池翼、扩展用舱外泵、大型扩展载荷）的在轨安装过程，也属于广义的空间站组装建造任务范畴。下面以"和平号"空间站组装建造为例来介绍。

1. 空间站的组装建造过程

"和平号"空间站包括7个不同的舱段，采用主体舱及专用舱的结构形式，主体舱是核心舱，专用舱包括"量子1号""量子2号""晶体号""光谱号"和"自然号"，还包括对接舱。"和平号"空间站组装建造主要依靠运载火箭发射具备独立飞行能力的舱段，通过轴向（前向或后向）交会对接技术和舱段转位技术实现空间站构型的组装和建造。空间站各舱段重构能力强，整站构型扩展灵活。"和平号"空间站的组建过程如表 10-6 所示。

表 10-6　"和平号"空间站的组建过程

舱段	发射日期	组建过程	构型
核心模块（Mir-core block）	1986.02.19		
"量子1号"（K）	1987.04.09— 1987.04.12		

舱段	发射日期	组建过程	构型
"量子 2 号"（K2）	1989.11.26	K2 轴向对接（1989.12.06—08） K2 转位到Ⅲ象限 （1989.12.08—12） 飞船绕飞	
"晶体号"（Kr）	1990.06.10	Kr 轴向对接（1995.06.10—11） Kr 转位到Ⅰ象限（1995.06.11） 飞船绕飞	

舱段	发射日期	组建过程	构型
"光谱号"（Sp）	1995.05.20	Kr 转位到轴向（1995.05.26） Kr 转位到Ⅳ象限（1995.05.30） Sp 轴向对接（1995.06.01） Sp 转位到Ⅰ象限（1995.06.02） Kr 转位到轴向（1995.06.10） 航天飞机轴向对接（1995.06.29）	

舱段	发射日期	组建过程	构型
"光谱号"（Sp）	1995.05.20	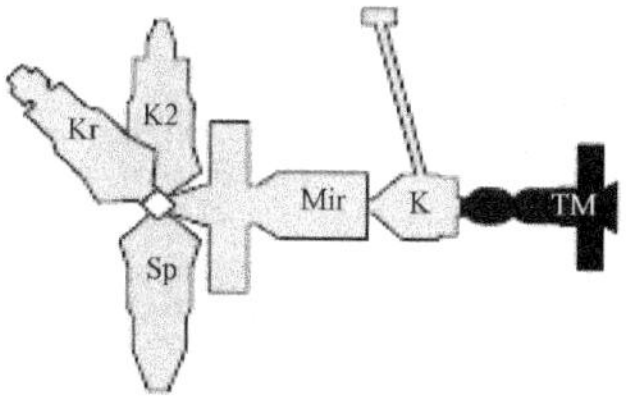 Kr 转位到Ⅳ象限（1995.07.17）	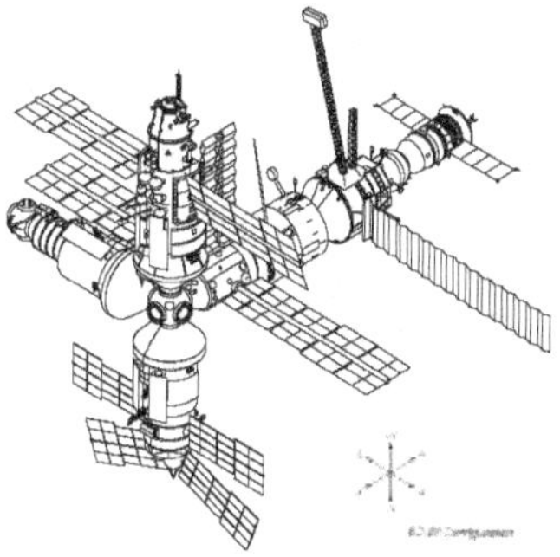
对接舱	1995.11.12	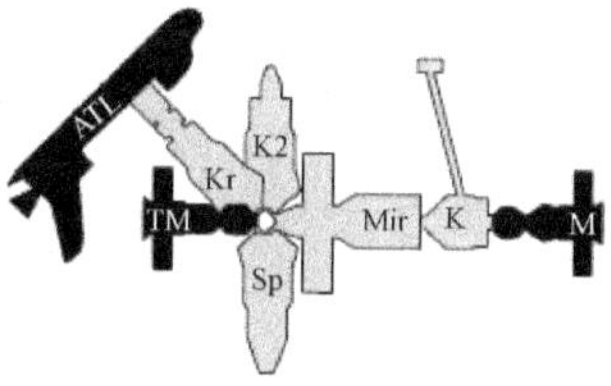 航天飞机携带对接舱与 Kr 对接 （R－bar）（1995.11.15）	
"自然号"（Pr）	1996.04.23	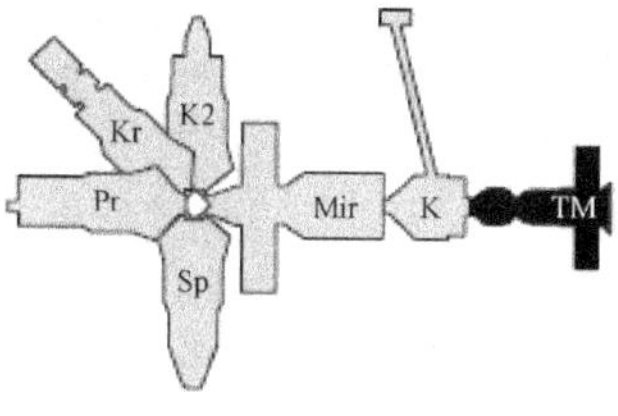 Pr 轴向对接（1996.04.26） 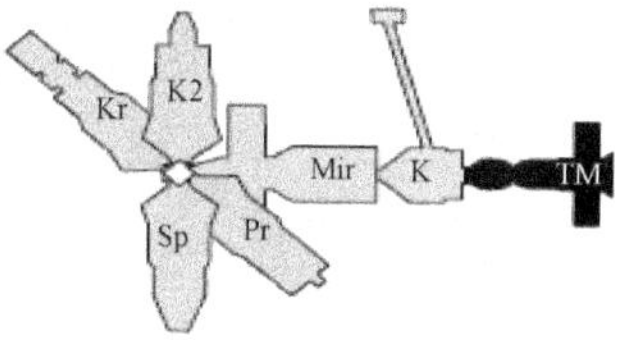 Pr 转位到Ⅱ象限（1996.04.27）	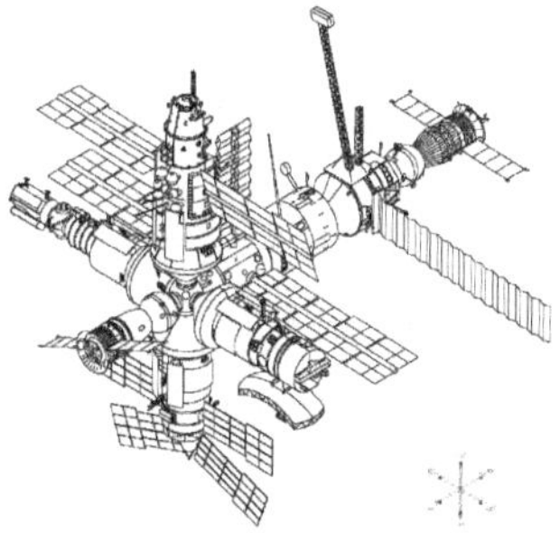

表 10－6 中，转位是指从待转位舱段轴向对接完成后对接机构对接锁再次分离开始。"和平号"空间站在组装和建造期间，转位机构共应用了 8 次，完成了"和平号"空间站构型的建造。每次转位过程中，转位机构和对接机构配合工作，如图 10－12 所示。

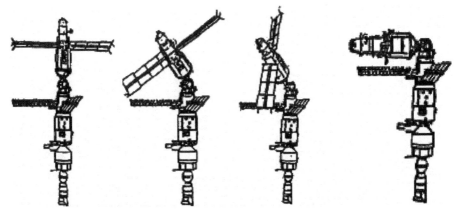

图 10 - 12 "和平号"空间站舱段转位图示

（图片来源于《载人航天器技术》，杨宏著）

2. 空间站大型舱外部件的组装及转移

"和平号"空间站的总体构型在设计上存在缺陷。虽然空间站上每个舱段都有面积较大的太阳电池翼，但由于彼此相互遮挡，大大降低了电能的输出，导致电力供应严重短缺，直接影响了空间站的正常运转。因此，"和平号"空间站的组装和建造除了舱段转位之外，另一项重大任务是航天员出舱执行太阳翼在轨组装及转移操作。图 10 - 13 所示为不同构型下"和平号"空间站太阳翼布局示意图。

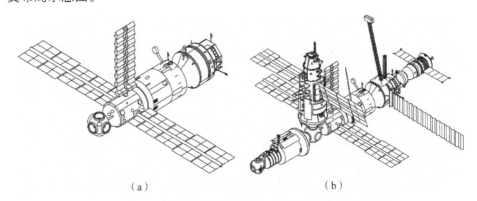

（a）   （b）

图 10 - 13 不同构型下"和平号"空间站太阳翼布局示意图

（a）1987 年；（b）1995 年

（图片来源于《载人航天器技术》，杨宏著）

"和平号"空间站舱段间的组装建造过程主要依靠专用转位机构对实验舱进行转位，载人飞船的转位通过绕飞实现。"和平号"空间站前期（1987 年）

依靠航天员舱外活动进行太阳翼组装，后期（1995 年、1996 年）通过可伸缩吊杆辅助航天员舱外活动完成太阳翼的组装。

10.3　居住系统的关键分系统

与近地轨道空间站类似，对于深空空间站及月球基地等典型居住系统，主要分系统包括结构与密封系统、控制与推进系统、信息管理系统、热管理系统、能源系统、载人环境与乘员保障系统、安全防护系统等。对于月球及火星基地而言，如果是固定式基地则无须控制与推进系统，如果是移动式基地则需考虑移动系统。下面以空间站或月球基地为例，分别介绍这些主要的关键分系统。

10.3.1　结构与密封系统

空间站是由多个舱段组成的大型空间组合体，它涉及的首要问题是人的因素。这就要求空间站各舱段的结构部件必须能承受运载发射期间的应力载荷，还需考虑长期生命保障系统、紧急救生系统、推进和控制系统的要求，这就使得空间站单个舱段的结构布局方案及整体构型方案面临复杂的挑战。如何保证空间站长期持久的有效密封？如何防护空间碎片和微流星？如何考虑支持出舱活动？下面以中国的"天宫二号"空间实验室为例进行介绍。

1. 主结构与舱内布局

图 10 - 14 所示为中国的"天宫二号"空间实验室的主结构示意图，采用实验舱和资源舱两舱构型。舱体总长度为 10.4 m，最大直径为 3.5 m，太阳翼展宽度约 18.4 m，重约 8.6 t，设计在轨寿命为 2 年，其在轨展开构型如图 10 - 15 所示。

"天宫二号"空间实验室设备布局设计根据总体设备配套及设备安装要求等，对空间实验室的区域进行详细的布局区域规划设计，空间实验室布局规划如图 10 - 16 所示。与卫星等航天器相比，空间实验室等载人航天器布局设计时需要进行航天员活动区域规划。航天员活动区应根据航天员在轨任务需求和人机工效学要求，留出充足的便于航天员开展在轨活动的区域，并将该区域与其他区域相对隔离，确保航天员活动空间及生命安全。

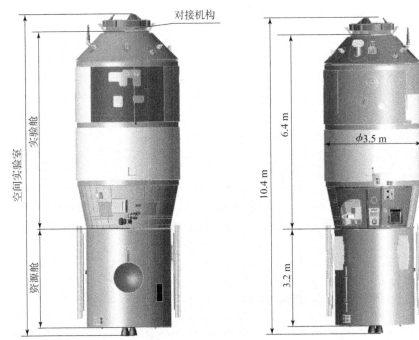

图 10-14 "天宫二号"空间实验室主结构示意图

图 10-15 "天宫二号"空间实验室在轨展开构型

2. 舱段连接

空间实验室各舱段之间包括机械连接接口、舱间管路连接接口、舱间电缆连接接口。空间实验室的各舱段在轨无分离需求，可采用螺栓方式连接。舱段管路连接接头和舱间电缆连接接头均采用螺钉紧固形式在舱体结构上固定。

3. 密封设计

由于在轨运行寿命延长，"天宫二号"空间实验室的实验舱密封舱采用大型壁板结构，这种结构形式能够适应空间实验室在轨长寿命和密封舱漏率指标的要求，易于达到最大直径，且适合长寿命航天器需求。密封舱上安装的舱门、电缆穿舱接插件、管路穿舱接头等设备和部件的连接面也会产生泄漏，因此常采用密封圈实现密封。在密封舱的外壁有防护系统。

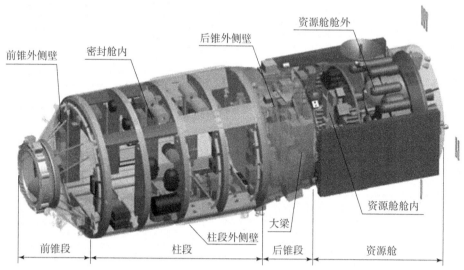

图 10-16　"天宫二号"空间实验室布局区域划分

4. 气闸舱设计

对于有航天员出舱活动要求的空间站，通常还需具备气闸舱。气闸舱的空间设计、布局设计和泄复压设计，应当能使航天员有效地进行出舱和进舱时所有必要的操作，能以最短的时间和尽可能小的负荷出舱和进舱。气闸舱的出舱活动操作空间应支持航天员进行出舱活动，并提供出舱活动行走助力和保护装置；气闸舱的泄复压过程满足泄复压程序要求，且具备气体复用能力。

10.3.2　控制与推进系统

以空间站为代表的居住系统，其控制与推进系统负责飞行期间姿态和轨道的测量与控制，并能克服各种扰动因素对空间站姿态运动的干扰，以及实现货运飞船补给任务中的推进剂补加功能。

1. 空间站受到的扰动

空间站的姿态和轨道控制系统必须补偿影响空间站所有扰动产生的力和力矩。在近地轨道上，扰动力和力矩主要有：残余空气的气动阻力、气动力非对称入射角引起的力矩、地球的重力梯度、地球扰动（如地球扁率、电磁力等）、天体扰动（如太阳辐射压力）、空间站分系统产生的扰动（如陀螺漂移引起的力矩、吹除残余推进剂等）、飞行任务的影响（如对接机动、太阳帆板的转动、航天员的活动等）。其中，对空间站轨道影响最大的扰动是气动阻力，对姿态影响最大的扰动是非对称气动力和重力梯度。上述因素产生的扰动可以通过不同的飞行策略来应对，其主要目标是以最少的推进剂消耗保持空间站的运行，如维持空间站的指向精度或允许的最小轨道高度。

2. 空间站控制与推进系统构架

考虑空间站整体性能最优，为了能实现组合体的融合姿轨控，要求空间站各舱段的控制与推进系统进行模块化、总线化、通信指令统一化设计，实现资源融合共享，以提高空间站控制与推进系统的可靠性和安全性，减少单纯的设备冗余。如图 10-17 所示，控制计算机和敏感器/执行器的舱内总线接口装置与穿舱总线连接，实现各残端资源的统一调度。为节省空间站的推进剂消耗量，在货运飞船停靠期间，使用货运飞船轨控发动机和推进剂进行轨道控制。

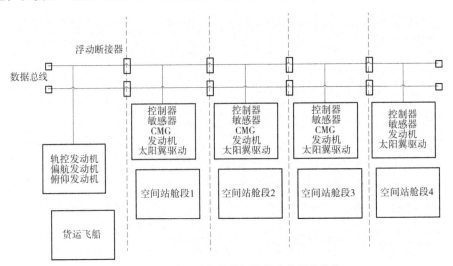

图 10-17 空间站各舱段间控制总线拓扑结构

1）控制系统

为实现空间站长期飞行，减少推进剂需求量，一般采用控制力矩陀螺（Control Moment Gyroscopes，CMG）进行姿态控制，并利用重力梯度力矩进行角动量管理，避免 CMG 角动量饱和。"和平号"空间站一般采用在惯性系下稳定飞行的姿态，惯性主轴垂直于轨道面，重力梯度力矩与气动力矩都几乎不积累，要求轨道面惯性主轴尽量接近、空间站迎风面积尽量小，保证垂直于轨道面的惯性主轴上角动量波动范围在 CMG 角动量包络内。国际空间站利用主惯性轴惯量差别产生重力梯度力矩，对气动力矩进行连续角动量卸载，空间站以力矩平衡姿态飞行尽量避免使用姿控发动机。当重力梯度力矩大于气动力矩时，可以通过调整姿态角使用重力梯度力矩进行角动量卸载。

2）推进系统

空间站推进系统设计需要考虑推进剂补加功能，即需要将推进系统和补加系统进行一体化设计，共用气瓶和贮箱，简化推进系统配置。通常采用多个自锁阀串并联结合的方式，将补加系统的补加管路与推进系统的推进剂供给管路安全隔离，既使得推进剂补加时不影响推进系统工作，又满足当推进功能或补加功能因局部管路系统失效时，推进剂可"借路同行"的功能。

3. 空间站控制与推进系统的组成

以"和平号"空间站为例，介绍空间站控制与推进系统的组成。"和平号"空间站是苏联的第三代空间站，也是世界上第一个长久性空间站。"和平号"空间站的姿态动力学控制系统由控制器（站载计算机）、敏感器（太阳敏感器、星敏感器、陀螺等）、执行机构（单框架控制力矩陀螺、推进系统）等组成。图 10－18 所示为"和平号"空间站的姿态控制系统组成示意图。

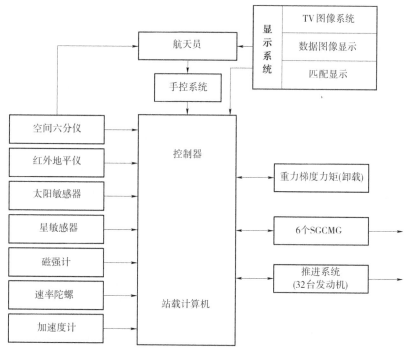

图 10－18 "和平号"空间站姿态控制系统组成示意图
（图片来源于《载人航天器技术》，杨宏著）

    "和平号"空间站的控制系统是在"礼炮"系列的基础上发展起来的，也借鉴了美国"天空实验室"的经验（如捷联惯导系统、控制力矩陀螺）。各舱段的敏感器和执行机构配置情况如表10-7所示。

表10-7   "和平号"空间站各舱段敏感器和执行机构配置

舱段	外形及质量	敏感器	执行机构
核心舱	长度：13.13 m 最大直径：4.2 m 活动空间：90 m³ 发射质量：20.4 t 轨道倾角：51.6°	红外地球敏感器、太阳敏感器、星敏感器、0-1式太阳敏感器、星六分仪、磁强计、加速度计	推进剂：4只贮箱共提供800 kg的燃料，由"进步号"货运飞船补给； 主发动机：2×2.94 kN，加压，具有±5°摆角范围； 姿控：2×16×137 N（2表示2组独立的发动机，16表示一组发动机有16个发动机，137表示单个发动机推力为137 N）
"量子1号"舱	质量：20.6 t，其中"量子1号"舱11 t，燃料服务舱9.6 t 长度：5.8 m 最大直径：4.15 m 活动空间：40 m³	2个红外地球敏感器、2个星敏感器、3个星跟踪器、太阳敏感器、视觉敏感器	6个CMG，重990 kg，每个CMG的角动量为1 000 N·ms，最大输出力矩为200 N·m，转速为10 000 r/min 本身无发动机，1991—1992年间由宇航员出舱安装了质量为700 kg的姿控发动机
"量子2号"舱	发射质量：19.656 t 长度：13.73 m 直径：4.35 m 活动空间：61.3 m³	Astro 1系统，由3个星敏感器、1个电子单元、1个电源单元组成	主发动机：2×3.9 kN 姿控：2×16×400 N（2、16的含义与核心舱的相同） 6个CMG
"晶体号"舱	发射质量：19.64 t 长度：13.73 m 直径：4.35 m 活动空间：60.8 m³		主发动机：2×3.9 kN 姿控：400 N发动机
"光谱号"舱	发射质量：19.64 t 长度：14.4 m 最大直径：4.35 m 活动空间：61.9 m³		主发动机：2×3.9 kN 姿控：400 N发动机

舱段	外形及质量	敏感器	执行机构
"自然号"舱	发射质量：19.7 t 长度：12 m 最大直径：4.35 m 活动空间：66 m³		主发动机：2×3.9 kN
			姿控：400 N 发动机

　　"和平号"空间站采用了单框架控制力矩陀螺（"天空实验室"采用的是双框架控制力矩陀螺）作为动量管理与姿态控制的基本执行机构。"和平号"空间站在"量子1号"和"量子2号"上各有6个单框架控制力矩陀螺（Single Gimbal Control Moment Gyroscopes，SGCMG），每个陀螺的角动量为1 000 N·ms。喷气控制主要用于控制力矩陀螺周期性的饱和卸载，以及姿态机动期间需要提供较大角速度而控制力矩超出控制力矩陀螺能力的情况。控制力矩陀螺的使用，使得"和平号"空间站的姿态控制精度优于10′（约0.167°，喷气控制时姿态控制精度约为1°）；同时也极大地减轻了推力器的负担，为空间站系统的扩展、组装以及长期在轨运行提供了重要保障。姿态敏感器有红外地平仪、太阳敏感器、星敏感器、磁强计、速率陀螺、太阳指示器、空间六分仪。推进系统由统一双组元推力器组成。在姿态控制系统方面，"和平号"空间站充分利用了多舱段的特点，综合应用各个舱段的敏感器信息和执行机构。

10.3.3　信息管理系统

1. 空间站信息管理系统的主要任务

　　近地轨道空间站信息管理系统的任务是完成飞行器各功能单元的信息采集和控制，采用通信技术沟通站内各功能单元之间、各舱段之间、与来访飞行器间及与地面之间的联系，形成信息共享的整体，确保空间站的健康和稳定运行，支持空间站各项任务的完成。深空空间站信息管理系统还需要负责与地外天体表面的设备，如月球/火星基地、月球/火星车及 ISRU 工程设备等之间的信息采集及控制任务，同时支持航天员站内的各项遥操作动作。深空空间站本身也是星际通信网络的重要组成单元。

　　以近地轨道（LEO）空间站为例，空间站信息管理系统的主要任务包括：

　　1）站外测控通信任务

　　为满足 LEO 空间站自主飞行、交会对接、在轨组装和舱外活动的任务要求，需要信息系统实现对单独飞行器或组合体的跟踪测轨、遥测遥控、数据传输、图像话音和文件通信，能够将空间站内管理的数据信息与地面、其他在轨飞行航天器、舱外活动的航天员进行数据信息的交互。

2）站内信息管理任务

为满足空间站自主飞行、长期驻留、货物补给、进行空间应用和技术试验的任务要求，需要信息系统能够将空间站内产生的各种数据业务（遥测、指令、图像、话音、生理、货物、载荷、显示、报警等）进行管理。考虑空间站是多航天器的组合体形式，需要信息系统能够满足分层次（舱段、功能系统、设备等）的数据管理。

3）航天员长期驻留任务

为满足航天员（包括人类航天员及机器人航天员）长期驻留任务，需要为航天员提供信息服务，支持航天员在轨工作、生活和娱乐。主要包括航天员之间的通话、地面与航天员之间的通话、地面与航天员的视频交流、与地面之间网络互连互通，以及休息时间航天员利用个人计算机、移动终端和音响设备进行各种休闲娱乐。

4）载荷试验信息管理任务

为满足大量载荷试验的开展，需要为载荷试验提供信息服务。主要有指令注入、遥测支持，以及提供高速、大容量的飞行器内及天地间数据通信支持。

2. 空间站信息管理系统构架

以 LEO 空间站为例，空间站信息系统既要满足平台、航天员、载荷试验的信息管理任务要求，同时信息系统也要满足单舱任务，以及支持不同飞行器停靠、撤离后的重构需求，这需要利用现代信息技术结合航天高可靠设计技术来满足任务需求。单舱信息管理系统构架原理如图 10 – 19 所示。

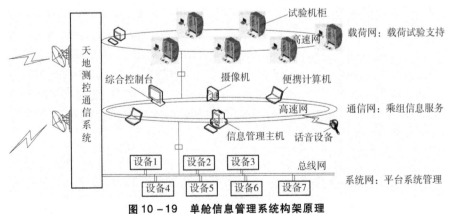

图 10 – 19　单舱信息管理系统构架原理

（1）天地测控与通信系统：在天基中继卫星、陆基测控站和海基测控船的支持下，完成各舱单舱及组合体的跟踪测轨、遥测遥控、中继通信、高速数传、图像通信、话音通信、交会对接通信、出舱活动通信等功能。

（2）系统网：依托分层的总线及挂接于各层总线的通用计算机实现对空间站组合体平台设备和载荷设备的遥测、指令及工作模式的控制。

（3）通信网：依托分布于各舱段且互连的千兆以太网、区域布置的接入交换机组成高速通信网络，依托无线 Wi－Fi 实现全站的图像、话音、仪表显示及移动信息服务。

（4）载荷网：依托系统网总线及载荷管理计算机，实现对载荷设备遥测、指令以及数据注入的管理；通过光纤以太网，为舱内载荷试验和舱外科学试验提供数据传输、存储、复接以及下行管理功能。

LEO 空间站的各舱段均采用相同的通信体系架构，可以满足独立飞行任务需求。各舱的设备、软件、通信协议采用通用化设计；形成组合体后，通过飞行器舱间并网形成统一组合体，进行统一融合管理，如图 10－20 所示。

1）测控通信技术

测控通信系统在陆海天基测控系统的支持下，实现对飞行器的跟踪测轨、遥测遥控、中继数传、天地图像通信、天地话音通信、交会对接通信、出舱活动通信等功能。空间站设计一般选择以天基中继跟踪测控为主、陆基为辅。遥测遥控实现地面对航天器运行状态的遥测监视和指令注入控制，由于中继卫星的高覆盖率，LEO 空间站的遥测遥控同样以天基为主，陆基遥测遥控仅用于作为天基测控通信关键任务弧段的补充。空间站数据、图像、话音通信一方面需考虑数据带宽的要求，另一方面兼顾覆盖率，主要采用中继高速通信手段。交会对接过程中，支持来访飞行器由远及近地通信，支持代传指令注入、遥测，支持双向交互数据通信，支持与载人飞行器间的话音通信，采用扩频通信技术提供高可靠、高可用性的通信支持。航天员出舱活动属于临近空间通信，主要满足舱外活动空间覆盖率、高可靠性通信要求，充分利用绕射性能好的无线电频段，结合现代码分多址（Code Division Multiple Access，CDMA）通信技术，实现对航天员出舱的通信支持。

2）数据管理技术

LEO 空间站平台数据通信在满足通信速率、终端数量要求的基础上，要求充分考虑系统的高可靠性。利用成熟的总线网络，通过多个子网实现平台的分级管理，不同功能子网实现分布式控制。数据管理系统架构设计要充分考虑可维修性，通常主备计算机采用分体结构设计，故障设备维修时不影响系统功能实现。数据管理通信协议的设计要考虑拓展性、国际合作的需求。

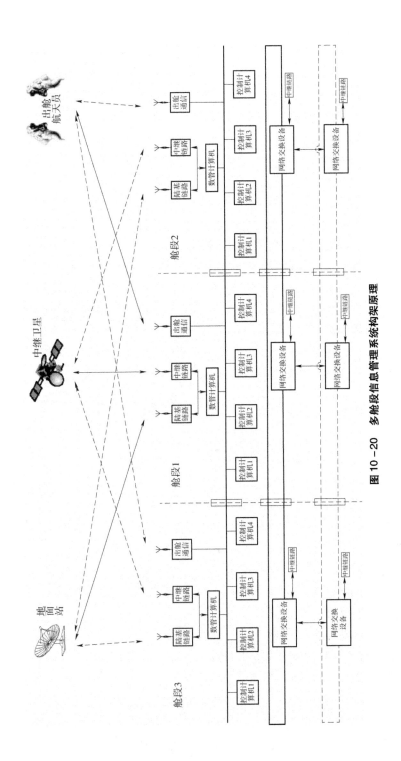

图 10-20 多舱段信息管理系统构架原理

3）网络通信技术

LEO 空间站信息系统为航天员在轨试验/实验提供信息服务支持。设计要充分利用现代信息技术的发展成果，考虑系统的可升级性、可拓展性。利用地面网络通信技术、无线 Wi – Fi 技术、智能技术等的发展，提供高可用、高拓展的服务。

10.3.4　热管理系统

热管理系统负责综合利用载人航天器设备、乘员产生的热量，对载人航天器结构、设备的温度进行控制。为适应内外热环境，确保乘员和结构设备满足指标要求，空间站通常在舱体外表面包覆多层隔热介质，在密封舱内表面包覆热控泡沫，隔绝外部热环境对舱内控温的影响，也避免舱内热量不受控地外漏。空间站热管理设计通常以主动温控技术为主，包括热量收集技术和热量传输技术。

1. 热量收集技术

空间站内的设备通常带有本体的热设计，热管理系统主要是为这些设备提供热边界或散热界面。热量收集设计时，首先要评估设备的热流密度，即单位体积或单位面积上设备的热耗水平。

对于热流密度较低的设备，可以采用被动控温措施，靠导热和热辐射两种途径传热。例如，在安装面设置导热硅脂或垫片，加强导热；在设备表面设置热控涂层，增强辐射换热。对于热流密度较高的设备，需要采用强迫对流通风来强化对流换热，在风机的驱动下，气流流经密封舱内设备，通过对流换热，吸收设备的发热，再流经温度较低的气液换热器，把热量传递给主动控温回路。

对于热流密度很高且控温要求严苛的设备，通常配备冷板来收集设备工作时的产热。国际空间站密封舱设备大部分安装在通用机柜内部，通用机柜相互独立，与人活动区隔离。机柜内通过冷板、气液换热器或者独立回路系统收集设备工作时的产热，再通过标准的换热接口将热量传递给密封舱的内回路系统。图 10 – 21 所示为国际空间站通用机柜的热接口示意图。

2. 热量传输技术

液体循环回路是利用单相流体在管路及换热装置中的强迫对流换热，对空间站内设备或航天员代谢产生的热量进行收集、输运、排散和利用的控温装

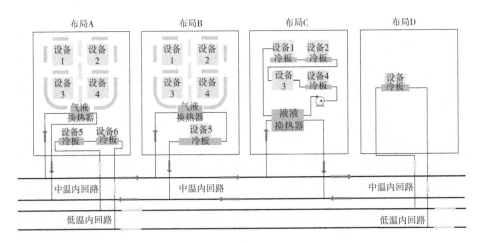

图 10 - 21　国际空间站通用机柜热接口示意图

（图片来源于《载人航天器技术》，杨宏著）

置。空间站由于设备众多，工作模式复杂，如果设备温度和空气温湿度由同一条回路完成，会造成两类控制的互相干扰，降低控制的灵活性，使控制带变窄。因此，空间站通常采用双内回路设计（图 10 - 22）：一条内回路控温点较低，主要用来控制空气温湿度；另一条内回路控温点较高，主要用来控制设备湿度。

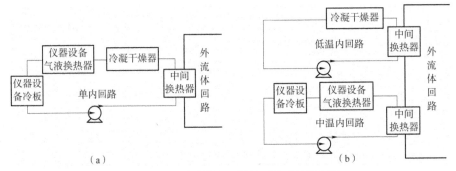

图 10 - 22　单流体和双流体回路系统示意图

（a）单流体；（b）双流体

　　国际空间站美国实验舱的内回路包括两个回路：低温内回路和中温内回路，如图 10 - 23 所示。低温内回路主要服务于工作在较低温度的设备，如环控生保系统的舱内空气组件，以及一些科学载荷设备；中温内回路为系统设备和另一些科学载荷设备提供冷却。

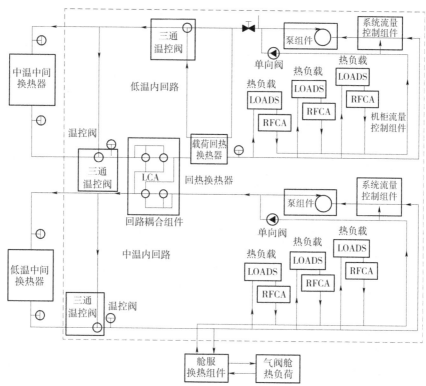

图 10-23　美国实验舱密封舱内回路示意图

（图片来源于《载人航天器技术》，杨宏著）

3. 空间站热管理系统架构

空间站密封舱内部包覆热控泡沫，外部包覆多层隔热介质，用于隔热密封舱内热环境与舱外空间热环境。空间站各密封舱内设备按照热负荷水平及温度控制范围，主要分为以下 4 种控温方式：

（1）对于热负荷水平较低或非持续工作且无特殊控温范围需求的设备，不进行专门的控温设计，这些设备通过安装面热传导、热辐射等方式排散热量，维持温度。

（2）部分功耗较高、外形或安装方式特殊的设备，专门设置强迫对流通风为这些设备散热控温。

（3）功耗较高、控温范围严苛的关键设备，专门配置冷板收集设备工作时的产热，冷板收集的热量进入中温内回路工质，由中温内回路实现热量的输运。

（4）部分有低温控温需求的设备，通过低温内回路收集热量，控制温度。

一种典型的空间站热管理系统架构示意图如图 10-24 所示。空间站在密封舱内设置低温内回路和中温内回路两条不同温度水平的主动控温回路系统。其中，低温内回路负责控制冷凝干燥器冷凝面温度，中温内回路主要收集密封舱内来自冷板的热量，并收集密封舱内载荷设备工作产热。低温内回路和中温内回路收集的热量通过中间换热器传递给外回路，外回路工质将热量传递给辐射器，并最终由辐射器向外空间排散。

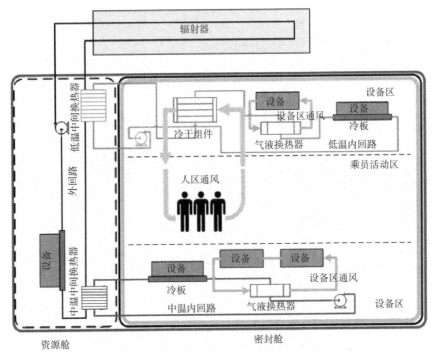

图 10-24　一种典型的空间站热管理系统架构示意图

10.3.5　能源系统

能源系统主要为居住系统所有用电设备提供可靠、稳定的供电。无论是近地空间站还是深空空间站的能源系统，通常都采用光伏系统，将太阳能转化为电能。供电系统对电能进行调节控制后，形成稳定的供电母线；配电系统将供电母线进行分配、电压变换后，通过配电设备将供电输送至各用电设备。

1. 空间站能源系统设计

空间站能源系统通常由主体舱能源系统与专用舱能源系统组成。随着舱体的在轨交会对接和组装，通过多个单舱段能源系统的在轨组网，最终形成多供电源、多供电母线、供电可切换的可靠供电网络。并网供电技术是空间站电源系统最具代表性的技术。

1）供电系统

供电系统将太阳能转化为电能并进行控制，形成稳定的供电母线。每个功率通道形成一条稳定的供电母线。根据任务需求及结构布局的不同，空间站太阳电池翼可以选择不同的自由度。单自由度太阳电池翼直接安装在舱体上，但形成空间站组合体之后，会存在太阳翼与其他舱体之间相互遮挡的问题，减小了发电能力。为获得更多的电能，空间站主体舱之外的专用舱太阳电池翼可布局在舱体尾部，采用双自由度对日定向方式。双自由度运动相互配合，正交驱动控制太阳电池翼，共同实现太阳电池翼旋转对日定向，如图10－25 所示。

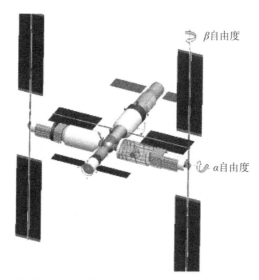

图 10 –25　空间站太阳电池翼对日定向示意图

供电系统配置分流控制设备、蓄电池组及蓄电池充放电管理设备对太阳电池转化的电能进行控制。阳照区太阳电池翼的发电通过分流调节全部变化为母线功率，一部分直接提供至供电母线，另一部分则通过充电调节变换为蓄电池组充电。在阴影区则通过放电设备将蓄电池的能量变换后提供至供电母线。空间站采用锂离子储能电池作为储能设备，锂离子蓄电池具有较高的能量密度，可在有限的质量调节下实现较大的能量存储。

2）配电系统

配电系统实现空间站供电母线在各舱之间传输，在每个舱段对供电母线进行选通，形成本舱的供电母线。通过配电设备将本舱的供电母线进行分路及电

压变化，为本舱段的用电负载提供供电并进行通断控制。

（1）母线选通切换设计。为提高空间站能源系统供电的可靠性，增强能源系统应对故障的能力，在空间站完成多舱构建后，能源系统将发电能力强的舱段提供的供电母线在各舱段间贯通。空间站每个舱段设置母线切换设备对供电母线进行选通控制，为下游设备供电。当其中一条供电母线故障后，则选择通过另外一条供电母线继续为下游设备供电。

（2）设备配电设计。空间站可采用树形配电体系。母线切换设备对供电母线选通后，形成每个舱段自身的两条独立配电母线，关键设备采用双母线冗余供电的方式，提高了平台设备的供电安全。配电分为两个层次：上游配电设备将电能进行分配及控制，为下游的配电设备供电，输出的每条配电支路对应一台下游的配电设备；下游配电设备继续进行分配及控制，为每个用电负载进行供电。分层的配电体系设计减小了设备维修时的影响域，提高了配电系统的可靠性。空间站的配电体系示意图如图 10-26 所示。

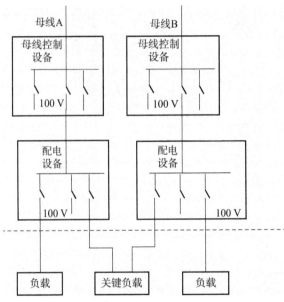

图 10-26　空间站配电体系示意图

（3）并网系统设计。空间站能源系统设置并网系统，实现与来访飞行器之间的电能并网。并网系统配置独立并网设备，将空间站供电电压隔离变换为来访飞行器的供电电压，与来访飞行器供电系统实现电能并网。并网控制采用隔离变换的方式，实现两个飞行器之间的并网供电隔离，提高系统的可靠性。当来访飞行器供电不足时，空间站通过并网设备为来访飞行器补充电能。并网供电能力对于深空空间站而言，尤其重要。

2. 月球基地能源系统设计

对于月球基地任务而言，能源系统承担月球基地能量的产生、储存和控制管理的任务，在整个任务期间为月球基地提供充足的能源供给。月球基地的能源系统分为能量的供应、储存和管理与分配三部分，分别对应着月球基地能源系统的三个子系统：

（1）能量供应子系统（可采用核能与太阳能）。

（2）能量储存子系统（可采用蓄电池组与燃料电池）。

（3）能量管理与分配子系统（可采用电源控制器与配电器）。

在供能方面，负载功率与能源供应时间的关系如图 10−27 所示。从图中可以看出，如果月球基地短时间运行，可以由化学能和蓄电池供应能源；如果长时间运行，特别是大功率、长期运行的月球基地，核能源和太阳能组合方案将是最好的选择。

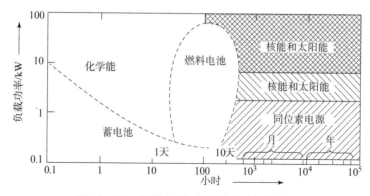

图 10−27　负载功率与能源供应时间的关系

在储能方面，可再生氢氧燃料电池具有很高的比能量，并且寿命更长，非常适宜用于月球基地，可作为最主要的储能方式；锂离子蓄电池由于其轻质、小体积以及低温性能方面的优势，也可作为附属的储能方式。

月球基地需要连续的能量供给方式，而月球基地的负载需求大小决定了能源系统的设计方案。能源系统进行方案设计时需要考虑安全性、费用、质量、区域、环境影响和寿命等因素，这些都会对方案设计产生影响。对于不同时期，月球基地建设的能源需求也有所不同，因此采取的功能方案也会有所不同。按建设规模划分，可分为小型月球基地（功耗在几十千瓦量级）、中型月球基地（功耗在百千瓦量级）、大型月球基地（功耗在兆瓦量级）。小型月球基地能源需求较小，而且大部分供能设备、原料等都需要从地球携带，因此要求供能方式尽可能简单、方便；而大型月球基地能源需求量激增，同时也可以有效地利用一部分月球资源，因此就需要将各种能源方案有机结合起来，进而发挥最大的功用。下面介绍两种大型月球基地的典型能源方案。

尽管大型月球基地的能源消耗巨大，但同时也具备了有效开发和利用月球资源的条件。因此，它的能源方案需要将各种资源合理安排搭配，减少不必要的能源消耗与浪费。图 10-28 所示为一种大型月球基地的能源供应方案设想。在该方案中，将动力区、能源区和资源区从月球基地本体中划分出来。能源区通过大型太阳电池阵和核能源为动力区和生活区提供电力，生活区利用燃料电池提供电能和热能，动力区通过电解器将水重新转换为推进系统所使用的氢、氧。

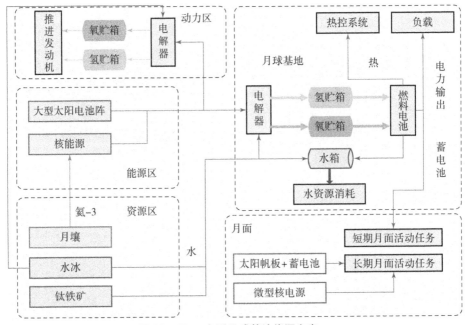

图 10-28　大型月球基地能源方案一

另一种大型月球基地能源系统的设想方案如图 10-29 所示，即氢气、氧气将作为能源与资源的传输媒介，能源区也将远离月球基地本身，与资源区搭配建设；资源区提供氦-3 作为核电站原料；能源区利用电解器，将资源区提炼出来的水电解成氢气、氧气后，一方面传输回月球基地，再通过燃料电池转化为电能与水；另一方面可以提供给动力区作为低温推进剂。

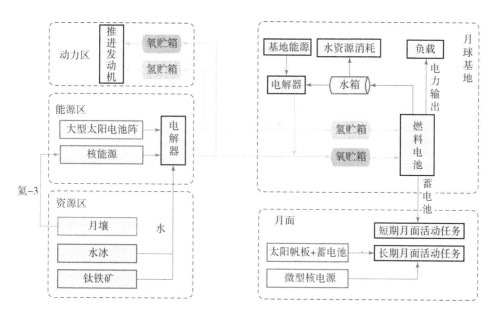

图 10 - 29　大型月球基地能源方案二

大型能源基地的运转需要惊人的耗电量,因此整体方案的设计主旨就是在高效地利用月球资源的同时,尽可能减少不必要的消耗。上述的能源系统具有以下优点:能源区远离月球基地,避免了核辐射对人员的影响,同时也避免了月球基地附近扬起的大量月尘对太阳电池阵的影响;能源传输以氢氧作为媒介,可以减少远距离电能传输而产生的损耗,同时也将开采的水资源输送回基地;能源区产生的氢、氧可以直接输运到动力区作为低温推进剂。

10.3.6　载人环境与乘员保障系统

在深空空间站或月球/火星基地运营期间,航天员发挥着重要作用。航天员的在轨驻留离不开居住系统的环境和设备的支持。居住系统不仅需要提供航天员生存的保障,更需要为航天员长期在轨驻留营造宜居环境,保障航天员的健康工作和生活。以空间站任务为例,空间站载人环境的正常维持主要依靠舱压控制技术、温湿度控制技术、有害气体净化技术、通风流畅控制技术、水处理技术、烟火检测与灭火技术等。

1. 载人环境系统的任务

对于空间站这种典型的居住系统,载人环境系统的任务主要有大气环境控制、提供生命保障和居住环境等。

1) 大气环境控制

在空间站密封舱内为航天员生存建立人工大气环境，并确保环境满足航天医学指标要求，包括乘员驻留期间，控制空间站各个飞行器有人区域的大气压力、大气成分、大气温湿度满足航天员医学要求，控制大气中的微生物满足卫生学要求，对舱内进行烟火检测与灭火等；无人驻留期间，维持舱内压力，满足设备对流换热的需求。

2) 生命保障

为航天员的生存提供物质保障，为航天员身心健康提供医疗保障，包括：为航天员提供饮水、饮食；为航天员提供个人卫生支持，收集并处理航天员的代谢产物等。

3) 居住环境

空间站密封舱内应为航天员创造较为舒适的居住环境，主要功能包括：为航天员提供良好的活动空间，包括睡眠空间、私密空间、锻炼空间、工作操作空间等，并营造舒适的氛围；为航天员密封舱内生活和工作提供照明，包括一般照明、个人照明、局部照明、应急照明等。

2. 两种生保方式的对比

为实现乘员在轨驻留，空间站需提供氧气、饮水、食品三类基础物质保障，对空气进行净化处理，同时提供人体代谢废弃物的收集处理支持。空间站上载人环境控制与生命保障有两类方式：

（1）非再生生保方式：直接从地面上携带氧气、饮水、食品等消耗品，对乘员代谢废弃物进行收集存储。

（2）物化再生生保方式：配备物化再生系统，实现水资源的循环利用、氧气的在轨生成以及净化系统的再生利用。

对于 3 人乘组任务，上述两种处理方式在不同驻留周期下的上行质量对比如图 10 - 30 所示。其中，两种方式的质量包括系统自身质量，维修维护备件质量，氧气、水及其包装的质量。从图 10 - 30 可以看出，航天员在轨驻留时间超过 50 天，物化再生生保系统上行需求开始低于非再生式生保系统。

除了上行质量的差别外，在乘员代谢废弃物方面，再生和非再生系统也存在较大差异。对于 3 人乘组任务，这两种方式下需存储的尿液贮箱所占空间对比如图 10 - 31 所示。从图中可见，物化再生生保系统更适合于中、长期空间站载人航天飞行。

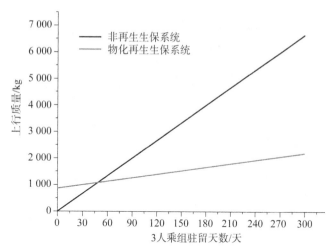

图 10 - 30　物化再生生保系统与非再生生保系统上行质量对比

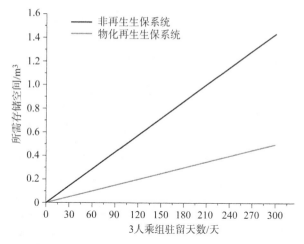

图 10 - 31　物化再生生保系统与非再生生保系统尿液所需存储空间对比

物化再生生保控制系统对冷凝水和尿液实施再生利用，回收尿液处理后的再生水用于电解制氧向舱内供氧，进行氧分压控制；收集并处理冷凝水供航天员饮用；对 CO_2、微量有害气体的净化装置进行物化式再生处理，以大幅降低维持航天员生命活动的消耗品数量，减轻上行补给压力。

在空间站载人环境系统设计时，通常考虑载人环境系统的可靠性，直接关系航天员的安全性。根据俄罗斯和美国的空间站经验，再生式大气环境控制和生保系统自身故障概率较高，需要定期维护维修。因此，实际上还需配备非再生式大气环境控制与生保设备与物品，以供再生式系统维护维修时使用，或维护维修物品补给未能及时到位时，支持航天员继续在轨驻留。实际上这两种生保方式往往同时使用，以应对不同的情况，对于月球基地任务亦是共同使用。

3. 乘员保障主要内容

乘员保障主要包括航天员心理保障、医监医保保障和休息娱乐保障。

1）心理保障

心理保障的主要特点是通过合理设计密封舱内视觉环境、内饰、色彩、照明、限物限位措施和辅助工作设施，使航天员快速适应在空间或地外天体的生活和工作环境，降低天地差异造成的心理反差。

（1）舱内照明设计。如图 10-32 所示，国际空间站舱内照明光源的安放位置大致可分为两类，一是将光源布置在顶棚，即舱顶；二是将光源布置在角隔区或顶棚两侧边缘。在实际飞行中，货舱的光源布置通常都是在舱内的舱顶，这样便于安装及维修，且在满足照度要求的同时功耗较低。在有航天员的舱内，通常都是将光源布置在角隔或顶棚两侧边缘区，这主要是为了能够更好地利用航天员生活舱。因此，在相同照度的要求下，损耗了一部分光源的功效，但将航天员生活舱的顶棚位置让出，节约了顶棚位置，可在顶棚内放置物品。

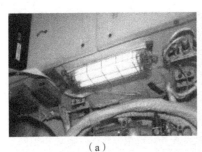 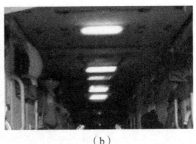

（a）　　　　　　　　　　　　　（b）

图 10-32　国际空间站实验舱照明环境

（a）角隔照明；（b）顶棚照明

（图片来源于 NASA 官网）

（2）色彩和内饰环境设计。国际空间站等居住系统的内部主要采用了较为明快、柔和的颜色，地板颜色较天花板颜色深，以便于航天员形成天地感，一些突出物（扶手、设备安装接口等）和一些标识多采用鲜明的颜色，以便航天员辨识。国际空间站内的色彩搭配如图 10-33 所示。

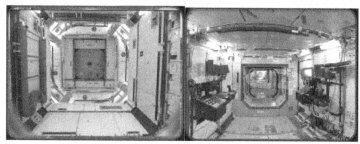

图 10 – 33　国际空间站色彩搭配（见彩插）

（图片来源于 NASA 官网）

　　中国"天和"空间站内通道为航天员活动主要空间，主色调以人文、关怀为主题。因此，通道色彩采用白色点纹的暖色调色彩进行搭配设计，为航天员提供温馨、舒适的环境，通过角隔区域的色彩差异进行"天""地"区分，如图 10 – 34 所示。

图 10 – 34　中国"天和"空间站色彩搭配（见彩插）

　　（3）工作支持技术。空间站上的工作台用于临时放置笔记本电脑、文件和其他一些小物品，主要由关节臂和工作平台组成，在空间站上得到大量使用。工作台的关节臂具有标准接口，可将工作台安放在滑轨的任意位置上。工作平台表面设置有粘扣，用于安放物品。工作台可以折叠回收，节省所占的空间。工作台主要用于工作区域或者生活区的临时应用，拆卸、安装便捷，可根据航天员的需求调整方位。工作椅的主要功能是对航天员工作时的身体进行限位，满足航天员在工作台前长时间的操作要求。

2）医监医保保障

医监医保保障的主要特点是配合医学检测和治疗设备，合理设计检测和治疗环境及辅助设施，对航天员身体状况进行检测和治疗；提供满足医学要求的密封舱环境，尽可能减少环境中的有害物质，使航天员可以长期健康驻留。

医学保障主要分为四类：日常身体监测、疾病诊断、普通治疗和紧急救治。其中，日常身体监测项目包括测血压、心率、呼吸、脉搏、体温等；疾病诊断项目包括超声检测、血常规分析、尿常规分析、身体触诊等；普通治疗项目主要包括服用药物，以及静脉注射、输液、简单外创手术；紧急救治项目则包括胸外按压、心脏除颤、紧急供氧等活动。航天员在轨需要定期锻炼，活动项目主要包括跑步、骑自行车、阻力拉伸等，其中太空跑台和太空自行车是航天员主要的锻炼设备。阻力拉伸锻炼设备用于增加锻炼方式的多样性，辅助日常进行锻炼，一般包括拉力器、套带、企鹅服等小型锻炼设备。

3）休息娱乐保障

休息娱乐保障的主要特点是通过合理设计休息娱乐环境和辅助设施，保障航天员在轨舒适的睡眠、就餐和进行各项卫生活动等，主要包括睡眠保障、就餐保障和卫生保障等。

10.3.7　安全防护系统

众所周知，载人航天任务已脱离了地球稠密大气层的保护，使航天员和设备暴露于空间辐射、流星体、空间碎片、宇宙天体等各种空间威胁之中。为保证航天员的健康与生命安全，以及任务的顺利进行，防护系统是载人航天飞行器系统必不可少的组成部分，一直受到载人航天领域研究人员的广泛关注。

1. 空间站的防护

以空间碎片威胁为例，截至 2016 年 9 月，在轨的空间碎片总质量达到了 7 000 t。近地空间中，毫米级以上不同尺度的碎片数以亿计，更糟糕的是空间碎片的年增长率达到了 15%。在历史上也发生过空间碎片影响载人安全的事故，如 1983 年，"挑战者号"航天飞机与一块直径 0.2 mm 的微小碎片相撞，导致舷窗受损，航天飞机只得提前返回地球。此外，国际空间站为了躲避空间碎片的撞击，已经做了 24 次躲避机动，每次消耗燃料约 30 kg。这些空间碎片一旦与在轨载人航天器相撞，平均撞击速度约 10 km/s，撞击后将产生极高的压强，毫米级以上尺度的碎片将会穿透航天器的表面，产生高速碎片云，破坏载人航天器的内部器件和系统，轻则导致功能衰退，重则导致密封舱段的漏气及结构损坏，甚至造成爆炸和解体，因此务必对空间碎片等威胁进行防护。

对于大的空间碎片，通过轨道预报，采用机动飞行可以进行躲避防护；对于小的空间碎片和微流星，用防微流星屏蔽罩可以防止击穿密封舱，防微流星的设计安全指标需达到 0.998。2007 年 5 月 30 日，两名俄罗斯宇航员在进行了长达 5 小时 25 分钟的太空行走后，他们将 5 块金属防护板，每个金属板重 9 kg，宽 0.6 m，长 0.9 m，安装在国际空间站上俄罗斯建造的"星辰号"（Zvezda）服务舱上。这个服务舱的主要作用是国际空间站的生活区，此举使得空间站抵御空间碎片冲击的能力大大加强，如图 10 - 35 所示。此外，日本等国曾提出在空间站上加装激光炮，用以主动防护空间碎片。

图 10 - 35   俄罗斯航天员为国际空间站安装金属防护板

（图片来源于互联网）

2. 月球基地的防护

月球基地是继近地轨道空间站之后的又一项长任务周期的载人航天任务。与近地轨道飞行不同，月球基地虽然避免了空间碎片等威胁的影响，但由于其长期滞留地球以远的深空环境，遭受大太阳粒子事件、银河宇宙射线、小天体及流星体等各种空间威胁的概率大大增加，且长期受到月球环境中月尘的影响，因此为保障人员及设备在月球长期驻留和运行的需求，需对月球基地防护系统提出更高的要求。

例如，针对流星体的防护同样也可以利用质量屏蔽的方法：采用金属或先进的复合材料加强基地舱段的强度，通过试验可知，2 ~ 3 mm 厚的复合防护材料可抵御毫米级微流星的撞击，如果撞击的是极为罕见的 1 g 左右的微流星，则只会形成一个厘米级的浅坑；针对大型永久性月球基地，利用一定厚度的月壤形成覆盖防护才是有效解决微流星防护的方法。对小天体的防护尚无较好的办法，目前质量屏蔽等被动防护手段无法应对米级甚至更大的宇宙天体，采用移动式月球基地可在威胁来临之前进行规避机动；但固定式月球基地则只能依靠主动防护的手段，如导弹拦截和激光照射等。

月壤防护是抵御辐射和微流星等空间威胁的有效手段，且可大大降低飞行器 IMLEO 对火箭运载能力的需求，因此在建设大型永久性月球基地方面具有明显优势。但采用该手段将增大建设难度、提高建设费用、延长 EVA 时间，且需要从地球运送大量建设工具，所以不适于小型或短期的月球基地的建设。多数月壤防护是将月壤用尽量简单的方式堆砌在基地舱段上方和周围，几种典型的月壤防护方案如图 10-36 所示：（a）方案为最普通的月壤防护方式，直接将月壤覆盖于舱段之上；（b）方案中月壤主要覆盖于折叠板与舱段上方，并形

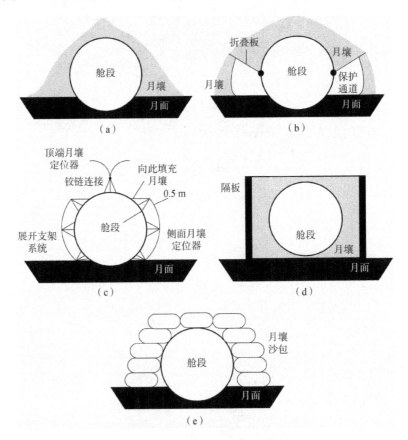

图 10-36　几种月壤防护方案

成一个保护通道，可用于存储货物等；（c）方案可利用改进的空间站舱段，在周围安装展开支架系统，在外侧安装板状定位器，并向中空部分填充月壤；（d）方案是采用两个隔板，将舱段放置其中，并填充月壤；（e）方案将月壤填充于沙袋，并堆砌于基地舱段周围，形成保护。

除上述 5 种典型方案外，还有很多月球基地的月壤防护方案，如图 10 - 37 所示的平板式防护和拱形壳防护方案等。具体采用哪种防护方案更适合，需与月球基地的结构及构建方案结合起来综合考虑。

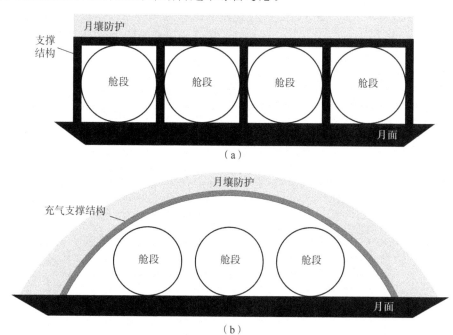

图 10 - 37　其他月壤防护方案
（a）平板式防护方案；（b）拱形壳防护方案

|10.4　居住系统运营管理技术|

10.4.1　运营管理任务规划技术

1. 基本概念

国际空间站运营管理是对空间站运营活动进行全过程任务管理，包括任务规划和任务实施两个层面。任务规划包括战略级规划、战术级规划、任务周期计划、任务执行计划 4 项内容。任务实施包括飞行器组装集成与发射、运行任务控制（空间站平台、载荷）、相关训练仿真等内容。

国际空间站的运营管理职能主要包括 7 个方面的内容：国际空间站项目管理、国际空间站应用控制、国际空间站飞行系统控制、国际空间站后勤和维护控制、国际空间站发射场控制、国际空间站安全性控制、国际空间站持续工程/预先项目改进计划。

相比国际空间站，月球基地的运营时间更长，发射和组装规模更大；其补给和人员运送横跨地月空间，且规模庞大；需要维护维修的设备零部件将数以十万计、百万计，甚至更多；大量的有效载荷需要进行管理和规划；此外，还需要在月面进行大量起飞着陆、月面物资和人员运输、月球资源开发、月球基地能源供应、月球基地环境控制等活动。这些运营管理活动的规模相比空间站至少提升一个数量级。因此，必须预先进行科学的统筹和规划来保障月球基地的正常运行。通常月球基地运营活动一般包括三类：月球基地操作、月球基地空间操作支持和月球基地后勤操作支持。

1）月球基地操作

（1）月球基地主/分系统重构、监视和控制。

（2）科学与工程载荷操作、监视和控制。

（3）系统和载荷的维持与修理。

（4）月球基地通信。

（5）航天员舱内外活动。

2）月球基地空间操作支持

（1）系统操作规划、监视和控制。

（2）载荷操作规划、监视和控制。

（3）安全性支持任务。

（4）航天员训练。

（5）月球基地系统和载荷活动的统一时间规划。

（6）集成各大系统、分系统操作规划结果。

3）月球基地后勤操作支持

（1）一体化后勤支持：为保证安全经济运输的后勤物品管理与支持等活动，包括后勤支持分析、后勤信息管理、物流管理等。

（2）发射前硬件物理集成：载荷集成到机柜、机柜集成到运输工具等。

2. 月球基地的工作模式

月球基地根据任务与环境的不同具备多种工作模式，与空间站相比既存在许多相同点，也存在不同点。月球基地与空间站同为载人长期地外生存设施，均应具备几个基本模式，包括标准模式、对接模式、出舱活动模式、存活模式和保证乘员安全返回模式；月球基地位于行星表面而不是空间轨道，因此不会存在微重力飞行模式、轨道维持模式等（无论近地轨道，还是深空轨道，空间站工作模式均需包括），但根据月球基地类型的不同可能会存在移动模式等特殊模式。

月球基地上的每类模式下同样包括多种任务活动，任意时刻都应只按一种模式运行；同样必须接受命令才能转换为另外一种模式；所有的模式切换可由乘员和地面手动控制；切换到生存和乘员安全返回模式也可由外部飞行器控制。

1）标准模式

标准模式是月球基地最基本的工作模式，该模式下月球基地完成各种日常活动、科学研究、加工制造、内务管理、内部维修等工作。此外，除了存活模式和保证乘员安全返回模式外，都必须经过标准模式，因此也是各模式之间的过渡模式。根据月球的昼夜环境差别较大等特点，标准模式分为月昼与月夜两种状态：月昼状态，月面温度较高，阳照面与阴影面温差较大，这对热控系统提出了很高的要求，由于存在太阳光的照射，可利用太阳能实施供电，因此获取能源的难度相对较小；月夜状态，月面温度较低，热控系统保温难度大，且没有太阳照射，无法利用太阳能供电，因此为保证与月昼同样的航天员生活环境，该状态与月昼状态的月球基地标准工作模式差异较大。标准模式两种状态切换频率约为 15 天，可以由软件操作自动实施状态转换和模式切换，也可由乘员或地面手动操作。

2）对接模式

月球基地对接模式主要是指航天器为月球基地实施月面补给、月球基地舱段对接组装等操作时的模式。人员、物资补给时，补给航天器可采取与月球基地舱段对接的方式，该方式无须航天员出舱进行人员或物品的转移，减少了与外界的接触，可避免月尘等不利环境的干扰。月球基地建设需要在该模式下实施各舱段的对接或连接操作。该模式可由乘员、地面或外部飞行器手动进入。

3）出舱活动模式

月球基地的舱外活动模式支持所有与舱外活动及外部机械臂有关的外部组

装和维修操作。该模式可由乘员或地面控制手动进入。该模式要求月球基地具备泄复压能力，保证航天员出舱活动的安全，并提供相应的支持。

4）存活模式

月球基地的存活模式支持当月球基地发生重大故障及无人控制条件下月球基地的长时间运行。在存活模式下，需要对月球基地上发生故障的重要功能进行检测。该模式可由航天员或地面手动进入，或由飞行器自动进入。

5）保证乘员安全返回模式

保证航天员安全返回模式支持当月球基地发生不可修复的故障时，应急起飞/返回飞行器和航天员可从月球基地紧急撤离。该模式可由航天员、地面或外部飞行器手动进入。

6）移动模式

月球基地的移动模式是指可移动式月球基地移动位置时采用的模式。该模式要适应月面复杂地形环境，以及移动过程中月面光照、热、月尘、月壤等月面环境影响，并且保证移动过程中人员的安全。该模式可由航天员或地面手动进入。

3. 月球基地的任务规划

月球基地运营管理是对空间操作、空间运营支持和空间后勤支持等运营活动进行全过程任务管理，以保证月球基地长期稳定、安全运行，包括任务规划和任务实施两个层面：①对月球基地全寿命周期的任务进行规划，明确任务过程和任务目标，包括建造规划、应用规划、服务规划、退役规划、后勤补给任务规划、维护维修任务规划、载荷任务规划、航天员驻留任务规划、载荷试验安排规划、月面活动规划、航天员每天的详细活动规划等内容；②根据任务规划所明确的具体任务内容、任务时间，任务实施所要解决的主要问题包括进行月球基地部段发射和组装、各种飞行器发射和交会对接、月面起飞着陆、基地乘员工作生活、站上载荷试验安排等运营活动实施计划和实施方案的制定及执行。

1）规划体系

月球基地任务规划的内容覆盖月球基地的全寿命周期，具有持续时间长、层次复杂、涉及内容广泛等特点。因此，月球基地的任务规划体系应分阶段、分层次互相配合进行，先长周期再短周期，由宏观到微观。参考国际空间站，月球基地任务规划体系同样可分为4个层次：战略层、战术层、任务层和执行层。以上一层规划结果作为下一层规划的输入，逐层进行规划，其中执行层规划直接指导任务实施，如表10-8所示。

表 10 - 8 月球基地任务规划层次

规划任务	规划周期	规划结果
战略级规划	5 年	月球基地构建计划 活动、应用、生产计划 活动、应用、生产的规则、要求和约束 规划时间内的任务周期清单
战术级规划	2 年	资源分配、活动和飞行详细清单 活动可靠性评估 有效载荷应用协议
任务周期规划	任务周期	精确到天的操作序列 操作相关信息数据文件
执行规划	周、天	周操作序列 日操作序列

2）规划流程

月球基地任务规划本质上是制定月球基地系统任务（乘员轮换、货物补给、试验结果返回、运行维护、功能改进等）和有效载荷任务（科学试验、工程技术试验等）的操作计划和序列，所以任务规划过程也是制定这两类操作的过程。典型的单个任务规划流程如图 10 - 38 所示。

（1）操作的需求分析，由系统操作执行者和有效载荷用户分别制定系统操作和有效载荷操作的需求及其规则、约束，形成整体操作需求。

（2）由规则执行机构分别进行系统操作规划和有效载荷操作规划。

（3）组织整理规划结果，通过设置的数据流路径，将结果传送到相应的管理机构和执行机构，作为月球基地操作指南。

3）规划内容

（1）战略级规划。

战略级规划的根本目的是对月球基地系统和用户分配月球基地资源的规划。系统资源分配包括维持月球基地当前运行所需资源、改进和升级所需资源、功能的改变与增加所需资源的分配；用户资源的分配包括用户间的分配和按载荷优先级的分配。

战略级规划有 4 个主要的输入：规划的原则和目标，它是资源分配的基础；运营需求，包括运输需求、数据需求和平台系统的性能需求；载荷需求（包括载荷性能需求等）；运输系统相关数据和数据的获取程度。

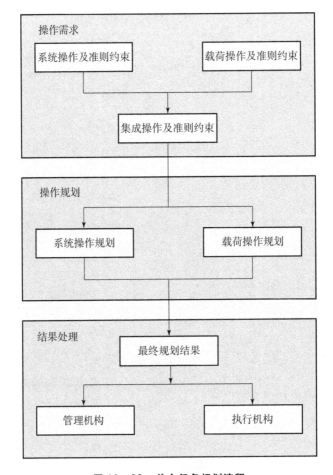

图 10-38　单个任务规划流程

战略级规划的输出主要包括以下两个方面：①月球基地统一使用规划，包括：月球基地资源分配、每年的可选择用户及优先等级、总体运输计划（运输系统和大致的发射时间）；②每年的用户资源分配，其中，月球基地的系统资源分配包括：月球基地核心运行系统的资源分配、月球基地拓展的资源分配、月球基地运行和发展期内的运输总需求、月球基地数据系统和使用原则；用户资源分配包括：参与用户的资源分配、被认可的用户清单、用于用户支持的运输总需求、用于用户支持的数据系统和使用原则。

（2）战术级规划。

战术级任务规划是要提出一个未来 2 年使用与运行的人员与货物运输清单。用户输入来自统一的顶层应用规划和月球基地应用的具体载荷需求，系统输入来自月球基地和地面系统。战术级运营规划是系统运行模式转换、载荷运行、设备运行、乘组操作以及训练、后勤和运输需求计划的总和。它是 2 年内各项任务安排的基础。

战术级规划的输入包括以下内容：战略规划；2 年运营预算；2 年研制进度；用户运行支持分析；持续工程评估；系统维护计划；工程改进要求；安全性评估；可供分配和管理的资源；训练和模拟设施的要求；乘组的应用计划；预算控制指南；运输系统运行计划；数据系统运行计划。

战术级规划可分配的资源包括：乘组时间；能源；载荷机柜空间；指令和数据流；常规存储能力（垃圾、食物等）；再生生保的能力和消耗品；热控制；上行和下行的货物质量；外部载荷位置。

根据战略级任务规划所确定的各任务阶段及阶段目标，明确每个阶段的具体任务项目和任务时间，规划应包括以下内容：

①运行任务规划。根据战略级各阶段的任务要求和计划要求，规划内容包括：月球基地技术验证项目和验证计划；组装和建造流程与计划；各任务阶段月球基地应用资源规划及技术试验和应用方向规划。

②维护、维修计划。针对各任务阶段的具体任务项目、任务时间，以及月球基地设备工作要求，对维持月球基地平台正常运行、满足任务需求所需进行的维护、维修工作进行规划。

③乘组驻留计划。根据月球基地运行任务规划，乘组驻留计划内容包括：乘组的轮换时间、驻留时间；执行任务的乘组组成；各项任务的培训时间需求。

④货物运送和补给任务计划。根据月球基地运行任务规划、维护和维修规划和驻留计划，制订货物运送和补给任务计划包括：补给物品清单、补给量以及各种补给物品的补给时间；维护维修设备和部件的运送清单、数量和时间；载荷运送清单、数量和时间。根据运送货物品种、数量和时间的需求，还需要规划：所需各种飞行器数量；每次运送的货物清单；货运飞行器的发射时间、月面着陆时间；运送货物的使用计划。

⑤人员运送任务计划。根据乘组轮换计划和试验项目，人员运送任务计划内容包括：载人飞行器的发射数量、发射时间、着陆月面时间和返回时间；各艘载人飞行器的返回物品清单；应急救生船配置和待命计划（例如图 10 - 10 所示的月球基地方案中包括一艘应急救生船）。

⑥发射任务计划。根据技术验证计划、组装和建造计划、维护维修和运送计划以及驻留计划，发射任务计划内容包括：月球基地部件和各类飞行器的发射时间段、发射数量、发射时间间隔等；各型号运载火箭的数量、发射时间计划；各发射场的发射准备计划，推进剂和气源等的制备计划，厂房、工位、设

备等的测发资源使用计划，测发人员配置计划等。

⑦地面控制任务计划。根据任务计划、发射计划和返回计划，地面控制任务计划内容包括：测控资源的使用规划；飞行任务控制计划；地面支持人员和技术专家的配置计划；回收救援资源规划。

⑧载荷实验规划。根据各阶段应用资源和应用方向的规划，进行每个任务阶段的规划：月球基地试验和应用资源的分配；试验和应用项目规划。

⑨后勤任务计划。根据上述任务规划，进行地面后勤保障的规划，包括：飞行器、运载火箭、月球基地维护维修部件和备件的元器件、原材料订货计划；产品的投产数量和储备量的规划；产品的研制计划；推进剂、饮水、食品、气体、衣物、卫生用品等消耗性物品的生产和储备计划。

战术级规划的主要输出包括：2 年的运行任务计划；2 年的载荷应用计划；飞行策略；运输飞行计划；每次任务的系统配置和运行草案的修改计划。

（3）任务级规划。

任务级规划主要包括：制定用户调配计划、确定任务期间关键的系统运行和维持项目、运输系统的综合需求、数据系统的需求和能力、对后勤保障的特殊需求（包括射前和返回后）、特殊的地面工作人员和乘组的训练需求。

任务级规划由相关的部门分别制定，如系统资源使用计划由月球基地支持部门制定，用户活动支持计划由载荷管理部门制定。综合这些需求和计划后制定任务级规划。它是执行级任务规划的依据，执行级任务规划将对飞行前的研制、流程、计划和数据制定详细的计划，包括飞行程序、飞行数据文件、危险控制（故障对策）、飞行准则、系统重构和其他实时的执行计划。

任务级规划输出包括以下内容：

①操作概要。操作概要是整个任务期间活动的顶层计划，活动计划确切到每一天，但并不编排到特定时刻，不提供活动的细节。操作概要通常由任务阶段乘员或系统每个工作日的活动组成。

②飞行准则。飞行准则是实时决策制定的指导原则，包括通用任务、特定任务以及特定飞行等不同方面。

③地面执行计划的准则和约束条件。地面执行计划的准则和约束包括通用准则和特定任务准则与约束。通用准则包括乘员调度、资源分配和管理、轨道规划等。特定任务准则和约束是在特定任务阶段系统和载荷操作的地面准则和约束。

④操作数据文件。操作数据文件是为完成运行和维持月球基地系统、有效载荷和飞行器所需要的程序和参考资料等。

10.4.2　后勤补给技术

1. 基本概念

空间后勤补给技术（Space Logistics）是指在空间站或月球/火星基地任务中，从载人航天器发射到任务完成的全寿命周期内，涉及人员、货物的运输、储存及协同管理技术。空间后勤补给技术也称为空间供应链管理技术，它涉及载人航天器在轨飞行过程中的所有技术领域，但并不考虑航天器和相关设备的具体设计细节，对地面后勤问题也不予考虑。补给问题是空间后勤技术所考虑的核心问题，主要包括推进剂、人员、设备及生活必需品的补给等。

1）推进剂的补给

推进剂的补给是后勤补给任务中的重要部分。随着未来载人空间任务周期逐步增长，考虑液体推进剂具有腐蚀性、低沸点、剧毒性等特性，对推进剂长期储存、快速安全加注和缩短补给链周期等方面的设计都提出了新的要求，也给系统任务设计带来新的困难。

2）生命保障品的补给

虽然宇宙射线和长期的失重环境对人类生命机体影响很大，但是空间生物学家和空间医学家都认为生命保障问题并不是一个不可逾越的难题。面对未来长期在轨的载人空间活动，维持人类生命必需的空气、食物、水及生活用品等生命保障品的后勤补给问题也成为研究重点。

3）人员及货物的运输

为实现长期在轨的空间任务，人员和相关物资设备的补给必不可少，这涉及补给点（地面补给点或空间补给点）运输的问题，包含两个方面的内容：一个是乘组轮换及货运补给周期、补给类别及数量的设计，另一个是补给轨道链的设计。对于未来载人深空探测任务，如美国提出的载人火星探测任务 DRA5.0 中包括地月轨道空间站、月球基地、行星际运输系统及火星基地等多个环节，人员和货物的补给轨道链设计问题变得更为复杂，涉及的环节更多。

2. 空间后勤补给等级和原则

按照补给货物对空间站运行安全的影响，将补给需求分为 5 个等级：

（1）第一级，满足最低推进剂补给量和舱体泄漏气体补充量。

（2）第二级，满足乘员驻留消耗品的需求（包括使用过的储备消耗品的补充）。

（3）第三级，需满足维修在轨可更换单元（Orbit Replace Unit，ORU）的运送需求，在运输质量紧张的情况下可以根据 ORU 需求的紧迫程度和关键程度筛选。

（4）第四级，满足储备物品定期更换的需求，如非再生生保、出舱服。

（5）第五级，满足试验载荷的运送。

货运补给必须保证空间站和航天员的在轨运行安全为首要原则，对于乘组长期连续驻留空间站的情况，货运飞船的推进剂补给任务最晚应在空间站推进剂余量临近储备量时进行，乘组消耗品的运送应在使用储备消耗品前执行。

对于间断驻留的情况，为保证空间站和航天员的在轨运行安全，货运补给模式的设计应遵循以下原则：

（1）货运飞船应先于载人飞船将包括驻留物品在内的补给物资送到空间站。

（2）由于维修的实施必须以有人驻留为前提，因此，ORU 的运送应与航天员消耗品的运送捆绑进行。

（3）原则上货运飞船不单独运送推进剂，以节省运营费用，推进剂应与其他货物组合运送。

3. 推进剂在轨补加技术

推进剂在轨补加一般分为直接加注式、推进剂模块更换式和推进剂模块新增式。其中，直接加注式按操作方式不同又分为气体回用法、背压法、排气法和贯通法。推进剂模块更换方式首先移除原有推进模块，然后插入集成新的推进模块，从而在硬件上实现推进模块的完全更换。替换的推进模块既可以是由推进剂贮箱及其配套设备封装的模块，也可以是包括推力器等在内的整个推进分系统单元。推进剂模块新增式是在不拆卸移除原有推进模块的基础上，插入集成新的推进模块，然后关闭原有模块，启动新插入模块，使其从功能上替换原有模块。

空间站推进系统设计需要考虑推进剂补加，将推进系统方案和补加系统方案进行一体化设计，共用气瓶和贮箱，简化推进系统配置，采用自锁阀将补加系统的补加管路与推进系统的推进剂供给管路安全隔离，推进剂补加时不影响推进系统工作。

推进剂补加通常采用直接传输方式。国外研究的直接补加推进剂方式主要有气垫绝热压缩、放空再补加、气垫交换、气垫减压 4 种补加方案，详见表10-9。

表 10 - 9 推进剂补加方式综合比较

方式	补加原理	缺点
气垫绝热压缩	直接把推进剂从货运飞行器输送到核心舱贮箱进行补加，输入的推进剂压缩接收贮箱气垫使其恢复初始压力，接收贮箱的压力决定传输的推进剂量	适用于落压系统，不适于恒压推进系统
放空再补加	要求核心舱所有推进剂都排回到货运飞船贮箱；把残留的推进剂和挤压气体排到太空，使贮箱内部处于真空状态，放空过程中，要防止推进剂结冰；采用加注技术把定量的推进剂从货运飞船转移到核心舱贮箱中	仅适用于表面张力贮箱；补加过程复杂，危险性较大，实现难度大
气垫交换	首先通过管路将货船上贮箱的气液路分别与空间站的气液路连接，然后通过液路泵将货船的推进剂挤入空间站中，空间站贮箱气腔的气体被挤到货船贮箱中，当空间站的贮箱加到设定的量时，停止液体的补加，然后利用货船上的压气机或者高压气源通过气路的对接口对空间站进行补加	适用于恒压式推进系统。需要解决高压气体传输的密封与安全性的问题、液路流量控制问题
气垫减压	首先将贮箱的压力减小，然后使用低压挤压气体把推进剂从货运飞船转移到被补加航天器。 隔膜式贮箱可采用放空气体的方式，也可利用压气机将隔膜贮箱气腔的气体打回高压气瓶的方式，减小贮箱压力；表面张力贮箱无法实现增压气体与推进剂的完全隔离，采用放空推进剂气垫的操作	

从表 10 - 9 可知，气垫交换、气垫减压和放空再补加三种补加方式在理论上都可实现空间站推进剂补加任务，但隔膜式贮箱能够实现气液分离，可简化推进剂补加的实施难度，降低由推进剂排放造成的污染。我国载人飞船和"天宫"目标飞行器均采用隔膜式贮箱，积累了使用经验。"天宫"目标飞行器状态膜盒式贮箱适应推进剂多次反复加注的要求，也适用于空间站补加系统。

综合考虑补加系统研制难度、系统配置复杂度和现有技术基础，我国空间站采用基于膜盒式贮箱和压气机增压气体复用的气垫减压式推进剂补加方案。首先通过压气机降低核心舱贮箱的气垫压力，然后由货运飞船将推进剂挤入核心舱贮箱内，最后通过减压阀恢复气垫。补加系统需使用压气机。

4. 货物自主管理技术

货物管理技术是空间站及行星基地工程中的一个重要方面，它对提高任务可靠性和效率具有重要意义。在国际空间站中，所有物品（食物、水、衣物、工具、设备等）均采用条形码技术进行跟踪识别，并由航天员手动管理。这不但影响了货物管理的准确性，也耗费了航天员大量的工作时间。同时，随着国际空间站在轨时间的增加，储存的货物越来越多，使得对储存货物的跟踪十分困难，所以在未来更加复杂的空间任务中，货物管理技术已远远不能满足要求。

美国 MIT 研究人员开发了一套基于射频识别技术（radio – frequency identi-fication，RFID）的货物自主管理系统，这套系统与货物管理数据库相连，利用它能够快速给出货物存放位置、货物类型、使用历史以及使用提醒等一系列信息，极大地提高了航天员的工作效率。射频识别技术是一项利用无线电波对人或物进行自主识别、监测、管理的技术。它起源于第二次世界大战期间，近年来被广泛用于物流产业中货物管理、生产链中产品跟踪识别等领域。它的工作原理是应答器首先发送无线电波信号，射频芯片对接收到的信号进行调制并发送自身特定的信号，应答器对芯片发出的信号进行过滤、分析，确定芯片标记物的状态（如到达、离开等），并将结果传输至计算机中，相关软件将对状态进行分析并统一管理。

5. 空间储存管理技术

除推进剂之外，食物、水、设备及生活用品等的空间储存及管理问题在空间任务设计中也是十分重要的。空间环境极其恶劣，对补给品以及设备等的寿命影响不可忽视，尤其是在长期的空间任务中将体现得更加明显。此外，针对空间站的舱内环境，需开展防霉防菌设计，提高储存质量。降低货物空间储存过程中性能、数量的损耗意味着减少补给的次数和数量，这对降低任务成本、提高系统可靠性更加具有重要意义。

10.4.3 维修维护技术

1. 基本概念

空间站等居住系统在轨飞行时间长，通过维修性设计来确保自身长寿命、高可靠、高安全已成为居住系统的系统设计的重要内容。"和平号"空间站设计寿命为 5 年，通过航天员进行舱内外维修，寿命延长到 15 年。据统计，"和平号"空间站在轨运行 15 年期间共出现过约 1 500 处故障。国际空间站设计寿命为 15 年，经维修可延长至 20 年。在国际空间站建造和运营期间，国际空间站每年舱内维修约 2 536 人·h，舱外航天员维修约 421 人·h，舱外机器人维修约 777 人·h，航天员平均每个工作日进行 1.9 h 的维修活动，非工作日进行 1.8 h 的维修活动。在轨维护维修的设备包括通用计算机、泵组件、风扇、蓄电池、通风管、传感器、面板维修、吸附剂床、细菌过滤器、水分离器等舱内设备，以及太阳电池翼、太阳电池翼驱动机构、舱外推进剂管路、对接机构、控制力矩陀螺、碎片防护挡板、舱外泵组等舱外设备。由此可见，在轨维修是保证居住系统在轨运营、提高系统可靠性及安全性必不可少的手段。

居住系统维修性是指在规定的条件和时间内，按规定的程序和方法保持或恢复载人航天器规定状态的能力。当前，居住系统维修主要是指在轨道空间环境开展的空间站维修活动，航天员是维修操作的主体，维修环境特殊，维修资源受限，全程在线维修，有着严格的维修时间限制，同时还要确保航天员和载人航天器平台的安全。随着后续载人深空探测任务的开展，居住系统维修任务还包括在地外天体表面开展的基地维修性活动。

2. 维修性策略

对居住系统的维修项目需进行维修特性分析，确定维修策略。维修策略包括维修方式、维修类型、维修级别、维修周期、维修优先级，最后明确维修性参数。

1）维修方式

通常居住系统的维修采用以更换 ORU 为主，ORU 内部维修为辅的维修方式，只有在轨缺少维修备件时才会对 ORU 内部进行维修。

2）维修类型

维修类型分为预防性维修和修复性维修。居住系统的机构类、机电类耗损特性设备，采用预防性维修；消耗性设备或部件，根据工作时间采用预防性维修，定期更换；电子产品等非耗损型设备，采用修复性维修，故障发生后采取更换措施。舱外设备满足长寿命要求，但由于空间环境影响或受工作任务变化影响，存在寿命风险的，可采用视情维修，根据设备当时的工作状态，择机安排出舱活动进行更换。

3）维修级别

典型的居住系统可采用 4 级维修体制，如表 10 - 10 所示。

表 10 - 10   居住系统的维修级别

级别	定义及功能
Ⅰ级维修	Ⅰ级在轨维修以维护为主，指使用一些简单的诊断工具和手用工具对设备进行日常的维护，包括目视检查、擦拭清洁、设备调整、润滑、添加消耗性物品
Ⅱ级维修	Ⅱ级在轨维修以更换 ORU 为主，在轨维修主要任务是将故障检测、定位到 ORU，并进行更换。 在轨更换分为 4 个层次：①器件级更换；②模块级更换；③整机级更换；④组件级更换
Ⅲ级维修	Ⅲ级在轨维修是在备件不能及时供应的情况下，对部分 ORU 进行深层次的在轨修复。对舱体结构进行紧急堵漏等修复性维修操作也属于Ⅲ级在轨修复
Ⅳ级维修	将在轨无法诊断故障，并且故障可能会造成批次性影响的设备，考虑由载人飞船或航天飞机带回地面进行分析研究，并修复故障，作为地面储备件

4）维修周期

根据产品特性确定维修周期，不满足长寿命要求的设备，其维修周期即设计寿命；寿命满足要求的设备，其维修周期根据设备的平均故障间隔时间（Mean Time Between Failures，MTBF）确定。

5）维修优先级

通常是根据设备的维修特性来确定维修优先级，同时设备的布局、配电和信息管理等应支持维修优先级高的设备的维修工效好、维修影响面小。确定维修优先级的考虑因素包括：根据失效模式与影响分析（Failure Mode and Effects Analysis，FMEA）和故障树分析（Fault Tree Analysis，FTA）的分析结果，故障影响严酷度高的设备优先级高；维修频率高的设备维修优先级应高，维修频率可根据维修周期和寿命要求确定；需紧急维修的关键 ORU 应布局在最易可达位置，维修最频繁的 ORU 应最可达；设备同时故障，维修时故障严重程度高的设备维修优先级高。

6）维修性参数

维修性参数是描述居住系统维修性的某种度量，维修性指标就是维修性参数的量值。在确定指标的同时，还应明确维修的策略、验证方法及其他约束条件。各分系统、单机的维修性指标由系统指标分配确定，也可单独提出。表 10 - 11 所示为典型的居住系统维修性参数。

表 10 – 11　居住系统维修性参数

指标	适用性			可验证性	可分配性	国外采用情况	反映目标	
	总体	机械类设备	电子类设备				可用性	维修人力费用
平均修复性维修时间	较强	强	强	强	易	多	较强	较强
平均预防性维修时间	较强	强	弱	强	较易	较多	较强	较强
维修工时率	较强	强	强	一般	较难	较少	一般	强
恢复功能用的任务时间	较强	较强	较强	一般	较难	较少	一般	较强
每运行小时平均维修费用	强	较强	较强	一般	较难	少	弱	强
平均维修时间	一般	较强	弱	较强	较易	较少	一般	较强
最大修复时间	较弱	较弱	较弱	较差	较难	较少	一般	较强
维修停机时间率	一般	较强	一般	较强	较难	少	一般	较强
维修度	弱	弱	弱	较差	难	少	弱	弱

3. 维修性设计

维修性设计是根据维修性的高安全要求，将维修性需求转化为居住系统的系统设计的过程。维修性设计的基本要求包括：①为提高维修操作性和工作效率，维修产品要拆装方便；②要有维修可测试性设计，能够快速、准确地对故障进行定位；③尽可能采用通用化、模块化设计思想，优化在轨资源配置；④应符合人机工效要求，尽量减少工作量并降低对航天员操作的要求；⑤在轨维修的产品应进行防误操作设计，各类部件标识明确；⑥维修操作要考虑空间微重力环境的影响，提供身体限位及固定措施。

居住系统还要进行维修模式设计，在产品发生故障需要维修时，产品所属的电源系统、姿控系统、热管理系统、信息系统或环控生保系统要进入特定的维修模式。居住系统需要对系统重要功能进行冗余和备份设计。进入维修模式后，通过功能重构、主备份切换等方式，确保在故障发生后和维修期间平台可

实施基本功能。

4. 维修性验证

为了对维修方案和维修程序的合理性、可行性进行验证，均需要通过地面或在轨试验开展维修性验证。维修性验证应尽早开展，识别维修性薄弱环节，提早采取措施进行改进。维修性验证包括分析仿真验证、实物试验验证和在轨飞行验证等。

1）分析仿真验证

分析仿真验证是利用数字化手段对维修方案进行验证，仿真验证包括数字仿真、虚拟现实仿真。数字仿真是仿真人员通过软件控制人体模型的运动以及手部精细操作、维修设备三维样机的移动和仿真场景的控制等。虚拟现实仿真是将地面试验人员嵌入数字虚拟控制回路，通过动作捕捉器采集实际人体动作，并驱动虚拟场景中的人体模型运动，仿真软件对维修设备三维样机的移动、旋转、约束进行控制，实时进行碰撞检测，并将三维图像输出到数据头盔，与仿真人员产生交互，形成人在回路的仿真。

2）实物试验验证

在地面通过真实舱体或模拟舱体搭建维修验证环境，通过试验人员的操作来验证维修性设计。实物试验验证包括中性水槽验证、地面实物验证和飞机抛物线飞行验证。中性水槽验证是利用中性浮力帮助航天员完成维修训练，通过对人和服装组成的系统实施配种的方法，使航天员在水中所受的向上浮力和向下重力相互抵消，达到能够保持一定姿态的中性浮力状态，实现在空间的失重状态下维修操作的模拟。在目前的工程应用中，对维修性设计的验证多在地面进行，利用地面的模拟舱体和试验设备搭建维修验证环境，设计人员按照在轨维修方案和操作流程对维修性设计进行验证。失重飞机利用抛物线飞行可创造微重力和低重力环境，利用 20～30 s 的失重时间来对空间维修操作进行有针对性的验证。由于失重时间较短，只能对某个特定操作进行验证，在实际工程上应用不多。

3）在轨飞行验证

通过实际在轨维修操作，对典型的、重要的、后续任务在轨实施的方案进行检验。在轨飞行验证可实现全真实验证，但由于在轨各方资源宝贵，只能对特别重要的、在地面无法验证的项目进行在轨验证。

5. 维修性评价

维修性评价是维修性设计经验证完成后，进一步对操作的可行性、可视可达性、操作舒适性等进行评判，一般由具有评价资质的飞行工程师以及航天员（模拟航天员）按照实际使用要求来开展。

（1）飞行工程师评价：工程设计单位选拔一批与航天员体态特征相似、对系统设计熟悉的飞行工程师，对维修性工作进行评价，并提出设计改进建议。

（2）航天员评价：在飞行任务执行前，一般会安排航天员乘组在居住系统内对维修操作项目进行评价或体验，一方面验证维修性设计的合理性，另一方面航天员熟悉真实操作环境，提高训练效果。

思考题

1. 你认为载人深空探测任务中是否需要建造居住系统？为什么？
2. 在居住系统的选址中需要考虑什么制约因素？
3. 居住系统的构型评估标准和方法是什么？
4. 国际空间站是如何组装和建造的？
5. 居住系统的关键分系统有哪些？
6. 居住系统的结构和密封系统设计中如何考虑支持出舱活动设计？
7. 空间站收到的扰动因素有哪些？采用什么对策来应对？
8. 空间站信息管理系统的构架是什么？
9. 空间站的热管理系统设计时需要考虑什么？
10. 空间站和月球基地的能源系统设计时需要考虑什么？
11. 载人环境系统的两种生保方式的优缺点是什么？
12. 如何考虑空间站和月球基地的安全防护？
13. 如何考虑月球基地的任务规划？
14. 如何考虑空间站的后勤补给？
15. 如何考虑空间站及月球基地的维修维护问题？

参 考 文 献

[1] 杨宏，叶培建，张洪太. 载人航天器技术［M］. 北京：北京理工大学出版社，2018.

[2] ［德］厄恩斯特·梅瑟施米德，莱茵霍尔德·伯特兰. 空间站系统和应用［M］. 周建平，等，译. 北京：中国宇航出版社，2013.

[3] 果琳丽，王平，朱恩涌，等. 载人月球基地工程［M］. 北京：中国宇航出版社，2013.

[4] 戚发轫，朱仁璋，李颐黎. 载人航天器技术（第 2 版）［M］. 北京：国防

工业出版社，2003.

[5] 陈善广. 载人航天技术 [M]. 北京：中国宇航出版社，2018.

[6] 高耀南，王永富. 宇航概论 [M]. 北京：北京理工大学出版社，2018.

[7] [美] 拉尔森·普兰克. 载人航天任务分析与设计（上、下）[M]. 邓宁丰，张海联，译. 北京：中国宇航出版社，2016.

[8] [美] Pasquale M. Sforza. 有人航天器设计原理 [M]. 张育林，王兆魁，译. 北京：科学出版社，2019.

[9] 吕川. 维修性设计分析与验证 [M]. 北京：国防工业出版社，2012.

[10] 林桂平. 载人航天生命保障技术 [M]. 北京：国防工业出版社，2004.

[11] 何宇，杨宏，白明生. 空间实验室技术综述及发展战略 [J]. 载人航天，2009（3）：10-18.

[12] 全俊义，肖建军，牛爱民. 载人航天可持续发展研究（下）[J]. 中国航天，2015（6）：29-33.

[13] 王永志. 实施我国载人空间站工程推动载人航天事业科学发展 [J]. 载人航天，2011（1）：1-4.

[14] 周建平. 我国空间站工程总体构想 [J]. 载人航天，2013，19（2）：1-10.

[15] 仲作阳，张海联，周建平. 空间站核心舱的全频域声振环境仿真预示研究 [J]. 载人航天，2017，23（6）：719-723.

[16] 沈晓鹏，刘艳，胡雪平，等. 空间站转位组建方案研究 [J]. 载人航天，2015，21（5）：450-455.

[17] 陈润锋，杨宏. 面向大型载人航天器的系统健康状态评估方法研究 [J]. 载人航天，2018，24（5）：561-567.

[18] 周昊澄，杨宏，夏侨丽. 基于 PRA 的组合体航天器风险评估模型 [J]. 火箭推进，2019，45（1）：59-65.

[19] 黄铁球，陈萌，肖余之. 空间对接锁系运动同步性机理研究 [J]. 系统仿真学报，2011，23（1）：13-16.

[20] 张兰涛，杨宏，印红. 行星保护的防控环节分析及实施建议 [J]. 航天器工程，2016，25（5）：105-110.

[21] 樊蓉. 空间站转位组装过程姿态控制技术研究 [D]. 上海：上海交通大学，2014.

[22] 张凯锋，周晖，温庆平，等. 空间站机械臂研究 [J]. 空间科学学报，2010，30（6）：612-619.

[23] 付仕明，潘增富. 空间站热收集方式的气压适应性研究 [J]. 宇航学报，2010，31（1）：264-269.

［24］付仕明，魏传锋，李劲东. 空间站热分析综述［J］. 航天器环境工程，2013，30（5）：467 - 472.

［25］付仕明，徐小平，李劲东，等. 空间站舱内空气速度分布的 CFD 分析［J］. 宇航学报，2006，27（6）：1137 - 1141.

［26］邱琪，宋玉娥，阳树宗. 空间站信息系统与光纤通信技术［J］. 电子科技大学学报，2000，29（4）：365 - 368.

［27］赫玉涛，刘保国，王瑞军. 国际空间站测控通信系统研究［J］. 载人航天，2014，20（2）：165 - 172.

［28］张庆君，余孝昌，左莉华，等. 神舟载人飞船测控与通信分系统的研制［J］. 航天器工程，2004，13（1）：97 - 103.

［29］王立胜，魏然，沈宗月，等. 空间站信息系统仿真验证平台设计［J］. 上海航天，2014，31（1）：63 - 68.

［30］孔繁青，郭永林. 我国空间站信息系统的综合技术研究［J］. 载人航天，2011（2）：45 - 49.

［31］王宇鹏，周新顺，万成安. 空间站能源系统并网供电技术研究［J］. 航天器环境工程，2012，29（1）：69 - 73.

［32］杨亚红，乔卫新，徐慧栋，等. 我国空间站能源管理系统方案设想［J］. 载人航天，2013，19（3）：21 - 27.

［33］于磊. 空间电源系统并网供电技术研究［D］. 北京：北京交通大学，2018.

［34］陈金宝，聂宏，陈传志. 载人登月舱设计及若干关键技术研究［J］. 宇航学报，2014，35（2）：125 - 136.

［35］闫军，郑世贵，韩增尧，等. 天宫一号空间碎片防护设计与实践［J］. 中国科学：技术科学，2014，44（3）：243 - 250.

［36］龚自正，韩增尧，庞君宝. 空间碎片防护研究现状与国内发展建议［J］. 航天器环境工程，2010，27（1）：24 - 31.

［37］林鲲鹏. 空间站长期运营总体任务规划与仿真方法［D］. 长沙：国防科学技术大学，2014.

［38］罗亚中，林鲲鹏，唐国金. 空间站运营任务规划技术评述［J］. 载人航天，2012，18（2）：7 - 13.

［39］朱阅訸. 空间站运营在轨事件与货运补给规划方法研究［D］. 长沙：国防科学技术大学，2015.

［40］李剑，邹雪梅，王成，等. 空间站运行控制任务规划体系方案研究［J］. 载人航天，2019，25（1）：64 - 70.

[41] 陈凤熹，卿寿松，李福秋，等. 空间站运营任务安全性评估工作研究 [J]. 载人航天，2016，22（4）：507－511.

[42] 郭继峰，崔乃刚，程兴. 空间后勤技术发展综述 [J]. 宇航学报，2009，30（5）：1745－1751.

[43] 史晓宁. 空间后勤补给网络设计与管理系统研究 [D]. 哈尔滨：哈尔滨工业大学，2010.

[44] 鲜峰. SpaceNet 星际补给链管理和后勤保障仿真软件介绍 [C]. 第23届全国空间探测学术交流会，2010.

[45] 刘承兰，叶东明，赵千川，等. 空间站运营物质需求预测建模与仿真研究 [J]. 载人航天，2017，23（3）：290－305.

[46] 李志海，侯永青，严厚民，等. 空间站长期运营任务规划建模初步研究 [J]. 载人航天，2013，19（5）：52－58.

[47] 邱冬阳，卜慧蛟，王帅，等. 空间站运营在轨任务并行规划技术研究 [J]. 载人航天，2016，22（6）：680－686.

[48] 卜慧蛟，张进，罗亚中，等. 基于本体理论的空间站短期任务规划领域建模研究 [J]. 载人航天，2016，22（2）：191－201.

[49] 李剑，邹雪梅，王成. 空间站运行控制任务规划体系方案研究 [J]. 载人航天，2019，25（1）：64－70.

[50] 田坤璜，侯永青. 国际空间站运营管理体系构架分析 [J]. 载人航天，2011（1）：10－15.

[51] 蒋波，熊西军，彭志会，等. 国际空间站物质管理系统的发展趋势及建议 [J]. 遥测遥控，2012，33（2）：1－5.

[52] 陈风熹，卿寿松，李福秋，等. 空间站运营任务安全性评估工作研究 [J]. 载人航天，2016，22（4）：507－511.

[53] 杨宏，侯永青，张兰涛. 微生物控制－我国空间站面临的新挑战 [J]. 载人航天，2013，19（2）：38－46.

[54] 朱恩涌，果琳丽，陈冲. 有人月球基地构建方案设想 [J]. 航天器返回与遥感，2013，34（5）：1－6.

[55] 李志杰，果琳丽，梁鲁. 有人月球基地构型及构建过程的设想 [J]. 航天器工程，2015，24（5）：23－30.

[56] 李志杰，果琳丽，彭坤. 载人月球基地选址的几个基本因素 [J]. 载人航天，2015，21（2）：158－162.

[57] 邓连印，郭继峰，崔乃刚. 月球基地工程研究进展及展望 [J]. 导弹与航天运载技术，2009，300（2）：25－30.

［58］果琳丽，李志杰，齐玢．一种综合式载人月球基地总体方案及建造规划设想［J］．航天器返回与遥感，2014，35（6）：1－10．

［59］袁勇，赵晨，胡震宇．月球基地建设方案设想［J］．深空探测学报，2018，5（4）：374－381．

［60］姚成志，胡古，解家春，等．月球基地核电源系统方案研究［J］．原子能科学技术，2016，50（3）：464－470．

［61］于登云，葛之江，王乃东，等．月球基地结构形式设想［J］．宇航学报，2012，33（12）：1840－1844．

［62］任德鹏，李青，任保国，等．月球基地温差电源的应用研究［J］．深空探测学报，2019，43（5）：845－848．

［63］任德鹏，李青，许映乔，等．月球基地能源系统初步研究［J］．深空探测学报，2018，5（6）：561－568．

［64］庄逢甘，李明，王立，等．未来航天与新能源的战略结合—空间太阳能电站［J］．中国航天，2008（07）：37－40．

［65］郑文波，黄志勇，吴知非，等．放射性同位素热源与空间反应堆在深空探测领域的应用［C］．中国宇航学会深空探测技术专业委员会第一届学术会议论文集，2005．

［66］匡松松．充气可展式月球基地结构设计与热防护分析研究［D］．杭州：浙江大学，2014．

［67］冶文莲，闫春杰，曲家闯．月球基地用热泵排热系统性能分析［J］．真空与低温，2015，21（4）：235－239．

［68］宋靖华，鲍明．3D打印月球基地可行性研究［J］．建筑与文化，2015（5）：134－135．

［69］魏帅帅，宋波，陈华雄，等．月球表面3D打印技术畅想［J］．精密成形工程，2019，11（3）：76－87．

［70］徐彦，郑耀，关富玲．充气式月球基地防护结构技术综述［J］．载人航天，2014，20（4）：359－365．

［71］宋靖华，张杨妹禾，袁焕鑫．利用熔岩管道建设月球基地的规划设想［J］．城市建筑，2019，312（16）：44－51．

［72］肖龙，黄俊，赵佳伟，等．月面熔岩管洞穴探测的意义与初步设想［J］．中国科学（物理学 力学 天文学），2018，48（11）：86－99．

［73］王大鹏，谭春林，张柏楠．载人航天器在轨维修性系统设计［J］．中国空间科学技术，2010，5（16）：119－124．

［74］张伟，夏侨丽．空间站维修性系统设计与验证方法研究［J］．载人航天，

2014, 20 (2): 32 - 37.

[75] 曾利卫, 吕川. NASA 和 ESA 的空间系统维修性/维修技术研究 [J]. 宇航学报, 2003, 24 (1): 12 - 16.

[76] 腾鑫紫, 陈庆华. 国外空间站在轨维修策略研究及启示 [J]. 航天医学与医学工程, 2012 (6): 475 - 478.

[77] 李伟, 赵佳, 张伟, 等. 载人航天器虚拟维修环境的设计与实现 [J]. 航天器环境工程, 2014, 31 (1): 102 - 106.

[78] 李兴乾, 魏传峰, 张伟, 等. 载人航天器在轨维修性设计体系 [J]. 系统工程与电子技术, 2016 (1): 84 - 89.

[79] 李涛, 魏传峰, 李伟, 等. 载人航天器在轨维修地面仿真验证技术 [J]. 航天器环境工程, 2016, 33 (5): 510 - 515.

[80] 张海军, 崔利荣. 空间站的维修性 [J]. 质量与可靠性, 2013, 166 (4): 9 - 12.

[81] 朱毅麟. 空间站应用的发展及存在的问题 [J]. 航天器工程, 2009, 18 (1): 13 - 19.

[82] 朱仁璋, 王鸿芳, 王晓光. 舱外活动系统述评 [J]. 航天器工程, 2008, 17 (6): 7 - 32.

[83] Kitmacher G H. International Space Station [M]. Washington, D. C.: National Aeronautics and Space Administration, 2006.

[84] Eckart P. The Lunar Base Handbook [M]. New York: McGraw - Hill Companies, 2006.

[85] Syromiatnikov V S. Manipulator system for module redocking on the mir orbital complex [C]. Proceedings of the 1992 IEEE International Conference on Robotics and Automation, Nice, 1992.

[86] Branets V N, Legostaev V P, Chertok B E. The system of the Mir station motion control [C]. 39th International Astronautical Congress, Bangalore, 1988.

[87] Paules G. Space station freedom baseline operations concept [R]. N92 - 17410, 1991.

[88] Yang H, Wei C F. Design on experiment support onboard manned space station [C]. The 64th International Astronautical Congress, 2013.

[89] Yang H, Wei C F. The open experimental sources to serve payloads for international cooperation onboard space station [C]. Global Space Exploration Conference, 2017.

[90] Guo L L. Manned lunar base and in Situ resource utilization: How to make hu-

mans a multi – planet species [C]. Horizon 2061, 2018.

[91] Guo L L. Research on technology validations of deep space exploration in the space station [C]. Global Space Exploration Conference, 2017.

[92] Kian Y, Ernst M. A lunar exploration architecture using lunar libration point one [J]. Aerospace Science and Technology, 2008 (12): 231 – 240.

[93] Grogan P T, Yue H K, de Weck O. Space logistics modeling and simulation analysis using spacenet: four application cases [C]. AIAA Space 2011 Conference and Exploration, 2011.

[94] Grogan P T, Yue H K, de Weck O. Matrix methods for optimal manifesting of multimode space exploration systems [J]. Journal of Spacecraft and Rockets, 2011, 48 (4): 679 – 690.

[95] Sapone R, Afelli E, Cergna P, et al. Logistics and maintenance support for MPLM modules in the frame of ISS operation – overview and lessons learned [C]. 63rd International Astronautical Congress, 2012, IAC – 12 – B3. 4 – B6. 5. 5.

[96] Ho K, Green J, de Weck O. Integrated framework for the design of crewed space habitats and their supporting logistics system [C]. AIAA space Conference and Exposition, 2012. AIAA 2012 – 5321.

[97] Ho K, Green J, de Weck O. Concurrent design of scientific crewed space habitats and their supporting logistics system [J]. Journal of Spacecraft and Rockets, 2014, 51 (1): 76 – 85.

[98] Ho K, Green J, de Weck O. Improved concurrent optimization formulation of crewed space habitats and their supporting logistics systems [C]. AIAA space Conference and Exposition, 2013. AIAA 2013 – 5413.

[99] Lin K P, Luo Y Z. Optimization of logistics strategies for long – duration space station operation [J]. Journal of Spacecraft and Rockets, 2014, 51 (5): 1709 – 1720.

[100] Lin K P, Luo Y Z, Tang G J. Multi – objective optimization of space station logistics strategies using physical programming [J]. Engineering Optimization, 2015, 47 (8): 1140 – 1155.

[101] Coleman A S. Development of a multi – bus, multi – source reconfigurable stirling radioisotope power system test bed [R]. AIAA 2004 – 5713.

[102] Lambert A M. Comparison of heat pumps for permanent lunar base [J]. Journal of Thermophysics and Heat Transfer, 2007, 21: 209 – 218.

[103] Blair D M, Chappaz L, Sood R, et al. The structural stability of lunar lava

tubes [J]. Icarus, 2017, 28 (2): 47 – 55.

[104] Carrer L, Gerekos C, Bruzzone L. A multi – frequency radar sounder for lava tubes detection on the moon: Design, performance assessment and simulations [J]. Planetary and Space Science, 2018, 15 (2): 1 – 17.

[105] Burns J O, Mellinkoff B, Spydell M, et al. Science on the lunar surface facilitated by low latency tele – robotics from a lunar orbital platform – Gateway [J]. Acta Astronautica, 2018, 15 (2): 1 – 9.

[106] Simon X D, Engle J, Duggan M. A crewed lunar lander concept utilizing the cislunar gateway [C]. 2018 AIAA SPACE and Astronautics Forum and Expositon, 2018.

[107] Merri M, Sarkarati M. Lunar orbiter platform – gateway: A clear use case for CCSDS MO services [C]. 2018 AIAA SPACE and Astronautics Forum and Expositon, 2018.

[108] Anderson B M, Nealy J E, Geffre J R, et al. Astronaut radiation exposures for a candidate gateway mission profile [R]. AIAA – 2003 – 11940.

[109] Tripathi R K, Wilson J W. Enabling technology for safe human space missions [R]. AIAA – 2004 – 6086.

[110] Tripathi R K, Wilson J W. Reliability methods for human space missions [R]. AIAA – 2003 – 6255.

[111] Alwood J S, Shirazi – Fard Y, Pletcher D. Semi – autonomous rodent habitat for deep space exploration [R]. Deep Space Gateway Concept Science Workshop, 2018.

[112] Mercer C R, Jankovsky A L, Reid C M, et al. Energy storage project final report [R]. NASA/TM – 2011 – 216963.

[113] Scott J H. The influence of NASA's human spaceflight program on the development of fuel cell technology [R]. AIAA 2008 – 5793.

[114] Burke K A. Fuel cells for space science applications [R]. NASA/TM – 2003 – 212730.

[115] Spillantini P, Casolino M, Durante M, et al. Shielding from cosmic radiation for interplanetary missions: Active and passive methods [J]. Radiation Measurements, 2007, 42 (1): 14 – 23.

[116] Bernabeu J. Casanova I. Geant4 – based radiation hazard assessment for human exploration missions [J]. Advances in Space Research, 2007, 40 (9): 1368 – 1380.

第 11 章

人机联合探测技术

随着人类对月球、火星等天体的不断探索和认识，航天员在太空活动中的任务将越来越复杂。科学技术的迅猛发展，又涌现出自动化、机器人和人工智能等先进技术，不仅可以帮助航天员执行在轨出舱活动、维修维护作业，也能帮助航天员执行地外天体的勘探试验及作业等任务。在未来的航天活动中，人机智能系统将具有更加广阔的发展前景。

人机联合探测旨在通过人的智能与机器的性能有机结合，完成人或机无法单独完成的任务。与无人探测任务相比，有人参与的探测活动任务将更丰富，探测手段更全面，探测过程更灵活，探测能力更强大。人机联合探测技术包含的内容非常丰富，涉及人机联合任务规划技术、空间机器人技术、遥操作技术以及人机交互技术等内容。

11.1　人机联合探测的概念与内涵

11.1.1　基本概念

　　人机联合探测任务是指在载人深空探测任务中航天员操纵各种机器人，包括空间作业机器人（如舱内及舱外维修与作业机器人）、行星探测机器人（如月球/火星车、月球/火星/小行星工程机器人、各种月球/火星/小行星工程设备），共同进行探测和作业活动，完成"人"或"机"无法单独完成的任务。这里的"人"是指航天员乘组，"机"是指各类空间机器人。人是整个任务的核心，机器人则减轻了航天员的工作负荷，填补了人类自身力量的不足，提高了人的安全性。

　　在人机联合探测任务中，"机"的突出特点是擅长重复性、快速性和精确性的工作，这是当今机器系统得到快速发展的根本原因；而"人"的突出特点在于拥有应对突发事件的灵感、可塑性以及最重要的逻辑推理归纳能力。人机能力对比如表 11 − 1 所示。

　　针对未来的载人深空探测任务，采用人机联合探测模式是必然趋势。人类的智能优势使其能在未知的环境下基于先验知识进行逻辑推理，并适应未知的地外环境。人类的基于知识的行为是属于目标驱动型的，人类能够理解与问题相关的各种影响因素的关联性，并采取经过综合权衡后的方法来达到目标。机器（计算机）的行为是规则驱动型的，按照系列预定的规则来达到目标。从人与机的互补性上来看，机器在新的未知环境下显得脆弱，需要进行人机交互共同实现目标；而人在新的未知的环境下，受制于生理极限，需要使用机器去实现任务目标。两者的互补关系如图 11-1 所示。

表 11-1 人机能力对比

人的优势	机器人的优势
智能的逻辑思维，能够应对突发意外情况； 能够归纳推理，并产生创造性的解决方法； 灵活变通，多方法运用解决问题； 同时可做多件事情； 能够巧妙使用微小部件； 对于非结构化环境是理想的	能够高精度稳定地完成重复性工作； 能够辨别人类无法感知的微小动作和弱信号； 对控制信号的快速反应； 比人更强壮，尺寸可大可小； 可以被消毒，防止生物污染； 能够快速或者慢速工作； 能够在无视觉指示条件下完成很多工作，能够使用超过人的视觉谱段范围的机器视觉； 从不疲劳、紧张及恐惧； 若价格足够低廉，可以是一次性的
人的劣势	机器人的劣势
需要精细的生命保障系统； 有限的体力和稳定性； 多种方式下完成工作； 易屈服于压力； 容易疲劳、生病以及精神空虚等； 难以快速或者慢速工作； 执行大部分任务需要视觉指示； 极端环境下无法工作	无法从错误中自行恢复； 无法从当前形势进行分析以确定下一步骤； 从来不偏离既定计划（无法放弃或改变已经失去意义的既定步骤）； 缺乏应对突发情况的能力； 缺乏对未知情况的判断

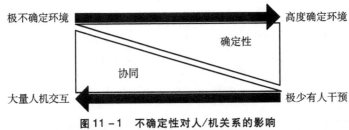

图 11-1 不确定性对人/机关系的影响

对于具体空间任务的人机功能分配问题而言，可以把空间任务分解成若干子任务，一些子任务可由航天员乘组直接完成，一些子任务可以由机器人单独完成，而另一些任务则需要航天员遥控机器人来完成。具体如下：

直接由人执行的任务：通常包括装备复杂的零件，维修操作老化的实验设备，以及需要人通过空间、色彩、强度及时间变化等观测不可知的事物或运动，如航天员采样过程中对月球地质特征的识别和分类等。

由机器人执行的任务：通常是可预测的任务，在可预见的时间或者位置上是重复性的，如在月球表面部署太阳电池阵列等；此外在一些极端工作环境下的任务，以及要求快速、精确、稳定、大负荷的动作或作业也应由机器人来承担，如搬运月球的土壤等。

人机联合作业的任务：通常是更复杂的任务，要求将人的智慧、应变能力与机器人的物理性能相结合的任务，往往由人利用先进人机界面遥操作机器人来完成。在月球/火星基地类任务中更常使用，通常包括两种类型：一种是航天员在月球/火星基地内遥控月球/火星机器人开展各种工作，另一种是航天员亲临现场操控机器人开展各种工作。前一种任务中，探测活动的有效性更多地取决于机器人的能力，信息完全通过机器人获取，对信息的判断和决策依赖或部分依赖于遥控人员的水平和经验，活动中的所有现场操作完全由机器人完成。后一种任务中，探测活动的核心是人，信息获取主要依赖人的观察、感知和判断，现场操作和各种情况的处理可以由航天员亲自完成，航天员指挥各种机器人配合自己完成具有危险性、重复性和重型的劳动密集型工作，如为探测活动做准备，搬运设备、样本和工具，在稍远距离的范围内自行或帮助搭建组装仪器，在航天员之间、航天员和月球/火星车之间传递物品，攀爬陡坡和钻探等。有航天员在现场参与的活动中，机器人不仅是一种科学仪器或工具，而且是人类能力的一种扩展和延伸，使航天员能够更加关注任务决策和创造性工作。

人机联合探测的最大优势不仅仅是技术上各有所长，还在于机器（人）可以进入不可知和高风险区开展探测活动，理论上能到达所有地外天体复杂地形下的区域。换而言之，人机联合探测既可充分发挥人类的聪明才智，又能结合机器的执行力，更好地克服航天员在探测过程中可能面临的困难，从而顺利达成预定的任务目标。缺点是增加了人与机器人的配合，如何规划好人机联合作业任务？如何更好发挥人机联合的效能解决复杂问题？这些都是需要在实践过程中去总结提高的。

11.1.2　人机智能系统的发展

人机联合探测任务的完成离不开人机系统。人机系统是指包含人与机器的系统，也称人－机－作业－环境系统，通常是指人为达到某种预定目标，针对某些特定条件，利用已掌握的科学技术，组成人、机、环境和过程共存的体系。对设计者而言，人机系统的概念更多的是一种指导思想、一种观察事物的方法。狭义的人机系统仅指人与机器组成的共存体系。目前，在很多领域设计的趋势是以系统工程学的理论和观点，把人 - 机 - 作业 - 环境系统看作基本系统，人机系统的概念及动态关系如图 11 - 2 所示。人机系统之所以能够不断发展，是由于人机系统中人与机器能够互相补偿各自的不足。不论自动化程度如何高，人机系统永远都需要人来发挥大脑的功能。随着机器人智能化程度的提高，有可能出现两个"大脑"，因此需要解决人与机器的功能分配问题，以及人机系统的信息交换问题，即人机交互问题。

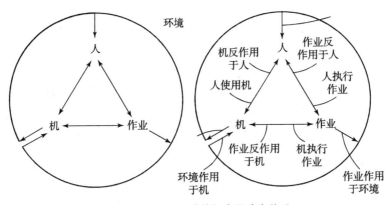

图 11 - 2　人机系统的概念及动态关系

　　人机智能系统是指在复杂的人机系统中，存在两个智能体——人与智能机器，这样的人机系统与传统的人机系统无论在组成结构还是内在机理上都十分不同，它是一个人机结合的智能系统，具有智能性、开放性、复杂性和突出性等特点。为了研究这种系统，美国著名学者 Lenat 和 Feigenbaum 提出了人机智能系统（Man - Machine Intelligent System，MMIS）的概念，这些都为人机智能系统的研究提供了大量的理论依据。复杂人机智能系统最主要的特征是人机之间存在着感知、决策和执行这三个层次的信息耦合。因此，要求在系统运行过程中人机功能能够动态调整，在任务的不同阶段体现不同程度的智能。

　　当前，人工智能技术的快速发展正深刻地改变人类的生活以及人类认知未知世界的能力。在载人深空探测技术领域，随着工程技术和科学试验对云计算、大数据、可穿戴设备、智能机器人技术的应用需求，也会推动人工智能技术的应用和发展。人工智能当前的重点发展方向有大数据智能、群体智能、多媒体智能、人机协同混合增强智能及自主智能等。下面重点介绍人机协同混合增强智能。

混合智能是人机协同混合增强智能的简称，旨在探索像人一样与环境具有自然交互与学习的"平滑性"的机器智能，解决认知的"不可穿透性"问题，使人在智能回路中用自然方式训练机器，从而使机器在处理动态与不完整信息时具有人的智慧。混合智能是将人的作用或认知模型引入人工智能系统中，提升人工智能系统的性能，使人工智能成为人类智能的自然延伸和拓展，通过人机协同更加高效地解决复杂问题。混合智能的形态是未来人工智能发展过程中的一种重要的成长模式。我们必须深刻认识到，人始终是智能机器人的服务对象，是"价值判断"的仲裁者，人类对于机器人的干预贯穿于人工智能发展的始终。即使为人工智能系统提供充足的甚至无限的数据资源，也必须由人类对智能系统进行干预。例如未来的地外天体探测任务中能否应用自动驾驶技术？随着智能车辆技术的成熟，人机共驾将成为趋势，但依然面临挑战，如何实现机器感知、判断与人类认知、决策信息的交互？面对地外天体复杂位置的环境，人机在何种状态下进行驾驶任务的切换？因此必须通过人机协同混合增强智能技术来解决"两个驾驶员"的协同控制问题，以确保车辆的安全和舒适行驶。

人机系统混合增强智能技术领域当前的研究重点是：研究具有直觉推理、跨界－自主学习及聚合处理知识能力的混合智能方法，构建具有适应－记忆－自主学习动态交互的认知计算框架，实现学习与思考接近人类智能水平的机器智能；研究混合智能的强化学习理论，建立物理与心理层面的认知推理及因果推理模型；研究非完整、非结构化信息处理的人工智能新方法，构造社会学习、社会计算、社会智能框架体系，实现人机协同共融环境/情形理解；研究脑机融合及一体化的混合智能新理论和新方法，实现人工智能对生命体的运动能力、感知能力、认知能力的补偿、增强及替换；探索混合智能机制的知识处理与认知行为解释、意识判断等新方法，构建脑机结合、人机协同和具有认知模型的平行系统等混合智能形态；研究智能前移的新型传感器和通用混合计算架构，构建高度集成灵敏感知、综合分析、准确判断和自主执行功能的人机混合智能系统、人机群组混合智能系统及知识自主化支撑环境。

11.2 人机联合任务规划技术

本节以载人月球探测任务为例，通过分析月球探测任务需求，确定月面人机系统的功能分配，制定合理的月面人机联合任务规划，这是后续设计和确定空间机器人方案、遥操作方案及人机交互系统方案的前提和基础。

11.2.1 月面探测任务需求分析

根据月面探测活动作业的类型，可将月面探测任务分为月面地形探测类、月面资源探测类、月面资源获取类、月面资源处理类、月面科学试验类、月面基地建造类六大类任务。按照航天员在月面停留时间的长短，可将月面探测任务分为短期任务、中期任务及长期任务，各个阶段的月面作业需求如图 11-3 ~ 图 11-5 所示。

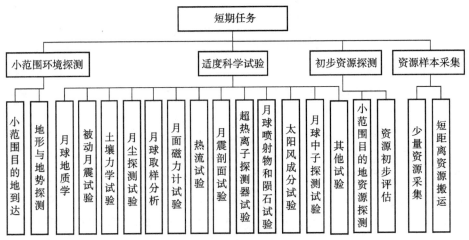

图 11-3 月球探测短期任务作业活动需求

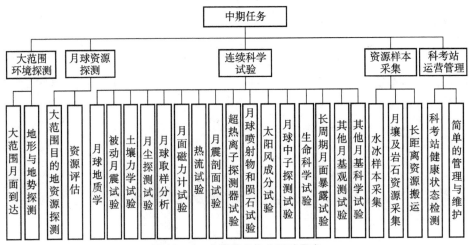

图 11-4 中期任务作业活动需求

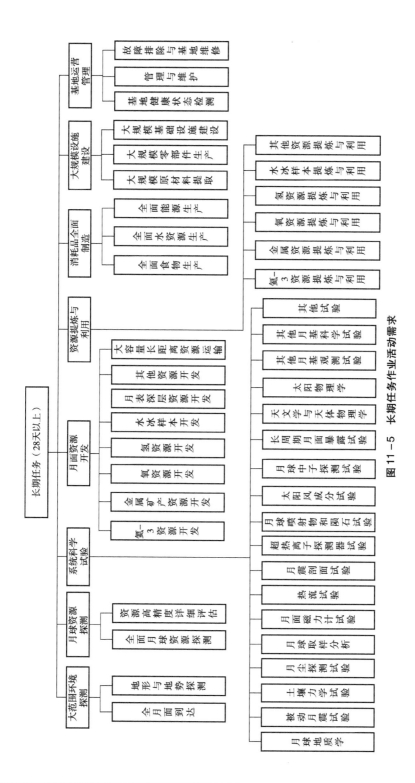

图 11-5　长期任务作业活动需求

短期任务：主要针对载人月球探测的初期任务，任务目标相对简单，配备机动月球车等简单的月面机动设备，航天员在月面进行小范围的月面地质环境探测、资源采集以及相对简单的科学试验活动，如 Apollo 载人登月任务。短期任务的月面停留时间小于 7 天。

中期任务：相对短期任务，任务周期显著增长，探测能力逐渐增强，具备进行连续复杂科学试验的能力，月面活动配备多种多辆月球车和机器人，具备月面大范围作业考察的能力，资源采样对象和手段也逐步丰富，人机联合探测范围和作业能力得到显著提升。面临月球昼夜交替的环境变化，因此需具备小型月球基地或科考站支持。中期任务的月面停留时间在 7～28 天。

长期任务：面向可持续发展的需求，具备进行全月面地形探测和资源探测的能力，可以进行系统的、连续的科学试验，可实现月球原位资源的开发与利用，实现消耗品与能源的供给，具备月球基地基础设施建设与维护维修的能力，支持航天员月面长期生活与工作。人机联合作业模式面向多样化、成熟化。长期任务的月面停留时间大于 28 天。

11.2.2　月面人机系统的功能分配

针对上述月面活动作业的需求，月面人机系统是包括多名航天员、多种类型机器人（如车辆、工程机器人及工程设备）的人机系统。考虑未来空间机器人的智能化水平较高，月面人机系统可定义为复杂的人机智能系统。

1. 基本方法和原则

由于人、机各有优点和缺点，在制定人机系统功能分配时，需根据具体的任务需求以及航天员能力、机器人自动化水平、研究周期及研制经费等因素来确定具体任务的人机功能分配。人机系统功能分配的基本方法是：

（1）必须分析系统中人、机的特性，以确定功能分配的影响因素。人机系统中的人是指航天员群体，具有生理限制的特性，以及接受专业训练后的专业人员的特性，不同的人之间存在个体差异；人机系统中的机是广义的概念，包括一些与系统任务有关的机械、自动化、计算机等除人以外的各种软硬件设施设备。在分析人、机特性的基础上，从其中选择影响功能分配的因素，即特定的限制条件，如对机器而言有可靠性、费用和性能等，对人而言有工作负荷、心理压力、生理极限和可靠性等。

（2）在进行功能分配前，必须结合系统任务场景需求进行功能分析，它是一切后继分配活动的基础。功能分析的目的是确定具体设计准则，它向下拆分系统层次的要求为子系统，以及辨识输入设计准则或系统各种单元的约束所需的递阶结构。最终我们能够确定在每一个任务场景下功能分配的对象集。显然不同的任务场景，功能分配对象集也不相同。对于一个智能系统，应该对每一项功能进行分类，并确定每一类功能可能的智能程度，它们的组合构成了功能分配的基本方案。

（3）功能分配既包含静态功能分配，更重要的是包含动态的功能分配过程。在静态功能分配阶段，缺乏与分配准则相关的必要的初始数据（这些数据用来评价人或机器完成该项功能的表现），而且也无法构造任务的真实环境。因此只能采取某些预先估计的方法，对特定任务环境中每一种分配方案的假设，做出人和机器绩效以及其他影响因素的预测，然后评价哪一个方案最合适，进而描述当时的人机关系。而在动态分配阶段，可以借助仿真手段或模拟验证系统，通过人机绩效试验的方式来评价功能分配方案的优劣，并做出修改和调整。

对于载人深空探测任务，考虑目前的机器人智能水平，人机系统功能分配的基本原则是：

（1）凡是可程序化的、重复性的功能一般应分配给人体系统中的机器人去完成。

（2）至关重要的、涉及航天员生命安全的任务，除了自动系统外，还应配置人工控制备份，确保航天员生命安全。

（3）人工控制系统和自动控制系统要最大限度地各自独立。"水星号"载人飞船的可靠性研制经验表明，如果各系统被设计成互相依赖的，或者按"堆积"方式互相接触，那么一个主系统的故障就可以蔓延到另一个系统，最终使两个系统均失效。

（4）功能分配需要考虑航天员的能力和工作负荷的大小，以及在地外天体环境下的适应能力，综合考虑航天员是否有足够的时间、足够的保障条件，能够让各项任务同时或部分同时进行。

（5）考虑智能机器人技术的进步。未来的航天飞行任务中，机器人将完成原来由人完成的许多工作，而航天员只需承担高级决策任务，如规划飞行策略或者处理困难的、不可预见的故障，机器人将承担起"乘员助手"的角色。

（6）在充分考虑费用、效率、独立性、可测度及完整性的前提下，充分发挥人机各自的优势，通过功能分析和新技术应用使系统费用－效率比达到最佳。

2. 作业模式及功能分配

按照上述人机功能分配的基本方法和原则，未来载人月球探测任务中可能会出现多种人机联合探测作业模式。基本探测作业模式包括航天员单独作业模式、航天员机器人组合作业模式、航天员月球车组合作业模式等；系统任务可以看作多个子任务的集合。

1）航天员单独作业模式

航天员单独作业模式包括单人出舱模式、两人出舱模式及多人出舱模式。

单人出舱作业：适用于铺旗、极小范围简单作业任务，使用工具进行少量样本采集，简单科学试验设备摆放、布置。该模式功能分配如表 11 - 2 所示。

表 11 - 2　单人出舱模式功能分配

任务	航天员
月面环境探测	徒步进行月面环境探测，对月面环境进行观察记录
资源探测	徒步进行月球资源探测，进行仪器的布置和测量
资源采样	进行样本的辨识、分类和采集，采集数量较少
科学试验	负责以及的布置和启动，进行数据的观测和记录
维护维修	进行复杂维修活动作业，进行高灵活性的维修维护作业，进行低负荷维修维护作业

两人出舱作业：适用于小范围简单作业任务，包括短距离小范围探测、少量样本采集、简单科学试验设备安装、简单工具使用等。该模式功能分配如表 11 - 3 所示。

表 11 - 3　两人出舱模式功能分配

任务	航天员
月面环境探测	徒步进行月面环境探测，对月面环境进行观察记录
资源探测	徒步进行月球资源探测，进行仪器的布置和测量
资源采样	进行样本的辨识、分类和采集，采集数量较少
科学试验	负责以及的布置和启动，进行数据的观测和记录
维护维修	进行复杂维修活动作业，进行高灵活性的维修维护作业，进行低负荷维修维护作业

多人出舱作业：适用于小范围、多活动的作业任务，以及需多人协同合作的作业任务，包括短距离小范围探测、少量样本采集、简单科学试验设备安装、简单工具使用、空间站维修维护复杂作业等。该模式功能分配如表 11 - 4 所示。

表11-4 多人出舱模式功能分配

任务	航天员
月面环境探测	徒步进行月面环境探测，对月面环境进行观察记录
资源探测	徒步进行月球资源探测，进行仪器的布置和测量
资源采样	进行样本的辨识、分类和采集，采集数量较少
科学试验	负责以及的布置和启动，进行数据的观测和记录
维护维修	进行复杂维修活动作业，进行高灵活性的维修维护作业，进行低负荷维修维护作业

2）航天员、机器人组合作业模式

航天员、机器人组合作业模式包括航天员＋非密封车作业模式、航天员＋密封车作业模式。

航天员＋非密封月球车作业模式：适用于小范围简单作业任务，探测距离依据机动车移动能力、航天服生保支持能力和救生能力确定。月球车具备搭载能力，因此可以进行较大量的样本采集，通过月球车搬运。同时利用月球车可以搭载科学试验设备和工具，进行一定规模的试验和工作。对于月球基地任务，还可以进行不同区域的往返机动，如着陆起飞场与月球基地间的机动和运输等。该模式功能分配如表11-5所示。

表11-5 航天员＋非密封月球车作业模式功能分配

任务	航天员	非密封月球车
月面环境探测	徒步进行月面环境探测，对月面环境进行观察记录	搭载航天员和设备进行较远距离的机动，机动半径范围小于10 km
资源探测	徒步进行月球资源探测，进行仪器的布置和测量	搭载航天员和设备进行较远距离的机动
资源采样	进行样本的辨识、分类和采集，采集数量较少	搭载航天员和设备进行较远距离的机动；搭载样本资源进行运输
科学试验	负责以及的布置和启动，进行数据的观测和记录	搭载航天员和科学试验设备进行较远距离的机动
维护维修	进行复杂维修活动作业，进行高灵活性的维修维护作业，进行低负荷维修维护作业	搭载航天员、设备、工具和零部件进行较远距离的机动

航天员 + 密封月球车作业模式：适用于较大范围的持续作业任务。探测距离依据密封月球车的机动能力、环控生保支持能力以及救生能力确定。同时利用月球车可以搭载科学试验设备和工具，进行一定规模的试验和工作。此外，对于月球基地任务，还可以进行不同区域的往返机动，如着陆起飞场与月球基地间的机动和运输等。且密封月球车一般规模较大，可同时搭载 2 ~ 4 个人，因此可以形成多人团队作业模式，进行复杂多样的月面作业活动。该模式功能分配如表 11 - 6 所示。

表 11 - 6　航天员 + 密封月球车作业模式功能分配

任务	航天员	密封月球车
月面环境探测	徒步进行月面环境探测，对月面环境进行观察记录	搭载航天员和设备进行远距离的机动，机动距离小于 100 km；为航天员提供临时居住场所
资源探测	徒步进行月球资源探测，进行仪器的布置和测量	搭载航天员和设备进行远距离的机动；为航天员提供临时居住场所
资源采样	进行样本的辨识、分类和采集，采集数量较少	搭载航天员和设备进行远距离的机动；搭载样本资源进行运输 为航天员提供临时居住场所
科学实验	负责以及的布置和启动，进行数据的观测和记录	搭载航天员和科学试验设备进行远距离的机动；为航天员提供临时居住场所
维护维修	进行复杂维修活动作业，进行高灵活性的维修维护作业，进行低负荷维修维护作业	搭载航天员、设备、工具和零部件进行远距离的机动；为航天员提供临时居住场所

3）航天员、月球车组合作业模式

航天员、月球车组合作业模式包括航天员 + 灵巧机器人①作业模式、航天员 + 探测机器人②作业模式、航天员 + 探测机器人 + 灵巧机器人作业模式、航天员 + 工程机器人模式等。

航天员 + 灵巧机器人作业模式：主要是人机配合完成精确作业任务，包括

---

① 灵巧机器人：主要指用于月面样本采集、辅助航天员完成科学实验及维护维修等工作的智能机器人。

② 探测机器人：主要指用于月面环境及资源探测、辅助航天员完成维护维修等工作的智能机器人。

样品拾取、设备维修等。灵巧机器人应配备灵巧臂、灵巧手等作业设备。该模式功能分配如表 11-7 所示。

表 11-7 航天员 + 灵巧机器人作业模式功能分配

任务	航天员	灵巧机器人
月面环境探测	徒步进行月面环境探测，对月面环境进行观察记录	—
资源探测	徒步进行月球资源探测，进行仪器的布置和测量	—
资源采样	进行样本的辨识、分类和采集，采集数量较少	月面样本的采集、拾取
科学试验	负责以及的布置和启动，进行数据的观测和记录	辅助航天员完成科学试验设备的布置与启动
维护维修	进行复杂维修活动作业，进行高灵活性的维修维护作业，进行低负荷维修维护作业	进行重复性/反复性的维修维护作业；进行焊接、拆卸、搬运等作业

航天员 + 探测机器人作业模式：主要是人机配合完成特殊区域的探测任务，包括陡峭坑洼等地形以及溶洞等危险未知区域；完成设备的健康状态的检查。探测机器人通常具备移动能力，便于探测复杂危险的区域。该模式功能分配如表 11-8 所示。

表 11-8 航天员 + 探测机器人作业模式功能分配

任务	航天员	探测机器人
月面环境探测	徒步进行月面环境探测，对月面环境进行观察记录；监控探测机器人进行长距离大范围的环境探测	复杂危险地形和区域的探测；长距离大范围的环境探测
资源探测	徒步进行月球资源探测，进行仪器的布置和测量；监控探测机器人进行长距离大范围的资源探测	复杂危险地形和区域的资源探测；长距离大范围的资源探测
资源采样	进行样本的辨识、分类和采集，采集数量较少	—

任务	航天员	探测机器人
科学试验	负责以及的布置和启动，进行数据的观测和记录	—
维护维修	进行复杂维修活动作业，进行高灵活性的维修维护作业，进行低负荷维修维护作业	进行仪器设备和基础设施、机器人以及月球车的健康状态检测

航天员 + 探测机器人 + 灵巧机器人作业模式：是前两种模式的集合，探测机器人和灵巧机器人可以是一个功能整合的机器人，也可以是两个功能分开的机器人。该模式可以辅助航天员完成特殊区域的探测、完成采样等精确作业，完成设备的健康状态的检查并实现维修作业。该模式功能分配如表 11 - 9 所示。

表 11 - 9　航天员 + 探测机器人 + 灵巧机器人作业模式功能分配

任务	航天员	灵巧机器人	探测机器人
月面环境探测	徒步进行月面环境探测，对月面环境进行观察记录；监控探测机器人进行长距离大范围的环境探测	—	进行复杂危险地形和区域的探测；进行长距离大范围的环境探测
资源探测	徒步进行月球资源探测，进行仪器的布置和测量；监控探测机器人进行长距离大范围的资源探测	—	进行复杂危险地形和区域的资源探测；进行长距离大范围的资源探测
资源采样	进行样本的辨识、分类和采集，采集数量较少	月面样本的采集、拾取	—
科学试验	负责以及的布置和启动，进行数据的观测和记录	辅助航天员完成科学试验设备的布置与启动	—
维护维修	进行复杂维修活动作业，进行高灵活性的维修维护作业，进行低负荷维修维护作业	进行重复性/反复性的维修维护作业；进行焊接、拆卸、搬运等作业	进行仪器设备和基础设施、机器人以及月球车的健康状态检测

航天员＋工程机器人作业模式：工程机器人主要指进行月面资源开采、运输、建造及资源利用等大型月面作业活动的机器人，航天员＋工程机器人作业模式主要是在航天员监督和遥控模式下完成相关大型作业任务。该模式功能分配如表 11－10 所示。

表 11－10　航天员＋工程机器人作业模式功能分配

任务	航天员	工程机器人
月面环境探测	—	—
资源探测	—	—
资源采集	—	大规模资源采集，包括挖掘、钻取等
科学试验	—	—
维护维修	监督大型工程机器人的作业；遥控大型工程机器人的作业	大型基础设施的搬运与维修
月面建造	监督大型工程机器人的作业；遥控大型工程机器人的作业	执行月面建造任务
资源运输	监督大型工程机器人的作业；遥控大型工程机器人的作业	对开采的资源进行运输，实现资源开采地点和目标地点间的机动
资源利用	监督大型工程机器人的作业；遥控大型工程机器人的作业	对资源进行利用，实现能源、推进剂等物质的生产；实现建筑材料的生产

综合上述各种人机联合作业模式，可以整理出针对载人月球探测任务短期、中期、长期任务的需求，可能对应的各种作业模式如表 11－11 所示。具体的某一次任务的作业模式可以是表 11－11 中多个"子任务作业模式（即最小、最简单模式）"的组合。

表 11－11　作业模式与阶段任务匹配表

作业模式	短期任务	中期任务	长期任务
两人单独出舱作业	√	√	√
多人单独出舱作业	√	√	√
航天员＋非密封月球车	√	√	√
航天员＋密封月球车	—	—	√
航天员＋灵巧机器人	√	√	√
航天员＋探测机器人	√	√	√

作业模式	短期任务	中期任务	长期任务
航天员 + 探测机器人 + 灵巧机器人	—	√	√
航天员 + 工程机器人	—	—	√
航天员 + 非密封月球车 + 灵巧机器人	—	√	√
航天员 + 非密封月球车 + 探测机器人	—	√	√
航天员 + 非密封月球车 + 探测机器人 + 灵巧机器人	—	√	√
航天员 + 密封月球车 + 灵巧机器人	—	—	√
航天员 + 密封月球车 + 探测机器人	—	—	√
航天员 + 密封月球车 + 探测机器人 + 灵巧机器人	—	—	√
航天员 + 非密封月球车 + 密封月球车 + 灵巧机器人	—	—	√
航天员 + 非密封月球车 + 密封月球车 + 探测机器人	—	—	√
航天员 + 非密封月球车 + 密封月球车 + 探测机器人 + 灵巧机器人	—	—	√
航天员 + 非密封月球车 + 密封月球车 + 探测机器人 + 灵巧机器人 + 工程机器人	—	—	√

11.2.3　月面人机作业任务规划

根据上述月面人机联合作业模式及功能分配，可以设计出典型的月球探测任务的人机作业任务规划示意图（图 11 - 6 ~ 图 11 - 8），包括任务场景、人机系统、任务计划及作业活动等内容。

短期任务（7 天）：如图 11 - 6 所示，第一天任务包括航天员登陆月面，最后一天任务包括航天员离开月面，其间可相继完成对预选探测区域的巡视探测，开展一次机器人深入永久阴影区探测取样、在月面布置大型设施。

中期任务（28 天）：如图 11 - 7 所示，第一天包括航天员登陆月面，最后一天包括航天员离开月面，其间可相继完成对预选着陆区域，长度约为 120 km 的巡视探测任务。图 11 - 7 所选择探测区域月昼时长为 12 ~ 16 天，月夜时长为 16 ~ 12 天，具体任务安排还可根据具体情况加入典型短期活动方案。

长期探测任务（73 天）：如图 11 - 8 所示，月面所需基础设施先期经无人任务运送至月球表面，并在其间穿插短期任务和中期任务，对月面进行详细勘察和月面设施的试运行。开展长期任务的主要标志是月面能源站的就位（核能源站）。例如从第 10 章中 CAST 提出的三舱月球基地方案为例进行分析，月面人机任务规划的结果是，完成月球基地（以三舱月球基地为例）的建造和试运行约需 73 天，其中航天员可以分为 2 个乘组，每个乘组 3 人。

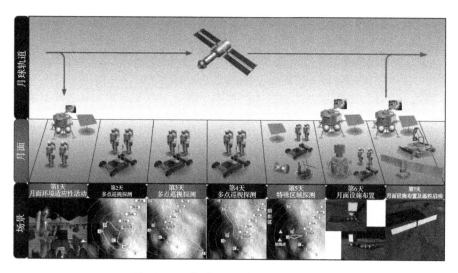

图 11 - 6　典型 7 天短期任务活动规划

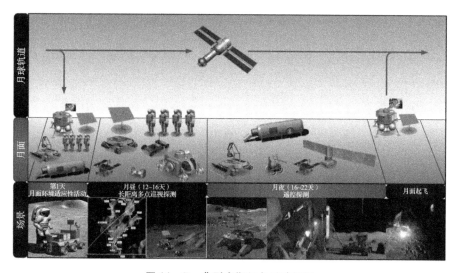

图 11 - 7　典型中期任务活动规划

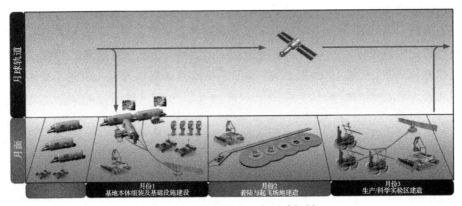

图 11 - 8　典型长期任务活动规划

|11.3　空间机器人技术|

在未来的载人深空探测任务中，空间机器人将为航天员乘组提供长期的支持和服务，特别是那些需要超负荷和高精度的任务，同时还将接管众多长期烦琐的日常任务。

11.3.1　空间机器人的分类与任务应用

美国 NASA 按执行任务的特点和环境因素将空间机器人分为在轨操作（On - Orbit Operation，OnOO）机器人和行星表面探测（Planetary Surface Exploration，PSE）机器人两类。

1. 在轨操作机器人

在轨操作机器人主要指在微重力轨道环境中执行各类操作任务的空间机器人，包括但不局限于自由飞行机器人、载人空间站/空间实验室舱内外作业机器人、无人空间服务站作业机器人等。这些机器人用于提供各种在轨操作服务，如目标捕获、目标转移与释放、在轨组装、在轨服务（燃料加注、模块更换等）、在轨制造、辅助宇航员进行舱外活动（Extra - Vehicular Activity，EVA）等。其作业环境的特点是真空、强辐照、微重力、高低温交变等。

机器人航天员 R2（Robonaut 2）由 NASA 约翰逊空间中心机器人系统技术部与美国通用动力公司联合开发，其目的是在人附近安全可靠地工作（以及与人协同工作），用于代替航天员进行舱外作业以及从事其他太空研究和探索性工作。目前，R2 已经完成了研制生产，共 2 套，分别为 R2A 和 R2B。其中，R2B 已于 2011 年 2 月 24 日搭乘"发现号"航天飞机（STS133）抵达国际空间站，开始了一系列的测试工作（成为第一个类人航天员）。R2 的研制工作是在 R1（Robonaut 1）的研制基础上展开的。R1 是一个车载人形机器人，其典型应用场景是在月球和火星探测任务中承担载人基地的维护工作。R1 的设计工作始于 1997 年，于 2006 年研制完成，其在灵活性、遥操作、有时延的远程监控、运动中操作、人机接口、力控制和自主抓捕等方面都取得了领先的地位。R2 的技术进步包括更高速度、小封装空间、更加灵巧的手指、更好的敏感/感知能力、软动力设计、全面执行系统软件以确保人员安全等方面。R2 机器人灵活性很高，上肢系统共有 42 个自由度，其中每条胳膊含有 7 个自由度（包括五自由度手臂和二自由度灵巧手），单手手指共有 12 个自由度，头部有3 个自由度，腰部有 1 个自由度，R2 的每条腿有 7 个自由度。由于 R2 是一个高自由度机器人，其高灵活性的特点使其可以使用多种机械工具，实现多种任务的灵活操作。R2 是第一个空间人形机器人，用于协助人类宇航员完成空间站的舱内日常维护工作和进行 EVA 活动等，减轻宇航员的工作强度和降低出舱风险。目前空间站的 R2 只有上肢系统，没有供其自由运动的双腿系统，如图 11 - 9 所示。

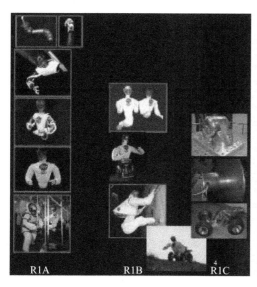

图 11 - 9　美国机器人宇航员 R1 和 R2 的研发过程

（图片来源于 NASA 网站）

2. 行星表面探测机器人

行星表面探测机器人主要指在月球、火星、小行星等地外天体表面上执行任务的空间机器人，包括但不局限于无人/载人巡视探测机器人、行星勘探机器人、行星表面建造机器人等。这些机器人通常具有轮式或腿式移动系统，一般还配有操作机械臂，执行的任务一般兼有移动和操作两个方面，如行星表面巡视、极端区域探测、样品采集、科学试验、月球/火星基地建设以及辅助宇航员探测等。其作业环境的特点包括：真空或特殊大气、强辐照、沙尘、特殊地质条件、重力、特殊温度环境等。

美国 NASA 提出了一种面向于载人行星表面探测的新型机器人，该机器人将人体灵活的上半身特征和独特的移动行走结构有机地结合在一起，称为"半人马"（Centaur）机器人。Centaur 机器人将一个类似于人体上半身的结构集成在一个装有 4 个轮子的可移动平台上，这种集成结构使机器人可以搭载诸如科学设备等有效载荷、地质样本或航天员在崎岖的星球地表上行进。在不规则的表面上作业时，Centaur 机器人下半部分的连接铰可使机器人上半身结构向地面弯曲并保持身体姿态的稳定。同时机器人携带有生命保障系统，可以作为航天员困境中的应急设备。与航天员相比，在保持稳定、探测和拾取行星表面物体的能力方面，Centaur 机器人的物理承受力要远远超过航天员。Centaur 机器人可以使用为人类设计的手持工具，它可以作为机动成员与人类协同工作。

Centaur 机器人的外形构造以轮/腿混合移动系统为特征，使其可以应付不规则的地表状态。同时腰部的三自由度连接铰可以通过调整机器人躯干姿态来控制系统的重心，从而使整个车体保持稳定。机器人通过将上半身适当地倾斜，可以将系统的重心移动到由任意三个轮子排列组成的四个三角形组合中的任意一个三角形区域之上，从而使 Centaur 机器人可以抬起第四条腿翻越到地面突起的岩石或土地上。Centaur 机器人利用多个刚性机架安装轮子，下半身部分是多个环节的铰接序列，这种铰接序列的结构可以使 Centaur 机器人符合征服复杂地表形态和在横坡与陡峭山路上行进时保持垂直姿态的要求。这种铰接方法通过扩大悬挂装置的行程来使轮子保持牵引力和稳定姿态，从而使机器人在重心控制上具备更好的灵活性。该系统有多环节集成的下半部结构，该结构经过优化后可满足上半部分工作区域的需求，如图 11－10 所示，同时具备多种多样的能力，如样本获取、处理和分析。

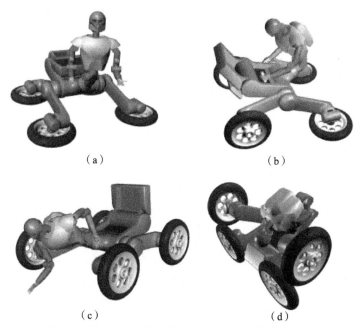

（a）　　　　　　　　　　　　　（b）

（c）　　　　　　　　　　　　　（d）

图 11 – 10　NASA 提出的 Centaur 机器人的各种姿态

（图片来源于 NSAS 报告）

（a）、（b）在风化层松软低压力地表保持稳定性；

（c）腰部弯曲拾取地面物体；（d）收拢状态

3. 未来新型空间机器人

空间任务的发展对空间机器人提出了形态上的新需求。传统上以舱段/设备转移搬运、试验载荷取放为主要任务的空间机器人是以机械臂类操作机器人为主。在空间复杂精细操作任务出现后，双臂协调操作机器人、仿人形机器人相继出现。为满足狭窄空间操作需求，柔性机器人、软体机器人的空间应用探索也逐步开展起来。在月球、火星等地外天体巡视探测方面，传统上移动机器人常采用悬架转向机构与车轮的形式，随着探测地形的多样性和复杂化程度的加深以及对探测效率要求的提高，腿式移动、跳跃移动和飞行移动等方式有望成为行星探测机器人移动形式的新选择。此外，对于单一机器人难以完成的任务，还可以采用多机器人系统协助来完成。未来，随着新的任务需求的不断提出和科学技术的发展，会有更多类型的新型机器人进入空间应用。

1）多机器人协作系统

多机器人协作系统中具有代表性的是由美国学者 K. Jni 和 G. Beni 研究并实现的 Swarm – bots 系统，如图 11 – 11 所示。Swarm – bots 系统是由多个自由机器人组成的分布式系统，通过多个机器人共同完成一种特定任务，实现机器人自组装和自组织。每个 Swarm - bots 至少由 30 ~ 50 个子机器人 s - bot 组成，由多个 s - bot 构成的机器人群 Swarm - bots 能够根据任务要求和环境要求进行自组织，完成单个移动机器人不能单独完成的工作任务。每个 s - bot 都是一个完全自治的移动机器人，它能够自主完成周围环境信息的获取并能够独立完成一些基本的任务或者工作（如导航、抓取和搬运目标物体），s - bot 能够与其他 s - bot 通信。

图 11 - 11　Swarm - bots 多机器人系统

（图片来源于 NASA 的报告）

法国 CNES 在未来的火星基地项目上提出多机器人协同工作的概念图，这些无人机器人系统既包括在轨道上飞行的无人小卫星系统、在大气层中飞行的火星蜜蜂（Marsbee），也包括无人火星车辆，由多种多类机器人共同为火星基地提供服务，如图 11 - 12 所示。

图 11 - 12　未来火星基地的多机器人系统

（图片来源于法国 CNES 的 2018 年 Horizon2061 会议报告）

随着科技的发展，未来的机械结构将向标准化、模块化方向发展，既可减少生产成本，又可增加产品的灵活性、多样性。而由众多子机器人单元组成的可重构机器人系统将在未来的深空空间站及基地建设作业中得到广泛的应用。大型航天器结构庞大、组件众多，在轨组装过程复杂，所需工作范围极大，且需要多个任务并行进行以达到快速组装。之前通过航天员出舱活动和机械臂的在轨组装途径很难满足任务需求，而单个机器人也将难以胜任。

解决这个问题有两种途径：一是开发超级机器人，具有更强的能力完成任务；二是开发由众多子机器人组成的多机器人系统，多机器人协同完成任务。显然开发超级机器人将比多个机器人组成的系统复杂得多，花费也要昂贵许多，所以多机器人系统更加适用于未来的大型航天器任务需求，如深空空间站的在轨组装。

2）空间云机器人

随着机器人在空间任务中的应用，对空间机器人的需求也从单机器人、单一应用向多机器人、多任务支持方向发展，而多机器人的知识共享和语义信息交换、信息融合处理、多机器人协调控制与操作、系统设计与任务功能拓展等都是需要解决的问题，蓬勃发展的云计算科学为发展空间云机器人（Cloud Robotics）奠定了基础。

云机器人是云计算技术和机器人技术的结合。云机器人具有两大优势：一是利用云计算的强大运算和储存能力给机器人提供了一个更加智能的"大脑"，从而大幅度增加了单个机器人的能力；二是分布在不同位置、具有不同能力的机器人可以打破空间限制，通过信息共享、多机协作，完成规模更大、操作更复杂的任务。此外，互联网与云计算能够有效增强机器人的自我学习能力，缩短研发人员的开发时间，并克服了单机器人自我学习的局限性。

空间云机器人是云计算与空间机器人的结合，空间"云"储存了所有的资料信息并具备超强的计算能力，空间机器人连接空间"云"服务器，并获得所需信息。"云"的方式为空间多机器人信息共享、协同控制提供了极大的便利，有利于增强多机器人系统的自我学习能力和任务执行能力。在月球/火星的全地形探测任务中，如深坑、洞穴、裂缝等，单机器人在探测的深度和广度上都存在不足。在效费比上，采用多个低配置的机器人要比使用少量高成本机器人更有优势。如果采用空间云机器人技术，可以发挥多机器人联合探测的优势，因此可借用月球/火星基地或者深空空间站来部署"云计算"能力。

3）空间智能机器人

当前，空间机器人的智能化水平总体来看有限，自主能力和协助能力不足，主要应用在已知的、结构化环境中，其观测对象多为合作目标，基本上是以人为主，以机为辅的主从关系，作为人的工具被动地接受指令、执行任务并反馈必要的数据。随着人工智能与空间机器人的逐步融合，空间机器人未来将

在以下方面取得突破：

（1）环境智能感知。融合视觉、听觉、力觉、触觉、滑觉等多模态感知数据，并从中提取多维度、多层次的信息，建立空间工作环境、空间操作目标的一致性解释与完整描述模型，进而提高空间机器人感知的鲁棒性、可靠性、可信度及精确度，为空间机器人的动作规划和行为决策提供更全面的参考和更可靠的依据。

（2）人机交互。在人机协作的在轨操作或行星表面探测过程中，空间机器人可以理解注视、表情、手势、言语、肢体动作等人类自然交流手段所表达出的意图，从而大幅度提升人机交互的效率和可靠性，使空间机器人可以真正成为人的工作伙伴或助手，实现共融和协作。

（3）自主规划。基于对工作环境的分析和判断以及对人类意图的理解，空间机器人能够自主规划工作程序、决策应对措施、执行运动指令，即智能化地形成完整的空间移动和操作方案并付诸实施。

（4）自主学习。在实现对已有知识的动态更新和智能推理，并自适应建立最优控制策略的基础上，空间机器人能够通过自学习和互学习等手段不断获取新技能和新知识，逐步提升任务分析和任务规划能力，最终可以摆脱对人类的依赖，智能自主地完成移动和操作任务。

综上所述，人工智能将极大地提升空间机器人的自主能力和协作能力，推动空间机器人的总体性能突破，不断提升空间机器人在复杂工作环境中的感知、认知和控制能力以及处理复杂、突发、极端情况的能力，推动自主智能系统的发展。

4. 空间机器人的典型任务应用

1993 年 4 月，欧洲航天局（ESA）和德国宇航中心（DLR）成功进行了世界上第一个机器人技术试验（Roboter Technology Experiment，ROTEX），这是首例具有地面遥操作能力和空间站遥操作能力的空间机器人系统。ROTEX 的操作模式有：①自主模式，实际是一种地面预编程模式；②在轨遥操作模式，航天员借助立体电视监视器对 ROTEX 进行遥操作；③基于预测图像仿真的地面遥操作模式，地面操作人员在机器智能的支持下对 ROTEX 进行遥操作；④基于传感器的离线编程模式，即遥感知编程模式，通过在地面的仿真环境中进行示教和学习，而后在轨执行基于感知的任务。ROTEX 在进行空间遥操作试验过程中，空间机器人是由一名航天员和一名地面操作人员来控制，通过一颗通信卫星和一颗中继卫星与地面通信，遥操作整个回路延时为 5 ~ 7 s。

1997 年 11 月，日本宇宙开发事业集团（National Space Development Agency

of Japan，NASDA）发射了工程测试卫星Ⅶ（Engineering Test Satellite - Ⅶ，ETS - Ⅶ）卫星，成功进行了各项科学试验任务，其主要目的就是试验遥操作机器人技术，解决大时延问题。ETS - Ⅶ卫星是第一个遥控式自由飞行空间机器人。在 ETS - Ⅶ机器人试验中采用多项技术来克服大时延问题，其中主要有两种操作模式：基于 3D 预测仿真显示的遥操纵模式（Tele manipulation）和遥编程模式（Tele programming）。在日本的 ETS - Ⅶ卫星进行遥操作试验时，租用了美国 NASA 的 TDRS 作为通信中继卫星，卫星和地面控制站之间的时延为 4～6 s。此外，借助 ETS - Ⅶ卫星，德国 DLR 采用虚拟现实技术（戴数据手套和数据头盔）遥操作空间机器人，抓取任务板操作工具并安装好钳子，完成简单的装配任务；同时使用虚拟现实技术遥操作机器人，执行简单的装配任务（与第一个机器人不同）并放回钳子；并在扩展试验中进行了大时延遥操作试验。

在国际空间站上机器人组件验证试验（Robotics Component Verification on ISS，ROKVISS）是 DLR 于 2005 年 2 月进行的一个二自由度机器人试验，其目的是用于验证高度集成的模块化机器人关节以及不同的控制模式（高度自主模式/力反馈遥操作模式）。ROKVISS 机器人与德国的地面控制站之间采用专用的通信方式。整个系统的上传速率为 256 kb/s，下载速率为 4 Mb/s，其中包括 3.5 Mb/s 的视频数据。由于采用了专用天线进行数据传输，并仅当搭载 ROKVISS 的国际空间站经过德国上空时，才进行实际的控制，因此时延很小，小于 20 ms。在如此小的时延下，ROKVISS 采用高逼真度的临场感力反馈遥操作方式即可完成试验。由于国际空间站途径德国上空的时间约为 7 min，因此每次最大操作时间不超过 7 min。ROKVISS 采用的关键技术是使用专用通信方式，因此将时延限制在 20 ms 以内，消除了时延对遥操作的影响。但是，由于每次操作窗口时间不能超过 7 min，因此无法完成需要较长操作时间的复杂任务。

"轨道快车"（Orbit Express，OE）计划开展于 1999 年 11 月，分为服务航天器（Autonomous Space Transfer and Robotic Orbiter，ASTRO）和目标卫星（Next Generation of Satellite，NEXTSat）两部分。其中，服务航天器用于自主捕获与对接，以及对目标卫星进行升级、维护等任务。自从 2007 年 3 月发射成功至 2007 年 7 月，该计划已完成服务航天器利用自身的捕获传感器系统对目标卫星自主接近、捕获以及对接，向目标卫星传输燃料，从目标卫星（此时作为物资存储平台）获取物资、在轨更换 ORU 等任务。"轨道快车"计划的先进之处在于其遥操作方式已经从最初的主从遥操作模式进入半自主模式。

截至目前，美国、欧洲及加拿大等国家和地区利用空间机器人执行空间任务的实际应用情况如表 11 - 12 所示。

表 11 - 12　遥操作的典型应用案例

名称	机构/年份	应用	技术特点
SSRMS[①]	加拿大/1981	航天飞机	第一个在轨服务机器人
ROTEX	DLR/1993	舱内服务	多种模式的遥操作
ETS - VII	JAXA/1997	自主 RVD 及舱外遥操作试验	图像预测、双边力反馈
SSRMS	加拿大/2001	空间站在轨服务	冗余自由度及精细操作能力
"勇气机遇号"探测器	美国/2004	火星表面探测	自主控制能力、三维图像重建
ROKVISS	DLR/2005	技术验证	集成、轻型机器人关节元件、临场感技术
轨道快车	美 DAPAR/2007	在轨燃料补充及 ORU 更换	自主分离、接近、对接及捕获
RRM[②]	美/2011—2013	卫星燃料加注	利用不同工具完成整个复杂任务
凤凰计划	美/2015—2016	废旧维修重新利用	对非服务性设计的卫星部件进行拆装

①SSRMS：Space Station Remote Manipulator System，是安装在空间站上的一个大型空间遥操作机械臂系统；

②RRM：Robotic Refueling Mission，在轨加注任务，是由 NASA 和 CSA 在国际空间站上合作完成的。

11.3.2　空间机器人的系统分析

作为人机智能系统中的一部分，空间机器人的任务分析与设计过程是：①明确人机功能分配，确定对空间机器人的任务需求；②定义空间机器人系统的总体目标，确定对空间机器人的功能性和操作性需求；③开展机器人的概念设计，包括机械臂的自由度、物理尺寸、分布式控制、人机交互的方式、容错性设计等；④开展机器人的方案设计，包括人机接口、控制模式、任务规划、运动规划、敏感器、通信方式、能源，以及质量和成本的估算等；⑤反复迭代①~④，优化改进设计，开展设计验证。下面以开采载人月球南极永久阴影坑中的水冰探测任务为例来进行说明，概念性设计任务中人机系统包括航天员、机器人月球车及类人型智能机器人，完成阴影坑中的水冰开采及运输储存任务，如图 11-13 所示。

图 11-13　载人月球南极永久阴影坑水冰探测任务
（图片来源于美国 NASA 的会议报告）
（a）月球南极永久阴影坑水冰开采；（b）机器人月球车运输水冰；（c）类人型智能机器人

1. 功能性与操作性需求分析

上述机器人月球车的总体任务需求是探测南极陨石坑的水冰，以确定坑内冰冻挥发物质的数量和浓度。由于永久阴影坑中温度低及地形复杂，这类任务对于人类航天员直接勘探来说是非常危险的。因此制定图 11-13 所示的机器人月球车的初步功能性任务需求包括：

（1）能够穿越月球表面的崎岖地形，包括陡峭的陨石坑壁。

（2）能够为月球基地的遥控航天员提供持续的视频反馈。

（3）能够借助绳索投放到永久阴影坑内。

（4）能够自动探测阴影坑内的地形，进行成像和制图（多光谱探测、地形感知）。

（5）能够进行原位分析（钻孔、光谱测定）。

（6）能够自动检索和分析风化层内固体物质的样本，以确定其水冰含量。

（7）能够将密封物质样本从陨石坑运回基地，进行样品采集、存储和返回。

根据上述机器人月球车的总体目标，可以定义机器人的操控性需求，例如包括：

（1）距离基地最大范围为 100 km。

（2）最大总行驶距离为 200 km。

（3）最大任务持续时间为 2 个月球日（1 344 h）。

（4）没有阳光直射下的操作。

（5）工作温度范围是 100 ~ 400 K。

（6）携带 15 kg 的有效载荷（5 kg 的样品、10 kg 的分析仪器）。

（7）巡视器质量最大为 40 kg。

（8）速度范围为 0 ~ 10 km/h。

一旦对功能性和操作性需求进行了完整的分析，就可以开始设计任务基准，上述这些需求都是典型的可以交由机器人来完成的任务。这些空间机器人通常在数量上有所限制（典型任务中通常为 3 ~ 10 个），且需满足所有基地任务的系统需求。按照上述设计需求，可以提出一部分设计基准：

（1）短时任务：探测距离月球基地 1 km 内的阴影坑，允许基地内的航天员进行远程视频监视和遥控。

（2）长时任务：探测距离月球基地 100 km 的阴影坑，允许基地内的航天员乘坐载人月球车进行现场指挥控制，或者允许基地内的航天员进行远程视频监视和遥控，类人型航天员在阴影坑边操作绳索进行投放等动作。在阴影坑的不同地点自主开展原位月壤成分分析，将总重为 5 kg 的密封样品运回基地。

后续可用这些设计基准任务引导机器人月球车开展初步设计。当定义机器人系统概念时，设计基准任务可作为设计边界，通过对照基准任务和潜在的需求来验证每个系统和分系统，并在必要时进行迭代和修改。

2. 路径、轨迹、运动规划

1）路径规划

对于机器人月球车而言，路径规划制定了机器人从最初位置抵达预期位置的路径，这条路径必须能够绕开障碍物，寻找一条从起始点到目标点最优的运动路径。通常情况下，尽量减少路径的长度，但也可以有其他优化指标。移动机器人运动规划主要涉及两个方面的内容：①应用某种算法寻找一条从起始点到目标点的最优或近似最优的无碰撞路径；②控制机器人对规划路径进行跟踪运动。根据对环境信息的了解程度，可以把移动机器人路径规划分为基于先验完全信息的全局路径规划和基于传感器实时采集环境信息的局部路径规划。其中，全局路径规划也称为静态路径规划，也就是在环境信息完全已知并且障碍物是静止的情况下，进行离线路径规划，它考虑的是中等分辨率、距离数十米的情况，重点在于路径搜索。全局路径规划大多采用基于集合模型搜索的思路，首先构建巡视器环境空间的几何模型，然后采用某种图搜索算法，得到最优路径，其主要方法有可视图法、栅格法、沃罗诺伊图法。局部路径规划又称为动态路径规划，是在环境部分未知或者完全未知，或者既存在未知的静止障碍物又存在运动障碍物的情况下进行的在线规划。局部路径规划是根据移动机器人配置的各种传感器（视觉、激光、超声波、声呐、触觉等）反馈回的有限范围内的环境信息进行局部可知环境内的路径规划。它考虑的是高分辨率、距离数米的情况，重点在于避障。由于缺少全局环境信息，局部路径规划不能得到全局的最优路径，容易陷入局部最小的陷阱，但因其计算复杂性较低，特别适合环境模型经常改变的情况。局部路径规划方法包括两种：一是基于算法层次的有人工势场法、模糊/遗传算法、神经网络算法等；二是基于任务层次的有基于行为分解算法、基于地形评估算法等。

2）轨迹规划

轨迹规划具体指定了机器人将如何沿着实时生成的路径行进。它必须考虑机器人的最高速度、最大马达力矩、车轮或关节速率以及加速度限制等。通常这样的规划是以时间最少为优化目标的。

3）运动规划

运动规划是指以串行或者并行的方式将路径规划和轨迹规划相结合。由于将时间纳入运动规划中，故可生成如最小能耗的最佳路径规划。对于行星探测类非结构化环境，详细的路径说明没有太大用处，因为移动机器人会遇到意想不到的障碍，如岩石、火山口、阴影坑或者悬崖等。这种情况下通常需要实施规划，持续计算局部最优的、递增的路段。人工势场法用于此类问题通常效果比较好，移动机器人会将所有的障碍视为给它以人工势场的排斥力，并将目标位置视为施加的人为吸引力。这些力引导机器人抵达目标，同时避开障碍。

最高级别的规划是任务规划，如前所述，它是将一个面向高级目标的任务拆分为若干子任务，然后采用运动规划器生成所需的运动方案。当前任务规划主要还是由航天员遥操作或者地面控制人员来完成。未来任务规划更多的是基于人工智能的概念，自主运动规划和任务规划技术正在成为空间机器人的重要研究领域。

3. 机器人月球车的设计流程

机器人月球车的任务可以根据它们各自的功能和操作特点来分类，图 11-14 描述了月球车任务中几项最重要的操作环节，描述了月球车在什么样的条件和环境下工作，包括行走线路、工作效率、时刻，等等。月面运输用于承载人员或设备完成各种短途或长途转移活动，如测绘、科考和支持月球基地建设、运营以及未来可能的探矿和采矿任务。其中，月球建设任务将包括货物装卸、挖掘、堆砌，大型建筑材料和设备的组装，甚至还包括某些细致精密、烦琐和重复性的工作。这些不同类型的任务需要靠特定类型和功能的月球车设计来实现。

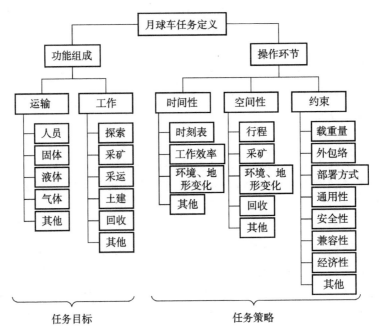

图 11 - 14 月球车任务环节的定义

在明确了月球车的任务和需求之后，需要进一步详细地知道所装载货物的一系列参数。对于执行单一任务月球车，可以直接开始月球车的构思和设计。而对于多用途月球车，构思和设计则要复杂得多。例如，设计载货空间时就需要知道各项货物及货物操作过程参数，比如某种货物运送目的地的分布情况，各个货物的运送距离、质量、体积和几何形状。对所有这些参数和任务流程进行综合分析，才能进一步决定月球车的形式、尺寸和具体配置。月球车系统分析的基本过程如图 11 - 15 所示。综合分析的结果中要包括月球车的任务目标和大致可行的方案，以及大约的经费需求，月球车的构思则可从"类型 - 尺寸 - 质量 - 动力"指标之间关系和衍生指标反映出来。在确定了月球车的候选方案后，可以按照"概念研究——硬件评估——决策"的流程做出进一步的决策，如图 11 - 16 所示。

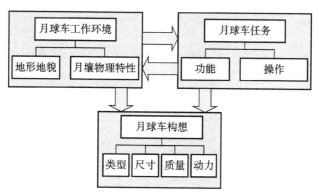

图 11 - 15　月球车系统分析基本过程

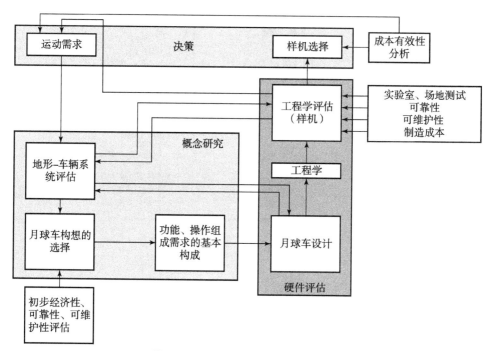

图 11 - 16　月球车系统分析基本过程

　　确定了月球车概念和构想之后，就进入了月球车的详细设计阶段。在这个阶段中，需要深入地认识和评估各个因素和环节，包括任务程序、性能需求、任务模式、环境效应约束和技术途径。月球车设计流程如图 11 - 17 所示。月球车设计的目标是在满足任务需求的前提下体积最小、质量最轻、安全性最高和最经济的系统方案。

　　与在地球上类似，在月球上轮式运动对于大多数应用是一种最好的选择。轮式车辆能满足探索未知地域所需的基本要求。轮式车辆的设计多种多样，通

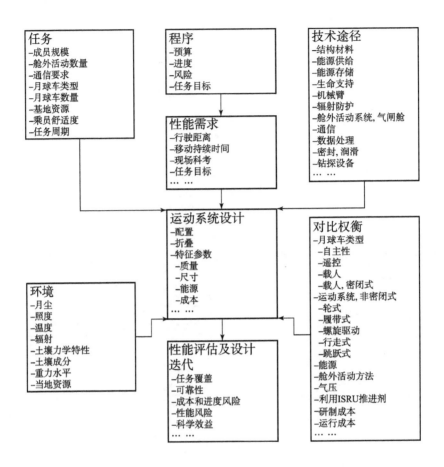

图 11 - 17   月球车设计流程

过特定的设计，轮式车辆也可以具备较强的爬坡、崎岖路面等通过能力。轮式车辆可以设计出足够高的车底净空间、很小的转弯半径。迄今为止，已有三种不同类型的轮式车辆成功地执行了月球任务，其适用性得到了检验。Apollo - 14 任务的模块化设备运输车（Modularized Equipment Transport，MET）使用了充压轮胎，胎压约 27.5 kPa；Apollo 任务的载人月球车（Lunar Roving Vehicle，LRV）使用了 4 个金属线网柔性车轮。这两种月球车的成功证明，经过恰当的设计，轮式车辆完全可以适应相当一部分的月球地表。然而，当时的任务限制了这些月球车的工作时间，并没有充足的时间观察和检验车轮在月面的磨损和破坏现象。

　　未来月球车的设计原则与上述两种已实际应用的月球车将会有所不同。在 Apollo LRV 的设计中，质量和包络尺寸是最主要的约束；在未来的设计中，月球车的耐用性和工作性能是更重要的设计内容。另外，未来月球任务中可能包括远离月球基地的远程探测活动，航天员可能需要在野外持续工作几天或更长的时间。在这种需求之下，在野外加注氧和冷却剂可能会成为必要的能力和工作程序，考虑利用 ISRU 的推进剂，航天员可以在需要时方便地更换车载贮箱或者在月表加注推进剂，进而必须更加关注可靠性设计和零部件易用性设计。

　　刚性车架更适合装载重物，分段铰接式车架更适合在崎岖路面上行驶。然而，获得这种能力的同时也需要付出一定的代价，铰链连接的部位必须进行防尘设计或采取防尘措施。传动方面，从中央动力源通过机械传动装置变换为各个车轮的驱动力是地球上车辆普遍采用的传动方式，但是大多数设计师发现，用电机通过最少的环节来直接驱动每一个车轮的驱动方式更适合月球车。

　　1）通过能力设计

　　通过能力是指土壤承载车辆并提供足够运动牵引力的能力。在首次登陆月球之前，人们普遍认为月球表面的通过能力很差，车辆很难行进。基于这样的认识，各式各样的月球车被研究出来。自 Apollo 和 Lunokhod 成功实现了月面行走之后，工程师们已经知道，在接触压力不超过 7 ~ 10 kPa[①] 的情况下，轮式车辆的性能足以满足大多数的月球任务。

　　月表土壤由大量的直径不超过 75 μm 的细小颗粒构成，月球车面临的主要障碍是月表的凹坑、陡坡和砾石群。其中，凹坑是月球车通过能力设计中最重要的考虑因素。凹坑能彻底将车辆底盘架空，使车轮完全陷入坑内，甚至可能导致车辆翻滚。在太阳仰角较高的情况下，在月球车的高度上很难发现凹坑的存在，车辆在不知情的情况下特别容易驶入凹坑。所有的阿波罗任务都选择在太阳角不高的时段，也是为了获得更好的月表地貌可视条件。即使在相对适合的光照条件下，探测凹坑也存在一定的困难。Apollo – 15 的指令长 David Scott曾报告：一般情况下，直径约 1 m 的凹坑只有在车辆前轮接近凹坑 2 ~ 3 m 的距离上才能发现。月球表面地形不规则，尤其是凹坑普遍存在的特点，再加上月球车在月球低重力环境下易弹跳的特点，使车辆行进速度成为月球车方案设计中最基本的一个限制条件。总的来说，在崎岖的地形和探测活动等诸多不确定因素的影响之下，月球车的设计应倾向于保守。

　　轮式月球车在月面行进过程中消耗的能量取决于三个方面：土壤压缩、月表粗糙度和月面抬升角变化率。土壤压缩耗能可以从 Bekker 总结的经验公式来估算：

---

①　在不同次任务中，月面车辆的载荷不同，因此接触压力也不同，这是一个统计数据。

$$z = \left(\frac{W}{Ak} \right)^{\frac{1}{n}} \qquad (11 - 1)$$

式中：z 为车轮的沉陷量，cm。

每个车轮产生的总牵引力 H（单位：N）为

$$H = (Ac_b + W\tan\phi_b)\left[1 - \frac{K}{sL}(1 - e^{\frac{-sL}{K}}) \right] \qquad (11 - 2)$$

每个车轮的土壤压缩阻力 R_c（单位：N）为

$$R_c = \left(\frac{bk}{n+1} \right)z^{n+1} \qquad (11 - 3)$$

车轮的通过性参数和土壤参数的含义如表 11 – 13 所示。从能量消耗方面来看，土壤压缩阻力或车轮滚动阻力耗能仅约为 0.0073 W·h/(km·kg)。月表粗糙度通常可以用功率谱密度曲线来描述。根据 LRV 的经验，这一部分的耗能约为 0.0027 W·h/(km·kg)。依经验计算，轮式车辆在克服月表粗糙度和滚动阻力方面的耗能总量大致与车辆持续攀爬 $1.5°$ 光滑刚性坡面时的耗能相当。源于月面抬升角变化率引起的耗能则取决于具体的行进历程。在100 km 范围内，月表的平均地面抬升角大约为 $2°$。对于 LRV 月表综合特性所带来的总的能耗仅为 0.01 W·h/(km·kg)，这些能量大约占 LRV 总能量的 15%，剩余部分的能量主要消耗在传动、克服惯性和其他子系统用电方面。

表 11 – 13 车轮的通过性与土壤物性参数

参数	参数	单位	典型值
W	车轮载荷	N	—
A	车轮接触面积	cm^2	—
k	土壤稠度	N/cm^{n+2}	—
k_c	土壤变形黏性系数	N/cm^{n+1}	0.14 N/cm^2
k_φ	土壤变形摩擦系数	N/cm^{n+2}	0.82 N/cm^3
n	土壤变形指数	—	1
c_b	土壤/车轮黏性系数	N/cm^2	0.017 N/cm^2
φ_b	土壤/车轮摩擦角	(°)	35
K	土壤滑移率	cm	1.8 cm
s	车轮滑移	—	—
L	车轮接触弧长	cm	—
b	车轮接触宽度	cm	—

2）车轮的选择

轮式运动的机械效率较高，在质量和可靠性方面有明显的优势。轮式运动方式在全地形应用方面存在一个主要缺点，那就是车轮与地面的接触面积相对其他运动方式要小得多，但是在月球的低重力环境下这一缺点不再是个大问题。车轮的形式多种多样，在车轮形式、尺寸、组成数量和配置上可以灵活地设计和组合。然而，选择车轮和设计车辆系统的过程很复杂。某一种车轮的触地面积可以很容易地计算出来，在满足触地面积的要求下，车轮尺寸、几何形状、轮数等的组合可以有无限多种。多个小尺寸车轮组成的系统有更高的可靠性；车轮尺寸较大的系统，车轮数量可以减少，在机械组成上更为简单，质量也更轻；又高又窄的车轮的阻力较小，但却很难折叠。从车轮数量上来看，6轮方案是一种在操纵性、爬坡能力和简易性等方面综合性能较好的设计。表11-14 所示为机器人月球车车轮性能比较。

表 11-14　机器人月球车车轮性能比较

轮型			刚性轮缘	充气轮胎	金属线网轮	螺旋弹性轮	环箍弹性轮
实例参考							
标准	方法	权重					
机械可靠性	J	0.15	6.0	4.5	5.0	4.7	4.7
松软地面性能	C/E	0.14	3.8	7.3	7.3	8.7	8.7
质量	C	0.14	6.6	3.3	8.7	2.5	4.5
行驶顺应性	J	0.13	0.0	8.0	9.0	3.0	5.0
越障性能	C	0.10	6.8	7.4	7.4	6.4	6.4
稳定性	J	0.08	8.0	7.0	7.0	2.8	2.8
抗摩擦性	J	0.08	3.0	1.5	5.3	6.0	6.0
转向性	J/E	0.06	7.3	5.8	5.8	2.0	2.0
环境适应性	J	0.06	8.0	0.0	6.0	7.0	7.0
研发风险及成本	J	0.06	10	1.3	8.0	8.0	8.0
总计		1.0	（有"0"项）	（有"0"项）	7.1	5.0	5.8

注：C-计算，E-试验，J-工程判断。

以上对各种车轮的对比结果指出，线网轮和金属弹性轮的综合得分最高，值得关注。它们有较大的承载能力、自带被动悬架功能、优异的耐磨性能和较高的通过能力。线网轮行驶扬起的月尘较少，适合用于运送一些对尘土敏感的仪器设备。然而，线网轮输出的牵引力较小。LRV上使用的是线网轮，正常行驶速度大致为10 km/h。经过研究发现，如果在LRV的线网轮上加装可变长度的夹链，能够进一步提高行驶速度。另外，增大车轮直径、轴距，提高整车质量，或使用更软的悬架系统也能够显著提高类LRV月球车的行驶速度。未来甚至还可以考虑在月球上某些区域内铺设专门的长期或永久"道路"供轮式运输车高速行驶。

4. 其他需重点考虑的因素

1）规划与控制问题

在人机系统中，针对航天员遥操作机器人有三种控制模式，即机载计算机、远程计算机和人工操作控制。机载计算机通常放置在可移动机器人上，没有通信带宽和时间延迟的问题，出现意外情况也可以及时反应，但是有质量和功耗的限制，并且难以访问、做出修改或者纠正设计错误；远程计算机通常放置在地球、深空空间站或者行星基地上，对质量和功耗的限制比较小，因此可以做复杂计算，但是存在与机器人之间的通信时延；人也可以从空间轨道上或者地球上来控制空间机器人，人工控制最适用于突发情况，并能够通过视觉图像来提供更好的信息。通信延迟大大妨碍了人工操作，但是预测显示能够有效克服这个缺点。此外，机载计算机的控制级别比较低，通常是可移动机器人的关节或者车轮电机控制和简单的错误检测，而人的控制往往是最高级别的管控。因此，对空间机器人的整体控制功能需要在这三者之间进行合理分层分配。

在载人月球南极永久阴影坑水冰探测任务案例中，可以设计为由航天员对巡视器路径进行高级规划，而巡视器决定如何遵循路径、适应地形和便于利用能源，它也可以自主应对路径变化和避障的需求。航天员可以规划巡视器进行独立采集样本，如果巡视器不具备独立采样的功能，备份方案是航天员可以遥操作巡视器的机械臂进行采样。总之，规划和控制必须进行合理的分层和实现，设计师必须权衡系统的功能性和操作性需求，考虑对控制来说每个潜在环节的优缺点，通过分布式控制来获得系统的最佳性能。

2）时间延迟问题

对空间机器人的遥操作控制必须考虑时间延迟的问题，如果操作人员位于地球上，空间机器人的位置在近地轨道空间站时，通常时延时间最少为

0.25 s；如果空间机器人的位置在月球表面时，通常时延时间最少为 3 s；如果空间机器人位于火星表面，通常时延时间为 6 ~ 45 min。空间机器人的遥操作星地大回路基本路径如图 11 – 18 所示，可分为链路传输时延、数据处理时延和操作/命令响应时延等。其中，链路传输时延包括空间传输时延和地面传输时延，数据处理时延包括空间数据处理时延和地面数据处理时延，操作/命令响应时延包括机器人命令时延和操作员操作反应时延等。

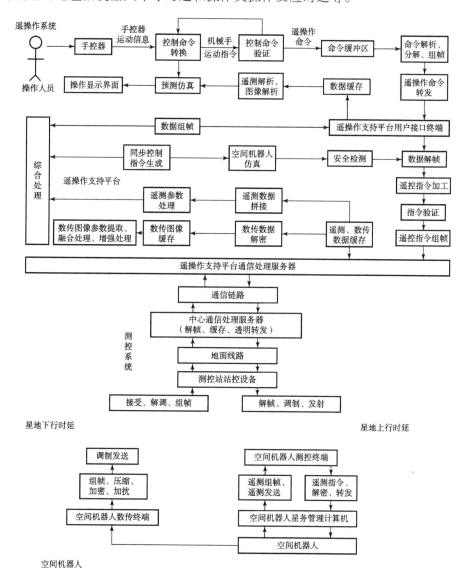

图 11 – 18　空间机器人遥操作星地大回路基本路径

（图片来源于《空间遥操作技术》）

从遥操作的典型应用中，人们发现对时延控制一直是遥操作的难点和热点。即使是微小的时延，也有可能导致系统的不稳定，降低系统操作性能。在双向遥操作中，超过0.1 s的时延就有可能导致系统的不稳定。在单向控制的遥操作系统中，时延影响控制指令、视频及各种传感器信息的传输、作业能力。时延严重影响了操作者对环境的实时感知，从而影响了决策和作业的性能。因此，空间机器人遥操作的一个核心问题是如何在大时延和有限带宽的条件下保证遥操作的平稳性，同时提高遥操作的透明性。为解决这一问题，可以充分利用机器人的局部自主能力，把时间延迟排除在底层控制回路之外，保证遥操作的平稳性。同时，利用虚拟现实技术（Virtual Reality，VR）和增强现实技术（Augmented Reality，AR）提高遥操作的透明性。

3）通信带宽问题

受测控技术的制约，星地大回路之间通信带宽有限。可用的通信带宽必须满足三方面的需求：①将外部命令数据传送给机器人；②传送机器人内部感知的状态信息；③传输机器人外部环境感知的数据。在这三部分需求中占用带宽最大部分的是传输外部环境中的视频数据，如由机器人摄像头观测到的图像数据，该视频数据的占用量是其他所需的数倍以上。例如 ETS - Ⅶ任务中，空间机器人实验系统的上行遥控信道速率为 4 kb/s，下行遥测信道速率为16 kb/s，下行视频压缩数传信道速率为 1.2 Mb/s，同时根据遥测数据类型的不同，下行数据的发送周期为 100 ms 或 200 ms。如此低的通信带宽给安全、可靠、连续稳定地操控空间机器人带来了严峻挑战。

11.3.3 VR 及 AR 技术在遥操作中的应用

在高度自主的人工智能机器人技术尚未成熟之前，遥操作控制，特别是地面遥操作仍是空间机器人的主要控制方式。简单地说，遥操作技术是一种远距离具有通信时延对机器人进行控制的模式，是集成和运用遥现、遥操作、虚拟现实和遥信等基础技术，使人类能够远距离对那些工作在不利于人类进入环境下的机器人进行控制。遥操作基本模式包括直接操纵模式、监督操作模式、全自主操作模式等。遥操作系统的评价指标包括鲁棒性、任务性能、临场感①及透明性②等。随着计算机图形学技术、多媒体技术的发展，VR 及 AR 技术成了解

---

① 临场感：是指以人为中心，通过各种传感器将远程机器人与环境的交互信息（包括视觉、力觉、触觉、听觉、运动觉等）实时地反馈到本地操作者（人）处，生成和远地环境一致的虚拟环境，使操作者产生身临其境的感受。

② 透明性：是指操作者感觉到好像在直接对环境进行操作，具有身临其境的感觉，但实际上想同时保证稳定性和透明性是比较困难的。

决空间遥操作系统中大时延问题的重要手段。下面介绍 VR 及 AR 技术在遥操作中的应用。

1. VR 技术在遥操作中的应用

VR 技术是利用计算机图形学及人机交互设备生成一种虚拟环境，借助虚拟现实外设，操作者可以与该环境进行自然友好地交互，融合视觉、触觉、听觉等信息，使操作者有身临其境的感觉。虚拟现实技术可以总结为虚拟现实的 "3I" 特性：沉浸感（Immersion）、交互性（Interaction）、想象性（Imagination），如图 11 – 19 所示。

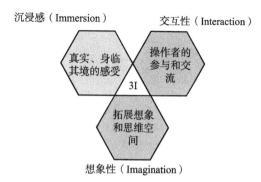

图 11 – 19　虚拟现实的 "3I" 特性

（1）沉浸感：计算机生成的虚拟世界给人一种身临其境的感觉。

（2）交互性：人能够以很自然的方式跟虚拟世界中的对象进行交互操作或者交流，强调使用手势、体势等身体动作（主要是通过头盔、数据手套、数据衣等来采集信号）和自然语言等自然方式的交流。

（3）想象性：虚拟环境可使用户沉浸其中并且获取新的知识，提高感性和理性认识，从而使用户深化概念和萌发新意。因而可以说，虚拟现实可以启发人的创造性思维。

基于 VR 的遥操作系统，需要在主端建立一个反映远端设备与任务环境的虚拟仿真模型。当操作者操作主设备时，一方面，虚拟环境与主设备进行仿真交互，如生成虚拟环境中物体位置、形状的变化，以及生成相应真实的反馈信息给主设备，其中最主要的就是力反馈信息；另一方面，主设备的信号同步通过通信时延传递给远端设备，驱动远端设备与环境交互。由于虚拟环境能够提供 "真实的" 环境场景变化以及力反馈信息，为操作者提供实时、稳定的视觉反馈和力触觉反馈，消除了主从端的数据通信时延带来的影响。

VR 技术用于遥操作的一个突出的例子是 "旅行者号"（Rover）火星探测

任务。1997 年 7 月，基于虚拟现实技术控制的"旅行者号"火星探测器在火星上着陆。它的图形界面上提供了大量的操作指令，利用一个简单的轨迹球作为 I/O 接口设备就能将虚拟的工作现场和虚拟的火星旅行者的模型连接在一起。操作者的规划可以通过图形编程的方法实现。如果结果令人满意，则控制代码通过深空网络传输给火星旅行者机器人，如图 11 - 20 所示。

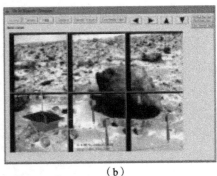

（a） （b）

图 11 - 20　基于 VR 的遥操作系统

（图片来源于 NASA 的报告）

（a）Rover 在火星上的真实照片；（b）虚拟 Rover 环境

日本 MEL 实验室建立了一个基于虚拟现实的预测显示环境，如图 11 - 21 所示，整个系统包括：具有力反馈功能的主操作手、虚拟环境、连接虚拟环境同机器人控制器的通信模块。操作者操纵虚拟环境中的虚拟机器人就如同操纵真实的机器人一样，操作者所感受到的力觉反馈也是由虚拟环境提供的。这样，操作者在操纵虚拟机器人获得无延时的视觉反馈外，还能够获得更加逼真

图 11 -21　日本 MEL 实验室虚拟现实遥操作

的力觉反馈，试验结果验证了这种方法的有效性。但是它的缺点在于对远端环境、机器人等信息过分简化。

由以上分析可以看出，虚拟现实的遥操作技术要求操作者对远程环境具有丰富的先验知识，从而建立准确的虚拟现实遥操作环境，通常具有以下局限性：

（1）仿真模型与实际模型之间存在建模误差。虽然采用了基于三维 CAD 技术的建模方法、基于边界描述的建模方法等可以建立逼真的仿真环境，但是由于虚拟物体与实际物体间的相对位置关系很难精确匹配，可能会造成虚拟环境中准确执行命令作业而远端执行机构与环境发生意外碰撞或者无法稳定可靠地完成任务的情况。

（2）基于虚拟现实的遥操作缺乏鲁棒性。如果由于某些外界因素的作用使远程作业空间发生改变，而虚拟仿真环境缺乏对远程环境的动态适应性，这种改变在虚拟现实系统中难以迅速反映，易造成操作者的误操作，因此完全依靠仿真系统必将大大降低系统处理突发事件的能力。

（3）远程作业环境的先验知识的匮乏。遥操作多用于危险甚至敌对的环境中，操作者事先无法获取足够的远程环境先验知识，因而也无法建立精确的虚拟现实遥操作环境，这就需要根据远程执行机构的传感器信息来建立仿真环境。

由于虚拟现实应用于遥操作的局限性，希望纯粹通过虚拟现实仿真模型来反映实际模型的运动情况是不可靠的，必须利用现场真实的传感器信息去修正仿真模型，增强图形仿真的效果。而增强现实技术所具有的"虚""实"结合的特点恰恰可以满足遥操作系统的这一需求，弥补预测图形仿真系统的不足。由于增强现实不受操作者对环境的先验知识的限制，并能够及时响应系统的动态变化，更新遥操作环境，因此能对虚拟信息进行适当的修正，使得增强现实在遥操作中有很好的应用前景。

2. AR 技术在遥操作中的应用

简单地说，AR 就是将计算机生成的信息覆盖在现实世界之上。AR 是在 VR 的基础上发展起来的新技术，也被称为增强现实，是通过计算机系统提供的信息增强用户对现实世界感知的技术，将虚拟的信息应用到真实世界，并将计算机生成的虚拟物体、场景或系统提示信息叠加到真实场景中，从而实现对现实的增强。

AR 系统具有两个突出的特点：真实世界和虚拟世界的信息集成，具有实时交互性。增强现实将真正改变我们观察世界的方式，可以给人们提供即时信息。增强现实系统可以立即识别出人们看到的场景以及事物，并且检索和显示与该景象相关的数据。

AR 技术将计算机生成的虚拟信息（包括视觉信息、听觉信息和触觉信息等）融合到现实世界中，实现对现实世界的补充，使得虚拟信息从感官上成为周围真实世界的组成部分。增强现实技术是在虚拟现实技术的基础上发展起来的，与传统的虚拟现实不同，增强现实只是实现对现实世界的补充而不是完全替代现实环境。增强现实的虚实结合、实时交互和虚拟信息注册三个特点，增强了用户对现实世界的感知能力和与现实世界的交互能力。

AR 系统设计最基本的问题就是实现虚拟信息和现实世界的融合。由于人类感知外部信息 70%～80% 的信息都是通过视觉信息，因此具有沉浸感的显示技术是增强现实系统的基本技术之一，现有的研究多集中在基于视觉增强现实技术研究方面，也就是借助显示技术、交互技术、多种传感技术和计算机图形与多媒体技术把计算机生成的虚拟信息合成到用户感知的真实世界中的一种技术。

AR 的沉浸感的显示分为以下几类：头盔显示器显示、投影式显示、手持式显示器显示和普通显示器显示。由于头盔显示方式能将操作者的视野限制在感兴趣的范围内，因此较其他几种方式更具沉浸感，是应用最广泛的一种显示方式。2017 年 2 月，宇航员凯利在国际空间站测试了微软 HoloLens 增强现实头盔，NASA 认为这款设备可以帮助宇航员和地面人员进行更好的沟通，如图 11－22 所示。这是 AR 技术与可穿戴交互设备发展结合的典型案例。

图 11－22　凯利和微软 HoloLens 增强现实头盔

（图片来源于 NASA 的报告）

11.3.4　新型人机交互技术

人机交互（Human－Computer Interaction，HCI）系统研究的是关于设计、评价和实现供人们使用的交互计算系统以及相关的一门学科。通常人机交互的功能主要靠可输入输出的外部设备及配套设备来完成。常见的外部设备主要有键盘、鼠标、手写板等。人机交互部分的主要作用是控制有关设备的运行，并执行通过人机交互设备传来的有关命令和要求。

人机交互系统是载人航天器相对其他航天器而言独有的系统之一，其主要任务是为载人航天飞行的全过程提供可靠、安全的人机交互功能，支持航天员高效完成任务。航天员从进入载人航天器开始，在整个飞行任务期间，除与地面指挥控制中心的通话联系外，主要的信息获取均来自人机交互系统。同时由于人具有判断力、创造力以及发现故障和维修的能力，所以在载人航天任务中需要多发挥人的主观能动性，实现对航天器的手动操作、手动控制，完成自动系统在某些强约束环境下无法或不易完成的任务。随着载人航天任务日益丰富、复杂性日益增加，人机交互界面也由最初的命令语言人机界面、图形人机界面、直接操纵人机界面、多媒体人机界面向多通道人机界面和虚拟现实人机界面等方向发展。总之，未来的人机界面的主要发展趋势是以人为本的界面设计。通常用于空间机器人的人机交互技术如表 11 - 15 所示。

表 11 - 15　用于空间机器人的人机交互技术

人机交互技术	特点
高质量图形图像生产	包括工作空间特效制作，其将视角的运动独立于摄像机实际的位置和方向
超灵敏力反馈手动控制器	帮助航天员"感受"环境
数据手套	将扩展至全"数据衣服"
头盔延时器	产生沉浸式感觉
平视显示器能够将图像覆盖至真实场景	在允许持续的场景视觉监视的同时显示可视数据
立体成像	提供深度感知
实时仿真	预测和预览显示器需要
声控	应该包括自然语音识别，但是受限于安全考虑（一个紧张的声音会改变特征）；对于非关键任务最为合适，例如摄像机的调焦任务
语言反馈	计算机产生的声音
虚拟现实技术	增强航天员的远程操控能力，有临场感

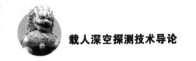
1. 多通道交互

多通道交互（Multi – Modal Interaction，MMI）是近年来迅速发展的一种人机交互技术，它既适应了"以人为中心"的自然交互准则，也推动了互联网时代信息产业（包括移动计算、移动通信、网络服务器等）的快速发展。MMI是指一种使用多种通道与计算机通信的人机交互方式。通道（Modality）涵盖了用户表达意图、执行动作或感知反馈信息的各种通信方法，如言语、眼神、脸部表情、唇动、手动、手势、头动、肢体姿势、触觉、嗅觉或味觉等。采用这种方式的计算机用户界面称为"多通道用户界面"。

触摸式交互目前应用非常广泛，随着触摸屏手机、触摸屏电脑、触摸屏相机、触摸屏电子广告牌等触摸屏发明创新的广泛应用与发展，触摸屏与人们的距离越来越近。触摸屏交互技术，由于其具有便捷、简单、自然、节省空间、反应速度快等优点，被人们广泛接受，成为时下最便捷的人机交互方式。

多点触控技术（Mufti – Touch Techniques，MTT）是一种新兴的人机交互技术，在同一个应用界面上，没有鼠标、键盘，而是通过人的手势、手指和其他外在物理物直接与电脑进行交互，改变了人和信息之间的交互方式，实现多点、多用户，同一时间直接与虚拟的环境交互，增强了用户体验。而传统的触摸屏仅仅支持单点操作，如果多个点同时触碰，则会出现输入混乱的现象。

语音识别技术，也称作自动语音识别（Automatic Speech Recognition，ASR），其目标是将人类语音中的词汇内容转换为计算机可读的输入，如按键、二进制编码或者字符序列。语音识别被认为是未来人机交互技术中最具潜力的技术。尤其是针对当下的各种可穿戴式智能设备，通过对话的方式发出命令产生交互是最高效可行的。

体感技术，也称动作感应技术，这是下一代高级人机交互技术的核心。动作感应技术主要是通过光学感知物体的位置、加速度传感器感知物体运动加速度，从而判断物体所作的动作，继而进行交互活动。

2. 可穿戴式交互

可穿戴技术是信息技术和生物医学工程的研究热点，充分体现了智能生物技术（Intelligent Bio – Technology，IBT）的融合。可穿戴人机交互（Wearable Human – Computer Interaction，WHCI）是指可穿戴计算机是一类超微型、可穿戴、人机"最佳结合与协同"的移动信息系统。可穿戴计算机不只是将设备微型化和穿戴在身上，它还实现了人机的紧密结合，使"人脑"得到直接和有效的扩充与延伸，增强了人的智能。这种交互方式由微型的、附在人体上的计算机系统来实现，该系统总是处在工作、待用和可存取状态，使人的感知能力得以增强，并主动感知穿戴者的状况、环境和需求，自主地作出适当响应，从而弱化了"人操作机器"，而强化了"机器辅助人"。可穿戴交互设备如图11-23所示。随着计算机标准化软硬件以及互联网技术的高速发展，可穿戴式智能设备的形态开始变得多样化，目前，市场上可穿戴产品形态各异，主要包括智能眼镜、智能手表、智能腕带、智能跑鞋、智能戒指、智能臂环、智能腰带、智能头盔和智能纽扣等。

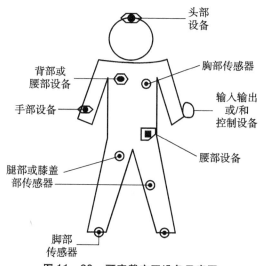

图 11-23　可穿戴交互设备示意图

3. 脑机交互

脑-机接口（Brain Computer Interface，BCI）是以脑电信号为基础，将大脑活动特征转化为预定义的命令，从而实现与外界交流或者控制其他外部设备的先进技术，是一种不依赖身体肌肉组织系统和控制神经系统的新型接口技术。脑-机接口可定义为一个非肌肉通信系统，它可以使人体的大脑意图和外界环境进行直接的沟通交流，在计算机和大脑之间建立一个新的通信通道。

BCI和普通人机交互接口的一个主要差别是：BCI只需要检测大脑的响应性或目的性活动信号，而不需要人体语言或身体动作的参与。基于脑电信号（Electroencephalogram，EEG）的BCI并非试图解释大脑自发脑电，而是使大脑产生容易被解释分析的脑电，BCI检测分析出这种特异性脑电后，就可以发出相对应的控制信息。

BCI系统和任何通信系统一样，有输入（即来自使用者的大脑信号）、输出（即设备指令）、将输入转化为输出的组件，以及决定运行开始、偏移及定时的操作协议。因此，任何 BCI 系统都可以说是由四大部分组成的，如图11 - 24 所示。

（1）信号采集，采集大脑信号。

（2）信号处理，提取大脑信号特征并将其转化为设备指令。

（3）输出设备，根据设备指令执行动作来实现用户的意图。

（4）操作协议，引导操作流程。

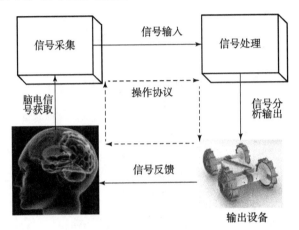

图 11 - 24　BCI 系统组成

对于部分 BCI 系统还会加入反馈环节，用户可知道自己思维控制得到的结果，对于出现的误操作，用户也可以进行自主调节脑电信号以达到更好的控制目标。反馈可以提高系统的准确性、实时性，但是同时也会影响用户体验，对系统也带来一定的资源负担。根据传输形式，BCI 技术可以分为单向 BCI 技术和双向 BCI 技术。单向 BCI 技术不能同时发送和接收信号，而双向 BCI 技术允许脑和外部设备间的双向信息交换，如图 11 - 25 所示。

脑皮层电位信号（Electrocorticogram，ECoG）是通过信号采集系统，经过信号采集、放大、滤波、A/D 转换等输出的预处理信号，即还原之后较为纯净的脑电信号；然后，ECoG 信号处理系统经过特征提取、模式识别、模式分类进行信号处理，将分类结果输出；再经过指令编码，将信号变为控制指令传输给控制机构，控制外界环境及设备；同时，将反馈信息经过多通道反馈系统传输给计算机及人脑，进行人机交互，对控制指令进行进一步调整和确认。

4. 未来可能的应用

在载人深空探测任务中，航天员的生命安全是最重要的，航天员在环境恶劣的太空执行任务，由于微重力、高辐射等空间环境的影响，会使一些原本简

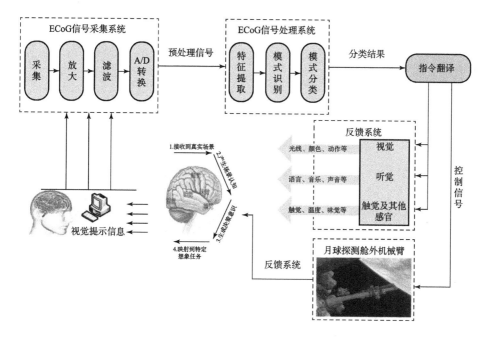

图 11 - 25　双向 BCI 人机交互技术结构图

单的任务变得复杂不可控。因此，将新型人机交互技术应用于载人航天领域可以确保航天员的安全，增加任务的灵活性和可靠性，提升空间操作的安全性和效率。初步分析 BCI 技术在载人深空探测任务中未来可能的应用有以下几种：

1）用于控制机器人进行空间站维修作业

空间站等大多数航天器安装有高精度电子元器件，其中有很多微型元器件安装在仪器中。航天器质量越小、体积越小，需要携带的燃料越少，有效载荷比就越高。因此，很多航天器的设备都尽可能节省空间，紧密安装在狭小的空间内。这些电子元器件发生故障时，航天员很难对其进行修复，而且在任务执行中，有些元器件不能拆卸。如果能将新型人机交互技术和微型维修机器人结合，就能够解决这类问题。

微型维修机器人由于体积小，能够进入航天员到达不了的狭小空间。航天员可以通过微型维修机器人的拍摄装置，在计算机上显示出故障发生的位置，通过 BCI 控制微型维修机器人，将损坏的元器件换下，或者直接进行修复。

2）用于航天服内部环境控制

航天员在执行舱外任务时，需要对航天服的内部环境进行监测和调节，维持航天服内部环境的相对稳定。由于外界环境的差异性、工作环境的复杂性，要根据外界的环境变化对航天服内部环境进行控制。可以将 BCI 技术应用于航天服内部环境控制系统中，通过实时性控制，确保环境控制的及时性。

在舱外作业中，如果航天员感觉到身体不适或遇到紧急事件时，可以通过BCI系统迅速向飞行器和航天服发送信号，无须手动操作，使航天服内部环境控制系统接收到指令信息可以做出快速反应，如增加航天服内氧气含量、提高航天服内温度等，确保航天员生命安全。

3）用于 BCI 与 EMG 结合的人体机械外骨骼

可穿戴人体外骨骼系统是一个典型的人机耦合的系统，将人的智能和机械外骨骼的强度结合在一起，融入了先进控制、信息、通信等技术。以人为主、以外骨骼为辅，就可以综合人的智能和机械外骨骼的强度，共同完成任务，这也可以很方便地实现人机交互。

基于 BCI 与肌电图（Electromyography，EMG）结合的人体机械外骨骼，在载人航天领域有非常好的发展前景。航天员进行星表勘探时，星表探测器不能随着航天员的运动范围任意运动，航天员在进行人工钻取、挖孔、采集星表土壤时，外骨骼装备可以根据脑信号和肌肉信号的控制指令，进行相应动作，为航天员节省体能，并且能够提供超出航天员自身的力量。在外骨骼装备的帮助下，航天员可以在星表更为轻松、省力地行走。基于 BCI 与 EMG 的人体外骨骼装备，同时接收脑皮层电位信号 ECoG 信号和 EMG 信号，可以更好地为载人深空探测任务服务。图 11 – 26 所示为 BCI 与 EMG 结合的人体外骨骼控制系统示意图，图 11 – 27 所示为人体外骨骼示意图。

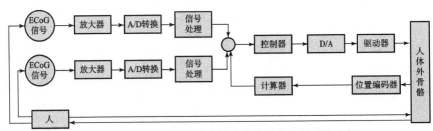

图 11 – 26　BCI 与 EMG 结合的人体外骨骼控制系统示意图

图 11 – 27　人体外骨骼示意图

对于长期生活在空间站或者经受长期太空旅行的航天员来说，长期的微重力环境会对航天员的肌肉组织和骨骼组织造成伤害，导致骨质流失和肌肉萎缩等症状。可以使用基于 BCI 和 EMG 结合的人体外骨骼装置，帮助航天员进行恢复训练。例如，通过 ECoG 信号对腿部外骨骼进行控制，协助、强迫进行腿部训练，给腿部肌肉持续受力，进行腿部机能恢复训练。

对于在执行任务中受伤、致残的航天员，基于 BCI 和 EMG 结合的人体外骨骼技术，可以最大限度地帮助他们进行正常的生活。对于一名脊椎受损的航天员，通过无线数据通信建立闭环通信回路，可以绕过受损的脊椎部分，进行信息传递和反馈。

4）BCI 与 VR 结合的载人车辆导航技术

在载人深空探测任务中，根据探测任务的需要，探测器到达探测目标后，要释放星表探测器对探测目标进行表面作业，如月球车、火星车、小行星星表探测器等。这些星表探测器工作时，需要进行导航，将 BCI 与 VR 技术结合，可以对火星车等进行远程大范围导航。在探测器着陆之前的探测目标绕飞阶段，对目标星进行拍摄和地形重构，将星表的三维图像传输给可视化头盔，航天员根据还原的视景呈现发出 ECoG 信号，通过 BCI 系统对 ECoG 信号进行处理、分析，转化为导航信号分别传输给 VR 系统和火星车等导航目标，在 VR 系统的还原场景中，虚拟火星车执行导航指令，航天员可以根据 VR 系统的图像进行大范围路径规划。同时火星车接收导航命令进行工作，并将实时导航结果反馈给航天员，判断是否继续下一步导航指令。图 11－28 所示为 BCI 与 VR 结合的导航过程示意图。

5）用于航天员应急系统

载人深空探测的任务周期通常都超过 1 年，航天员长期处于恶劣的太空环境，对身体健康和生命安全都有一定的威胁。因此，载人深空探测任务通常都考虑航天员应急救生问题，保证航天员在航天器紧急故障或突发状况下，能够启动应急系统，保证航天员的生命安全。

采用可穿戴交互技术启动应急系统，可以在突然紧急情况下节省宝贵的时间，迅速启动应急系统。而且突发状况时，航天员通常很难马上接触到应急装置，用可穿戴交互技术进行启动，会在第一时间为航天员提供救援帮助。

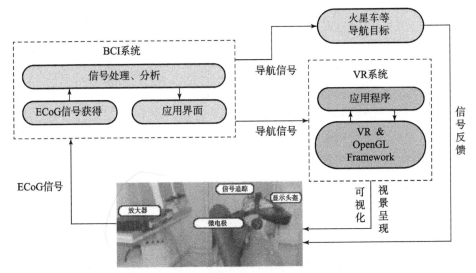

图 11−28　BCI 与 VR 结合的导航过程示意图

思考题

1. 人机联合探测的概念和内涵是什么？
2. 人机智能系统的未来发展趋势是什么？
3. 月面探测任务的需求有哪些？
4. 举例说明月面人机系统的功能分配方法。
5. 举例说明人机作业任务规划设计方法。
6. 空间机器人技术的难点和特点是什么？
7. VR 及 AR 技术在遥操作中有哪些应用？
8. 新型人机交互技术有哪些？有什么特点？
9. BCI 技术在载人深空探测任务中有哪些可能的应用？

参 考 文 献

[1] [美] 拉尔森，普兰克. 载人航天任务分析与设计（上、下）[M]. 邓宁丰，张海联，译. 北京：中国宇航出版社，2016.

[2] 刘宏，刘宇，姜力. 空间机器人及遥操作技术 [M]. 哈尔滨：哈尔滨工业大学出版社，2012.

[3] 果琳丽，王平，朱恩涌，等. 载人月球基地工程 [M]. 北京：中国宇航出版社，2013.

［4］ 董克，刘明锐. 仿造人类智能——机器人与人工智能发展［M］. 上海：上海交通大学出版社，2004.

［5］ 陈鹰，杨灿军. 人机智能系统理论与方法［M］. 杭州：浙江大学出版社，2006.

［6］ 张佳凡，陈鹰，杨灿军. 柔性外骨骼人机智能系统［M］. 北京：国防工业出版社，2011.

［7］ 龙升照，黄瑞升，陈道木，等. 人机环境系统工程理论及应用基础［M］. 北京：科学出版社，2004.

［8］ 孟祥旭. 人机交互基础教程［M］. 北京：清华大学出版社，2010.

［9］ 杨宏. 载人航天器技术［M］. 北京：北京理工大学出版社，2018.

［10］ 孙泽洲. 深空探测技术［M］. 北京：北京理工大学出版社，2018.

［11］ 王耀兵. 空间机器人［M］. 北京：北京理工大学出版社，2018.

［12］ 黄攀峰，刘正雄. 空间遥操作技术［M］. 北京：国防工业出版社，2015.

［13］ 周建亮，吴凤雷. 月面遥操作技术［M］. 北京：国防工业出版社，2017.

［14］ 梁鲁，邓宗全. 月面人机联合探测概念研究报告［R］. 中国空间技术研究院，2015

［15］ 张泽旭. 基于脑机接口（BIC）概念的人机交互技术研究［R］. 中国空间技术研究院，2015

［16］ 果琳丽，叶培建. 载人月球基地及其关键技术概念研究［R］. 中国空间技术研究院，2013.

［17］ 赵阳. CAST 基金研究报告——空间智能轮系多机器人系统技术研究［R］. 中国空间技术研究院，2012.

［18］ 张志贤，果琳丽，戚发轫. 月面人机联合探测概念研究［J］. 载人航天，2014（20）：432 – 442.

［19］ 侯建文，赵晨，常立平，等. 未来月球探测总体构想［J］. 载人航天，2015，21（5）：425 – 434.

［20］ 李海阳，张波，黄海兵. 航天员与类人机器人月面联合探测概念初步研究［J］. 载人航天，2014，20（4）：301 – 306.

［21］ 张亚坤，李海阳. 级间设计人机联合探月方案［J］. 国防科技大学学报，2015，37（4）：143 – 150.

［22］ 张伟，靳召君. 基于标准库的月面人机联合探测任务分配方法［J］. 计算机工程与应用，2016，52（24）：241 – 245.

[23] 曾令斌，邱宝贵，肖杰，等. 月面机器人探测路线图及典型方案研究 [J]. 载人航天，2015，21（3）：263－269.

[24] 何志平，王建宇，舒嵘，等. 月面资源人机联合多尺度红外光谱成像探测概念研究 [J]. 载人航天，2017，23（5）：597－601.

[25] 曹雏清. 面向多方式人机交互的肢体动作识别研究 [D]. 哈尔滨：哈尔滨工业大学，2012.

[26] 姜生元，沈毅，吴湘，等. 月面广义资源探测及其原位利用技术构想 [J]. 深空探测学报，2015，2（4）：291－301.

[27] 朱恩涌，果琳丽，陈冲. 有人月球基地构建方案设想 [J]. 航天器返回与遥感，2013，34（5）：1－6.

[28] 唐苏妍，朱一凡. 多 Agent 系统任务分配方法综述 [J]. 系统工程与电子技术，2010（10）：2155－2161.

[29] 钟浩. 载人航天中的人机功能分配及遥操作 [J]. 合肥工业大学学报（自然科学版），2001（24）：809－811.

[30] 周前祥，姜世忠. 载人航天器系统的人机功能分配方法的研究 [J]. 中国航天，2002，6：30－33.

[31] 汤志荔，张安，曹璐，等. 复杂人机智能系统功能分配方法综述 [J]. 人类工效学，2010，16（1）：68－71.

[32] 韩秀峰. 基于虚拟现实的遥操作机器人系统研究 [D]. 沈阳：东北大学，2010.

[33] 倪得晶，宋爱国，李会军. 基于虚拟现实的机器人遥操作关键技术研究 [J]. 仪器仪表学报，2017，38（10）：2351－2363.

[34] 张涛，陈章，王学谦，等. 空间机器人遥操作关键技术综述与展望 [J]. 空间控制技术与应用，2014，40（6）：1－9.

[35] 李卫华. 轮式移动机器人滑转率预测及遥操作技术研究 [D]. 哈尔滨：哈尔滨工业大学，2016.

[36] 高庆，刘金国，张飞宇. 面向月面探测的空间机器人－航天员手势交互方法的研究 [J]. 载人航天，2018，24（3）：321－326.

[37] 许青，杨凡，陈卫东. 基于眼电技术的人机交互系统 [J]. 载人航天，2011（5）：39－45.

[38] 张向刚，秦开宇，张羿，等. 基于外骨骼技术的舱外作业下肢运动能力增强技术 [J]. 载人航天，2015，21（4）：418－424.

[39] 刘寒冰，赵丁选. 临场感遥操作机器人综述 [J]. 机器人技术与应用，2004，1：42－45.

［40］陈启宏，费树岷，郑敏，等．遥操作系统带观测器的反馈控制［J］．系统工程理论与实践，2003，11：25 – 35．

［41］丁振．空间机器人多通道交互系统的研究与实现［D］．武汉：华中科技大学，2016．

［42］董士海．人机交互的进展及面临的挑战［J］．计算机辅助设计与图形学学报，2004，16（1）：1 – 13．

［43］周前祥，魏哲浩．载人航天器人机交互技术的研究进展［J］．中华航空航天医学杂志，2005，16（4）：316 – 320．

［44］杨立才，李佰敏，李光林，等．脑机接口技术综述［J］．电子学报，2005（7）：1234 – 1241．

［45］果琳丽，张志贤，张泽旭．脑机接口技术在载人航天任务中的应用研究［J］．国际太空，2016（4）：73 – 78．

［46］张涛，陈章，王学谦，等．空间机器人遥操作关键技术综述与展望［J］．空间控制技术与应用，2014，40（6）：1 – 9．

［47］郑颜宁．机器人宇航员全身协调运动规划及双臂柔顺控制研究［D］．哈尔滨：哈尔滨工业大学，2015．

［48］朱碧玉．基于多种人机交互设备的空间遥操作机器人控制技术研究［D］．南京：东南大学，2016．

［49］倪得晶，宋爱国，李会军．基于虚拟现实的机器人遥操作关键技术研究［J］．仪器仪表学报，2017，38（10）：2351 – 2363．

［50］陈健辉．机器人宇航员遥操作运动映射和层次化避奇异方法研究［D］．哈尔滨：哈尔滨工业大学，2017．

［51］李文皓，张珩，马欢．大时延环境下空间机器人的可靠遥操作策略［J］．机械工程学报，2017，53（11）：90 – 96．

［52］薛书骐，王春慧，蒋婷．面向空间机械臂遥操作任务的客观绩效指标分析［J］．载人航天，2017，23（5）：697 – 703．

［53］唐伟财，陈善广，肖毅．立体信息不同缺失水平下基本认知能力在遥操作任务中的作用研究［J］．载人航天，2017，23（2）：266 – 273．

［54］刘霞，潘成伟．异构型遥操作系统的定位与接触控制研究［J］．电子科技大学学报，2018，47（4）：532 – 538．

［55］刘嘉宁，李通通，余张国，等．多臂空间机器人操作大型目标的全身接触柔顺控制研究［J］．兵工学报，2019，40（2）：395 – 403．

［56］丰飞，唐丽娜，韩锋．空间多功能在轨维护机器人系统及其末端执行器设计［J］．航空制造技术，2019，62（10）：14 – 22．

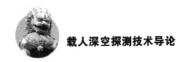
[57] Lyndon B. Apollo program summary report [R]. NASA report JSC – 09423, 1975.

[58] Benaroya H, Ettouney M. Framework for the evaluation of lunar base structural concepts [C]. Ninth Biennial SSI/Princeton Conference on Space Manufacturing, Princeton, 1989: 297 – 302.

[59] Benaroya H, Ettouney M. A preliminary framework for the comparison of two lunar base structural concepts [C]. Engineering, Construction, and Operations in Space, ASCE, New York, 1990: 490 – 499.

[60] Mendell W. Lunar bases and space activities of the 21st Century [C]. Proceedings of the Lunar and Planetary Institute, Houston, 1985.

[61] Sadeh W Z, Sture S, Miller (Eds.) R J. Engineering, construction, and operations in space [C]. Proceedings of the ASCE, New York, 1992.

[62] Hörz F. Lava tubes: Potential shelters for habitats [C]. Lunar Bases and Space Activities of the 21st Century, Houston, 1985: 405 – 412.

[63] Kennedy K. Habitat configuration evaluation criteria for Moon/Mars [C]. SPACE 94 Conference on Engineering, Construction, and Operations in Space, American Society of Civil Engineers, New York, 1994, 2: 979 – 987.

[64] Moore G. Lunar base requirements for human habitability [C]. SPACE 92 – Conference on Engineering, Construction, and Operations in Space, American Society of Civil Engineers, New York, 1992, 224 – 239.

[65] Roberts M. Inflatable habitation for the lunar base [R]. NASA Report No CP – 3166, 1: 249 – 253.

[66] Sadeh W Z, Abarbanel, Criswell M E. A generic inflatable structure for a lunar/Martian base [C]. 45th IAF Congress, 1996.

[67] Kennedy K. A horizontal inflatable habitat for SEI [C]. SPACE 94 – Conference on Engineering, Construction, and Operations in Space, American Society of Civil Engineers, New York, 1994, 1: 135 – 146.

[68] Brent S, Stephen C. Long – duration habitat trade study, NASA study contract [R]. NASA – 37857.

[69] Graf J C. Construction operations for an early lunar base [C]. SPACE 88, ASCE, Reston, 1988: 190 – 201.

[70] Happel J A, Willam K, Shing B. Prototype lunar base construction using indigenous materials [C]. SPACE 92, ASCE, Reston, 1992: 112 – 122.

[71] Arkin R C. Behavior – based Robotics, Intelligent Robotics and Autonomous A-

gents Series [M]. Cambridge: The MIT Press, 1998.

[72] Hickey G, Kennedy B, Ganino A. Intelligent mobile systems for assembly, maintenance, and operations for space solar power [C]. Proc. ASCE Robotics 2000 Conference, Albuquerque, 2000.

[73] Parasuraman R, Sheridan T B. A model for types and levels of human interaction with automation [J]. IEEE Transactions on Systems, Man, and Cybernetics—Part A: Systems and Humans, 2000, 30 (3): 286 – 297.

[74] Carter T. The application of the methods of evidence – based practice to occupational health [J]. Occup Med (Lond), 2000, 50 (4): 231 – 236.

[75] Sanders G B, Larson W E, Sacksteder K R. NASA lunar mining and construction activities and plans [R]. JSC – CN – 18219, 2000.

[76] Sierhuis M, Clancey W J, Sims M H. Multiagent modeling and simulation in human – robot mission operations work system design [C]. Proceedings of the 35th Hawaii International Conference on System Sciences, 2002.

[77] Marc M C, Arch D. Mobile lunar and planetary bases [C]. AIAA – 2003 – 6280, 2003.

[78] Tyree K S. Robotic assistance for human planetary and lunar exploration [C]. AIAA – 2004 – 5841, 2004.

[79] Cornelius C, Doyle R. Architecture design strategies for the evolutionary development of networked human and robotic planetary exploration system [C]. AIAA 2004 – 6517, 2004.

[80] Marquez J J, Cummings M L, Kunda R N, et al. Collaborative human – computer decision support for planetary surface traversal [C]. In proceedings for AIAA Infotech@ Aerospace, 2005.

[81] NASA. NASA's exploration systems architecture study [R]. NASA Final Report, NASA TM – 2005 – 214062, 2005.

[82] Ishijima Y, Tzeranis D, Dubowsky S. The on – orbit maneuvering of large space flexible structures by free – flying robots [C]. Proc. SAIRAS 2005: 8 Int. Sympos. Artificial Intelligence, Robot. Automat. Space, 2005: 5 – 8.

[83] Effinger R, Hofmann A, Williams B. Progress towards tasklevel collaboration between astronauts and their robotic assistants [C]. ISAIRAS 2005 Conf, Munich, Germany, 2005.

[84] Crandall J W, Goodrich M A, Olsen Jr D R, et al. Validating human – robot interaction schemes in multitasking environments [J]. Systems, Man and Cy-

bernetics, Part A: Systems and Humans, IEEE Transactions on, 2005, 35 (4): 438 – 449.

[85] Soloff J A, Noreen G, Deutsch L. A sustained proximity network for multi – mission lunar exploration [C]. AIAA 2005 – 2505, 2005.

[86] Malenkov M, Maurette M, Koutcherenco V, et al. Innovative Mars exploration rover using inflatable or unfolding wheels [C]. Proceedings of the 9th ESA Workshop On Advanced Space Technologies for Robotics and Automation, Noordwijk, The Netherlands, 2006: 1 – 8.

[87] Cohen M M, Tisdale R A. Habot mobile lunar base configuration analysis [C]. AIAA 2006 – 7335, 2006.

[88] Bodkin D K, Escalera P, Bocam K J. A human lunar surface base and infra-structure solution [C]. AIAA2006 – 7336, 2006.

[89] Diftler M A, Ambrose R O, Bluethmann W J, et al. Crew/robot coordinated planetary EVA operations at a lunar base analog site [R]. NASA Report, 2007.

[90] Mishkin A, Lee Y. Human – robotic missions to the Moon and Mars: Operations design implications [C]. 2007 IEEE Aerospace Conference, 2007: 1 – 10.

[91] Shah J A, Saleh J H. Review and synthesis of considerations in architecting het-erogeneous teams of humans and robots for optimal space exploration [J]. IEEE Transactions on Systems, Man, and Cybernetics – Part C: Applications and Reviews, 2007 (5): 779 – 793.

[92] Horneck G, Comet B. General human health issues for Moon and Mars mis-sions: Results from the HUMEX study [J]. Advances in Space Research, 2006 (37): 100 – 108.

[93] Marquez J J. Human – automation collaboration: Decision support for lunar and planetary exploration [D]. Boston: Massachusetts Institute of Technology, 2007.

[94] Diftler M A, Amorose R O, Bluethmann W J, et al. Crew/robot coordinated planetary EVA operations at a lunar base analog site [C]. Lunar and Planetary Institute Science Conference Abstracts, 2007 (38): 1937.

[95] Peek K. Robotic assist for lunar surface operations [C]. AIAA 2007 – 6159, 2007.

[96] Hua H, Mrozinski J, Shehon K, et al. Analyzing lunar mission architectures using an activity planner for optimizing lunar surface human—robot operations [C]. Conference on System Engineering Research, Los Angeles, CA, 2008.

[97] Benaroya H, Bernold L. Engineering of lunar bases [J]. Acta Astronautica, 2008 (62): 277 – 299.

[98] Toups L, Kennedy K J, et al. Constellation architecture team – lunar habitation concepts [C]. AIAA SPACE 2008 Conference & Exposition, San Diego, California , 2008.

[99] Sachiko W, Hitoshi S, Shin – Ichiro N. Design and mobility evaluation of tracked lunar vehicle [J]. Journal of Terramechanics, 2009 (46): 105 – 114.

[100] Deans M C, Fong T, Allan M, et al. Robotic scouting for human exploration [C]. AIAA space Conference & Exposition, 2009.

[101] Deans M C, Fong T, Allan M, et al. Robotic scouting for human exploration [C]. AIAA 2009 – 6781, 2009.

[102] Drake, Bret G. Human exploration of Mars, design reference architecture 5. 0 [R]. NASA – SP – 2009 – 566, 2009.

[103] Matthew H, Jaret M, Frost M, et al. Development of the Tri – ATHLETE lunar vehicle prototype [R]. NASA/CP – 2010 – 216272, 2010.

[104] Fong T, Abercromby A, Bualat M G, et al. Assessment of robotic recon for human exploration of the moon [J]. Acta Astronautica, 2010, 6 (9): 1176 – 1188.

[105] Fong T, Bualat M, Deans M C, et al. Robotic follow – up for human exploration [C]. AIAA 2010 – 8605, 2010.

[106] Cordes F, Ahms I, Bausch S, et al. Lunares: Lunar crater exploration with heterogeneous multi robot systems [J]. Intelligent Service Robotics, 2011, 4 (1): 61 – 89.

[107] Li L J, Xiong D S, Wu X M. Classification of imaginary movements in ECoG [C]. Bioinformatics and Biomedical Engineering, 5th International Conference, 2011.

[108] Osinski G R, Moores J. Co – operative human – robotic exploration of lunar analogue sites [C]. 43rd Lunar and Planetary Science Conference, Woodlands, Texas, 2012.

[109] Schmidt G R, Landis G A, Oleson S R. Human exploration using real – tin robotic operations (HERRO): A space exploration strategy for the 21st century [J]. Acta Astronautica, 2012 (80): 105 – 113.

[110] Maria A V, Eugenio G, Jeffrey A H. A methodology to support strategic decisions in future human space exploration: From scenario definition to building

blocks assessments [J]. Acta Astronautica, 2013 (91): 198 – 217.

[111] Svendsen A, Schlacht I L, Nebergall K, et al. Safety performance and comfort on EUROMOONMARS Mars mission simulation [C]. 64th International Astronautical Congress, Beijing, 2013.

[112] Cataldo G. Human – robotic interaction for lunar exploration in the development of a lunar far – side radio observatory [C]. 64th International Astronautical Congress, Beijing, 2013.

[113] Hashimoto T. Japanese Moon surface exploration mission [C]. 65th International Astronautical Congress, Toronto, Canada, 2014.

[114] Mohanty S. Operation scenarios and constraints for joint human – robot surface EVA mission on Moon and Mars [C]. 65th International Astronautical Congress, Toronto, Canada, 2014.

[115] Yue H K, Weck O L, Grogan P T. Logistical analysis of a flexible human – and – robotic Mars exploration campaign [J]. Journal of Spacecraft and Rockets, 2014, 51 (2): 640 – 644.

[116] Tantardini M, Flamini E. Synergies between human space exploration and science in the asteroid redirect mission and the potential Italian participation in the asteroid redirect robotic mission phase [J]. The European Physical Journal Plus, 2017, 132: 314.

[117] Vera A. What machines need to learn to support human problem – solving [R]. NASA report, 2017.

[118] Tantardini M. How science and benefit from synergies with human space exploration: the case for Near Earth Asteroids (NEAs) [J]. 5th IEEE International Workshop on Metrology for Aero Space, 2018.

[119] Tetty F. Interactive exploration robots: Human – robotic collaboration and interactions [R]. NASA ARC – E – DAA – TN35349, 2018.

[120] Lupisella M L, Wright M R, Bleacher J E. Low – latency teleoperations: operational implications for human space exploration [R]. NASA – N180003232, 2018.

[121] Wojtusch J, Taubert D, Graber J, et al. Evaluation of human factors for assessing human – robot interaction in delayed teleoperation [C]. IEEE International Conference on System, Man and Cybemetics (SMC), 2018.

[122] Wilcox B H, Howe A S. Robotic infrastructure for Mars outpost water supply [C]. IEEE Aerospace Conference, 2018.

第 12 章

地面模拟活动及试验验证技术

载人深空探测器系统复杂，研制难度大，深空通信存在明显时延，无法及时获得地面指控中心的支持，因此在探测器研制期间必须开展全方位的地面试验验证及大量的地面模拟活动，来评估飞行器系统的性能以及飞行乘组的工作能力和绩效。对于载人深空探测任务，主要包括以下三类地面模拟活动：①验证单个飞行器系统或者设备的性能和作用的地面试验，主要目的是对飞行器系统飞行性能、飞行器及航天员对深空环境的适应性、航天员与飞行器之间的人机交互性等进行充分试验，为改进飞行器系统产品设计提供参考依据；②比较可供选择的多个系统或者组合的性能试验，确保航天员在深空飞行时的安全；③评估飞行乘组的能力和训练飞行乘组、地面保障人员、工程师和管理人员。这些地面模拟设施及设备不仅有利于航天工程师测试和验证飞行器的工程性能，还可用于公众在正式任务实施之前参与到他们感兴趣的任务模拟活动中去，进行科学知识普及和传播，提升公众对载人航天和深空探测活动的关注度。

|12.1　地面模拟活动及相关概念|

由于地面模拟活动的复杂性高，涉及科学试验、工程技术及人员操作等多方面的问题，并且随着复杂度和集成度的增加，单个设备的地面验证试验逐步会演变成模拟任务试验，如俄罗斯组织开展的"火星500"项目就是由多国航天员共同参与的模拟任务试验，而不是单个居住舱性能验证试验。为了更好地理解这些地面模拟活动，国际空间组织给出了地面模拟活动的广义概念，如图12-1所示。此外，对模拟任务、模拟试验、模拟现场、模拟设施和试验设施等概念也给出了明确的定义。

图 12-1　地面模拟活动的概念

（1）模拟任务。模拟任务是一种设计环节的活动，它是指在模拟环境条件下使用实际的或者在功能上具有相似性的系统和操作，或者是模拟环境下的过程来代替实际航天任务的特定的科学、技术和操作，为了解这些系统的性能及相互影响、任务流程以及最终达成任务目标的能力。

（2）模拟试验。模拟试验设计用于检验或者完善单独的某项科学、技术、操作任务需求或者数据产品。

（3）模拟现场。模拟现场是在地球上的某种自然环境中，在某种程度上对实际航天任务面临现场环境的模拟（如气候、地理形态、光照环境等方面）。

（4）模拟设施。模拟设施是一种人为结构或者人工建造的地点，在这种结构或者地点中，模拟实际航天任务的某个阶段的某些有代表性的设备设施，它能够完全复制和受控。

（5）试验设施。试验设施是一种人为设备或结构，其环境参数代表着在实际航天任务的某个阶段所能遇到的环境参数，它能够完全复制和受控。

12.2　航天员环境模拟试验及训练

载人深空探测任务中，针对航天员对低/微重力环境的适应性、在行星特殊环境中执行任务的可行性、对航天员执行操作任务流程的合理性等方面，均需要在地面上进行充分的试验验证和模拟训练。

12.2.1　航天员低/微重力环境适应性训练

地球、月球、火星重力环境差异较大，航天员在执行操作任务过程中的潜意识和响应速度均有不同，执行飞行任务前必须有足够的模拟训练和直观反应。低/微重力环境适应性训练主要目的是在地面提前对航天员进行适应性训练和操作任务流程演练，试验数据可用于操作任务流程优化、安全性改善、人机交互设计以及航天员个人特质评估中。适应性训练一是要构建适宜的低/微重力环境，尽可能地逼近实际飞行任务场景，使航天员在感统以及视觉等方面提前体验到真实的太空环境；二是创造航天员自由运动和进行操作任务的条件，使其掌握控制自身运动的经验方法，并建立与周边物体接触后产生的运动反应特性。已有微重力模拟方法中，失重飞机、中性水槽、落塔等均属于传统方式，费用昂贵，失重飞机和落塔模拟的微重力环境时间短，一般只有十几秒；悬吊与气浮平台的模拟方式虽能够获得长时间的微重力环境，但悬吊方法模拟装置结构复杂，不利于航天员肢体动作类训练。

飞机做抛物线飞行时可以产生短时间 $10^{-2} \sim 10^{-3}g$ 的微重力环境，美国现有失重飞机包括 T - 33、F - 104、KC - 135 和 DC - 9，俄罗斯基于伊尔 - 76 改装为失重飞机，法国失重飞机包括空客 A300 和"快帆"，日本 MU - 300 飞机也支持抛物线飞行模拟失重。世界主要失重飞机性能比较如表 12 - 1 所示。

表 12-1　世界主要失重飞机性能比较

性能		国别与机型				
		俄 IL-76	美 KC-135A	法 Caravelle	法 A300	日 MU-300
机况		4 发动机（运输机改装）46.6×50.5×14.8（m³）	4 发动机（波音 707 改装）46×44×14.1（m³）	双发动机（快帆 6R-234 改装）32×34.3×8.9（m³）	空中客车 A300 B2No3 改装	双发动机
实验室	尺寸（m³）	14.2×3.45×3.4	18×3.25×2	12.5×2.7×1.9	20×5×2.5	4.76×1.50×1.45
	截面门	长方形 1 大后货门 2 乘客门	半圆形 1 侧面货门 1 乘客门	半圆形 3 乘客门		
设施	电力 50/60（Hz）	3 kVA 27 VDC	10 kVA 28 VDC	10 kVA 29 VDC	20 kVA	
	排气照明	无 20 岗光灯（飞抛物线时）	有 20 岗光灯（飞抛物线时）	有 氖光连续照明	有 适合照相和录相的照明	
	装填料	地板物加垫	地板和墙壁	地板和墙壁	地板和墙壁	
乘客容量（人）		17	23	21	40	8
实验容量（项）		8	10	8	15	3
微重力时间（s）（<0.5 g）		17~20	17~20	17~20	20~25	30
一次起落抛物线条数			40	40	40	30

我国曾在 20 世纪 70 年代基于歼 - 5 改装过一架失重飞机，中国飞行试验研究院同期进行了失重抛物线飞行方法研究。抛物线飞行创造的微重力环境持续时间可达 25 s 以上，虽然模拟精度比落塔差，但是设备最为简单，参试者能在机舱内完成试验。图 12 - 2 所示为失重飞机进行抛物线飞行模拟失重环境。

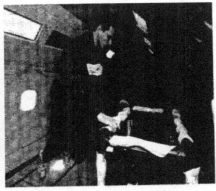

图 12 - 2　失重飞机进行抛物线飞行模拟失重环境

（图片来源于《航天员空间环境试验技术》，黄本诚著）

中性浮力水槽利用浸在水中的人体所受浮力与重力相等的阿基米德原理，模拟人体在空间六自由度运动，并在各种姿态中保持随机平衡，使受试者感觉处于失重环境中，这属于一种间接模拟方式，如图 12 - 3 所示。NASA 分别在马歇尔航天飞行中心（Marshall Space Flight Center，MSFC）、约翰逊航天中心（Johnson Space Center，JSC）和马里兰大学（University of Maryland，UM）建造了三台规模较大的中性浮力模拟器。俄罗斯加加林航天员中心建立了水中实验室模拟太空失重环境，圆形水槽深 12 m，直径为 23 m，容积达到 5 000 m³。1980 年，NASA 在 JSC 还建造了"失重环境训练设施"（Weightlessness Environmental Training Facilities，WETF），用于航天飞机、"和平号"空间站以及 ISS 舱外活动的航天员训练，WETF 主要设备为一个 7.62 m × 23.77 m × 10.06 m 的水池，可容纳货舱实物模型等多种载荷。2007 年中国航天员科研训练中心建成了一个大型中性浮力水池，用于航天员进出舱活动程序训练和模拟等。该设施为圆筒形，直径为 23 m，高 12 m，容积约 5 000 m³，水温保持在 28 ℃ 左右。附属设施包括水循环和净化系统、控制间、加压舱、起重机、电视监视器、试验目标联络器、摄像机、报警系统、生命保障系统、紧急撤离的气闸舱等。中性浮力模拟的突出优点在于可供多名航天员和大型设备（如遥操作机器人）工作，可提供长时间连续的六自由度模拟条件，也是唯一可与在轨航天员同步的模拟方法，但运动速度受限，造价昂贵，训练成本较高，对于微小扰动的阻力稳定能力与在轨存在较大差异。

图 12 - 3　航天员在中性水槽中开展微重力模拟训练

（图片来源于 NASA 报告）

落塔法采用自由落体运动法模拟空间微重力环境。1966 年 NASA 格林研究中心（Glenn Research Center，GRC）建立了世界上第一个落塔，随后路易斯研究中心（Lewis Research Center，LRC）成功研制了 155 m 高的落塔；MSFC 将"土星号"运载火箭振动实验塔改造成 100 m 高的落塔，可以提供 4.5 s 的空间微重力环境。继美国之后，1990 年德国研制成功了不来梅落塔，中国科学院力学所也建立了微重力模拟落塔，如图 12 - 4 所示。落塔法模拟空间微重力环境精度较高，目前可以模拟 $10^{-4} \sim 10^{-5}g$ 量级的微重力环境，系统安全可靠且可以重复利用，简便易行；但也存在模拟时间过短、无法实时人工控制等缺点。

图 12 - 4　德国不来梅落塔及中国科学院力学所微重力落塔

（图片来源于网络）

　　悬吊法采用重力补偿系统形成空间微重力环境，一般是由吊丝、滑轮、滑动小车、导轨等组成，通过随动控制方法来使吊丝保持竖直，并控制向上的拉力始终平衡悬挂体的重力。20 世纪 90 年代，美国、加拿大和中国曾应用此法来进行空间机器人运动演示试验，对悬挂物体的重力补偿程度能达到 80% ~ 95%。日本富士通空间机电实验室研制了一套主动控制重力补偿系统，进行微重力条件下空间机器人的操作功能验证试验。悬吊法的不足在于结构复杂，电机转矩和响应速度要求高。2000 年左右，美国还曾提出了一种利用悬吊法实现航天员低重力训练的方案。

　　气浮法是应用最早也是应用最多的微重力地面卸载试验方法，通过气足与平板之间形成的气膜浮起物体，使物体可以在水平光滑平面上自由移动。利用这种方法进行太空微重力模拟试验，大大降低了重力导致的摩擦。JSC 研制的高精度气浮平台（Precision Air – Bearing Floor，PABF）尺寸达到 10 m × 7 m，如图 12 – 5 所示，对于工程试验和航天员乘组训练尤其是大型设备移动技能训练起到了重要作用。PABF 也被用于出舱活动（Extra – Vehicular Activity，EVA）训练，舱内活动（Inner – Vehicle Activity，IVA）训练以及大体积、大质量在轨可更换单元全尺寸模型的转移操作训练，训练提升了航天员对大型设备的运动速度、运动方向的控制能力；PABF 也被用于改进舱外服的作业能力，舱外服被侧面固定在服装支撑装置上，由此来测试舱外服手臂的作业空间和能力。面向未来载人深空探测的多任务空间探索飞行器（Multi – Mission Space Exploration Vehicle，MMSEV）也被放在 PABF 上，如图 12 – 6 所示，通过在气浮台测试评估其适居性和移动性，在三自由度运动条件下乘员感觉更加逼真。

图 12 – 5　NASA 高精度气浮平台

（图片来源于 NASA 报告）

图 12 - 6　MMSEV 在 PABF 上进行模拟对接训练

（图片来源于 NASA 报告）

美国 NASA 在 Apollo 载人登月工程研制中，主要采用斜面悬吊、垂直悬吊等方法模拟月面低重力，后来又陆续研究了失重飞机、中性浮力水槽模拟等技术，研制了各种规模和样式的月面低重力模拟设备，如表 12 - 2 所示。这些设备应用于登月服性能测试、航天员在月面低重力环境下的能量代谢、步态、作业能力等研究和训练。

通过 Apollo 载人登月工程实践，NASA 认为：

（1）失重飞机虽然能产生真实的低重力环境，受试者可以 6 自由度运动，但是它每次只能产生 20 ~ 30 s 的低重力时间，且活动空间受机舱空间限制，试验飞行成本也较高。

（2）中性浮力水槽模拟低重力技术不受试验空间和时间限制，但是因为水对运动产生阻力，要求运动速度不能太快，否则影响模拟效果，另外在水下进行试验也不利于数据的采集与判断。

（3）斜面悬吊模拟低重力技术不受试验时间、空间和运动速度限制，受试者的感受也比较真实，但斜面悬吊只有 3 个运动自由度，为了保证重力模拟精度，需要较长的悬索（30 m 以上），设备规模较大。

（4）垂直悬吊模拟失重方法同样不受试验时间、空间的限制，设备规模比较适中，但是受技术水平的限制，在受试者运动过程中绳索的垂直拉力很难保持平衡，为了使受试者能够水平活动，需要架空移动系统随着受试者一起运

表 12-2 阿波罗登月工程采用的低重力模拟设备

序号	模拟方法	部分重力平衡方法	运动自由度	垂直行程 (m)	悬索长度 (m)	试验服装	优点	缺点
1	斜面悬吊	重力分力	3	0.08	5.18	常压服装		
2	斜面悬吊	重力分力	3	0.20	11.89	常压服装和压力服		自由度少，设备庞大、复杂
3	斜面悬吊	重力分力	3	0.66	41.45	常压服装和压力服	运动感受较真实	
4	斜面悬吊	重力分力	3	0.63	39.62	常压服装和压力服		
5	斜面悬吊	重力分力	3	0.76	47.24	常压服装和压力服		
6	垂直悬吊	弹簧	6	3.05	—	常压服装		
7	垂直悬吊	配重平衡	6	0.45	—			动态特性差，运动感觉与真实情况有差异
8	垂直悬吊	弹簧	6	0.45	—	常压服装和压力服	多自由度，无试验时间和运动速度限度	
9	垂直悬吊	涡轮	6	1.83	—	常压服装和压力服		
10	垂直悬吊	电动机	6	1.83	—	常压服装和压力服		
11	垂直悬吊	汽缸	6	5.49	—	常压服装		
12	水下浮力	浮力	6	水深度	—	湿式潜水服	多自由度，无试验时间限制	水的阻力影响大、速度受限
13	失重飞机	—	6	机舱高度	—	常压服	真实低重力	试验空间和时间受限制

动，从而对受试者的运动产生附加惯性的影响。这些附加惯性影响系统的动态性能，从而影响航天员的训练效果。

（5）斜面悬吊和垂直悬吊模拟低重力技术侧重与对受试者总重量的平衡，对四肢的重力并没有单独平衡，因此这两种方法并不适用于针对四肢运动方面的训练和性能评价试验。

最后 NASA 通过对不同的低重力模拟设备进行比较研究，得出以下结论：

（1）不同的试验任务应选择不同类型的低重力模拟设备。

（2）至少应有两种不同类型的低重力模拟技术进行相互交叉验证。

（3）受试者应在不同类型的低重力模拟设备上进行试验或训练。

（4）试验数据应考虑模拟设备对受试者限制条件的影响。

12.2.2　交会对接地面试验验证

交会对接是载人深空探测任务中的关键飞行阶段之一，其任务设计需要考虑任务轨道、飞行器状态、航天员状态、光照和测控支持条件等因素，尤其是在远离地球的深空飞行中，要求具备极高的任务成功率。针对交会对接的最后对接飞行段，可以在地面构建微重力环境以及相对运动模拟条件，对制导控制策略、导航敏感器性能、主/被动飞行器运动及控制特性、交会对接任务操作流程等进行验证，确保交会对接方案的可行性，提高交会对接技术成熟度。

中国自建的大型超平支撑平台主要用于探月工程三期月球轨道交会对接全物理仿真，为重载高刚度的全自动调控气浮支撑平台，是国内外同领域规模最大、精度最高、自动化程度最高的气浮式微低重力模拟系统，能在 40 m × 30 m 的范围内提供稳定的高精度水平支撑面，如图 12 - 7 所示。整套系统采用全自动闭环控制调平方案，可以实现至少两个负载在接近无摩擦的状态下做水平运动，已顺利开展了月球轨道交会对接与样品转移试验验证，并取得了良好的试验效果。

西北工业大学创新地提出了一种基于混合悬浮空间的低/微重力模拟新方法，即利用液体浮力并结合电磁力形成混合浮力，实现可变空间微重力效应的模拟。该方法具有中性浮力模拟的优势，但配平过程更简单，模拟水平更高；同时，电磁力的可控特性可以实现微重力水平的在线实时调控，能够满足载人深空探测空间低/微重力变化的要求。

混合悬浮低/微重力效应模拟系统主要由液浮系统、电磁系统、通用试验平台系统、视觉测量系统组成。空间环境模拟核心是建立天—地相似性，为了满足力学环境相似，必须保证自由状态下的试件在任意位置都能够保持悬浮状态（力平衡）且姿态自由无取向（力矩也平衡），则需要系统中的电

图 12 - 7　我国自主建设的 40 m × 30 m 大型超平支撑平台系统

磁力场实现均匀化并对环境干扰效应进行有效补偿。模拟系统采用了基于矢量叠加等效均匀场的平铺式均匀电磁力场，主要由分布式电磁阵列、永磁体、供电系统及控制系统组成，如图 12 - 8 所示。分布式电磁阵列是由多个足够细小的电磁线圈构成的，线圈之间紧密排列形成相应规格的阵列，使线圈阵列表面覆盖试验区域；在试件上配置大面积永磁铁，根据试件位置确定并开启工作线圈产生多极耦合电磁场，使试件位于工作线圈的对称中心。由于对称性，理想情况下试件所受电磁力的水平分量为零，而竖直方向的电磁力相互叠加可以平衡剩余重力。经过试验测试，该系统的低/微重力模拟平均精度可达到 $10^{-4}g$。

基于混合悬浮低/微重力效应模拟系统开展了空间交会对接及转位操作地面试验，实现了机械臂转位操作过程的精确控制。针对载人月球探测任务，开展了月面 $1/6g$ 重力环境下双臂机器人操作规划与控制试验，如图 12 - 9 所示。在此基础上，通过调整电磁力的大小抵消部分重力，从而实现对月球 $1/6g$ 重力、火星 $1/3g$ 重力环境的模拟。

12.2.3　载人月面着陆训练模拟

载人月面精确定点着陆任务中，飞行状态变化幅度大，针对航天员的应急救生手段有限，月面光照、月尘、月面地形等因素对着陆安全均有直接威胁，航天员手动控制可以为着陆飞行安全提供额外保障，但也对人机交互提出了更高的要求。针对载人月面着陆过程开展地面试验验证，主要目的是建立载人月面着陆器与月面环境、航天员与月面着陆器之间的相互影响关系，对载人月面

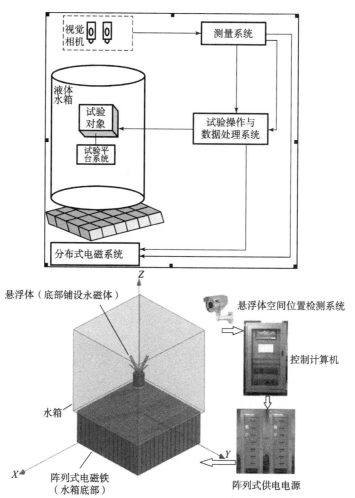

图 12 - 8　混合悬浮微重力效应模拟系统及其分布式电磁系统

（图片来源于《航天器操作的微重力环境构建》，朱战霞著）

图 12 - 9　空间交会对接后转位操作及月面双臂机器人操控地面试验

（图片来源于《航天器操作的微重力环境构建》，朱战霞著）

着陆的飞行过程、操纵特性、人—机—环各个配合环节的合理性进行充分验证，基于试验数据提出对飞行任务和飞行器方案设计等优化改进的建议。

Apollo 载人登月工程航天员参与的训练可以分为五大类：模拟器训练、专项活动训练、飞行程序训练、讲解以及直接参加地面飞行试验。使用的训练器分为 6 种，具体介绍如下：

1. 指令舱任务模拟器

指令舱任务模拟器用于指令舱乘组的飞行程序和操作训练，具体功能细分为指令舱模拟器、指令舱程序模拟器、动态乘组程序模拟器和交会对接模拟器，由它们组合支持航天员完成在不同飞行阶段需要掌握的程序和操作技能。指令舱模拟器一共研制三台，高 30 ft、重约 40 t，可以让航天员通过训练熟悉舱内设备、飞行任务程序以及应急处理。

2. 登月舱任务模拟器

登月舱任务模拟器用于登月舱乘组的飞行程序和操作训练，具体功能细分为登月舱模拟器、月面着陆训练飞行器、登月舱程序模拟器和全任务工程模拟器。登月舱模拟器用于舱内设备操作训练，月面着陆训练飞行器（Lunar Landing Test Vehicle，LLTV）用于航天员手动月面着陆/起飞操作训练，登月舱程序模拟器用于登月舱飞行程序训练，全任务工程模拟器具有飞行程序、操作设备、环境布局的工程设计仿真验证和训练功能。

3. 出舱活动模拟器

出舱活动模拟器用于登月舱与指令舱之间的在轨出舱训练以及月面出舱活动训练，具体功能细分为登月舱模拟器、失重飞机、水下训练、$1/6g$ 重力模拟器和六自由度模拟器。首次登月任务中，登月舱模拟器用于航天员月面进出舱训练，失重飞机用于空间出舱和压力服管路操作训练，水下训练用于指令舱与登月舱对接通道转移及压力服出舱训练，$1/6g$ 重力模拟器用于月面重力环境中的模拟训练，六自由度模拟器用于运动感知熟悉和训练。

4. 月面科学仪器模拟器

月面科学仪器模拟器用于高逼真度地模拟月面科学仪器供航天员进行操作训练，如太阳风组成试验设备、Apollo 月面实验箱、登月舱设备传送器、登月舱设备组件包、S 波段天线等。

5. 月球车模拟器

月球车模拟器由多个模拟器组合完成，包括月球车 1g 训练器、月球车巡航模拟器、组装用训练器和户外训练用月球车训练器。

6. ASTP 模拟器

美国和苏联联合开展了 Apollo 飞船与"联盟"（Soyuz）飞船交会对接试验项目（Apollo – Soyuz Test Project，ASTP），研制了相应的模拟器，如对接舱训练器。

表 12 – 3 所示为 Apollo 任务训练时间统计，表 12 – 4 所示为 Apollo 任务模拟器训练时间。

表 12 – 3　Apollo 任务训练时间统计

训练分类	首次登月前		早期登月		后期登月	
	小时	百分比	小时	百分比	小时	百分比
模拟器训练	11 511	36	15 029	56	11 431	45
专项活动训练	4 023	13	5 379	20	9 246	36
飞行程序训练	7 924	25	2 084	8	1 265	5
讲解	5 894	18	3 070	11	2 142	9
航天器试验	2 576	8	1 260	5	1 255	5
总计	31 928	100	26 822	100	25 339	100

表 12 – 4　Apollo 任务模拟器训练时间

模拟器训练时间					
舱段	模拟器	训练时间/h	舱段	模拟器	训练时间/h
指令舱	指令舱模拟器	17 605	登月舱	登月舱模拟器	13 317
	指令舱程序模拟器	1 204		月面着陆训练飞行器	1 130
	模拟器讲解	1 195		登月舱程序模拟器	770
	动态乘组程序模拟器	741		模拟器讲解	533
	交会对接模拟器	87		全任务工程模拟器	179
	小计	20 832		小计	15 929
总计	36 761（h）				

NASA 飞行研究中心设计开发了月面着陆研究飞行器（Lunar Landing Research Vehicle，LLRV），配备一个喷气式发动机以模拟 1/6g 月球重力环境，

由火箭发动机组成姿态控制系统在下降着陆时控制姿态，如图 12 – 10 所示。1968 年 5 月 6 日，阿姆斯特朗驾驶 LLRV – A1 号进行模拟登月训练，在 60 m 高度姿态控制系统失效，阿姆斯特朗立刻采取弹射措施安全降落，但 LLRV 彻底毁坏。1968 年 12 月和 1971 年 1 月，LLRV 由于姿态控制系统和电子系统故障先后发生两次事故，但航天员均安全弹射。

图 12 – 10　Apollo 载人登月工程中月面着陆研究飞行器
（图片来源于 NASA 的 Apollo 载人登月工程总结报告）

"星座计划"中为了验证月面精确着陆中从接近段到接触月面的人控避障操纵品质，NASA 埃姆斯研究中心（Ames Research Center，ARC）于 2007 年开始进行人控月面精确着陆的仿真试验，如图 12 – 11 所示。评估专家包括航天飞机乘组、Apollo 任务乘组以及 NASA 专业试飞员，使用的垂直运动模拟器（Vertical Motion Simulator，VMS）已经用于多种载人飞行任务的训练。为满足着陆避障人控要求，特别设计了 VMS 座舱，由 5 块屏幕提供月面模拟场景。

12.2.4　基于虚拟现实技术的人机交互验证

传统试验验证手段中，无论是建立低/微重力环境还是构建相互运动关系，都存在费用高昂、建成环境不易调整、试验任务单一等限制，从构建航天员与环境人机交互的角度出发，可以采用基于虚拟现实的方法建立人机交互验证平台。

虚拟现实（Virtual Reality，VR）技术利用电脑模拟产生一个三维空间的虚拟世界，提供使用者视觉、听觉、触觉等感官的模拟。后来发展出现了增强现实

（a）

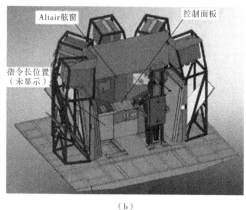

（b）

图 12 - 11　埃姆斯研究中心 VMS 飞行模拟器

（图片来源于 NASA 报告）

（a）VMS 飞行模拟器外观；（b）VMS 座舱设计

（Augmented Reality，AR）技术，与 VR 不同，AR 是在真实世界中叠加虚拟内容，不仅展现真实世界，也将虚拟信息同时显示出来，两种信息相互补充、叠加。在 VR 和 AR 的基础上进一步发展出现了混合现实（Mixed Reality，MR）技术，MR 在现实场景中呈现虚拟场景信息，搭建现实世界、虚拟世界和用户之间交互反馈的信息回路，以增强用户体验的真实感并实现高质量的人机互动。MR（包括增强现实和增强虚拟）指的是合并现实世界和虚拟世界而产生的新的可视化环境，在新的可视化环境里物理和数字对象共存，并实时互动。

　　虚拟现实技术在载人深空探测中的应用主要集中在遥操作和飞行训练中。1983 年左右 NASA 开始开发用于火星探测的虚拟环境视觉显示器（Virtual Visual Environment Display，VIVED）VR 系统（图12 - 12），能帮助航天员增强太空工作临场感。从 20 世纪 90 年代开始，NASA 开始在 X - 38 航天飞机上使用 AR 技术来投射地图数据增强试驾的视觉感受，如图 12 - 13 所示。

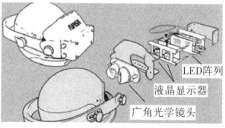

图 12 - 12　NASA 研制的 VIVED VR 系统

（图片来源于 NASA 报告）

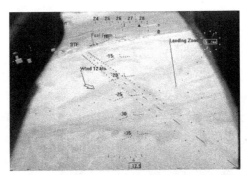

图 12 – 13　AR 技术在 X – 38 航天飞机着陆操控中的应用

（图片来源于 NASA 报告）

　　JPL 实验室在 1990 年就指出了应将视频图像和仿真图形进行叠加，以克服深空探测任务中时延对遥操作的影响。1996 年使用具有共享柔顺控制的遥操作机械手，JPL 在存在传输时延的情况下完成了 4 000 km 外目标卫星上的在轨可更换单元（Orbital Replacement Unit，ORU）更换遥操作试验任务，试验证明采用视频融合技术后可节约 50% 的操作时间，如图 12 – 14 所示。

图 12 – 14　JPL 实验室进行 ORU 更换遥操作在轨试验

（图片来源于 JPL 报告）

　　此外，还借助视频融合技术建立了一个基于预测显示的遥操作系统，该系统以线框方式表示的操作臂作为预测显示界面叠加在存在延迟的真实图像上，通过控制一个六自由操作臂完成物体搬运任务和路径跟踪任务的试验。该系统中线框的操作臂对于真实环境只是简单的叠加，缺乏必要的虚实模型匹配、校正，误差较大，没有讨论虚、实摄像机的标定和注册等问题。

　　从 20 世纪 80 年代美国就开始研究空间机器人及其环境的三维虚拟建模、标定及预测显示，并做了大量的工作，开发了一套逼真的图形预测显示系统，采用线框和实体两种机器人图形模型表示远端真实的机器人，同时引入了摄像机标定技术，将虚拟机器人模型叠加在从远端传回的视频图像上，期望通过操作虚拟机器人来补偿遥操作系统的时延，提高可操作性，如图 12 - 15 所示。这是第一次真正将增强现实技术引入遥操作系统中，这种方法可以在很大程度上提高操作者的作业能力，操作者可以随时了解虚拟机器人同实际机器人的匹配程度，进而对叠加的虚拟模型进行在线修正，提高操作的精度。但是该系统获得的视觉反馈是二维的平面图形，缺乏立体感，不能真正实现临场感的遥操作，同时其人机交互方式也不够友好，没有充分发挥增强现实的高级的人机交互特性。加拿大也开展了这方面的研究，他们将机器人的线框模型叠加在立体的视频图像上，在没有对环境建模的情况下，遥控机器人完成对物体的简单抓放操作，实现了增强现实的立体视觉反馈。然而，其对远程机器人的控制采用直接控制方式，完成复杂任务时具有很大的局限性。此后，法国也引入了增强现实技术来克服网络时延，并采用了虚拟固架技术引导操作者完成操作任务，但该系统仅支持遥编程方式，因此仅适用于结构化的环境。

图 12 - 15　增强现实的遥操作

　　由于强光环境中的遥操作作业无法获得高质量的视频反馈，根据事先获得的环境信息实现了图像增强以提高操作现场的图像反馈。该方法通过增强信息提供及时的视觉反馈信息，提高了遥操作的效率，改善了可操作性。但是该系统需要对环境有丰富的先验知识，只适合于结构化环境中。

12.3　飞行器的高速进/再入试验验证

　　降落伞是有大气行星再入着陆的主要减速装置之一，其性能验证通常采用

数值仿真、火箭橇试验、风洞试验、高塔/气球/飞机空投试验以及实际飞行等方法。

12.3.1　地球大气高速再入返回试验

与近地轨道载人飞行任务不同，载人深空探测任务的载人飞船最终返回舱将以第二宇宙速度（甚至更高）再入地球大气，状态变化剧烈的再入飞行中需要承受严重的力/热过载，同时要求实现高精度着陆。因此，执行载人飞行任务前，要对高速再入飞行器气动外形、高速再入的高精度制导导航和控制、气动热防护、通信保障、大气减速和着陆缓冲等进行充分验证，并积累可靠性子样。

2014 年 12 月 5 日，美国 Orion 载人飞船成功完成了无人状态的首飞探索任务（Experimental Flight Test – 1，EFT – 1）。飞船绕地球轨道飞行两圈，持续时间 4 小时 24 分钟，在第二圈远地点达到 5 800 km 高度，随后乘员舱以 8.88 km/s 速度（月地返回再入速度的 84%）再入地球大气，最后溅落于美国加州外海。这是继 1972 年 12 月 Apollo – 17 载人登月飞船之后 42 年以来美国载人航天器最远的一次飞行任务，旨在面向载人深空探测任务考核飞船的大型防热结构、电子设备、飞行软件以及降落伞等系统，任务取得圆满成功。

EFT – 1 任务中一共提出了 87 个试验目标，除了海上着陆气囊充/放气相关的两个目标未能达成以外，其他 85 个验证试验均获得成功。海上着陆设计了 5 个气囊，充气后可以保证乘员舱建立并保持直立姿态，实际飞行中有一个气囊未能打开，另两个气囊充气后很快失压，NASA 已要求对气囊系统进行重新设计和评估。Orion 载人飞船研制中一共梳理出 16 项主要风险，EFT – 1 任务对其中的 10 项进行了考核验证，包括热防护系统和降落伞。

EFT – 1 任务重点对地球大气再入返回中的 5 项关键技术进行了考核验证。

1. 发射逃逸系统分离

发射逃逸系统（Launch Abort System，LAS）紧急情况下可在几毫秒时间内使乘员舱飞离运载火箭，大大提高了 Orion 载人飞船的安全性。EFT – 1 任务为无人状态，但 LAS 发动机部分也会被激活工作并与乘员舱分离，以验证其工作性能。LAS 工作示意图如图 12 – 16 所示。

2. 降落伞展开及制动

乘员舱以 8.88 km/s 的速度再入地球大气，海上着陆前需要将速度降低到约 8.88 m/s，其中降落伞承担了部分减速任务。Orion 飞船降落伞由两个制动

图 12 – 16　LAS 工作示意图

（图片来源于 NASA 报告）

伞和三个主伞组成，前期已经进行了多次地面空投伞降试验，对系统展开和分离时序进行了考核。

Orion 载人飞船乘员舱再入地球大气时质量约为 10 t，是目前除航天飞机之外最大的再入飞行器，其采用了最先进的降落伞系统，单个主伞直径为 36 m，质量为 136 kg。截至 2013 年 7 月共进行了 4 次降落伞空投试验，以考验在不同故障模式下的减速能力。空投试验中降落伞展开过程分为两步：首先在 6 km 高度展开两个直径为 7 m 的小伞，用于减速和稳定飞船，约 30 s 后自动切断；之后三个引导伞迅速展开，帮助拉出并展开三个主伞（另外还有两个备份）。为提高开伞稳定性和安全性，主伞展开阶段使用了伞衣收口环来控制开伞幅度。初始时刻伞展开到全体积 3.5% 时第一组收口环被切断，伞展开到全体积 11% 时切断每只伞上的第二组收口环，然后伞面全部展开。空投试验证明，两只主伞正常打开即可保证 Orion 飞船乘员舱安全着陆，如图 12 – 17 所示。2014 年进行的 EFT – 1 任务中，降落伞作为主要试验系统之一接受了试验飞行考核，验证其性能能够满足第二宇宙速度再入返回时的减速要求，试验获得成功。

3. 热防护系统

Orion 飞船乘员舱进行月地返回再入时，高温高压热流将由防热罩进行隔离。洛·马公司研制了世界上最大规模的 5 m 直径防热罩，由烧蚀材料和酚醛树脂浸渍的碳防热材料构成（AVCO 5026 – 39 HCG），采用环氧酚醛玻璃纤维

溅落后的飞船

图 12 - 17　Orion 飞船乘员舱降落在海上
（图片来源于《国际太空》）

酚醛蜂窝结构进行安装连接。乘员舱底壳覆盖数百块 AETB - 8 涂层增强纤维隔热涂层浸渍陶瓷瓦（Toughened Uni - piece Fibrous Insulation，TUFI），黏结在以钛合金蜂窝结构为核心的 10 块复合材料层压板上。乘员舱外覆盖有厚度不超过 4 cm 的 Avcoat 烧蚀涂料，实际飞行中最高温度为 1 763 ℃，低于设计值 2 200 ℃，NASA 将用硅胶黏结长方形防热瓦替代现有蜂窝式框架结构，以降低成本，缩短制造工期。

4. 电子设备抗空间辐射

EFT - 1 任务中 Orion 飞船飞行高度为 ISS 的 15 倍，远大于美国现有载人飞行器，也是 Apollo 工程后首次载人飞行器穿越地球范·艾伦辐射带。Orion 飞船乘员舱电子设备抗空间辐射能力得到了考核验证，船上传感器准确记录了辐射峰值以及辐射水平。

5. 船上计算机能力

Orion 飞船配备了目前最先进的空间计算机，计算能力达到 4.8 亿次/s，为 ISS 的 25 倍、航天飞机的 400 倍、Apollo 载人飞船的 4 000 倍。飞行任务不仅考核了实时计算能力，也考核了计算机在极端高低温、辐射和振动环境下的可靠性，重启时间缩短到 15 s。

2014 年 10 月 24 日至 11 月 1 日，中国无人探月三期工程中再入返回飞行试验器——嫦娥 5T 任务成功完成，对后续"嫦娥 5 号"无人月球采样返回任务中的第二宇宙速度再入返回关键技术进行了有效验证。嫦娥 5T 采用了绕月自由返回轨道，在月地转移轨道上距离地球 5 000 km 处服务舱与返回器分离，返回器采用跳跃式再入返回着陆到预定区域，如图 12 - 18 所示。相对于 Orion 飞船 EFT - 1 任务中的地球大椭圆轨道，嫦娥 5T 轨道设计不仅满足了高速再入验证要求，同时对环月轨道交会对接测定轨技术等进行了验证。

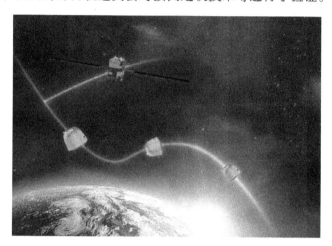

图 12 - 18　CE - 5T 跳跃式返回飞行示意图

（图片来源于《国际太空》）

12.3.2　火星大气高速进入试验

NASA 于 20 世纪 60 年代开始进行火星降落伞的研究，先后进行过十字伞、环帆伞和盘缝带伞等多种伞形研究，已经发射的 7 个无人火星着陆器全部采用盘缝带伞（Disk Gap Band，DGB）的单级气动减速。火星科学实验室（Mars Science Laboratory，MSL）任务中吊挂载荷达到创纪录的 900 kg，所采用盘缝带伞为最大的火星降落伞，设计直径达到 21.5 m。火星进入着陆过程中，降落伞处于低密度、超声速、低动压的工作环境下。1966 年，NASA 兰利研究中心启动了行星进入降落伞计划（Planetary Entry Parachute Program，PEPP），验证了 DGB 的工作可靠性。在"海盗号"着陆器研制过程中，NASA 先后进行了风洞试验、低高度降落试验（Low Attitude Descent Test，LADT）与气球抛射减速器试验（Balloon Insertion Descent Test，BIDT）。通过风洞试验确定最佳直径为 16.15 m，LADT 在 15.24 km 高度进行 9 次亚声速空投试验，基于试验数据进行了开伞包套、伞衣圆盘面积及吊挂的改进设计；BLDT 分别在超声速和亚声速条件下进行了三次试验，验证了降落伞的安全裕度，如图 12 - 19 所示。

图 12 - 19　MSL 任务降落伞在埃姆斯研究中心的全尺寸风洞进行试验

（图片来源于 NASA 报告）

　　载人登陆火星任务中的着陆质量将远大于无人任务，NASA 实施了低密度超声速减速（Low Density Supersonic Decelerator，LDSD）项目，在地球高空稀薄大气中模拟火星条件，研究大面积降落伞及充气展开结构在低密度、超声速条件下的工作性能，这些新型减速装置将是未来人类登陆火星迈开的第一步。LDSD 项目提出三种减速装置：一种是直径 6 m 的超声速充气展开动力学减速器（Supersonic Inflatable Aerodynamic Decelerator，SIAD - R），另一种是直径 8 m 的超音速充气展开动力学减速器（SIAD - E），第三种是直径 33.5 m 的新型环帆伞，分别用于未来的无人探测、载人火星登陆超声速减速以及载人火星登陆超声速至亚声速的减速，用其进行的风洞试验如图 12 - 20 所示。SIAD - R 通过充气展开结构增大阻力，火星减速着陆投放能力不低于 3 t，设计中通过温度仿真分析选择了芳纶材料，后进行火箭橇试验验证其动态性能。SIAD - E 考虑德尔塔 IV - H 火箭在火星探测任务中的发射能力为 5.8 t、探测器直径不能超过 4.7 m，为了提高火星低海拔（火星平面 5 km 及以下）着陆时的减速能力，采用充气展开方式可以达到 8 m 直径。2014 年 6 月 28 日进行了高空超声速试验，由气球将试验装置带入 35 km 高空，后通过火箭发动机加速到达 55 km 高度，计划在 3.8 Ma 时 SIAD - R 充气展开，在 2.5 Ma 时超声速降落伞打开。实际飞行中降落伞破损，但试验设备均成功回收，并取得部分成功。LDSD 项目高空投放气球上升级在轨加速如图 12 - 21 所示。

图 12 – 20　LDSD 项目新型环帆伞在 NASA 埃姆斯研究中心进行 1/3 缩比模型风洞试验

（图片来源于 NASA 报告）

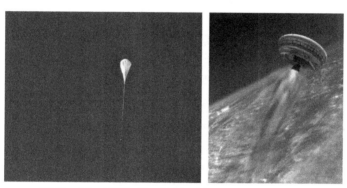

图 12 – 21　LDSD 项目高空投放气球上升级在轨加速

（图片来源于 NASA 报告）

|12.4　飞行器的着陆起飞试验验证|

12.4.1　着陆制动及避障试验

　　月球及火星表面着陆时，表面地形障碍是载人飞行的危险因素之一，必须在任务实施全程进行规划、探测和规避。地面试验验证可以对着陆避障阶段的探测器性能、避障规划与控制算法、飞行器机动控制性能以及各个功能系统之间的性能匹配情况进行充分考核，从飞行时间以及功能系统两个层面验证飞行性能，同时为控制系统参数调整积累实测数据。

"星座计划"中 NASA 约翰逊中心主导启动了自主着陆避障项目（Autonomous Landing Hazard Avoidance Technology，ALHAT），目的是实现安全精确着陆月面，主要敏感器包括激光高度计、多普勒激光测速仪、闪光式激光雷达（Light Detection and Ranging，LIDAR）和 IMU。LIDAR 一次能对约 $100 \text{ m} \times 100 \text{ m}$ 的区域成像，获得行星表面高度信息，进一步处理可以识别安全的着陆点。ALHAT 已经完成室内仿真验证和多次场地测试，实验室内主要是测试自主制导导航与控制（Autonomous Guidance Navigation Control，AGNC）算法，六自由度仿真中使用了多条标称轨迹，以测试月面着陆正常飞行以及考虑敏感器误差等工况。场地测试分为三种类型：直升机搭载测试、飞机搭载测试及着陆平台（带火箭发动机）搭载测试。直升机搭载测试主要目的是在与模拟月面着陆的环境中测试 LIDAR，相应的障碍探测与规避（Hazard Detection and Avoidance，HDA）和障碍相对导航（Hazard Relative Navigation，HRN）算法性能，同时也对基于可见光成像的地形匹配导航技术进行验证。测试表明已有相对地面导航（Terrain Relative Navigation，TRN）算法可以达到 ALHAT 的 90 m 着陆精度要求，而且发现导航精度主要与参考月面数字高程图（DEM）的质量及分辨率有关。

2014 年，ALHAT 系统搭载"梦神号"（Morpheus）月面着陆器原型平台进行了实地飞行测试并获得了成功，在 ALHAT 系统的支持下，Morpheus 实现了全自主的起飞、横移、悬停、避障检测与识别、避障机动、下降返回地面等功能，如图 12 - 22 和图 12 - 23 所示。

图 12 - 22　ALHAT 系统安装在"梦神号"月面着陆器上
（图片来源于 NASA 报告）

图 12 -23　ALHAT 项目中的月面着陆避障试验场

（图片来源于 NASA 报告）

Morpheus 着陆器，是一种用于行星表面着陆起飞的通用飞行器，作为先进技术的垂直试验平台，Morpheus 提供了一种低成本快速地将技术从实验室集成到飞行试验系统中的途径。为了测试推进系统性能以及与 GNC 系统的匹配，Morpheus 进行了三种类型的测试：热试车测试液氧/甲烷推进系统工作性能，悬吊测试在有保护条件下验证 GNC 系统六自由度控制能力，自由飞行测试在行星表面进行下降、着陆、避障以及起飞等综合能力，如图 12 -24 和图 12 -25 所示。2014 年 4 月，改进的着陆器平台 Bravo 进行了自由飞行，测试非常成功。在测试中，Bravo 自主起飞上升至近 30 m 高度，ALHAT 系统利用约 10 s 时间对布满障碍的着陆区成像并自动选取了安全着陆点，随后 GNC 系统控制 Bravo 降落在预定着陆点上。

图 12 -24　Morpheus 月面着陆器热试车与悬吊飞行试验

（图片来源于 NASA 报告）

图 12-25　Morpheus 月面着陆器自由飞行试验及轨迹

（图片来源于 NASA 报告）

12.4.2　返回舱着水冲击试验

冲击载荷过大会威胁到航天员的安全，也关系到任务的成败，在设计研制阶段必须通过分析和试验掌握着水冲击特性。载人飞船返回舱回收有陆上和海上两种方式，美国的载人飞船均采取海上回收方式，由于回收区域大，从而降低了再入返回时的控制精度要求。海上回收时返回舱着水瞬间，可能承受超过 $10g$ 的冲击过载。着水冲击载荷受到着水速度、姿态和舱体结构等因素的影响，Apollo - 12 在与水面碰撞时姿态偏离了 $5.5° \sim 7.5°$，导致出现了 Apollo 载人登月工程所有飞行任务中最严重的一次着水冲击过载（$\approx 15g$），舱内摄像机脱落而且砸伤了一名航天员。返回舱着水冲击试验可以分为模型试验和样机试验两种。

1958 年 NASA 兰利中心制作了"水星号"载人飞船——一种圆锥构型返回舱的 1/2 缩比模型和全尺寸模型，专门用于验证其着水特性和漂浮稳定性。1959 年，兰利中心使用缩比模型研究了球形、锥形和凹凸形三种大底形状对返回舱着水特性的影响，凹凸形底面根据 von Karman 提出的结构入水冲击载荷计算公式设计，目标是保持着水冲击加速度的增长率不超过 $500g/s$、峰值不超过 $15g$。

1962 年 NASA 对"双子星座"载人飞船两种水上溅落方式进行了试验研究。着水试验采用 1/6 缩比模型，相比"水星号"试验考虑的因素更多：增加了角加速度计，舱体上布置压力传感器，考虑了不同海况的影响。除了静水试验外，还模拟了 1.4 m 高、27.4 m 峰间距的波浪。也考虑了舱体小端向前的着水状态，其着水特性与大底向前的状态有明显不同。

1964 年和 1965 年，美国西南研究所（Southwest Research Institute，SWRI）对 Apollo 登月飞船指令舱着水问题研究最大的亮点在于：首次通过缩比模型模拟返回舱着水冲击的真实结构响应。SWRI 设计的 1/4.5 缩比模型，不仅保证几何相似，对关键部位的材料特性、结构特性、初始失效模式等也进行了动力学缩放。试验证明，使用弹性缩比模型获取指令舱冲击过载的方法有效，在成本和时间方面都有优势。

1996 年中国空间技术研究院与中国船舶科学研究中心合作进行了"返回舱漂浮和水上冲击特性计算及缩比试验"研究，试验采用玻璃钢制作的 1/4 缩比模型，模拟返回舱以大端、小端和水平三种状态在 0 ~ 12 m/s 速度下的垂直着水。

为研制新一代载人飞船，2011 年 NASA 主导开展了"猎户座"载人飞船乘员舱的着水试验和仿真分析，如图 12 - 26 所示。舱体模型由钢板焊接而成，舱体上安装了加速度计、应变仪、惯性测量装置和压力传感器。舱体外表面布满了摄像目标物来辅助实现舱体轨迹的精确测量，舱体的运动状态使用高速摄像机记录。

图 12 - 26　Orion 飞船乘员舱缩比模型着水冲击试验
（图片来源于 NASA 报告）

返回舱着水模型试验基本采用缩比模型，根据其内部结构复杂程度进一步分类为刚性模型和弹性模型两种。刚性模型只具备与真实返回舱相似的外形，没有内部结构，制造简单，成本低，研制周期短，但其仅能获得冲击过载、入水深度等返回舱的主要着水特性，多用在方案设计初期。弹性模型对返回舱几何外形进行等比缩放的同时，也对真实结构的弹性特性进行了缩放，其制造成本介于刚性模型和返回舱样机之间，能够有效地分析结构弹性产生的影响和结构响应，但如何提高弹性缩放的准确性需要深入研究。

　　与模型试验不同，全尺寸样机具有部分甚至全部的真实返回舱结构（最典型的是加压密封舱），且样机内部可以布置乘员座椅系统和假人。"水星号"带有缓冲气囊的着水试验多采用全尺寸返回舱，通过试验发现并解决了气囊承受剪切力过大、疲劳破坏、稳定性降低等问题。"双子星座"飞船曾制造样板件用来验证飞船结构是否能够承受冲击过载并保证乘员座舱部分不漏水。1962 年 Apollo 载人登月飞船开始进行地面和水面着陆冲击测试，指令舱大部分全尺寸样机着水试验，大多采用样板件，具有指令舱的大部分真实结构。1967 年火灾事故以前 Apollo 载人飞船指令舱共计进行过 104 次全尺寸指令舱着水试验，之后又进行了 9 次，最后一次试验中舱体具有水平速度分量，防热大底内层和乘员舱外部侧壁都出现了失效，但乘员座舱保持密封，这次试验数据被用作逼近最终指令舱结构能力包络线。Orion 飞船乘员舱可以看作 Apollo 指令舱的放大版，但具有更低的着陆速度，其着水时经受的冲击载荷会更小，兰利中心为此制定了一系列试验计划。Orion 飞船乘员舱样机着水试验分为两个阶段：第一阶段中样机大底和后端壁之间填充木质层，防止着水过程出现变形；第二阶段把填充去掉，以便观察结构响应和传力路径。为了降低成本并加速试验设计进程，Orion 飞船乘员舱着水试验中，通过对舱体样机进行适应性改造来实现多次重复使用。Orion 飞船乘员舱全尺寸样机着水冲击试验如图12 - 27 所示。

图 12 - 27　Orion 飞船乘员舱全尺寸样机着水冲击试验
（图片来源于 NASA 报告）

12.4.3　着陆缓冲机构试验

　　缓冲性能是着陆缓冲机构的核心性能，需要在地面开展大量的试验以进行全面的验证。采用试验台方法可对单套着陆缓冲机构性能进行验证，试验台由导轨、释放装置、吊篮和配重及测力平台等组成。通过调整配重的质量、吊篮与着陆缓冲机构的安装接口以及投放高度等，保证施加在着陆缓冲机构上的冲击能量、冲击载荷及其与着陆面之间的相对姿态满足要求。为准确测量着陆时的冲击载荷，一般在模拟着陆面的下面安放专用六维测力平台，在主缓冲器和辅助缓冲器与吊篮的接口处设置相应的测力传感器，分别用于测量主缓冲器、辅助缓冲器对吊篮的作用力。在试验过程中，为模拟着陆器以不同姿态着陆时着陆缓冲机构的缓冲情况，可将着陆缓冲机构相对吊篮旋转不同的角度。冲击试验台及试件安装如图 12 – 28 所示。

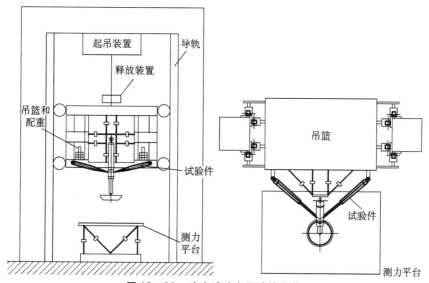

图 12 – 28　冲击试验台及试件安装

（图片来源于《航天器工程》）

为了考核多套着陆缓冲机构的组合性能，将安装有多套着陆缓冲机构的模拟着陆器起吊到一定的高度，再以一定的水平速度和姿态释放，验证着陆缓冲机构的缓冲情况或模拟着陆器上相应位置点的冲击响应情况。试验时将模拟着陆器通过电磁解锁装置与双摆杆相连，双摆杆为平行四边形机构，在其摆动过程中，其下表面始终保持水平。根据预期的着陆速度，通过卷扬机把模拟着陆器拉偏一定的角度，而后释放卷扬机，让双摆杆自由摆动，当其下表面摆动到最低位置时，电磁解锁装置解锁，从而释放模拟着陆器，使其按期望的速度和姿态着陆。月面着陆地面试验如图 12 – 29 所示。这套设备的工作原理也可适用于载人月球着陆任务；适应载人火星着陆任务时需调整着陆平台的倾斜角度，同时考虑大气环境的区别。

图 12 - 29   月面着陆地面试验

（图片来源于《航天器工程》）

12.5   行星表面活动试验验证

12.5.1   载人月球车机动试验

Apollo – 15/16/17 登月舱上携带了三辆非加压的载人月球车（Lunar Rover Vehicle，LRV），如图 12 - 30 所示，研制过程中进行了大量的野外地面试验，如图 12 - 31 所示。野外试验场有 10 多个，主要分布在美国内华达州、阿拉斯加州、新墨西哥州等地以及加拿大、冰岛等国家，根据月面着陆区域的地形地貌进行选择，包括沙漠和峡谷等。除了训练航天员驾驶月球车之外，还对探测仪器、探测活动安排等进行了试验。

图 12 - 30   阿波罗月球车非加压巡视器

（图片来源于 NASA 官网）

图 12 - 31　Apollo - 15 任务乘组在地面进行月面活动模拟试验

（图片来源于 NASA 官网）

NASA 在 Apollo 工程实施之后总结的一个重要经验是，在行星表面活动任务期间，载人月球车（LRV）对提高航天员工作效率和扩大活动范围都有极大的帮助。但便携式生命保障系统（"背包"）中的消耗品携带量决定了航天员能够往回走的距离（一旦车辆出现故障，就需要航天员步行走回到着陆器，确保航天员的生命安全），这限制了航天员在行星表面的行走时间，使得 LRV 无法发挥出应有的效能。

NASA 在"星座计划"中启动了"人与机器人系统"（Human and Robot System，HRS）项目，研究了多种人机联合探测系统组成，如表 12 - 5 所示。针对月球基地任务月面资源探测和采集以及设施检测与维护任务进行了地面试验验证。

表 12 - 5　HRS 中人机联合探测系统组成

组成	内容
航天员	两名航天员
月球车	SCOUT 月球车、密封增压月球车
机器人	K - 10 机器人、CENTAUR"半人马座"机器人、ATHLETE 机器人
仪器设备	月面样品采集与储存设备、作业工具

"星座计划"中陆续开发了一系列月面移动平台，包括月球前哨站、半人型机器人 CENTAUR、大型全地形移动平台 ATHLETE 和 SCOUT 巡视车等。ATHLETE 为轮腿式移动平台，具有优越的全地形适应能力，且其上面级可以承载一个密封舱体成为月球基地的一个组成模块。SCOUT 巡视车用于载人和货运，具有就位驾驶、遥驾驶和自主行驶三种运行方式。NASA 在野外试验场对 ATHLETE 和 SCOUT 进行了全面测试。图 12 - 32 所示为"星座计划"中 ATHLETE 移动平台进行地面测试，图 12 - 33 所示为"星座计划"中

CENTAUR月面机器人和SCOUT巡视车进行地面测试。

图12-32 "星座计划"中ATHLETE移动平台进行地面测试

（图片来源于NASA报告）

图12-33 "星座计划"中CENTAUR月面机器人和SCOUT巡视车进行地面测试

（图片来源于NASA报告）

为了在地球上更逼真地模拟试验环境，NASA选择了一片沙漠作为试验场地，以密封增压月球车为假想月球基地，具体测试过程如下：

（1）利用K-10机器人对月球环境进行探测，锁定探测区域和探测目标。

（2）航天员驾驶SCOUT月球车向目标区域行进，在目标区域进行地质勘探和样品采集。

（3）航天员驾驶SCOUT月球车返回，将月球车停靠在驻地旁，以便进行样本的卸载、设备的检查与维修。

（4）航天员从SCOUT月球车下来，步行至ATHLETE机器人。

（5）航天员爬上ATHLETE机器人，进入密封增压舱。

（6）CENTAUR机器人靠近SCOUT月球车，从月球车上卸载货物样本，运输到预先指定区域。

（7）K-10 机器人接近 SCOUT 月球车，对月球车进行检测。

（8）K-10 机器人对 ATHLETE 机器人进行检测，并尝试为其更换作业工具。

在为期两周的试验中，航天员和机器人配合紧密、交互通畅，充分体现了人机联合探测的独特优势。HRS 项目中地面试验项目及流程如图 12-34 所示。

图 12-34　HRS 项目中地面试验项目及流程

（图片来源于 NASA 报告）

"星座计划"中 NASA 论证提出的最佳着陆区域为月球南极的沙克勒顿（Shackleton）陨石坑，直径约为 19 km，主要考虑该陨石坑阴影区域内可能存在水冰。加拿大德文岛的霍顿（Haughton）陨石坑直径达到 20 km，地形特征与沙克勒顿坑极其相似，所以选择其作为月球车野外试验场。

中国的"玉兔"无人月球车在研制过程中，先在腾格里沙漠东南部建设了野外试验场，该地区气候干燥、昼夜温差大，与月球表面相似，但该试验场地沙丘起伏较大，沙丘间距在几十米量级，低洼处有植被，无法满足长距离野外自然地貌越野试验所需的地形地貌条件。后综合考虑地形地貌、地表植被、降雨量、风速、昼夜温差、交通条件等因素，在西北地区库姆塔格沙漠东北部建立了我国第一个月球车野外试验场。在试验场样品选择上，考虑了月壤的物理力学性质，主要包括颗粒形态、粒度分布、化学成分、密度和抗剪性等。在中国探月工程二期、三期中，面向取样返回任务开展了模拟月壤研制工作。经大量筛选分析，认为长白山四海火山渣具有与 Apollo – 14 采集月球样品相似的化学和矿物组成，以此为基础成功研制了 CAS – 1 模拟月壤。

12.5.2 载人火星车机动试验

NASA 在 DRA 5.0 论证的火星表面任务规划活动，需要航天员在火星表面行走更长的时间，极大地超越了 Apollo 载人登月工程时的活动范围和任务时间，同时要求航天员在火星表面执行任务时保持高效率。为了对比不同运输工具（非加压型和加压型）的操作效率，2008 年 NASA 开展了一次地面模拟任务试验，任务中使用了两种载人火星车（D – RATS），如图 12 – 35 所示。一种是非加压火星车，除"背包"之外它还能够携带其他的消耗品，显著增强了月球车的能力；另一种是小型加压火星车。这两种载人火星车都能在月球/火星表面开展活动，并互相提供帮助。

图 12 – 35 D – RATS 非加压和加压型载人火星车

（图片来源于 NASA 报告）

在小型加压火星车方案中，每个火星车都包括小型的加压舱，可支持两名乘组人员在星体表面安全停留 14 ~ 28 天。乘组人员能够通过合适的舱口快速地出入加压舱进行舱外活动。其中舱外活动服是在加压舱的外面，乘组人员穿脱航天服通过背包密封的小型舱口来实现。

D – RATS 2008 现场试验的主要目的是定性和定量地比较使用小型加压火星车与非加压火星车进行 1 天的探索和绘图，穿越不同的地质环境。在整整 3 天的高逼真月球穿越模拟试验中，可居住性、人为因素和小型加压火星车的性能特点以及乘组人员都要被记录。在现场试验开始之前需要建立具体的试验协议和飞行计划。

通过专业地质学家进行的乘组人员生产效率的定量评估，使用小型非加压火星车，同样乘组人员的生产效率比使用小型加压火星车穿越期间的高 57%，而出舱活动时间则减少了 61%。这项研究也指出，相比非加压火星车，小型加压火星车增大了舒适度，降低了疲劳程度。

火星表面的探索任务也希望形成同样的生产效率结论，以及具备 14 ~ 28 天续航能力和可容纳两名乘组人员的火星车（假设在整个火星表面探索任务中进行多次穿越）。从 2008 年试验开始的所有研究成果都可以直接应用于火星表面探索任务，两台小型加压火星车是 DRA 5.0 中任务清单的组成部分。此外清单也包括两个较小的非加压火星车（与月球车的尺寸和能力相比），用于在星球表面居住点附近的短期和短距离活动。

通过这次对比地面模拟试验，研究人员认为小型加压载人火星车更有优势，无论是在辐射屏蔽还是生命保障方面都更健康、更安全，这使得航天员在执行火星表面探索任务的所有时间段都很方便。

12.5.3　载人小行星探测表面活动试验

针对载人小行星重定向 ARM 任务中的载人小行星探测任务，NASA 组织了多次陆上和水下模拟试验，主要针对航天员在小行星表面活动进行试验和训练。小行星重力极其微弱，与月球、火星表面的活动探测区别很大，航天员进行出舱活动（EVA）时必须采取可靠的措施防止飘离。NASA 进行陆上试验主要是为了验证在凹凸不平的小行星表面着陆和行走的载人机动装置，进行水下试验则是为了验证微重力环境下的航天员锚定、行走和作业等操作。

NASA 开展的第 14 届"沙漠调查与技术研究"活动中，对身着载人机动装置的航天员在深空居住舱与小行星表面之间的移动进行模拟试验，如图12 - 36 所示。通过 7 种探测器与乘组人数的组合训练，评估得到了载人小行星探测的最合理人数和舱外活动、多任务深空探测飞行器（MMSEV）和深空居住舱（Deep Space Habitat，DSH）的最优组合；此外，还测试了通信延迟和带宽限制对载人小行星探测任务的影响。为了在地球上模拟登陆小行星，NASA 多家机构联合建造了 MMSEV 模拟器，并设置了视频墙来模拟飞临小行星时看到小行星的巨大轮廓，使航天员具有实物体验的感觉。在 JSC 虚拟现实实验室中，研究人员通过虚拟技术模拟小行星场景，通过起重机和吊绳来模拟小行星重力场环境，如图 12 - 37 所示。

图 12 - 36　多任务探索飞行器（MMSEV）沙漠活动试验

（图片来源于 NASA 报告）

图 12 - 37　面向载人小行星探测任务的悬吊失重训练以及与机械臂配合试验

（图片来源于 NASA 报告）

|12.6　地外行星驻留地面模拟试验|

12.6.1　居住基地建设试验验证

面向未来行星表面任务（如火星表面任务）存在的质量和外包络尺寸限制的挑战，NASA 提出利用轻型充气结构作为减少居住舱基础设施质量和外包络的手段，并从 20 世纪 90 年代就开始相关研究。

2007 年 NASA 和美国国际橡胶公司（ILC Dover）设计、建造和测试了一个充气式居住舱结构，重点关注居住舱的部署特性和在典型极端环境下（如在南极洲）的耐久性。这是一个完全绝缘和隔热的卧式半圆柱形充气式月球基地，可作为健康监控系统、自愈材料和放射物保护材料等新技术的试验平台。充气式居住舱由两个部分组成：主居住区和模拟气闸。主居住区被均分成两个部分，这两个部分利用拉链连接在一起。主居住区完全充气后的内部尺寸是4.9 m×7.3 m×2.4 m，充气管壁厚0.48 m。模拟气闸也通过拉链与主居住区连接，充气管壁厚0.3 m，完全充气后模拟气闸区域的尺寸是1.2 m×1.8 m。这个重达453 kg的系统可被封装进两个尺寸为1.21 m×2.43 m×0.76 m（4.53 m³）的充气包中，总共可提供的生活空间为70.8 m³，填充效率可达15∶1。在运输至南极洲展开之前，整个系统填充和展开试验次数达到了近20次。最后一次封装由5个人在1 h之内完成，3个人在50 min内完成了展开，展开中利用鼓风机为居住舱充气花费了12 min。展开团队在搭建过程中穿着极冷天气装备，以模拟穿着航天服的状态。试验中航天员的活动性优于穿着航天服，但仍给航天员带来了一些人机界面的问题。居住基地建设模拟试验如图12-38~图12-40所示。

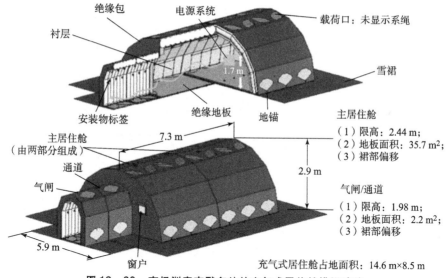

图12-38　南极洲麦克默多站的充气式居住舱模拟试验

（图片来源于NASA报告）

在本次模拟试验中，NASA建立了科学数据系统，基于无线网络远程监控居住舱在12个月展开期间内的状态。NASA获得了1年的结构健康状态监测和性能数据，这些数据能够帮助评估典型极端环境下充气式居住舱持久性、性能和可操作性。

这个项目提供了在极端环境下开发、展开和监测充气式居住舱的宝贵经验，通过试验验证了充气式系统高充气效率及坚固耐用的性能，能够经受极端

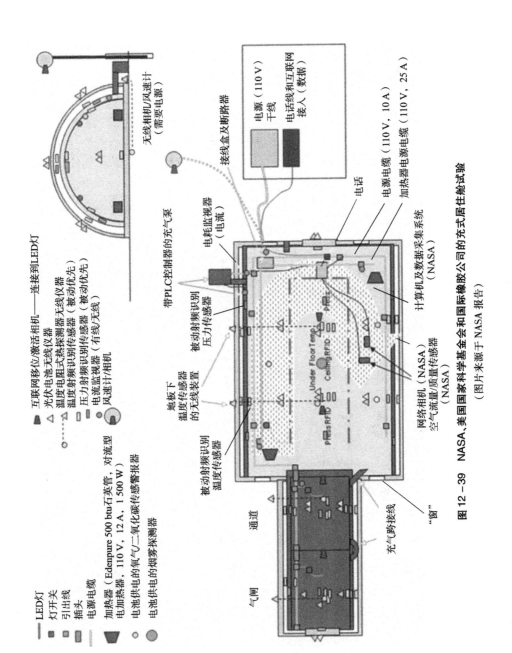

图 12 - 39　NASA、美国国家科学基金会和国际橡胶公司的充式居住舱试验
（图片来源于 NASA 报告）

图 12 - 40　美国 ILC Dover 公司卧式半圆柱形充气式月球基地试验过程

（图片来源于 NASA 报告）

环境，具有可重复使用特点和可重构能力。嵌入式传感器可与健康监测系统组合安装到居住舱结构中，因此被确认为结构健康监测系统的理想选择方式。除了嵌入式传感器以外，研究将传感器直接嵌入到结构材料中的新型制造技术将非常必要。使用无线系统从嵌入式传感器处收集数据非常有用，可以大幅减少配线及其质量。在进行居住舱部署时，所有参与研究人员都对"吸取的教训"非常满意，这些"教训"都可用于发展未来的居住舱及其监测系统，促进航天员在月球和火星表面工作与生活的安全性。

　　根据这些模拟试验得到的经验和数据，NASA 随后在"星座计划"中启动了居住舱验证单元项目（Habitat Demonstration Unit，HDU），对目的地探索用长期驻留深空居住舱（DSH）技术进行了试验和评估。作为一个"技术和创新驱动"的项目，HDU 开发了两个版本的地面验证构型，2010 版本主要考核有人居住性能；2011 版本在 2010 版本基础上增加了载人深空探测涉及的出舱、飞行操作、科学考察等乘员活动验证，试验装置除了 DSH 外还包括了MMSEV。2010—2012 年期间，DSH 采用垂直构型，如图 12 - 41 所示；从2013 年起，DSH 改为水平构型。为更好地实施 HDU 项目，美国国家空间资助基金会为 NASA 发起了"X - Hab（探索居住舱）学术创新挑战赛"，旨在鼓励在校学生开展多学科融合优化研究，拓展高校与工业界合作。

图 12 - 41　HDU 项目中的垂直构型 DSH 舱段

（图片来源于 NASA 报告）

　　中国哈尔滨工业大学研究提出了柔性充气展开式月球舱的设计方案，并对其材料选择、材料强度、结构质量、折叠体积进行分析，同时设计了一个支撑月球舱的充气式锥台，并对整个结构进行了折叠展开试验，如图 12 - 42 所示。充气舱体主要由圆柱形密封体、高压密封拉链、观察窗、充气孔、安全阀、放气孔构成，舱体使用 PVC（聚氯乙烯）双面涂层尼龙织物，主要通过高温热合机热合；舱体密封采用高压密封拉链，选用的高压密封拉链完全能够承受充气舱 10 kPa 的内压。通过地面试验对结构展开进行了试验验证，当充气支撑锥台完全充气展开并达到所需压力后将充气舱完全撑起，此时开始对充气舱进行充气展开。

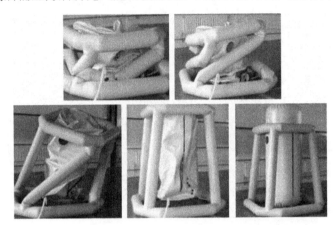

图 12 - 42　充气式月球舱模型折叠展开过程

12.6.2　受控生态生保试验验证

　　水、大气和食物是载人航天飞行生命保障系统中的关键消耗品，目前的研究主要涉及两种技术途径：

　　（1）物理/化学再生式生保系统，进行水和氧的再生及二氧化碳的清除。

　　（2）生物再生式生保系统，提供水、氧气和食物。

　　如果上述两种方法整合，则形成了受控生态系统（Controlled Ecological Life Support System，CELSS），可以为地外行星驻留高效可靠地提供基本生保物品。

　　在 NASA 高级生保计划（Advanced Life Support，ALS）支持下，肯尼迪空间中心于 1985 年开始进行 CELSS 试验模型项目，用来研究评价生物部件和验证生物再生式计划的可行性。试验设备包括 1 个作为核心部件的生物量生产舱（Biomass Production Chamber，BPC）、15 个大小不等的人工气候室、2 个用于资源再生的生物反应器、1 台小型试验台培养箱、1 套网络化计算机系统和多个研究与飞行试验保障实验室。试验的主要目标集中在作物栽培和资源再生方面，9 年试验时间内 BPC 的利用率超过了 68%，提供的 1 人生保物资包括 32% 的食物、63% 的 O_2、33% 的水，它们均来自冠层面积 20 m^2 的作物，其间还支持约翰逊航天中心完成了 3 人 90 天密闭生态系统试验。2001 年以后，项目重点转向位于约翰逊航天中心的生物再生式生保系统复合体（BIO – Plex）和火星转移居住舱（TransHab）试验平台。

20 世纪 80 年代中后期，美国在亚利桑那州建立了"生物圈 2 号"微型人工生态循环系统（意指地球本身为"生物圈 1 号"），它占地 1.3 万 m^2，容积为 20.4 万 m^3，内部有土壤、水源、空气和多种多样的动植物与微生物。1991 年 9 月 26 日，首批 4 男 4 女科研人员进驻"生物圈 2 号"，然而 1 年多后出现钙化学反应导致氧循环能力降低问题，不得不在密闭试验启动 21 个月后提前终止。在进行技术改进后，1994 年 3 月 6 日 4 男 3 女共 7 位科研人员第二次进驻"生物圈 2 号"，但几个月后出现了 CO 含量激增的问题，导致"生物圈 2 号"彻底关闭。"生物圈 2 号"全貌及室内植物如图 12 – 43 所示。

图 12 – 43　"生物圈 2 号"全貌及室内植物

（图片来源于 NASA 报告）

2003 年 ESA 就空间生命保障系统的研究提出了生物空气过滤技术计划和微生态生命保障系统仿真分析的模拟环境（Modular Environment for Life – Support Systems Simulation and Analysis，MELISSA）计划，前者开展微生物菌株的鉴别、污染物的转化效率、菌株相容性等研究，未来将开展在轨飞行试验；后者建立了 5 舱室微生物生态系统，旨在作为未来载人航天任务的生物生命保障系统。

北京航空航天大学研究建立了我国第一个生物再生生命保障地基有人综合密闭试验系统——"月宫一号"，核心为生物再生生命保障系统，是基于生态系统原理将生物技术与工程控制技术有机结合，构建由植物、动物、微生物组成的人工生态系统。系统由综合舱及植物舱组成，综合舱用于参试人员生活及废物处理，植物舱内部设有植物培养装置，用于植物栽培。"月宫一号"完成的 2 人 45 天封闭试验中，选取小麦、大米等 5 种粮食，白菜、苋菜等 11 种蔬菜以及 1 种水果，作为参试人员食物的主要来源。试验中的动物包括蚕和黄粉虫，可为参试人员提供动物蛋白；此外，试验中还包括微生物废物处理系统，通过微生物降解作用，使人体产生的废物转化为可用生物物质用于植物培养，如图 12 - 44 所示。2014 年 5 月 20 日完成了 3 人 105 天的密闭试验，实现了在系统内 100% 的氧气和水、55% 的食物循环再生，总闭合度达到了 97%。2018 年"月宫一号"完成了"月宫 365"试验，于 2017 年 5 月 10 日到 2018 年 5 月 15 日，共历时 370 天，8 名志愿者分两批先后在"月宫"驻留 170 天，创下世界上时间最长、闭合度最高的密闭生存试验。

图 12 - 44 "月宫一号"内部结构

(图片来源于北京航空航天大学)

中国航天员科研训练中心受控生态生保系统集成试验平台于 2011 年建成（图 12 - 45），具备氧气应急补充、二氧化碳应急去除、大气微量有害气体净化、睡眠保障、卫生保障、医学保障、安全保障等功能，实现了自动控制舱内大气环境、光照和营养条件等功能，可靠保证了参试人员的健康、安全与舒适。2012 年 12 月 1 日 17 时，中国航天员科研训练中心唐永康、米涛在密闭试验舱内结束为期 30 天的科学试验顺利出舱，标志着我国首次受控生态生保集成试验获得圆满成功。此次试验重点研究密闭环境中人与植物的氧气、二氧化碳、水等物质的动态平衡调控机制，掌握就地提供乘员新鲜食物的方法。试验中，植物培养面积为 36 m^2，种植生菜、紫背天葵、油麦菜、苦菊 4 种可食用蔬菜，主要为两名参试人员提供呼吸所需的氧气，并吸收参试人员呼出的二氧化碳，保证每名参试人员每餐食用 30~50 g 新鲜蔬菜。试验首次突破了人与植物、氧、二氧化碳交换动态平衡调控技术，微生物废水综合处理和循环利用等关键技术。试验结果表明，大气、水和食物的闭合度分别达到 100%、85% 和 15%。试验同时安排了密闭生态系统中的植物生理、人员生物节律与热反应，以及心理学、食品营养学、工效学、环境医学监测与评价、医监医保以及空间站卫生清洁制度验证等方面的试验，并与德国合作开展了密闭环境中的人员核心体温生物节律的试验研究。

图 12 - 45　中国航天员科研训练中心受控生态生保系统集成试验平台

（图片来源于中国航天员科研训练中心）

12.6.3　登陆火星霍顿 - 火星模拟试验

霍顿 - 火星项目（Haughton - Mars Project，HMP）始于 1998 年，这个项目选择加拿大北极区作为对火星物理和环境的模拟场所，可为工程师和科学家提供 4 ~ 8 周的模拟任务周期。2012 年共完成了 15 次模拟试验任务，主要包括舱外活动、机器人探测器、小型密闭式探测器、小型机器人和人用钻机、长距离（100 km 以上）跨越和通信网络及协议。在开展霍顿 - 火星试验项目时，每个试验都按照完成基于任务和重要技术的试验目的进行设计。霍顿 - 火星项目研究站（Haughton - Mars Project Research Station，HMPRS）穿越试验如图 12 - 46 所示。

图 12 - 46　霍顿 - 火星项目研究站穿越试验

（图片来源于 NASA 报告）

霍顿-火星项目研究站位于加拿大行政区得文岛的努纳武特，设置在直径20 km的39MY老霍顿陨石坑边缘，这个位置通常被选作对未来月球和火星表面探索任务的模拟场所，如图12-47所示。

图12-47　霍顿-火星项目研究站

（图片来源于NASA报告）

得文岛具有以下特点：

（1）数平方公里可用于试验的场地。没有植被、人工建造的阻隔（如栅栏、道路等），或者其他地面覆盖物（如雪、冰等）。

（2）具有模拟未来人类行星探索任务地面特征和地形特点的条件，包括有类似火星表面的特点（陨石坑、冲沟、河床、冰盖等）和类似月球南极区域的地面特征，可在相对较大的区域进行各种模拟活动，如在不同的地形中钻取土壤、在具有代表性的地形中长距离穿越、考察极端微生物的寄居地等。

（3）相对寒冷的气候，不适合细菌生殖的环境，遥远及孤独的岛屿环境，有限的设施及资源条件。

霍顿-火星项目（HMP）主要用于研究月球或火星微型生态圈模拟环境，评估模拟系统硬件、软件及在操作环境下与其他系统集成后的工作能力，收集试验数据修正模拟试验模型，同时研究人发生意外情况后在月面或火星表面任务活动期间的医学需求。

模拟任务包括在月面执行人机联合作业任务期间，三名航天员执行EVA任务，其中一名航天员在斜坡上受到意外伤害等待救援。这些意外风险有可能是：导航进入了坡度大于20°～26°的撞击坑，人员从梯子上跌落，或者是载人月球车从撞击坑边缘跌落。

这个模拟试验主要有4个目的：

（1）补给物质的类型：为支持在霍顿火山口的科学及探索研究项目，

HMPRS需要什么类型的物质进行支持和补给，确定出全部输入物质的数量和质量，与原来的永久型月球基地的需求模型的预估值进行比较。经过试验确定了以下 10 种物质：①推进剂与燃料；②乘员食品；③乘员操作工具；④维修和保养设备；⑤储存和节制；⑥探索与研究；⑦废物管理与处置；⑧居住和设施；⑨交通和运输工具；⑩其他不同种类的设备。这与国际空间站上 14 类补给物质有极大不同，在 29 天的时间里，共需要 20 717 kg，总计 46 000 lbs 的补给物质。

（2）宏观物流运输网络：用于理想节点、运输路线，运载器的能力，乘员及货物的质量，以及用于支持 HMP 后勤补给网络的补给率。

（3）管理和资产跟踪：现在国际空间站上的储存管理重点依赖条形码和人工跟踪，希望能在 HMP 项目上测试一项自动化技术和流程，例如使用无线射频识别技术（Radio Frequency Identification，RFID）来支持后勤补给物质的管理。在 HMP 项目中，给补给物质贴上了电子标签，为研究基地开发了一条管理物质条目的新方法，能够厘清实时物质消耗的模式，以及增强了探索、规划和分析的能力。

（4）针对 EVA 的微观物流：最终希望能理解在一天时间内的微观物流需求，在得文岛模拟火星地形环境的补给情形，包括表面运输飞行器的移动情况，人员及货物从基地运输到不同研究站（距离小于 100 km）的情况。在 HMP 项目中，特别研发了一项标准方法，用于记录航天员为执行表面探索任务进行 EVA 活动时携带的物品、参数及约束条件，例如消耗品（水）、安全设备（电台）、研究设备（相机、岩石搭取杆）。最重要的是，通过研究发现没有一项 EVA 活动是完全按照原定规划执行的，究其主要原因就是原规划的不确定性，因此在未来载人火星探测任务中，更需要实时的路线重规划能力，以及有更强表面机动能力的飞行器。

HMP 项目在某种程度上来说，是对未来月球及火星基地项目的地面真实模拟。通过在得文岛的试验掌握了部分人员及货物补给的规律和特征，但得文岛与真实环境的差异是，随时可得的补给能力、广阔平坦的存储条件，以及丰富的水源，在进行未来月球/火星基地真实任务评估时需要把这些因素剔除并从严考虑。

12.7　行星原位资源利用地面模拟试验

自从 20 世纪 90 年代提出地外行星原位资源利用（ISRU）概念以来，国内外研究机构在不断发展理论的同时，也在积极开展地面试验工作，以期对ISRU的原理、方法、流程、效益等进行试验验证，为未来的载人深空探测任务创造技术基础。

12.7.1　月面矿产资源原位利用试验

NASA及加拿大航天局（Canada Space Agency，CSA）等合作针对月面原位制备氧气及水等资源，开展了三次地面演示验证试验，主要对采用氢气作为还原剂的碳热还原法制备氧气及水的技术进行了演示验证。

2008年10月，NASA研制的第一台ISRU样机进行了月壤开采、氧气制备、资源储存等地面演示，并对氧气制备流程的不同环节进行了比较，实现了黑暗环境下自动导航、半自动钻采选址、样品传输和样品分析，并从铁矿中成功制备出水，如图12-48所示。此次试验中设计了两种氢气还原氧气制备的方案——精细原位月球制氧试验床（Precursor In-Suit Lunar Oxygen Testbed，PILOT）和月球车制氧（Rovers and Oxygen，ROxygen）。PILOT年制氧量为250 kg，可实现6个反应器同时工作，地面试验中火山灰氧化铁矿石中制备出1 000 mL的水；ROxygen采用了螺纹形式圆柱形反应器，可搅拌月壤以增大其热交换，同时防止月壤的烧结污染反应器，制氧能力设计为660 kg/年，此次试验中确定了每次反应供料最佳用量为8 kg，并实现了反应废渣的自动排放功能。

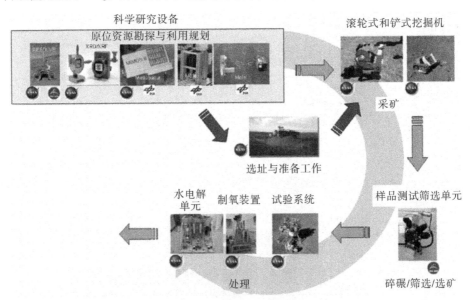

图12-48　NASA第一次ISRU地面模拟试验流程

（图片来源于NASA报告）

2010 年 1 月，NASA 进行了第二次 ISRU 地面演示试验，进一步扩展了 IS-RU 系统功能和集成，将月面极地资源组件及其他设备进行了改进，并将碳热还原氧气制备装置和太阳能集热、电解水、液氧及甲烷储存等装置进行了连接，如图 12 - 49 所示。此次试验采用了 CSA 提供的自动化远程控制采掘设备，NASA 采用效率更高的碳热还原技术从火山灰中制备了约 28 g 的氧气（效率约 9.6%），并实现了电解水和氧气的储存，进行了表面的太阳能烧结试验等。

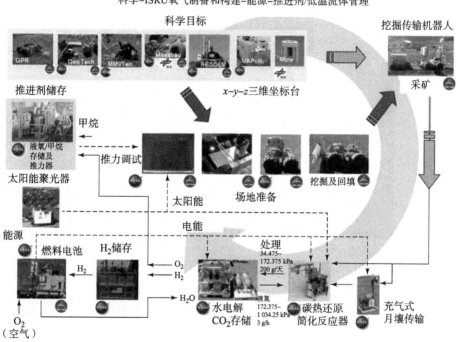

图 12 - 49 NASA 第二次系统性 ISRU 地面试验验证

（图片来源于 NASA 报告）

相对于氢气还原法，碳热还原氧气制备技术具有更高的制备效率。轨道技术公司（Orbital Technologies Corporation，Orbitec）设计了制备样机，使用太阳能光波导集热设备作为系统能源，太阳热辐射能量被集热天线阵列收集，通过低损耗的光纤波导传输到月壤加工处理的热化学接收器用于制备氧气，同时设备解决了熔岩矿渣的清理难题。在 NASA 第二次 ISRU 试验中，对 Orbitec 公司的制氧设备样机进行了集成验证。

第三次 ISRU 试验中扩大了国际合作范围，CSA 提供了火山灰挖掘传输设备、移动平台、光纤集热器、燃料电池等，通过碳热还原可以将氧气的制备效率提升到 9.5% ~ 10%。此次试验收集水约为 31.5 g，完成氢气储存 400 g、氧气储存 236 g，进行了 17 次液氧/甲烷发动机点火试验。

熔融电解月面氧气制备法效率可达 40%，每 100 kg 样品可制备 20 ~ 30 kg 氧气，其将月壤加热熔融后通电电解，氧气从熔体中以气泡形式释放，反应步骤简单，无须附加试剂，也不必考虑材料的回收和循环。该技术可实现氧气及纯度较高的铁、硅及其他金属材料的制备，但需要在高温条件下对熔岩、氧气、熔融金属等进行操作，具有较大的风险。国外研究机构研制了地面样机，进行了初步试验验证，如图 12 - 50 所示。

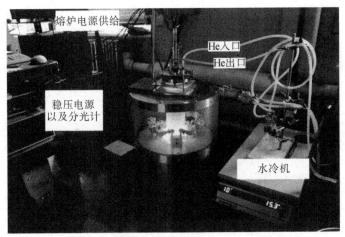

图 12 -50   熔融电解月面氧气制备法地面原理样机
(图片来源于 NASA 报告)

基于月面矿石固体电解的氧气制备技术属于流体催化裂解过程，研究人员研究发现了两种具有应用价值的电极材料，包括掺杂氧化锡（SnO_2）、钌酸钙和钌酸钛固溶体（$CaTixRu1 - XO_3$）。找到合适的电解材料后，通过固态电解，在实验室对月尘模拟样品的电解反应中成功地制备出了克量级的氧气。

12.7.2   月面原位资源加工制造试验

在月球基地及载人火星探测等长期任务中，必须为航天员提供适宜的居住环境以及可靠的安全防护，如居住地、实验室、辐射防护屏、生态圈等，从地面携带大量材料用于地外基地建设难度极大，而使用原位资源及材料可以大幅减少 IMLEO。NASA 原位制造和修复计划中，马歇尔空间飞行中心（MSFC）开展了表面结构项目研究，以实现地外天体表面材料的利用和结构修建。对于月球探测，多家航天机构研究认为可直接将月壤作为原材料进行加工，通过烧结、混凝等手段提高月壤的硬度、密度，成为符合建筑要求的原材料。

2010 年，NASA 在第二次 ISRU 试验中，使用太阳能聚光技术将沙土加热到 1 150 ℃以上，模拟月壤熔融、钛铁矿熔炼以及建筑结构材料获取，火山灰表面温度被提升到 1 000 ~ 1 100 ℃，烧结速率达到 1 ~ 2.35 mm/s，成功烧结了 38 cm × 38 cm 的火山灰样品，如图 12 - 51 所示；同样，微波加热也可以实现月球表面月尘的烧结固化。

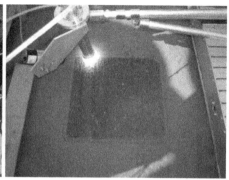

图 12 - 51　太阳能光波导火山灰烧结试验
（图片来源于 NASA 报告）

1985 年匹兹堡大学提出月球混凝土概念，后来研究者提出了"骨料 + 水泥 + 水"和"骨料 + 硫黄"两种技术途径。在月球含水未形成确定性结论前，主要采用后一途径。2006 年 MSFC 支持开展了月面材料无水浇筑技术研究，使用硫化浇铸技术制备了 0.5 in① 的 S/JSC - 1（含 20% 氧化硅）样品，并使用直径为 1 mm 铝球以 6 km/s 的速度进行了冲击试验，以测试对辐射防护、微流星撞击或是羽流冲击月尘（碎片）等的防护能力。MSFC 和南加州大学实现了硫基混凝挤压和 3D 成型技术的集成，可用于各种建筑结构的修建。

1986 年，美国一研究组使用 40 g Apollo - 16 带回的月壤样品进行了混凝材料制备试验，发现其抗压强度可达 75 N/mm²，反复暴露于真空后强度损失在 20% 以内，证明采用传统混凝土模式配制的月球混凝土能够发挥月壤的高活性获得强度更高的混凝材料。1989 年进行了首次月面水泥黏结剂的生产测试，使用常规的硅酸盐水泥制造方法将钙长石制备成水泥黏结剂，28 天固化期后测试样品的抗压强度为 30 ~ 38 N/mm²。月面高真空条件下水汽的挥发将会形成多孔结构，1/6g 重力场环境也会影响混凝材料性能，不能使用地面常规方法来制备月面混凝材料，有待进一步研究和验证。1992 年 *Nature* 和 *Science* 发表文章，分析认为月球南北两极的水冰储备量达 0.1 亿 ~ 30 亿吨，月球混

① 英寸，1 in = 25.4 mm。

凝土的研究又进入"骨料＋水泥＋水"途径。

ESA 与 Foster＋Partners 建筑公司合作开展了 3D 打印月球基地的可行性研究，3D 打印机器人将利用月球土壤在从地球运输来的圆屋周围构建基地，采用太阳能和微波进行加热烧结，利用机器人完成后续建设工作。目前，该项目已经利用意大利提供的月壤模拟样品制备了一个 1 500 kg 的大型打印结构，该技术有望应用于月面基地的打印建设。英国 Monolite 公司针对月面建设任务研制了 3D 打印机，并配有宽 6 m 的移动式喷嘴阵列，可将黏合溶液喷洒到砂状建材上，利用黏性盐将建材黏合成固体材料。目前该打印机的速度是 2 m/h，下一代设计速度将达到 3.5 m/h。

12.8 极端环境模拟试验

12.8.1 "宝瓶座" 水下居住舱试验

NASA 开展了名为水下居住舱试验的极端环境执行项目（NASA Extreme Environment Mission Operation，NEEMO），利用"宝瓶座"（Aquarius）水下试验舱对未来深空探测中的航天员生存能力进行试验测试。试验目的主要包括模拟舱外活动、模拟低重力环境下大型系统的运输/卸载/部署/总装、测试人在极端环境下的工作效率以及验证通信协议的有效性。"宝瓶座"与国际空间站的居住舱尺寸类似，是世界上唯一一个永久的水下居住舱和实验室，长 14 m，直径为 4 m，距离海岸 5.6 km，水面浮标为处于水面 19 m 以下的居住舱提供动力、生命维持和通信服务。到 2012 年年底一共进行了 16 次试验，前 13 次主要用于航天员失重环境适应能力训练，从第 14 次任务开始主要对设备和操作流程进行测试。2011 年 10 月，前 ISS 乘组乘员乘坐"宝瓶座"在佛罗里达海域执行第 15 次模拟任务，寻找小行星表面锚定/移动方法以及收集数据的最佳方式。2012 年 6 月进行了第 16 次试验，在锚定机构使用、人机协同、与地面通信、乘组人数、任务分配与操作执行等方面进行系统模拟试验。图 12－52 所示为航天员在水下进行小行星表面探测活动模拟训练。

"宝瓶座"水下试验舱可以模拟进行持续 3 个星期以上的长期任务，为航天员提供模拟深空轨道航天器上生活的环境，并执行水下舱外活动。在这些模拟活动中，测试了先进导航和通信设备。考虑到浮力效应，对不同行星表面（月球或者火星）的重力影响或者空间微重力进行模拟。这些试验活动不仅可

图 12-52　航天员在水下进行小行星表面探测活动模拟训练

（图片来源于《Brain, Behavior and Immunity》）

以增进航天员对日常任务操作的了解熟悉，也可为航天员模拟创建真实的空间操作场景，便于航天员近距离做出实时判断和决策。

12.8.2　亭湖研究项目试验

亭湖研究项目（Pavilion Lake Research Project，PLRP）是加拿大不列颠哥伦比亚省的一个天体生物学和探索科学的国际性多学科合作项目，主要科学研究目标是解释亭湖及其附近湖泊中淡水微生物的起源，项目研究始于 2004 年。微生物模拟活跃在地球早期的生物地球化学过程，和其他行星（如火星）可能存在的生物进化过程。项目利用遥控潜水器（Remotely Operated Vehicle，ROV）、自动潜水器（Autonomous Underwater Vehicle，AUV）、深水潜水员以及潜水器模拟在载人月球、火星和小行星（如近地小行星）探测时功能上相同的工具，利用这种功能和操作上的模拟活动，促使工程师和科学家共同研究未来载人深空探测任务。

亭湖研究项目分别在亭湖和凯利湖执行科学探测与模拟，它们都位于加拿大不列颠哥伦比亚省，两个湖泊都是喀斯特岩层，是著名的叠层石微生物的发源地，这些微生物能反映地球早期的生物地球化学过程，可以为其他星球（如火星）可能存在的生物进化过程提供模拟条件。

图 12 – 53 所示为亭湖研究项目中作为模拟穿越潜水器的单人潜水器，图 12 – 54 所示为亭湖研究项目穿越模拟任务规划图。

图 12 – 53　亭湖研究项目中作为模拟穿越潜水器的单人潜水器

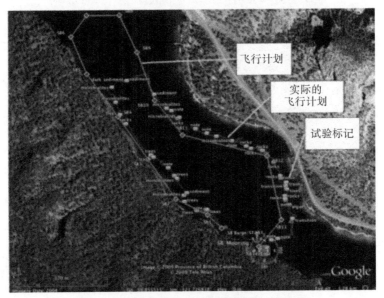

图 12 – 54　亭湖研究项目穿越模拟任务规划图
（图片来源于 AIAA 报告）

12.8.3　长期任务模拟"火星 500"试验

"火星 500"（Mars 500）是位于莫斯科的俄罗斯生物医学问题研究所（Institute of Biomedical Problems，IBMP）进行的为期 520 天的模拟人类登陆火星的项目，ESA 和多个研究机构参与，如图 12 – 55 所示。"火星 500"目的是收集数据、知识和经验，为人类真正登陆火星做准备。"火星 500"计划的试验舱是一个总容积为 550 m³ 的密封舱，由 5 个彼此相连的无窗功能舱组成：生活舱、医疗舱、公共活动舱、火星着陆舱模拟器以及火星表面模拟舱。各舱相对独立，在历时 520 天中涉及 105 项实验。其主要目的有：研究模拟飞行环境对航天员的健康和工作能力的影响；充分考虑火星飞行的特点，研究乘组与地面飞行控制中心的协同配合；设计并模拟登陆火星及火星表面的活动及作业模式；验证为乘组活动提供保障作用的信息帮助系统功能，特别是电子数据的存储和传输；评价现代新技术系统和新手段对人生命安全的保障作用等。

2010 年 6 月，IBMP 在密封舱中安排了 6 名航天员（3 名俄罗斯人、2 名欧洲人和 1 名中国人），他们用 250 天"飞往火星"，30 天"驻留火星"，240 天"返回地球"，而且他们只能彼此间面对面交流，对外则通过一个模拟的控制中心与家人和朋友进行通话。为了模拟真实的飞行状态，与外界通话设置了 20 min 通信延迟。航天员的饮食也与 ISS 常用的几乎相同。在模拟登火飞行时，刻意安排了一些极端情况和困难。一次是登火飞船电力系统出现故障，导致舱内一整天断电，6 名航天员只能借手电筒的微弱灯光打发时间，比如下象棋和打扑克。另一次是更严峻的紧急情况，6 名航天员在大约一周时间内无法收到地面指挥中心的通信信息。通过考察航天员在极端情况和困难下的心理情况和应对能力，帮助确认航天员在封闭环境中长期生活对心理和身体的影响，为实现人类真正登陆火星的活动提供了各种可参考的科学数据，对未来人类登陆火星过程中长期居住于密闭隔绝环境的可行性研究发挥了里程碑式的作用。

图 12-55　俄罗斯在莫斯科进行的"火星 500"试验

（图片来源于《国际太空》）

思考题

1. 地面模拟活动的概念及内涵是什么？

2. 针对航天员的环境模拟试验及训练项目有哪些？需要用到哪些设备？

3. 针对飞行器的高速进/再入试验验证项目有哪些？试举例说明各有什么特点。

4. 针对飞行器的着陆起飞试验验证项目有哪些？试举例说明其特点和难点。

5. 针对行星表面活动试验验证项目有哪些？试举例说明其特点和难点。

6. 针对地外行星驻留的地面模拟试验有哪些？试举例说明其特点和难点。

7. 针对行星原位资源利用的地面模拟试验该如何开展？试举例说明其特点和难点。

8. 针对极端环境的地面模拟试验该如何开展？试举例说明其特点和难点。

参 考 文 献

[1] 中国科学院. 中国学科发展战略——载人深空探测 [M]. 北京：科学出版社，2016.

[2] 孙泽洲，叶培建，张洪太. 深空探测技术 [M]. 北京：北京理工大学出版社，2018.

[3] 杨宏，叶培建，张洪太. 载人航天技术 [M]. 北京：北京理工大学出版社，2018.

[4] [美] 拉尔森，普兰克. 载人航天任务分析与设计（上、下）[M]. 邓丰宁，张海联，等，译. 北京：中国宇航出版社，2016.

[5] 褚桂柏，张熇. 月球探测器技术 [M]. 北京：中国科学技术出版社，2007.

[6] [美] Jonathan H. Ward. "阿波罗"登月发射倒计时 [M]. 崔吉俊，唐建，译. 北京：国防工业出版社，2017.

[7] 陈善广. 火星500 "王" 者归来 [M]. 北京：中国科学技术出版社，2012.

[8] 柯受全，等. 航天器环境工程和模拟实验 [M]. 航天器工程系列，导弹与航天丛书. 北京：中国宇航出版社，2007.

[9] 黄本诚，马有礼. 航天员空间环境试验技术 [M]. 北京：国防工业出版社，2002.

[10] 朱战霞，袁建平. 航天器操作的微重力环境构建 [M]. 北京：中国宇航出版社，2013.

[11] 刘红，Gitelson JI，胡恩柱，等. 生物再生. 生命保障系统理论与技术

[M].北京：科学出版社，2009.

[12] 于喜海，陈金盾，孙海龙，等.失重模拟技术的发展及其比较研究 [J]. 环境技术，1998，55（2）：22－28.

[13] 刘巍，张磊，赵维.载人低重力模拟技术现状与研究进展 [J]. 航天医学与医学工程，2012，25（6）：463－468.

[14] 成致祥.中性浮力微重力环境模拟技术 [J].航天器环境工程，2000（1）：1－6.

[15] 叶培建，肖福根.月球探测工程中的环境问题 [J].航天器环境工程，2006（1）：5－15.

[16] 苏令，石泳，张振华，等.航天器交会对接地面综合验证技术研究进展 [J].航天员环境工程，2014，31（3）：278－282.

[17] 李玥，朱战霞.水动阻力随动补偿系统设计与仿真 [J].西北工业大学学报，2012，30（2）：192－195.

[18] 房红军，杨雷.载人飞船返回舱着水冲击问题研究进展 [J].载人航天，2013，19（6）：76－83.

[19] 杨建中，满建锋，曾福明，等."嫦娥三号"着陆缓冲机构的研究成果及其应用 [J].航天返回与遥感，2014，35（6）：20－27.

[20] 贾贺，荣伟.火星探测器减速着陆技术分析 [J].航天返回与遥感，2010，31（3）：6－14.

[21] 曾福明，杨建中，满剑锋，等.月球着陆器着陆缓冲机构设计方法研究 [J].航天器工程，2011，20（2）：46－51.

[22] 杨建中，曾福明，满剑锋，等.嫦娥三号着陆器着陆缓冲系统设计与验证 [J].中国科学：技术科学，2014，44（5）：440－449.

[23] 李成方."猎户座"载人飞船进行首次飞行试验 [J].中国航天，2015，3：55－57.

[24] 郭筱曦.新型载人飞船"猎户座"首次无人探索飞行试验任务圆满完成 [J].国际太空，2015（1）：40－42.

[25] 贾贺，荣伟.ExoMars 2016 火星探测计划进入、减速、着陆的验证任务分析 [J].航天器工程，2013，22（4）：109－115.

[26] 武江凯，白明生，张柏楠.美国"移民石"计划最新进展 [J].国际太空，2013（7）：38－44.

[27] 黄伟.月面最终着陆段模拟试验技术 [C].第五届载人航天学术会议，西安，2018：735－741.

[28] 任德鹏，张旭辉.探测器月面起飞设计及试验验证技术 [C].第五届载

人航天学术会议，西安，2018：805-809.

[29] 蒋奇英，方群. 航天器中性浮力实验模型外形设计与仿真 [J]. 西北工业大学学报，2011，29 (5)：751-756.

[30] 成致祥. 中性浮力微重力环境模拟技术 [J]. 航天器环境工程，2000，1：1-6.

[31] 陈金明，黄本诚. 开展我国载人航天空间环境地面模拟试验的建议 [J]. 航天器环境工程，2002，19 (1)：5-9.

[32] 何成旦，贾阳，顾征，等. 月球车野外试验场建造因素分析 [J]. 国际太空，2014 (6)：57-63.

[33] 郑永春，王世杰，刘建忠，等. CAS-1 模拟月壤 [C]. 第八届全国空间化学与陨石学学术研讨会，海南，2006：28-29.

[34] 吴爽，张扬眉. 国外地外天体漫游车发展状况研究 [J]. 国际太空，2012 (8)：2-14.

[35] 郭双生，艾为党. 美国 NASA 高级生保计划实验模型项目研究进展 [J]. 航天医学与医学工程，2001，14 (2)：150-154.

[36] 贾阳，申振荣，党兆龙，等. 模拟月壤研究及其在月球探测工程中的应用 [J]. 航天器环境工程，2014，31 (3)：241-247.

[37] 肖福根. 国外载人航天的生命保障系统 [J]. 航天器环境工程，2003，20 (1)：46-50.

[38] 沐照. "月宫" 105 天 [J]. 太空探索，2014 (9)：6-9.

[39] 屈斌，王启，王海平，等. 失重飞机飞行方法研究 [J]. 飞行力学，2007，25 (2)：65-69.

[40] 杨锋，袁修干. 航天微重力环境的地面模拟方法 [C]. 2002 年第七届全国环境控制学术交流会，2002.

[41] 王奇，陈金明. 美国的中性浮力模拟器及其应用 [J]. 航天器环境工程，2003，20 (3)：53-59.

[42] 任露泉，贾阳，李建桥，等. 月球车行走性能地面模拟实验方案设想 [C]. 中国宇航学会深空探测技术专业委员会第二届学术会议，2005.

[43] 陶灼，陈百超，火星车在松软地面上的蠕动步态研究 [J]. 航天器环境工程，2016，33 (2)：262-268.

[44] 张磊，刘波涛，许杰. 火星探测器热环境模拟与试验技术探讨 [J]. 航天器环境工程，2014，31 (3)：272-276.

[45] 黄本诚. KM6 载人航天器空间环境试验设备 [J]. 中国空间科学技术，2002，22 (3)：1-5.

［46］宋旭伟. 深空探测火星目标模拟方法研究与实现［D］. 哈尔滨：哈尔滨工业大学，2016.

［47］贾阳，李晔，吉龙，火星探测任务对环境模拟技术的需求展望［J］. 航天器环境工程，2015，32（5）：464-468.

［48］贾阳，申振荣，庞彧，等. 月面巡视探测器地面试验方法与技术综述［J］. 航天器环境工程，2014，31（5）：464-469.

［49］苏强，谢培珍，刘红等. "月宫一号"中多人105天生物再生生命保障系统集成密闭实验期间人体肠道微生物的变化［C］. 中国空间科学学会空间生命专业委员会第二十届学术研讨会暨中国宇航学会航天医学工程与空间生物学专业委员会第四届学术研讨会，2014.

［50］胡大伟，付玉明，杜小杰，等. 生物再生生命保障地基实验系统气密性评价［J］. 载人航天，2016，22（3）：399-405.

［51］刘红，佟玲，李明，等. 生物再生生命保障系统中人与自养生物间气体交换［C］. 中国空间科学学会第七次学术年会，2009.

［52］李志杰，果琳丽. 月球原位资源利用技术研究［J］. 国际太空，2017，3：44-50.

［53］Stutte G W, Chetorkin P V, Mackowial C L, et al. Statistical analysis of environmental variability within the CELSS bread-board project's biomass production chamber［R］. NASA Tech Memorandom 109188，1993.

［54］Sager J C, KSC advanced life support breadboard：facility desecription and testing objectives［R］. SAE 972341.

［55］Sasi Prabhakaran Viswanathan, Amit Sanyal, Lee Holguin. Dynamics and control of a six degrees of freedom ground simulator for autonomous rendezvous and proximity operation of spacecraft［C］. AIAA Guidance, Navigation, and Control Conference, AIAA 2012-4926.

［56］Jianping Yuan, Zhanxia Zhu, Zhengfeng Ming, et al. An innovative method for simulating microgravity effects through combining electromagnetic force and buoyancy［J］. Advances in Space Research，2015，56（2）：355-364.

［57］Tye Brady, Edward Robertson, Chirold Epp, et al. Hazard detection methods for lunar landing［R］. Houston：NASA, Johnson Space Center，2009.

［58］Vincent E Roback, Farzin Amzajerdian, Paul F Brewster, et al. Helicopter flight test of a compact, real-time 3-D flash lidar for imaging hazardous terrain during planetary landing［R］. NASA Johnson Space Center，2013.

［59］Arnold J, Sepka S, Agrawal P, et al. Validation testing of dual heat pulse, dual layer TPS for human mars EDL [C]. 40th Fluid Dynamics Conference and Exhibit, 2010.

[60] Christopher L Tanner, Clara O'Farrell, John C Gallon, et al. Pilot deployment of the LDSD parachute via a supersonic ballute [C]. 23rd Aerodynamic Decelerator Systems Technology Conference, 2015.

[61] Allen Witkowski, Walter Machalick, Clara O'Farrell. Design of subscale parachute models for LDSD transonic dynamics wind tunnel testing [C]. 23rd AIAA Aerodynamic Decelerator Systems Technology Conference, 2015.

[62] Rojdev K, Hong T, Hafermalz S, et al. Inflatable habitat health monitoring: implementation, lessons learned, and application to lunar or martian habitat health-monitoring[R]. AIAA - 2009 - 6822, AIAA SPACE 2009 Conference and Exposition, Pasadena CA, September 2009.

[63] Abercromby A F, Gernhardt M L, Litaker H. Desert research and technology studies (D - RATS) 2008: evaluation of small pressurized rover and unpressurized rover prototype vehicles in a lunar analog environment [R]. NASA/TP - 2010 - 216136, Houston, TX, November 2010.

[64] Love S G, Reagan M L. Delayed voice communication [J]. Acta Astronautica, 91 89 - 95, 2013.

[65] Cadogan D P, Scheir C. Expandable habitat technology demonstration for lunar and antarctic applications [C]. AIAA 2008 - 01 - 2024, 38th International Conference on Environmental Systems (ICES), 2008.

[66] Hoffman Stephen J. ed. Antarctic exploration parallels for future human planetary exploration: a workshop report [R]. NASA/TP - 2002 - 210778, National Aeronautics and Space Administration, Washington, DC, 2002.

[67] Hoffman Stephen J, ed. Antarctic exploration parallels for future human planetary exploration: The Role and Utility of Long Range, Long Duration Traverses [R]. NASA/CP - 2012 - 217355, National Aeronautics and Space Administration, Washington, DC, 2012.

[68] Yaro Taeger, Allen Witkowski. A summary of dynamic testing of the Mars exploration rover parachute decelerator System [C]. Monterey: 17th AIAA Aerodynamic Decelerator Systems Technology Conference and Seminar, 2003.

[69] James Stein, Charles Sandy. Recent developments in inflatable airbag impact attenuation systems for Mars exploration [C]. Norfolk: 44th AIAA/ASME/ASCE/AHS/ASC Structures, Structural Dynamics, and Materials Conference,

2003.

[70] Peter C B, Robert O S, Robert A C, et al. Preliminary investigation of the handling qualities of a vehicle in a simulated lunar gravitational field [R]. Houston: NASA, 1965.

[71] Caluin R J. Operational experience with the electronic flight control systems of a lunar – landing research vehicle [R]. Houston: NASA, 1966.

[72] Ulysse J B. Evaluation of a full – scale lunar – gravity simulator by comparison of landing – impact tests of a full – scale and a 1/6 – scale model [R]. Houston: NASA, 1968.

[73] Ulysse J B. Model investigation of technique for conducting full – scale landing – impact tests at simulated lunar gravity [R]. Houston, NASA, 1965.

[74] William F R. Apollo experience report lunar module landing gear subsystem [R]. Houston: NASA, 1972.

[75] Donald E H, Amos A S. Jr. Evaluation of a gravity – simulation technique for studies of Man's self – locomotion in lunar environment [R]. Houston: NASA, 1964.

[76] Thomas J T. Apollo experience report thermal protection from engine – plume environments [R]. Houston: NASA, 1972.

[77] Jan Osburg, Reinhold Bertrand, Ernst Messerschmid. MELISSA – a graphical environment for life – support systems simulation [C]. 28th International Conference on Environmental Systems, 1998.

[78] Wheeler R M, Sager J C, Pnnce R P, Crop production for advanced life support systems – observation from the Kennedy space center breadboard project [R]. NASA/TM – 2003 – 211184.

[79] Edquist K T. Computations of viking lander capsule hypersonic aerodynamics with comparisons to ground and flight data [R]. USA: NASA, 2006.

[80] Hollis B R, Perkins J N. Hypervelocity aeroheating measurements in wake of Mars mission entry vehicle [R]. USA: NASA, 2004.

[81] Bret G Drake. Human exploration of Mars design reference architecture 5.0 [R]. Lyndon B. Johnson Space Center, 2009.

[82] Philippe Reynier. Survey of aerodynamics and aerothermodynamics efforts carried out in the frame of Mars exploration projects [J]. Progress in Aerospace Sciences, 2014 (70): 1 – 27.

[83] Narici L, Reitz G, Lobascio C, Integrated simulations of Mars flights on the

ISS [J]. Advances in Space Research, 2018 (62): 990 – 996.

[84] Katherine Loundy, Louis Schaefer, Andrew Foran, et al. A distributed simulation of a martian fuel production facility [C]. Aero Tech Congress & Exhibition, 2017.

[85] Steven P Chappecl, Kara H Beaton, Trevor Graff, et al. Analog testing of operations concepts for integration of on earth – based science team during human exploration of Mars [C]. IEEE Aerospace Conference, 2017.

[86] Massachusetts Institufe of Technology. Haughton – Mars project expedition 2005 [R]. NASA TP – 2006 – 214196.

[87] Aichard A Scheuning, et al. NASA/Haughton – Mars project 2006 lunar medical contingency simulation [C]. 16th Annual IAA Humans in Space, 2007.

[88] Abercomby A F, Gemhardt M L, Kitaker H. Desert research and technology studies (D – RATS) 2008: Evaluation of small pressurized rover and unpressurized rover prototype vehicles in a lunar analog environment [R]. NASA/TP – 2010 – 216136, 210.

[89] Strewe C, Cruciam B E, Sams C F. Hyperbaric hyperoxia alters innate immune functional, properties during NASA extreme environment mission operation (NEEMO) [J]. Brain, Behavior, and Immunity, 2015 (50): 52 – 57.

[90] Susan Y Lee, David Lees, Tamar Cohen. Reusable science tools for analog exploration missions: XGDS Web tools, VERVE, and Gigapan Voyage [J]. Acta Astronautica, 2013 (90): 268 – 288.

[91] Robert J Gustafson, Brant C White, Michael J Fidler. Oxygen production via carbothermal reduction of lunar regolith [C]. 39th International Conference on Environmental Systems, 2009.

[92] Robert P Mueller, Laurent Sibille, Gerald B Sanders. Concepts of operations for asteriod rendezvous missions focused on resources utilization [R]. KSC – E – DAA – TN17314, 2014.

[93] Gerald B Sanders. Lunar polar in – situ resource utilization (ISRV) as a stepping stone for human exploration [R]. JSC – CN – 29555, 2014.

[94] Brown I I, Allen C C, Ganrison D H. Developing biological ISRV: implications for Life support and space exploration [R]. JSC – CN – 19923, 2010.

[95] Mantovani J G, Townsend I I, Mueller R P. Study of electro – cyclonic filtration and pneumatic transfer of lunar regolith simulants under $1/6g$ and $1g$ gravity conditions.

[96] Karrie A Hinkle, Paul R Staszak, Watts E T. Advanced ceramic materials development and testing [R]. AIAA - 96 - 1527 - cp, 1996.

[97] Scott Howe A, Kriss J Kennedy, Tracy Gill. NASA habitat demonstration unit deep space habitat analog [R]. AIAA 2013 - 5436, 2013.

[98] Gill T R, Merbitz J C, Kennedy K J. Habitat demonstration unit pressurized excursion module systems integration strategy [C]. 41st International Conference on Environmental Systems, 2011.

[99] Steven N Roder, Marcum L Reagam, Barbara Janoiko. Human - in the - Loop operations over time delay: NASA analog missions lessons leamed [R]. JSC - CN - 28367, 2013.

[100] Marcum L Reagan, Barbara A Janoiko, Michele L Parker. NASA's analog missions: driving exploration through innorative testing [R]. JSC - CN - 26829, 2012.

[101] Roy H Wilkens, Geno PawLak, Charles H Fletcher. Seafloor reconnaissance surveys and change monitoring using a small AUU and a small rov [R]. N00014 - 05 - d - 0665 Naval Forces, 2014.

[102] NASA. Desert RATS 2011: Near - earth asteroid human exploration operations [R]. DRATS11 - 112111/JSC - CN - 25396, 2013.

[103] Mary S B. NASA extreme environment mission operations: science operations development for human exploration [R]. 2015.

[104] Feichtinger E, Charles R, Urbina D, et al. Mars - 500 - A tested for psychological crew support during future human exploration missions [C]. IEEE Aerospace Conference, 2012.

[105] Morrision C. ISRU propulsion architectures for space travel beyond earth orbit [C]. AIAA Propulsion and Energy Forum, 2018.

[106] Grosssman K D, Sakthivel T S, Sibille L, et al. Regolith - derived ferrosilicon as a potential feedstock material for wire - based additive manufacturing [J]. Advances in space Research, 2019 (63): 2212 - 2219.

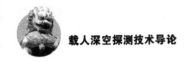

附录 A 月球探测任务情况

序号	探测器	发射国家	发射时间	运载火箭	任务情况
1	先驱者 0 号 （Pioneer – 0）	美国	1958 – 8 – 11	雷神 – 艾布尔 （Thor – Able）	月球轨道器，人类首次深空探测任务，但在发射过程中爆炸
2	先驱者 1 号 （Pioneer – 1）	美国	1958 – 10 – 11	雷神 – 艾布尔 （Thor – Able）	月球轨道器，未达到逃逸速度，任务失败
3	先驱者 2 号 （Pioneer – 2）	美国	1958 – 11 – 8	雷神 – 艾布尔 （Thor – Able）	月球轨道器，三级火箭未点火，任务失败
4	先驱者 3 号 （Pioneer – 3）	美国	1958 – 12 – 6	朱诺 II （Juno II）	月球轨道器，运载火箭故障，进入地球大气层坠毁，任务失败
5	月球 1 号 （Lunar – 1）	苏联	1959 – 1 – 2	东方号 （Vostok）	人类首颗无人月球探测器，由于轨道偏离已进入太阳轨道，成为太阳的第一颗人造行星
6	先驱者 4 号 （Pioneer – 4）	美国	1959 – 3 – 3	朱诺 II （Juno II）	月球轨道器，因计算错误，远距离飞越月球，成为第二颗人造行星
7	月球 2 号 （Lunar – 2）	苏联	1959 – 9 – 12	东方号 （Vostok）	首次硬着陆月球和成功撞击月球的探测器，探明月球无磁场
8	月球 3 号 （Lunar – 3）	苏联	1959 – 10 – 4	东方号 （Vostok）	飞近月球背面，1959 年 10 月 7 日首次拍摄回传 70% 月球背面照片
9	徘徊者 1 号 （Ranger – 1）	美国	1961 – 8 – 23	宇宙神 – 阿金纳 B （Atlas – Agena B）	原定进行月球探测器飞行性能验证，火箭故障，任务失败
10	徘徊者 2 号 （Ranger – 2）	美国	1961 – 11 – 18	宇宙神 – 阿金纳 B （Atlas – Agena B）	原定探测地月空间环境，火箭故障，烧毁于地球大气层
11	徘徊者 3 号 （Ranger – 3）	美国	1962 – 1 – 26	宇宙神 – 阿金纳 B （Atlas – Agena B）	月球硬着陆，但因火箭故障，未击中月球

序号	探测器	发射国家	发射时间	运载火箭	任务情况
12	徘徊者 4 号 (Ranger - 4)	美国	1962 - 4 - 23	宇宙神 - 阿金纳 B (Atlas - Agena B)	月球硬着陆，美国无人探测器首次击中月球
13	徘徊者 5 号 (Ranger - 5)	美国	1962 - 10 - 18	宇宙神 - 阿金纳 B (Atlas - Agena B)	原定月球硬着陆，近月制动失败，进入太阳轨道
14	月球 4 号 (Luna - 4)	苏联	1963 - 4 - 2	闪电号 (Molniya)	原定月球软着陆，由于变轨失败进入地月间轨道
15	徘徊者 6 号 (Ranger - 6)	美国	1964 - 1 - 30	宇宙神 - 阿金纳 B (Atlas - Agena B)	月球硬着陆，照相机失灵，击中月球
16	徘徊者 7 号 (Ranger - 7)	美国	1964 - 7 - 28	宇宙神 - 阿金纳 B (Atlas - Agena B)	月球硬着陆，1964 年 7 月 31 日抵达月球，撞击月球过程中回传照片 4308 张
17	徘徊者 8 号 (Ranger - 8)	美国	1965 - 2 - 17	宇宙神 - 阿金纳 B (Atlas - Agena B)	月球硬着陆，1965 年 2 月 20 日抵达月球，撞击月球静海之前回传照片 7137 张
18	徘徊者 9 号 (Ranger - 9)	美国	1964 - 4 - 21	宇宙神 - 阿金纳 B (Atlas - Agena B)	月球硬着陆，撞击月球之前回传照片 5814 张，最后一张图像达到 33 dm（分米）的清晰度
19	月球 5 号 (Lunar - 5)	苏联	1965 - 5 - 9	闪电 M 号 (Molniya - M)	原定月球软着陆，任务失败，最终撞击月球坠毁
20	月球 6 号 (Lunar - 6)	苏联	1965 - 6 - 8	闪电 M 号 (Molniya - M)	原定月球软着陆，由于近月制动失败进入太阳轨道，成为人造行星
21	探测器 3 号 (Zond - 3)	苏联	1965 - 7 - 18	闪电号 (Molniya)	飞近月球，传回月球背面 1 900 km^2 的 25 张黑白照片后，进入太阳轨道成为人造行星
22	月球 7 号 (Lunar - 7)	苏联	1965 - 10 - 4	闪电号 (Molniya)	原定月球软着陆，任务失败，坠毁在月球表面风暴洋开普勒撞击坑以西
23	月球 8 号 (Lunar - 8)	苏联	1965 - 12 - 3	闪电 M 号 (Molniya - M)	原定月球软着陆，任务失败，坠毁在月球表面风暴洋开普勒撞击坑以西
24	月球 9 号 (Lunar - 9)	苏联	1966 - 3 - 31	闪电 M 号 (Molniya - M)	人类首次软着陆月面，软着陆在风暴洋中，回传月面照片，在月表总共运行 8 h 5 min

序号	探测器	发射国家	发射时间	运载火箭	任务情况
25	月球 10 号（Lunar – 10）	苏联	1966 – 4 – 30	闪电 M 号（Molniya – M）	环绕月球探测，人类第一个环绕月球的飞行器
26	勘探者 1 号（Surveyor – 1）	美国	1966 – 4 – 30	宇宙神 – 半人马座（Atlas – Centaur）	月球软着陆，美国第一个软着陆在月面上的探测器，着陆在风暴洋区域
27	月球轨道器 1 号（LO – 1）	美国	1966 – 8 – 10	宇宙神 – 阿金纳 D（Atlas – Agena D）	环绕月球探测，美国第一颗绕月探测器，拍摄月球背面照片后按指令撞击月面，绕月飞行 4 天 577 圈，拍摄 229 张黑白照片
28	月球 11 号（Lunar – 11）	苏联	1966 – 8 – 24	闪电 M 号（Molniya – M）	绕月运行，苏联第 2 颗绕月探测器，因星载摄像机故障，未拍摄到有用的月球照片
29	勘探者 2 号（Surveyor – 2）	美国	1966 – 9 – 20	宇宙神 – 半人马座（Atlas – Centaur）	原定月球软着陆，任务失败，坠毁在月球表面
30	月球 12 号（Lunar – 12）	苏联	1966 – 10 – 22	闪电 M 号（Molniya – M）	环绕月球探测，在月球赤道上方拍摄图像
31	月球轨道器 2 号（LO – 2）	美国	1966 – 11 – 6	宇宙神 – 阿金纳 D（Atlas – Agena D）	环绕月球探测，美国第 2 颗绕月探测器，拍摄月球背面照片后按指令撞击月面
32	月球 13 号（Lunar – 13）	苏联	1966 – 12 – 21	闪电 M 号（Molniya – M）	月球软着陆，距离月球 9 号着陆点约 400 km，成功分析月壤成分，回传探测数据
33	月球轨道器 3 号（LO – 3）	美国	1967 – 2 – 5	宇宙神 – 阿金纳 D（Atlas – Agena D）	环绕月球探测，拍摄月球背面照片后按指令撞击月面
34	勘探者 3 号（Surveyor – 3）	美国	1967 – 4 – 17	宇宙神 – 半人马座（Atlas – Centaur）	月球软着陆，着陆月面后传回 6315 张彩像，其土壤结构取样器执行 7 次载重测试，4 次挖沟测试及 13 次撞击测试
35	月球轨道器 4 号（LO – 4）	美国	1967 – 5 – 4	宇宙神 – 半人马座（Atlas – Centaur）	环绕月球探测，极地倾斜绕月运行后按指令撞击月球
36	勘探者 4 号（Surveyor – 4）	美国	1967 – 7 – 14	宇宙神 – 半人马座（Atlas – Centaur）	月球软着陆，着陆失败，撞击月球
37	探险者 35（Explorer – 35）	美国	1967 – 7 – 19	德尔塔（Delta）	环绕月球探测，获取月球磁场和太阳粒子数据

序号	探测器	发射国家	发射时间	运载火箭	任务情况
38	月球轨道器5号（LO－5）	美国	1967－8－1	宇宙神－阿金纳 D（Atlas－Agena D）	环绕月球探测，获取重要位置高分辨率图像后按指令撞击月球
39	勘探者5号（Surveyor－5）	美国	1967－9－8	宇宙神－半人马座（Atlas－Centaur）	月球软着陆，着陆月面宁静海区域，传回18 006张电视图片
40	勘探者6号（Surveyor－6）	美国	1967－11－7	宇宙神－半人马座（Atlas－Centaur）	月球软着陆，着陆月面的中央湾后再次点火起飞，飞离月表4 m再向西方移动2.5 m后再次成功软着陆
41	勘探者7号（Surveyor－7）	美国	1968－1－7	宇宙神－半人马座（Atlas－Centaur）	月球软着陆，着陆月面第谷坑，首次在入夜后侦测到月球上因静电产生的悬浮月尘微弱反射光
42	月球14号（Lunar－14）	苏联	1968－4－7	闪电 M 号（Molniya－M）	环绕月球探测，探测月球重力场，后进入月球－太阳轨道
43	探测器5号（Zond－5）	苏联	1968－9－14	Proton－K＋Block D	环绕月球探测，飞近月球，绕月运行后返回地球，是世界上第一个回收的月球探测器，主要为载人绕月飞行提供技术基础
44	探测器6号（Zond－6）	苏联	1968－11－10	Proton－K＋Block D	环绕月球探测，飞近月球，绕月运行后采用跳跃方式返回地球，主要为载人绕月飞行提供技术基础
45	阿波罗7号（Apollo－7）	美国	1968－10－11	土星5号（Saturn－V）	载人轨道器，验证飞船性能以及在地球轨道期间航天员的活动能力，在地球轨道上进行模拟操纵并进行多光谱摄影
46	阿波罗8号（Apollo－8）	美国	1968－12－21	土星5号（Saturn－V）	载人月球轨道器，第一次承担绕月飞行并返回地球，绕月飞行10圈
47	阿波罗9号（Apollo－9）	美国	1969－3－3	土星5号（Saturn－V）	月球载人轨道器，模拟绕月轨道飞行，指挥舱与服务舱分离，指挥舱同登月舱换位会合试验，绕月飞行并拍摄了红外彩色照片，登月舱留在绕月轨道上
48	阿波罗10号（Apollo－10）	美国	1969－5－18	土星5号（Saturn－V）	月球载人轨道器，载人绕月飞行并返回地球，试验登月舱、指挥舱和服务舱分离并下降至距离月面15 km的高度，拍摄大量照片
49	月球15号（Lunar－15）	苏联	1969－7－13	Proton－K＋Block D	月球软着陆，计划取样返回，着陆过程中坠毁于月球危海，任务失败
50	阿波罗11号（Apollo－11）	美国	1969－6－16	土星5号（Saturn－V）	载人月球探测器，1969年7月20日人类首次登陆月球，采集了21.7 kg月球样品

序号	探测器	发射国家	发射时间	运载火箭	任务情况
51	探测器 7 号 (Zond – 7)	苏联	1969 – 8 – 8	Proton – K + Block D	环绕月球轨道探测，绕月飞行并返回地球，首次拍摄回传彩色照片
52	阿波罗 12 号 (Apollo – 12)	美国	1969 – 11 – 14	土星 5 号 (Saturn – V)	载人月球探测器，1969 年 11 月 19 日着陆在月球风暴洋上，与勘探者 3 号着陆位置相同，回收了勘探者 3 号部分设备，采集了 34.4 kg 月球样品并返回地球
53	阿波罗 13 号 (Apollo – 13)	美国	1970 – 4 – 11	土星 5 号 (Saturn – V)	载人月球探测器，在飞行中由于服务舱氧箱起飞被迫中止任务，应急模式返回地球
54	月球 16 号 (Lunar – 16)	苏联	1970 – 9 – 12	Proton – K + Block D	首个无人采样返回探测器，1970 年 9 月 20 日着陆于月球静海，获取 100 kg 月球样品并返回地球
55	探测器 8 号 (Zond – 8)	苏联	1970 – 10 – 20	Proton – K + Block D	无人月球探测器，飞近月球并返回地球
56	月球 17 号 (Lunar – 17)	苏联	1970 – 11 – 10	Proton – K + Block D	首个搭载月球车的月球着陆器，月球车 1 号在月面行驶 10 km
57	阿波罗 14 号 (Apollo – 14)	美国	1971 – 1 – 31	土星 5 号 (Saturn – V)	载人月球探测器，1971 年 2 月 5 日着陆月面，收集 42.9 kg 月球样品并返回地球
58	阿波罗 15 号 (Apollo – 15)	美国	1971 – 7 – 26	土星 5 号 (Saturn – V)	载人月球探测器，1971 年 7 月 30 日着陆月面，收集 76.8 kg 月球样品并返回地球，航天员驾驶载人月球车在月面巡视
59	月球 18 号 (Lunar – 18)	苏联	1971 – 9 – 2	Proton – K + Block D	月球自动采样返回探测器，着陆过程中坠毁
60	月球 19 号 (Lunar – 19)	苏联	1972 – 9 – 28	Proton – K + Block D	月球自动采样返回探测器，着陆月面，起飞失败
61	月球 20 号 (Lunar – 20)	苏联	1972 – 2 – 14	Proton – K + Block D	月球自动采样返回探测器，1972 年 2 月 21 日着陆月面，采集 55 g 月球样品并返回地球
62	阿波罗 16 号 (Apollo – 16)	美国	1972 – 4 – 16	土星 5 号 (Saturn – V)	载人月球探测器，1972 年 4 月 30 日着陆月面，月面停留 71 h，收集 94.7 kg 月球样品并返回地球
63	阿波罗 17 号 (Apollo – 17)	美国	1972 – 12 – 7	土星 5 号 (Saturn – V)	载人月球探测器，1972 年 12 月 12 日着陆月面，月面停留 75 h，航天员驾驶月球车行驶 30.5 km，收集 110.5 kg 月球样品并返回地球
64	月球 21 号 (Lunar – 21)	苏联	1973 – 1 – 8	Proton – K + Block D	无人月球着陆器，携带的月球车 2 号在月面巡视行走 31 km

序号	探测器	发射国家	发射时间	运载火箭	任务情况
65	月球 22 号（Lunar – 22）	苏联	1974 – 5 – 29	Proton – K + Block D	无人月球轨道器，绕月飞行，在月球轨道工作 521 天
66	月球 23 号（Lunar – 23）	苏联	1974 – 10 – 28	Proton – K + Block D	无人月球探测器，计划采集月球深处样本，着陆月面时坠毁
67	月球 24 号（Lunar – 24）	苏联	1976 – 8 – 9	Proton – K + Block D	无人月球采样返回探测器，苏联最后一次探月，着陆于月球危海，获取 170 g 月球样品并返回地球
68	飞天号（Hiten）	日本	1990 – 1 – 24	M3S II	无人月球轨道器，在月球轨道运行 1 年后释放 12.2 kg 小型探测器，在轨运行近 4 年后坠毁于月面
69	克莱门汀号（Clementine）	美国	1994 – 1 – 25	大力神 – 3G（Titan 2G）	由美国国防部和 NASA 联合实施，探测了月球和小行星 1620，在月球轨道运行 70 天
70	月球勘探者（Lunar Prospector）	美国	1998 – 1 – 5	雅典娜 – 2（LMLV – 2）	100 km 高环月轨道运行了 1 年，后降低到 50 km 和 30 km 上运行，1997 年 7 月 1 日主动撞击月球南极永久阴影区，试图获得有水存在的证据
71	智慧 1 号（Smart – 1）	ESA	2003 – 9 – 27	阿里安 – 5	深空探测首次使用电推进飞向月球，环月飞行中研究月面构造和元素分布等
72	月亮女神（Selene – 1）	日本	2007 – 9 – 14	H – 2A	月球环境与月面探测，携带两个子探测器，"翁"是子探测器及中继星，"姬"是子探测器，用于甚长基线干涉测星，2009 年 6 月 11 日失控撞击月球
73	嫦娥一号（Chang'e – 1）	中国	2007 – 10 – 24	长征三号甲	获取月球三维立体影像，探测元素含量及分布，探测月壤厚度与空间环境
74	月船一号（Chandra-yaan – 1）	印度	2008 – 10 – 22	PSLV – XL	无人月球轨道器，对月面三维立体测量，与美国 LRO 联合进行北极探测，成功释放了硬着陆探测器，2009 年 8 月 29 日热控故障失效
75	月球勘探轨道器（LRO）	美国	2009 – 6 – 18	宇宙神 – V401	进入 100 km 高环月轨道运行 50 天，后降低至 50 km 高环月轨道运行 5 年
76	月球坑观测与遥感卫星（LCROSS）	美国	2009 – 6 – 18	宇宙神 – V401	2009 年 10 月 8 日"半人马座"上面级撞击月面，无人探测器随后进行 4 min 的样本采集
77	嫦娥二号（Chang'e – 2）	中国	2010 – 10 – 1	长征三号丙	无人月球轨道器，获得清晰月面图像，探测月面元素、月壤厚度及地月环境，顺访小行星
78	月球重力与内部恢复实验室（GRAIL – A/B）	美国	2011 – 9 – 10	Delta II	无人月球轨道器，基于 XSS – 11 小卫星平台研制，采用双星方式对月球重力场进行高精度测绘

序号	探测器	发射国家	发射时间	运载火箭	任务情况
79	月球大气与尘埃环境探测器（LADEE）	美国	2013-9-6	米洛陶-5（Minotar V）	无人月球轨道器，对月球大气及环境进行探测，验证了地月间激光通信，2014年4月18日撞击月球
80	嫦娥三号（Chang'e-3）	中国	2013-12-2	长征三号乙	2013年12月14日凌晨成功软着陆月球，携带的"玉兔号"月球车达到月面并行走
81	嫦娥四号中继星"鹊桥"	中国	2018-5-21	长征四号丙	2018年6月14日完成轨道捕获进入环绕距月球约65 000 km的地月拉格朗日L2点Halo轨道，为后期嫦娥四号任务提供中继支持
82	嫦娥四号（Chang'e-4）	中国	2018-12-8	长征三号丙	2019年1月3日成功软着陆于月球背面南极艾肯环盆地，实施人类首次月球背面着陆与巡视任务，并释放了玉兔二号巡视器。截至2019年10月底，玉兔二号巡视器在10个月昼工作期累计行走289.769 m，嫦娥四号着陆器和玉兔二号巡视器已进入第11月昼工作期
83	创世纪号	以色列	2019-2-21	SpaceX猎鹰9号火箭	2019年4月7日，"创世纪号"成功进行月球周围的首次环月机动飞行。4月12日，在距离月面149 m处失去遥感信号，坠毁于月球
84	月船二号（Chandra-yaan-2）	印度	2019-7	GSLV-2	印度首次月面无人着陆探测任务，2019年8月21日，"月船二号"回传首张在距月球表面2 650 km处拍摄的月球照片，2019年9月7日，"月船二号"着陆器尝试着陆月球，但在距离月球表面2.1 km时，着陆器与地面控制中心失去了联系，已确认坠毁
85	嫦娥五号（Chang'e-5）	中国	预计2020	长征五号	中国将实施月面首次无人采样返回任务
86	月球调查智能着陆器（SLIM）	日本	预计2020后	埃普西隆运载火箭（Epsilon）	日本首次月面无人着陆探测任务
87	试验型月球轨道器（KPLO）	韩国	预计2020后	SpaceX运载火箭	韩国首次环月无人探测任务
88	月球25号（Lunar 25）	俄罗斯	预计2020后	N/A	近40年后俄罗斯重启月球探测第一次任务

附录 B　小行星探测任务情况

序号	探测器名称	发射国家	发射时间	任务情况
1	国际彗星探测者（ICE）	美国	1983 年 12 月	彗星
2	维加 1 号	苏联	1984 年 12 月	彗星
3	维加 2 号	苏联	1984 年 12 月	彗星
4	"先驱"号（MS – TS）	日本	1985 年 1 月	彗星
5	"乔托"号（GIOTTO）	欧空局	1985 年 1 月	彗星
6	行星 – A 探测器	日本	1985 年 8 月	彗星
7	伽利略（Galileo）☆	欧美联合	1991 年 3 月	探测木星，1991 年飞越 951 号小行星 Gaspra，1993 年飞越 243 号小行星 Ida 并发现其拥有小卫星 Dactyl
8	近地小行星交会探测器（NEAR）△	美国	1996 年 2 月	1997 年 6 月飞越 253 号小行星 Mathilde；2000 年 2 月飞抵爱神星 Eros 433 后绕飞，最小距离为 35 km，后实现了第一次小行星软着陆
9	深空一号（DeepSpace – 1）△	美国	1999 年 1 月	飞越 9969 号 Braille 小行星
10	星尘号（StarDust）☆	美国	1999 年 2 月	2004 年飞越探测 Wild – 2 并采集其附近尘埃；飞越探测 5535 号 Annefrank 小行星
11	隼鸟号（Hayabusa）△	日本	2003 年 5 月	2005 年 6 月接近小行星 Itokawa 并短暂着陆两次采样，2010 年 6 月携带样本返回地球
12	罗塞塔（Rosetta）彗星探测器☆	欧空局	2004 年 3 月	2008 年和 2010 年分别飞越了 2867 号 Steins 小行星和 21 号 Lutetia 小行星，2014 年 11 月接近 67P/丘留莫瓦·格拉西梅彗星并释放"菲莱"着陆于该彗星表面
13	深度撞击（DeepImpact）	美国	2005 年 1 月	坦普尔彗星和波星彗星

续表

序号	探测器名称	发射国家	发射时间	任务情况
14	黎明号 （Dawn）△	美国	2007 年 9 月	2011 年 7 月进入 4 号灶神星 Vesta 轨道，2015 年 3 月到达 1 号谷神星 Ceres
15	嫦娥二号 （Chang'e - 2）☆	中国	2007 年 10 月	2012 年 12 月飞越 4179 号小行星 Toutatis
16	隼鸟二号	日本	2014 年 12 月	2018 年 6 月到达"龙宫"小行星，2019 年 6 月再次登陆"龙宫"，采样后于 2020 年返回地球
17	小行星重定向 任务（ARM）△	美国	计划 2021 年发射电推进模块	ARM 任务于 2013 年启动，计划捕获一颗小行星并转移至月球轨道，2017 年取消
18	露西（Lucy）△	美国	预计 2021 年发射	2025 年顺访一颗小行星，后继续飞行探测特洛伊小行星群（Trojan asteroids）内的 6 颗天体
19	灵神星 （Psyche）△	美国	预计 2023 年发射	探测一颗金属质小行星

△：主访小行星，☆：顺访小行星

附录 C　火星探测任务情况

序号	任务名称	国家	发射日期	任务情况
1	火星 1960A （Mars – 1960A）	苏联	1960 – 10 – 10	原定飞越火星，发射失败
2	火星 1960B （Mars – 1960B）	苏联	1960 – 10 – 14	原定飞越火星，发射失败
3	火星 1962A （Mars – 1962A）	苏联	1962 – 10 – 24	原定飞越火星，末级火箭爆炸未能离开地球轨道
4	火星 1 号 （Mars – 1）	苏联	1962 – 11 – 1	原定飞越火星，飞行近亿千米后通信故障失去联系
5	火星 1962B （Mars – 1962B）	苏联	1962 – 11 – 4	原定火星着陆，没有达到地球逃逸速度而失败
6	水手 3 号 （Mariner – 3）	美国	1964 – 11 – 5	原定飞越火星，太阳帆板未打开，发射失败
7	水手 4 号 （Mariner – 4）	美国	1964 – 11 – 28	人类首次成功飞越火星，1965 年 7 月 14 日飞越火星，传回 22 张照片
8	探测器 2 号 （Zond – 2）	苏联	1964 – 11 – 30	原定飞越火星，飞行途中失去通信联络而失败
9	水手 6 号 （Mariner – 6）	美国	1969 – 2 – 24	1969 年 7 月 31 日成功飞越火星，传回 200 余张照片
10	水手 7 号 （Mariner – 7）	美国	1969 – 3 – 27	1969 年 8 月 5 日成功飞越火星，与 Mariber 6 联合探测
11	水手 8 号 （Mariner – 8）	美国	1971 – 5 – 8	原定飞越火星，发射失败
12	宇宙 419 （Kosmos – 419）	苏联	1971 – 5 – 10	原定飞越火星，发射失败，进入地球停泊轨道，未进入地火转移轨道
13	火星 2 号 （Mars – 2）	苏联	1971 – 5 – 19	原定火星着陆 1971 年 11 月 27 日从轨道器上释放着陆器，着陆时着陆器发动机故障而坠毁；轨道器一直工作到 1972 年
14	火星 3 号 （Mars – 3）	苏联	1971 – 5 – 28	原定火星着陆 1971 年 12 月 2 日着陆器成功着陆火星表面，只向轨道器发送了 20 s 的视频数据后出现了故障；轨道器一直工作到 1972 年 8 月

序号	任务名称	国家	发射日期	任务情况
15	水手 9 号 （Mariner - 9）	美国	1971 - 5 - 30	首次成功环绕火星，1971 年 11 月 3 日到达火星轨道，对火星卫星首次进行了高分辨率拍照；1972 年轨道器停止工作
16	火星 4 号 （Mars - 4）	苏联	1973 - 7 - 21	1973 年 11 月 3 日到达火星轨道，从火星上空 2 200 km 飞越未进入火星轨道，捕获制动失败在飞越过程中只传回了一些图像和数据
17	火星 5 号 （Mars - 5）	苏联	1973 - 7 - 25	1974 年 2 月 12 日到达火星轨道，获得了火星的图像和数据
18	火星 6 号 （Mars - 6）	苏联	1973 - 8 - 5	原定火星着陆，1974 年 3 月 12 日到达火星，着陆器传回了下降过程中的大气数据，最终降落失败
19	火星 7 号 （Mars - 7）	苏联	1973 - 8 - 9	原定火星着陆，1974 年 3 月 6 日没有进入火星轨道，着陆任务失败
20	海盗 1 号 （Viking - 1）	美国	1975 - 8 - 20	人类首次成功软着陆，1976 年 6 月 19 日进入火星轨道，1976 年 7 月 20 日着陆器降落到火星的 Chryse Planitia 平地上
21	海盗 2 号 （Viking - 2）	美国	1975 - 9 - 9	火星成功软着陆，1976 年 7 月 24 日进入火星轨道；1976 年 8 月 7 日着陆器降落到火星 Utopia Planitia 平地上
22	福布斯 1 号 （Phobos - 1）	苏联	1988 - 7 - 7	原定飞越及着陆，对火卫一（Phobos）进行探测，在前往途中因指令错误失去了与火星交会的机会
23	福布斯 2 号 （Phobos - 2）	苏联	1988 - 7 - 12	原定着陆火卫一，1988 年 1 月 30 日进入火星轨道，轨道器在火卫一上空出现故障，着陆器着陆火卫一任务失败
24	火星观测者 （Mars Observer）	美国	1992 - 9 - 25	原定火星环绕探测，1993 年 8 月 21 日准备进入火星轨道时，因通信故障而导致任务失败
25	火星全球勘探者 （Mars Global Surveyor）	美国	1996 - 11 - 7	火星环绕探测，1997 年 9 月 12 日进入环绕火星椭圆轨道；1999 年 3 月中旬开始科学测绘主任务，持续到 2001 年 1 月；主任务完成后，开始执行扩展任务，至 2006 年 11 月 2 日因通信故障导致任务结束
26	火星 96 （Mars - 96）	俄罗斯	1996 - 11 - 16	原定火星着陆，1997 年 9 月，地球出发时由于火箭第四级提前点火，坠毁于地面；探测器采用核推进方式，携带了 270g 钚 - 238 燃料

序号	任务名称	国家	发射日期	任务情况
27	火星探路者 （Mars Pathfinder）	美国	1996 - 12 - 4	原定火星着陆，1997 年 7 月 4 日探测器着陆于火星 AresVallis 地区，火星车开始巡视探测；1997 年 9 月 27 日因通信故障而任务结束
28	希望号 （Nozomi）	日本	1998 - 7 - 3	原定火星环绕探测，1998 年 12 月 9 日因点火失败未进入火星轨道；12 月 14 日从火星上空 1 000 km 高度飞越，进入一个周期为 2 年的太阳轨道
29	火星气候轨道器 （Mars Climate Orbiter）	美国	1998 - 12 - 11	原定火星环绕探测，由于导航错误使轨道器没有到达 80 ~ 90 km 目标高度，而是下降到 57 km 的高度大气中，最后轨道器坠毁
30	火星极地着陆器 （Mars Polar Lander）	美国	1999 - 1 - 3	原定火星着陆探测，任务目标主要是探测火星表面下的水冰；1999 年 12 月 3 日在着陆器进入火星大气之前，向着陆器发送最后一次遥测指令，但没有接收到着陆器任何信号，着陆失败
31	火星奥德赛 （Mars Odeyssey）	美国	2001 - 4 - 7	火星着陆探测，探测器于 2002 年 1 月 30 日进入 400 km × 400 km 火星极地圆轨道，采集大气数据持续到 2004 年 1 月；扩展任务延续到 2006 年 9 月
32	火星快车 （Mars Express）	美国	2003 - 6 - 2	原定火星着陆探测，2003 年 12 月 19 日释放着陆器，12 月 25 日着陆器进入火星大气；在降落过程中，由于通信故障，任务失败
33	勇气号（Spirit）	美国	2003 - 6 - 10	火星着陆探测，探测器于 2004 年 1 月 4 日着陆火星；火星车自 1 月 15 日开始在表面行走了 7 km，最后由于车轮故障任务结束
34	机遇号 （Opportunity）	美国	2003 - 7 - 8	火星着陆探测，探测器于 2004 年 1 月 25 日着陆火星；火星车在表面工作了 3 年之久，行走了 10 km
35	火星全球勘探轨道器 （Mars Reconnaisance Orbiter）	美国	2005 - 8 - 12	火星环绕探测，2006 年 3 月 10 日到达火星上空，花了近 7 个月进行轨道调整；从 2006 年 11 月到 2008 年 11 月期间执行科学探测任务
36	凤凰号 （Phoenix Mars Lander）	美国	2007 - 8 - 4	火星着陆探测，2008 年 5 月 25 日着陆于火星北半球 65° ~ 72°，执行了采样分析任务；在 2008 年 11 月 2 日完成了最后的数据传输任务
37	福布斯 - 土壤 （Phobos - Grunt）/ 萤火一号 （Yinghuo - 1）	俄罗斯/ 中国	2011 - 11 - 8	原定火卫 - 着陆，火箭发射后进入停泊轨道，俄探测器点火失败，未能进入地火转移轨道

序号	任务名称	国家	发射日期	任务情况
38	火星实验室（MSL）	美国	2011 – 11 – 25	火星着陆及巡视探测，2012 年 8 月 6 日着陆火星赤道附近的盖尔陨石坑，携带的"好奇号"火星车采用"空中悬吊"方式着陆火星表面
39	曼加里安火星探测器（Mangalyaan）	印度	2013 – 11 – 8	火星环绕探测，2014 年 9 月 25 日到达火星，在 500 km 高轨道上对火星进行观测
40	火星大气与挥发物演化探测器（MAVEN）	美国	2013 – 11 – 18	火星环绕探测，研究火星高层大气以及电离层
41	ExoMars2016	欧空局	2016 – 3 – 14	原定火星着陆及巡视探测，2016 年 10 月 16 日在火星轨道上着陆器与轨道器分离，进入火星大气过程中失联
42	洞察号（InSight）	美国	2018 – 5 – 5	火星着陆探测，2018 年 11 月 26 日登陆火星，探测火星地震以及深入火星地表以下探测热流情况
43	ExoMars2020	欧空局/俄罗斯	预计 2020 年 7 月发射	火星着陆及巡视探测，预计 2021 年 3 月登陆火星，着陆火星后由火星车开展漫游探测
44	火星探测器	中国	预计 2020 年发射	中国首个火星环绕与着陆探测任务

附录 D　飞行模式评价指标体系

载人深空探测飞行模式的选择直接决定了载人深空探测任务的具体方案，需要进行慎重分析评价。上述载人登月飞行模式、载人小行星探测飞行模式、载人火星探测飞行模式主要考虑任务总速度增量、任务窗口、飞行器系统规模、火箭需求、交会对接难度和任务支持能力等。归纳起来就是可靠性和安全性、方案可行性、可拓展性、技术先进性以及任务成本等评价准则。飞行模式的评价方法为列出各评价准则的评价要素，对飞行模式进行评价打分，最后按照分值选出较优的飞行模式。表 D-1 所示为载人深空探测飞行模式的评价指标体系。

表 D-1　载人深空探测飞行模式评价指标体系

一级指标	二级指标	指标解释	评估要素
可靠性与安全性 A_1	任务可靠性 A_{11}	重点考虑各种飞行模式下运载火箭的发射次数、交会对接及分离次数、组合体的数量及规模、任务窗口限制、任务周期等对整个任务成败可靠性的影响	运载火箭发射次数
			交会对接次数和难度
			分离次数
			组合体的组成数量
			发射任务窗口限制
			任务周期长度
	任务安全性 A_{12}	重点考虑各种飞行模式下航天员应急救生返回能力对整个任务安全性的影响	载人运载火箭安全性
			飞行器应急救生能力
			载人飞行过程空间环境
方案可行性 A_2	技术继承性 A_{21}	各种飞行模式采用成熟技术比例，评估各种飞行模式风险，运载火箭系统和飞行器系统分别采用成熟技术的比例	运载火箭系统采用成熟技术的比例
			飞行器系统采用成熟技术的比例
	产品继承性 A_{22}	各种飞行模式采用成熟产品比例，评估各种飞行模式风险，运载火箭系统和飞行器系统分别采用成熟产品的比例	运载火箭系统采用成熟产品的比例
			飞行器系统采用成熟产品的比例

续表

一级指标	二级指标	指标解释	评估要素
方案可行性 A_2	运载火箭系统研制风险 A_{23}	各飞行模式对运载火箭系统的规模及能力要求，关键技术攻关难度，导致运载火箭系统研制风险	发动机及运载系统关键技术攻关与难度
	飞行器系统研制风险 A_{24}	各飞行模式对飞行器系统的规模及能力要求，关键技术攻关难度，导致飞行器系统研制风险	飞行器系统关键技术攻关与难度
	发射场建设风险 A_{25}	各飞行模式任务发射窗口不同对发射场系统发射工位（个数）、发射准备周期（天数）的要求，导致发射场系统任务支持的难度	对发射场系统要求
可拓展性 A_3	运载火箭后续任务可拓展性 A_{31}	重型运载火箭、载人运载火箭在后续航天任务中的可拓展使用能力	适应后续任务的能力
	飞行器后续任务可拓展性 A_{32}	载人飞船、着陆器在后续航天任务中的可拓展使用能力	适应后续任务的能力
技术先进性 A_4	飞行模式创新性 A_{41}	与国外飞行模式相比是否具有前瞻性、创新性	按先进性、创新性程度
	载人运载火箭系统技术指标先进性 A_{42}	与国外载人运载火箭技术指标相比，载人运载火箭的主要技术指标是否具有先进性	运载系数
			运载能力（同一轨道倾角和高度）
			起飞质量
			整流罩包络空间
			可靠性
			安全性
			接口环境条件

续表

一级指标	二级指标	指标解释	评估要素
技术先进性 A_4	重型运载火箭系统技术指标先进性 A_{43}	与国外重型运载火箭技术指标相比，主要技术指标是否具有先进性	运载系数
			运载能力（同一轨道倾角和高度）
			起飞质量
			整流罩包络空间
			可靠性
			接口环境条件
	载人深空探测飞行器系统技术指标先进性 A_{44}	与国外载人深空探测飞行器技术指标相比，主要技术指标是否具有先进性	乘组人数/登陆目标天体人数
			目标天体全球到达能力
			目标天体表面停留时间
			出舱次数
			上行有效载荷（含月球车）
			登陆目标天体时携带航天服数量
			载人飞船质量规模
			着陆器质量规模
	对相关各系统技术先进性的要求 A_{45}	各飞行模式下运载火箭系统、飞行器系统对航天员系统、应用系统、发射场系统、着陆系统、测控通信系统的接口要求难易程度	对相关系统的技术先进性要求
任务成本 A_5	飞行器可重复使用性 A_{51}	各飞行模式下载人深空探测飞行器各组成部分是否可重复使用，可重复使用次数	载人飞船可重复使用性
			着陆器可重复使用性
			轨道转移飞行器可重复使用性
	地外原位资源可利用性 A_{52}	各飞行模式是否可利用地外行星和卫星的原位资源，为飞行器提供推进剂和乘员消耗品	月球原位资源利用
			小行星原位资源利用
			火星及其卫星原位资源利用

附录 E 运输效率和运输质量

在载人火星探测任务研究中，对于一个完整的火星探测任务来说，一部分质量被运送到火星轨道（M_{MO}），而一部分质量则到达火星表面（M_{MS}）。通常根据"运输效率"可以推断出任务中 IMLEO 的质量需求。

"运输效率"通常是指为将 1 个单位质量的载荷运送到目的地时，需要向 LEO 运送的物质质量的单位数。为了使载荷到达遥远的目的地，推进剂及推进装置质量占 LEO 的发射质量的大部分。因此，到达火星轨道的质量 IMLEO 为

$$\text{IMLEO}_{MO} = M_{MO} \quad G_{MO} \tag{E-1}$$

其中，G_{MO} 为到达火星轨道的运输效率。

到达火星表面的质量 IMLEO 为

$$\text{IMLEO}_{MS} = M_M \quad G_{MS} \tag{E-2}$$

其中，G_{MS} 为到达火星表面的运输效率。

近地轨道初始出发总质量 IMLEO 为

$$\text{IMLEO} = \text{IMLEO}_{MO} + \text{IMLEO}_{MS} \tag{E-3}$$

根据火箭方程公式，在任何空间运输任务里，最终到达的运输质量与 LEO 轨道的初始发射质量的关系为

$$\frac{m_{\text{initial}}}{m_{\text{final}}} = e^{\Delta v/(gI_{sp})} = q \tag{E-4}$$

式中：q 为运输系数；Δv = 运输需要的速度增量（km/s）；I_{sp} = 火箭发动机的比冲（s）；$m_{\text{initial}} = m_S + m_P$；$m_P$ = 在产生 Δv 的过程中需要消耗的推进剂的质量；m_S = 航天器的干重（除推进剂之外）；$m_{\text{final}} = m_S$；g = 地球上的重力加速度（9.8 m/s²）。

另外两个很有用的火箭方程为

$$m_P/m_{\text{final}} = q - 1 \tag{E-5}$$

$$m_{\text{initial}}/m_P = q/(q-1) \tag{E-6}$$

在大部分情况下，从地球出发的推进系统在推进剂消耗后会被丢弃。因此，航天器的质量 m_S 为载荷的质量 m_{PL} 与推进系统的干重 m_{PR}（不包含推进剂）之和：

$$m_S = m_{PL} + m_{PR} \tag{E-7}$$

这里"载荷质量"是指除了推进系统干重（推进剂消耗后丢弃）之外的

所有需 Δv 进行加速的质量。因此，m_{PL} 包含航天器中除了推进系统外的所有子系统的质量（或者说，到达目的地之后的实际载荷质量，包括结构、能源、通信等系统质量）。在每一个推进阶段，推进剂相对于载荷质量的运输效率为

$$\frac{m_P}{m_{PL}} = \frac{q-1}{1-K(q-1)} \qquad (E-8)$$

　　运输效率与采用的火星轨道以及是否使用 ISRU 制造的上升级使用的推进剂有关。基于从地球出发全程使用液氧液氢作为推进剂到达火星轨道并使用气动捕获的方案，G_{MS} 进行乐观的估算约为 9.3。从 LEO 轨道到达火星轨道的运输效率与火星轨道的进入过程中是否使用反推制动或气动捕获有关。如果使用反推制动，G_{MO} 在圆轨道的估算为 7.2，在椭圆轨道的估算为 4.7；如果使用气动捕获，G_{MO} 在圆轨道的估算为 5.3，在椭圆轨道的估算为 3.5。这些数据与具体的发射日期和航天器的轨道均有关。

　　通常我们知道：

　　由 LEO 轨道向火星轨道的转移质量 = 到达火星轨道的载荷质量（航天员在火星表面时，停留在火星轨道的航天器质量，最终要使用其将航天员带回地球）+ 火星轨道进入所需的推进系统的干重 + 火星轨道进入需要消耗的推进剂质量 + 火星轨道离轨的推进系统的干重 + 火星轨道出发需要消耗的推进剂质量。

　　到达火星轨道的质量 = 到达火星轨道的载荷质量（航天员在火星表面时，停留在火星轨道的航天器质量，最终要使用其将航天员带回地球）+ 火星轨道离轨的推进系统的干重 + 火星轨道离轨需要消耗的推进剂质量。

　　由火星轨道到达火星表面的质量 = 到达火星表面的载荷质量（到达火星表面的所有系统装置，包括不含推进装置的上升器质量）+ 由火星表面上升所需的推进系统干重 + 由火星表面上升所需的推进剂质量。

　　用数学的形式表达如下：

$$M_{TM} = M_{PLO} + M_{PROI} + M_{POI} + M_{PROD} + M_{POD} \qquad (E-9)$$

$$M_{MO} = M_{PLO} + M_{PROD} + M_{POD} \qquad (E-10)$$

$$M_{MS} = M_{PLS} + M_{PRA} + M_{PA} \qquad (E-11)$$

式中：公式脚注以 P 开头的表示推进剂，以 PR 开头的表示推进系统的干重（不包括推进剂），以 PL 开头的表示载荷，其他的脚注含义如下：

　　OI = 轨道入轨；

　　OD = 轨道离轨；

　　A = 上升；

　　O = 轨道；

S = 表面；

TM = 火星转移。

在我们的计算中，假设在一次运输任务中推进系统的质量与推进剂的需求呈比例关系：

$$M_{PROI} \sim 0.12 \times M_{POI}$$

$$M_{PROD} \sim 0.12 \times M_{POD}$$

$$M_{PRA} \sim 0.15 \times M_{PA}$$

从而得到

$$M_{MO} = M_{PLO} + 1.12 \times M_{POI} + 1.12 \times M_{POD}$$

$$M_{MS} = M_{PLS} + 1.15 \times M_{PA}$$

因此，我们考虑两种潜在轨道方案。从火星表面上升到一个 300 km 的圆轨道的话需要 $\Delta v = 4.3$ km/s 的速度增量，上升到椭圆轨道为 5.6 km/s。由此可以看出，对于任何类型的火星任务都可以选择一个圆轨道，轨道入轨或离轨的速度增量约为 2.4 km/s，上升的速度增量为 4.3 km/s。相比之下，椭圆轨道的入轨或离轨的速度增量约为 1.2 km/s，上升的速度增量为 5.6 km/s：

（1）圆轨道需要 $\Delta v \sim 2.4$ km/s 的轨道入轨速度增量。

（2）一个 24 小时的椭圆轨道需要 $\Delta v \sim 1.2$ km/s 的入轨速度增量。

假设火星轨道的进入、上升和离轨过程中是以液氧甲烷 $CH_4 - LOX$ 作为推进剂的推进系统，它的比冲为 $I_{SP} = 350$ s。

由此计算得到表 E-1 中的数据。

表 E-1　推进剂质量/载荷质量

轨道	$\Delta v/(m \cdot s^{-1})$	q	K	m_{PR}/m_{PL}
TMI 到椭圆轨道	1 200	1.41	0.12	0.43
TMI 到圆轨道	2 400	1.97	0.12	1.10
火星表面到圆轨道	4 300	3.38	0.15	3.71
火星表面到椭圆轨道	5 600	4.89	0.15	9.34

接下来假设所有的推进剂均来自地球，在圆轨道和椭圆轨道的情况下分析对 IMLEO 的影响。上升器的质量在不同文献的设计方案中均给出了估算，这里假设上升器的质量为 $m_{PL} \approx 5$ t。那么上升器上升到圆轨道所需的推进剂质量为 $5 \times 3.71 = 18.5$（t），上升到椭圆轨道所需的推进剂质量为 $5 \times 9.34 = 46.7$（t）。在运输效率为 9.3 的情况下（基于气动捕获），对于推进剂来说，相应的 IMLEO 为圆轨道 $9.3 \times 18.5 = 172$（t），椭圆轨道为 $9.3 \times 46.7 =$

434（t）。二者之间的差别为 434 – 172 = 262（t）。因此，基于运送到火星表面同样质量的话，使用椭圆轨道会使得 IMLEO 增加 262 t（没有进行 ISRU 的情况下）。

　　然而，火星椭圆轨道的进入和离轨的推进剂需求要比圆轨道低。由于要安置从地球到火星再返回的乘组人员，需要搭载很多应急环控生保设备，而且还包含地球返回舱，因此，要想预估到达火星轨道的质量比较困难。对 MPLO（进入火星轨道的载荷）的一个大胆猜想是 40 t。那么火星圆轨道进入所需要的推进剂质量为 1.1 × 40 = 44（t），椭圆轨道为 0.43 × 40 = 17.2（t），运输效率接近于 3。

　　对于从火星轨道离轨，推进剂的质量与进入火星轨道相同（圆轨道为 44 t，而椭圆轨道为 17.2 t）。如前所述，从 LEO 轨道到火星圆轨道的运输效率为 7.2，椭圆轨道为 4.7。因此，相应的 IMLEO 质量为：圆轨道 317 t，椭圆轨道 81 t。

　　结合表 E–2 给出的数据，可以看出在进入、上升和离轨的过程中，采用圆轨道时，推进系统的质量总和要比椭圆轨道的大一些。

　　如果在任务中使用 ISRU 来制造推进剂，假设 ISRU 所需要的质量主要与挖掘的需求有关，进一步假设 ISRU 装置的总质量固定在 4 t（不携带上升所需的推进剂）。在这个假设下，由火星圆轨道到达火星表面的质量减小 15 t，由火星椭圆轨道到达火星表面的质量减小 43 t。

　　这样的话，如果用 ISRU 来进行推进剂原位制造，那么表 E–2 便可以被表 E–3 所取代。

表 E–2　不使用 ISRU 的情况下，进入、上升和离轨过程中的推进剂质量和 IMLEO 质量

轨道	载荷质量/t	速度增量/(km·s⁻¹)	推进剂质量/载荷质量	推进剂质量/t	推进系统干重/t	运输效率	IMLEO/t
上升到轨道							
椭圆轨道	5	5.6	9.3	47	7	9.3	502
圆轨道	5	4.3	3.7	19	3	9.3	204
火星轨道进入							
椭圆轨道	40	1.2	0.43	17	2.0	3	57
圆轨道	40	2.4	1.1	44	5.3	3	148
火星轨道离轨							
椭圆轨道	40	1.2	0.43	17	2.0	4.7	89
圆轨道	40	2.4	1.1	44	5.3	7.2	355

续表

轨道	载荷质量/t	速度增量/(km·s⁻¹)	推进剂质量/载荷质量	推进剂质量/t	推进系统干重/t	运输效率	IMLEO/t

速度增量单位：$(km \cdot s^{-1})$

轨道	载荷质量/t	速度增量/$(km \cdot s^{-1})$	推进剂质量/载荷质量	推进剂质量/t	推进系统干重/t	运输效率	IMLEO/t
3 个飞行阶段质量总和							
椭圆轨道							648
圆轨道							707

表 E-3　使用 ISRU 的情况下，进入、上升和离轨过程中的
推进剂质量和 IMLEO 质量

轨道	载荷质量/t	速度增量/$(km \cdot s^{-1})$	推进剂质量/载荷质量	推进剂质量或ISRU 设备质量/t	推进系统干重/t	IMLEO/t
上升到轨道						
椭圆轨道	5	5.6	9.3	4	7	123
圆轨道	5	4.3	3.7	4	3	65
火星轨道进入						
椭圆轨道	40	1.2	0.43	17	2.0	57
圆轨道	40	2.4	1.1	44	5.3	148
火星轨道离轨						
椭圆轨道	40	1.2	0.43	17	2.0	89
圆轨道	40	2.4	1.1	44	5.3	355
3 个飞行阶段质量总和						
椭圆轨道						269
圆轨道						568

　　因此，在使用 ISRU 的情况下，采用椭圆轨道的 IMLEO 为推进系统和推进剂提供的在火星上升、火星轨道进入与离轨所需的质量减少了 648 - 269 = 379（t）。如果是圆轨道，这个数值将减少 707 - 568 = 139（t）。

　　如果火星上升飞行器（MAV）在上升到轨道后不与地球返回舱（ERV）交会对接，而是直接由火星表面进行起飞并返回着陆地球，那么利用 ISRU 进行原位制造节约的推进剂量将会更为可观。在 NASA 火星直击任务设想中即采用了这种方案，MIT 的研究结果表明，从火星表面直接进行起飞上升返回地球所需的推进剂总量（甲烷 + 液氧）大于 100 t，如果在任务中没有使用 ISRU，这表示在 LEO 轨道需要大于 900 t 的 IMLEO 质量（气动捕获），或者大于 3 100 t 的 IMLEO 质量（反推制动）。由此可以看出，ISRU 在火星任务中基本上是不可或缺的。

附录 F　火星表面的生命保障消耗品

F.1　消耗品需求（不循环利用）

　　载人火星探测任务中（从地火轨道转移到火星、火星表面停留、返回地球以及火星下降和上升的过程中）使用的生命保障支持系统具有较大的挑战性。在 6 人乘组的载人火星探测任务中，需要的所有消耗品质量预计远超 100 t，甚至接近于 200 t，对应的 IMLEO 质量要超过 2 000 t，如果这些消耗品不能进行循环利用，且假设在火星上不进行水的原位资源利用，那么单单是发射消耗品就需要使用 13 枚重型运载火箭。可见对于载人火星探测这种长期飞行任务而言，生保消耗品的质量在全部发射质量中占有较高比例，因此，进行生保消耗品的循环利用和火星水资源原位利用是确保载人火星探测任务实施的关键。

　　NASA 对生命保障的定义中包含以下几个方面：

（1）空气供给。

（2）生物产品。

（3）食物供给。

（4）废物处理。

（5）水供给。

　　这些都是环境控制与生命保障系统（ECLSS）中使得废物能够循环再利用的重要部分，同时这些子系统相对来说比较复杂而且相互之间耦合性很强。

　　消耗品需求的总结如表 F-1 所示。原始数据来源于 NASA 的高级生命保障项目（ALS）的报告，但对数据表达方式进行了修改处理，尤其是水。对于一个 6 人乘组的完整的火星任务，假设任务周期为 990 天，总的需求为 $6 \times 990 \times 33.6 = 200\ 000$（kg）$= 200$（t）。

表 F-1　在长期的航天任务中对消耗品需求的预估算

项目	需求/(kg·人$^{-1}$·天$^{-1}$)
口腔卫生用水	0.37
洗手/洗脸用水	4.1
冲小便用水	0.5

续表

项目	需求/(kg·人$^{-1}$·天$^{-1}$)
洗衣用水	12.5
淋浴用水	2.7
餐具清洗用水	5.4
饮用水	2.0
水的总需求	27.6
氧气	1.0
缓冲气体（N$_2$）	3.0
食物	1.5
废物处理用品	0.5
消耗品总需求	33.6

为更好地对载人火星探测任务中的 ECLSS 系统进行描述，第一步要做的便是梳理 6 人乘组在不同任务阶段中的消耗品清单。人们往往会罗列出每人每天的食物量、水量（不同种类用水）、气体用量以及废物处理用品量等。但是这种方法并没有在任何 ALS 的报告中有所体现。因此，我们基于表 F-2 重新对这些数据进行了预估，假设没有消耗品循环利用和原位资源利用的情况下，表中给出了载人火星探测任务中必然会产生的生命保障消耗的总质量为 200 t，折合到 IMLEO 质量超过了 2 000 t，相当于使用 13 枚重型运载火箭专门进行生命保障消耗品的运输。很显然，在没有消耗品循环利用的情况下，这是很不切合实际的。

表 F-2　在没有循环利用时针对 6 人乘组的不同火星任务阶段所需要净消耗的生保消耗品

任务阶段	火星转移	下降	表面停留	上升	地球返回
周期/天	180	15	600	15	180
水/t	29	2	100	2	29
氧气/t	1.1	0.3	4	0.3	1.1
食物/t	1.6	0.1	5.4	0.1	1.6
废物处理用品/t	0.6	—	1.8	—	0.6
缓冲气体/t	3.3	0.9	12	0.9	3.3
消耗品总量/t	36	3	123	3	36
IMLEO 的"运输效率"	3	9.3	9.3	76	18
IMLEO 的出发质量/t	108	28	1 144	228	656

F.2　再生循环利用系统的使用

ECLSS 系统中主要被用来循环利用的消耗品是空气和水。对任何一个再生循环系统来说，用来提供消耗品的物理单元质量必须考虑在内，同时还要考虑空气和水能够循环再利用的百分比。通过可再生利用的比例，可计算出在消耗品循环利用的过程中，需进行补给的消耗品量。因此对每个空气和水的管理系统，需要在每个任务阶段重点关注以下 5 项指标：

（1）6 人乘组在任务阶段内的资源总需求量（M_T）。

（2）物理单元的质量（M_{PP}）。

（3）再利用百分比（R_P）（使用的资源中能够在每个循环中再利用的百分比）。

（4）给循环利用过程中损失的消耗品进行补给的备份量：$M_B = (100 - R_P) M_T / 100$。

（5）在任务阶段内能够提供 M_T 消耗品的 ECLSS 系统质量（系统质量 + 备份质量）：$M_{LS} = M_{PP} + M_B$。

比较有意义的比值是 M_T / M_{LS}，它表示资源总需求量在 ECLSS 系统中的占比，这个数值越大，说明系统效率越高。

除上述内容，系统的可靠性和寿命、冗余和备份等内容也应进行讨论。最后考虑在火星进行水资源的原位利用对火星表面系统的潜在影响。需要指出的是，本节分析中只有水和空气进行循环再利用，生物量产品、食物、废物以及热管理单元部分都不再使用循环利用系统。

设想一个 6 人乘组的火星任务方案，去往火星和返回地球的飞行时间为 180 天，在火星表面停留时间为 600 天。在不考虑再生循环利用的情况下消耗品的需求如表 F-2 所示。使用 NASA 的生保系统再生循环利用评估方法的情况下，消耗品的需求量如表 F-3 所示。每一个任务阶段 ECLSS 系统的总质量包含空气和水、食物和废物处理，而短时的上升和下降过程并没有考虑消耗品的循环利用。

表 F-3　采用 NASA 的评估方法对 6 人乘组火星任务的
消耗品质量进行估算（不使用 ISRU）

任务阶段	火星转移	下降	火星表面停留	上升	地球返回
周期/天	180	15	600	15	180
水的需求 = M_T/t	29	2	100	2	29

续表

任务阶段	火星转移	下降	火星表面停留	上升	地球返回
水管理单元质量/t	1.4	—	4.1	—	1.4
水的再生利用率/%	>99	—	94	—	>99
水补给的质量/t	0.3	—	6.3	—	0.3
ECLSS 水管理的总质量 = M_{LS}/t	1.7	2	10.4	2	1.7
M_T/M_{LS} 比值	17	1	10	1	17
空气的需求 = M_T/t	4	0.9	12	0.9	4
供气管理单元质量/t	0.5	—	1.3	—	0.5
空气的再生利用率/%	83	—	76	—	83
空气补给的质量/t	0.7	—	2.9	—	0.7
ECLSS 供气管理的总质量 = M_{LS}/t	1.2	0.9	4.2	0.9	1.2
M_T/M_{LS} 比值	3	1	3	1	3
食物/t	1.6	0.15	5.4	0.15	1.6
废物处理物品/t	0.5	0.05	1.8	0.05	0.5
带向火星的总质量/t	5.0	3.1	21.8	3.1	5.0
由 LEO 的"运输效率"	3	9.3	9.3	76/34/0a	18
ECLSS 系统在 IMLEO 的出发质量/t	15	29	203	235/102/0a	90

注："A/B/C：（A）假设上升到火星椭圆轨道所使用的推进剂来自地球；（B）假设上升到火星圆轨道所使用的推进剂来自地球；（C）假设上升所使用的推进剂来自火星 ISRU。

如果在过程中进行火星 ISRU，那么运输 ECLSS 系统的质量折合到 IMLEO 为 340 t。但这只是基于比较乐观的估计，因为在超过 2.7 年的任务周期中，很难评估表 F - 3 中的可再生利用部分的数据是否能够满足系统失效时的应急救生模式。

同时备份补给部分的质量会相应增大，甚至会使得系统的质量加倍。很明显，在长期的在轨任务中还需要进行长期的测试。

如前所述，在火星表面进行水资源的原位利用可以节省大量的费用和减小任务风险。可想而知，当乘组在火星表面时，首先是对火星表层的水资源进行提取利用，而且不需要再考虑水的再生循环利用问题，同时还能够解决火星表面氧气的需求问题。

因此，NASA 得出如下结论：

（1）与其将研究精力放在 ECLSS 系统的高再生利用率上，不如将重点放在长期在轨任务中 ECLSS 系统的高可靠性和安全性上。对于火星来说，ECLSS 系统 99.8% 的可靠性的重要程度绝对要高于 90% 的物质再生循环利用率。

（2）详细说明提供的数据是否是基于试验数据以及试验所进行的具体时间。

（3）在方案中考虑对火星表层的水资源加以原位利用。

F.3　生命保障小结

综上所述，针对火星任务中的生命保障消耗品的问题，得出结论如下：

（1）虽然生命保障消耗品的种类有很多，水在整个生保系统质量需求的占比中肯定是最大的。

（2）如果不进行消耗品再生利用和原位资源利用，一次载人火星探测任务中的消耗品的需求约为 200 t，折合到 IMLEO 质量为 2 000 t。这样的设计方案是不可能被采纳的和非常不切合实际的。几乎 200 t 消耗品中的一半质量是在火星表面停留期间所必需的。

（3）如果对空气和水进行再生循环利用，基于国际空间站的飞行经验，那么系统的总质量将从 200 t 减小到 38 t，IMLEO 的质量将从 2 000 t 减小到 570 t，仍然还是需要几枚重型运载火箭进行生保消耗品和再生循环利用单元的发射。

（4）本节分析没有对系统的寿命、可靠性和 ECLSS 系统的失效性进行讨论研究，在 2.7 年的火星任务时间内不失效的情况下，并不清楚如何将国际空间站的相关数据推广到火星任务中。

（5）本书中的估算没有考虑系统的冗余和备份问题。

（6）火星表面水资源的原位利用就可以不必考虑在火星表面进行水资源和氧气再生循环利用的问题。

附录 G 无人火星探测任务 EDLA 阶段主要技术参数

任务名称	海盗号 1/2 (Viking 1/2)	火星探路者 (Mars Path Finder)	勇气号/机遇号 (Spirit/Opportunity)	凤凰号 (Phoenix)	火星科学实验室 (MSL)
着陆时间	1976	1997	2004	2008	2012
进入段出发位置	环火轨道	地火转移轨道	地火转移轨道	地火转移轨道	地火转移轨道
进入惯性速度/(km·s^{-1})	4.7	7.26	5.4/5.5	5.59	<6.0
轨道方向	顺行	逆行	顺行	顺行	顺行
惯性进入轨迹角/(°)	−17	−14.06	−11.49/−11.47	−13	−15.2
弹道系数/(kg·m^{-2})	64	63	94	65	115
进入质量/kg	992	584	827/832	600	2 920
进入阶段姿态控制	三轴 RCS	两轴 RPM 被动	两轴 RPM 被动	三轴 RCS	三轴 RCS
进入时刻攻角/(°)	−11	0	0	0	−15
进入阶段升力控制	质心无偏移	质心无偏移	质心无偏移	质心无偏移	质心有偏移
进入制导	无制导	无制导	无制导	无制导	基于 Apollo 飞船制导律改进
升阻比	0.18	0	0	0	0.24
防热罩直径/m	3.5	2.65	2.65	2.65	4.5
防热罩外形	70°角锥形	70°角锥形	70°角锥形	70°角锥形	70°角锥形

续表

任务名称	海盗号 1/2 (Viking 1/2)	火星探路者 (Mars Path Finder)	勇气号/机遇号 (Spirit/Opportunity)	凤凰号 (Phoenix)	火星科学实验室 (MSL)
防热罩 TPS	SLA-561	SLA-561	SLA-561	SLA-561	SLA-561
防热罩 TPS 厚度/cm	1.4	1.9	1.57	1.39	27.4
总加热量/(J·m^{-2})	1 100	3 865	3 687	2 428	6 200
峰值热流/(W·cm^{-2})	26	100	44	47	210
降落伞直径/m	16	12.5	14	11.7	19.7
降落伞阻力系数（估计）	0.67	0.4	0.48	0.62	0.67
降落伞开伞马赫数	1.1	1.57	1.77	1.2	2.2
降落伞开伞动压/Pa	350	585	725/750	430	750
降落伞平伞高度/km	5.79	9.4	7.4	9.8	6.5
下降姿态控制	RCS 滚动角速度控制	无	无	RCS 滚动角速度控制	RCS 滚动角速度控制
高度测量	雷达	雷达	雷达	雷达	雷达
高度测量起始/km	137	1.6	2.4	1.6	6
水平速度测量	多普勒雷达	无	下降图像/IMU	多普勒雷达	多普勒雷达
着陆终端减速	N$_2$H$_4$ 双组元	固体发动机	固体发动机	N$_2$H$_4$ 双组元	N$_2$H$_4$ 双组元
着陆终端速度控制	发动机变推力	分离/切断	分离/切断	发动机脉宽调制	发动机变推力
水平速度控制	倾侧角调节	被动	侧向 SRMs	倾侧角调节	倾侧角调节
接触表面垂直速度/(m·s^{-1})	2.4	12.5	8/5.5	2.4	0.75
接触表面水平速度/(m·s^{-1})	<1	<20（设计值）	11.5	<1	<0.5
接触表面缓冲	3 条/4 条着陆腿溃缩吸能	4π 气囊	4π 气囊	3 条着陆腿溃缩吸能	6 轮

续表

任务名称	海盗号 1/2 (Viking 1/2)	火星探路者 (Mars Path Finder)	勇气号/机遇号 (Spirit/Opportunity)	凤凰号 (Phoenix)	火星科学实验室 (MSL)
表面岩石承受能力/cm	20	50	50	30	100
表面坡度承受能力/(°)	15	>30	>30	15	>15
触地敏感方式	着陆腿压缩	滚动停止	计时	着陆腿压缩	卸载
触地敏感器	无	加速度计	时钟	霍尔传感器	推力减小
着陆质量/kg	590	360	539	382	1 590
有效着陆质量/kg	244	92	173	167	800
着陆散布椭圆长轴(3σ, km)	280	200	80	100	20
着陆散布椭圆短轴(3σ, km)	100	100	12	21	20
着陆点海拔(MOLA)/km	−3.5	−2.5	−1.9	−4	2

附录 H 缩略词

AAS	American Astronautical Society	美国宇航学会
AGS	Abort Guidance System	逃逸制导系统
AIA	Artificial Immune Algorithm	人工免疫算法
ALHAT	Autonomous Landing Hazard Avoidance Technology	自主着陆避障技术
ALS	Advanced Life Support plan	高级生保计划
ALT	Anode Layer Thruster	阳极层推力器
AGNC	Autonomous Guidance and Control	自主制导导航控制
AOT	Alignment Optical Telescope	瞄准光学望远镜
AR	Augmented Reality	增强现实
ARC	Ames Research Center	NASA 埃姆斯研究中心
ARCM	Asteroid Redirect Crew Mission	小行星重定向载人任务
ARES	Aerial Regional – scale Environment survey	火星地区范围环境的航空探测
ARM	Asteroid Redirect Mission	小行星重定向任务
ARRM	Asteroid Redirect Robot Mission	小行星重定向机器人任务
ARV	Asteroid Redirect Vehicle	小行星重定向飞行器
ASR	Automatic Speech Recognition	自动语音识别
ASTP	Apollo – Soyuz Test Project	阿波罗 – 联盟试验任务
ASTRO	Autonomous Space Transfer and Robotic Orbiter	服务航天器
ATM	Apollo Telescope Mount	阿波罗观测台
ATV	Automated Transfer Vehicle	自动转移飞行器
AUV	Autonomous Underwater Vehicle	自动潜水器
BAC	Broad Area Cooling	大面积冷屏
BCI	Brain Computer Interface	脑机接口
BIDT	Balloon Insertion Descent Test	气球抛射减速器试验

BEAM	Bigelow Expandable Activity Module	毕格罗可扩展式活动模块
BEE	Basic Energy Expenditure	基本能量消耗
BFR	Big Falcon Rocket	大猎鹰火箭
BHP	Behavior health and performance	行为健康和绩效
BLS	Bioregenerative Life support System	生物式再生生命保障系统
BPC	Biomass Production Chamber	生物量生产舱
CAST	China Academy of Space Technology	中国空间技术研究院
CDMA	Code Division Multiple Access	码分多址
CECE	Common Extensible Cryogenic Engine	可伸缩喷管的氢氧发动机
CELSS	Controlled Ecological Life Support System	受控生态生命支持系统
CEV	Crew Exploration Vehicle	乘员探索飞行器
CFD	Computational Fluid Dynamics	计算流体力学
CL	Crew Lander	乘员着陆器
CM	Command Module	指令舱
CMG	Control Moment Gyroscopes	控制力矩陀螺
CPU	Central Processing Unit	中央处理器
CSA	Canadian Space Agency	加拿大航天局
DAC	Digital analogue converter	数字模拟转换器
DASH	Descent Assisted Split Habitant	下降辅助分离舱
DEM	Digital Elevation Model	数字高程图
DGB	Disk Gap Band	盘缝带伞
DNA	Deoxyribonucleic Acid	脱氧核糖核酸
DRM	Design Reference Mission	参考设计任务
DRO	Distance Retrograde Orbit	大幅值逆行轨道
DRA - 5	Design Reference Architecture - 5	参考设计体系构架 - 5
DSG	Deep Space Gateway	深空之门
DSH	Deep Space Habitat	深空居住舱
DSI	Deep Space Industry	深空工业公司
DSMC	Direct simulation of Monte Carlo	直接模拟蒙特卡洛方法

DSN	Deep Space Network	深空测控通信网络
DST	Deep Space Transportation	深空运输系统
DTM	Digital Terrain Model	数字地面模型
DOI	Descent Orbit Insertion	月面下降轨道进入
DXRT	Dual X – Ray Telescope	双能 X 射线望远镜
ECLSS	Environmental Control and Life Support System	环境控制与生命保障系统
ECoG	Electrocorticogram	脑皮层电位信号
EDL	Entry, Descent, and Landing	进入、下降与着陆
EDLA	Entry, Descent, Landing and Ascent	进入、下降、着陆和上升
EDS	Earth Departure Stage	地球出发级
EEG	Electroencephalogram	脑电信号
EFT – 1	Experimental Flight Test – 1	飞行验证任务 1
EM	Exploration Mission	探索任务
EMG	Electromyography	肌电图
EPO	Earth Parking Orbit	近地停泊圆轨道
ERV	Earth Return Vehicle	地球返回飞行器
ESA	European Space Agency	欧洲航天局
ETS – VII	Engineering Test Satellite – VII	工程试验卫星 VII
EVA	Extra – Vehicular Activity	出舱活动
ExMC	Exploration Medical Capability	探索医疗能力
FH	Falcon Heavy	猎鹰重型
FMEA	Failure Mode and Effects Analysis	失效模式与影响分析
FRT	Free Return Trajectory	自由返回轨道
FRSI	Flexible Reusable Surface Insulation	柔性可重复使用表面隔热材料
FTA	Fault Tree Analysis	故障树分析
GCR	Galactic Cosmic Radiation	银河宇宙射线
GEO	Geostationary Earth Orbit	地球同步静止轨道
GER	Global Exploration Roadmap	全球空间探索路线图
GIS	Geographic Information System	地理信息系统

GNC	Guidance Navigation and Control	制导导航与控制
GRC	Glen Research Center	格林研究中心
GRIS	Gamma – Ray Imaging Spectromtere	伽玛宇宙射线成像光谱仪
HDSE	Human Deep Space Exploration	载人深空探测
Hab	Habitat	居住舱
HCI	Human – Computer Interaction	人机交互
HDA	Hazard Detection Avoidance	障碍探测与规避
HDU	Habitat Demonstration Unit	居住舱验证单元
HEO	Human Exploration Operation	载人探索与运行
HHC	Human Health Coping strategies	人体健康应对策略
HIAD	Hypersonic Inflatable Aerodynamic Decelerator	高超音速充气气动减速器
HMO	High Mars Orbit	高火星轨道
HMP	Haughton – Mars Project	霍顿－火星项目
HMPRS	Haughton – Mars Project Research Station	霍顿－火星项目研究站
HPT	Helicon Plasma Thruster	螺旋波等离子体推力器
HRN	Hazard Relative Navigation	障碍相对导航
HRP	Human Research Program	人体研究项目
HRS	Human and Robot System	人与机器人系统
HRSI	High – temperature Reusable Surface Insulation	高温防热瓦
HTI	High Temperature Insert	高温加入
IAA	International Academy of Astronautics	国际宇航联
IAC	International Astronautical Congress	国际宇航大会
IBT	Intelligent Bio – Technology	智能生物技术
IBMP	Institute of Biomedical Problems	生物医学问题研究所
ICE	Isolated and Confined Environment	隔离、幽闭的极端环境
ICF	Inertial Confinement fusion	惯性约束核聚变
IDSS	International Docking Standard System	国际标准对接系统
IMLEO	Initial Mass in Low Earth Orbit	近地轨道初始出发总质量
IMP – 4	InternationalMornitoring Platform – 4	国际监测平台－4

IMU	Inertial Measurement Unit	惯性测量单元
IIM	Interference Imaging Spectrometer	高光谱数据
INCOSE	International Council on Systems Engineering	国际系统工程学会
IRAP	Institut de Recherche en Astrophysique et Planétologie	天体物理研究所
ISRU	In Suit Resource Utilization	原位资源利用
ISECG	International Space Exploration Coordination Group	国际空间探索协调小组
ISS	International Space Station	国际空间站
ISS – CREAM	Cosmic Ray Energetics And Mass for the International Space Station	国际空间站上的宇宙射线能量及质量测量仪
ISS – EP	ISS Experimental Platform	基于 ISS 的试验平台
ITS	International Transportation System	星际运输系统
IVA	Inner – Vehicle Activity	舱内活动
IWF MAXI	Iseep Wide Field MAXI	宽视场 X 射线全天监视器
JEM – EUSO	Extreme Universe Space Observatory on Japanese Experiment Module	日本实验舱段上的极高能宇宙天文观测台
JSC	Johnson Space Center	美国约翰逊航天中心
JPL	Jet Propulsion Laboratory	喷气推进实验室
KISS	Keck Institute for Space Studies	凯克太空研究学院
LADT	Low Altitude Descent Test	低高度降落试验
LAE	Lunar Ascent Element	月面上升级
LA	Laser Altimeter	激光高度计
LAS	Launch Abort System	发射逃逸系统
LAT	Lunar Architecture Team	月面建筑团队
LCROSS	Lunar Crater Observation and Sensing Satellite	月球陨坑观测和遥感卫星
LDE	Lunar Descent Element	月面下降级
LDSD	Low Density Supersonic Decelerator	低密度超声速减速
LEO	Low Earth Orbit	近地轨道
LET	Linear Energy Transfer	线性能量传递
LFV	Lunar Flight Vehicle	月面巡飞器
LGC	Landing Guidance Computer	着陆制导计算机
LIDAR	Light Detection and Ranging	激光雷达

LIDS	Low – Impact Docking System	低冲击对接系统
LIM	LAN Instant Message	局域网即时通信
LLO	Low Lunar Orbit	近月轨道
LLTV	Lunar Landing Test Vehicle	月面着陆训练飞行器
LLRV	Lunar Landing Research Vehicle	月面着陆研究飞行器
LIDS	Low – Impact Docking System	低冲击对接系统
LM	Landing Module	着陆模块
LMDE	Lunar Module descent engine	月面登陆舱下降发动机
LPD	Landing Point Director	着陆点指示器
LR	Landing Radar	着陆雷达
LRC	Lewis Research Center	路易斯研究中心
LRO	Lunar Reconnaissance Orbiter	月球勘察轨道器
LRSI	Low – temperature Reusable Surface Insulation	低温防热瓦
LRV	Lunar Rover Vehicle	月球车
LSAM	Lunar Surface Access Module	月球着陆器
LTV	Lunar Transfer Vehicle	月球转移飞行器
MAV	Mars Ascent Vehicle	火星上升飞行器
MAXI	Monitoring All Sky X – Ray Images	全天 X 射线检测仪
MB10	Mars Base 10	火箭基地 10
MBSE	Model – Based Systems Engineering	基于模型的系统工程
MC	Monte Carlo	蒙特卡洛
MCF	Magnetic confinement fusion	磁约束核聚变
MER	Mars Exploration Rover	火星漫游车
MELISSA	Modular Environment for life – support Systems Simulation and Analysis	生命保障系统仿真分析的模拟环境
MET	Modularized Equipment Transport	模块化设备运输车
MEX	Mars Express	火星快车
MGS	Mars Global Surveyor	火星全球勘探者
MLI	Multi – Layer Insulation	多层绝热组件

MLT	Magnetic – layer Thruster	磁层推力器
MIF	Magneto – Inertial Fusion	磁惯性约束聚变
MIT	Massachusetts Institute of Technology	麻省理工学院
MMI	Multi—Modal Interaction	多通道交互
MMIS	Man – Machine Intelligent System	人机智能系统
MMSEV	Mlti – Mission Space Exploration Vehicle	多任务空间探索飞行器
MOC	Method of Characteristics	特征线法
MOLA	Mars Orbiter Laser Altimeter	火星探测激光高度计
MPCV	Multi – Purpose Crew Vehicle	多用途乘员飞行器
MPD	Magneto Plasma Dynamic Thruster	磁等离子体动力推力器
MPF	Mars Path Finder	火星探路者
MR	Mixed Reality	混合现实
MRO	Mars Reconnaissance Orbiter	火星勘探轨道器
MSFC	Marshall Space Flight Center	马歇尔航天中心
MSL	Mars Science Lab	火星科学实验室
MTBF	Mean Time Between Failures	平均故障间隔时间
MTT	Mufti – Touch Techniques	多点触控技术
MTV	Mars Transportation Vehicle	火星转移飞行器
NASA	National Aeronautics and Space Administration	美国航空航天局
NASDA	National Space Development Agency of Japan	日本宇宙开发事业集团
NCRP	National Council for Radiation Protection	美国国家辐射防护委员会
NEEMO	NASA Extreme Environment Mission Operation	NASA 极端环境执行项目
NEO	Near Earth Objects	近地小天体
NEP	Nuclear Electric Propulsion	核电推进
NESC	National Engineering Safety Center	美国国家工程安全中心
NEXTSat	Next Generation of Satellite	目标卫星
NLP	Non – Linear Planning	非线性规划
NRO	Near Rectilinear Orbit	近直线轨道
NRHO	Near Rectilinear Halo Orbit	近直线 Halo 轨道
NTP	Nuclear Thermal Propulsion	核热推进
NTR	Nuclear Thermal Rocket	核热火箭

NEAR	Near Earth Asteroid Rendezvous	近地小行星交会
NICER	Neutronstar Interior Composition Explorer	中子星内部成份探测器
NSC	National Space Council	国家航天委员会
OE	Orbit Express	轨道快车
OMP	Observatorie Midi – Pyrénées	比利牛斯天文观测台
ONSS	Optical Navigation Sensor System	光学导航传感器系统
ODY	Mars Odyssey	火星奥德赛探测器
OnOO	On – Orbit Opertation	在轨操作
OPS	Oxygen Purity System	氧气净化系统
ORU	Orbit Replace Unit	在轨可更换单元
Orbitec	Orbital Technologies Corporation	轨道技术公司
PABF	Precision Air – Bearing platform	高精度气浮平台
PDI	Powered Descent Initialization	月面动力下降初始点
PEG	Powered Explicit Guidance	动力显式制导
PEPP	Planetary Entry Parachute Plan	行星进入降落伞计划
PFPS	Pulse Fusion Propulsion System	脉冲式核聚变推进系统
PGNCS	Primary Guidance Navigation and Control System	主份制导导航与控制系统
PLM	Payload Logistics Module	载荷后勤舱
PLRP	Pavilion Lake Research Project	亭湖项目研究
PICA	Phenolic Impregnated Carbon Ablator	酚醛浸渍碳烧蚀体
PILOT	Precursor In Suit Lunar Oxygen Testbed	精细原位月球制氧试验床
PM	Payload Module	载荷模块
PMC	Project Management Conference	项目管理研讨会
PMAD	Power Management and Distribution	电源管理与分配
PPE	Power and Propulsion Element	能源与动力部件
PSE	Planetary Surface Exploration	行星表面探测
PVC	PolyvinylChloride	聚氯乙烯材料

R1	Robonaut 1	机器人航天员 R1
R2	Robonaut 2	机器人航天员 R2
RAD	Radiation Assessment Detector	辐射评估探测仪
RBO	Reduction Boil – off	最小损耗
RCS	Reaction Control System	反作用控制系统
RCC	Reinforced carbon carbon	碳纤维增强结构
RDSE	Robotic Deep Space Exploration	机器人无人深空探测
RFID	Radio Frequency Identification Technology	无线射频识别技术
RM	Retardation Module	制动模块
ROKVISS	Robotics Component Verification on ISS	在国际空间站上机器人组件验证试验
ROTEX	Roboter Technology Experiment	机器人技术验证实验
ROV	Remote Operation Vehicle	遥控潜水器
ROxygen	Rover and Oxygen	月球车制氧
RR	Rendezvous Radar	交会雷达
RRM	Robotic Refueling Mission	在轨加注任务
RWGS	Reverse Water – Gas Shift	逆水 – 气转化反应
SAA	South Atlantic Anomaly	南大西洋异常区
SAFD	System for anomaly and failure	异常与故障检测系统
SCS	Stabilization and Control System	稳定与控制系统
S/E	Sabatier/Electrolysis	萨巴蒂尔/电解
SEP	Solar Electric Propulsion	太阳能电推进
SETV	Solar Electric Transfer Vehicle	太阳能电推进转移飞行器
SGCMG	Single Gimbal Control Moment Gyroscopes	单框架控制力矩陀螺
SH	Super Heavy	超重鹰火箭的简称
SHFH	Spatial Human Factors and Habitability	空间人因和适居性
SLS	Space Launch System	空间发射系统
SIAD	Supersonic Inflatable Aerodynamic Decelarator	超音速充气气动减速器
SM	Service Module	服务舱

SOLA – CES	SOLar Auto – Calibration Extreme Ultraviolet and Ultra-violet Specrtometers	自动校准极紫外与紫外光谱仪
SOLSPEC	Solar Spectral irradiance measurements	太阳光谱辐射测量仪
SOS	System of System	体系
SOVIM	SOlar Variations and Irradiance Monitor	太阳变化与辐射检测仪
SPE	Solar Particle Events	太阳质子事件
SPT	Stationary Plasma Thruster	稳态等离子体推力器
SR	Space Radiation	空间辐射
SRU	Stellar Recognition Unit	星图识别敏感器
SSESM	S – IVB Stage Experiment Support Module	S – IVB 级试验性支持模块
SSRMS	Space Station Remote Manipulator System	空间站遥操作系统
SWRI	American Southwest Research Institute	美国西南研究所
SysML	Systems Modeling Language	系统建模语言
TAL	Thruster with Anode Layer	阳极层推力器
TSE	Traditional Systems Engineering	传统系统工程
TDRS	Terminal Descent Radar System	终段下降雷达系统
TEI	Transearth Injection	月地转移加速
TEO	Trans – earth Orbit	月地转移轨道
THDSS	Terminal Hazard Detection Sensor System	终段危险探测敏感器系统
TPS	Thermal Protection System	热防护系统
TRN	Terrain Relative Navigation	相对地面导航
TVC	Thrust Vector Control	推力矢量控制
TVS	Thermodynamic Vent System	热力学排气技术
TUFI	Toughened Uni – piece Fibrous Insulation	增强纤维隔热涂层浸渍陶瓷瓦
UHF	Ultra High Frequency	超高频
ULA	United Launch Alliance	联合发射联盟公司
UM	University of Maryland	马里兰大学
UVS	Ultraviolet Spectrometer	紫外光谱仪
UVH	Ultraviolet Spectrometer/Heliography	紫外光谱仪/日光仪
VASIMR	Variable Specific Impulse Magnetoplasma Rocket	可变比冲磁等离子体发动机

VCS	Vapor – Cooled Shield	蒸汽冷却屏
VIVED	Virtual Visual Enviroment Display	虚拟环境视觉显示器
VMS	Vertical Moving System	垂直运动模拟器
VR	Virtual Reality	虚拟现实
WAVAR	Water Vapor Adsorption Reacto	水蒸气吸附反应器
WETF	Weightless Environment Training Facility	失重环境训练设施
WHCI	WearableHuman – Computer Interaction	可穿戴的人机交互
WLC	White Light Coronograph	白光日冕仪
XRST	X – Ray Spectrographic Telescope	X 射线光谱望远镜
ZBO	Zero Boil – off	零蒸发

附录 I 公式符号说明表

序号	符号	含义
第 6 章		
1	a	人工免疫算法中计算参数
2	A_N	其他天体引力摄动加速度
3	A_{NSE}	地球非球形摄动加速度
4	A_{NSL}	月球非球形摄动加速度
5	A_R	光压摄动加速度
6	A_D	大气阻力摄动加速度
7	A	Lambert 变轨求解普适变量法的常数
8	A_I	最优抗体
9	A_x，A_z	平动点轨道平面内和平面外的振幅
10	B_i	新抗体
11	e_{EJ2K}	地心 J2000 系下的偏心率
12	E_0	月面起飞点欧拉角
13	f_{aff}	评价函数
14	f_{den}	抗体浓度
15	f_{bff}	抗体相似度
16	Δf	Lambert 变轨初始位置和目标位置的夹角
17	F_L，F_t	月面软着陆轨道月球引力和制动发动机推力
18	F	普适变量 z 的 F 函数
19	g_m，g_{e0}	月球和地球海平面重力加速度
20	G，$\dot{G}$	普适变量 z 的 G 函数和其导数
21	h_{EP}，h_{EA}	近地点和远地点高度
22	h_{LP}	近月点高度
23	h_{EI}	再入点高度
24	h_{EPI}	入轨点 P_{EPI} 轨道高度
25	h_{TLI}	地月转移加速点 P_{TLI} 轨道高度

序号	符号	含义
26	h_{EJ2K}	地心 J2000 系下的地心轨道高度
27	h_{MIne}	月心惯性系下的月心轨道高度
28	h_p	月面上升近月点的高度
29	h_{LLO}	环月轨道的轨道高度
30	h_L	月心轨道高度
31	h_E	月地转移轨道地心轨道高度
32	H	哈密尔顿函数
33	H_L	环月轨道高度
34	i_{TLI}	地月转移加速点轨道倾角
35	i_L	月球在地心 J2000 坐标系下的轨道倾角
36	i_{EI}	再入点轨道倾角
37	i_{EPI}	入轨点 P_{EPI} 轨道倾角
38	i_{EJ2K}	地心 J2000 系下的轨道倾角
39	i_{LLO}	环月轨道的轨道倾角
40	i_L	月心轨道轨道倾角
41	i_E	月地转移轨道地心轨道倾角
42	I_{sp}	发动机比冲
43	J	性能指标
44	$\boldsymbol{L}_Z , \boldsymbol{L}_X$	绕 Z 轴和 X 轴旋转的转换矩阵
45	$l_{BP_{ni}}$	月球星下点大圆弧长
46	L_{ba} , L_{am}	月面起飞点惯性坐标系到上升级本体坐标系的坐标转换矩阵，月球固连坐标系到月面起飞点惯性坐标系的坐标转换矩阵
47	m	质量
48	m_0	初始时刻的质量
49	m^*	参考质量
50	m_1 , m_2 , m_3	圆型限制性三体问题的主天体质量和航天器质量
51	n	抗体个数
52	O_E	地月旋转系 $O_E X_r Y_r Z_r$ 的原点

序号	符号	含义
53	$O_E \tilde{X}\tilde{Y}\tilde{Z}$	指向月球公转轨道升交点的地心赤道坐标系
54	P_m	人工免疫算法中变异概率
55	P_{EPI}	入轨点
56	P_{TLI}	自由返回轨道地月转移加速点（近地点）
57	P_{LP}	自由返回轨道近月点
58	P_{EI}	自由返回轨道再入点
59	$\boldsymbol{P}$，P	上升级推力矢量和模值
60	$\boldsymbol{R}$，R	地心位置矢量和模值
61	$\boldsymbol{R}_{TLI}$	地月转移加速点位置矢量
62	$\boldsymbol{R}_r$	地月旋转系 $O_E X_r Y_r Z_r$ 下的位置矢量
63	$\boldsymbol{R}_L$，$\boldsymbol{R}_S$	月球和太阳在地心 J2000 坐标系下的位置矢量
64	R_{Earth}	地球赤道半径
65	$\boldsymbol{R}_E$	月地转移轨道地心位置矢量
66	$\boldsymbol{R}_{land}$	着陆场的地心位置矢量
67	R_{fT}	环月轨道近月点月心距
68	$\boldsymbol{R}_f$，$\boldsymbol{R}_T$，R_{des}	航天器位置矢量，月球位置矢量，月心距目标值
69	r	极半径
70	r_0	初始时刻的极半径
71	r_f	终端极径
72	r^*	参考距离
73	r_m	月球半径
74	$\boldsymbol{r}_0$	月面起飞点位置
75	$\boldsymbol{r}_{C0}$	上升级的位置矢量
76	$\boldsymbol{r}_{T0}$	载人飞船的位置矢量
77	$S(z)$	普适变量 z 的函数
78	t_{EPI}	入轨初始时刻
79	t_{LP}	近月点时刻
80	t_{EI}	再入时刻
81	t_0	初始时刻

序号	符号	含义
82	t_f	终端时刻
83	t_{TEI}	月地转移时刻
84	T_{LEO}	近地停泊轨道轨道周期
85	T_0，T_1，T_2，T_3	地球与小行星间转移轨道的地球出发的出发时刻，到达小行星的时刻，离开小行星的时刻，返回地球的时刻
86	T_G，T_S，T_R	地球到小行星转移时间，小行星停留时间，小行星到地球转移时间
87	Δt	地月转移段飞行时间
88	ΔT	不变流形积分时间
89	Δt_{LEO}	近地停泊轨道飞行时间
90	u_L	月球在地心 J2000 坐标系下的纬度幅角
91	$\tilde{u}_L$	地月转移加速时刻月球反向点在 $O_E\tilde{X}\tilde{Y}\tilde{Z}$ 中的纬度幅角
92	u	推力方向角
93	v_r、v_θ	径向速度、横向速度
94	$v_{\theta 0}$	初始时刻的横向速度
95	$\boldsymbol{v}_0$	月面起飞点速度
96	v_p	月面上升近月点的速度
97	$\mathbf{v}_{C0}$	上升级的速度矢量
98	$\mathbf{v}_{T0}$	载人飞船的速度矢量
99	$\boldsymbol{v}_{1i}$，$\boldsymbol{v}_{2f}$	Lambert 变轨初始位置的初始速度矢量和目标位置的终端速度矢量
100	$\boldsymbol{v}_{1t}$，$\boldsymbol{v}_{2t}$	Lambert 转移轨道初始位置的速度矢量和目标位置的速度矢量
101	V_E	月地转移轨道地心速度矢量
102	$\Delta \boldsymbol{v}_{C0}$，$\Delta \boldsymbol{v}_{Cf}$	载人月面上升后环月轨道交会变轨速度增量
103	Δv_{TEI}	月地转移时刻速度增量
104	$\Delta \boldsymbol{v}_1$，$\Delta \boldsymbol{v}_2$	Lambert 变轨初始位置的速度增量和目标位置的速度增量
105	ΔV	速度增量

序号	符号	含义
106	ΔV_1，ΔV_2，ΔV_3	飞行器从地球停泊轨道出发进入转移轨道所需的加速速度增量，飞行器与小行星交会时所需的制动速度增量，飞行器从小行星出发时需要的加速速度增量
107	w	发动机排气速度
108	$x(z)$	普适变量 z 的函数
109	X_{rTLI}	地月转移加速点位置矢量在地月旋转系下的 X 分量
110	X_r	地月旋转系 $O_E X_r Y_r Z_r$ 的 X 轴分量
111	X	优化变量（向量）
112	X_I	源抗体
113	$X_{I,j,k}$	抗体 X_I 的第 k 个克隆体的第 j 个变量
114	$y(z)$	普适变量 z 的函数
115	Y_{rTLI}	地月转移加速点位置矢量在地月旋转系下的 Y 分量
116	Y_r	地月旋转系 $O_E X_r Y_r Z_r$ 的 Y 轴分量
117	z	Lambert 变轨普适变量
118	Z_r	地月旋转系 $O_E X_r Y_r Z_r$ 的 Z 轴分量
119	μ_E，μ_L，μ_S	地球、月球和太阳的引力常数
120	Ω_{TLI}，ω_{TLI}，θ_{TLI}	地月转移加速点升交点赤经、近地点幅角、真近点角
121	Ω_{LLO}，ω_{LLO}，θ_{LLO}	环月轨道的升交点赤经、近地点幅角、真近点角
122	Ω_L	月球在地心 J2000 坐标系下的升交点赤经
123	$\tilde{\Omega}_{TLI0}$	坐标系 $O_E \tilde{X}\tilde{Y}\tilde{Z}$ 下停泊轨道升交点赤经
124	$\Delta\Omega_{EPI}$	入轨时刻升交点赤经改变量
125	ϕ_{TLI}	地月转移加速点地月旋转系赤经
126	γ_{EI}	再入角
127	γ_E	月地转移轨道地心航迹角
128	γ_2	L_2 点距离尺度
129	γ	航天器航迹角
130	λ，η	着陆场经纬度
131	θ	极角
132	θ_L	月心轨道真近点角

序号	符号	含义
133	$\lambda_r, \lambda_\theta, \lambda_{v_r}, \lambda_{v_\theta}, \lambda_m$	状态变量对应的伴随变量
134	$\sigma_1, \sigma_2, \sigma_3$	惩罚项权重系数
135	τ	人工免疫算法中克隆个数
136	λ_a, φ_a	月面起飞点经纬度
137	ω_0	月面起飞点角速度
138	ω	圆型限制性三体问题的主天体匀速圆周运动的角速度
139	ω_{Lunar}	月球公转角速度
140	ω_{m}	月球自转角速度
141	$\boldsymbol{\rho} = (\xi, \eta, \zeta)^{\text{T}}$	平动点 L_2 坐标系位置矢量
142	λ, υ	平动点轨道平面内和平面外的频率
143	φ, ψ	平动点轨道的相位角
144	$\boldsymbol{\Phi}, \Phi_{ij}$	状态转移矩阵及其分量
145	ε	不变流形扰动量
第 7 章		
1	r	月面动力下降当前运动位置
2	v	月面动力下降当前运动速度
3	a	月面动力下降当前运动加速度
4	r_{T}	月面动力下降目标运动位置
5	v_{T}	月面动力下降目标运动速度
6	a_{T}	月面动力下降目标运动加速度
7	j_{T}	月面动力下降目标运动加加速度
8	s_{T}	月面动力下降目标运动加加加速度
9	T_{go}	月面动力下降剩余飞行时间
10	r_{Tz}	月面动力下降目标运动位置（下降轨道面外分量）
11	v_{Tz}	月面动力下降目标运动速度（下降轨道面外分量）
12	a_{Tz}	月面动力下降目标运动加速度（下降轨道面外分量）
13	j_{Tz}	月面动力下降目标运动加加速度（下降轨道面外分量）
14	g_{L}	月球重力加速度
15	g_{Lx}	月球重力加速度 x 分量

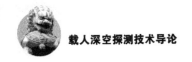
序号	符号	含义
16	g_{Ly}	月球重力加速度 y 分量
17	g_{Lz}	月球重力加速度 x 分量
18	a_T	月面动力下降发动机推力加速度
19	a_{Tx}	月面动力下降发动机推力加速度 x 分量
20	a_{Ty}	月面动力下降发动机推力加速度 y 分量
21	a_{Tz}	月面动力下降发动机推力加速度 z 分量
22	$\ddot{x}$	月面动力下降运动加速度 x 轴分量
23	$\ddot{y}$	月面动力下降运动加速度 y 轴分量
24	$\ddot{z}$	月面动力下降运动加速度 z 轴分量
25	t_0	月面动力下降初始飞行时刻
26	t	月面动力下降当前飞行时刻
27	T	月面动力下降终端飞行时刻
28	x_0	月面动力下降初始运动位置 x 轴分量
29	y_0	月面动力下降初始运动位置 y 轴分量
30	z_0	月面动力下降初始运动位置 z 轴分量
31	x_D	月面动力下降终端运动位置 x 轴分量
32	y_D	月面动力下降终端运动位置 y 轴分量
33	z_D	月面动力下降终端运动位置 z 轴分量
34	$\dot{x}_D$	月面动力下降终端运动速度 x 轴分量
35	$\dot{y}_D$	月面动力下降终端运动速度 y 轴分量
36	$\dot{z}_D$	月面动力下降终端运动速度 z 轴分量
37	c_1	月面动力下降与上升制导系数1
38	c_2	月面动力下降与上升制导系数2
39	v	月面动力下降速度增量预知值
40	m_0	月面动力下降初始质量
41	$\dot{m}$	月面动力下降质量变化率
42	P	月面动力下降发动机总推力
43	r	月面上升月心距
44	α	月面上升当前位置与起飞点月心夹角

序号	符号	含义
45	v_r	月面上升径向速度
46	v_n	月面上升横向速度
47	ϕ_p	月面上升推力俯仰角
48	λ	月面上升最优控制协状态变量
49	λ_1	月面上升最优控制协状态变量分量1
50	λ_2	月面上升最优控制协状态变量分量2
51	λ_3	月面上升最优控制协状态变量分量3
52	λ_4	月面上升最优控制协状态变量分量4
53	ϕ_p^*	月面上升推力俯仰角最优值
54	L_{AB}	本体坐标系相对月面起飞点惯性坐标系的姿态转换矩阵
55	L_{MA}	起飞前月面坐标系相对月面起飞点惯性坐标系的姿态转换矩阵
56	χ_A	起飞前月面坐标系相对月面起飞点惯性坐标系绕 X 轴转角
57	ω_m	月球自转角速度
58	g_m	月心引力矢量
59	ω_m^A	月球自转角速度在起飞点惯性坐标系中的表示
60	g_m^A	月球重力加速度在起飞点惯性坐标系中的表示
61	ω_m^B	月球自转角速度在本体坐标系中的表示
62	g_m^B	月球重力加速度在本体坐标系中的表示
63	ω^B	陀螺仪测量值本体坐标系中的表示
64	f^B	加速度计测量值本体坐标系中的表示
65	ψ	月面起飞姿态矩阵的失准角
66	ψ_x	月面起飞姿态矩阵的失准角绕 x 轴分量
67	ψ_y	月面起飞姿态矩阵的失准角绕 y 轴分量
68	ψ_z	月面起飞姿态矩阵的失准角绕 z 轴分量
69	ε^B	月面起飞陀螺零偏
70	ε_x^A	月面起飞陀螺零偏在起飞点惯性坐标系下 x 轴分量
71	ε_y^A	月面起飞陀螺零偏在起飞点惯性坐标系下 y 轴分量
72	ε_z^A	月面起飞陀螺零偏在起飞点惯性坐标系下 z 轴分量

序号	符号	含义
73	∇^B	月面起飞加速度计零偏
74	∇x^A	月面起飞加速度计零偏在起飞点惯性坐标系下 x 轴分量
75	∇y^A	月面起飞加速度计零偏在起飞点惯性坐标系下 y 轴分量
76	∇z^A	月面起飞加速度计零偏在起飞点惯性坐标系下 z 轴分量
77	R	火星进入距离目标点航程
78	R_p	火星进入预测航程
79	D	火星进入气动阻力
80	D_{ref}	火星进入标称气动阻力
81	$\dot{r}$	火星进入高度变化率
82	$\dot{r}_{ref}$	火星进入标称高度变化率
83	R_{dep}	火星进入开伞点航程散布
84	R_{ref}	火星进入参考航程
85	L	火星进入升力
86	K_3	火星进入升力阻力控制增益
87	Φ_c	火星进入倾侧角指令
88	K_2	火星进入倾侧角控制增益
89	T_0	地球再入返回舱控制温度
90	T_∞	当地大气温度
91	Ma	地球再入飞行马赫数
92	γ	空气定压比热容与定容比热容之比
93	Q	飞行器表面总加热量
94	C_D	总阻力系数
95	ΔE_k	进/再入前后动能变化
96	q_n	从表面传入防热层的净热流密度
97	q_c	假设表面处在热力学温度为零时传入防热层表面的热流密度
98	h_w	气体在表面壁温下的焓值
99	h_s	气体在气体滞止下的焓值
100	ε	表面全辐射系数

序号	符号	含义
101	σ	斯忒潘－波尔兹曼常数
102	T_w	表面壁温
103	Q_7	导入结构内部热量
104	Q_c	对表面的气动对流加热热量
105	Q_1	炭层燃气热量
106	Q_2	表面辐射散热热量
107	Q_3	固体材料热容吸收热量
108	Q_4	材料热解吸收热量
109	Q_5	热解气体吸收热量
110	Q_6	炭升华时吸收热量
111	ψ	引射因子
112	W	月面着陆缓冲所吸收能量
113	v_v	月面着陆触月时垂直速度
114	H	月面着陆缓冲过程中整器质心下降高度
115	A_{max}	月面着陆缓冲时单个主缓冲器最大吸能能力
116	a_0	月面着陆缓冲吸能常数
117	B_{max}	月面着陆缓冲时单个辅助缓冲器最大吸能能力
118	v_h	月面着陆触月时水平速度
119	Kn	羽流分析中的努森数
120	λ	羽流分析中的平均自由程
121	L	羽流分析中的特征尺度
122	Q	羽流分析中的某个具体物理量
123	$|Q/\nabla Q|$	基于物理量梯度的当地特征尺度
124	ρ	羽流密度
125	r	羽流分析中与喷管中心线距离
126	A	羽流分析中的待定系数1
127	f	羽流分析中的待定系数2
第9章		
1	M_T	6人乘组在执行任务阶段内的消耗品总需求量

序号	符号	含义
2	M_{PP}	提供可再生功能的 ECLSS 设备质量
3	R_P	再生循环利用百分比
4	M_B	给循环利用过程中损失的消耗品进行补给的备份量
5	M_{LS}	在执行任务阶段内能够提供消耗品总需求量的 ECLSS 的系统质量
6	CO_2	二氧化碳
7	CO	一氧化碳
8	H_2	氢气
9	O_2	氧气
10	CH_4	甲烷
11	H_2O	水
12	C	碳
13	D	直径
14	V	体积
15	Δ	压强下降量
16	$FeTiO_3$	三氧化钛铁
17	Fe	铁
18	Ti	钛
19	TiO_2	二氧化钛
20	FeO	氧化亚铁
21	M	代表金属，如铁、镁、钙
22	H_2S	硫化氢
23	F_2	氟
24	K	钾
25	CL_2	氯气
26	Si	硅
27	SiO_2	二氧化硅
28	Mg	镁
29	Ca	钙

序号	符号	含义
30	Al	铝
31	Na	钠
32	ΔG^{θ}	标准状态下的吉布斯自由能
33	$\Delta G_{P,T}$	非标准状态下的吉布斯自由能
34	ΔH^{θ}	焓变
35	ΔS^{θ}	熵
36	T	温度
37	Q	反应熵
38	P	功率密度
39	D_H	半衰深度
40	ΔT	加热速率
41	K	常数
42	f	频率
43	E	电场强度
44	k'	相对介电常数
45	$\tan\delta$	介电损耗
50	λ_0	波长
51	ρ	密度
52	C_P	热容
第 11 章		
1	z	车轮的沉陷量
2	H	每个车轮产生的总牵引力
3	W	车轮载荷
4	A	车轮接触面积
5	k	土壤稠度
6	k_C	土壤变形黏性系数
7	k_{φ}	土壤变形摩擦系数
8	n	土壤变形指数
9	c_b	土壤/车轮黏性系数

序号	符号	含义
10	φ_{b}	土壤/车轮摩擦角
11	K	土壤滑移率
12	s	车轮滑移
13	L	车轮接触弧长
14	b	车轮接触宽度
附录 E		
1	G_{MO}	到达火星轨道的运输效率
2	G_{MS}	到达火星表面的运输效率
3	M_{MO}	到达火星轨道的质量
4	M_{MS}	到达火星表面的质量
5	IMLEO	近地轨道初始出发总质量
6	$\mathrm{IMLEO}_{\mathrm{MO}}$	到达火星轨道的 IMLEO 质量
7	$\mathrm{IMLEO}_{\mathrm{MS}}$	到达火星表面的 IMLEO 质量
8	Δv	运输需要的速度增量
9	I_{SP}	火箭发动机的比冲
10	m_{initial}	初始发射质量
11	m_{final}	最终到达质量
12	q	运载系数
13	m_{p}	在产生 Δv 的过程中需要消耗的推进剂质量
14	m_{S}	航天器的干重（除推进剂之外）
15	g	地球上的重力加速度
16	m_{pl}	航天器的载荷质量，除了推进系统外的所有子系统的结构质量
17	m_{pR}	航天器的推进系统的干重
18	K	常数
19	M_{TM}	从近地轨道向火星轨道的转移质量
20	M_{PLO}	到达火星轨道的载荷质量
21	M_{PLS}	到达火星表面的载荷质量
22	M_{PROI}	火星轨道进入所需的推进系统的干重

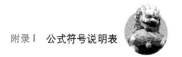

续表

序号	符号	含义
23	M_{POI}	火星轨道进入需要消耗的推进剂质量
24	M_{PROD}	火星轨道离轨所需的推进系统的干重
25	M_{POD}	火星轨道离轨需要消耗的推进剂质量
26	M_{PRA}	火星表面上升所需的推进系统的干重
27	M_{PA}	火星轨道上升需要消耗的推进剂质量

致　　谢

有人说，写书是一个人的狂欢，我却不这么认为。因为我很幸运地能遇到一个优秀的作者团队，他们是中国空间技术研究院载人航天总体部的杨宏研究员、田林博士和彭坤博士，以及北京交通大学的黄铁球博士，他们不仅贡献了自己的专业智慧，而且具体动手编著相关章节。此书从策划到完稿历经两年半的时间，谢谢他们的鼎力支持和积极配合，能与他们为伍是我一生的骄傲和荣耀！感谢中国探月工程中心吴伟仁院士、中国空间技术研究院戚发轫院士等专家的悉心指导及亲笔为本书作序！

虽然本书的具体编写是由我们作者团队完成的，但是在策划、编写、校正及出版的过程中，我们深蒙载人航天工程办公室周建平、郑敏、张丽艳、张海联等领导同志的指导，有幸得到了法国比利牛斯天文观测台 OMP 的天体物理研究所 IRAP 的 Michel Blanc 教授，法国国家科学中心 CNES 的 Bousquet Pierre 教授，中国科学院国家天文台郑永春研究员，原北京航空航天大学庄逢源教授，清华大学梁新刚教授，西北工业大学袁建平教授、商澎教授、朱战霞教授，哈尔滨工业大学张泽旭教授，北京理工大学徐瑞教授、唐胜景教授，国防科技大学李东旭教授，航天员科研训练中心马红磊研究员，北京跟踪与通信技术研究所的叶建设副研究员的帮助，感谢他们百忙之中帮助审阅并校正书稿！感谢北京理工大学出版社李炳泉、张海丽等同志的邀约、策划及出版工作！感谢北京广播电视台故事广播"知识开讲"节目主持人刘莎同志的支持和帮助！

此外，在幕后还有一群牛人在不断地鼓舞着我们，为我们提供想法和建议，分享我们的兴奋和喜悦。

首先，我要感谢中国航天科技集团公司尚志、李峰、刘强、郭世亮等同志的亲切指导，对中国运载火箭技术研究院龙乐豪院士、刘竹生院士、王小军、胡德风、宋爱武、蒋先旺、黄兵等同志，中国航天推进技术研究院栾希亭、李斌、李平、张楠、岳文龙、贺武生、陈祖奎、刘登丰、王兆斌、马永红、李春红、郑颖等同志，上海航天技术研究院孟光研究员，中国空间技术研究院戚发轫院士、叶培建院士、李明、张笃周、高耀南、李向阳、焦泽兵、李民、王劼等同志，中国空间技术研究院载人航天总体部龙江、曾曜、张柏楠、崔伟光、杨雷、孙国江、王翔、潘平、黄震等同志，中国空间技术研究院 502 所魏延明同志，中国空间技术研究院 508 所李宏宇同志，航天东方红卫星有限公司姜军、白照广、赵志明、谢斌、陆春玲、施鸿莹、孔昱洁等同志，在此书酝酿及编写过程中给予的大力支持和帮助一并致谢！

其次，感谢中国空间技术研究院载人航天总体部张柏楠、杨宏及杨雷总师对研究室论证工作的亲切指导和大力支持。还有 2010—2017 年间在中国空间技术研究院载人航天总体部星际探测研究室工作过的同志和研究生们——向开恒、芦杰、王平、梁鲁、朱恩涌、郭斌、左光、陈冲、侯砚泽、付仕明、李志杰、张志贤、齐玢、李恩奇、奉振球、李晨光、王清哲、张有山、陈思敏、王珊娜、饶建兵、房红军等同志致以我最诚挚的感谢！此书聚着你们昔日从零起步、加班熬夜、刻苦钻研、无私奉献的成果，没有你们艰苦卓绝的努力及倾情付出，难成此书。谢谢你们对我曾经参与工作的理解和鼎力支持，无论我们身处何处，我的心永远跟你们在一起。

衷心地对 2016—2019 年间在中国空间技术研究院神舟学院选修了《深空探测技术概论》这门课的研究生们表示感谢！这本书稿来源于这门课程的教学实践，谢谢你们在学习及使用过程中提出的宝贵意见！此外，为更好地宣传和介绍载人深空探测的基础知识，我在业余时间创办了【星际航行】微信公众号，向更多的年轻人介绍科普知识，感谢我亲爱的读者朋友们的支持和留言！

最后，深深感谢我的家人，感谢我的丈夫和孩子，我已经不知道该如何表达对你们的谢意了。我从没有见过一个家庭能如此全身心地支持一个女人去热爱自己的工作，默默分担家庭生活中的困难。感谢我的母亲，在我成长的整个过程中，是您一直教育我要努力工作，不断挑战自己的极限，正是出于这种理念我才下定决心写作此书。谢谢你们，你们就是我的精神支柱，是我内心不竭动力的源泉！

谢谢所有支持和帮助过我们的人们！

果琳丽

索　引

　　　（王彦祥、张若舒、马楠　编制）

专家委员会委员（按姓氏笔画排列）：

于　全　中国工程院院士

王少萍　"长江学者奖励计划"特聘教授

王建民　清华大学软件学院院长

王哲荣　中国工程院院士

王　越　中国科学院院士、中国工程院院士

尤肖虎　"长江学者奖励计划"特聘教授

邓宗全　中国工程院院士

甘晓华　中国工程院院士

叶培建　中国科学院院士

朱英富　中国工程院院士

朵英贤　中国工程院院士

邬贺铨　中国工程院院士

刘大响　中国工程院院士

刘怡昕　中国工程院院士

刘韵洁　中国工程院院士

孙逢春　中国工程院院士

苏彦庆　"长江学者奖励计划"特聘教授

苏哲子　中国工程院院士

李伯虎　中国工程院院士

李应红　中国科学院院士

李新亚　国家制造强国建设战略咨询委员会委员、
　　　　中国机械工业联合会副会长

杨德森　中国工程院院士

张宏科　北京交通大学下一代互联网互联设备国家
　　　　工程实验室主任

陆建勋　中国工程院院士

陆燕荪　国家制造强国建设战略咨询委员会委员、原
　　　　机械工业部副部长

陈一坚　中国工程院院士

陈懋章　中国工程院院士

金东寒　中国工程院院士

周立伟　中国工程院院士

郑纬民　中国计算机学会原理事长

郑建华　中国科学院院士

屈贤明　国家制造强国建设战略咨询委员会委员、工业和信息化部智能制造专家咨询委员会副主任

项昌乐　"长江学者奖励计划"特聘教授，中国科协书记处书记，北京理工大学党委副书记、副校长

柳百成　中国工程院院士

闻雪友　中国工程院院士

徐德民　中国工程院院士

唐长红　中国工程院院士

黄卫东　"长江学者奖励计划"特聘教授

黄先祥　中国工程院院士

黄　维　中国科学院院士、西北工业大学常务副校长

董景辰　工业和信息化部智能制造专家咨询委员会委员

焦宗夏　"长江学者奖励计划"特聘教授

图 10 – 33　国际空间站色彩搭配

（图片来源于 NASA 官网）

图 10 – 34　中国"天和"空间站色彩搭配